CAMBRIDGE LIBRARY COLLECTION

Books of enduring scholarly value

Mathematical Sciences

From its pre-historic roots in simple counting to the algorithms powering modern desktop computers, from the genius of Archimedes to the genius of Einstein, advances in mathematical understanding and numerical techniques have been directly responsible for creating the modern world as we know it. This series will provide a library of the most influential publications and writers on mathematics in its broadest sense. As such, it will show not only the deep roots from which modern science and technology have grown, but also the astonishing breadth of application of mathematical techniques in the humanities and social sciences, and in everyday life.

Oeuvres complètes

Augustin-Louis, Baron Cauchy (1789-1857) was the pre-eminent French mathematician of the nineteenth century. He began his career as a military engineer during the Napoleonic Wars, but even then was publishing significant mathematical papers, and was persuaded by Lagrange and Laplace to devote himself entirely to mathematics. His greatest contributions are considered to be the Cours d'analyse de l'École Royale Polytechnique (1821), Résumé des leçons sur le calcul infinitésimal (1823) and Leçons sur les applications du calcul infinitésimal à la géométrie (1826-8), and his pioneering work encompassed a huge range of topics, most significantly real analysis, the theory of functions of a complex variable, and theoretical mechanics. Twenty-six volumes of his collected papers were published between 1882 and 1958. The first series (volumes 1–12) consists of papers published by the Académie des Sciences de l'Institut de France; the second series (volumes 13–26) of papers published elsewhere.

Oeuvres complètes

Series 2

VOLUME 1

AUGUSTIN LOUIS CAUCHY

CAMBRIDGE
UNIVERSITY PRESS

CAMBRIDGE UNIVERSITY PRESS

Cambridge New York Melbourne Madrid Cape Town Singapore São Paolo Delhi

Published in the United States of America by Cambridge University Press, New York

www.cambridge.org
Information on this title: www.cambridge.org/9781108002905

This edition first published 1905
This digitally printed version 2009

ISBN 978-1-108-00290-5

ŒUVRES

COMPLÈTES

D'AUGUSTIN CAUCHY

PARIS. — IMPRIMERIE GAUTHIER-VILLARS.
33722 Quai des Augustins, 55.

ŒUVRES

COMPLÈTES

D'AUGUSTIN CAUCHY

PUBLIÉES SOUS LA DIRECTION SCIENTIFIQUE

DE L'ACADÉMIE DES SCIENCES

ET SOUS LES AUSPICES

DE M. LE MINISTRE DE L'INSTRUCTION PUBLIQUE.

IIe SÉRIE. — TOME I.

PARIS,

GAUTHIER-VILLARS, IMPRIMEUR-LIBRAIRE

DU BUREAU DES LONGITUDES, DE L'ÉCOLE POLYTECHNIQUE,

Quai des Augustins, 55.

MCMV.

SECONDE SÉRIE.

I. — MÉMOIRES PUBLIÉS DANS DIVERS RECUEILS
AUTRES QUE CEUX DE L'ACADÉMIE.

II. — OUVRAGES CLASSIQUES.

III. — MÉMOIRES PUBLIÉS EN CORPS D'OUVRAGE.

IV. — MÉMOIRES PUBLIÉS SÉPARÉMENT.

I.

MÉMOIRES

PUBLIÉS DANS

DIVERS RECUEILS AUTRES QUE CEUX DE L'ACADÉMIE.

MÉMOIRES

EXTRAITS DU

JOURNAL DE L'ÉCOLE POLYTECHNIQUE.

RECHERCHES
SUR LES POLYÈDRES.

PREMIER MÉMOIRE [1].

Journal de l'École Polytechnique, XVIe Cahier, Tome IX, p. 68 : 1813.

Le Mémoire que j'ai l'honneur de soumettre à la Classe contient diverses recherches sur la Géométrie des solides. La première Partie offre la solution de la question proposée par M. Poinsot, sur le nombre des polyèdres réguliers que l'on peut construire; la seconde Partie renferme la démonstration d'un théorème nouveau sur les polyèdres en général.

PREMIÈRE PARTIE.

M. Poinsot, dans son *Mémoire sur les polygones et les polyèdres*, après avoir donné la description de quatre polyèdres d'une espèce supérieure à celle que l'on a coutume de considérer, pose la question suivante : « Est-il impossible qu'il existe des polyèdres réguliers dont le nombre de faces ne serait pas un de ceux-ci, 4, 6, 8, 12, 20? Voilà, ajoute-t-il, une question qui mériterait d'être approfondie, et qu'il ne paraît pas facile de résoudre en toute rigueur. »

(1) Lu à la première Classe de l'Institut, en février 1811, par A.-L. Cauchy, Ingénieur des Ponts et Chaussées.

Il est vrai que la diversité des méthodes dont M. Poinsot s'est servi pour faire dériver les trois nouveaux dodécaèdres, et le nouvel icosaèdre du dodécaèdre et de l'icosaèdre ordinaire, laisse en doute la possibilité de résoudre la question précédente; mais, en généralisant quelques principes renfermés dans le Mémoire même de M. Poinsot, on parvient à faire dériver les polyèdres réguliers d'espèces supérieures de ceux de première espèce, par une méthode simple et analytique qui conduit immédiatement à la solution de la question proposée.

Il est facile de voir, et M. Poinsot en a fait l'observation, nº 15 de son Mémoire, qu'on peut former tous les polygones réguliers d'espèces supérieures, en prolongeant les côtés des polygones réguliers de première espèce.

Les polyèdres réguliers d'espèces supérieures dérivent d'une manière analogue des polyèdres réguliers de première espèce, et l'on peut former tous les nouveaux polyèdres réguliers en prolongeant les arêtes ou les faces des polyèdres réguliers déjà connus.

Ainsi, par exemple, en prolongeant dans le dodécaèdre ordinaire les arêtes qui forment les côtés des douze pentagones, on obtient le dodécaèdre étoilé de seconde espèce.

Si, dans le dodécaèdre ordinaire, on prolonge le plan qui contient chaque face jusqu'à la simple rencontre des plans des cinq faces qui entourent la face opposée, on obtiendra le dodécaèdre de troisième espèce, compris comme le dodécaèdre ordinaire sous des pentagones de première espèce.

Enfin, si l'on prolonge les arêtes qui, dans le dodécaèdre de la troisième espèce, forment les côtés des douze pentagones, on obtiendra le dodécaèdre de quatrième espèce.

On obtiendra l'icosaèdre de septième espèce en prolongeant chaque face de l'icosaèdre ordinaire jusqu'à la rencontre des plans des trois triangles qui entourent la face opposée à celle que l'on considère.

Ce que nous venons d'observer relativement aux quatre polyèdres d'espèces supérieures a lieu en général, c'est-à-dire qu'on ne pourra construire des polyèdres réguliers d'espèces supérieures qu'autant qu'ils résulteront du prolongement des faces ou des arêtes de polyèdres réguliers de même ordre et de première espèce.

En effet, supposons que l'on soit parvenu d'une manière quelconque à construire un polyèdre régulier d'espèce supérieure. Transportons-nous par la pensée au centre de la sphère inscrite. Les plans qui comprennent les différentes faces du polyèdre présenteront à l'œil de l'observateur placé à ce centre la forme d'un polyèdre convexe de première espèce, qui servira comme de noyau au polyèdre donné d'espèce supérieure. Je dis, de plus, que la régularité du polyèdre d'espèce supérieure entraîne nécessairement la régularité du polyèdre de première espèce qui lui sert de noyau.

Pour le prouver, revenons à la définition des polyèdres réguliers. Un polyèdre régulier d'une espèce quelconque est celui qui est formé par des polygones égaux et réguliers, également inclinés l'un sur l'autre, et assemblés en même nombre autour de chaque sommet. Il suit de cette définition que, si l'on construit un second polyèdre régulier égal au premier, et que l'on désigne par des numéros 1, 2, 3, 4, ... les faces correspondantes des deux polyèdres, on pourra faire coïncider le second polyèdre avec le premier, en plaçant l'une quelconque des faces du second sur une face déterminée, par exemple sur la face n° 1 du premier, et en commençant par faire coïncider dans ces deux faces deux quelconques de leurs arêtes. Réciproquement, si deux polyèdres égaux satisfont à la condition précédente, on pourra en conclure avec sûreté qu'ils sont réguliers : car, puisqu'on pourra faire alors coïncider chacune des faces du second avec une face déterminée du premier, en commençant par faire coïncider deux arêtes quelconques de ces deux faces, il s'ensuivra que les différentes faces sont des polygones égaux et réguliers; et puisque, en faisant coïncider deux faces quelconques prises à volonté, on fait coïncider toutes les autres, on en conclura que les différents angles dièdres sont égaux, ou, ce qui revient au même, que les faces sont également inclinées l'une sur l'autre, et assemblées en même nombre autour de chaque sommet.

Cela posé, considérons un polyèdre régulier d'espèce supérieure, ayant pour noyau un polyèdre de première espèce et de même ordre, dont la régularité n'est pas encore démontrée. Construisez un second polyèdre d'espèce supérieure égal au premier; vous construirez en même temps un second polyèdre de première espèce égal à celui qui formait le noyau du polyèdre régulier donné; désignez maintenant par des numéros 1, 2, 3, ... les différentes faces correspondantes des deux polyèdres d'espèce supérieure, et par les mêmes numéros 1, 2, 3, ... les faces des polyèdres de première espèce qui sont renfermées dans les mêmes plans que les faces affectées de ces numéros dans les polyèdres d'espèce supérieure. De quelque manière que vous fassiez coïncider les deux polyèdres d'espèce supérieure, les deux polyèdres de première espèce, compris sous les mêmes faces, coïncideront aussi; et comme l'on peut faire coïncider les deux polyèdres réguliers d'espèce supérieure, en plaçant une face quelconque du second sur une face déterminée du premier, il s'ensuit qu'on peut faire coïncider de la même manière les deux polyèdres de première espèce. Par suite, les différentes faces des deux polyèdres de première espèce sont toutes égales entre elles, également inclinées l'une sur l'autre, et assemblées en même nombre autour de chaque sommet.

Il nous reste à prouver que les différentes faces de chaque polyèdre de première espèce sont des polygones réguliers. Pour y parvenir il suffit d'observer que, si l'on fait coïncider d'une manière quelconque une des faces du second polyèdre d'espèce supérieure avec une face déterminée du premier polyèdre de même espèce, les deux faces qui portent les mêmes numéros dans les polyèdres de première espèce coïncideront aussi : or, supposons que le nombre des côtés de chaque face soit égal à n dans les deux polyèdres d'espèce supérieure. Il y aura n manières différentes d'opérer la coïncidence de deux faces de ces polyèdres; et par suite, il y aura aussi n manières d'opérer la coïncidence des faces correspondantes des deux polyèdres de première espèce. Or, on ne peut satisfaire à cette condition qu'en supposant les faces des polyèdres de première espèce égales ou à des polygones réguliers de l'ordre n, ou à des polygones semi-réguliers d'un ordre au moins égal à $2n$; d'ailleurs, il est facile de voir que ce dernier cas ne peut exister : car, comme on ne peut supposer $n=2$, il faudrait que l'on eût au moins $2n=6$; et, dans ce cas, on aurait des polyèdres de première espèce, dont toutes les faces auraient au moins six côtés, ce qui est impossible.

Il est donc prouvé maintenant que dans un ordre quelconque on ne peut construire de polyèdres réguliers d'une espèce supérieure, qu'autant qu'ils résultent du prolongement des arêtes ou des faces des polyèdres réguliers de même ordre et de première espèce qui leur servent de noyau; et que, dans chaque ordre, les faces des polyèdres d'espèces supérieures doivent avoir le même nombre de côtés que celles des polyèdres de première espèce.

Il suit d'abord, de ce qui précède, que, comme il n'y a que cinq ordres de polyèdres qui fournissent des polyèdres réguliers de première espèce, on ne peut chercher que dans ces cinq ordres des polyèdres réguliers d'espèce supérieure. Ainsi tous les polyèdres réguliers, de quelque espèce qu'ils soient, doivent être des tétraèdres, des hexaèdres, des octaèdres, des dodécaèdres, ou des icosaèdres. De plus, tous les tétraèdres, octaèdres et icosaèdres, de quelque espèce qu'ils soient, doivent avoir pour faces des triangles équilatéraux, les hexaèdres des carrés, les dodécaèdres des pentagones réguliers de première ou de seconde espèce. Voyons maintenant combien chaque ordre renferme d'espèces différentes.

Afin de répandre plus de jour sur cette discussion, j'observerai :

1° Qu'on ne peut, des polyèdres réguliers de première espèce, déduire des polyèdres réguliers d'espèces supérieures qu'en prolongeant les arêtes des faces déjà existantes, ou en formant de nouvelles faces;

2° Que le dodécaèdre est le seul polyèdre régulier duquel on puisse obtenir des espèces différentes, en prolongeant les arêtes des faces, parce qu'il existe deux espèces de pentagones, tandis qu'il n'existe qu'une espèce de triangle et une espèce de carré;

3° Que, dans le cas où l'on forme de nouvelles faces, on ne peut les obtenir qu'en prolongeant chacune des faces du polyèdre de première espèce jusqu'à la rencontre de plans qui comprennent des faces non voisines de celle que l'on considère;

4° Que ces dernières doivent être en nombre égal à celui des faces voisines de celle que l'on considère, et avoir toutes sur celle-ci et entre elles une égale inclinaison.

Dans le tétraèdre, chacune des quatre faces est voisine des trois autres, d'où il suit qu'on ne peut obtenir de nouvelles faces en prolongeant celles qui existent; il n'y a donc qu'un seul tétraèdre, celui de première espèce.

Dans l'hexaèdre, les faces qui ne sont pas voisines sont parallèles et, par conséquent, ne peuvent se rencontrer : il n'y a donc aussi qu'un hexaèdre, celui de première espèce.

L'octaèdre ordinaire peut être considéré comme formé par deux faces opposées et comprises dans des plans parallèles, dont chacune est avoisinée par trois autres faces également inclinées sur elle et sur son opposée. Si donc on peut espérer de former un nouvel octaèdre régulier, ce ne peut être qu'en prolongeant jusqu'à la rencontre de chacune des faces les plans qui contiennent les trois faces voisines de celle qui lui est opposée : or cette construction, au lieu de donner un octaèdre régulier d'espèce supérieure, donne un solide double formé par deux tétraèdres qui se traversent mutuellement. C'est ainsi qu'en prolongeant les côtés de l'hexagone ordinaire on obtient deux triangles équilatéraux en croix l'un sur l'autre, au lieu d'un hexagone de seconde espèce.

Si, dans le dodécaèdre ordinaire, on prolonge les côtés des douze pentagones, on aura, ainsi que M. Poinsot l'a observé, un dodécaèdre régulier de deuxième espèce.

Pour obtenir d'autres dodécaèdres, il faut trouver le moyen de prolonger, jusqu'à la rencontre de chaque face du dodécaèdre ordinaire, cinq faces non voisines et également inclinées sur elle. Or, le dodécaèdre ordinaire peut être considéré comme formé de deux faces opposées situées dans des plans parallèles, et dont chacune est avoisinée par cinq autres faces également inclinées sur elle et sur son opposée. Si donc on peut construire d'autres dodécaèdres que ceux décrits ci-dessus, ce ne peut être qu'en prolongeant chaque face du dodécaèdre ordinaire jusqu'à la rencontre des plans qui contiennent les cinq voisines de la face opposée. Les intersections de ces cinq plans avec la face que l'on considère forment deux pentagones réguliers, l'un de première et l'autre de seconde espèce. Ces deux pentagones représentent les faces des dodécaèdres réguliers de troisième et de quatrième espèce.

Dans l'icosaèdre ordinaire, en choisissant pour base une des faces prise à volonté, on trouve, comme dans les trois ordres précédents, une autre face opposée et située dans un plan parallèle. Si l'on classe les triangles compris entre ces deux faces par séries, en renfermant dans une même série ceux qui sont également inclinés sur la base, ou, ce qui revient au même, sur la face opposée, on trouvera que les dix-huit triangles restant forment quatre séries, savoir :

1° Une série de trois triangles voisins de la base;

2° Une série de trois triangles voisins de la face opposée;

3° Une série de six triangles, dont chacun n'a qu'un sommet de commun avec la base;

4° Une série de six triangles, dont chacun n'a qu'un sommet de commun avec la face opposée.

Désignons les triangles de la troisième et de la quatrième série par des numéros 1, 2, 3, 4, 5, 6; en sorte que deux numéros consécutifs indiquent deux triangles qui se touchent par une arête ou par un sommet. La base d'un nouvel icosaèdre régulier ne pourra être formée que par l'intersection de la base de l'icosaèdre donné avec trois triangles de la même série, également inclinés l'un sur l'autre. Cela posé, il est facile de voir qu'on ne peut espérer d'obtenir la base d'un nouvel icosaèdre que de cinq manières, savoir, en prolongeant, jusqu'à la rencontre du plan de la base donnée :

1° Les plans qui contiennent les trois triangles de la deuxième série;

2° Les plans qui contiennent les triangles 1, 3, 5 de la troisième série;

3° Les plans qui contiennent les triangles 2, 4, 6 de la troisième série;

4° Les plans qui contiennent les triangles 1, 3, 5 de la quatrième série;

5° Les plans qui contiennent les triangles 2, 4, 6 de la quatrième série.

Si l'on étend de proche en proche les cinq constructions précédentes aux différentes faces de l'icosaèdre ordinaire, on obtiendra les résultats suivants :

1° En suivant la première construction, on passera sur toutes les faces, et l'on obtiendra l'icosaèdre de septième espèce, décrit par M. Poinsot;

2° En suivant la deuxième ou la troisième construction, on ne passera que sur huit faces, et l'on obtiendra simplement un octaèdre régulier de première espèce;

3° En suivant la quatrième et la cinquième construction, on ne passera que sur quatre faces, et l'on formera simplement un tétraèdre régulier.

Il suit, de ce qu'on vient de dire, qu'on ne peut former d'autres polyèdres réguliers d'espèces supérieures que les quatre décrits par M. Poinsot.

La théorie précédente fournit encore le moyen de calculer l'angle compris entre deux faces quelconques d'un polyèdre régulier, lorsqu'on connaît les angles formés par les faces adjacentes dans le tétraèdre, le dodécaèdre et l'icosaèdre de première espèce.

En effet, soient α, β, γ ces trois angles;

L'angle compris entre deux faces du tétraèdre sera toujours α.

Dans l'hexaèdre, deux faces adjacentes se coupent à angle droit, deux faces non adjacentes sont parallèles.

Dans l'octaèdre, les faces sont parallèles deux à deux. L'angle compris entre deux faces non parallèles est représenté par

$$\pi - \alpha$$

quand les deux faces sont adjacentes, et par α quand elles ne le sont pas.

Dans le dodécaèdre, les faces sont parallèles deux à deux. L'angle compris entre deux faces non parallèles est représenté par β quand les deux faces sont adjacentes, et par

$$\pi - \beta$$

quand elles ne le sont pas.

Dans l'icosaèdre, les faces sont encore parallèles deux à deux. L'angle compris entre une face et les faces voisines étant γ, l'angle compris entre la même face et celles qui avoisinent la face opposée sera

$$\pi - \gamma;$$

enfin, l'angle compris entre deux faces, dont l'une n'est pas adjacente à l'autre ni à la face opposée, sera représenté ou par α ou par

$$\pi - \alpha.$$

SECONDE PARTIE.

Euler a déterminé le premier, dans les *Mémoires* de Pétersbourg, année 1758, la relation qui existe entre les différents éléments qui composent la surface d'un polyèdre; et M. Legendre, dans ses *Éléments de Géométrie*, a démontré d'une manière beaucoup plus simple le théorème d'Euler, par la considération des polygones sphériques. Ayant été conduit par quelques recherches à une nouvelle démonstration de ce théorème, je suis parvenu à un théorème plus général que celui d'Euler et dont voici l'énoncé :

THÉORÈME. — *Si l'on décompose un polyèdre en tant d'autres que l'on voudra, en prenant à volonté dans l'intérieur de nouveaux sommets; que l'on représente par* P *le nombre des nouveaux polyèdres ainsi formés, par* S *le nombre total des sommets, y compris ceux du premier polyèdre, par* F *le nombre total des faces, et par* A *le nombre total des arêtes, on aura*

$$S + F = A + P + 1, \qquad (1)$$

c'est-à-dire que la somme faite du nombre des sommets et de celui des faces surpassera d'une unité la somme faite du nombre des arêtes et de celui des polyèdres.

Il est facile de voir que le théorème d'Euler est un cas particulier du théorème précédent; car, si l'on suppose tous les polyèdres réduits à un seul, on aura

$$P = 1,$$

et l'équation (1) se réduira à celle-ci

$$S + F = A + 2. \tag{2}$$

On déduit encore de l'équation (1) un second théorème relatif à la Géométrie plane; car si l'on suppose que, tous les polyèdres étant réduits à un seul, on détruise ce dernier en prenant une de ses faces pour base, et transportant sur cette face tous les autres sommets sans changer leur nombre, on obtiendra une figure plane composée de plusieurs polygones renfermés dans un contour donné.

Soient :

F le nombre de ces polygones;
S le nombre de leurs sommets;
A celui de leurs côtés;
on obtiendra la relation qui existe entre ces trois nombres en faisant, dans la formule générale, $P = 0$, et l'on aura alors

$$S + F = A + 1; \tag{3}$$

d'où l'on conclut que la somme faite du nombre des polygones et de celui des sommets surpasse d'une unité le nombre des droites qui forment les contours de ces polygones. Ce dernier théorème est, dans la Géométrie plane, l'équivalent du théorème général dans la Géométrie des polyèdres.

Nous pourrions démontrer immédiatement le théorème général renfermé dans l'équation (1), et en déduire comme corollaires les deux autres théorèmes. Mais, afin de faire mieux connaître l'esprit de cette démonstration, nous allons commencer par démontrer d'une manière analogue le dernier théorème renfermé dans l'équation (3).

Il est d'abord facile de faire, dans les divers cas particuliers, l'application de ce théorème.

Supposons, par exemple, que le contour donné soit le périmètre d'un triangle, que l'on prenne un point dans l'intérieur, et que de ce point aux trois sommets on mène trois droites, on formera trois triangles dans le contour donné. Ces trois triangles fourniront quatre sommets, et le nombre des droites qui forment leurs côtés sera égal à 6 : or 6, augmenté de l'unité, donne la même somme que $4 + 3$, ce qui vérifie le théorème.

Supposons, en second lieu, que le contour donné soit un quadrilatère, que l'on prenne un point dans l'intérieur, et que de ce point aux quatre sommets on mène quatre droites, on formera quatre triangles dans le contour donné. Ces quatre triangles fourniront cinq sommets et huit côtés : or

$$8 + 1 = 4 + 5,$$

ce qui vérifie le théorème.

Supposons enfin que le contour donné soit un polygone de n côtés, et que l'on prenne dans l'intérieur un point que l'on joigne aux n sommets du polygone par n droites. Les n triangles que l'on formera par ce moyen fourniront un nombre de sommets égal à $n + 1$, et un nombre de côtés égal à $2n$: or $2n$, augmenté de l'unité, est égal à la somme faite de n et de $n + 1$, ce qui vérifie le théorème.

Passons maintenant au cas général, et supposons un nombre F de polygones renfermés dans un contour donné. Soient S le nombre des sommets de ces polygones, et A le nombre des droites qui forment leurs côtés. Décomposons chacun des polygones en triangles, en menant d'un de ses sommets aux sommets non voisins des diagonales. Soit n le nombre des diagonales tracées dans les différents polygones, $F + n$ sera le nombre des triangles résultants de la décomposition des polygones, et $A + n$ sera le nombre des côtés de ces triangles. Le nombre de leurs sommets sera le même que celui des sommets des polygones, ou S.

Supposons maintenant que l'on enlève successivement les différents triangles, de manière à n'en laisser subsister à la fin qu'un seul, en commençant par ceux qui avoisinent le contour extérieur, et n'enlevant dans la suite que ceux dont un ou deux côtés auront été réduits, par les suppressions antérieures, à faire partie du même contour. Soient h' le nombre des triangles qui ont un côté compris dans le contour extérieur au moment où on les enlève, et h'' le nombre des triangles qui ont alors deux côtés compris dans le même contour. La destruction de chaque triangle sera suivie, dans le premier cas, de la destruction d'un côté, et, dans le second cas, de la destruction de deux côtés et d'un sommet. Il suit de là qu'au moment où l'on aura détruit tous les triangles, à l'exception d'un seul, le nombre des triangles détruits étant

$$h' + h'',$$

celui des côtés détruits sera

$$h' + 2h'',$$

et celui des sommets détruits

$$h''.$$

Le nombre des triangles restants sera donc alors

$$F + n - (h' + h'') = 1,$$

celui des côtés restants

$$A + n - (h' + 2h'') = 3,$$

et celui des sommets restants

$$S - h'' = 3.$$

Si l'on ajoute la première équation à la troisième et qu'on retranche la seconde, on aura

$$S + F - A = 1,$$

ou

(3) $$S + F = A + 1,$$

ce qu'il fallait démontrer.

On peut encore arriver à la même équation, sans employer la décomposition des polygones en triangles. En effet, supposons les divers polygones réunis successivement autour de l'un d'entre eux pris à volonté.

Soient :

a et s les nombres de côtés et de sommets du premier polygone;

a' et s' les nombres de côtés et de sommets du second polygone qui ne lui sont pas communs avec le premier;

a'' et s'' les nombres de côtés et de sommets du troisième polygone qui ne lui sont pas communs avec les deux premiers, etc.;

vous aurez les équations suivantes :

$$a = s,$$
$$a' = s' + 1,$$
$$a'' = s'' + 1,$$
$$\ldots\ldots\ldots\ldots$$

En ajoutant toutes ces équations qui sont en nombre égal à F, et observant que

$$a + a' + a'' + \ldots = \mathrm{A}, \qquad s + s' + s'' + \ldots = \mathrm{S},$$

on aura l'équation

$$\mathrm{A} = \mathrm{S} + \mathrm{F} - 1,$$

équivalente à celle qui a été trouvée ci-dessus.

Corollaire. — Si l'on représente par a et par s les côtés et sommets compris dans le contour extérieur, par $a_{,}$ et $s_{,}$ les côtés et sommets renfermés dans l'intérieur du même contour, on aura

$$s + s_{,} = \mathrm{S}, \qquad a + a_{,} = \mathrm{A};$$

et comme l'on aura aussi $s = a$, l'équation (3) deviendra

$$s_{,} + \mathrm{F} = a_{,} + 1,$$

d'où il résulte que le nombre des sommets intérieurs, augmenté du nombre des polygones, est égal au nombre des côtés intérieurs augmenté de l'unité.

Le théorème d'Euler est une conséquence immédiate du théorème renfermé dans l'équation

$$S + F = A + 1.$$

En effet, supposons que F représente le nombre des faces qui composent la surface convexe d'un polyèdre et que S et A soient les nombres de sommets et d'arêtes renfermés dans cette même surface. Si, dans la surface du polyèdre, on supprime une des faces, les faces restantes, dont le nombre sera F — 1, pourront être considérées comme formant une suite de polygones renfermés dans le contour de la face supprimée; et, par suite, les nombres S, A et F — 1 devront satisfaire au théorème démontré. En effet, soit que les polygones soient compris dans un seul et même plan, ou dans des plans différents, le théorème n'en existe pas moins, puisqu'il ne dépend que du nombre des polygones et du nombre de leurs éléments. On aura donc, en considérant la surface d'un polyèdre,

$$S + (F - 1) = A + 1$$

ou

$$S + F = A + 2, \tag{2}$$

ce qui renferme le théorème d'Euler.

Je reviens maintenant au théorème général dont les deux théorèmes précédents ne sont que des cas particuliers, et je vais commencer par en faire l'application à quelques cas simples.

Supposons d'abord que l'on prenne un point dans l'intérieur d'une pyramide triangulaire et que, de ce point aux quatre sommets, on mène quatre droites, on séparera la pyramide donnée en quatre nouvelles pyramides triangulaires, qui fourniront cinq sommets, dix faces et dix arêtes. Dans ce cas, la somme faite du nombre des arêtes et du nombre des polyèdres est quatorze; celle du nombre des sommets et du nombre des faces, étant quinze, surpasse quatorze d'une unité; ce qui vérifie le théorème.

Supposons, en second lieu, que d'un point pris dans l'intérieur d'un hexaèdre on mène huit droites aux huit sommets; l'hexaèdre sera partagé en six pyramides quadrangulaires, qui fourniront neuf sommets, dix-huit faces et vingt arêtes. Dans ce cas, le nombre des arêtes et celui des polyèdres forment une somme égale à vingt-six; la somme faite du nombre des faces et de celui des sommets étant vingt-sept, surpasse la première d'une unité, ce qui vérifie le théorème.

Supposons enfin que l'on prenne un polyèdre quelconque, dont la surface renferme un nombre f de faces, un nombre a d'arêtes et un nombre s de sommets; et que d'un point pris dans l'intérieur du polyèdre on mène s droites aux différents sommets. On divisera le polyèdre en autant de pyramides qu'il y avait de faces; et l'on formera à l'intérieur autant de faces qu'il y avait d'arêtes à l'extérieur, et autant d'arêtes qu'il y avait de sommets à l'extérieur. On aura donc en tout f pyramides qui fourniront $s+1$ sommets, $f+a$ faces et $a+s$ arêtes. Dans ce cas, le nombre des pyramides et celui des arêtes forment une somme égale à

$$f+(a+s),$$

et le nombre des faces forme avec celui des sommets une somme égale à

$$(f+a)+(s+1).$$

Cette dernière somme surpasse la première d'une unité, ce qui vérifie le théorème.

Considérons maintenant le théorème dont il s'agit dans le cas le plus général, et supposons un nombre P de polyèdres renfermés dans un polyèdre donné.

Soient :

S le nombre des sommets de ces divers polyèdres;
F le nombre de leurs faces;
A le nombre de leurs arêtes.

Divisons toutes les faces en triangles par des diagonales, et soit n le nombre de ces diagonales, le nombre total des triangles dans lesquels les faces des différents polyèdres seront divisées sera $F + n$. Supposons maintenant que l'on décompose chaque polyèdre en pyramides triangulaires, en faisant passer par un des sommets et les côtés des triangles non adjacents des faces triangulaires. Soient $P + p$ le nombre des pyramides ainsi formées dans les différents polyèdres, a le nombre des nouvelles arêtes qui en résultent. Le nombre des nouveaux triangles qui forment les faces de ces pyramides sera $p + a$. Pour s'en convaincre, il suffit d'observer que si, parmi ces différentes pyramides, on construit d'abord celles qui avoisinent la surface de chaque polyèdre, on n'aura jamais, pour former chaque pyramide, qu'une ou deux faces nouvelles à construire; et qu'il en résultera, dans le premier cas, une nouvelle pyramide seulement; dans le second cas, une nouvelle pyramide et une nouvelle arête. Il suit de là que, après la décomposition des polyèdres en pyramides triangulaires, le nombre total des pyramides étant

$$P + p$$

et celui des arêtes étant

$$A + n + a,$$

celui des faces sera

$$F + n + a + p.$$

Quant à celui des sommets, il sera toujours égal à S.

Supposons maintenant que l'on enlève successivement du polyèdre total les diverses pyramides triangulaires qui le composent, de manière à n'en laisser subsister à la fin qu'une seule, en commençant par celles qui ont des triangles situés sur la surface extérieure du polyèdre donné, et n'enlevant dans la suite que celles dont une ou plusieurs faces auront été découvertes par des suppressions antérieures. Chaque pyramide que l'on enlèvera aura une, deux ou trois faces découvertes.

Soient :

p' le nombre des pyramides qui ont une face découverte au moment où on les enlève;

p'' le nombre des pyramides qui ont alors deux faces découvertes;

p''' le nombre des pyramides qui ont alors trois faces découvertes.

La destruction de chaque pyramide sera suivie, dans le premier cas, de la destruction d'une face; dans le deuxième cas, de la destruction de deux faces et de l'arête commune à ces deux faces; dans le troisième cas, de la destruction d'un sommet, de trois faces et de trois arêtes. Il suit de là que, au moment où l'on aura détruit toutes les pyramides à l'exception d'une seule, le nombre des sommets détruits sera

$$p''',$$

celui des pyramides détruites

$$p' + p'' + p''',$$

celui des triangles détruits

$$p' + 2p'' + 3p'''$$

et celui des arêtes détruites

$$p'' + 3p'''.$$

Le nombre des sommets restants pourra donc être représenté par

$$S - p''' = 4,$$

celui des pyramides restantes par

$$P + p - (p' + p'' + p''') = 1,$$

celui des triangles restants par

$$F + n + a + p - (p' + 2p'' + 3p''') = 4$$

et celui des arêtes restantes par

$$A + n + a - (p'' + 3p''') = 6.$$

Si l'on ajoute la première des équations précédentes à la troisième, on aura

$$S + F + n + a + p - (p' + 2p'' + 4p''') = 8.$$

Si l'on ajoute la deuxième à la quatrième, on aura

$$A + P + n + a + p - (p' + 2p'' + 4p''') = 7.$$

Si l'on retranche l'une de l'autre les deux équations que nous venons de trouver, on aura

$$S + F - A - P = 1$$

ou

$$S + F = A + P + 1. \qquad \text{C. Q. F. D.}$$

On peut encore arriver à l'équation précédente sans avoir recours à la décomposition des polyèdres en pyramides triangulaires. En effet, supposons les divers polyèdres réunis successivement autour de l'un d'eux pris à volonté.

Soient :

a, f, s les nombres d'arêtes, de faces et de sommets de ce premier polyèdre ;

a', f', s' les nombres des arêtes, faces et sommets du deuxième polyèdre qui ne lui sont pas communs avec le premier ;

a'', f'', s'' les nombres des arêtes, faces et sommets du troisième polyèdre qui ne lui sont pas communs avec les deux premiers.

Vous aurez, en vertu du théorème d'Euler et du théorème sur les polygones (*voir* le *Corollaire*, p. 19),

$$\begin{aligned} s + f &= a + 2, \\ s' + f' &= a' + 1, \\ s'' + f'' &= a'' + 1, \\ &\ldots\ldots\ldots\ldots\ldots \end{aligned}$$

En ajoutant ces équations, qui sont en nombre égal à P, et observant que

$$s + s' + s'' + \ldots = S, \qquad f + f' + f'' + \ldots = F, \qquad a + a' + a'' + \ldots = A,$$

on aura

$$S + F = A + P + 1. \tag{3}$$

Corollaire. — Si l'on représente par s, a et f les nombres de sommets, arêtes et faces compris dans la surface extérieure du polyèdre donné, par $s_{,}$, $a_{,}$ et $f_{,}$ les nombres de sommets, arêtes et faces situés à l'intérieur, on aura

$$S = s + s_{,}, \qquad A = a + a_{,}, \qquad F = f + f_{,}.$$

On aura d'ailleurs, en vertu du théorème d'Euler,

$$s + f = a + 2.$$

Par suite, l'équation (3) deviendra

$$s_{,} + f_{,} = a_{,} + P + 1.$$

SUR

LES POLYGONES ET LES POLYÈDRES.

SECOND MÉMOIRE [1].

Journal de l'École Polytechnique, XVIe Cahier, Tome IX, p. 87; 1813.

Dans le Mémoire que j'eus l'honneur de présenter l'année dernière à la Classe, j'avais réuni quelques recherches sur les polygones et les polyèdres réguliers et irréguliers, et j'avais généralisé le théorème d'Euler sur le nombre des éléments qui constituent un polyèdre quelconque. MM. Legendre et Malus, dont le rapport a déterminé, en faveur de ce Mémoire, l'approbation de la Classe, m'engagèrent dès lors à poursuivre mon travail et à chercher la démonstration du théorème renfermé dans la définition 9, placée à la tête du onzième Livre des *Éléments d'Euclide,* savoir que deux polyèdres convexes sont égaux lorsqu'ils sont compris sous un même nombre de faces égales chacune à chacune. J'ai examiné, en conséquence, avec beaucoup de soin, les démonstrations que M. Legendre avait déjà données de ce théorème dans plusieurs cas particuliers; et, en développant les principes dont il avait fait usage, je suis parvenu à démontrer, d'une manière générale, le théorème dont il s'agit et quelques autres qui s'y rapportent. Ces théorèmes sont de deux espèces : les uns sont relatifs aux polygones

(1) Lu à la première Classe de l'Institut, dans la séance du 20 janvier 1812, par A.-L. Cauchy, ingénieur des Ponts et Chaussées.

convexes rectilignes et sphériques; les autres aux angles solides et aux polyèdres convexes. Je vais les exposer successivement dans les deux Parties de ce Mémoire.

PREMIÈRE PARTIE.

Théorèmes sur les polygones convexes rectilignes et sphériques.

M. Legendre a démontré, dans ses *Éléments de Géométrie sur les triangles rectilignes et sphériques,* un théorème qu'on peut énoncer de la manière suivante :

Théorème I. — *Si, dans un triangle rectiligne ou sphérique* ABC (*fig.* 1) *dont deux côtés* AB, AC *sont invariables, on fait croître ou diminuer l'angle* A *compris entre ces côtés, le côté opposé* BC *croîtra dans le premier cas et diminuera dans le second.*

Fig. 1.

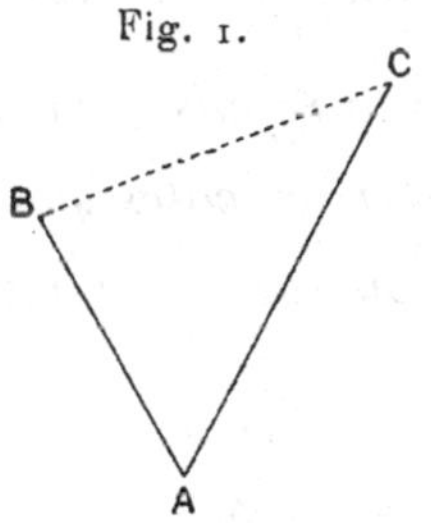

On peut généraliser ce théorème de la manière suivante :

Théorème II. — *Si, dans un polygone convexe rectiligne ou sphérique* ABCDEFG (*fig.* 2), *dont tous les côtés* AB, BC, CD, ..., FG, *à l'exception d'un seul* AG, *sont supposés invariables, on fait croître ou décroître simultanément les angles* B, C, D, E, F, G *compris entre ces mêmes côtés, le côté variable* AG *croîtra dans le premier cas et décroîtra dans le second.*

Démonstration. — Supposons d'abord que l'on fasse croître l'angle ABC tout seul; alors, dans tout le polygone ABCDEFG, il n'y aura que le triangle ABC de variable; et, dans ce triangle même, il n'y aura de variable que le côté AG et les angles : mais l'angle ABG devant croître par l'hypothèse, le côté variable AG croîtra nécessairement. On ferait voir de même que les angles C, D, E, ... venant à croître successivement, le côté AG ira toujours en croissant. L'accroissement simultané

Fig. 2.

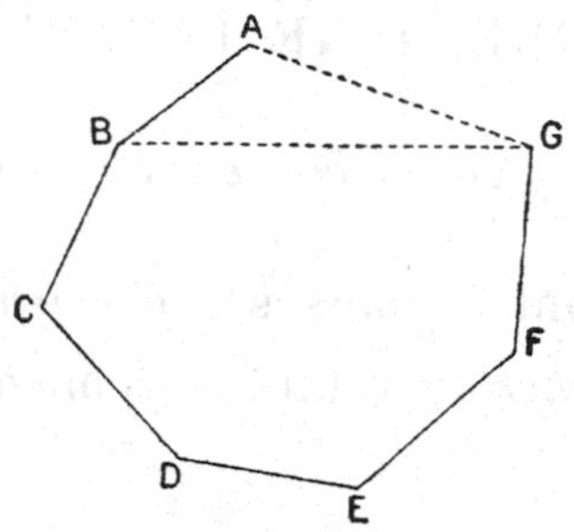

de ces mêmes angles devant produire le même effet que leur accroissement successif, ne pourra qu'augmenter la droite en question.

On prouverait de même que la diminution simultanée des angles B, C, D, E, F entraînerait celle du côté variable AG.

Théorème III. — *Si, dans un polygone convexe rectiligne ou sphérique* ABCDEFG (*fig.* 3) *dont les côtés sont invariables, on fait varier tous les angles, ceux-ci ne pourront tous varier dans le même sens, soit en plus, soit en moins.*

Fig. 3.

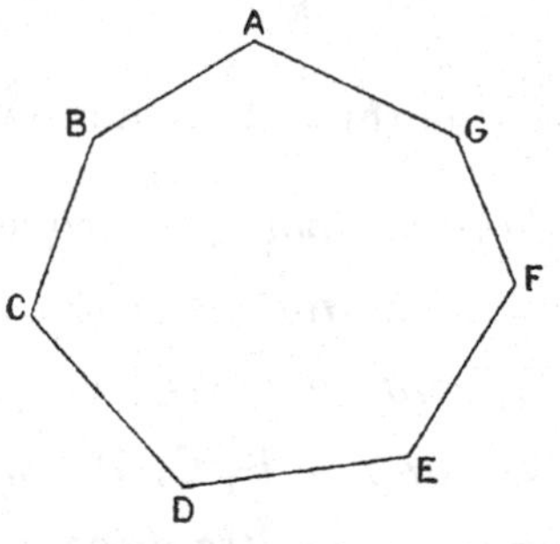

Démonstration. — En effet, on vient de voir, dans le théorème précédent, que tous les angles non adjacents à un même côté ne peuvent varier dans le même sens sans que le côté lui-même augmente ou diminue.

Théorème IV. — *Si, dans un polygone convexe rectiligne ou sphérique, dont les côtés sont invariables, on fait varier tous les angles et que, passant ensuite en revue ces mêmes angles, on les classe en différentes séries en plaçant dans une même série tous les angles qui, pris consécutivement, varient dans le même sens, les séries composées d'angles qui varieront en plus seront toujours en même nombre que les séries composées d'angles qui varieront en moins et, par suite, le nombre total des séries sera pair.*

Démonstration. — On vient de prouver que tous les angles ne peuvent varier dans le même sens. Cela posé, il est facile de voir que, si l'on fait le tour du polygone, on trouvera les différentes séries alternativement composées d'angles qui varieront en plus et d'angles qui varieront en moins. Si, par exemple, la première série est composée d'angles qui varient en plus, la troisième, la cinquième, la septième, ... séries seront aussi composées d'angles qui varieront en plus et, en général, toutes les séries d'ordre impair seront de même nature que la première série. Il est donc impossible que la dernière série soit une série de rang impair; car, étant de même nature que la première, elle se confondrait avec elle. La dernière série est donc une série de rang pair et, par suite, le nombre total des séries est pair.

Théorème V. — *Les mêmes choses étant posées que dans le théorème précédent, le nombre des séries sera toujours au moins égal à 4.*

Démonstration. — Nous venons de prouver qu'il est nécessairement

Fig. 4.

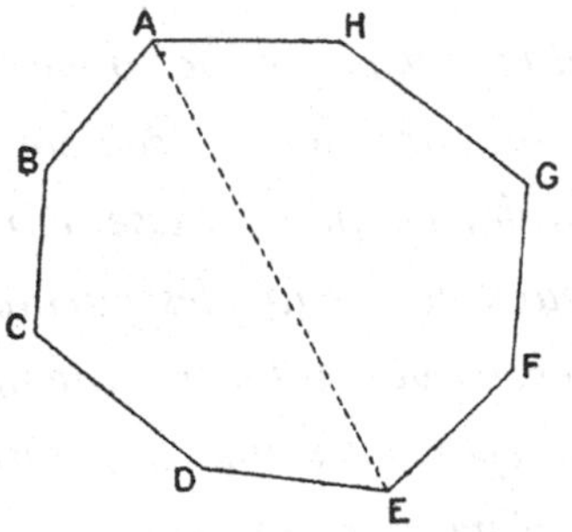

pair; il reste à faire voir qu'il ne peut être égal à 2. Et, en effet, si dans le polygone ABCDEFGH (*fig.* 4), dont les côtés sont invariables, tous les angles que l'on suppose variables pouvaient être classés en deux séries, savoir : une série d'angles A, B, C, D variables en plus et une série d'angles E, F, G, H variables en moins, la diagonale AE, qui ne laisse d'un côté que des angles B, C, D variables en plus et, de l'autre, que des angles F, G, H variables en moins, devrait à la fois croître et décroître, ce qui est absurde.

Il y aura donc toujours au moins quatre séries, savoir : deux séries d'angles qui varieront en plus et deux séries d'angles qui varieront en moins.

Théorème VI. — *Les mêmes choses étant posées que dans les deux théorèmes précédents, si l'on passe en revue tous les angles du polygone et qu'on les compare deux à deux dans l'ordre où ils se présentent relativement aux signes de leurs variations, on trouvera, en faisant le tour du polygone, au moins quatre changements de signes.*

Démonstration. — En effet, on vient de voir qu'il y aura toujours au moins deux séries d'angles qui varieront en plus et deux séries d'angles qui varieront en moins. La variation du dernier angle de chaque série étant toujours de signe contraire à celui de la variation du premier angle de la série suivante, les quatre séries dont il est question fourniront évidemment quatre changements de signes.

Nota. — Les trois théorèmes précédents n'ont lieu que pour des polygones de plus de trois côtés et non pour des triangles dans lesquels l'invariabilité des angles entraîne celle des côtés.

Théorème VII. — *Si, dans un polygone convexe rectiligne ou sphérique de plus de quatre côtés, on suppose non seulement les côtés, mais aussi plusieurs angles invariables et qu'on fasse varier les angles restants, puis que, passant en revue tous les angles variables du polygone, on les classe en différentes séries, en plaçant dans une même série tous ceux qui, pris consécutivement ou séparés les uns des autres par les angles invariables, varient dans le même sens, on trouvera toujours au moins quatre séries d'angles variables : savoir, deux séries d'angles variables en plus et deux séries d'angles variables en moins.*

Démonstration. — Avec les sommets qui correspondent aux angles variables du polygone donné formez un second polygone. Il est facile de voir que les côtés de ce second polygone seront invariables et que ses angles seront en même nombre et éprouveront les mêmes variations que les angles variables du premier polygone.

Supposons, par exemple, que, dans le polygone donné

$$\mathrm{A}abc\mathrm{B}de\mathrm{C}fg\mathrm{D} \ (\textit{fig. } 5),$$

A, B, C, D soient les seuls angles variables. Joignez AB, BC, CD, ..., vous diviserez le polygone donné en plusieurs parties dont la princi-

Fig. 5.

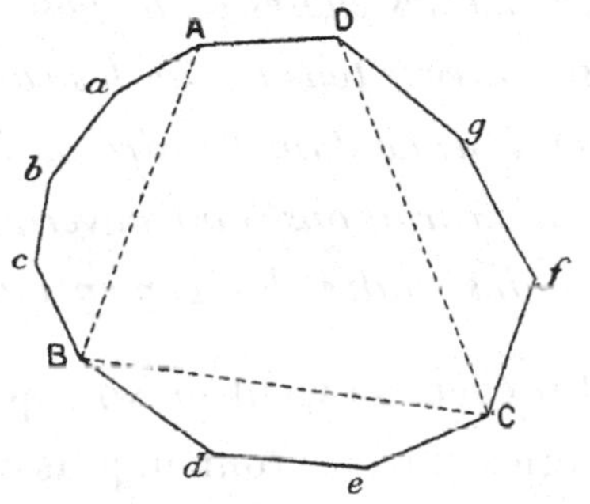

pale sera le polygone intérieur ABCD, composé d'autant de côtés que le polygone donné avait d'angles variables. De plus, il est facile de voir que ce second polygone sera la seule partie variable dans le polygone donné. Et, en effet, les angles a, b, c, ..., d, e, ... étant invariables, ainsi que les côtés adjacents, les polygones extérieurs AabcB, BdeC, ... sont nécessairement invariables. Il suit de là :

1° Que les côtés AB, BC, CD, ... qui font partie de ces polygones extérieurs sont invariables;

2° Que la différence de chacun des angles variables du polygone donné avec l'angle du polygone intérieur qui a même sommet étant toujours représentée, ou par l'angle d'un polygone extérieur tel que CDg, ou par la somme de deux angles de cette espèce tels que DCf, BCe, cette différence est nécessairement constante et, par suite, que les angles du polygone ABCD varient de la même quantité que les angles variables du polygone donné.

Cela posé, il est évident que les séries d'angles variables, soit en plus, soit en moins, seront en même nombre de part et d'autre. D'ailleurs (d'après le théorème V), les angles du polygone ABCD doivent former au moins quatre séries : savoir, deux séries d'angles variables en plus et deux séries d'angles variables en moins. Il en sera donc de même des angles variables du polygone donné.

Nota. — Le polygone ABCD ne pouvant avoir moins de quatre côtés, puisque l'on suppose ses angles variables, le polygone donné ne peut avoir moins de cinq côtés ni moins de quatre angles variables.

Théorème VIII. — *Les mêmes choses étant posées que dans le théorème précédent, si l'on passe en revue tous les angles variables du polygone et qu'on les compare deux à deux dans l'ordre où ils se présentent relativement aux signes de leurs variations, on trouvera toujours, en faisant le tour du polygone, au moins quatre changements de signes.*

Démonstration. — En effet, on vient de voir qu'il y aura toujours au moins deux séries d'angles qui varieront en plus et deux séries d'angles qui varieront en moins. La variation du dernier angle de chaque série étant toujours de signe contraire à celui de la variation du premier angle de la série suivante, les quatre séries dont il est question fourniront quatre changements de signes.

SECONDE PARTIE.

Théorèmes sur les angles solides et les polyèdres convexes.

On sait qu'un angle solide peut toujours être représenté par le polygone sphérique qu'on obtient en coupant cet angle solide par une sphère décrite de son sommet comme centre avec un rayon pris à volonté. Les côtés du polygone sphérique mesurent les angles plans qui composent l'angle solide, et les angles du polygone mesurent les coins compris entre leurs plans ou, si l'on veut, les inclinaisons sur les différentes arêtes de l'angle solide. Cela posé, il est facile de voir que si, dans les théorèmes I, II, III, IV, V, VI, VII et VIII, on substitue les noms d'angles solides, d'angles plans et d'inclinaisons sur les arêtes à ceux de polygone sphérique, de côtés et d'angles, on obtiendra autant de théorèmes sur les angles solides. Nous nous contenterons d'énoncer ici ceux qui correspondent aux théorèmes VI et VIII démontrés ci-dessus.

Théorème IX. — *Si, dans un angle solide à plus de trois faces et dont les angles plans sont invariables, on fait varier les inclinaisons sur toutes les arêtes et que, passant ensuite en revue ces mêmes inclinaisons, on les compare deux à deux dans l'ordre où elles se présentent relativement aux signes de leurs variations, on trouvera toujours, en faisant le tour de l'angle solide, au moins quatre changements de signes.*

Théorème X. — *Si, dans un angle solide à plus de quatre faces, on suppose non seulement les angles plans, mais encore les inclinaisons sur quelques arêtes invariables et qu'on fasse varier les inclinaisons sur les arêtes restantes, dont le nombre doit être au moins égal à 4, puis que, passant en revue les arêtes sur lesquelles les inclinaisons varient, on compare ces inclinaisons deux à deux dans l'ordre où elles se présentent relativement aux signes de leurs variations, on trouvera toujours, en faisant le tour de l'angle solide, au moins quatre changements de signes.*

Théorème XI. — *Dans un polyèdre quelconque, la somme faite du nombre des faces et de celui des sommets surpasse de deux unités le nombre des arêtes.*

Ce théorème a été découvert par Euler. On en peut voir une démonstration ingénieuse dans les *Éléments de Géométrie* de M. Legendre.

Si l'on représente par S le nombre des sommets d'un polyèdre quelconque, par H le nombre de ses faces, par A le nombre de ses arêtes, le théorème précédent fournira l'équation

$$S + H = A + 2,$$

ou

$$A - H = S - 2.$$

Corollaire. — Soient :

a le nombre des triangles;
b le nombre des quadrilatères;
c le nombre des pentagones;
d le nombre des hexagones;
e le nombre des heptagones, etc.,

qui composent la surface d'un polyèdre, on aura

$$H = a + b + c + d + e + \ldots,$$
$$2A = 3a + 4b + 5c + 6d + 7e + \ldots$$

et, par suite,

$$4(A - H) = 2a + 4b + 6c + 8d + 10e + \ldots;$$

d'ailleurs, par ce qui précède,

$$A - H = S - 2;$$

on aura donc aussi

$$4S - 8 = 2a + 4b + 6c + 8d + 10e + \ldots.$$

Théorème XII. — *Si l'on conçoit la surface d'un polyèdre décomposée en plusieurs portions, chaque portion du polyèdre pouvant être, à volonté, ou une face seule, ou le système de plusieurs faces voisines considérées comme ne formant qu'un seul groupe, le théorème d'Euler aura lieu entre le nombre des portions dont il s'agit, le nombre des arêtes qui servent de limites à ces mêmes portions et le nombre des sommets compris entre ces arêtes; c'est-à-dire que la somme faite du nombre des portions et de celui des arêtes qui les terminent surpassera de deux unités le nombre de ces mêmes arêtes.*

Démonstration. — Le théorème dont il s'agit aurait évidemment lieu, si les droites qui terminent chaque portion du polyèdre se trouvaient dans un même plan; car alors on pourrait former un nouveau polyèdre en substituant à chaque portion une face plane terminée au même contour.

Cela posé, il est facile de sentir que le théorème doit encore avoir lieu dans l'hypothèse contraire à celle que l'on vient de faire; car le nombre des portions, celui des arêtes qui leur servent de contour et celui des sommets compris entre ces arêtes restent les mêmes dans les deux cas.

Si l'on représente par H le nombre des portions dont il s'agit, par A le nombre des arêtes qui les terminent, par S le nombre des sommets compris entre ces arêtes, on aura, comme précédemment,

$$S + H = A + 2,$$

ou

$$A - H = S - 2.$$

Corollaire. — Soient :

a le nombre des portions du polyèdre terminées par un contour de trois arêtes;

b le nombre des portions terminées par un contour de quatre arêtes;

c, *d*, *e*, ... le nombre des portions terminées par un contour de cinq, de six, de sept, ... arêtes;

on aura

$$\begin{aligned} H &= a + b + c + d + e + \ldots, \\ 2A &= 3a + 4b + 5c + 6d + 7e + \ldots, \\ 4(A - H) &= 2a + 4b + 6c + 8d + 10e + \ldots \end{aligned}$$

et, par suite,

$$4S - 8 = 2a + 4b + 6c + 8d + 10e + \ldots.$$

Les théorèmes précédents vont nous donner les moyens de démontrer le théorème renfermé dans la définition IX du onzième Livre d'Euclide. Ce dernier peut être énoncé de la manière suivante :

Théorème XIII. — *Dans un polyèdre convexe dont toutes les faces sont invariables, les coins compris entre les faces ou, ce qui revient au même, les inclinaisons sur les différentes arêtes sont aussi invariables; en sorte que, avec les mêmes faces, on ne peut construire qu'un second polyèdre convexe symétrique du premier.*

Démonstration. — En effet, supposons, contre l'énoncé ci-dessus, que l'on puisse faire varier les inclinaisons des faces adjacentes sans détruire le polyèdre et, pour simplifier encore la question, supposons d'abord que l'on puisse faire varier toutes les inclinaisons à la fois. Les inclinaisons sur certaines arêtes varieront en plus; les inclinaisons sur d'autres arêtes varieront en moins, et en comparant deux à deux, relativement aux signes de leurs variations, les inclinaisons des arêtes qui, dans chaque face, aboutissent aux mêmes sommets, on trouvera, en passant successivement d'une arête à l'autre, plusieurs changements de signes. C'est le nombre de ces changements que nous allons chercher à déterminer.

Soient (comme ci-dessus, théorème XI) :

S le nombre des angles solides du polyèdre;
H le nombre de ses faces;
A le nombre de ses arêtes;

on aura (par le théorème XI)

$$4S - 8 = 2a + 4b + 6c + 8d + 10e + \ldots.$$

Cela posé, il suit du théorème IX que chaque angle solide doit fournir au moins quatre changements de signes entre les variations d'inclinaison sur les arêtes qui le composent. La surface totale du polyèdre devra donc fournir un nombre de changements de signes au moins égal à 4S; reste à savoir si cela est possible.

Or, si l'on compare successivement deux à deux les différentes arêtes qui composent une même face, on trouvera que chaque face triangulaire contenant toujours au moins deux arêtes sur lesquelles les variations d'inclinaison sont de même signe, ne pourra fournir au plus que deux changements de signes. Les quadrilatères pourront fournir chacun quatre changements de signes; mais les pentagones se trouvant dans le même cas que les triangles n'en fourniront chacun que quatre au plus, comme les quadrilatères. En continuant de même, on fera voir que les hexagones et les heptagones ne pourraient fournir chacun plus de six changements de signes, que les octogones et les ennéagones n'en pourraient fournir chacun plus de huit et ainsi de suite. Il suit de là que toutes les faces du polyèdre ne pourront fournir ensemble plus de changements de signes qu'il n'y a d'unités dans la somme faite de deux fois le nombre des triangles, de quatre fois celui des quadrilatères, de quatre fois celui des pentagones, de six fois celui des hexagones, etc., ou dans

$$2a + 4b + 4c + 6d + 6e + \ldots.$$

Mais, si l'on compare ce résultat à la valeur de $4S - 8$ trouvée plus haut, il sera facile de voir qu'il ne peut jamais la surpasser. Il est donc impossible d'obtenir entre les variations d'inclinaison sur toutes les arêtes un nombre de changements de signes au moins égal à $4S$; on ne peut donc changer à la fois les inclinaisons sur toutes les arêtes.

Si l'on suppose, en second lieu, que dans le polyèdre donné, non seulement les faces, mais encore les inclinaisons sur plusieurs arêtes restent invariables et que cependant on puisse, sans détruire le polyèdre, faire varier les inclinaisons sur les arêtes restantes, alors, pour démontrer l'absurdité de l'hypothèse, il suffira de concevoir la surface du polyèdre décomposée en autant de portions que les arêtes sur lesquelles les inclinaisons varient forment de contours différents, et d'appliquer aux portions, aux arêtes qui les terminent et aux sommets compris entre ces arêtes, les mêmes raisonnements que nous avons appliqués dans l'hypothèse précédente aux faces, aux arêtes et aux sommets du polyèdre. On y parviendra en substituant, dans le cours de la démonstration, les théorèmes X et XII aux théorèmes IX et XI sur lesquels on s'est appuyé dans le premier cas.

Corollaire I. — Il suit du théorème précédent que *deux polyèdres convexes, compris sous un même nombre de faces égales et semblablement placées, sont ou superposables ou symétriques et, dans les deux cas, ils sont nécessairement égaux.* C'est en quoi consiste le théorème renfermé dans la définition IX du onzième Livre d'Euclide.

Corollaire II. — Il suit encore du théorème précédent que, *lorsque deux polyèdres convexes sont compris sous un même nombre de faces semblables et semblablement placées, le deuxième est semblable au premier ou à un troisième polyèdre symétrique du premier.* C'est en quoi consiste le théorème renfermé dans la définition X du Livre déjà cité.

RECHERCHES SUR LES NOMBRES.

Journal de l'École Polytechnique, XVIe Cahier, t. IX, p. 99; 1813.

M. Lagrange a démontré, le premier, dans les *Mémoires de Berlin* (année 1770), le théorème suivant :

Étant donnés un nombre premier p et deux autres nombres entiers B *et* C *positifs ou négatifs, mais non divisibles par p, on peut toujours trouver deux nombres t et u, tels que la formule*

$$t^2 + Bu^2 + C$$

soit divisible par p.

Ce théorème a quelque analogie avec un autre plus simple et dont voici l'énoncé :

Étant donnés un nombre premier p et deux autres nombres entiers A *et* B *positifs ou négatifs, mais non divisibles par p, on peut toujours trouver un nombre x tel que la formule*

$$Ax + B$$

soit divisible par p.

Ce dernier théorème ayant été démontré très simplement par M. Legendre dans son *Introduction à la théorie des nombres,* l'analogie m'a porté à croire qu'il devait exister une démonstration semblable du théorème de M. Lagrange. Le travail que j'avais entrepris dans le dessein de parvenir à cette démonstration m'a conduit, en outre, à la démonstration de quelques autres théorèmes que je vais exposer successivement, et dont plusieurs me paraissent nouveaux.

Pour simplifier les énoncés des théorèmes, j'appellerai *nombres de même forme*, relativement à un diviseur donné, des nombres entiers qui, étant divisés par ce diviseur, donneront des restes entiers et positifs égaux. Par opposition, j'appellerai *nombres de forme différente* des nombres entiers qui, étant divisés par le diviseur donné, donneront des restes entiers et positifs différents.

Supposons que

$$a_0, \quad a_1, \quad a_2, \quad \ldots, \quad a_\alpha$$

soient une série de nombres entiers positifs ou négatifs, composée de $\alpha + 1$ termes différents; nous représenterons par a_x le terme général de cette série et nous dirons alors que la formule a_x peut prendre successivement $\alpha + 1$ valeurs différentes. Si, de plus, les valeurs particulières

$$a_0, \quad a_1, \quad a_2, \quad \ldots, \quad a_\alpha,$$

de la formule a_x, sont toutes de formes différentes relativement à un diviseur donné, nous dirons alors que la formule a_x peut fournir $\alpha + 1$ valeurs de formes différentes.

Soient de même

$$b_0, \quad b_1, \quad b_2, \quad \ldots, \quad b_\beta; \qquad c_0, \quad c_1, \quad c_2, \quad \ldots, \quad c_\gamma; \qquad \ldots$$

des séries composées chacune de termes de formes différentes relativement à un diviseur donné; nous représenterons par b_y, c_z, ... les termes généraux de ces séries et nous dirons que les formules $b_y, c_z, \ldots$ peuvent fournir, l'une $\beta + 1$, l'autre $\gamma + 1$ valeurs de formes différentes.

Cela posé, je vais passer à la démonstration des théorèmes, en commençant par ceux qui sont déjà connus.

Théorème I. — *Soit, pris pour diviseur, un nombre entier quelconque n,* *premier ou non premier; soit*

$$\alpha + 1 \leqq n,$$

et supposons que la formule a_x *puisse fournir* $\alpha + 1$ *valeurs de formes différentes relativement au diviseur* n; *soit, de plus,* k *un nombre entier quelconque positif ou négatif; je dis que les formules*

$$k + a_x \quad \text{et} \quad k - a_x$$

fourniront chacune $\alpha + 1$ *valeurs de formes différentes relativement au diviseur* n.

Démonstration. — Soient a_r et a_s deux valeurs de la formule a_x, les deux valeurs correspondantes de la double formule $k \pm a_x$ seront

$$k \pm a_r, \quad k \pm a_s;$$

d'ailleurs, la différence des valeurs a_r, a_s de la première formule ne pouvant être ni nulle ni divisible par n, il en sera de même de la différence des valeurs

$$k \pm a_r, \quad k \pm a_s$$

de la double formule $k \pm a_x$, puisque cette dernière différence est, au signe près, égale à la première. Il résulte de là que deux valeurs de la formule

$$k + a_x \quad \text{ou} \quad k - a_x$$

sont nécessairement de formes différentes relativement à n.

Théorème II. — *Soit, pris pour diviseur, un nombre premier* p; *soit*

$$\alpha + 1 \leqq p,$$

et supposons que la formule a_x *puisse fournir* $\alpha + 1$ *valeurs de formes différentes relativement à* p; *soit, de plus,* A *un nombre entier quelconque positif ou négatif, non divisible par* p; *je dis que la formule* $\mathrm{A}a_x$ *fournira aussi* $\alpha + 1$ *valeurs de formes différentes.*

Démonstration. — Soient a_r et a_s deux valeurs de la formule a_x. Les deux valeurs correspondantes de la formule Aa_x seront

$$Aa_r \quad \text{et} \quad Aa_s;$$

d'ailleurs, les deux quantités A et $a_r - a_s$ n'étant point, par l'hypothèse, divisibles par p, la différence

$$A(a_r - a_s)$$

des deux valeurs Aa_r, Aa_s de la formule Aa_x ne pourra être non plus divisible par p. Il suit de là que deux valeurs de la formule Aa_x sont nécessairement de formes différentes relativement à n.

Théorème III. — *Les mêmes choses étant posées que dans le théorème précédent et k étant un nombre entier quelconque positif ou négatif, la formule*

$$k + Aa_x \quad \text{ou} \quad k - Aa_x$$

fournira $\alpha + 1$ *valeurs de formes différentes relativement à* p.

Démonstration. — En effet, il suit du théorème I que la formule

$$k + Aa_x \quad \text{ou} \quad k - Aa_x$$

fournira autant de valeurs de formes différentes que la formule Aa_x, et il suit du théorème II que celle-ci fournira autant de valeurs de formes différentes que la valeur a_x.

Théorème IV. — *Les mêmes choses étant posées que dans le théorème précédent, si, de plus, le nombre* $\alpha + 1$ *des valeurs de la formule* a_x *est égal à* p, *l'une des valeurs de la formule*

$$k + Aa_x \quad \text{ou} \quad k - Aa_x$$

sera divisible par p.

Démonstration. — En effet, dans le cas dont il s'agit, la formule

$$k + Aa_x \quad \text{ou} \quad k - Aa_x,$$

étant divisée par p, doit donner p restes différents, c'est-à-dire tous les restes possibles; elle doit donc donner aussi le reste zéro. La valeur de la formule qui correspond à ce reste sera évidemment divisible par p.

THÉORÈME V. — *Soit, pris pour diviseur, un nombre premier p; soit*

$$\alpha + 2 \leqq p,$$

et supposons que la formule a_x puisse fournir $\alpha + 1$ valeurs de formes différentes relativement à p; soit, de plus, k un nombre entier quelconque positif ou négatif; je dis que les deux formules

$$a_x \quad \text{et} \quad a_x + k$$

fourniront ensemble au moins $\alpha + 2$ valeurs de formes différentes relativement à p.

Démonstration. — Supposons, contre l'énoncé ci-dessus, que les deux formules

$$a_x \quad \text{et} \quad a_x + k$$

ne puissent fournir ensemble plus de $\alpha + 1$ formes différentes. Dans ce cas, toutes les valeurs de la seconde formule devront être de mêmes formes que celles de la première. Il suit de là que a_r étant une valeur quelconque de la première formule et $a_r + k$ la valeur correspondante de la seconde, l'une des valeurs de la première formule sera nécessairement de la forme $a_r + k$. En substituant cette valeur à a_r on prouvera, par un raisonnement semblable à celui qu'on vient de faire, que la formule a_x doit nécessairement fournir une valeur de la forme

$$(a_r + k) + k \quad \text{ou} \quad a_r + 2k,$$

et, en continuant de même, on fera voir, en général, que la formule a_x, dans l'hypothèse présente, devra fournir des valeurs de toutes les formes suivantes :

$$a_r, \quad a_r + k, \quad a_r + 2k, \quad a_r + 3k, \quad \ldots, \quad a_r + (p-1)k,$$

et comme les formes dont il s'agit sont toutes différentes entre elles et en nombre égal à p, la formule a_x devrait fournir p valeurs de formes différentes; ce qui ne peut être, puisqu'on suppose p plus grand que $\alpha + 2$, ou tout au plus égal à $\alpha + 2$.

Théorème VI. — *Soit, pris pour diviseur, un nombre premier p; soit*

$$\alpha + 2 \leqq p,$$

et supposons que la formule a_x puisse fournir $\alpha + 1$ valeurs de formes différentes relativement à p; soient, de plus, b_0, b_1 deux nombres entiers de formes différentes relativement au même diviseur; je dis que les formules

$$a_x + b_0, \quad a_x + b_1$$

fourniront ensemble au moins $\alpha + 2$ valeurs de formes différentes.

Démonstration. — Pour déduire ce théorème du précédent il suffit de substituer la formule $a_x + b_0$ à la formule a_x et de faire ensuite

$$b_1 - b_0 = k.$$

Théorème VII. — *Soit, pris pour diviseur, un nombre premier p et soient α et β deux nombres entiers tels que l'on ait*

$$\alpha + \beta + 1 \leqq p;$$

supposons que la formule a_x puisse fournir $\alpha + 1$ valeurs de formes différentes et la formule b_y, $\beta + 1$ valeurs de formes différentes; je dis que la formule $a_x + b_y$ fournira au moins $\alpha + \beta + 1$ valeurs de formes différentes.

Démonstration. — On peut toujours supposer que la formule a_x soit celle qui fournisse le plus de valeurs. Cela posé, l'on aura $\beta \leqq \alpha$. De plus, il pourra arriver, ou que les valeurs de la formule a_x et celles de la formule b_y soient toutes de formes différentes, ou que les formes des valeurs de la formule b_y soient toutes comprises parmi les formes des valeurs de la formule a_x, ou que les formes des valeurs de la formule b_y soient en partie comprises et en partie non comprises parmi celles des valeurs de la formule a_x. Nous allons examiner chacun de ces trois cas séparément.

Premier cas. — Et d'abord, pour ramener le premier cas à l'un des deux suivants, il suffit de substituer à la formule b_y la formule $b_y - k$, en prenant pour k un nombre entier positif ou négatif, tel que l'une des valeurs de la formule $b_y - k$ soit égale à l'une des valeurs de la formule a_x. La formule $a_x + b_y$ devant fournir autant de valeurs différentes que la formule

$$a_x + b_y - k,$$

il suffira de démontrer le théorème relativement aux formules

$$a_x \quad \text{et} \quad b_y - k$$

qui fourniront au moins deux valeurs de même forme.

Deuxième cas. — Supposons que les formes des valeurs de b_y soient toutes comprises parmi les formes des valeurs de la formule a_x. Il pourra arriver, ou que la formule $a_x + b_y$ fournisse p valeurs de formes différentes, c'est-à-dire des valeurs de toutes les formes possibles déterminées par les restes

$$0, \quad 1, \quad 2, \quad 3, \quad \ldots, \quad p-1,$$

ou que le nombre des valeurs de formes différentes fournies par la formule $a_x + b_y$ soit plus petit que p. Dans la première hypothèse, le théorème se trouve vérifié, puisque l'on suppose

$$\alpha + \beta + 1$$

tout au plus égal à p. Soit, dans la seconde hypothèse, $1 + \gamma$ le nombre des formes qui ne sont pas comprises parmi celles de la formule $a_x + b_y$, et soit c_z le terme général d'une série composée de $1 + \gamma$ termes qui présentent successivement ces mêmes formes. Les deux formules

$$a_x + b_y \quad \text{et} \quad c_z$$

comprendront à elles deux toutes les formes possibles. Soient, de plus,

b_m, b_n deux valeurs de la formule b_y; $b_m - b_n$ ne pourra être ni nulle ni divisible par p et, par suite, les deux formules

$$c_z \quad \text{et} \quad c_z + b_m - b_n$$

devront fournir $\gamma + 2$ valeurs de formes différentes. La formule

$$c_z + b_m - b_n$$

devra donc fournir une valeur dont la forme ne soit pas comprise parmi celles de la formule c_z et soit comprise parmi celles de la formule $a_x + b_y$. Soient c_k, a_r, b_s les valeurs de c_z, a_x, b_y qui rendent la formule

$$c_z + b_m - b_n$$

de même forme que la formule $a_x + b_y$. Substituez aux formules a_x et b_y les deux formules

$$a_x + b_s \quad \text{et} \quad b_y + c_k - b_n.$$

Il est facile de voir que ces deux dernières formules contiendront au moins deux termes de même forme, savoir :

$$a_r + b_s \quad \text{et} \quad b_m + c_k - b_n.$$

De plus, la formule

$$b_y + c_k - b_n$$

contiendra au moins un terme c_k dont la forme ne sera point comprise parmi celles des valeurs de la formule $a_x + b_s$. Les deux formules

$$a_x + b_s, \quad b_y + c_k - b_n$$

fourniront donc des valeurs de même forme et des valeurs de formes différentes; d'ailleurs, il suffit de démontrer le théorème relativement à ces deux dernières formules, pour qu'il soit démontré relativement aux formules a_x et b_y. La question pourra donc être toujours ramenée au troisième cas que nous allons examiner.

Troisième cas. — Supposons que les formes des valeurs de la formule b_y soient en partie comprises et en partie non comprises parmi celles des valeurs de la formule a_x. Soit

(1) $$a_0,\quad a_1,\quad a_2,\quad \ldots,\quad a_\alpha$$

la série des valeurs de la formule a_x au nombre de $\alpha + 1$, et soit

(2) $$b_0,\quad b_1,\quad b_2,\quad \ldots,\quad b_\alpha$$

la série des valeurs de la formule b_y au nombre de $\beta + 1$.

Comme il ne s'agit ici que des formes des valeurs que l'on considère, c'est-à-dire des restes qu'on obtient en les divisant par p, on pourra supposer les termes des séries (1) et (2) plus petits que p, parce que, dans tous les cas, on peut les rendre tels en retranchant p de chacun d'eux autant de fois que possible. Alors, les termes qui étaient de même forme dans les deux séries deviendront égaux de part et d'autre. Soit $1 + \gamma$ le nombre de ces termes et soient respectivement

$$a_0,\quad a_1,\quad a_2,\quad \ldots,\quad a_\gamma,\quad b_0,\quad b_1,\quad b_2,\quad \ldots,\quad b_\gamma$$

les termes égaux, en sorte que l'on ait

$$a_0 = b_0,\qquad a_1 = b_1,\qquad \ldots,\qquad a_\gamma = b_\gamma;$$

soient, de plus,

$$a_{\gamma+1},\quad a_{\gamma+2},\quad \ldots,\quad a_\alpha,\quad b_{\gamma+1}\quad b_{\gamma+2},\quad \ldots,\quad b_\beta$$

les autres termes des séries (1) et (2), qui seront tous de formes différentes; les séries (1) et (2) seront respectivement

(1) $$a_0,\quad a_1,\quad a_2,\quad \ldots,\quad a_\gamma,\quad a_{\gamma+1},\quad a_{\gamma+2},\quad \ldots,\quad a_\alpha,$$

(2) $$a_0,\quad a_1,\quad a_2,\quad \ldots,\quad a_\gamma,\quad b_{\gamma+1},\quad b_{\gamma+2},\quad \ldots,\quad b_\beta.$$

Cela posé, je dis que, pour démontrer le théorème relativement aux séries (1) et (2), il suffira de le démontrer relativement aux deux séries

(3) $$a_0,\quad a_1,\quad a_2,\quad \ldots,\quad a_\gamma,\quad a_{\gamma+1},\quad a_{\gamma+2},\quad \ldots,\quad a_\alpha,\quad b_{\gamma+1},\quad b_{\gamma+2},\quad \ldots,\quad b_\beta,$$

(4) $$a_0,\quad a_1,\quad a_2,\quad \ldots,\quad a_\gamma,$$

qui ne diffèrent des deux séries données que parce qu'on a fait passer dans la première tous les termes de la seconde qui n'étaient pas communs aux deux séries. Pour prouver cette proposition il suffira de faire voir que toutes les sommes que l'on peut obtenir, en ajoutant successivement les termes de la série (4) à ceux de la série (3), sont nécessairement de la forme $a_x + b_y$; en sorte qu'on peut les obtenir également en ajoutant successivement les termes de la série (2) à ceux de la série (1). Et, en effet, les sommes dont il s'agit sont de deux espèces. Les unes résultent de l'addition des termes $a_0, a_1, a_2, \ldots, a_\gamma$ de la série (4) aux termes

$$b_{\gamma+1}, \quad b_{\gamma+2}, \quad b_{\gamma+3}, \quad \ldots, \quad b_\beta$$

de la série (3), et sont évidemment de la forme $a_x + b_y$. Les autres résultent de l'addition des termes de la série (4) avec les termes

$$a_0, \quad a_1, \quad a_2, \quad \ldots, \quad a_\gamma, \quad a_{\gamma+1}, \quad \ldots, \quad a_\alpha$$

de la série (3); d'ailleurs, les termes

$$a_0, \quad a_1, \quad a_2, \quad \ldots, \quad a_\gamma, \quad a_{\gamma+1}, \quad \ldots, \quad a_\alpha$$

étant de la forme a_x, et les termes de la série (4) pouvant être considérés comme étant de la forme b_y, parce qu'ils sont communs aux séries (1) et (2), les sommes dont il s'agit seront encore de la forme $a_x + b_y$. Ainsi, pour démontrer le théorème relativement aux séries (1) et (2), il suffira de le démontrer relativement aux séries (3) et (4) composées : l'une de

$$1 + \alpha + \beta - \gamma$$

termes de formes différentes, l'autre de

$$1 + \gamma$$

termes dont les formes sont comprises parmi celles des termes de la série (3).

Cela posé, on pourra, par le moyen des transformations employées dans le deuxième cas, augmenter les séries (3) et (4) de quantités telles que les formes des termes de la série (4) soient en partie comprises et en partie non comprises parmi les formes des termes de la série (3). Soit $\delta+1$ le nombre des termes qui, après ces transformations, seront de même forme dans les deux séries; on pourra, en opérant comme ci-dessus, substituer aux séries (3) et (4) deux nouvelles séries (5) et (6) composées, l'une de

$$1+\alpha+\beta-\gamma+(\gamma-\delta)=1+\alpha+\beta-\delta$$

termes de formes différentes, l'autre de

$$1+\delta$$

termes dont les formes se trouveront comprises parmi celles des termes de la série (5), et l'on prouvera, comme précédemment, que, pour démontrer le théorème relativement aux séries (3) et (4), il suffira de le démontrer relativement aux séries (5) et (6).

En continuant de même, on fera voir, en général, que l'on peut substituer aux séries données, dont les nombres de termes sont respectivement

$$\alpha+1, \quad \beta+1,$$

plusieurs autres systèmes de séries semblables, dont les nombres de termes soient respectivement

$$\begin{array}{ll} 1+\alpha+\beta-\gamma, & 1+\gamma, \\ 1+\alpha+\beta-\delta, & 1+\delta, \\ 1+\alpha+\beta-\varepsilon, & 1+\varepsilon, \\ \ldots\ldots\ldots\ldots, & \ldots\ldots, \end{array}$$

les nombres entiers β, γ, δ, ε formant une série décroissante, et qu'il suffit de démontrer le théorème relativement au dernier de ces systèmes pour qu'il soit démontré relativement à tous les autres. D'ailleurs, les nombres entiers β, γ, δ, ε, ... formant une série décroissante et ne pouvant jamais être nuls, la série dont il s'agit se terminera nécessairement par l'unité, et alors on obtiendra deux séries dont les nombres de termes seront respectivement

$$\alpha+\beta \quad \text{et} \quad 2.$$

Mais, d'après le théorème VI, les additions faites des termes de ces deux séries doivent fournir un nombre de sommes de formes différentes au moins égal à

$$\alpha + \beta + 1.$$

Le théorème VII se trouvant ainsi vérifié par rapport à ces deux dernières séries, sera également vrai relativement aux deux séries données.

Scholie. — Il est facile de voir que le théorème que nous venons de démontrer n'a lieu, en général, que relativement à un diviseur premier. En effet, si, au lieu de prendre pour diviseur un nombre premier p, on prenait pour diviseur le nombre composé np, alors, en supposant

$$\alpha + 1 = n$$

et faisant

$$\begin{array}{lllll} a_0 = 0, & a_1 = p, & a_2 = 2p, & \ldots, & a_{n-1} = (n-1)p, \\ b_0 = 0, & b_1 = p, & & \ldots, & b_\beta = \beta p, \end{array}$$

et divisant la formule $a_x + b_y$ par np, on ne pourrait obtenir pour restes que des nombres divisibles par p et, par suite, le nombre de ces restes, ne pouvant surpasser n ou $\alpha + 1$, serait nécessairement au-dessous de $\alpha + \beta + 1$.

Il existe pourtant un cas où le théorème VII a lieu relativement à un diviseur quelconque : c'est celui où

$$\alpha + \beta + 1 = p,$$

comme nous le ferons voir ci-après.

Corollaire. — Rien n'empêche, dans ce qui précède, de supposer la série (2) égale à la série (1); alors on a $\alpha = \beta$ et l'on peut énoncer le théorème de la manière suivante :

Théorème VIII. — *Soit, pris pour diviseur, un nombre premier p; soit*

$$2\alpha + 1 \leqq p,$$

et supposons que la formule a_x *puisse fournir* $\alpha + 1$ *valeurs de formes différentes relativement à p, les sommes qui résulteront de toutes les combinaisons possibles de ces valeurs, prises deux à deux, fourniront au moins* $2\alpha + 1$ *termes de formes différentes.*

THÉORÈME IX. — *Soit, pris pour diviseur, un nombre entier quelconque n, premier ou non premier; soient* α *et* β *deux autres nombres entiers tels que l'on ait*

$$\alpha + \beta + 1 = n;$$

supposons que la formule a_x *puisse fournir* $\alpha + 1$ *valeurs de formes différentes et la formule* b_y, $\beta + 1$ *valeurs de formes différentes, la formule* $a_x + b_y$ *fournira*

$$\alpha + \beta + 1 = n$$

valeurs de formes différentes, c'est-à-dire des valeurs de toutes les formes possibles.

Ce théorème, qui est un cas particulier du théorème VII, lorsque n est un nombre premier, peut se démontrer en général de la manière suivante.

Démonstration. — Soit k un reste quelconque plus petit que n; pour prouver que la formule $a_x + b_y$ donne au moins une valeur de la forme k, il suffira de prouver que la formule $a_x + b_y - k$ fournira au moins une valeur de la forme zéro ou, ce qui revient au même, que les formules a_x et $k - b_y$ fournissent au moins deux valeurs de mêmes formes. Et, en effet, la formule a_x devant fournir $\alpha + 1$ valeurs de formes différentes et la formule b_y, $\beta + 1$ valeurs de formes différentes; si les deux formules ne pouvaient fournir deux valeurs de même forme, on aurait en tout

$$\alpha + \beta + 2 \quad \text{ou} \quad n + 1$$

valeurs de formes différentes, ce qui est absurde.

THÉORÈME X. — *Soit, pris pour diviseur, un nombre quelconque n;*

soient α *et* β *deux nombres entiers tels que l'on ait*

$$\alpha + \beta + 1 = n;$$

si la formule a_x *fournit* $\alpha + 1$ *valeurs de formes différentes et la formule* b_y, $\beta + 1$ *valeurs de formes différentes, une des valeurs de la formule* $a_x + b_y$ *sera de la forme zéro, c'est-à-dire divisible par* p.

En effet, d'après le théorème précédent, la formule $a_x + b_y$ doit fournir des valeurs de toutes les formes possibles.

THÉORÈME XI. — *Soit, pris pour diviseur, un nombre premier* p; *soient* α, β, γ *des nombres entiers tels que l'on ait*

$$\alpha + \beta + 1 \leqq p;$$

supposons que la formule a_x *fournisse* $\alpha + 1$ *valeurs de formes différentes, la formule* b_y, $\beta + 1$ *valeurs de formes différentes et la formule* c_z, $\gamma + 1$ *valeurs de formes différentes;* $\alpha + \beta + \gamma + 1$ *étant supposé ou plus petit que* p *ou tout au plus égal à* p, *la formule* $a_x + b_y + c_z$ *fournira au moins*

$$\alpha + \beta + \gamma + 1$$

valeurs de formes différentes.

Démonstration. — En effet, il suit du théorème VII que la formule $a_x + b_y$ fournira au moins $\alpha + \beta + 1$ valeurs de formes différentes. La formule c_z fournissant, d'ailleurs, $\gamma + 1$ valeurs de formes différentes, les deux formules $a_x + b_y$ et c_z réunies devront fournir, d'après le théorème VII,

$$(\alpha + \beta) + \gamma + 1$$

valeurs de formes différentes.

Corollaire. — Si l'on suppose que la formule d_u fournisse un nombre δ de valeurs de formes différentes et que l'on ait

$$\alpha + \beta + \gamma + \delta + 1 \leqq p,$$

on fera voir, par un raisonnement semblable à ceux que l'on vient d'établir, que la formule

$$a_x + b_y + c_z + d_u$$

doit fournir au moins

$$\alpha + \beta + \gamma + \delta + 1$$

valeurs de formes différentes. En continuant de même, on démontrera, en général, le théorème suivant :

THÉORÈME XII. — *Soit, pris pour diviseur, un nombre premier p; soient $\alpha, \beta, \gamma, \delta, \varepsilon, \ldots$ des nombres entiers tels que l'on ait*

$$\alpha + \beta + \gamma + \delta + \varepsilon + \ldots + 1 \leqq p;$$

supposons, de plus, que les formules

$$a_x, \quad b_y, \quad c_z, \quad d_u, \quad e_v, \quad \ldots$$

puissent fournir, la première, $\alpha + 1$ valeurs de formes différentes; la deuxième, $\beta + 1$ valeurs de formes différentes; la troisième, $\gamma + 1$ valeurs de formes différentes, etc., la formule

$$a_x + b_y + c_z + d_u + e_v + \ldots$$

fournira au moins

$$\alpha + \beta + \gamma + \delta + \varepsilon + \ldots + 1$$

valeurs de formes différentes.

Corollaire. — Si l'on suppose

$$\alpha + \beta + \gamma + \delta + \varepsilon + \ldots + 1 = p,$$

alors la formule

$$a_x + b_y + c_z + d_u + e_v + \ldots$$

fournira p valeurs de formes différentes, c'est-à-dire des valeurs de toutes les formes possibles; elle fournira donc aussi une valeur de la forme zéro, c'est-à-dire divisible par p, d'où résulte le théorème suivant :

Théorème XIII. — *Soit, pris pour diviseur, un nombre premier quelconque p; soient* $\alpha, \beta, \gamma, \delta, \ldots, \varepsilon, \ldots$ *des nombres entiers tels que l'on ait*

$$\alpha + \beta + \gamma + \delta + \varepsilon + \ldots + 1 = p;$$

supposons que les formules

$$a_x, \quad b_y, \quad c_z, \quad d_u, \quad e_v, \quad \ldots$$

puissent fournir, la première, $\alpha + 1$ *valeurs de formes différentes; la deuxième,* $\beta + 1$ *valeurs de formes différentes; la troisième,* $\gamma + 1$ *valeurs de formes différentes; la quatrième,* $\delta + 1$ *valeurs de formes différentes; la cinquième,* $\varepsilon + 1$ *valeurs de formes différentes, etc.; une des valeurs de la formule*

$$a_x + b_y + c_z + d_u + \ldots$$

sera nécessairement divisible par p.

Corollaire. — Le théorème précédent aurait lieu, *a fortiori*, si l'on avait

$$1 + \alpha + \beta + \gamma + \delta + \varepsilon + \ldots > p.$$

Théorème XIV. — *Soit, pris pour diviseur, un nombre premier* $p > 2$ *et considérons la formule* x^2 *comme représentant le carré d'un nombre entier pris à volonté. Je dis que la formule* x^2 *pourra fournir* $\frac{p+1}{2}$ *valeurs de formes différentes.*

Démonstration. — Substituez successivement à la place de x les différents termes de la suite

$$0, \quad 1, \quad 2, \quad 3, \quad \ldots, \quad \frac{p-1}{2}$$

qui sont en nombre égal à $\frac{p+1}{2}$. Il est facile de voir que ces substitutions donneront pour x^2 autant de valeurs de formes différentes. Et, en effet, soient r^2 et s^2 deux de ces valeurs. Pour que r^2 et s^2 fussent de même forme, il faudrait que leur différence

$$r^2 - s^2 = (r - s)(r + s)$$

fût divisible par p. Or, c'est ce qui ne peut être, puisque le plus grand des facteurs de cette différence, savoir $r+s$, est tout au plus égal à

$$\frac{p-3}{2}+\frac{p-1}{2}=p-2$$

et, par conséquent, plus petit que p.

Corollaire I. — Il est facile de voir que, si, dans la formule x^2, on substitue successivement, à la place de x, les termes de la suite

$$\frac{p+1}{2},\quad \frac{p+3}{2},\quad \ldots,\quad p-1,$$

on aura des valeurs de mêmes formes que celles qu'on avait déjà obtenues par la substitution des nombres

$$0,\quad 1,\quad 2,\quad 3,\quad \ldots,\quad \frac{p-1}{2}$$

à la place de x; seulement, les mêmes formes se trouveront reproduites dans un ordre inverse. En effet, la différence des carrés

$$\left(\frac{p+m}{2}\right)^2 \quad \text{et} \quad \left(\frac{p-m}{2}\right)^2$$

est mp et, par conséquent, divisible par p.

Corollaire II. — La formule x^2 pouvant fournir $\frac{p+1}{2}$ restes de formes différentes, les formules

$$Ax^2,\quad By^2 \quad \text{et} \quad By^2+C$$

pourront fournir chacune $\frac{p+1}{2}$ restes de formes différentes, pourvu que A, B et C soient des nombres entiers non divisibles par p. Par suite, la formule

$$Ax^2+By^2+C$$

pourra fournir p valeurs de formes différentes, c'est-à-dire des valeurs de toutes les formes possibles; elle fournira donc aussi une valeur de la forme zéro, c'est-à-dire divisible par p, d'où résulte le théorème suivant :

THÉORÈME XV. — *Soit, pris pour diviseur, un nombre premier p, et soient* A, B, C *des nombres entiers positifs ou négatifs, mais non divisibles par p; on pourra toujours trouver, pour x et y, des valeurs telles que la formule*

$$Ax^2 + By^2 + C$$

soit divisible par p.

Nota. — Il suit de la théorie précédente qu'on pourra toujours satisfaire à la question en prenant pour x et pour y des valeurs entières plus petites que $\frac{p}{2}$.

THÉORÈME XVI. — *Désignons par $\overline{x^m}$ la somme des x premiers termes de la progression arithmétique*

$$1, \quad 1+m, \quad 1+2m, \quad \ldots, \quad 1+m(x-1);$$

$\overline{x^m}$ sera le terme général des nombres polygones de l'ordre $m+2$ et l'on aura

$$\overline{x^m} = \frac{x(x-1)}{2} m + x.$$

Supposons d'abord m pair, et soit p un nombre premier quelconque > 2. On pourra toujours supposer

$$p - 1 = m\alpha + n,$$

α étant le quotient de $\frac{p-1}{m}$ et n étant ou zéro ou un nombre entier plus petit que m. Cela posé, je dis que la formule $\overline{x^m}$ pourra fournir $\alpha + 1$ valeurs de formes différentes, si l'on a $n = 0$ et $\alpha + 2$ valeurs de formes différentes dans le cas contraire.

Démonstration. — Supposons d'abord $n = 0$; on aura

$$p - 1 = m\alpha \qquad \text{et} \qquad p = m\alpha + 1.$$

Substituez successivement, à la place de n, dans la formule $\overline{x^m}$, les termes de la suite

$$0,\quad 1,\quad 2,\quad 3,\quad \ldots,\quad \alpha,$$

qui sont en nombre égal à $\alpha + 1$. Il est facile de voir que ces substitutions donneront, pour $\overline{x'''}$, autant de valeurs de formes différentes et, en effet, soient $\overline{r'''}$ et $\overline{s'''}$ deux de ces valeurs. Pour que $\overline{r'''}$ et $\overline{s'''}$ fussent de même forme il faudrait que leur différence

$$m\frac{r(r-1)}{2} + r - m\frac{s(s-1)}{2} - s = (r-s)\left[\frac{m}{2}(r+s-1)+1\right]$$

fût divisible par p; or, c'est ce qui ne peut être, puisque le plus grand facteur de cette différence, savoir

$$\frac{m}{2}(r+s-1)+1,$$

est tout au plus égal à

$$\frac{m}{2}(\alpha+\alpha-1-1)+1 = m(\alpha-1)-1$$

et, par conséquent, plus petit que $m\alpha + 1$ ou p.

Supposons, en second lieu, que n ne soit pas nul; alors on aura

$$p = m\alpha + 2 \qquad \text{ou} \qquad p > m\alpha + 2.$$

Dans ce cas, substituez successivement, à la place de x, dans la formule $\overline{x'''}$ les termes de la suite

$$0,\quad 1,\quad 2,\quad 3,\quad \ldots,\quad \alpha+1,$$

qui sont en nombre égal à $\alpha + 2$. Il est facile de voir que ces substitutions donneront, pour $\overline{x'''}$, autant de valeurs de formes différentes. Et, en effet, soient $\overline{r'''}$, $\overline{s'''}$ deux de ces valeurs. Pour que $\overline{r'''}$ et $\overline{s'''}$ fussent de même forme il faudrait que leur différence

$$(r-s)\left[\frac{m}{2}(r+s-1)+1\right]$$

fût divisible par p; or, c'est ce qui ne peut être, puisque le plus grand facteur de cette différence, savoir

$$\frac{m}{2}(r+s-1)+1,$$

est tout au plus égal à

$$\frac{m}{2}(\alpha+1+\alpha-1)+1=m\alpha+1$$

et, par conséquent, plus petit que $m\alpha+2$ ou p.

Corollaire. — Soient $\overline{x^m}$, $\overline{y^m}$, $\overline{z^m}$, ... différents nombres polygones de l'ordre $m+2$, m étant un nombre pair. Soit, de plus, p un nombre premier, et soient α le quotient et n le reste de la division de $p-1$ par m. Soient encore A, B, C, D, ... des nombres entiers positifs ou négatifs non divisibles par p. Il suit de ce qu'on vient de dire :

1° Que les formules

$$\overline{x^m}, \quad A\overline{x^m}, \quad A\overline{x^m}+B$$

fourniront nécessairement $\alpha+1$ restes de formes différentes relativement à p, si n est égal à zéro, et $\alpha+2$ restes de formes différentes dans le cas contraire;

2° Que la formule

$$A\overline{x^m}+B\overline{y^m}+C$$

fournira au moins $2\alpha+1$ valeurs de formes différentes relativement à p, si n est égal à zéro, et $2\alpha+3$ valeurs de formes différentes dans le cas contraire;

3° Que la formule

$$A\overline{x^m}+B\overline{y^m}+C\overline{z^m}+D$$

fournira au moins $3\alpha+1$ valeurs de formes différentes, si n est égal à zéro, et $3\alpha+4$ valeurs de formes différentes dans le cas contraire, etc.

En continuant de même, on fera voir, en général, que, si la formule

$$A\overline{x^m}+B\overline{y^m}+C\overline{z^m}+D\overline{u^m}+E\overline{v^m}+\ldots+F$$

est composée d'autant de termes variables qu'il y a d'unités dans m, cette formule fournira $m\alpha + 1$ valeurs de formes différentes, si n est égal à zéro ou, ce qui revient au même, si l'on a $p = m\alpha + 1$ et $m(\alpha + 1) + 1$ valeurs de formes différentes, s'il est possible, dans le cas contraire; d'ailleurs, $m(\alpha + 1) + 1$ étant toujours plus grand que $m\alpha + n$ ou p, il est clair que la formule dont il s'agit devra fournir p valeurs de formes différentes, c'est-à-dire des valeurs de toutes les formes possibles et, par suite, une de ses valeurs devra être divisible par p, d'où résulte le théorème suivant :

Théorème XVII. — *Soient m un nombre pair et p un nombre premier quelconque* > 2.

Soient, de plus, A, B, C, ..., F *plusieurs nombres entiers positifs ou négatifs mais non divisibles par p. Représentons par* $\overline{x^m}$, $\overline{y^m}$, $\overline{z^m}$, ... *des nombres polygones de l'ordre* $m + 2$ *et en nombre égal à m. On pourra toujours trouver, pour* x, y, z, *des valeurs telles que la formule*

$$A\overline{x^m} + B\overline{y^m} + C\overline{z^m} + \ldots + F$$

soit divisible par p.

Nota. — Il suit de la théorie précédente qu'on pourra toujours satisfaire à la question en prenant pour x, y, z, ... des valeurs entières plus petites que $1 + \frac{p}{m}$.

Corollaire I. — Si l'on suppose $m = 2$, la formule que l'on considère se réduira à trois termes de la forme

$$Ax^2 + By^2 + C$$

et l'on sera ramené au théorème XV, qui n'est qu'un cas particulier du précédent.

Corollaire II. — Si l'on suppose

$$A = B = C = \ldots = 1,$$

on trouvera que la formule

$$\overline{x^m} + \overline{y^m} + \overline{z^m} + \ldots + \mathrm{F},$$

composée d'autant de nombres polygones qu'il y a d'unités dans m, est toujours divisible par un nombre premier donné.

Théorème XVIII. — *Désignons par $\overline{x^1}$ la suite des x premiers termes de la progression arithmétique*

$$1.2.3\ldots x,$$

$\overline{x^1}$ sera la formule générale des nombres triangulaires et l'on aura

$$\overline{x^1} = \frac{x(x+1)}{2}.$$

Soit, de plus, p un nombre premier quelconque > 2 et soit

$$p - 1 = 2\alpha.$$

Je dis que la formule $\overline{x^1}$ fournira nécessairement $\alpha + 1$ valeurs de formes différentes.

Démonstration. — Substituez successivement à la place de x, dans la formule $\overline{x^1}$, les termes de la suite

$$0,\quad 1,\quad 2,\quad 3,\quad \ldots,\quad \alpha,$$

qui sont en nombre égal à $\alpha + 1$. Il est facile de voir que ces substitutions donneront, pour $\overline{x^1}$, autant de valeurs de formes différentes. Et, en effet, soient $\overline{r^1}$ et $\overline{s^1}$ deux de ces valeurs. Pour qu'elles fussent de même forme, il faudrait que leur différence

$$\overline{r^1} - \overline{s^1} = \frac{(r-s)(r+s+1)}{2}$$

fût divisible par p; or, c'est ce qui ne peut être, puisque le plus grand facteur de cette différence, savoir $r + s + 1$, peut tout au plus devenir égal à

$$\alpha + \alpha - 1 + 1 \quad \text{ou à} \quad 2\alpha = p - 1.$$

Corollaire. — Il suit du théorème précédent que, si l'on représente par A, B, C des nombres entiers non divisibles par p, les formules

$$A\overline{x^1} \quad \text{et} \quad B\overline{y^1}+C$$

fourniront chacune $\alpha+1$ valeurs de formes différentes. Par suite, la formule

$$A\overline{x^1}+B\overline{y^1}+C$$

fournira $2\alpha+1$ valeurs de formes différentes, c'est-à-dire des valeurs de toutes les formes possibles. Elle devra donc fournir une valeur divisible par p, d'où l'on conclut le théorème suivant :

Théorème XIX. — *Soit p un nombre premier quelconque >2; soient* A, B, C *des nombres entiers positifs ou négatifs mais non divisibles par p; on pourra toujours trouver, pour x et y, des valeurs telles que la formule*

$$A\overline{x^1}+B\overline{y^1}+C$$

soit divisible par p.

Théorème XX. — *Soient m un nombre impair et p un nombre premier quelconque; soit α le quotient de la division de p par $2m$, en sorte qu'on ait*

$$p=2m\alpha+n,$$

n étant un nombre entier plus petit que $2m$; soit, de plus, $\overline{x^m}$ la formule générale des nombres polygones de l'ordre $m+2$; je dis que la formule $\overline{x^m}$ fournira au moins $\alpha+2$ valeurs de formes différentes.

Démonstration. — Substituez successivement, à la place de x, dans la formule $\overline{x^m}$, les termes de la suite

$$0,\quad 1,\quad 2,\quad 3,\quad \ldots,\quad \alpha,\quad \alpha+1,$$

qui sont en nombre égal à $\alpha+2$. Je dis que ces substitutions fourniront, pour $\overline{x^m}$, autant de valeurs de formes différentes. Et, en effet, soient $\overline{r^m}$ et $\overline{s^m}$ deux de ces valeurs; pour qu'elles fussent de même forme, il faudrait que leur différence

$$\frac{1}{2}(r-s)[m(r+s-1)+2]$$

fût divisible par p. Or, c'est ce qui ne peut être, puisque le plus grand facteur de cette différence, étant

$$\frac{m}{2}(r+s-1)+1$$

dans le cas où $r-s$ est impair et

$$m(r+s-1)+2$$

dans le cas où $r-s$ est pair, sera tout au plus égal à

$$m(\alpha+1+\alpha-1-1)+2 \quad \text{ou à} \quad 2m\alpha-(m-2)$$

et, par conséquent, plus petit que p.

Corollaire. — Soient $\overline{x^m}$, $\overline{y^m}$, $\overline{z^m}$, ... des nombres polygones de l'ordre impair $m+2$; soient, de plus, p un nombre premier et α le quotient de la division $\frac{p}{2m}$; enfin, soient A, B, C, ... des nombres entiers non divisibles par p; il suit du théorème précédent :

1° Que les formules

$$\overline{x^m}, \quad A\overline{x^m}, \quad A\overline{x^m}+B$$

fourniront nécessairement $\alpha+2$ valeurs de formes différentes relativement à p;

2° Que la formule

$$A\overline{x^m}+B\overline{y^m}+C$$

fournira $2\alpha+3$ valeurs de formes différentes relativement à p, ...

En continuant de même, on fera voir, en général, que, si la formule

$$A\overline{x^m}+B\overline{y^m}+C\overline{z^m}+\ldots+F$$

est composée d'autant de termes variables qu'il y a d'unités dans $2m$, cette formule fournira, s'il est possible,

$$2m(\alpha+1)+1$$

valeurs de formes différentes. Mais

$$2m(\alpha+1)+1$$

étant plus grand que p, il est clair que la formule dont il s'agit fournira p valeurs de formes différentes, c'est-à-dire des valeurs de toutes les formes possibles; elle fournira donc une valeur divisible par p et, par suite, on aura le théorème suivant :

Théorème XXI. — *Soient m un nombre impair et p un nombre premier quelconque; soient, de plus,* A, B, C, D, ..., F *plusieurs nombres entiers positifs ou négatifs non divisibles par p; enfin, soient* $\overline{x^m}$, $\overline{y^m}$, $\overline{z^m}$, ... *des nombres polygones de l'ordre $m+2$ et en nombre égal à $2m$; on pourra toujours trouver, pour $x, y, z, \ldots$, des nombres tels que la formule*

$$A\overline{x^m}+B\overline{y^m}+C\overline{z^m}+\ldots+F,$$

composée de $2m$ termes variables et d'un terme constant, soit divisible par p.

MÉMOIRE

SUR LE

NOMBRE DES VALEURS QU'UNE FONCTION PEUT ACQUÉRIR,

LORSQU'ON Y PERMUTE DE TOUTES LES MANIÈRES POSSIBLES LES QUANTITÉS QU'ELLE RENFERME.

Journal de l'École Polytechnique, XVIIe Cahier, Tome X, p. 1; 1815.

MM. Lagrange et Vandermonde sont, je crois, les premiers qui aient considéré les fonctions de plusieurs variables relativement au nombre de valeurs qu'elles peuvent obtenir, lorsqu'on substitue ces variables à la place les unes des autres. Ils ont donné plusieurs théorèmes intéressants relatifs à ce sujet dans deux Mémoires imprimés en 1771, l'un à Berlin, l'autre à Paris. Depuis ce temps, quelques géomètres italiens se sont occupés avec succès de cette matière et, particulièrement, M. Ruffini, qui a consigné le résultat de ses recherches dans le Tome XII des *Mémoires de la Société italienne* et dans sa *Théorie des équations numériques*. Une des conséquences les plus remarquables des travaux de ces divers géomètres est que, avec un nombre donné de lettres, on ne peut pas toujours former une fonction qui ait un nombre déterminé de valeurs. Les caractères par lesquels cette impossibilité se manifeste ne sont pas toujours faciles à saisir; mais on peut du moins, pour un nombre donné de lettres, assigner des limites que le nombre des valeurs ne peut dépasser et déterminer en outre un grand nombre de cas d'exclusion. Je vais exposer dans ce Mémoire ce qu'on avait déjà trouvé de plus important sur cet objet et ce que mes propres recherches m'ont permis d'y ajouter. J'examinerai plus particulièrement le cas où le nombre des valeurs d'une fonction est supposé plus petit que le nombre des lettres, parce que les fonctions de cette nature sont celles dont la connaissance est la plus utile en Analyse.

Considérons une fonction de plusieurs quantités et supposons que l'on échange entre elles ces mêmes quantités une ou plusieurs fois de suite. Si la fonction est du genre de celles qu'on appelle *symétriques*, elle ne changera pas de valeur par suite des transpositions opérées entre les quantités qu'elle renferme; mais si elle n'est pas symétrique, elle pourra obtenir, en vertu de ces mêmes transpositions, plusieurs valeurs différentes les unes des autres dont le nombre se trouvera déterminé par la nature de la fonction dont il s'agit. Si l'on partage les fonctions en divers ordres, suivant le nombre des quantités qu'elles renferment, en sorte qu'une fonction du deuxième ordre soit celle qui renferme deux quantités, une fonction du troisième ordre celle qui en renferme trois, etc., il sera facile de reconnaître qu'il existe une liaison nécessaire entre le nombre des valeurs que peut obtenir une fonction non symétrique et l'ordre de cette même fonction. Ainsi, par exemple, une fonction du deuxième ordre ne pourra jamais obtenir que deux valeurs que l'on déduira l'une de l'autre par la transposition des deux quantités qui la composent. De même, une fonction du troisième ordre ne pourra obtenir plus de six valeurs; une fonction du quatrième ordre, plus de vingt-quatre valeurs, etc. En général, le maximum du nombre des valeurs que peut obtenir une fonction de l'ordre n sera évidemment égal au produit

$$1.2.3\ldots.n$$

car ce produit représente le nombre des manières différentes dont on peut disposer, à la suite les unes des autres, les quantités dont la fonction se compose. On a donc déjà, par ce moyen, une limite que le nombre des valeurs en question ne peut dépasser; mais il s'en faut de beaucoup que dans chaque ordre on puisse former des fonctions dont le nombre des valeurs soit égal à l'un des nombres entiers situés au-dessous de cette limite. Un peu de réflexion suffit pour faire voir qu'aucun nombre au-dessous de la limite ne peut remplir la condition exigée, à moins qu'il ne soit diviseur de cette limite. On peut s'en assurer facilement à l'aide des considérations suivantes :

Soit K une fonction quelconque de l'ordre n et désignons par a_1, a_2, ..., a_n les quantités qu'elle renferme. Si l'on écrit à la suite les unes des autres les quantités dont il s'agit ou, ce qui revient au même, les indices qui les affectent, dans l'ordre où ils se présentent lorsqu'on les passe en revue en allant de gauche à droite et en ayant soin de n'écrire qu'une seule fois chaque indice, on aura une permutation de ces mêmes indices qui aura une relation nécessaire avec la fonction K. Par exemple, si la fonction K était du quatrième ordre et égale à

$$a_1 a_2^m \cos a_4 + a_4 \sin a_3,$$

la permutation relative à K serait

$$1.2.4.3.$$

Si, au-dessous de la permutation relative à K, on écrit une autre permutation formée avec les indices 1, 2, 3, ..., n, et que l'on remplace successivement dans la fonction K chacun des indices qui composent la permutation supérieure par l'indice correspondant de la permutation inférieure, on aura une nouvelle valeur de K qui sera ou ne sera pas équivalente à la première et la permutation relative à cette nouvelle valeur de K sera évidemment la permutation inférieure dont on vient de parler. On pourra obtenir, par ce moyen, les valeurs de K relatives aux diverses permutations que l'on peut former avec les indices 1, 2, 3, ..., n; et, si l'on représente par

$$K, \quad K', \quad K'', \quad \ldots$$

les valeurs dont il s'agit, leur nombre sera égal au produit

$$1.2.3\ldots.n,$$

et leur ensemble fournira toutes les valeurs possibles de la fonction K. Pour déduire deux de ces valeurs l'une de l'autre, il suffira de former les permutations relatives à ces deux valeurs et de substituer aux indices de la première permutation les indices correspondants pris dans la seconde. Pour indiquer cette *substitution*, j'écrirai les deux permutations entre parenthèses en plaçant la première au-dessus de la seconde; ainsi, par exemple, la substitution

$$\begin{pmatrix} 1.2.4.3 \\ 2.4.3.1 \end{pmatrix}$$

indiquera que l'on doit substituer, dans K, l'indice 2 à l'indice 1, l'indice 4 à l'indice 2, l'indice 3 à l'indice 4 et l'indice 1 à l'indice 3. Si donc on supposait, comme ci-dessus,

$$K = a_1 a_2^m \cos a_4 + a_4 \sin a_3,$$

en désignant par K′ la nouvelle valeur de K obtenue par la substitution

$$\begin{pmatrix} 1.2.4.3 \\ 2.4.3.1 \end{pmatrix},$$

on aurait

$$K' = a_2 a_4^m \cos a_3 + a_3 \sin a_1.$$

Afin d'abréger je représenterai, dans la suite, les permutations elles-mêmes par des lettres majuscules. Ainsi, si l'on désigne la permutation

$$1.2.4.3 \quad \text{par} \quad A_1$$

et la permutation

$$2.4.3.1 \quad \text{par} \quad A_2,$$

la substitution

$$\begin{pmatrix} 1.2.4.3 \\ 2.4.3.1 \end{pmatrix}$$

se trouvera indiquée de la manière suivante :

$$\begin{pmatrix} A_1 \\ A_2 \end{pmatrix}.$$

Cela posé, K étant une fonction quelconque de l'ordre n, désignons par N le produit $1.2.3....n$ et par

$$A_1, \quad A_2, \quad A_3, \quad \ldots, \quad A_N$$

les diverses permutations en nombre égal à N que l'on peut former avec les indices $1, 2, 3, \ldots, n$; N sera le nombre total des valeurs de la fonction K relatives à ces diverses permutations. Soient

$$K_1, \quad K_2, \quad K_3, \quad \ldots, \quad K_N$$

ces mêmes valeurs. Si elles sont toutes différentes les unes des autres, N exprimera le nombre des valeurs différentes de la fonction donnée; mais, dans le cas contraire, le nombre de ces valeurs, étant plus petit que N, sera nécessairement un diviseur de N, comme on va le faire voir.

Supposons que, parmi les valeurs possibles

$$K_1, \quad K_2, \quad K_3, \quad \ldots, \quad K_N$$

de la fonction donnée, plusieurs deviennent égales entre elles, en sorte qu'on ait, par exemple,

$$K_\alpha = K_\beta = K_\gamma = \ldots.$$

Désignons par M le nombre total des valeurs K_α, K_β, K_γ, ... que l'on suppose ici égales entre elles. Les permutations relatives à ces valeurs, ou A_α, A_β, A_γ, ..., seront aussi en nombre égal à M. Pour déduire toutes ces permutations d'une seule, par exemple de A_α, il suffira d'échanger entre eux, d'une certaine manière, les indices qui, dans cette permutation, occupent certaines places, et l'on conçoit facilement que si ces changements n'altèrent en rien la valeur correspondante K_α de la fonction K, cela tient non pas à la valeur même des indices, mais à la place que chacun d'eux occupe dans la permutation dont il s'agit.

Cela posé, soit K_λ une nouvelle valeur de K qui ne soit pas égale à K_α, et désignons toujours par A_λ la permutation relative à K_λ. Si l'on fait subir simultanément, aux indices qui occupent les mêmes places dans les permutations A_α et A_λ, les changements dont on vient de parler, la deuxième permutation de A_λ se trouvera successivement changée en plusieurs autres A_μ, A_ν, ..., pendant que la première, A_α, deviendra successivement A_β, A_γ, ... et, d'après le principe énoncé ci-dessus, il est évident que les équations

$$K_\alpha = K_\beta = K_\gamma = \ldots$$

entraîneront celles-ci

$$K_\lambda = K_\mu = K_\nu = \ldots.$$

Il est aisé d'en conclure que, parmi les valeurs de K relatives à toutes les permutations possibles, savoir

$$K_1, \quad K_2, \quad K_3, \quad \ldots, \quad K_N,$$

le nombre de celles qui seront équivalentes à K_λ sera le même que le nombre des valeurs équivalentes à K_α. Par suite, si l'on représente par R le nombre total des valeurs essentiellement différentes de la fonction K, M étant le nombre des valeurs équivalentes à K_α, RM sera le nombre total des valeurs relatives aux diverses permutations. On aura donc

$$RM = N$$

et, par suite,

$$R = \frac{N}{M}.$$

Ainsi R, ou le nombre des valeurs différentes de la fonction K, ne peut être qu'un diviseur de N, c'est-à-dire du produit $1.2.3.\ldots.n$. Ce théorème, qui se présente dès les premiers pas que l'on veut faire dans la théorie des combinaisons, était déjà connu; mais il était nécessaire de le rappeler ici pour l'intelligence de ce qui va suivre. Afin d'abréger, j'appellerai désormais *indice de la fonction* K le nombre R qui indique combien cette fonction peut obtenir de valeurs essentiellement différentes et j'appellerai *diviseur indicatif* le nombre M par lequel on doit diviser N, ou le produit des indices 1, 2, 3, ..., n renfermés dans la fonction, pour obtenir l'indice de la fonction elle-même.

On vient de voir que le nombre des valeurs différentes d'une fonction de l'ordre n est nécessairement un diviseur du produit

$$N = 1.2.3.\ldots.n.$$

Le plus petit diviseur de ce produit est toujours égal à 2 et il est facile de s'assurer que, dans un ordre quelconque, on peut former des fonctions qui n'aient que deux valeurs différentes. Vandermonde a donné les moyens de composer des fonctions de cette espèce. En général, pour former avec les quantités

$$a_1, \quad a_2, \quad \ldots, \quad a_n$$

une fonction de l'ordre n dont l'indice soit égal à 2, il suffira de considérer la partie positive ou la partie négative du produit

$$(a_1 - a_2)(a_1 - a_3)\ldots(a_1 - a_n)(a_2 - a_3)\ldots(a_2 - a_n)\ldots(a_{n-1} - a_n)$$

qui a pour facteurs les différences des quantités $a_1, a_2, \ldots, a_n$ prises deux à deux.

En effet, supposons que, après avoir développé ce produit, on représente par P la somme des termes positifs et par Q la somme des termes négatifs, le produit dont il s'agit sera représenté par

$$P - Q,$$

et comme ce produit ne peut jamais changer de valeur mais seulement de signe, en vertu de substitutions quelconques opérées entre les indices des quantités qu'il renferme, les substitutions dont il s'agit pourront seulement transformer P — Q en Q — P, c'est-à-dire changer P en Q, et réciproquement. P et Q seront donc les deux valeurs d'une fonction qui ne pourra en obtenir d'autres. En supposant $n = 3$, on trouve

$$P = a_1^2 a_2 + a_2^2 a_3 + a_3^2 a_1,$$
$$Q = a_1 a_2^2 + a_2 a_3^2 + a_3 a_1^2.$$

On serait encore arrivé à de semblables conclusions si l'on eût multiplié le produit

$$(a_1 - a_2)(a_1 - a_3)\ldots(a_1 - a_n)(a_2 - a_3)\ldots(a_2 - a_n)\ldots(a_{n-1} - a_n)$$

par une fonction symétrique quelconque des quantités

$$a_1, \quad a_2, \quad \ldots, \quad a_n.$$

Ce qu'on vient de remarquer relativement au diviseur 2 du produit 1.2.3.....n n'est pas vrai, en général, relativement à l'un quelconque des diviseurs de ce produit, et il n'est pas toujours possible de former une fonction de l'ordre n dont les valeurs différentes soient en nombre égal à l'un de ces diviseurs pris à volonté. Supposons, par exemple, qu'il s'agisse de former une fonction K qui ait seulement trois valeurs différentes. Si n est égal à 3, on trouvera une infinité de fonctions qui rempliront la condition exigée, telles que

$$a_1 a_2 + a_3,$$
$$a_1(a_2 + a_3),$$
$$\ldots\ldots\ldots\ldots$$

On pourra encore former des fonctions de cette espèce si n est égal à 4; par exemple,

$$a_1 a_2 + a_3 a_4,$$
$$(a_1 + a_2)(a_3 + a_4),$$
$$\ldots\ldots\ldots\ldots\ldots\ldots$$

Mais si n est égal à 5 ou surpasse 5, on n'en pourra plus former de semblables; on ne peut pas même, dans ce cas, former de fonctions qui n'aient que quatre valeurs. Ces deux propositions ont été démontrées par M. Paolo Ruffini dans les *Mémoires de la Société italienne*, Tome XII, et dans sa *Théorie des équations*. Ayant été conduit, par des recherches sur les nombres, à m'occuper de la théorie des combinaisons, je suis arrivé à la démonstration d'un théorème plus général qui renferme les deux précédents et qui détermine une limite au-dessous de laquelle le nombre des valeurs d'une fonction non symétrique de l'ordre n ne peut jamais s'abaisser sans devenir égal à 2. Ce théorème peut s'énoncer ainsi qu'il suit :

Le nombre des valeurs différentes d'une fonction non symétrique de n quantités ne peut s'abaisser au-dessous du plus grand nombre premier p contenu dans n sans devenir égal à 2.

PREMIÈRE PARTIE DE LA DÉMONSTRATION.

On fait voir que, si l'on suppose $R < p$, *chaque valeur de* K *ne pourra être changée par aucune substitution du degré p.*

Comme pour démontrer le théorème précédent il est nécessaire de bien connaître la nature de l'opération que j'ai désignée sous le nom de *substitution*, je commencerai par donner sur cet objet de nouveaux développements.

Soit K la fonction donnée de l'ordre n; soit R son indice ou le nombre des valeurs essentiellement différentes qu'elle peut recevoir par des substitutions opérées entre les quantités dont elle se compose. Enfin désignons par N le produit $1.2.3.....n$; R sera nécessairement un diviseur de N que je pourrai représenter par

$$\frac{N}{M},$$

M étant ainsi le diviseur indicatif de la fonction K. Cela posé, soient A_1, A_2, ..., A_N les permutations en nombre égal à N que l'on peut former avec les indices renfermés dans K, et désignons par

$$K_1,\quad K_2,\quad \ldots,\quad K_N$$

les valeurs correspondantes de cette même fonction; pour déduire l'une de l'autre deux de ces valeurs ou, ce qui revient au même, les permutations qui leur correspondent, par exemple A_1 et A_2, il suffira de remplacer respectivement les indices compris dans la permutation A_1 par les indices correspondants compris dans la permutation A_2. Cette opération, que j'appelle *substitution*, sera, d'après les conventions établies, indiquée de la manière suivante :

$$\begin{pmatrix} A_1 \\ A_2 \end{pmatrix}.$$

Les deux permutations A_1 et A_2 seront appelées respectivement *premier* et *second terme* de cette substitution. On peut, dans le premier terme A_1 de cette substitution, intervertir, de telle manière que l'on voudra, l'ordre des indices 1, 2, 3, ..., n, pourvu que l'on intervertisse de la même manière l'ordre des indices correspondants compris dans le second terme A_2. On pourra, en conséquence, donner successivement pour premier terme à la substitution proposée chacune des permutations $A_1, A_2, A_3, \ldots, A_N$, et la mettre ainsi sous un nombre égal à N de formes différentes qui seront toutes équivalentes entre elles.

Je dirai qu'une substitution est le *produit* de plusieurs autres, lorsqu'elle donnera le même résultat que ces dernières opérées successivement. Par exemple, si en appliquant successivement à la permutation A_1 les deux substitutions $\begin{pmatrix} A_2 \\ A_3 \end{pmatrix}$ et $\begin{pmatrix} A_4 \\ A_5 \end{pmatrix}$ on obtient pour résultat la permutation A_6, la substitution $\begin{pmatrix} A_1 \\ A_6 \end{pmatrix}$ sera équivalente au produit des deux autres, et j'indiquerai cette équivalence comme il suit :

$$\begin{pmatrix} A_1 \\ A_6 \end{pmatrix} = \begin{pmatrix} A_2 \\ A_3 \end{pmatrix}\begin{pmatrix} A_4 \\ A_5 \end{pmatrix}.$$

Une substitution *identique* est celle dont les deux termes sont égaux entre eux. Les substitutions

$$\begin{pmatrix} A_1 \\ A_1 \end{pmatrix}, \quad \begin{pmatrix} A_2 \\ A_2 \end{pmatrix}, \quad \ldots, \quad \begin{pmatrix} A_N \\ A_N \end{pmatrix}$$

sont toutes identiques.

Je dirai que deux substitutions sont *contiguës* lorsque le second terme de la première sera égal au premier terme de la seconde. Les deux substitutions contiguës $\begin{pmatrix} A_1 \\ A_2 \end{pmatrix}$, $\begin{pmatrix} A_2 \\ A_3 \end{pmatrix}$, opérées successivement, donnent le même résultat que la substitution unique $\begin{pmatrix} A_1 \\ A_3 \end{pmatrix}$; on a donc

$$\begin{pmatrix} A_1 \\ A_3 \end{pmatrix} = \begin{pmatrix} A_1 \\ A_2 \end{pmatrix}\begin{pmatrix} A_2 \\ A_3 \end{pmatrix}.$$

On a de même, en général,

$$\begin{pmatrix} A_1 \\ A_r \end{pmatrix} = \begin{pmatrix} A_1 \\ A_2 \end{pmatrix}\begin{pmatrix} A_2 \\ A_3 \end{pmatrix}\begin{pmatrix} A_3 \\ A_4 \end{pmatrix}\cdots\begin{pmatrix} A_{r-1} \\ A_r \end{pmatrix}.$$

Enfin, je dirai qu'une substitution est dérivée d'une autre, ou est une *puissance* d'une autre, si elle est équivalente à cette autre répétée plusieurs fois de suite. J'indiquerai la puissance r de la substitution $\begin{pmatrix} A_1 \\ A_2 \end{pmatrix}$ de la manière suivante :

$$\begin{pmatrix} A_1 \\ A_2 \end{pmatrix}^r.$$

Lorsque les substitutions contiguës

$$\begin{pmatrix} A_1 \\ A_2 \end{pmatrix}, \quad \begin{pmatrix} A_2 \\ A_3 \end{pmatrix}, \quad \begin{pmatrix} A_3 \\ A_4 \end{pmatrix}, \quad \ldots, \quad \begin{pmatrix} A_{r-1} \\ A_r \end{pmatrix}$$

sont toutes équivalentes entre elles, on a

$$\begin{pmatrix} A_1 \\ A_2 \end{pmatrix}^r = \begin{pmatrix} A_1 \\ A_2 \end{pmatrix}\begin{pmatrix} A_2 \\ A_3 \end{pmatrix}\begin{pmatrix} A_3 \\ A_4 \end{pmatrix}\cdots\begin{pmatrix} A_{r-1} \\ A_r \end{pmatrix} = \begin{pmatrix} A_1 \\ A_r \end{pmatrix}.$$

Supposons que l'on applique plusieurs fois de suite à la permutation A_1 la substitution $\begin{pmatrix} A_s \\ A_t \end{pmatrix}$, en sorte que cette substitution étant appliquée à la permutation A_1 donne pour résultat la permutation A_2; qu'étant appliquée à la permutation A_2, elle donne pour résultat la permutation A_3, etc. La série des permutations

$$A_1, \quad A_2, \quad A_3, \quad \ldots$$

sera nécessairement composée d'un nombre fini de termes, et si l'on représente par m ce même nombre et par A_m la dernière des permutations obtenues, la substitution $\begin{pmatrix} A_s \\ A_t \end{pmatrix}$ appliquée à cette dernière permutation reproduira de nouveau le terme A_1. Cela posé, si l'on range en cercle ou plutôt en polygone régulier les permutations

$$A_1, \quad A_2, \quad A_3, \quad \ldots, \quad A_{m-1}, \quad A_m$$

de la manière suivante :

$$\begin{array}{ccc} & A_1 & \\ A_m & & A_2 \\ A_{m-1} & & A_3, \\ \vdots & & \vdots \\ & \cdots\cdots & \end{array}$$

toutes les substitutions que l'on pourra former avec deux permutations prises à la suite l'une de l'autre, et d'orient en occident dans le polygone dont il s'agit, seront équivalentes entre elles et à $\begin{pmatrix} A_s \\ A_t \end{pmatrix}$, et toutes celles que l'on pourra former avec deux permutations séparées l'une de l'autre par un nombre r de côtés dans ce même polygone seront équivalentes à la puissance r de la substitution $\begin{pmatrix} A_s \\ A_t \end{pmatrix}$. On aura, de cette manière,

$$\begin{pmatrix} A_s \\ A_t \end{pmatrix} = \begin{pmatrix} A_1 \\ A_2 \end{pmatrix} = \begin{pmatrix} A_2 \\ A_3 \end{pmatrix} = \ldots = \begin{pmatrix} A_m \\ A_1 \end{pmatrix},$$

$$\begin{pmatrix} A_s \\ A_t \end{pmatrix}^2 = \begin{pmatrix} A_1 \\ A_3 \end{pmatrix} = \begin{pmatrix} A_2 \\ A_4 \end{pmatrix} = \ldots = \begin{pmatrix} A_m \\ A_2 \end{pmatrix},$$

$$\begin{pmatrix} A_s \\ A_t \end{pmatrix}^3 = \begin{pmatrix} A_1 \\ A_4 \end{pmatrix} = \begin{pmatrix} A_2 \\ A_5 \end{pmatrix} = \ldots = \begin{pmatrix} A_m \\ A_3 \end{pmatrix},$$

$$\ldots\ldots\ldots\ldots\ldots\ldots\ldots\ldots\ldots\ldots,$$

$$\begin{pmatrix} A_s \\ A_t \end{pmatrix}^m = \begin{pmatrix} A_1 \\ A_1 \end{pmatrix} = \begin{pmatrix} A_2 \\ A_2 \end{pmatrix} = \ldots = \begin{pmatrix} A_m \\ A_m \end{pmatrix},$$

$$\begin{pmatrix} A_s \\ A_t \end{pmatrix}^{m+1} = \begin{pmatrix} A_1 \\ A_2 \end{pmatrix} = \begin{pmatrix} A_2 \\ A_3 \end{pmatrix} = \ldots = \begin{pmatrix} A_m \\ A_1 \end{pmatrix},$$

$$\ldots\ldots\ldots\ldots\ldots\ldots\ldots\ldots\ldots\ldots$$

Il suit de ces considérations : 1° que la puissance m de la substitution $\begin{pmatrix} A_s \\ A_t \end{pmatrix}$ est équivalente à la substitution identique $\begin{pmatrix} A_1 \\ A_1 \end{pmatrix}$; 2° que x étant un nombre entier quelconque, $\begin{pmatrix} A_s \\ A_t \end{pmatrix}^{mx}$ sera encore une substitution identique; 3° que, dans la même hypothèse, les substitutions $\begin{pmatrix} A_s \\ A_t \end{pmatrix}^{mx+r}$ et $\begin{pmatrix} A_s \\ A_t \end{pmatrix}^{r}$ sont équivalentes; 4° que la notation $\begin{pmatrix} A_s \\ A_t \end{pmatrix}^{0}$

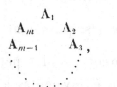

indique une substitution identique; 5° que, parmi les substitutions dérivées de $\begin{pmatrix} A_s \\ A_t \end{pmatrix}$, les seules qui soient différentes entre elles sont les puissances dont l'exposant est plus petit que m ou, ce qui revient au même, les substitutions équivalentes à ces puissances, savoir :

$$\begin{pmatrix} A_1 \\ A_1 \end{pmatrix}, \quad \begin{pmatrix} A_1 \\ A_2 \end{pmatrix}, \quad \begin{pmatrix} A_1 \\ A_3 \end{pmatrix}, \quad \ldots, \quad \begin{pmatrix} A_1 \\ A_m \end{pmatrix}.$$

Le nombre de ces substitutions est, comme celui des permutations A_1, A_2, A_3, ..., A_m, égal à m. Ce nombre sera appelé le *degré* de la substitution $\begin{pmatrix} A_s \\ A_t \end{pmatrix}$. Si l'on applique plusieurs fois de suite la substitution $\begin{pmatrix} A_s \\ A_t \end{pmatrix}$ à la permutation A_1, on commencera par obtenir la suite des permutations A_1, A_2, A_3, ..., A_m et, lorsqu'on sera parvenu à ce point, les mêmes permutations se reproduiront dans le même ordre d'une manière périodique. C'est pourquoi je dirai que les permutations précédentes forment une période qui correspond à la substitution $\begin{pmatrix} A_s \\ A_t \end{pmatrix}$. Cela posé, le degré d'une substitution $\begin{pmatrix} A_s \\ A_t \end{pmatrix}$ indique à la fois la plus petite de ses puissances positives qui soit équivalente à une substitution identique et le nombre des permutations comprises dans la période qui résulte de l'application de la substitution donnée à une permutation déterminée.

La manière la plus simple de représenter une période est de ranger en cercle, ou plutôt en polygone régulier, les permutations qui la composent, ainsi qu'on l'a déjà fait plus haut.

Je dirai que le cercle suivant

$$\begin{array}{ccccc} & & A_1 & & \\ & A_m & & A_2 & \\ A_{m-1} & & & & A_3, \\ \vdots & & & & \vdots \\ & \cdot & \cdots & \cdot & \end{array}$$

formé comme on vient de le dire, est un des cercles de permutations qui correspondent à la substitution $\begin{pmatrix} A_s \\ A_t \end{pmatrix}$. Toute substitution qui a pour termes deux permutations comprises dans ce cercle est une des puissances de la substitution $\begin{pmatrix} A_s \\ A_t \end{pmatrix}$.

Étant donné le cercle ou polygone précédent qui correspond à la substitution $\begin{pmatrix} A_s \\ A_t \end{pmatrix}$, pour en déduire un polygone qui corresponde à la substitution $\begin{pmatrix} A_s \\ A_t \end{pmatrix}^r$, il suffit de joindre de r en r, en allant d'orient en occident, les sommets du polygone donné et d'écrire les permutations que l'on y rencontre dans l'ordre où elles se présentent. Lorsque r et m sont premiers entre eux, on passe de cette manière sur tous les sommets du premier polygone et le second polygone renferme toutes les permutations comprises dans le premier; par suite, la substitution $\begin{pmatrix} A_s \\ A_t \end{pmatrix}^r$ est du degré m, ainsi que la substitution donnée $\begin{pmatrix} A_s \\ A_t \end{pmatrix}$, et cette seconde substitution peut alors être considérée comme une puissance de l'autre. Cette circonstance a toujours lieu lorsque m est un nombre premier, quelle que soit d'ailleurs la valeur de r.

Si l'on applique successivement la substitution $\begin{pmatrix} A_s \\ A_t \end{pmatrix}$ aux différentes valeurs de la fonction K ou, ce qui revient au même, aux permutations

$$A_1, \quad A_2, \quad A_3, \quad \ldots, \quad A_N$$

qui leur correspondent, on obtiendra en tout un nombre égal à $\frac{N}{m}$ de polygones ou cercles différents les uns des autres qui seront composés chacun de m permutations différentes.

Cela posé, désignons sous le nom de *permutations équivalentes* celles qui correspondent à des valeurs équivalentes de la fonction K; les permutations équivalentes à A_1 étant, par hypothèse, en nombre égal à M, il est visible que, si l'on a $M > \frac{N}{m}$, on pourra, parmi les cercles que l'on vient de former, en trouver au moins un qui renferme deux des permutations équivalentes dont il s'agit. Soient A_x, A_y ces deux permutations; la substitution $\begin{pmatrix} A_x \\ A_y \end{pmatrix}$ sera une des puissances de la substitution $\begin{pmatrix} A_s \\ A_t \end{pmatrix}$, et si, en outre, m est un nombre premier, $\begin{pmatrix} A_s \\ A_t \end{pmatrix}$ sera encore une puissance de la substitution $\begin{pmatrix} A_x \\ A_y \end{pmatrix}$. D'ailleurs, les deux permutations A_x, A_y étant équivalentes entre elles et à la permutation A_1, la substitution $\begin{pmatrix} A_x \\ A_y \end{pmatrix}$ ne changera pas la valeur K_1 de la fonction K. Par suite, cette même valeur ne sera pas changée par la substitution $\begin{pmatrix} A_s \\ A_t \end{pmatrix}$ plusieurs fois répétée; elle ne sera donc pas changée par la substitution $\begin{pmatrix} A_s \\ A_t \end{pmatrix}$ si m est un nombre premier. Si l'on représente par p le plus grand des nombres premiers compris dans n, on pourra supposer, dans ce qui précède,

$$m = p.$$

Nous sommes donc conduits, par les considérations précédentes, à ce résultat remarquable que, relativement à la fonction K, on ne peut supposer $M > \frac{N}{p}$ ou, ce qui revient au même, $R < p$, à moins de supposer en même temps que la valeur K_1 de cette fonction ne peut être changée par aucune des substitutions du degré p. Il nous reste à faire voir que, pour satisfaire à cette dernière condition, on est obligé de rendre la fonction symétrique ou de supposer

$$R = 2.$$

DEUXIÈME PARTIE DE LA DÉMONSTRATION.

On fait voir que, si une valeur de K *ne peut être changée par aucune substitution du degré p, elle ne pourra être changée par aucune des substitutions circulaires du troisième degré.*

Avant d'aller plus loin, il est nécessaire d'examiner avec quelque attention la nature des substitutions du degré p que l'on peut former avec les indices 1, 2, 3, ..., n.

Nous observerons d'abord que, si dans la substitution $\begin{pmatrix} A_s \\ A_t \end{pmatrix}$ formée par deux permutations prises à volonté dans la suite

$$A_1, \quad A_2, \quad A_3, \quad \ldots, \quad A_N,$$

les deux termes A_s, A_t renferment des indices correspondants qui soient respectivement égaux, on pourra, sans inconvénient, supprimer les mêmes indices pour ne conserver que ceux des indices correspondants qui sont respectivement inégaux. Ainsi, par exemple, si l'on fait $n = 5$, les deux substitutions

$$\begin{pmatrix} 1.2.3.4.5 \\ 2.3.1.4.5 \end{pmatrix} \quad \text{et} \quad \begin{pmatrix} 1.2.3 \\ 2.3.1 \end{pmatrix}$$

seront équivalentes entre elles. Je dirai qu'une substitution aura été réduite à sa plus simple expression lorsqu'on aura supprimé, dans les deux termes, tous les indices correspondants égaux.

Soient maintenant $\alpha, \beta, \gamma, \ldots, \zeta, \eta$ plusieurs des indices $1, 2, 3, \ldots, n$ en nombre égal à p, et supposons que la substitution $\begin{pmatrix} A_s \\ A_t \end{pmatrix}$ réduite à sa plus simple expression prenne la forme

$$\begin{pmatrix} \alpha & \beta & \gamma & \ldots & \zeta & \eta \\ \beta & \gamma & \delta & \ldots & \eta & \alpha \end{pmatrix},$$

en sorte que, pour déduire le second terme du premier, il suffise de ranger en cercle, ou plutôt en polygone régulier, les indices $\alpha, \beta, \gamma, \delta, \ldots, \zeta, \eta$ de la manière suivante :

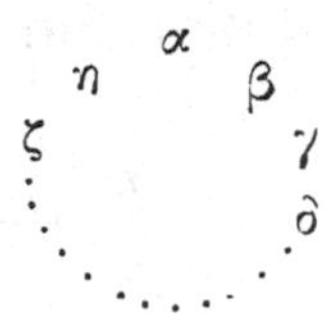

et de remplacer ensuite chaque indice par celui qui, le premier, vient prendre sa place lorsqu'on fait tourner d'orient en occident le polygone dont il s'agit. Il est aisé de voir que, pour obtenir la puissance r de la substitution donnée, il suffira de remplacer chaque indice du polygone par celui qui, le premier, vient prendre sa place après avoir passé sur un nombre de côtés égal à r, lorsqu'on fait tourner le polygone d'orient en occident. Si l'on veut obtenir de cette manière une substitution identique, il faudra supposer r égal à p ou à un multiple de p; car chaque indice ne peut revenir à sa place primitive qu'après avoir fait une ou plusieurs fois le tour du polygone. Il suit de là que le degré de la substitution donnée est égal à p. J'appellerai *polygone indicatif* ou *cercle indicatif* le polygone ou cercle formé par les indices compris dans cette substitution et je la désignerai elle-même sous le nom de *substitution circulaire*. Pour qu'une substitution soit circulaire, il suffit que, après l'avoir réduite à sa plus simple expression, on puisse passer en revue tous les indices qu'elle comprend, en comparant deux à deux les indices qui se correspondent dans les deux termes. Le degré d'une substitution circulaire est toujours égal au nombre des indices qu'elle renferme.

Soit

$$\begin{pmatrix} \alpha & \beta & \gamma & \delta & \ldots & \zeta & \eta \\ \beta & \gamma & \delta & \varepsilon & \ldots & \eta & \alpha \end{pmatrix}$$

une substitution circulaire du degré p;

$$\begin{pmatrix} \beta & \gamma & \delta & \varepsilon & \ldots & \eta & \alpha \\ \gamma & \alpha & \beta & \delta & \ldots & \zeta & \eta \end{pmatrix}$$

sera encore une substitution circulaire du degré p, et, comme elle est contiguë à la première, ces deux substitutions opérées successivement seront équivalentes à la substitution unique

$$\begin{pmatrix} \alpha & \beta & \gamma & \delta & \ldots & \zeta & \eta \\ \gamma & \alpha & \beta & \delta & \ldots & \zeta & \eta \end{pmatrix} = \begin{pmatrix} \alpha & \beta & \gamma \\ \gamma & \alpha & \beta \end{pmatrix}.$$

Si donc les deux premières substitutions ne changent pas la valeur $K_{\prime}$ de la fonction K, cette valeur ne sera pas non plus changée par la substitution circulaire du troisième degré

$$\begin{pmatrix} \alpha & \beta & \gamma \\ \gamma & \alpha & \beta \end{pmatrix}.$$

Il suit de là que, si la valeur K_1 n'est changée par aucune des substitutions circulaires du degré p, elle ne pourra être changée par aucune des substitutions circulaires du troisième degré; il ne reste plus qu'à développer les conséquences de cette dernière condition.

TROISIÈME PARTIE DE LA DÉMONSTRATION.

On fait voir que, si une valeur de K *n'est changée par aucune des substitutions circulaires du troisième degré, cette fonction sera symétrique ou n'aura que deux valeurs.*

Si l'on désigne sous le nom de *transposition* une substitution circulaire du deuxième degré, telle que $\begin{pmatrix} \alpha & \beta \\ \beta & \alpha \end{pmatrix}$ ou, ce qui revient au même, l'opération qui consiste à échanger l'un contre l'autre deux indices α et β, et que nous indiquerons comme il suit (α, β) : chaque substitution circulaire du troisième degré sera équivalente à deux transpositions successivement opérées. Ainsi, par exemple, la substitution

$$\begin{pmatrix} \alpha & \beta & \gamma \\ \gamma & \alpha & \beta \end{pmatrix}$$

sera équivalente au produit des deux substitutions contiguës

$$\begin{pmatrix} \alpha & \beta & \gamma \\ \beta & \alpha & \gamma \end{pmatrix}\begin{pmatrix} \beta & \alpha & \gamma \\ \gamma & \alpha & \beta \end{pmatrix},$$

que l'on peut représenter aussi par

$$(\alpha, \beta), \quad (\beta, \gamma).$$

Si donc la valeur K_1 n'est pas changée par la substitution circulaire $\begin{pmatrix} \alpha & \beta & \gamma \\ \beta & \gamma & \alpha \end{pmatrix}$, la même valeur ne sera pas changée par les transpositions (α, β), (β, γ) opérées successivement et, par suite, la transposition (α, β) ne pourra changer K_1 en K_2 sans que la transposition (β, γ) change réciproquement K_2 en K_1 et, par conséquent aussi, K_1 en K_2; ainsi les deux transpositions (α, β), (β, γ), qui ont un indice commun β, étant appliquées à K_1, donneront le même résultat K_2. On fera voir de même que, si la valeur K_1 n'est pas changée par la substitution circulaire du troisième degré

$$\begin{pmatrix} \beta & \gamma & \delta \\ \delta & \beta & \gamma \end{pmatrix},$$

les transpositions (β, γ) et (γ, δ), qui ont un indice commun γ, changeront toutes deux K_1 en K_2. Par suite, les transpositions

$$(\alpha, \beta), \quad (\gamma, \delta),$$

qui n'ont pas d'indices communs, conduiront encore au même résultat.

Il suit de ce qu'on vient de dire que, si la valeur K_1 de la fonction K n'est changée par aucune des substitutions circulaires du troisième degré opérées entre les indices $1, 2, 3, \ldots, n$ et que l'on représente par K_2 la valeur déduite de K_1 par la transposition $(1, 2)$, toutes les autres transpositions changeront encore K_1 en K_2 et, par conséquent, K_2 en K_1. Par suite, deux transpositions successives ne changeront pas la valeur K_1. Ainsi, dans le cas que l'on considère, le nombre des valeurs différentes de la fonction K, valeurs que l'on peut toujours déduire de K_1 par des transpositions opérées entre les indices $1, 2, 3, \ldots, n$, sera tout au plus égal à 2; d'ailleurs, il ne pourrait se réduire à l'unité que dans le cas où cette fonction deviendrait symétrique. Il est donc prouvé par ce qui précède que, si la fonction K n'est pas symétrique, le nombre de ses valeurs ne pourra être inférieur à p sans devenir égal à 2.

Ainsi, par exemple, en excluant les fonctions symétriques et celles qui ont deux valeurs seulement, on trouvera qu'une fonction du cinquième ou du sixième ordre ne peut obtenir moins de cinq valeurs; une fonction du septième, du huitième, du neuvième ou du dixième ordre, moins de sept valeurs; une fonction du onzième ou du douzième ordre, moins de onze valeurs, etc. Au reste, comme en supposant $n=3$ ou $n=4$, on trouve $p=3$, on voit que le théorème précédent, dans le troisième et le quatrième ordre, n'exclut pas les fonctions de trois valeurs.

Lorsque l'ordre de la fonction est lui-même un nombre premier, on a $p=n$; ainsi, toute fonction dont l'ordre est un nombre premier ne peut obtenir moins de valeurs qu'elle ne renferme de quantités, pourvu que l'on suppose toujours exclues les fonctions qui n'ont pas plus de deux valeurs.

Au reste, il n'est pas toujours possible d'abaisser l'indice, c'est-à-dire le nombre des valeurs d'une fonction jusqu'à la limite que nous venons d'assigner, et, si l'on en excepte les fonctions du quatrième ordre qui peuvent obtenir trois valeurs, je ne connais pas de fonctions non symétriques dont l'indice soit inférieur à l'ordre, sans être égal à 2. Le théorème ci-dessus démontré prouve du moins qu'il n'en existe pas de semblables quand l'ordre n de la fonction est un nombre premier, puisque alors la limite trouvée se confond avec ce nombre. On peut encore démontrer cette assertion, lorsque n est égal à 6, en faisant voir qu'une fonction de six lettres ne peut obtenir moins de six valeurs quand elle en a plus de deux. On y parvient à l'aide des considérations suivantes.

Soit K une fonction du sixième ordre, et désignons toujours par 1, 2, 3, 4, 5, 6 les indices qui affectent les six quantités qu'elle renferme; le nombre total des valeurs possibles de la fonction K sera égal au produit

$$1.2.3.4.5.6=720.$$

Soient maintenant α, β, γ trois des six indices pris à volonté et K_1 une des valeurs de K. Le nombre des permutations que l'on peut former avec les trois indices α, β, γ étant égal au produit

$$1.2.3=6,$$

on pourra toujours déduire de la valeur K_1 cinq autres valeurs de la fonction K au moyen de transpositions ou de substitutions circulaires du troisième degré opérées entre les indices α, β, γ. Soient

$$K_2, \quad K_3, \quad K_4, \quad K_5, \quad K_6$$

les nouvelles valeurs dont il s'agit; les six valeurs

$$K_1, \quad K_2, \quad K_3, \quad K_4, \quad K_5, \quad K_6$$

seront toutes différentes les unes des autres ou bien elles seront égales deux à deux, trois à trois, ou toutes égales entre elles. Dans la première hypothèse, le nombre des valeurs différentes de la fonction donnée sera au moins égal à 6. Dans les trois autres hypothèses, une au moins des valeurs

$$K_2, \quad K_3, \quad K_4, \quad K_5, \quad K_6$$

sera égale à K_1; et, par suite, on pourra, sans altérer la valeur K_1, échanger entre eux dans cette valeur deux ou trois des indices α, β, γ, soit au moyen d'une simple transposition, soit au moyen d'une substitution circulaire du troisième degré.

Supposons maintenant que l'on partage en plusieurs groupes les six indices 1, 2, 3, 4, 5, 6, de manière à renfermer dans un même groupe deux indices qui sont à la fois compris, soit dans une transposition, soit dans une substitution circulaire du troisième degré qui ne change pas la valeur K_1. D'après ce qui précède, pour que la fonction donnée puisse obtenir moins de six valeurs, il est nécessaire que, sur trois indices α, β, γ pris à volonté, deux au moins se trouvent compris dans un même groupe et, dans ce cas, on ne pourra évidemment former que deux groupes différents, l'un de ces deux groupes pouvant être composé d'un seul indice. Il reste à savoir combien la fonction K peut obtenir de valeurs différentes quand le nombre des groupes ainsi formé est égal à 2 et quand ce même nombre se réduit à l'unité; l'ordre établi entre trois indices pris à volonté pouvant être interverti d'une certaine manière sans que la valeur K_1 soit altérée.

Supposons d'abord que les indices se partagent en deux groupes.

Soient α et β deux indices pris dans l'un des groupes et γ un indice pris dans l'autre groupe. Puisqu'on peut échanger entre eux deux de ces trois indices sans altérer la valeur K_1 et que l'indice γ ne peut être échangé avec l'un des deux autres, il est clair que la valeur K_1 ne sera pas altérée par la transposition (α, β). Par suite, cette valeur ne pourra être changée par aucune substitution opérée entre les indices d'un même groupe, mais elle sera nécessairement altérée par les transpositions ou substitutions qui feront passer dans un des groupes une partie des indices de l'autre; on peut même assurer que deux valeurs de K, pour lesquelles la composition des deux groupes sera différente, seront nécessairement inégales; car, si cela n'avait pas lieu, les valeurs de K relatives aux diverses manières dont on peut composer les deux groupes dont il s'agit seraient égales deux à deux, trois à trois, etc., ou toutes égales entre elles. L'une d'elles serait donc égale à la valeur K_1 de la fonction K et, relativement à cette même valeur, il y aurait plusieurs manières de composer les deux groupes, ce qui est absurde. Ainsi, pour obtenir les valeurs différentes, il suffira de faire passer successivement tous les indices d'un groupe dans l'autre ou d'échanger les deux groupes entre eux. Cela posé, on obtiendra les résultats suivants.

Si l'un des groupes est composé de cinq indices et l'autre d'un seul, comme on pourra faire passer successivement dans ce dernier groupe chacun des indices 1, 2, 3, 4, 5, 6, on obtiendra en tout six valeurs différentes de la fonction K.

Si l'un des groupes est composé de quatre indices et l'autre de deux, comme on pourra faire passer successivement dans ce dernier groupe toutes les combinaisons des six indices pris deux à deux, on obtiendra en tout quinze valeurs différentes de la fonction.

Enfin, si les deux groupes sont formés chacun de trois indices et qu'on ne puisse échanger ces deux groupes, en faisant passer successivement dans l'un d'eux toutes les combinaisons des indices pris trois à trois, on obtiendra en tout vingt valeurs différentes de la fonction donnée. Le nombre de ces valeurs deviendrait moitié moindre et se réduirait à dix si l'on pouvait échanger entre eux les deux groupes, c'est-à-dire substituer en même temps tous les indices du premier groupe à ceux du deuxième et réciproquement.

Ainsi, lorsque les indices peuvent être partagés en deux groupes, de telle manière que la transposition de deux indices renfermés dans un même groupe ne change pas la valeur K_1, le nombre des valeurs différentes que la fonction K peut recevoir est nécessairement un de ceux-ci

$$6, \quad 15, \quad 20, \quad 10.$$

Pour offrir des exemples de ces différents cas, il suffit de citer les quatre fonctions suivantes :

$$\begin{aligned} &a_1 a_2 a_3 a_4 a_5 + a_6, \\ &a_1 a_2 a_3 a_4 + a_5 a_6, \\ &a_1 a_2 a_3 + 2 a_4 a_5 a_6, \\ &a_1 a_2 a_3 + a_4 a_5 a_6. \end{aligned}$$

Dans chacune de ces fonctions, les indices se partagent en deux groupes lorsqu'on rassemble dans un même groupe ceux qui sont à la fois compris dans des transpositions ou substitutions circulaires du troisième degré qui ne changent pas la valeur de la fonction. Voyons maintenant ce qui arriverait si tous les indices se trouvaient alors renfermés dans un seul groupe.

Dans cette dernière hypothèse, étant donnée une substitution circulaire du deuxième ou du troisième degré qui ne change pas la valeur K_1 de la fonction K, on pourra toujours trouver une autre substitution de même espèce qui ne change pas cette valeur et qui ait un ou deux indices communs avec la première. Cela posé, il est facile de voir que toutes les transpositions opérées sur K_1, entre deux indices pris à volonté dans les deux substitutions dont il s'agit, conduiront à une même valeur de la fonction K. Et, en effet, si les deux substitutions dont il s'agit ont deux indices communs α et β, il pourra arriver, ou que l'une d'elles soit du deuxième degré et l'autre du troisième, ou qu'elles soient toutes deux du troisième degré. Dans le premier cas, elles pourront être représentées par

$$\begin{pmatrix} \alpha & \beta \\ \beta & \alpha \end{pmatrix}, \quad \begin{pmatrix} \alpha & \beta & \gamma \\ \beta & \gamma & \alpha \end{pmatrix},$$

γ étant un troisième indice et, puisque la deuxième ne change pas la valeur K_1, on prouvera, par un raisonnement semblable à ceux qu'on a déjà faits en pareille circonstance, que les trois substitutions ou transpositions

$$(\alpha, \beta), \quad (\alpha, \gamma), \quad (\beta, \gamma)$$

donnent la même valeur de K. Dans le deuxième cas, les deux substitutions données pourront être représentées par

$$\begin{pmatrix} \alpha & \beta & \gamma \\ \beta & \gamma & \alpha \end{pmatrix}, \quad \begin{pmatrix} \alpha & \beta & \delta \\ \beta & \delta & \alpha \end{pmatrix},$$

γ et δ étant deux nouveaux indices. En vertu de la première, les trois transpositions

$$(\alpha, \beta), \quad (\alpha, \gamma), \quad (\beta, \gamma)$$

donneront la même valeur de K. En vertu de la deuxième, les trois transpositions

$$(\alpha, \beta), \quad (\alpha, \delta), \quad (\beta, \delta)$$

donneront aussi la même valeur de K et, comme la transposition (α, β) ne peut donner qu'une seule valeur de K, il en résulte que les cinq transpositions

$$(\alpha, \beta), \quad (\alpha, \gamma), \quad (\beta, \gamma), \quad (\alpha, \delta), \quad (\beta, \delta)$$

conduiront au même résultat.

Supposons maintenant que les deux substitutions données aient un seul indice commun. Il pourra arriver, ou que ces deux substitutions soient du deuxième degré, ou que l'une soit du deuxième degré et l'autre du troisième, ou que toutes deux soient du troisième degré.

Pour donner un exemple du premier cas, soient

$$\begin{pmatrix} \alpha & \beta \\ \beta & \alpha \end{pmatrix}, \quad \begin{pmatrix} \alpha & \gamma \\ \gamma & \alpha \end{pmatrix}$$

deux substitutions qui ne changent pas la valeur K_1; ces deux substitutions équivalent aux deux transpositions (α, β) (α, γ) et, comme en vertu de la première on peut faire passer l'indice β à la place de l'indice α sans déplacer l'indice γ, il est clair que les indices β et γ jouiront respectivement des mêmes propriétés que les indices α et γ, en sorte que la transposition

$$(\beta, \gamma)$$

ne changera pas la valeur K_1.

Soient, dans le deuxième cas,

$$\begin{pmatrix} \alpha & \beta \\ \beta & \alpha \end{pmatrix}, \quad \begin{pmatrix} \alpha & \gamma & \delta \\ \gamma & \delta & \alpha \end{pmatrix}$$

les deux substitutions données; on pourra, en opérant une ou deux fois de suite la deuxième substitution, faire passer successivement l'indice γ et l'indice δ à la place de l'indice α sans déplacer l'indice β. Par suite, les trois transpositions

$$(\alpha, \beta), \quad (\beta, \gamma), \quad (\beta, \delta)$$

ne changeront pas la valeur K_1, et l'on en conclura, comme dans le cas précédent, que les transpositions

$$(\alpha, \gamma), \quad (\alpha, \delta), \quad (\gamma, \delta)$$

ne la changeront pas non plus.

Enfin, soient, dans le troisième cas,

$$\begin{pmatrix} \alpha & \beta & \gamma \\ \beta & \gamma & \alpha \end{pmatrix}, \quad \begin{pmatrix} \alpha & \delta & \varepsilon \\ \delta & \varepsilon & \alpha \end{pmatrix}$$

les deux substitutions données; on pourra, en opérant une ou deux fois de suite la deuxième substitution, faire passer successivement les indices δ et ε à la place de l'indice α sans déplacer les indices β et γ, et l'on en conclura que les substitutions

$$\begin{pmatrix} \alpha & \beta & \gamma \\ \beta & \gamma & \alpha \end{pmatrix}, \quad \begin{pmatrix} \delta & \beta & \gamma \\ \beta & \gamma & \delta \end{pmatrix}, \quad \begin{pmatrix} \varepsilon & \beta & \gamma \\ \beta & \gamma & \varepsilon \end{pmatrix}$$

ne changent pas la valeur K_1; par suite, les transpositions opérées entre deux quelconques des indices α, β, γ, δ, ε donneront une même valeur de la fonction K.

Si l'on étend de proche en proche les raisonnements que l'on vient de faire aux indices compris dans les diverses substitutions qui, par hypothèse, ne changent pas la valeur K_1, on en conclura que les transpositions effectuées sur K_1 entre les six indices 1, 2, 3, 4, 5, 6, considérés deux à deux, conduisent toutes à une même valeur de la fonction K, que je désignerai par K_2; par suite, K_1 conservera la même valeur après un nombre pair de transpositions successives et sera changé en K_2 après un nombre impair de transpositions. La fonction aura donc deux valeurs si K_1 et K_2 sont différents l'un de l'autre; elle n'en aura qu'une seule, c'est-à-dire qu'elle deviendra symétrique, si l'on a

$$K_2 = K_1.$$

En résumant ce qui a été dit ci-dessus, on voit qu'une fonction du sixième ordre ne peut avoir moins de six valeurs, à moins que le nombre de ces valeurs ne devienne égal à 2 ou à l'unité.

Tous les théorèmes énoncés dans le présent Mémoire subsisteraient encore si quelques-unes des quantités renfermées dans les fonctions que l'on considère s'y trouvaient multipliées par zéro; mais alors ces dernières quantités venant à disparaître, il faudrait, pour déterminer l'ordre de chaque fonction, avoir égard, non pas au nombre des quantités qu'elle renferme, mais au nombre de ces quantités augmenté du nombre de celles qu'on peut substituer à leur place. Ainsi, par exemple, si l'on désigne par a_1, a_2, a_3, a_4 les quatre racines d'une équation du quatrième degré, la quantité

$$a_2 + a_4,$$

considérée comme une fonction de ces racines, sera du quatrième ordre, et cette fonction sera susceptible de six valeurs qui seront respectivement

$$a_1 + a_2, \quad a_1 + a_3, \quad a_1 + a_4, \quad a_2 + a_3, \quad a_2 + a_4, \quad a_3 + a_4.$$

Il ne sera peut-être pas inutile d'indiquer ici les conditions auxquelles une fonction doit satisfaire pour que le nombre de ses valeurs se réduise à 2. Soit K une fonction de cette nature et désignons par K_1, K_2 les deux valeurs dont il s'agit. Le nombre de ces valeurs étant égal à 2 et, par conséquent, inférieur à 6, si l'on partage en plusieurs groupes les indices contenus dans la fonction, de manière à renfermer dans un même groupe deux indices qui sont à la fois compris, soit dans une transposition, soit dans une substitution circulaire du troisième degré qui ne change pas la valeur K_1; on fera voir, comme ci-dessus, que, sur trois indices pris à volonté, deux au moins seront compris dans un même groupe, d'où il suit qu'on ne pourra former plus de deux groupes différents. D'ailleurs, en appliquant ici les raisonnements dont nous avons déjà fait usage, on prouvera que le nombre des groupes ne saurait être égal à 2, à moins que les diverses valeurs de la fonction, relatives aux différentes manières dont on peut composer ces deux groupes en faisant passer les indices de l'un dans l'autre, ne soient toutes inégales et, dans ce cas, le nombre des valeurs de la fonction serait nécessairement supérieur à 2, ce qui est contre l'hypothèse. Par suite, pour que cette hypothèse subsiste, il est nécessaire que tous les indices soient renfermés dans un seul groupe; d'où l'on peut conclure, au moyen de la théorie précédemment exposée, que K_1 doit conserver le même signe après un nombre pair de transpositions d'indices et se changer en K_2 après un nombre impair de transpositions. Ainsi, par exemple, toute fonction qui, comme la suivante,

$$(a_1-a_2)(a_1-a_3)\ldots(a_1-a_n)(a_2-a_3)\ldots(a_2-a_n)\ldots(a_{n-1}-a_n),$$

ne peut obtenir que deux valeurs égales et de signes contraires, conservera toujours le même signe après un nombre pair de transpositions d'indices et changera toujours de signe après un nombre impair de transpositions; d'où il suit que chacun de ses termes, soumis aux transpositions que l'on considère, recevra alternativement le signe + et le signe −.

MÉMOIRE

SUR LES

FONCTIONS QUI NE PEUVENT OBTENIR QUE DEUX VALEURS

ÉGALES ET DE SIGNES CONTRAIRES PAR SUITE DES TRANSPOSITIONS OPÉRÉES ENTRE LES VARIABLES QU'ELLES RENFERMENT (¹).

Journal de l'École Polytechnique, XVIIe Cahier, Tome X, p. 29; 1815.

PREMIÈRE PARTIE.

CONSIDÉRATIONS GÉNÉRALES SUR LES FONCTIONS SYMÉTRIQUES ALTERNÉES.

§ Ier. Après les fonctions qu'on appellé ordinairement *symétriques* et qui ne changent ni de valeur ni de signe, par suite des transpositions opérées entre les variables qu'elles renferment, les plus remarquables sont celles qui peuvent changer de signe, mais non pas de valeur, en vertu des mêmes transpositions. Lorsqu'on développe ces dernières, on les trouve composées de plusieurs termes alternativement positifs et négatifs et, pour les transformer en fonctions symétriques ordinaires, il suffirait de changer le signe des termes négatifs. En faveur de cette analogie, je comprendrai sous la dénomination commune de *fonctions symétriques* toutes les fonctions qui ne changent pas de valeur, mais tout au plus de signe en vertu de transpositions opérées entre les

(¹) Lu à l'Institut, le 30 novembre 1812.

variables qu'elles renferment, et, pour distinguer les fonctions dont les différents termes conservent le même signe après chaque transposition de celles dont les termes deviennent alternativement positifs et négatifs, j'appellerai les premières *fonctions symétriques permanentes* et les secondes *fonctions symétriques alternées*. Il suit du précédent Mémoire que ces deux espèces de fonctions sont les seules dont la valeur absolue ne change pas. Je partagerai encore ici les fonctions en plusieurs ordres, suivant le nombre des quantités qu'elles renferment, et je désignerai toujours par des lettres affectées d'indices, telles que

$$a_1, \quad a_2, \quad \ldots, \quad a_n,$$

les n variables que renferme une fonction symétrique de l'ordre n.

Cela posé, concevons les diverses suites de quantités

$$\begin{array}{llll} a_1, & a_2, & \ldots, & a_n, \\ b_1, & b_2, & \ldots, & b_n, \\ c_1, & c_2, & \ldots, & c_n, \\ \ldots, & \ldots, & \ldots, & \ldots, \end{array}$$

tellement liées entre elles que la transposition de deux indices pris dans l'une des suites nécessite la même transposition dans toutes les autres; alors les quantités

$$b_1, \quad c_1, \quad \ldots, \quad b_2, \quad c_2, \quad \ldots, \quad b_3, \quad c_3, \quad \ldots$$

pourront être considérées comme des fonctions semblables de

$$a_1, \quad a_2, \quad a_3, \ldots$$

et, par suite, les fonctions de

$$a_1, \quad b_1, \quad c_1, \quad \ldots; \quad a_2, \quad b_2, \quad c_2, \quad \ldots; \quad a_n, \quad b_n, \quad c_n, \quad \ldots,$$

qui ne changeront pas de valeur, mais tout au plus de signe, en vertu de transpositions opérées entre les indices 1, 2, 3, ..., n, devront être rangées parmi les fonctions symétriques de a_1, a_2, ..., a_n ou, ce qui revient au même, des indices 1, 2, 3, ..., n. Ainsi

$$a_1^2 + a_2^2 + 4a_1a_2,$$

$$a_1b_1 + a_2b_2 + a_3b_3 + 2c_1c_2c_3,$$

$$a_1b_2 + a_2b_3 + a_3b_1 + a_2b_1 + a_1b_3 + a_3b_2,$$

$$\cos(a_1 - a_2)\cos(a_1 - a_3)\cos(a_2 - a_3)$$

seront des fonctions symétriques permanentes, la première du deuxième ordre et les autres du troisième et, au contraire,

$$a_1b_2 + a_2b_3 + a_3b_1 - a_2b_1 - a_1b_3 - a_3b_2,$$

$$\sin(a_1 - a_2)\sin(a_1 - a_3)\sin(a_2 - a_3)$$

seront des fonctions symétriques alternées du troisième ordre.

Lorsqu'une fonction n'est pas symétrique, elle peut obtenir un nombre déterminé de valeurs différentes les unes des autres, lorsque l'on échange entre elles les quantités qui la composent; mais alors la somme de ces valeurs est une fonction symétrique permanente, et si en ajoutant ces mêmes valeurs on leur donne alternativement le signe + et le signe −, suivant une loi que nous déterminerons ci-après, on obtiendra pour l'ordinaire une fonction symétrique alternée.

On peut généraliser cette définition des fonctions symétriques en supposant que non seulement on échange entre elles les quantités qui composent la fonction non symétrique dont il s'agit, mais qu'on les échange encore avec d'autres quantités qui ne soient pas comprises dans cette même fonction. Cela posé, on pourra considérer, en général, une fonction symétrique comme formée de plusieurs termes que l'on déduit les uns des autres par des transpositions opérées entre les quantités qu'elle renferme ou, ce qui revient au même, entre les indices qui affectent ces quantités, et l'on conçoit que, pour déterminer une fonction symétrique permanente ou alternée, il suffira de connaître, avec l'un de ses termes, le nombre d'indices qu'elle doit renfermer, c'est-à-dire l'ordre de la fonction donnée.

Il suit de ce qui précède que la théorie des fonctions symétriques doit embrasser deux espèces d'opérations différentes.

Les unes ont pour objet de déduire les uns des autres les termes de même espèce qui composent une fonction symétrique donnée. Ce sont les opérations que j'ai désignées dans le précédent Mémoire sous le nom de *substitutions* et de *transpositions*.

Les autres ont pour objet de déterminer une fonction symétrique permanente ou alternée, formée de plusieurs termes de même espèce, au moyen de l'un des termes dont il s'agit. J'indiquerai ces dernières opérations par le signe S et de la manière suivante :

Soit K une fonction non symétrique prise à volonté. Désignons par des lettres grecques, $\alpha, \beta, \gamma, \ldots$ les indices renfermés dans K, et soit m le nombre de ces indices; enfin, soit n un nombre entier quelconque supérieur ou égal au plus grand des indices dont il s'agit. La somme des valeurs différentes que l'on peut déduire de la fonction K par des transpositions opérées entre les indices $\alpha, \beta, \gamma, \ldots$ sera désignée par la notation

$$S(K)$$

et la somme des valeurs différentes que l'on déduira de la fonction K, si l'on échange les indices $\alpha, \beta, \gamma, \ldots,$ non seulement entre eux, mais encore avec les autres indices compris dans la suite

$$1, \quad 2, \quad 3, \quad \ldots, \quad n-1, \quad n,$$

sera désignée par la notation

$$S^n(K).$$

Des deux fonctions symétriques permanentes $S(K)$, $S^n(K)$, l'une renfermera seulement les indices $\alpha, \beta, \gamma, \ldots,$ l'autre renfermera tous les indices $1, 2, 3, \ldots, n$. La première sera de l'ordre m et la seconde de l'ordre n; elles deviendraient toutes deux égales entre elles si l'on supposait $m = n$; mais, dans tout autre cas, la première ne sera qu'une partie de la seconde.

Supposons maintenant, ce qui bientôt sera démontré possible, que les valeurs déduites de la fonction K par un nombre pair de transpositions opérées entre les indices $\alpha, \beta, \gamma, \ldots$ soient différentes des valeurs déduites de la même fonction par un nombre impair de transpositions. Désignons les premières valeurs, entre lesquelles la fonction K se trouve comprise, par

$$K_\alpha, \quad K_\beta, \quad K_\gamma, \quad \ldots$$

et les autres valeurs par

$$K_\lambda, \quad K_\mu, \quad K_\nu, \quad \ldots;$$

l'expression

$$K_\alpha + K_\beta + K_\gamma + \ldots - K_\lambda - K_\mu - K_\nu - \ldots$$

sera une fonction symétrique alternée que je désignerai par

$$S(\pm K)$$

et

$$-K_\alpha - K_\beta - K_\gamma - \ldots + K_\lambda + K_\mu + K_\nu + \ldots$$

sera encore une fonction symétrique alternée égale, mais de signe contraire à la première, et que je désignerai par

$$S(\mp K).$$

De même, si les valeurs déduites de la fonction K par un nombre pair de transpositions opérées entre les indices 1, 2, 3, ..., n sont différentes des valeurs obtenues par un nombre impair de transpositions opérées entre les mêmes indices et que l'on représente par

$$K_\zeta, \quad K_\eta, \quad K_\theta, \quad \ldots$$

les premières valeurs dont il s'agit et les secondes par

$$K_\rho, \quad K_\sigma, \quad K_\tau, \quad \ldots;$$

les expressions

$$K_\zeta + K_\eta + K_\theta + \ldots - K_\rho - K_\sigma - K_\tau - \ldots$$

et

$$-K_\zeta - K_\eta - K_\theta - \ldots + K_\rho + K_\sigma + K_\tau + \ldots$$

seront deux fonctions symétriques égales, mais de signes contraires, que je désignerai respectivement par

$$S^n(\pm K),$$
$$S^n(\mp K).$$

Des deux fonctions symétriques alternées $S(\pm K)$, $S^n(\pm K)$, la première est de l'ordre m et la seconde de l'ordre n. Ces deux fonctions deviendraient égales entre elles si l'on avait $m = n$; mais, dans le cas contraire, la première ne sera qu'une partie de la seconde. Quant aux deux notations $S(\mp K)$, $S^n(\mp K)$, on les déduit évidemment des deux précédentes en y changeant le signe de K; d'où il suit que les quatre notations relatives aux fonctions symétriques alternées se réduisent effectivement à 2.

Si dans ce qui précède on suppose, pour abréger,

$$K_\alpha + K_\beta + K_\gamma + \ldots = E,$$
$$K_\lambda + K_\mu + K_\nu + \ldots = F,$$

chacune des fonctions E, F ne pourra obtenir que deux valeurs par suite des transpositions opérées entre les indices α, β, γ, ... compris dans la fonction K, et l'on aura

$$S(K) = E + F, \qquad S(\pm K) = -S(\mp K) = E - F.$$

De même, si l'on suppose

$$K_\zeta + K_\eta + K_\theta + \ldots = G,$$
$$K_\rho + K_\sigma + K_\tau + \ldots = H,$$

chacune des fonctions G, H ne pourra obtenir que deux valeurs par suite des transpositions opérées entre les indices 1, 2, 3, ..., n, et l'on aura

$$S^n(K) = G + H, \qquad S^n(\pm K) = -S^n(\mp K) = G - H.$$

Pour comprendre dans un seul exemple les quatre notations précédentes, supposons

$$K = a_1 b_2$$

et l'on trouvera, dans ce cas,

$$S\,(a_1 b_2) \quad = a_1 b_2 + a_2 b_1,$$
$$S^3(a_1 b_2) \quad = a_1 b_2 + a_2 b_3 + a_3 b_1 + a_2 b_1 + a_1 b_3 + a_3 b_2,$$
$$S\,(\pm a_1 b_2) = a_1 b_2 - a_2 b_1,$$
$$S^3(\pm a_1 b_2) = a_1 b_2 + a_2 b_3 + a_3 b_1 - a_2 b_1 - a_1 b_3 - a_3 b_2.$$

Pour représenter, au moyen des notations précédentes, une fonction symétrique permanente ou alternée, on n'est obligé d'écrire qu'un seul de ses termes. Je désignerai celui-ci sous le nom de *terme indicatif*, parce qu'il suffit pour indiquer la valeur de la fonction tout entière. Dans l'exemple précédent, $a_1 b_2$ est le terme indicatif des quatre fonctions symétriques

$$S(a_1 b_2),\quad S^3(a_1 b_2),\quad S(\pm a_1 b_2),\quad S^3(\pm a_1 b_2).$$

Au reste, on peut choisir pour terme indicatif un quelconque de ceux dont la fonction se compose. Seulement, lorsqu'il s'agit d'une fonction symétrique alternée, on doit placer le signe $\pm$ devant ce terme s'il se trouve affecté du signe $+$ dans le développement de la fonction donnée et le signe $\mp$ dans le cas contraire. On trouvera, de cette manière,

$$\begin{aligned}
S\,(a_1 b_2) &= S\,(a_2 b_1),\\
S^3(a_1 b_2) &= S^3(a_2 b_1) = S^3(a_1 b_3) = \ldots,\\
S\,(\pm a_1 b_2) &= S\,(\mp a_2 b_1),\\
S^3(\pm a_1 b_2) &= S^3(\mp a_2 b_1) = S^3(\mp a_1 b_3) = \ldots.
\end{aligned}$$

§ II. Toute fonction K qui n'est pas symétrique peut devenir le terme indicatif d'une fonction symétrique permanente S(K) ou $S^n(K)$. Si la fonction K est elle-même symétrique et permanente relativement aux indices qu'elle renferme, on aura

$$S(K) = K,$$

et si elle est symétrique et permanente relativement aux indices 1, 2, 3, ..., on aura

$$S^n(K) = K.$$

La même remarque ne peut pas s'étendre aux fonctions symétriques alternées, et pour qu'une fonction, qui n'est pas symétrique, puisse devenir le terme indicatif d'une fonction symétrique alternée, il est nécessaire qu'elle satisfasse à certaines conditions que nous allons déterminer tout à l'heure.

Soit toujours K une fonction quelconque non symétrique. Soient

$$\alpha,\ \beta,\ \gamma,\ \delta,\ \ldots,\ \zeta,\ \eta$$

les indices qu'elle renferme. Désignons par m le nombre de ces indices et par Q le produit

$$1.2.3\ldots\ldots m.$$

On a fait voir, dans le précédent Mémoire, comment les diverses valeurs que l'on peut déduire de la fonction K, par des transpositions opérées entre les indices $\alpha, \beta, \gamma, \delta, \ldots, \zeta, \eta$, correspondaient aux diverses permutations que l'on peut former avec ces mêmes indices et dont le nombre est égal à Q. Soient

$$A_1,\ A_2,\ A_3,\ \ldots,\ A_Q$$

les permutations dont il s'agit et désignons par

$$K_1,\ K_2,\ K_3,\ \ldots,\ K_Q$$

la série des valeurs K qui leur correspondent. La somme des valeurs inégales comprises dans cette série sera équivalente à la fonction symétrique permanente S(K). Mais, pour obtenir s'il y a lieu, au moyen des termes de la série, la fonction symétrique alternée $S(\pm K)$, il sera nécessaire d'établir une distinction entre les termes qui devront être considérés comme positifs et ceux qui devront être considérés comme négatifs. Par suite, on devra faire un partage entre les termes dont il s'agit ou, ce qui revient au même, entre les permutations

$$A_1,\ A_2,\ A_3,\ \ldots,\ A_Q$$

qui leur correspondent. On peut effectuer ce partage à l'aide des considérations suivantes :

Soit A_s une quelconque des permutations formées avec les indices $\alpha, \beta, \gamma, \delta, \ldots, \zeta, \eta$, et désignons comme à l'ordinaire par

$$\begin{pmatrix} A_1 \\ A_s \end{pmatrix}$$

la substitution qui sert à déduire la permutation A_s de la permutation A_1. Si cette substitution est du genre de celles que j'ai nommées *substitutions circulaires*, on pourra passer en revue tous les indices qu'elle renferme en comparant deux à deux les indices qui se correspondent dans ses deux termes et, dans ce cas, l'on pourra ranger en cercle tous les indices donnés $\alpha, \beta, \gamma, \ldots$, de manière que deux indices pris dans le cercle à la suite l'un de l'autre, et d'orient en occident, soient toujours ceux qui sont situés l'un au-dessus de l'autre dans la substitution donnée, savoir : le premier dans le terme supérieur et le second dans le terme inférieur de cette substitution. Dans le cas contraire, si l'on compare deux à deux les indices correspondants en partant d'un indice déterminé pris dans le terme supérieur, on se trouvera ramené à cet indice avant d'avoir passé tous les autres en revue, et l'on sera ainsi conduit à ranger les indices donnés en plusieurs cercles et à former des cercles d'un seul indice toutes les fois qu'on trouvera dans les deux termes de la substitution des indices correspondants égaux entre eux. Alors la substitution $\begin{pmatrix} A_1 \\ A_s \end{pmatrix}$ sera équivalente au produit des substitutions circulaires correspondant à ces différents cercles. Ainsi, par exemple, si l'on suppose $\alpha, \beta, \gamma, \ldots$ respectivement égaux à 1, 2, 3, 4, 5, 6, 7 et que l'on suppose en outre

$$\begin{pmatrix} A_1 \\ A_s \end{pmatrix} = \begin{pmatrix} 1.2.3.4.5.6.7 \\ 3.2.6.5.4.1.7 \end{pmatrix},$$

on sera conduit, par la comparaison des indices correspondants pris dans les deux termes de la substitution précédente, à former les quatre cercles

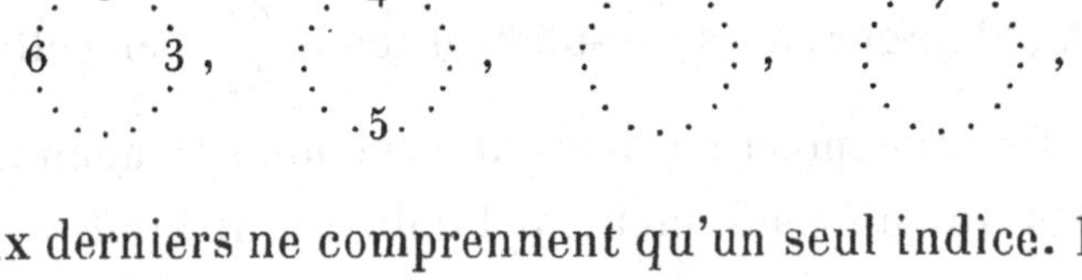

dont les deux derniers ne comprennent qu'un seul indice. Par suite, la substitution donnée sera équivalente au produit des quatre substitutions circulaires

$$\begin{pmatrix} 1.3.6 \\ 3.6.1 \end{pmatrix}, \quad \begin{pmatrix} 4.5 \\ 5.4 \end{pmatrix}, \quad \begin{pmatrix} 2 \\ 2 \end{pmatrix}, \quad \begin{pmatrix} 7 \\ 7 \end{pmatrix},$$

dont les deux dernières sont identiques, et l'on aura

$$\begin{pmatrix} 1.2.3.4.5.6.7 \\ 3.2.6.5.4.1.7 \end{pmatrix} = \begin{pmatrix} 1.3.6 \\ 3.6.1 \end{pmatrix} \begin{pmatrix} 4.5 \\ 5.4 \end{pmatrix} \begin{pmatrix} 2 \\ 2 \end{pmatrix} \begin{pmatrix} 7 \\ 7 \end{pmatrix},$$

ce dont il est facile de s'assurer immédiatement.

Si l'on supposait $A_s = A_1$, la substitution $\begin{pmatrix} A_1 \\ A_s \end{pmatrix}$ deviendrait identique et, par suite, serait décomposable en autant de substitutions circulaires identiques qu'elle renferme d'indices. La comparaison des indices correspondants conduirait donc alors à former un nombre égal à m de cercles différents composés chacun d'un seul indice.

Si l'on suppose les deux permutations A_1, A_s différentes l'une de l'autre, le nombre des cercles obtenus par la méthode précédente sera inférieur à m. Désignons par g ce même nombre. Supposons, de plus, que la transposition de deux indices pris à volonté dans la permutation A_s change celle-ci en A_t, et soit h le nombre des cercles que l'on obtient par la comparaison des indices correspondants de la substitution

$$\begin{pmatrix} A_1 \\ A_s \end{pmatrix};$$

il est facile de prouver que l'on aura toujours

$$h = g \pm 1.$$

En effet, la transposition (α, β) qui, par hypothèse, change la permutation A_s en A_t, changera aussi la substitution $\begin{pmatrix} A_1 \\ A_s \end{pmatrix}$ en celle-ci $\begin{pmatrix} A_1 \\ A_t \end{pmatrix}$; d'ailleurs, cette transposition n'ayant évidemment aucune influence sur les cercles qui ne renferment ni l'indice α ni l'indice β, il suffira de considérer les cercles qui renferment les deux indices en question.

Cela posé, il peut arriver, ou que les indices α et β soient tous deux compris dans un des cercles relatifs à la substitution $\begin{pmatrix} A_1 \\ A_s \end{pmatrix}$, ou qu'ils soient compris dans deux cercles différents. Nous allons examiner chacun de ces deux cas séparément.

Supposons d'abord que les indices α et β soient compris dans un seul des cercles que fournit la décomposition de $\begin{pmatrix} A_1 \\ A_s \end{pmatrix}$ en substitutions circulaires, et soit

$$\begin{array}{ccccc} & & \alpha & & \\ \zeta & & & & \gamma \\ \vdots & & & & \vdots \\ \varepsilon & & & & \delta \\ & & \beta & & \end{array}$$

le cercle dont il s'agit; alors $\begin{pmatrix} A_1 \\ A_s \end{pmatrix}$ sera équivalente au produit de plusieurs substitutions circulaires dont l'une sera

$$\begin{pmatrix} \alpha & \gamma & \dots & . & \delta & \beta & \varepsilon & \dots & . & \zeta \\ \gamma & . & \dots & \delta & \beta & \varepsilon & . & \dots & \zeta & \alpha \end{pmatrix}.$$

En vertu de la transposition (α, β) effectuée sur le second terme de la substitution $\begin{pmatrix} A_1 \\ A_s \end{pmatrix}$, la substitution circulaire dont il s'agit se changera dans la substitution suivante

$$\begin{pmatrix} \alpha & \gamma & \dots & . & \delta & \beta & \varepsilon & \dots & . & \zeta \\ \gamma & . & \dots & \delta & \alpha & \varepsilon & . & \dots & \zeta & \beta \end{pmatrix}$$

qui est elle-même décomposable en deux substitutions circulaires, savoir

$$\begin{pmatrix} \alpha & \gamma & \dots & . & \delta \\ \gamma & . & \dots & \delta & \alpha \end{pmatrix}, \quad \begin{pmatrix} \beta & \varepsilon & \dots & . & \zeta \\ \varepsilon & . & \dots & \zeta & \beta \end{pmatrix}.$$

Ainsi, dans le cas que l'on considère, la transposition (α, β) décompose le cercle qui renferme les indices α et β en deux cercles distincts. La valeur de g se trouve donc par ce moyen augmentée d'une unité et, par suite, on a

$$h = g + 1.$$

Supposons, en second lieu, que les indices α et β soient compris dans deux cercles différents, et soit

$$\begin{matrix} & \alpha & \\ \varepsilon & & \gamma \\ \vdots & & \vdots \\ & \cdots & \end{matrix}$$

le cercle qui renferme l'indice α et

$$\begin{matrix} & \beta & \\ \zeta & & \delta \\ \vdots & & \vdots \\ & \cdots & \end{matrix}$$

le cercle qui renferme l'indice β; alors, parmi les diverses substitutions circulaires dont le produit équivaut à $\begin{pmatrix} A_1 \\ A_s \end{pmatrix}$, se trouveront comprises les deux suivantes :

$$\begin{pmatrix} \alpha & \gamma & \dots & . & \varepsilon \\ \gamma & . & \dots & \varepsilon & \alpha \end{pmatrix}, \quad \begin{pmatrix} \beta & \delta & \dots & . & \zeta \\ \delta & . & \dots & \zeta & \beta \end{pmatrix};$$

mais celles-ci, en vertu de la transposition (α, β) effectuée sur le second terme de la substitution $\begin{pmatrix} A_1 \\ A_s \end{pmatrix}$, se réuniront en une seule substitution circulaire qui sera

$$\begin{pmatrix} \alpha & \gamma & \dots & . & \varepsilon & \beta & \delta & \dots & . & \zeta \\ \gamma & . & \dots & \varepsilon & \beta & \delta & . & \dots & \zeta & \alpha \end{pmatrix}.$$

Ainsi, dans le second cas, le nombre des cercles relatifs à la substitution $\begin{pmatrix} A_1 \\ A_t \end{pmatrix}$ sera inférieur d'une unité au nombre des cercles relatifs à la substitution $\begin{pmatrix} A_1 \\ A_s \end{pmatrix}$, et l'on aura

$$h = g - 1.$$

La démonstration précédente subsiste dans le cas même où chacun des indices α, β formerait à lui seul un cercle. En effet, la substitution $\begin{pmatrix} A_1 \\ A_s \end{pmatrix}$ renfermerait alors les deux substitutions identiques $\begin{pmatrix} \alpha \\ \alpha \end{pmatrix}$, $\begin{pmatrix} \beta \\ \beta \end{pmatrix}$ qui, en vertu de la transposition (α, β) opérée sur A_s, se trouveraient converties en une seule substitution circulaire, savoir

$$\begin{pmatrix} \alpha & \beta \\ \beta & \alpha \end{pmatrix};$$

on aura donc toujours, ou $h = g + 1$, ou $h = g - 1$.

Par suite de la proposition qu'on vient d'établir, h sera nécessairement un nombre pair si g est un nombre impair, et réciproquement. Cela posé, partageons en deux classes toutes les substitutions qui ont pour termes deux permutations prises dans la suite

$$A_1, \quad A_2, \quad A_3, \quad \ldots, \quad A_s,$$

de manière à renfermer dans l'une des classes toutes les substitutions qui correspondent à un nombre pair de cercles et, dans l'autre classe, toutes les substitutions qui correspondent à un nombre impair de cercles. Enfin, supposons que la première des deux classes soit celle qui renferme les substitutions identiques

$$\begin{pmatrix} A_1 \\ A_1 \end{pmatrix}, \quad \begin{pmatrix} A_2 \\ A_2 \end{pmatrix}, \quad \ldots.$$

La substitution $\begin{pmatrix} A_1 \\ A_s \end{pmatrix}$ sera de première classe si m et g sont deux nombres pairs ou deux nombres impairs ou, ce qui revient au même, si $m - g$ est un nombre pair; la même substitution sera de seconde classe dans le cas contraire. Il suit de cette définition et du théorème démontré ci-dessus que, si l'on effectue sur le second terme d'une substitution de première classe plusieurs transpositions successives, les nouvelles substitutions obtenues par ce moyen seront alternativement de seconde et de première classe; de sorte qu'on obtiendra toujours une substitution de première classe après un nombre pair de transpositions et une substitution de seconde classe après un nombre impair de transpositions. Supposons, par exemple, que l'on ait déduit la substitution $\begin{pmatrix} A_s \\ A_t \end{pmatrix}$ de la substitution identique $\begin{pmatrix} A_s \\ A_s \end{pmatrix}$ au moyen de plusieurs transpositions opérées sur le second terme de cette dernière; le nombre de ces transpositions sera nécessairement pair si la substitution $\begin{pmatrix} A_s \\ A_t \end{pmatrix}$ est de première classe; il sera nécessairement impair dans le cas contraire. Ainsi, deux permutations A_s, A_t ne peuvent être déduites l'une de l'autre par un nombre pair de transpositions que dans le cas où la substitution qui les a pour termes est de première classe; elles ne peuvent être déduites l'une de l'autre par un nombre impair de transpositions que dans le cas où cette substitution est de seconde classe. Il est au reste indifférent de prendre pour premier terme de la substitution l'une ou l'autre des permutations dont il s'agit. En vertu de la remarque qu'on vient de faire, les permutations

$$A_1, \quad A_2, \quad A_3, \quad \ldots, \quad A_Q$$

se partageront naturellement en deux classes dont la première comprendra, par exemple, la permutation A_1 avec toutes celles que l'on peut en déduire par un nombre pair de transpositions, et dont la seconde renfermera toutes les autres. Le partage étant ainsi fait, on sera toujours obligé d'effectuer un nombre pair de transpositions pour déduire deux permutations l'une de l'autre si ces permutations sont comprises dans la même classe, et un nombre impair de transpositions si ces permutations sont respectivement comprises dans les deux classes que l'on considère. De plus, on reconnaîtra facilement si deux permutations données A_1, A_s sont de même classe ou de classes opposées à l'aide de la règle suivante :

Soit g le nombre des cercles résultant de la comparaison des indices qui se correspondent dans les deux termes de la substitution $\begin{pmatrix} A_1 \\ A_s \end{pmatrix}$.

Les deux permutations A_1, A_s seront de même classe si $m - g$ est un nombre pair et de classes opposées dans le cas contraire.

Ainsi, par exemple, si les indices $\alpha, \beta, \gamma, \ldots$ sont respectivement égaux à 1, 2, 3, 4, 5, 6, 7, la substitution

$$\begin{pmatrix} 1.2.3.4.5.6.7 \\ 3.2.6.5.4.1.7 \end{pmatrix}$$

étant équivalente au produit de quatre substitutions circulaires, on aura

$$m = 7, \qquad g = 4, \qquad m - g = 3$$

et, par suite, les deux permutations

$$1.2.3.4.5.6.7,$$
$$3.2.6.5.4.1.7$$

seront de classes opposées.

Désignons toujours par

$$K_1, \quad K_2, \quad \ldots, \quad K_Q$$

la série des valeurs de K qui correspondent aux diverses permutations des indices donnés et supposons $K_1 = K$. Les termes de la série précédente se partageront en deux classes distinctes ainsi que les permutations qui leur correspondent. La première classe renfermera le terme K et tous ceux que l'on peut en déduire par un nombre pair de transpositions; la seconde renfermera tous les termes que l'on peut déduire de K par un nombre impair de transpositions. Soient respectivement

$$K_\alpha, \quad K_\beta, \quad K_\gamma, \quad \ldots$$

les termes inégaux compris dans la première classe et

$$K_\lambda, \quad K_\mu, \quad K_\nu, \quad \ldots$$

les termes inégaux compris dans la seconde classe. Si les deux suites précédentes n'ont pas de termes qui leur soient communs, on aura

$$K_\alpha + K_\beta + K_\gamma + \ldots - K_\lambda - K_\mu - K_\nu - \ldots = S(\pm K).$$

Mais si deux termes, pris l'un dans la première suite, l'autre dans la seconde, par exemple K_α et K_λ, sont égaux entre eux, alors chacun des termes de la première suite deviendra égal à l'un des termes de la seconde. En effet, K_β étant un terme quelconque de la première suite différent de K_α, si l'on effectue simultanément sur les indices correspondants de ces deux termes un nombre impair de transpositions, au moyen desquelles K_α soit changé en K_λ, K_β se trouvera de cette manière changé en un terme K_μ de la seconde suite, et l'équation $K_\lambda = K_\alpha$ entraînera celle-ci : $K_\mu = K_\beta$. On démontre aisément cette proposition à l'aide des principes établis dans le précédent Mémoire. Cela posé, l'expression $S(\pm K)$, qui désignait en général une fonction symétrique alternée, se trouvera, dans l'hypothèse que l'on considère, réduite à zéro. Dans tout autre cas, cette expression aura une valeur algébrique déterminée. Ainsi, la seule condition nécessaire pour que la fonction K puisse devenir le terme indicatif d'une fonction symétrique alternée de la forme

$$S(\pm K)$$

est que deux valeurs de cette fonction, obtenues l'une par un nombre pair et l'autre par un nombre impair de transpositions des indices renfermés dans K, soient toujours différentes l'une de l'autre. Si les indices α, β, γ, ... renfermés dans K deviennent respectivement égaux à

$$1, \quad 2, \quad 3, \quad \ldots, \quad n$$

et si l'on suppose, en outre, que les quantités affectées de quelqu'un de ces indices puissent avoir zéro pour coefficient dans la fonction K, l'expression $S(\pm K)$ se trouvera transformée en celle-ci

$$S^n(\pm K)$$

et, par conséquent, la seule condition nécessaire pour qu'une fonction non symétrique puisse devenir le terme indicatif d'une fonction symétrique alternée de la forme $S^n(\pm K)$ est que deux valeurs de la fonction, obtenues l'une par un nombre pair de transpositions des indices $1, 2, 3, \ldots, n$, l'autre par un nombre impair de transpositions des mêmes indices, soient toujours différentes l'une de l'autre. Cette condition exige que le nombre des indices renfermés ostensiblement dans la fonction K soit égal à n ou à $n - 1$. Si donc on représente à l'ordinaire par m le nombre de ces indices, on aura nécessairement

$$m = n - 1 \quad \text{ou} \quad m = n.$$

Dans ce dernier cas, les deux expressions $S(\pm K)$, $S^n(\pm K)$ deviennent équivalentes. Au reste, on pourra toujours reconnaître si deux termes pris à volonté dans une fonction symétrique alternée y sont affectés de même signe ou de signes contraires, au moyen de la règle qui sert à distinguer entre elles les permutations de première et de seconde classe. Ainsi, l'on pourra obtenir immédiatement le signe de chacun des termes en le comparant au terme indicatif.

§ III. D'après la définition que nous avons donnée des fonctions symétriques permanentes ou alternées, il est aisé de voir que le produit ou le quotient de deux fonctions symétriques alternées de l'ordre n est une fonction symétrique permanente de même ordre que les deux premières. Réciproquement, le produit ou le quotient de deux fonctions symétriques, l'une permanente et l'autre alternée, du même ordre est une fonction symétrique alternée de même ordre qu'elles.

Lorsque, dans une fonction symétrique alternée, on transpose deux indices α, β pris à volonté, la fonction changeant alors de signe, il est nécessaire que tous les termes positifs deviennent respectivement égaux à ceux qui étaient négatifs et réciproquement. Cela posé, concevons que l'on développe cette fonction suivant les puissances et les produits des quantités qu'elle renferme. Il suit de la remarque précédente : 1° que les termes positifs du développement seront en nombre égal à celui des termes négatifs; 2° que tous les termes qui ne changent pas de valeur par la transposition de deux indices pris à volonté disparaîtront nécessairement; 3° que si l'on remplace dans tous les termes l'indice α par l'indice β, sans remplacer en même temps l'indice β par l'indice α, la fonction symétrique alternée se trouvera réduite à zéro. En effet, de cette manière, on rendra équivalents entre eux les termes que l'on déduisait les uns des autres par la transposition (α, β), c'est-à-dire les termes positifs et les termes négatifs. Ainsi, par exemple, si, dans l'expression

$$S(\pm a_1 b_2) = a_1 b_2 - a_2 b_1$$

on remplace 2 par 1, cette expression deviendra

$$S(\pm a_1 b_1) = a_1 b_1 - a_1 b_1 = 0.$$

On peut encore déduire, des considérations précédentes, le théorème suivant :

Soit $S(\pm K)$ *une fonction symétrique alternée quelconque. Désignons par* $\alpha, \beta, \gamma, \ldots$ *les indices qu'elle renferme et par*

$$\begin{array}{cccc} a_\alpha, & a_\beta, & a_\gamma, & \ldots, \\ b_\alpha, & b_\beta, & b_\gamma, & \ldots, \\ c_\alpha, & c_\beta, & c_\gamma, & \ldots, \\ \ldots, & \ldots, & \ldots, & \ldots \end{array}$$

les quantités qui, dans cette fonction, se trouvent affectées des indices α, $\beta, \gamma, \ldots$. *Si l'on remplace*

$$b_\alpha,\ c_\alpha,\ \ldots;\ b_\beta,\ c_\beta,\ \ldots;\ b_\gamma,\ c_\gamma,\ \ldots$$

par des fonctions semblables des quantités $a_\alpha, a_\beta, a_\gamma, \ldots$, *la fonction symétrique alternée deviendra divisible par chacune des quantités*

$$\begin{array}{c} a_\alpha - a_\beta, \\ a_\alpha - a_\gamma, \\ \ldots\ldots, \\ a_\beta - a_\gamma, \\ \ldots\ldots \end{array}$$

En effet, soient α et β deux indices pris à volonté. En vertu de ce qui précède, la fonction deviendra nulle si l'on suppose

$$a_\alpha = a_\beta.$$

Elle sera donc divisible par

$$a_\alpha - a_\beta.$$

Il suit de ce théorème que toute fonction symétrique alternée, qui ne renferme qu'une seule espèce de quantités telles que

$$a_\alpha, \quad a_\beta, \quad a_\gamma, \quad \ldots,$$

est divisible par les différences respectives des quantités dont il s'agit. Elle est donc aussi divisible par le produit de ces différences. Ainsi, par exemple, si l'on désigne par $p, q, r, \ldots$ des nombres entiers pris à volonté, la fonction symétrique alternée

$$S(\pm a_\alpha^p a_\beta^q a_\gamma^r \ldots)$$

sera toujours divisible par le produit

$$(a_\beta - a_\alpha)(a_\gamma - a_\alpha)\ldots(a_\beta - a_\gamma)\ldots.$$

Cette même fonction deviendrait nulle si deux des nombres $p, q, r, \ldots$ étaient égaux entre eux.

De même, $p, q, r, \ldots, s, t$ désignant des nombres entiers quelconques inégaux,

$$S^n(\pm a_1^p a_2^q a_3^r \ldots, a_{n-1}^s a_n^t)$$

sera une fonction symétrique alternée divisible par le produit

$$A = (a_2 - a_1)(a_3 - a_1)\ldots(a_n - a_1)(a_3 - a_2)\ldots(a_n - a_2)\ldots(a_n - a_{n-1}).$$

Si l'on suppose

$$p = 0, \qquad q = 1, \qquad r = 2, \qquad \ldots, \qquad s = n-2, \qquad t = n-1,$$

la somme des exposants des lettres $a_1, a_2, \ldots, a_n$, dans chaque terme de la fonction symétrique alternée

$$S^n(\pm a_1^0 a_2^1 a_3^2 \ldots a_{n-1}^{n-2} a_n^{n-1}),$$

sera

$$0 + 1 + 2 + \ldots + (n-2) + (n-1) = \frac{n(n-1)}{2}.$$

Mais les facteurs du produit A étant aussi en nombre égal à $\frac{n(n-1)}{2}$, la somme des exposants des lettres $a_1, a_2, \ldots, a_n$, dans chaque terme du développement de ce produit, sera encore égale à ce nombre; par suite, le quotient qu'on obtiendra, en divisant la fonction symétrique alternée par le produit, sera une quantité constante. Soit c la quantité dont il s'agit, on aura

$$S^n(\pm a_1^0 a_2^1 a_3^2 \ldots a_{n-1}^{n-2} a_n^{n-1}) = c\mathrm{A}.$$

Pour déterminer c on observera que le terme

$$a_1^0 a_2^1 a_3^2 \ldots a_{n-1}^{n-2} a_n^{n-1}$$

a pour coefficient l'unité dans la fonction donnée et dans le produit A; on doit donc avoir $c = 1$ et, par suite, a_1^0 étant égal à 1,

$$(1)\quad \begin{cases} S^n(\pm a_2 a_3^2 \ldots a_{n-1}^{n-2} a_n^{n-1}) \\ \quad = (a_2 - a_1)(a_3 - a_1)\ldots(a_n - a_1)(a_3 - a_2)\ldots(a_n - a_2)\ldots(a_n - a_{n-1}). \end{cases}$$

Ainsi, par exemple, si l'on suppose $n = 3$, on trouvera

$$\begin{aligned} S^3(\pm a_2 a_3^2) &= a_2 a_3^2 + a_3 a_1^2 + a_1 a_2^2 - a_3 a_2^2 - a_2 a_1^2 - a_1 a_3^2 \\ &= (a_2 - a_1)(a_3 - a_1)(a_3 - a_2). \end{aligned}$$

Cette dernière équation a été donnée par Vandermonde dans son Mémoire sur la résolution des équations.

Nous avons fait voir ci-dessus que la fonction symétrique alternée

$$S^n(\pm a_1^p a_2^q a_3^r \ldots a_{n-1}^s a_n^t)$$

était toujours divisible par le produit A. Elle sera donc aussi divisible par la fonction symétrique alternée

$$S^n(\pm a_2 a_3^2 \ldots a_{n-1}^{n-2} a_n^{n-1}).$$

Soit P le quotient; P sera nécessairement une fonction symétrique permanente des quantités $a_1, a_2, \ldots, a_n$ et l'on aura, en général,

$$\frac{S^n(\pm a_1^p a_2^q a_3^r \ldots a_{n-1}^s a_n^t)}{S^n(\pm a_2 a_3^2 \ldots a_n^{n-1})} = P. \tag{2}$$

Si dans l'équation précédente on suppose

$$p = 0, \quad q = 1, \quad r = 2, \quad \ldots, \quad s = n-2, \quad t = n,$$

la fonction P sera nécessairement du premier degré par rapport aux quantités $a_1, a_2, \ldots, a_n$ et, comme elle doit être symétrique et permanente par rapport à ces quantités, on sera obligé de supposer P égale à

$$c(a_1 + a_2 + \ldots + a_n) = c\, S^n(a_1),$$

c étant une constante qui ne peut différer ici de l'unité; on aura donc, en général,

$$S^n(\pm a_2 a_3^2 a_n^3 \ldots a_{n-1}^{n-2} a_n^n) = S^n(a_1)\, S^n(\pm a_2 a_3^2 a_n^3 \ldots a_{n-1}^{n-2} a_n^{n-1}). \tag{3}$$

Ainsi, par exemple, si l'on suppose $n = 3$, on aura

$$\begin{aligned} & a_2 a_3^3 + a_3 a_1^3 + a_1 a_2^3 - a_3 a_2^3 - a_2 a_1^3 + a_1 a_3^3 \\ &= (a_1 + a_2 + a_3)(a_2 a_3^2 + a_3 a_1^2 + a_1 a_2^2 - a_3 a_2^2 - a_2 a_1^2 - a_1 a_2^2) \\ &= (a_1 + a_2 + a_3)(a_2 - a_1)(a_3 - a_1)(a_3 - a_2). \end{aligned}$$

Si dans l'équation (2) on suppose

$$p = 1, \quad q = 2, \quad r = 3, \quad \ldots, \quad s = n-1, \quad t = n,$$

on aura évidemment

$$P = a_1 a_2 a_3 \ldots a_{n-1} a_n.$$

On a donc, en général,

$$\left\{ \begin{aligned} & S^n(\pm a_1 a_2^2 a_3^3 \ldots a_{n-1}^{n-1} a_n^n) = S(\pm a_1 a_2^2 a_3^3 \ldots a_{n-1}^{n-1} a_n^n) \\ &= a_1 a_2 a_3 \ldots a_{n-1} a_n\, S^n(\pm a_2 a_3^2 \ldots a_{n-1}^{n-2} a_n^{n-1}) \\ &= a_1 a_2 a_3 \ldots a_{n-1} a_n (a_2 - a_1)(a_3 - a_1) \ldots (a_n - a_1)(a_3 - a_2) \ldots (a_n - a_2) \ldots (a_n - a_{n-1}). \end{aligned} \right. \tag{4}$$

Ainsi, par exemple, en supposant $n = 3$, on trouvera

$$\begin{aligned} & a_1 a_2^2 a_3^3 + a_2 a_3^2 a_1^3 + a_3 a_1^2 a_2^2 - a_1 a_3^2 a_2^3 - a_3 a_2^2 a_1^3 - a_2 a_1^2 a_3^3 \\ & = a_1 a_2 a_3 (a_2 - a_1)(a_3 - a_1)(a_3 - a_2). \end{aligned}$$

Lorsqu'on suppose $p = 0$, $n = 2$ et que l'on remplace les quantités a_1, a_2 par des lettres différentes x et y, l'équation (2) se réduit à

$$\frac{x^q - y^q}{x - y} = \mathrm{P};$$

d'où il suit que $x^q - y^q$ est, en général, divisible par $x - y$.

De même, si l'on suppose $p = 0$, $n = 3$, on trouvera que

$$x^q y^r + y^q z^r + z^q x^r - x^r y^q - y^r z^q - z^r x^q$$

est toujours divisible par le produit

$$(x - y)(x - z)(y - z).$$

Etc., etc.

Pour être certain que deux fonctions symétriques alternées sont égales entre elles, il suffit de s'assurer : 1° que tous les termes renfermés dans la première sont aussi renfermés dans la seconde; 2° que ces termes ont les mêmes coefficients numériques dans l'une et dans l'autre; 3° qu'un des termes de la première a le même signe que le terme correspondant pris dans la seconde.

Je vais maintenant examiner particulièrement une certaine espèce de fonctions symétriques alternées qui s'offrent d'elles-mêmes dans un grand nombre de recherches analytiques. C'est au moyen de ces fonctions qu'on exprime les valeurs générales des inconnues que renferment plusieurs équations du premier degré. Elles se représentent toutes les fois qu'on a des équations de condition à former, ainsi que dans la théorie générale de l'élimination. MM. Laplace et Vandermonde les ont considérées sous ce rapport dans les *Mémoires de l'Académie des Sciences* (année 1772) et M. Bézout les a encore examinées depuis sous le même point de vue dans sa *Théorie des équations*. M. Gauss s'en est servi avec avantage dans ses *Recherches analytiques* pour découvrir les propriétés générales des formes du second degré, c'est-à-dire des polynomes du second degré à deux ou à plusieurs variables, et il a désigné ces mêmes fonctions sous le nom de *déterminants*. Je conserverai cette dénomination qui fournit un moyen facile d'énoncer les résultats; j'observerai seulement qu'on donne aussi quelquefois aux fonctions dont il s'agit le nom de *résultantes* à deux ou à plusieurs lettres. Ainsi les deux expressions suivantes, *déterminant* et *résultante*, devront être regardées comme synonymes.

DEUXIÈME PARTIE.

DES FONCTIONS SYMÉTRIQUES ALTERNÉES DÉSIGNÉES SOUS LE NOM DE *DÉTERMINANTS*.

PREMIÈRE SECTION.

Des déterminants en général et des systèmes symétriques.

§ Ier. Soient $a_1, a_2, \ldots, a_n$ plusieurs quantités différentes en nombre égal à n. On a fait voir ci-dessus que, en multipliant le produit de ces quantités ou

$$a_1 a_2 a_3 \ldots a_n$$

par le produit de leurs différences respectives, ou par

$$(a_2-a_1)(a_3-a_1)\ldots(a_n-a_1)(a_3-a_2)\ldots(a_n-a_2)\ldots(a_n-a_{n-1}),$$

on obtenait pour résultat la fonction symétrique alternée

$$S(\pm a_1 a_2^2 a_3^3 \ldots a_n^n)$$

qui, par conséquent, se trouve toujours égale au produit

$$a_1 a_2 a_3 \ldots a_n (a_2-a_1)(a_3-a_1)\ldots(a_n-a_1)(a_3-a_2)\ldots(a_n-a_2)\ldots(a_n-a_{n-1}).$$

Supposons maintenant que l'on développe ce dernier produit et que, dans chaque terme du développement, on remplace l'exposant de chaque lettre par un second indice égal à l'exposant dont il s'agit; en écrivant, par exemple, $a_{r,s}$ au lieu de a_r^s et $a_{s,r}$ au lieu de a_s^r, on obtiendra pour résultat une nouvelle fonction symétrique alternée qui, au lieu d'être représentée par

$$S(\pm a_1^1 a_2^2 a_3^3 \ldots a_n^n),$$

sera représentée par

$$S(\pm a_{1,1} a_{2,2} a_{3,3} \ldots a_{n,n}),$$

le signe S étant relatif aux premiers indices de chaque lettre. Telle est la forme la plus générale des fonctions que je désignerai dans la suite sous le nom de *déterminants*. Si l'on suppose successivement

$$n = 1, \quad n = 2, \quad \ldots,$$

on trouvera

$$\begin{aligned} S(\pm a_{1,1} a_{2,2}) &= a_{1,1} a_{2,2} - a_{2,1} a_{1,2}, \\ S(\pm a_{1,1} a_{2,2} a_{3,3}) &= a_{1,1} a_{2,2} a_{3,3} + a_{2,1} a_{3,2} a_{1,3} + a_{3,1} a_{1,2} a_{2,3} \\ &\quad - a_{1,1} a_{3,2} a_{2,3} - a_{3,1} a_{2,2} a_{1,3} - a_{2,1} a_{1,2} a_{3,3} \\ &\ldots\ldots\ldots\ldots\ldots\ldots \end{aligned}$$

pour les déterminants du deuxième, du troisième ordre, etc. Les quantités affectées d'indices différents devant être généralement considérées comme inégales, on voit que le déterminant du deuxième ordre renfermera quatre quantités différentes, savoir :

$$\begin{matrix} a_{1,1}, & a_{1,2}, \\ a_{2,1}, & a_{2,2}, \end{matrix}$$

que le déterminant du troisième ordre en renfermera neuf, savoir :

$$\begin{matrix} a_{1,1}, & a_{1,2}, & a_{1,3}, \\ a_{2,1}, & a_{2,2}, & a_{2,3}, \\ a_{3,1}, & a_{3,2}, & a_{3,3}. \end{matrix}$$

Etc., etc.

En général, le déterminant du $n^{\text{ième}}$ ordre ou

$$S(\pm a_{1,1} a_{2,2} \ldots a_{n,n})$$

renfermera un nombre égal à n^2 de quantités différentes qui seront respectivement

$$(1)\quad \left\{\begin{array}{lllll} a_{1,1}, & a_{1,2}, & a_{1,3}, & \ldots, & a_{1,n}, \\ a_{2,1}, & a_{2,2}, & a_{2,3}, & \ldots, & a_{2,n}, \\ a_{3,1}, & a_{3,2}, & a_{3,3}, & \ldots, & a_{3,n}, \\ \ldots, & \ldots, & \ldots, & \ldots, & \ldots, \\ a_{n,1}, & a_{n,2}, & a_{n,3}, & \ldots, & a_{n,n}. \end{array}\right.$$

Supposons ces mêmes quantités disposées en carré, comme on vient de le voir, sur un nombre égal à n de lignes horizontales et sur autant de colonnes verticales, de manière que, des deux indices qui affectent chaque quantité, le premier varie seul dans chaque colonne verticale et que le second varie seul dans chaque ligne horizontale, l'ensemble des quantités dont il s'agit formera un système que j'appellerai *système symétrique* de l'ordre n. Les quantités $a_{1,1}$, $a_{1,2}$, ..., $a_{2,2}$, ..., $a_{n,n}$ seront les différents termes du système et la lettre a, dépouillée d'accents, en sera la caractéristique. Enfin, les quantités comprises dans une même ligne, soit horizontale, soit verticale, seront en nombre égal à n et formeront une suite que j'appellerai, dans le premier cas, *suite horizontale* et, dans le second, *suite verticale*. L'indice de chaque suite sera celui qui reste invariable dans tous les termes de la suite. Ainsi, par exemple, les indices des suites horizontales et ceux des suites verticales du système (1) sont respectivement égaux à

$$1,\ 2,\ 3,\ \ldots,\ n.$$

J'appellerai *termes conjugués* ceux que l'on peut déduire l'un de l'autre par une transposition opérée entre le premier et le second indice; ainsi $a_{2,3}$ et $a_{3,2}$ sont deux termes conjugués. Il existe des termes qui sont eux-mêmes leurs conjugués. Ce sont les termes dans lesquels les deux indices sont égaux entre eux, savoir :

$$a_{1,1},\ a_{2,2},\ \ldots,\ a_{n,n};$$

je les appellerai *termes principaux;* ils sont tous situés, dans le système (1), sur une diagonale du carré formé par le système.

Pour indiquer la relation qui existe entre le système (1) et le déterminant

$$S(\pm a_{1,1} a_{2,2} \ldots a_{n,n}),$$

je dirai que ce dernier appartient au système en question ou, ce qui revient au même, que la fonction symétrique alternée

$$S(\pm a_{1,1} a_{2,2} \ldots a_{n,n})$$

est le déterminant de ce système.

Pour obtenir le déterminant du système (1) il suffit, comme on l'a dit ci-dessus, de remplacer les exposants des lettres par des indices dans le développement du produit

$$a_1 a_2 a_3 \ldots a_n (a_2 - a_1)(a_3 - a_1) \ldots (a_n - a_{n-1}).$$

On peut aussi former directement le déterminant dont il s'agit à l'aide des considérations suivantes :

Chaque terme du déterminant

$$S(\pm a_{1,1} a_{2,2} \ldots a_{n,n})$$

est le produit de n quantités différentes. Les seconds indices qui affectent ces quantités sont respectivement égaux aux nombres

$$1, \quad 2, \quad 3, \quad \ldots, \quad n$$

que l'on peut considérer comme étant, dans tous les termes, disposés suivant l'ordre naturel. Quant aux premiers indices, ils sont encore égaux à ces mêmes nombres; mais l'ordre dans lequel ils se suivent varie d'un terme à l'autre et présente, dans les différents termes, toutes les permutations possibles des nombres

$$1, \quad 2, \quad 3, \quad \ldots, \quad n.$$

Il suit de ces considérations que, pour former chacun des termes dont il s'agit, il suffira de multiplier entre elles n quantités différentes prises respectivement dans les différentes colonnes verticales du système (1) et situées en même temps dans les diverses lignes horizontales de ce système. Les produits que l'on pourra former de cette manière seront en nombre égal à celui des permutations possibles des indices 1, 2, 3, ..., n, c'est-à-dire en nombre égal au produit

$$1.2.3\ldots\ldots n;$$

je les appellerai *produits symétriques*. Le produit de tous les termes principaux du système (1), savoir :

$$a_{1,1},\quad a_{2,2},\quad a_{3,3},\quad \ldots,\quad a_{n,n},$$

est évidemment un produit symétrique; il sera désigné sous le nom de *produit principal* et employé de préférence comme terme indicatif dans le déterminant du système. D'après la définition que nous avons donnée des notations $S(\pm K)$, $S(\mp K)$, le terme indicatif

$$a_{1,1}\,a_{2,2}\,a_{3,3}\ldots a_{n,n}$$

sera affecté du signe + dans le déterminant

$$S(\pm\, a_{1,1}\,a_{2,2}\ldots a_{n,n})$$

et du signe − dans le même déterminant pris en signe contraire, c'est-à-dire dans la fonction

$$S(\mp\, a_{1,1}\,a_{2,2}\ldots a_{n,n}).$$

Étant donné un produit symétrique quelconque, pour obtenir le signe dont il est affecté dans le déterminant

$$S(\pm\, a_{1,1}\,a_{2,2}\ldots a_{n,n}),$$

il suffira d'appliquer la règle qui sert à déterminer le signe d'un terme pris à volonté dans une fonction symétrique alternée. Soit

$$a_{\alpha,1}\,a_{\beta,2}\ldots a_{\zeta,n}$$

le produit symétrique dont il s'agit et désignons par g le nombre des substitutions circulaires équivalentes à la substitution

$$\begin{pmatrix} 1.2.3\ldots\ldots n \\ \alpha\,\beta\,\gamma\,\ldots\,\zeta \end{pmatrix}.$$

Ce produit devra être affecté du signe + si $n - g$ est un nombre pair, et du signe — dans le cas contraire.

Il est aisé de voir que la règle précédente subsisterait dans le cas même où l'on aurait interverti l'ordre des facteurs

$$a_{\alpha,1}, \quad a_{\beta,2}, \quad \ldots, \quad a_{\zeta,n}$$

ou, ce qui revient au même, l'ordre des indices compris dans les deux termes de la substitution

$$\begin{pmatrix} 1.2.3.\ldots.n \\ \alpha\,\beta\,\gamma\,\ldots\,\zeta \end{pmatrix},$$

pourvu que dans cette substitution on place toujours l'un au-dessus de l'autre les deux indices qui, dans le produit symétrique donné, affectent la même quantité.

Supposons, par exemple, $n = 7$ et cherchons quel signe doit avoir, dans le déterminant

$$S(\pm a_{1,1}\,a_{2,2}\,a_{3,3}\,a_{4,4}\,a_{5,5}\,a_{6,6}\,a_{7,7}),$$

le produit symétrique

$$a_{1,3}\,a_{3,6}\,a_{6,1}\,a_{4,5}\,a_{5,4}\,a_{2,2}\,a_{7,7}.$$

La substitution que l'on obtient, par la comparaison des indices qui affectent en première et en seconde ligne chacun des facteurs du produit, est

$$\begin{pmatrix} 1.3.6.4.5.2.7 \\ 3.6.1.5\;4.2.7 \end{pmatrix}$$

et cette substitution équivaut aux quatre substitutions circulaires

$$\begin{pmatrix} 1.3.6 \\ 3.6.1 \end{pmatrix}, \quad \begin{pmatrix} 4.5 \\ 5.4 \end{pmatrix}, \quad \begin{pmatrix} 2 \\ 2 \end{pmatrix}, \quad \begin{pmatrix} 7 \\ 7 \end{pmatrix};$$

on a donc ici

$$g = 4, \qquad n = 7$$

et, par suite,

$$n - g = 3.$$

Ce dernier nombre étant impair, le produit symétrique donné devra être affecté du signe — dans le déterminant du septième ordre.

La règle précédente suppose que le produit principal $a_{1,1}a_{2,2}\ldots a_{n,n}$ est affecté du signe +; dans le cas contraire, il faudrait changer les signes de tous les termes. On peut encore déterminer le signe que doit avoir, dans le déterminant

$$S(\pm a_{1,1}a_{2,2}\ldots a_{n,n}),$$

un produit symétrique pris à volonté à l'aide d'une règle donnée par Gabriel Cramer dans un Appendice à l'*Analyse des lignes courbes* et que l'on peut énoncer de la manière suivante :

Soit toujours $a_{\alpha,1}a_{\beta,2}\ldots a_{\zeta,n}$ le produit symétrique donné et

$$\alpha\beta\gamma\ldots\zeta$$

la permutation formée avec les premiers indices des différents facteurs; enfin, soient

$$\begin{array}{c} \beta-\alpha, \\ \gamma \quad \alpha, \\ \ldots\ldots, \\ \zeta-\alpha, \\ \gamma-\beta, \\ \ldots\ldots \end{array}$$

les différences respectives de ces mêmes indices considérés deux à deux de toutes les manières possibles et supposons que, en prenant la différence de deux indices, on donne toujours le signe — à celui qui se présente le premier dans la permutation

$$\alpha\beta\gamma\ldots\zeta.$$

Le produit symétrique donné aura le même signe que le produit de toutes les différences, savoir :

$$(\beta-\alpha)(\gamma-\alpha)\ldots(\zeta-\alpha)(\gamma-\beta)\ldots.$$

On démontre facilement cette règle par ce qui précède, attendu qu'une transposition opérée entre deux indices change toujours, comme on l'a fait voir, le signe du produit

$$(a_\beta - a_\alpha)(a_\gamma - a_\alpha)\ldots(a_\zeta - a_\alpha)(a_\gamma - a_\beta)\ldots$$

et, par conséquent, celui du produit

$$(\beta - \alpha)(\gamma - \alpha)\ldots(\zeta - \alpha)(\gamma - \beta)\ldots.$$

§ II. Si dans chacun des termes du système (1) on remplace le premier indice par le second, et réciproquement, on aura un nouveau système relativement auquel le premier indice restera invariable dans chaque suite verticale et le second indice dans chaque suite horizontale. Le système ainsi formé sera

$$(2)\quad \begin{cases} a_{1,1}, & a_{2,1}, & a_{3,1}, & \ldots, & a_{n,1}, \\ a_{1,2}, & a_{2,2}, & a_{3,2}, & \ldots, & a_{n,2}, \\ a_{1,3}, & a_{2,3}, & a_{3,3}, & \ldots, & a_{n,3}, \\ \ldots, & \ldots, & \ldots, & \ldots, & \ldots, \\ a_{1,n}, & a_{2,n}, & a_{3,n}, & \ldots, & a_{n,n}. \end{cases}$$

Je dirai que les systèmes (1) et (2) sont respectivement conjugués l'un à l'autre. Pour abréger, je désignerai dorénavant chacun de ces deux systèmes par le dernier terme de la première suite horizontale renfermé entre deux parenthèses; ainsi le système (1) sera désigné par $(a_{1,n})$ et le système (2) par $(a_{n,1})$.

Les produits symétriques des systèmes $(a_{1,n})$ et $(a_{n,1})$ sont évidemment égaux entre eux. Le produit principal $a_{1,1}a_{2,2}\ldots a_{n.n}$ est aussi le même dans ces deux systèmes. Par suite, le déterminant du système $(a_{n,1})$ est égal à celui du système $(a_{1,n})$ ou à

$$S(\pm a_{1,1}a_{2,2}\ldots a_{n,n}),$$

le signe S étant toujours relatif aux premiers indices. Mais le déterminant du système $(a_{n,1})$ peut aussi être représenté par

$$S(\pm a_{1,1}a_{2,2}\ldots a_{n,n}),$$

le signe S étant relatif aux seconds indices; car on peut déduire le système $(a_{n,1})$ du système $(a_{1,n})$ et, par suite, le second déterminant du premier, en écrivant les premiers indices à la place des seconds et réciproquement. En conséquence, dans l'expression

$$S(\pm a_{1,1} a_{2,2} \ldots a_{n,n}),$$

on peut supposer indifféremment, ou que le signe S se rapporte aux premiers indices, ou qu'il se rapporte aux seconds, ce qui lève toute incertitude sur la valeur de l'expression dont il s'agit.

Si l'on échange entre elles deux suites horizontales ou deux suites verticales du système $(a_{1,n})$, de manière à faire passer dans une des suites tous les termes de l'autre et réciproquement, on obtiendra un nouveau système symétrique dont le déterminant sera évidemment égal mais de signe contraire à celui du système $(a_{1,n})$. Si l'on répète la même opération plusieurs fois de suite, on obtiendra divers systèmes symétriques dont les déterminants seront égaux entre eux, mais alternativement positifs et négatifs. On peut faire la même remarque à l'égard du système $(a_{n,1})$.

Si, au lieu de faire varier d'une colonne verticale à l'autre les seconds indices qui affectent les termes du système (1), on représentait par des lettres différentes, $a, b, c, \ldots, e, f$, les termes de ce système situés dans les diverses colonnes verticales, en ne conservant de variable que le premier indice, le système (1) se trouverait transformé dans le suivant :

$$(3) \qquad \left\{ \begin{array}{llllll} a_1, & b_1, & c_1, & \ldots, & e_1, & f_1, \\ a_2, & b_2, & c_2, & \ldots, & e_2, & f_2, \\ \ldots, & \ldots, & \ldots, & \ldots, & \ldots, & \ldots, \\ a_n, & b_n, & c_n, & \ldots, & e_n, & f_n; \end{array} \right.$$

et son déterminant deviendrait égal à

$$S(\pm a_1 b_2 c_3 \ldots e_{n-1} f_n)$$

ou, ce qui revient au même, au produit

$$abc\ldots ef(b-a)(c-a)\ldots(f-a)(c-b)\ldots(f-b)\ldots(f-e),$$

dans le développement duquel on doit toujours remplacer les exposants des lettres par des indices.

§ III. Désignons maintenant par D_n le déterminant de l'ordre n ou celui des deux systèmes $(a_{1,n})$, $(a_{n,1})$, en sorte qu'on ait

$$D_n = S(\pm a_{1,1} a_{2,2} \ldots a_{n-1,n-1} a_{n,n}),$$

et supposons, pour fixer les idées, que le signe S soit relatif aux premiers indices. Le déterminant de l'ordre $n-1$ ou D_{n-1} sera donné par l'équation

$$D_{n-1} = S(\pm a_{1,1} a_{2,2} \ldots a_{n-1,n-1}).$$

Si l'on multiplie ce dernier par $a_{n,n}$, on aura la somme algébrique des produits symétriques qui, dans le déterminant D_n, ont pour facteur $a_{n,n}$, ces produits étant pris alternativement avec le signe + et avec le signe − dans la somme dont il s'agit. De plus, il est aisé de voir que ces mêmes produits sont affectés des mêmes signes dans le déterminant D_n et dans le déterminant D_{n-1} multiplié par $a_{n,n}$. En effet, le produit principal

$$a_{1,1} a_{2,2} a_{3,3} \ldots a_{n,n}$$

se trouve de part et d'autre affecté du signe + et le signe de l'un quelconque des autres produits est déterminé, dans les deux cas, par le nombre des transpositions qu'on est obligé d'effectuer sur les premiers indices $1, 2, 3, \ldots, n-1$ pour le déduire du produit principal. Cela posé, l'expression

$$a_{n,n} S(\pm a_{1,1} a_{2,2} \ldots a_{n-1,n-1}),$$

considérée comme fonction des premiers indices $1, 2, 3, \ldots, n$, ne sera plus, en général, une fonction symétrique alternée. Mais si, dans cette même fonction, on transpose de toutes les manières possibles les indices dont il s'agit, elle obtiendra une série de valeurs dont plusieurs seront différentes entre elles, et si, de la somme des valeurs différentes obtenues par un nombre pair de transpositions, on retranche la somme des valeurs différentes obtenues par un nombre impair de transpositions, on aura une fonction symétrique alternée que l'on pourra désigner par

$$S[\pm a_{n,n} S(\pm a_{1,1} a_{2,2} a_{3,3} \dots a_{n-1,n-1})],$$

le nouveau signe S étant toujours relatif aux premiers indices. Pour obtenir les diverses valeurs du produit

$$a_{n,n} S(\pm a_{1,1} a_{2,2} a_{3,3} \dots a_{n-1,n-1}),$$

il suffira évidemment de changer successivement le premier indice n du facteur $a_{n,n}$ contre les indices 1, 2, 3, ..., $n-1$ qui affectent en première ligne les quantités renfermées dans le second facteur

$$S(\pm a_{1,1} a_{2,2} a_{3,3} \dots a_{n-1,n-1}).$$

Cela posé, le premier facteur deviendra successivement égal à chacune des quantités

$$a_{n,n}, \quad a_{n-1,n}, \quad a_{n-2,n}, \quad \dots, \quad a_{2,n}, \quad a_{1,n};$$

et, si l'on représente respectivement par

$$b_{n,n}, \quad -b_{n-1,n}, \quad -b_{n-2,n}, \quad \dots, \quad -b_{2,n}, \quad -b_{1,n},$$

les valeurs correspondantes du second facteur, on aura

$$\begin{aligned} &S[\pm a_{n,n} S(\pm a_{1,1} a_{2,2} \dots a_{n-1,n-1})] \\ &\quad = a_{n,n} b_{n,n} + a_{n-1,n} b_{n-1,n} + \dots + a_{2,n} b_{2,n} + a_{1,n} b_{1,n}. \end{aligned}$$

On aura d'ailleurs, par ce qui précède,

$$(4) \qquad \left\{ \begin{aligned} b_{n,n} &= S(\pm a_{1,1} a_{2,2} \dots a_{n-1,n-1}) = D_{n-1}, \\ b_{n-1,n} &= S(\mp a_{1,1} a_{2,2} \dots a_{n,n-1}), \\ &\dots\dots\dots\dots\dots\dots\dots\dots, \\ b_{2,n} &= S(\mp a_{1,1} a_{n,2} \dots a_{n-1,n-1}), \\ b_{1,n} &= S(\mp a_{n,1} a_{2,2} \dots a_{n-1,n-1}), \end{aligned} \right.$$

le signe S, dans toutes ces équations, pouvant être considéré comme relatif, soit aux premiers, soit aux seconds indices.

De ce qu'on vient de dire il est aisé de conclure que, si l'on développe la fonction symétrique alternée

$$S[\pm a_{n,n} S(\pm a_{1,1} a_{2,2} \dots a_{n-1,n-1})],$$

tous les termes du développement seront des produits symétriques de l'ordre n qui auront l'unité pour coefficient. Ces termes seront donc respectivement égaux à ceux qu'on obtient en développant le déterminant

$$D_n = S(\pm a_{1,1} a_{2,2} \ldots a_{n,n}),$$

et comme le produit principal $a_{1,1} a_{2,2} \ldots a_{n,n}$ est positif de part et d'autre, on aura nécessairement

$$\begin{aligned} D_n &= S[\pm a_{n,n} S(\pm a_{1,1} a_{2,2} \ldots a_{n-1,n-1})] \\ &= a_{n,n} b_{n,n} + a_{n-1,n} b_{n-1,n} + \ldots + a_{2,n} b_{2,n} + a_{1,n} b_{1,n}. \end{aligned}$$

En général, si l'on désigne par μ l'un des indices $1, 2, 3, \ldots, n$, on trouvera de la même manière

$$D_n = S[\pm a_{\mu,\mu} S(\pm a_{1,1} a_{2,2} \ldots a_{\mu-1,\mu-1} a_{\mu+1,\mu+1} \ldots a_{n,n})].$$

Soit ν un autre indice différent de μ. Représentons par $b_{\mu,\mu}$ le coefficient du facteur $a_{\mu,\mu}$, dans le terme indicatif de la fonction symétrique alternée

$$S[\pm a_{\mu,\mu} S(\pm a_{1,1} a_{2,2} \ldots a_{\mu-1,\mu-1} a_{\mu+1,\mu+1} \ldots a_{n,n})]$$

et par $-b_{\nu,\mu}$ ce que devient $b_{\mu,\mu}$, lorsqu'on y remplace le premier indice ν par μ. Si l'on suppose successivement

$$\nu = 1, \quad \nu = 2, \quad \ldots, \quad \nu = \mu - 1, \quad \nu = \mu + 1, \quad \ldots, \quad \nu = n,$$

$b_{\mu,\mu}$ deviendra

$$-b_{1,\mu}, \quad -b_{2,\mu}, \quad \ldots, \quad -b_{\mu-1,\mu}, \quad -b_{\mu+1,\mu}, \quad \ldots, \quad -b_{n,\mu}$$

et la valeur de D_n sera donnée par l'équation

$$D_n = a_{1,\mu} b_{1,\mu} + a_{2,\mu} b_{2\mu} + \ldots + a_{\mu,\mu} b_{\mu,\mu} + \ldots + a_{n,\mu} b_{n,\mu}.$$

Si, dans cette équation, on donne successivement à μ toutes les valeurs

$$1, \quad 2, \quad 3, \quad \ldots, \quad n,$$

on obtiendra les équations suivantes :

$$(5)\quad \begin{cases} D_n = a_{1,1}\,b_{1,1} + a_{2,1}\,b_{2,1} + \ldots + a_{n,1}\,b_{n,1}, \\ D_n = a_{1,2}\,b_{1,2} + a_{2,2}\,b_{2,2} + \ldots + a_{n,2}\,b_{n,2}, \\ \ldots\ldots\ldots\ldots\ldots\ldots\ldots\ldots\ldots\ldots, \\ D_n = a_{1,n}\,b_{1,n} + a_{2,n}\,b_{2,n} + \ldots + a_{n,n}\,b_{n,n}, \end{cases}$$

dans lesquelles on doit supposer, en général,

$$(6)\quad \begin{cases} b_{\mu,\mu} = S(\pm a_{1,1}\,a_{2,2}\ldots a_{\mu-1,\mu-1}\,a_{\mu+1,\mu+1}\ldots a_{n,n}), \\ b_{\nu,\mu} = S(\mp a_{1,1}\,a_{2,2}\ldots a_{\mu-1,\mu-1}\,a_{\mu+1;\mu+1}\ldots a_{\nu-1,\nu-1}\,a_{\mu,\nu}\,a_{\nu+1,\nu+1}\ldots a_{n,n}). \end{cases}$$

Les quantités $b_{1,1}$, $b_{1,2}$, ... sont, dans les équations précédentes, en nombre égal à celui des quantités $a_{1,1}$, $a_{1,2}$, ... qu'elles multiplient, c'est-à-dire en nombre égal à n^2. Elles peuvent donc être disposées en carré, de manière à former deux nouveaux systèmes de l'ordre n qui soient respectivement conjugués l'un à l'autre. L'un de ces systèmes sera le suivant :

$$(7)\quad \begin{cases} b_{1,1}, & b_{1,2}, & \ldots, & b_{1,n}, \\ b_{2,1}, & b_{2,2}, & \ldots, & b_{2,n}, \\ \ldots, & \ldots, & \ldots, & \ldots, \\ b_{n,1}, & b_{n,2}, & \ldots, & b_{n,n}, \end{cases}$$

que je désignerai par $(b_{1,n})$ d'après les conventions établies; en remplaçant dans celui-ci les premiers indices par les seconds et réciproquement, on obtiendra l'autre système qui sera représenté par $(b_{n,1})$.

Après avoir désigné sous le nom de *forme ternaire* un polynome homogène du second degré à trois variables, M. Gauss a nommé *forme adjointe* un second polynome dont les coefficients ont avec ceux du premier les relations qu'on vient de remarquer entre les termes du système $(b_{n,1})$ et ceux du système $(a_{n,1})$. Je suivrai cette dénomination et, lorsque j'aurai à comparer entre elles les quantités

$$a_{1,1},\quad a_{1,2},\quad \ldots \qquad \text{et} \qquad b_{1,1},\quad b_{1,2},\quad \ldots,$$

je dirai que les secondes sont adjointes aux premières; de sorte que, en général, la quantité adjointe à $a_{\mu,\mu}$ sera $b_{\mu,\mu}$ et la quantité adjointe à $a_{\mu,\nu}$ sera $b_{\mu,\nu}$. Par la même raison, le système $(b_{1,n})$ sera dit *adjoint au système* $(a_{1,n})$ et le système $(b_{n,1})$ *adjoint au système* $(a_{n,1})$. Le système $(b_{n,1})$ sera en même temps adjoint et conjugué au système $(a_{1,n})$.

La quantité $b_{n,n}$ adjointe à $a_{n,n}$ est toujours égale au déterminant de l'ordre $n-1$ ou à

$$S(\pm a_{1,1}\, a_{2,2} \ldots a_{n-1,n-1}).$$

Pour déduire de cette expression la valeur de $b_{\mu,\mu}$, il suffira de remplacer dans ce déterminant ou, ce qui revient au même, dans tous les termes du système de l'ordre $n-1$, le premier indice égal à μ par un autre indice égal à n et le second indice égal à μ par un autre indice égal à n. Enfin, pour transformer $b_{\mu,\mu}$ en $b_{\nu,\mu}$, il suffira de remplacer encore le premier indice égal à ν par un autre indice égal à μ et de changer le signe du résultat. Il suit de ces considérations que, pour obtenir au signe près la quantité $b_{\mu,\nu}$ adjointe à $a_{\mu,\nu}$, il suffit de convertir le système $(a_{1,n})$ de l'ordre n en un système de l'ordre $n-1$ par la suppression de tous les termes situés dans la même ligne horizontale ou dans la même ligne verticale que $a_{\mu,\nu}$ et de former le déterminant du nouveau système dont il s'agit. Ce déterminant serait de même valeur et de même signe que $b_{\mu,\mu}$ si l'on supposait $\nu=\mu$.

Dans l'équation

$$D_n = S(\pm a_{1,1}\, a_{2,2} \ldots a_{n,n})$$

on peut indifféremment considérer le signe S comme relatif, soit aux premiers, soit aux seconds indices; d'ailleurs on a fait voir, dans la première Partie de ce Mémoire, que toute fonction symétrique alternée devient nulle lorsqu'on y remplace un indice par un autre indice; D_n se réduira donc à zéro si, dans l'expression de ce déterminant, on remplace un des indices qui occupent la seconde place par un autre indice, par exemple si l'on remplace les termes

$$a_{1,\mu},\quad a_{2,\mu},\quad \ldots,\quad a_{n,\mu}$$

par

$$a_{1,\nu},\quad a_{2,\nu},\quad \ldots,\quad a_{n,\nu},$$

ν étant différent de μ. D'ailleurs, la valeur de D_n, exprimée au moyen des termes $a_{1,\mu}, a_{2,\mu}, \ldots, a_{n,\mu}$, est, par ce qui précède,

$$(8) \qquad D_n = a_{1,\mu}\, b_{1,\mu} + a_{2,\mu}\, b_{2,\mu} + \ldots + a_{n,\mu}\, b_{n,\mu};$$

on aura donc généralement

$$(9) \qquad o = a_{1,\nu}\, b_{1,\mu} + a_{2,\nu}\, b_{2,\mu} + \ldots + a_{n,\nu}\, b_{n,\mu}.$$

Cette dernière équation sera satisfaite toutes les fois que ν et μ seront deux nombres différents l'un de l'autre.

Si l'on donne successivement à μ et à ν, dans les équations (8) et (9), toutes les valeurs entières, depuis 1 jusqu'à n, on aura le système d'équations suivant :

$$(10) \quad \left\{ \begin{array}{l}
D_n = a_{1,1}\, b_{1,1} + a_{2,1}\, b_{2,1} + \ldots + a_{n,1}\, b_{n,1}, \\
o \;\, = a_{1,1}\, b_{1,2} + a_{2,1}\, b_{2,2} + \ldots + a_{n,1}\, b_{n,2}, \\
\ldots\ldots\ldots\ldots\ldots\ldots\ldots\ldots\ldots\ldots\ldots, \\
o \;\, = a_{1,1}\, b_{1,n} + a_{2,1}\, b_{2,n} + \ldots + a_{n,1}\, b_{n,n}; \\
\\
o \;\, = a_{1,2}\, b_{1,1} + a_{2,2}\, b_{2,1} + \ldots + a_{n,2}\, b_{n,1}, \\
D_n = a_{1,2}\, b_{1,2} + a_{2,2}\, b_{2,2} + \ldots + a_{n,2}\, b_{n,2}, \\
\ldots\ldots\ldots\ldots\ldots\ldots\ldots\ldots\ldots\ldots\ldots, \\
o \;\, = a_{1,2}\, b_{1,n} + a_{2,2}\, b_{2,n} + \ldots + a_{n,2}\, b_{n,n}; \\
\ldots\ldots\ldots\ldots\ldots\ldots\ldots\ldots\ldots\ldots\ldots; \\
o \;\, = a_{1,n}\, b_{1,1} + a_{2,n}\, b_{2,1} + \ldots + a_{n,n}\, b_{n,1}, \\
o \;\, = a_{1,n}\, b_{1,2} + a_{2,n}\, b_{2,2} + \ldots + a_{n,n}\, b_{n,2}, \\
\ldots\ldots\ldots\ldots\ldots\ldots\ldots\ldots\ldots\ldots\ldots, \\
D_n = a_{1,n}\, b_{1,n} + a_{2,n}\, b_{2,n} + \ldots + a_{n,n}\, b_{n,n}.
\end{array} \right.$$

Si l'on désigne, en général,

$$a_{1,\mu}\, b_{1,\mu} + a_{2,\mu}\, b_{2,\mu} + \ldots + a_{n,\mu}\, b_{n,\mu}$$

par

$$S^n(a_{1,\mu}\, b_{1,\mu})$$

et

$$a_{1,\nu}\, b_{1,\mu} + a_{2,\nu}\, b_{2,\mu} + \ldots + a_{n,\nu}\, b_{n,\mu}$$

par

$$S^n(a_{1,\nu}\, b_{1,\mu}),$$

le signe S étant, dans les deux cas, relatif aux indices 1 qui occupent la première place, on pourra mettre les équations (10) sous la forme suivante :

$$(11)\quad \begin{cases} D_n = S^n(a_{1,1}b_{1,1}), & o = S^n(a_{1,1}b_{1,2}), & \ldots, & o = S^n(a_{1,1}b_{1,n}), \\ o = S^n(a_{1,2}b_{1,1}), & D_n = S^n(a_{1,2}b_{1,2}), & \ldots, & o = S^n(a_{1,2}b_{1,n}), \\ \ldots\ldots\ldots\ldots, & \ldots\ldots\ldots\ldots, & \ldots, & \ldots\ldots\ldots\ldots, \\ o = S^n(a_{1,n}b_{1,1}), & o = S^n(a_{1,n}b_{1,2}), & \ldots, & D_n = S^n(a_{1,n}b_{1,n}); \end{cases}$$

et les formules générales (8) et (9) deviendront

$$(12)\quad \begin{cases} D_n = S^n(a_{1,\mu}\, b_{1,\mu}), \\ o = S^n(a_{1,\nu}\, b_{1,\mu}). \end{cases}$$

La seconde des équations (6), ou

$$b_{\nu,\mu} = S(\mp a_{1,1}a_{2,2}\ldots a_{\mu-1,\mu-1}a_{\mu+1,\mu+1}\ldots a_{\nu-1,\nu-1}a_{\mu,\nu}a_{\nu+1,\nu+1}\ldots a_{n,n}),$$

ayant lieu toutes les fois que μ et ν sont différents l'un de l'autre, elle subsistera encore si l'on y change μ en ν et ν en μ; on aura donc

$$b_{\mu,\nu} = S(\mp a_{1.1}a_{2.2}\ldots a_{\nu-1,\nu-1}a_{\nu+1,\nu+1}\ldots a_{\mu-1,\mu-1}a_{\nu,\mu}a_{\mu+1,\mu+1}\ldots a_{n,n}).$$

Si l'on compare entre elles les deux valeurs précédentes de $b_{\nu,\mu}$ et de $b_{\mu,\nu}$, on trouvera que, pour déduire l'une de l'autre, il suffit d'échanger entre eux les indices qui occupent la première et la seconde place dans les termes du système $(a_{1,n})$. Il en résulte que les relations établies par les équations (8) et (9) entre les termes du système $(a_{1,n})$ et les termes du système adjoint $(b_{1,n})$ subsisteront encore si l'on échange entre elles, dans ces deux équations, les deux espèces d'indices; on aura donc aussi

$$(13)\quad D_n = a_{\mu,1}b_{\mu,1} + a_{\mu,2}b_{\mu,2} + \ldots + a_{\mu.n}b_{\mu,n},$$

$$(14)\quad o = a_{\nu,1}b_{\mu.1} + a_{\nu,2}b_{\mu,2} + \ldots + a_{\nu,n}b_{\mu,n},$$

les indices μ et ν étant censés inégaux.

On peut encore mettre ces deux dernières équations sous la forme suivante :

$$(15)\quad \begin{cases} D_n = S^n(a_{\mu,1}b_{\mu,1}), \\ o = S^n(a_{\nu,1}b_{\mu,1}), \end{cases}$$

le signe S étant relatif aux indices 1 qui occupent la seconde place.

En donnant à μ et à ν, dans les équations (13) et (14), toutes les valeurs entières depuis 1 jusqu'à n, on obtiendrait un système d'équations semblable au système (10). On peut déduire immédiatement ce second système d'équations du premier, en remplaçant dans celui-ci les termes des systèmes symétriques $(a_{1,n})$, $(b_{1,n})$ par les termes correspondants des systèmes conjugués $(a_{n,1})$, $(b_{n,1})$. On pourrait encore donner au nouveau système d'équations dont il s'agit la forme (11) et il suffirait pour cela d'employer les équations (15) au lieu des équations (13) et (14).

Si dans le système de quantités $(a_{1,n})$ on supprime la dernière suite horizontale et la dernière suite verticale, on aura le système suivant :

$$(16)\qquad \left\{\begin{matrix} a_{1,1}, & a_{1,2}, & \ldots, & a_{1,n-1}, \\ a_{2,1}, & a_{2,2}, & \ldots, & a_{2,n-1}, \\ \ldots, & \ldots, & \ldots, & \ldots\ldots, \\ a_{n-1,1}, & a_{n-1,2}, & \ldots, & a_{n-1,n-1}, \end{matrix}\right.$$

que je désignerai à l'ordinaire par $(a_{1,n-1})$.

Soit maintenant $(e_{1,n-1})$ le système adjoint au précédent. Si dans l'équation (13) on change b en e et n en $n-1$, on aura, en général,

$$(17)\qquad D_{n,1} = b_{n,n} = a_{\mu,1}\, e_{\mu,1} + a_{\mu,2}\, e_{\mu,2} + \ldots + a_{\mu,n-1}\, e_{\mu,n-1}.$$

Pour déduire de cette dernière équation la valeur de $b_{\mu,n}$ il suffira, en vertu des règles établies, de changer $a_{\mu,\nu}$ en $a_{n,\nu}$ dans l'expression précédente de $b_{n,n}$ et de changer en outre le signe du second membre; on aura donc généralement

$$(18)\qquad b_{\mu,n} = -(a_{n,1}\, e_{\mu,1} + a_{n,2}\, e_{\mu,2} + \ldots + a_{n,n-1}\, e_{\mu,n-1}).$$

Si dans cette équation on donne successivement à μ toutes les valeurs entières depuis 1 jusqu'à $n-1$ et que l'on substitue les valeurs qui en résulteront pour $b_{1,n}$, $b_{2,n}$, ..., $b_{n-1,n}$ dans l'équation

$$D_n = a_{1,n}\, b_{1,n} + a_{2,n}\, b_{2,n} + \ldots + a_{n,n}\, b_{n,n},$$

on obtiendra la formule suivante :

$$\begin{aligned}D_n = a_{n,n} b_{n,n} - [&a_{1,n} a_{n,1} e_{1,1} + a_{2,n} a_{n,2} e_{2,2} + \ldots + a_{n-1,n} a_{n,n-1} e_{n-1,n-1}\\ &+ a_{1,n}(a_{n,2} e_{1,2} + a_{n,3} e_{1,3} + \ldots + a_{n,n-1} e_{1,n-1})\\ &+ a_{2,n}(a_{n,1} e_{2,1} + a_{n,3} e_{2,3} + \ldots + a_{n,n-1} e_{2,n-1})\\ &+ \ldots\ldots\ldots\ldots\ldots\ldots\ldots\ldots\\ &+ a_{n-1,n}(a_{n,1} e_{n-1,1} + a_{n,2} a_{n-1,2} + \ldots + a_{n,n-2} e_{n-1,n-2})].\end{aligned}$$

Cette équation peut être mise sous la forme

$$(19) \qquad D_n = a_{n,n} D_{n,1} - S^{n-1} S^{n-1}(a_{\nu,n} a_{n,\mu} e_{\nu,\mu}),$$

les deux signes S étant relatifs, le premier à l'indice μ et le second à l'indice ν. M. Gauss a employé avec avantage, dans ses *Recherches arithmétiques*, une formule qui n'est qu'un cas particulier de celle-ci.

§ IV. Les principaux théorèmes compris dans le paragraphe précédent ont été démontrés pour la première fois, d'une manière générale, par M. Laplace, dans les *Mémoires de l'Académie des Sciences* de l'année 1772 (seconde Partie). Il a fait voir comment on pouvait les appliquer à la recherche des valeurs des inconnues que renferment plusieurs équations du premier degré. Soient

$$x_1, \quad x_2, \quad \ldots, \quad x_n$$

les inconnues dont il s'agit en nombre égal à n. Supposons que l'on ait entre elles autant d'équations du premier degré et que les coefficients des inconnues y soient représentés respectivement par les différents termes du système $(a_{1,n})$. Les équations dont il s'agit seront de la forme

$$(20) \qquad \left\{\begin{aligned}&a_{1,1} x_1 + a_{1,2} x_2 + \ldots + a_{1,n} x_n = m_1,\\ &a_{2,1} x_1 + a_{2,2} x_2 + \ldots + a_{2,n} x_n = m_2,\\ &\ldots\ldots\ldots\ldots\ldots\ldots\ldots\ldots,\\ &a_{n,1} x_1 + a_{n,2} x_2 + \ldots + a_{n,n} x_n = m_n.\end{aligned}\right.$$

Cela posé, les relations établies par les équations (10) entre les termes du système $(a_{1,n})$ et ceux du système adjoint $(b_{1,n})$ fournissent un moyen facile d'obtenir la valeur d'une inconnue prise à volonté. Ainsi, par exemple, si l'on multiplie la première des équations (20) par $b_{1,1}$, la deuxième par $b_{2,1}$, ..., enfin la dernière par $b_{n,1}$, et qu'on les ajoute entre elles en ayant égard aux équations (10), on aura, pour déterminer la valeur de x_1, l'équation suivante :

$$D_n x_1 = m_1 b_{1,1} + m_2 b_{2,1} + \ldots + m_n b_{n,1}.$$

En général, si l'on multiplie la première des équations (20) par $b_{1,\mu}$, la deuxième par $b_{2,\mu}$, ..., enfin la dernière par $b_{n,\mu}$, et qu'ensuite on les ajoute entre elles, on aura, en vertu des équations (10),

$$(21) \qquad D_n x_\mu = m_1 b_{1,\mu} + m_2 b_{2,\mu} + \ldots + m_n b_{n,\mu}.$$

Par suite, la valeur générale de l'une quelconque des inconnues sera

$$x_\mu = \frac{m_1 b_{1,\mu} + m_2 b_{2,\mu} + \ldots + m_n b_{n,\mu}}{D_n} = \frac{m_1 b_{1,\mu} + m_2 b_{2,\mu} + \ldots + m_n b_{n,\mu}}{a_{1,\mu} b_{1,\mu} + a_{2,\mu} b_{2,\mu} + \ldots + a_{n,\mu} b_{n,\mu}}.$$

Cette valeur se présente donc sous la forme d'une fraction qui a pour dénominateur le déterminant

$$D_n = S(\pm a_{1,1} a_{2,2} \ldots a_{n,n})$$

et pour numérateur ce que devient ce déterminant quand on y remplace les coefficients de l'inconnue pris dans les équations (20) par les seconds membres de ces mêmes équations.

Si les coefficients des diverses inconnues dans les équations (20), au lieu d'être représentés par une seule lettre affectée de deux indices, étaient représentés par diverses lettres a, b, c, ..., e, f affectées de l'indice 1 dans la première équation, de l'indice 2 dans la deuxième, ..., les équations données étant alors

$$(\mathrm{A}) \qquad \left\{ \begin{array}{l} a_1 x_1 + b_1 x_2 + c_1 x_3 + \ldots + e_1 x_{n-1} + f_1 x_n = m_1, \\ a_2 x_1 + b_2 x_2 + c_2 x_3 + \ldots + e_2 x_{n-1} + f_2 x_n = m_2, \\ \ldots\ldots\ldots\ldots\ldots\ldots\ldots\ldots\ldots\ldots\ldots\ldots, \\ a_n x_1 + b_n x_2 + c_n x_3 + \ldots + e_n x_{n-1} + f_n x_n = m_n, \end{array} \right.$$

la valeur d'une inconnue aurait pour dénominateur la fonction symétrique alternée

$$S(\pm a_1 b_2 c_3 \ldots e_{n-1} f_n)$$

et pour numérateur ce que devient cette fonction lorsqu'on y substitue la lettre m à celle qui désigne les coefficients de l'inconnue. Ainsi, par exemple, la valeur de x_1 serait donnée par l'équation

$$(\mathrm{B}) \qquad x_1 = \frac{\mathrm{S}(\pm m_1 b_2 c_3 \ldots e_{n-1} f_n)}{\mathrm{S}(\pm a_1 b_2 c_3 \ldots e_{n-1} f_n)}.$$

Tel est le résultat auquel M. Laplace est parvenu. Il a fait voir aussi que deux termes déduits l'un de l'autre par un nombre impair de transpositions étaient toujours de signes contraires et a démontré par ce moyen la règle de Cramer que nous avons rapportée ci-dessus. Enfin il a prouvé qu'une transposition opérée entre deux des lettres $a, b, c, \ldots$ changeait le signe de la fonction

$$\mathrm{S}(\pm a_1 b_2 \ldots e_{n-1} f_n)$$

et a donné les moyens de la décomposer en d'autres fonctions semblables d'un ordre inférieur. Nous reviendrons plus tard sur ce dernier objet.

On peut encore, en vertu du paragraphe II, mettre la valeur de x_1 sous la forme suivante :

$$(\mathrm{C}) \quad x_1 = \frac{mbc\ldots ef(b-m)(c-m)\ldots(f-m)(c-b)\ldots(f-b)\ldots(f-e)}{abc\ldots ef(b-a)(c-a)\ldots(f-a)(c-b)\ldots(f-b)\ldots(f-e)},$$

pourvu que, après avoir développé séparément le numérateur et le dénominateur de la fraction précédente, on remplace les exposants des lettres par des indices.

Si l'on suppose $n = 2$, les équations (A) se réduiront à

$$a_1 x_1 + b_1 x_2 = m_1,$$
$$a_2 x_1 + b_2 x_2 = m_2,$$

et l'on aura, en vertu de ce qui précède,

$$x_1 = \frac{mb(b-m)}{ab(b-a)} = \frac{m_1 b_2 - m_2 b_1}{a_1 b_2 - a_2 b_1},$$
$$x_2 = \frac{am(m-a)}{ab(b-a)} = \frac{a_1 m_2 - a_2 m_1}{a_1 b_2 - a_2 b_1}.$$

Si l'on suppose $n = 3$, les équations (A) se réduiront à

$$\begin{aligned} a_1 x_1 + b_1 x_2 + c_1 x_3 &= m_1, \\ a_2 x_1 + b_2 x_2 + c_2 x_3 &= m_2, \\ a_3 x_1 + b_3 x_2 + c_3 x_3 &= m_3, \end{aligned}$$

et les valeurs des inconnues seront respectivement

$$\begin{aligned} x_1 &= \frac{mbc(b-m)(c-m)(c-b)}{abc(b-a)(c-a)(c-b)} \\ &= \frac{m_1 b_2 c_3 - m_1 b_3 c_2 + m_2 b_3 c_1 - m_2 b_1 c_3 + m_3 b_1 c_2 - m_3 b_2 c_1}{a_1 b_2 c_3 - a_1 b_3 c_2 + a_2 b_3 c_1 - a_2 b_1 c_3 + a_3 b_1 c_2 - a_3 b_2 c_1}, \end{aligned}$$

$$\begin{aligned} x_2 &= \frac{amc(m-a)(c-a)(c-m)}{abc(b-a)(c-a)(c-b)} \\ &= \frac{a_1 m_2 c_3 - a_1 m_3 c_2 + a_2 m_3 c_1 - a_2 m_1 c_3 + a_3 m_1 c_2 - a_3 m_2 c_1}{a_1 b_2 c_3 - a_1 b_3 c_2 + a_2 b_3 c_1 - a_2 b_1 c_3 + a_3 b_1 c_2 - a_3 b_2 c_1}, \end{aligned}$$

$$\begin{aligned} x_3 &= \frac{abm(b-a)(m-a)(m-b)}{abc(b-a)(c-a)(c-b)} \\ &= \frac{a_1 b_2 m_3 - a_1 b_3 m_2 + a_2 b_0 m_1 - a_2 b_1 m_3 + a_3 b_1 m_2 - a_3 b_2 m_1}{a_1 b_2 c_3 - a_1 b_3 c_2 + a_2 b_3 c_1 - a_2 b_1 c_3 + a_3 b_1 c_2 - a_3 b_2 c_1}, \end{aligned}$$

et ainsi de suite.

On arriverait aux mêmes résultats en partant de l'équation (B) et, dans ce cas, on peut déterminer immédiatement le signe d'un terme pris à volonté, soit dans le numérateur, soit dans le dénominateur de la fraction qui représente la valeur d'une inconnue, au moyen de la règle établie dans le paragraphe II de la première Partie de ce Mémoire.

Si les équations données étaient de la forme

$$\text{(D)} \quad \left\{ \begin{aligned} a x_1 + b x_2 + c x_3 + \ldots + e x_{n-1} + f x_n &= m, \\ a^2 x_1 + b^2 x_2 + c^2 x_3 + \ldots + e^2 x_{n-1} + f^2 x_n &= m^2, \\ \ldots\ldots\ldots\ldots\ldots\ldots\ldots\ldots\ldots\ldots&\ldots, \\ a^n x_1 + b^n x_2 + c^n x_3 + \ldots + e^n x_{n-1} + f^n x_n &= m^n, \end{aligned} \right.$$

l'équation (C) deviendrait exacte sans qu'il fût besoin de développer le numérateur et le dénominateur de la fraction qui forme le second membre et l'on pourrait sans aucun inconvénient supprimer les facteurs communs aux deux termes de cette fraction. Ainsi la valeur de x_1, tirée des équations (D), se réduit à

$$x_1 = \frac{m(b-m)(c-m)\ldots(f-m)}{a(b-a)(c-a)\ldots(f-a)} = \frac{m(m-b)(m-c)\ldots(m-f)}{a(a-b)(a-c)\ldots(a-f)}.$$

Les valeurs des autres inconnues, tirées des équations (D), peuvent être présentées sous une forme semblable à celle-ci.

Si les équations données étaient de la forme

$$(\text{E}) \qquad \left\{\begin{array}{l} ax_1 + a^2x_2 + \ldots + a^n x_n = a^m, \\ bx_1 + b^2x_2 + \ldots + b^n x_n = b^m, \\ \ldots\ldots\ldots\ldots\ldots\ldots\ldots\ldots, \\ fx_1 + f^2x_2 + \ldots + f^n x_n = f^m, \end{array}\right.$$

la valeur de x_n serait donnée par l'équation

$$x_n = \frac{\text{S}(\pm ab^2c^3\ldots e^{n-1}f^m)}{\text{S}(\pm ab^2c^3\ldots e^{n-1}f^n)} = \frac{\text{S}(\pm bc^2\ldots e^{n-2}f^{m-1})}{\text{S}(\pm bc^2\ldots e^{n-2}f^{n-1})}.$$

Cette valeur deviendrait nulle si l'on supposait $m < n$. Elle se réduit à l'unité lorsque $m = n$. Enfin, lorsque m surpasse n, le numérateur de la fraction précédente est divisible par le dénominateur, ainsi qu'on l'a prouvé dans le dernier paragraphe de la première Partie de ce Mémoire, et x_n devient une fonction symétrique permanente des quantités

$$a, \quad b, \quad c, \quad \ldots, \quad e, \quad f.$$

On peut faire des remarques analogues relativement aux valeurs des autres inconnues.

Revenons maintenant à l'équation (21). Si l'on y fait successivement

$$\mu = 1, \; 2, \; 3, \; \ldots, \; n,$$

on aura, pour déterminer les valeurs des inconnues

$$x_1, \quad x_2, \quad \ldots, \quad x_n,$$

les équations suivantes que nous allons comparer aux équations (20),

$$(22)\quad \left\{\begin{array}{l} m_1 b_{1,1} + m_2 b_{2,1} + \ldots + m_n b_{n,1} = D_n x_1, \\ m_1 b_{1,2} + m_2 b_{2,2} + \ldots + m_n b_{n,2} = D_n x_2, \\ \ldots\ldots\ldots\ldots\ldots\ldots\ldots\ldots\ldots\ldots, \\ m_1 b_{1,n} + m_2 b_{2,n} + \ldots + m_n b_{n,n} = D_n x_n. \end{array}\right.$$

Les équations (20) renferment : 1° deux suites de quantités, savoir :

$$x_1, \quad x_2, \quad \ldots, \quad x_n,$$
$$m_1, \quad m_2, \quad \ldots, \quad m_n;$$

2° tous les termes du système $(a_{1,n})$ qui servent de coefficients aux termes de la première suite. Les termes de la seconde suite étant les seuls qui se présentent isolément dans les équations dont il s'agit, je dirai que les quantités

$$m_1, \quad m_2, \quad \ldots, \quad m_n$$

s'y trouvent dégagées et que, au contraire, les quantités

$$x_1, \quad x_2, \quad \ldots, \quad x_n$$

s'y trouvent engagées. Je désignerai, de plus, la suite des équations (20) sous le nom de *suite d'équations symétriques*.

Les équations (22) sont de la même forme que les équations (20), à cette différence près que la suite engagée dans les équations (20) se trouve dégagée dans les équations (22) et que les termes de cette même suite y sont tous multipliés par D_n. Pour déduire les équations (22) des équations (20) il suffit : 1° d'échanger entre elles les deux lettres m et x, c'est-à-dire de dégager la suite engagée et d'engager celle qui était dégagée ; 2° de multiplier les termes de la suite dégagée par le déterminant D_n du système dont les différents termes servaient de coefficients à la suite engagée ; 3° de remplacer les termes du système symétrique $(a_{1,n})$ par les termes correspondants du système adjoint et conjugué $(b_{n,1})$. Je dirai, pour cette raison, que les équations (22) sont *adjointes* aux équations (20).

Les équations (20) se trouvant toutes comprises dans la formule générale

$$m_\mu = a_{\mu,1} x_1 + a_{\mu,2} x_2 + \ldots + a_{\mu,n} x_n = S^n(a_{\mu,1} x_1),$$

dans laquelle le signe S est supposé relatif à l'indice 1, je désignerai l'ensemble de ces mêmes équations par le symbole

$$(23) \qquad \Sigma[S^n(a_{\mu,1} x_1) = m_\mu],$$

le signe Σ indiquant ici non pas une somme de quantités mais une suite d'équations semblables à celle que renferment les deux crochets.

Je désignerai de même l'ensemble des équations (22) par le symbole

$$(24) \qquad \Sigma[S^n(b_{1,\mu} m_1) = D_n x_\mu].$$

Ces deux symboles se déduisent l'un de l'autre par les mêmes règles qui servent à déduire l'une de l'autre les deux suites d'équations qu'ils représentent.

Désignons par $(c_{1,n})$ le système de quantités adjoint à $(b_{1,n})$. Je dirai que $(c_{1,n})$ est adjoint du second ordre au système $(a_{1,n})$. Le même système $(c_{1,n})$ sera adjoint et conjugué au système $(b_{n,1})$. Soit encore B_n le déterminant du système $(b_{1,n})$. Si dans les équations (12) et (15) on change a en b, on devra changer aussi b en c et D_n en B_n et, par suite, on aura

$$(25) \qquad \begin{cases} B_n = S^n(b_{1,\mu} c_{1,\mu}), \\ 0 = S^n(b_{1,\nu} c_{1,\mu}); \end{cases}$$

$$(26) \qquad \begin{cases} B_n = S^n(b_{\mu,1} c_{\mu,1}), \\ 0 = S^n(b_{\nu,1} c_{\mu,1}). \end{cases}$$

Si maintenant on dégage des équations (22) les termes de la suite m_1, m_2, ..., m_n, en suivant les mêmes règles qui ont servi à dégager des équations (20) les termes de la suite x_1, x_2, ..., x_n, on obtiendra les équations suivantes :

$$(27) \qquad \begin{cases} c_{1,1} D_n x_1 + c_{1,2} D_n x_2 + \ldots + c_{1,n} D_n x_n = B_n m_1, \\ c_{2,1} D_n x_1 + c_{2,2} D_n x_2 + \ldots + c_{2,n} D_n x_n = B_n m_2, \\ \ldots\ldots\ldots\ldots\ldots\ldots\ldots\ldots\ldots\ldots, \\ c_{n,1} D_n x_1 + c_{n,2} D_n x_2 + \ldots + c_{n,n} D_n x_n = B_n m_n \end{cases}$$

qui pourront être représentées par le symbole

$$(28)\qquad \Sigma[S^n(D_n c_{\mu,1} x_1) = B_n m_\mu].$$

Les équations (27) peuvent encore être mises sous la forme suivante :

$$(29)\qquad \begin{cases} c_{1,1}\dfrac{D_n}{B_n}x_1 + c_{1,2}\dfrac{D_n}{B_n}x_2 + \ldots + c_{1,n}\dfrac{D_n}{B_n}x_n = m_1, \\ c_{2,1}\dfrac{D_n}{B_n}x_1 + c_{2,2}\dfrac{D_n}{B_n}x_2 + \ldots + c_{2,n}\dfrac{D_n}{B_n}x_n = m_2, \\ \ldots\ldots\ldots\ldots\ldots\ldots\ldots\ldots, \\ c_{n,1}\dfrac{D_n}{B_n}x_1 + c_{n,2}\dfrac{D_n}{B_n}x_2 + \ldots + c_{n,n}\dfrac{D_n}{B_n}x_n = m_n; \end{cases}$$

et comme celles-ci doivent avoir lieu en même temps que les équations (20), sans que l'on suppose d'ailleurs entre les termes de la suite $x_1, x_2, \ldots, x_n$ et ceux du système $(a_{1,n})$ aucune relation particulière, il faudra nécessairement que l'on ait, quels que soient μ et ν,

$$c_{\mu,\nu}\frac{D_n}{B_n} = a_{\mu,\nu}$$

ou

$$(30)\qquad c_{\mu,\nu} = \frac{B_n}{D_n}a_{\mu,\nu}.$$

Cette équation établit un rapport constant entre les termes du système $(a_{1,n})$ et les termes du système adjoint du second ordre $(c_{1,n})$.

Les équations (27) étant adjointes aux équations (22) et celles-ci aux équations (20), je dirai que les équations (27) sont *adjointes du second ordre* aux équations (20) dont elles ne diffèrent que par un facteur commun à tous leurs termes.

DEUXIÈME SECTION.

Des systèmes d'équations symétriques et de leurs déterminants.

§ V. Considérons maintenant un système d'équations de la forme

$$(31)\quad \left\{\begin{array}{l}
\alpha_{1,1}a_{1,1} + \alpha_{1,2}a_{1,2} + \ldots + \alpha_{1,n}a_{1,n} = m_{1,1},\\
\alpha_{2,1}a_{1,1} + \alpha_{2,2}a_{1,2} + \ldots + \alpha_{2,n}a_{1,n} = m_{1,2},\\
\ldots\ldots\ldots\ldots\ldots\ldots\ldots\ldots\ldots\ldots,\\
\alpha_{n,1}a_{1,1} + \alpha_{n,2}a_{1,2} + \ldots + \alpha_{n,n}a_{1,n} = m_{1,n};\\
\alpha_{1,1}a_{2,1} + \alpha_{1,2}a_{2,2} + \ldots + \alpha_{1,n}a_{2,n} = m_{2,1},\\
\alpha_{2,1}a_{2,1} + \alpha_{2,2}a_{2,2} + \ldots + \alpha_{2,n}a_{2,n} = m_{2,2},\\
\ldots\ldots\ldots\ldots\ldots\ldots\ldots\ldots\ldots\ldots,\\
\alpha_{n,1}a_{2,1} + \alpha_{n,2}a_{2,2} + \ldots + \alpha_{n,n}a_{2,n} = m_{2,n};\\
\ldots\ldots\ldots\ldots\ldots\ldots\ldots\ldots\ldots\ldots;\\
\alpha_{1,1}a_{n,1} + \alpha_{1,2}a_{n,2} + \ldots + \alpha_{1,n}a_{n,n} = m_{n,1},\\
\alpha_{2,1}a_{n,1} + \alpha_{2,2}a_{n,2} + \ldots + \alpha_{2,n}a_{n,n} = m_{n,2},\\
\ldots\ldots\ldots\ldots\ldots\ldots\ldots\ldots\ldots\ldots,\\
\alpha_{n,1}a_{n,1} + \alpha_{n,2}a_{n,2} + \ldots + \alpha_{n,n}a_{n,n} = m_{n,n}.
\end{array}\right.$$

Ce système d'équations renferme trois systèmes de quantités symétriques, savoir : $(a_{1,n})$, $(\alpha_{1,n})$ et $(m_{1,n})$.

De plus, il est facile de voir que, parmi les équations (31), celles qui se trouvent dans un même groupe forment une suite d'équations symétriques, dans lesquelles les quantités engagées de la forme $a_{\mu,1}$, $a_{\mu,2}$, ..., $a_{\mu,n}$ ont pour coefficients les termes du système $(\alpha_{1,n})$. De même, si l'on imagine que les équations de chaque groupe soient distribuées sur une même ligne horizontale, celles des équations (31) qui se trouveront comprises dans une même colonne verticale formeront une suite d'équations symétriques dans lesquelles les quantités engagées $\alpha_{\mu,1}$, $\alpha_{\mu,2}$, ..., $\alpha_{\mu,n}$ auront pour coefficients les termes du système $(a_{1,n})$. J'appellerai *suite horizontale* ou *suite verticale* une suite d'équations comprises dans une même ligne, soit horizontale, soit verticale, du

Tableau ainsi formé et j'appellerai l'ensemble des équations (31) un *système d'équations symétriques*. Chaque équation de ce système pouvant être mise sous la forme

$$S^n(\alpha_{\nu,1} a_{\mu,1}) = m_{\mu,\nu}, \tag{32}$$

où le signe S est relatif aux indices 1 qui occupent la seconde place dans $\alpha_{\nu,1}$ et $a_{\mu,1}$, je désignerai le système entier des équations dont il s'agit par le symbole

$$\Sigma[S^n(\alpha_{\nu,1} a_{\mu,1}) = m_{\mu,\nu}]. \tag{33}$$

J'appellerai *systèmes engagés* les deux systèmes de quantités $(a_{1,n})$, $(\alpha_{1,n})$ dont les termes se trouvent engagés dans les équations dont il s'agit et *système dégagé* le système de quantités $(m_{1,n})$ dont les termes sont isolés dans les seconds membres. Je désignerai aussi les deux systèmes engagés sous le nom de *systèmes composants* et le système dégagé sous le nom de *système résultant*. Enfin, je dirai que, dans les équations (31), représentées par le symbole (33), le système résultant $(m_{1,n})$ se trouve déterminé symétriquement au moyen des deux systèmes composants $(a_{1,n})$ et $(\alpha_{1,n})$.

Désignons respectivement par

$$D_n, \quad \delta_n, \quad M_n$$

les déterminants des trois systèmes

$$(a_{1,n}), \quad (\alpha_{1,n}), \quad (m_{1,n});$$

on aura

$$\left\{\begin{aligned} D_n &= S(\pm a_{1,1} a_{2,2} \ldots a_{n,n}), \\ \delta_n &= S(\pm \alpha_{1,1} \alpha_{2,2} \ldots \alpha_{n,n}), \\ M_n &= S(\pm m_{1,1} m_{2,2} \ldots m_{n,n}). \end{aligned}\right. \tag{34}$$

Dans chacune des trois équations précédentes, le signe S peut être considéré comme relatif, soit aux indices qui occupent la première place, soit à ceux qui occupent la seconde. Ainsi,

$$S(\pm m_{1,1} m_{2,2} \ldots m_{n,n})$$

est une fonction symétrique alternée à l'égard des deux espèces d'indices qui affectent les termes du système $(m_{1,n})$. D'ailleurs, les équations (33) étant toutes comprises dans la formule générale

$$S^n(\alpha_{\nu,1} a_{\mu,1}) = m_{\mu,\nu},$$

les deux indices, qui dans chacune de ces équations affectent la lettre m, sont respectivement égaux aux premiers indices qui, dans ces mêmes équations, affectent les deux lettres a et α, c'est-à-dire les termes des deux systèmes $(a_{1,n})$ et $(\alpha_{1,n})$. Il suit de cette remarque que, si, dans le second membre de l'équation

$$M_n = S(\pm m_{1,1} m_{2,2} \ldots m_{n,n}),$$

on substitue aux termes du système $(m_{1,n})$ leurs valeurs en a et en α tirées des équations (31), on obtiendra pour résultat une fonction des termes des systèmes $(a_{1,n})$ et $(\alpha_{1,n})$ qui sera symétrique alternée par rapport aux indices qui occupent la première place dans a et par rapport à ceux qui occupent la première place dans α. D'ailleurs, chacune des quantités m étant du premier degré par rapport aux quantités a et par rapport aux quantités α, chaque terme du développement de

$$S(\pm m_{1,1} m_{2,2} \ldots m_{n,n})$$

sera évidemment de la forme

$$\pm \alpha_{1,\mu} \alpha_{2,\nu} \ldots \alpha_{n,\pi} a_{1,\mu'} a_{2,\nu'} \ldots a_{n,\pi'}.$$

Comme ce développement doit être une fonction symétrique alternée par rapport aux indices qui occupent la première place dans a et par rapport à ceux qui occupent la première place dans α, il ne pourra renfermer le terme qu'on vient de considérer sans renfermer en même temps le produit

$$\pm S(\pm \alpha_{1,\mu} \alpha_{2,\nu} \ldots \alpha_{n,\pi}) S(\pm a_{1,\mu'} a_{2,\nu'} \ldots a_{n,\pi'}),$$

il sera donc équivalent à un ou à plusieurs produits de cette espèce.

Si dans le produit précédent on suppose les indices $\mu, \nu, \ldots, \pi$ tous différents les uns des autres, on aura

$$S(\pm \alpha_{1,\mu}\alpha_{2,\nu}\ldots\alpha_{n,\pi}) = \pm S(\pm \alpha_{1,1}\alpha_{2,2}\ldots\alpha_{n,n}) = \pm \delta_n.$$

De même, si l'on y suppose les indices μ', ν', ..., π' tous différents les uns des autres, on aura

$$S(\pm a_{1,\mu'}a_{2,\nu'}\ldots a_{n,\pi'}) = \pm S(\pm a_{1,1}a_{2,2}\ldots a_{n,n}) = \pm D_n.$$

D'ailleurs, on ne peut supposer deux des indices μ, ν, ..., π égaux entre eux sans avoir

$$S(\pm \alpha_{1,\mu}\alpha_{2,\nu}\ldots\alpha_{n,\pi}) = 0,$$

ni deux des indices μ', ν', ..., π' égaux entre eux sans avoir

$$S(\pm a_{1,\mu'}a_{2,\nu'}\ldots a_{n,\pi'}) = 0.$$

Le développement de M_n se réduira donc à un ou à plusieurs produits de la forme

$$\pm D_n\delta_n;$$

on a donc

$$M_n = c D_n\delta_n,$$

c étant une quantité constante. Pour déterminer la constante, il suffit d'observer que l'équation précédente étant identique devra encore avoir lieu si l'on suppose généralement

$$\alpha_{\mu,\mu} = 1, \qquad a_{\mu,\mu} = 1, \qquad \alpha_{\mu,\nu} = 0, \qquad a_{\mu,\nu} = 0;$$

mais alors on a par les équations (31)

$$m_{\mu,\mu} = 1, \qquad m_{\mu,\nu} = 0,$$

et, par suite,

$$M_n = 1, \qquad D_n = 1, \qquad \delta_n = 1;$$

on doit donc avoir aussi

$$c = 1,$$

et, par suite, on aura, en général,

$$M_n = D_n\delta_n. \tag{35}$$

Cette équation renferme un théorème très remarquable qu'on peut énoncer de la manière suivante :

Lorsqu'un système de quantités est déterminé symétriquement au moyen de deux autres systèmes, le déterminant du système résultant est toujours égal au produit des déterminants des deux systèmes composants.

Si dans les équations (31) on remplace les systèmes de quantités $(a_{1,n})$ et $(\alpha_{1,n})$ par les systèmes $(a_{n,1})$ et $(b_{n,1})$ et que l'on suppose généralement

$$m_{\mu,\mu} = D_n, \qquad m_{\mu,\nu} = 0,$$

on obtiendra les équations (10). Dans le même cas, on aura

$$M_n = m_{1,1}\, m_{2,2} \ldots m_{n,n} = D_n^n, \qquad \delta_n = S(\pm\, b_{1,1}\, b_{2,2} \ldots b_{n,n}) = B_n,$$

et, par suite, l'équation (35) deviendra

$$D_n^n = B_n D_n;$$

d'où l'on conclut

$$(36) \qquad B_n = D_n^{n-1}.$$

On voit par cette dernière équation que *le déterminant du système $(b_{1,n})$ adjoint au système $(a_{1,n})$ est égal à la $(n-1)^{\text{ième}}$ puissance du déterminant de ce dernier système.*

En vertu de l'équation (36), l'équation (30) devient

$$(37) \qquad c_{\mu,\nu} = D_n^{n-2}\, a_{\mu,\nu}.$$

Ainsi, *étant donné un terme quelconque $a_{\mu,\nu}$ du système $(a_{1,n})$, pour obtenir le terme correspondant du système adjoint du second ordre $(c_{1,n})$, il suffira de multiplier le terme donné par la $(n-2)^{\text{ième}}$ puissance du déterminant du premier système.*

On a vu que le déterminant d'un système quelconque est toujours égal à celui du système conjugué. Il suit de là que l'équation (35) subsistera encore si dans les équations (31) on remplace l'un des systèmes composants $(a_{1,n})$, $(\alpha_{1,n})$, ou tous les deux ensemble, par les systèmes qui leur sont conjugués, savoir $(a_{n,1})$, $(\alpha_{n,1})$. L'équation (35) convient donc également aux quatre systèmes d'équations symétriques désignés par les quatre symboles suivants :

$$(38)\quad \begin{cases} \Sigma[S^n(\alpha_{\nu,1}a_{\mu,1}) = m_{\mu,\nu}], \\ \Sigma[S^n(\alpha_{1,\nu}a_{\mu,1}) = m_{\mu,\nu}], \\ \Sigma[S^n(\alpha_{\nu,1}a_{1,\mu}) = m_{\mu,\nu}], \\ \Sigma[S^n(\alpha_{1,\nu}a_{1,\mu}) = m_{\mu,\nu}], \end{cases}$$

le signe S étant relatif dans tous les cas aux indices de α et de a qui sont égaux à l'unité.

Dans les quatre systèmes d'équations que représentent les quatre symboles précédents, le premier indice de la lettre m est toujours égal à l'indice de a qui reste constant dans chaque équation et le second indice de m est toujours égal à l'indice de α qui reste constant dans cette même équation. Le contraire aurait lieu si dans les équations (38) on remplaçait le système $(m_{1,n})$ par son conjugué $(m_{n,1})$; ces équations deviendraient alors

$$(39)\quad \begin{cases} \Sigma[S^n(\alpha_{\nu,1}a_{\mu,1}) = m_{\nu,\mu}], \\ \Sigma[S^n(\alpha_{1,\nu}a_{\mu,1}) = m_{\nu,\mu}], \\ \Sigma[S^n(\alpha_{\nu,1}a_{1,\mu}) = m_{\nu,\mu}], \\ \Sigma[S^n(\alpha_{1,\nu}a_{1,\mu}) = m_{\nu,\mu}]. \end{cases}$$

Pour suivre les dénominations jusqu'à présent adoptées, je dirai que, dans chacun des systèmes d'équations représentés par les symboles (38) et (39), le système $(m_{1,n})$ résulte de la composition des deux systèmes $(a_{1,n})$ et $(\alpha_{1,n})$. J'appellerai *premier système composant* celui dont l'indice constant dans chaque équation détermine le premier indice de m et *second système composant* celui dont l'indice constant détermine le second indice de m. Ainsi, le système $(a_{1,n})$ est premier composant dans chacune des équations (38) et le système $(\alpha_{1,n})$ est premier composant dans chacune des équations (39). Enfin je dirai que la composition est *directe* par rapport à l'un des systèmes composants si les indices, qui sont constamment égaux dans le système composant et dans le système résultant $(m_{1,n})$, occupent tous deux la première place ou tous deux la seconde, et je dirai que la composition est *indirecte* si de ces deux indices l'un occupe la première place et l'autre la seconde.

Cela posé, si l'on examine successivement les quatre systèmes d'équations symétriques représentés par les symboles (38), on reconnaîtra sans peine :

1° Que, dans le premier système d'équations, la composition est directe par rapport au système $(a_{1,n})$ et indirecte par rapport au système $(\alpha_{1,n})$;

2° Que, dans le deuxième système d'équations, la composition est directe par rapport aux deux systèmes $(a_{1,n})$, $(\alpha_{1,n})$;

3° Que, dans le troisième système d'équations, la composition est indirecte par rapport aux deux systèmes $(a_{1,n})$, $(\alpha_{1,n})$;

4° Que, dans le quatrième système d'équations, la composition est indirecte par rapport au système $(a_{1,n})$ et directe par rapport au système $(\alpha_{1,n})$.

En examinant les systèmes d'équations représentés par les symboles (39), on trouverait des résultats contraires aux précédents. Ainsi, par exemple, dans le deuxième des symboles (39), la composition est indirecte par rapport aux deux systèmes de quantités $(a_{1,n})$ et $(\alpha_{1,n})$, tandis qu'elle était directe dans le deuxième des symboles (38).

L'équation (35) n'a pas seulement lieu relativement aux systèmes d'équations représentés par les symboles (38) et (39); mais la valeur de M_n déterminée par cette équation restera encore la même au signe près si, dans un des systèmes de quantités $(a_{1,n})$, $(\alpha_{1,n})$ ou dans tous les deux à la fois, on substitue l'une à l'autre deux suites horizontales ou deux suites verticales et même si l'on répète cette opération plusieurs fois de suite. En effet, une ou plusieurs substitutions de cette espèce ne changent point la valeur mais tout au plus le signe des déterminants D_n et δ_n.

§ VI. Si dans l'équation (32) on suppose l'indice ν invariable et que l'on donne successivement à μ toutes les valeurs entières depuis 1 jusqu'à n, on obtiendra une des suites verticales d'équations comprises sous le numéro (31), laquelle pourra être représentée par le symbole

$$\Sigma[S^n(\alpha_{\nu,1}a_{\mu,1}) = m_{\mu,\nu}],$$

pourvu que l'on y considère l'indice ν comme invariable.

Cela posé, en suivant la méthode qui a servi à passer des équations (23) aux équations (24), on obtiendra une nouvelle suite d'équations adjointes à celles que l'on vient de considérer et qui seront représentées par le symbole

$$\Sigma[S^n(b_{1,\mu}m_{1,\nu}) = D_n\alpha_{\nu,\mu}],$$

pourvu que l'on y suppose toujours l'indice ν invariable.

Si dans ce dernier symbole on donne successivement à ν toutes les valeurs entières depuis 1 jusqu'à n, on obtiendra plusieurs suites d'équations dont l'ensemble formera un nouveau système d'équations symétriques que l'on pourra représenter par le même symbole

$$(40) \qquad \Sigma[S^n(b_{1,\mu}m_{1,\nu}) = D_n\alpha_{\nu,\mu}],$$

dans lequel on supposera désormais les deux indices μ et ν variables lorsqu'on passe d'une équation à une autre.

Le symbole (40) représente, ainsi que le symbole (33), un nombre d'équations égal à n^2. Les deux systèmes d'équations symétriques représentés par ces deux symboles étant respectivement composés de plusieurs suites d'équations tellement liées entre elles que les suites du système (40) sont respectivement adjointes à celles du système (33); je dirai que le système des équations (40) est *adjoint* au système des équations (33). En comparant ces deux systèmes d'équations l'un à l'autre, on trouve que le système de quantités $(\alpha_{1,n})$, qui était engagé dans les équations (33), se trouve dégagé dans les équations (40), tandis que le système de quantités $m_{1,n}$, qui était dégagé dans les premières, se trouve engagé dans les secondes. Ainsi, le passage des équations (33) aux équations (40) sert à dégager le système composant $(\alpha_{1,n})$. La comparaison des symboles (33) et (40) suffit pour établir à ce sujet la règle suivante :

Lorsqu'un système de quantités $(m_{1,n})$ résulte de la composition de deux autres systèmes $(a_{1,n})$ et $(\alpha_{1,n})$, pour dégager l'un des systèmes composants $(\alpha_{1,n})$ il faut :

1° Échanger entre eux le système composant que l'on veut dégager $(\alpha_{1,n})$ et le système résultant $(m_{1,n})$, en ayant soin de laisser respectivement à leurs places les indices qui étaient communs aux lettres a et m;

2° Multiplier tous les termes du système composant que l'on dégage par le déterminant du système composant qu'on laisse engagé;

3° Remplacer ce dernier système $(a_{1,n})$ par le système adjoint et conjugué $(b_{n,1})$.

Si dans l'équation

$$S^n(\alpha_{\nu,1} a_{\mu,1}) = m_{\mu,\nu}$$

on suppose l'indice μ invariable et que l'on donne successivement à ν toutes les valeurs entières depuis 1 jusqu'à n, on obtiendra une des suites horizontales d'équations comprises sous le numéro (31), laquelle pourra être représentée par le symbole

$$\Sigma[S^n(\alpha_{\nu,1} a_{\mu,1}) = m_{\mu,\nu}],$$

pourvu que l'on y considère l'indice μ comme invariable.

Soit maintenant $(\beta_{n,1})$ le système adjoint et conjugué à $(\alpha_{1,n})$, δ_n étant le déterminant de ce dernier système; la suite des équations adjointes à celles que l'on vient de considérer sera représentée par le symbole

$$\Sigma[S^n(m_{\mu,1}\beta_{1,\nu}) = \delta_n a_{\mu,\nu}],$$

μ étant supposé invariable relativement à une même suite d'équations. Si maintenant on donne successivement à μ, dans ce même symbole, toutes les valeurs entières depuis 1 jusqu'à n, on aura un nouveau système d'équations que l'on pourra représenter par le même symbole

$$(41) \qquad \Sigma[S^n(m_{\mu,1}\beta_{1,\nu}) = \delta_n a_{\mu,\nu}],$$

en y supposant désormais variables les deux indices μ et ν. Ce dernier système d'équations est, ainsi que le système (40), adjoint au système d'équations (33). Les deux systèmes d'équations (40) et (41) seront appelés tous deux *adjoints du premier ordre* au système d'équations (33). On a vu qu'il suffisait, pour obtenir le premier, de dégager du système d'équations (33) le système composant $(\alpha_{1,n})$. Il suffit de même, pour obtenir le second, de dégager l'autre système composant $(a_{1,n})$; d'ailleurs, pour dégager ce dernier système composant des équations

$$\Sigma[S^n(\alpha_{\nu,1} a_{\mu,1}) = m_{\mu,1}],$$

il faut, en suivant la règle établie ci-dessus :

1° Remplacer $m_{\mu,\nu}$ par $a_{\mu,\nu}$ et $a_{\mu,1}$ par $m_{\mu,1}$;

2° Multiplier $a_{\mu,\nu}$ par δ_n;

3° Remplacer $\alpha_{\nu,1}$ par $\beta_{1,\nu}$.

On obtient donc immédiatement par cette règle le système d'équations

$$(41) \qquad \Sigma[S^n(m_{\mu,1}\beta_{1,\nu}) = \delta_n a_{\mu,\nu}].$$

On a vu dans la section précédente que, si après avoir dégagé d'une suite d'équations symétriques la suite des quantités engagées au moyen des équations adjointes du premier ordre on dégageait de nouveau la suite que la première opération avait engagée, les équations adjointes du second ordre obtenues par cette seconde opération ne différaient des équations primitives que par un facteur commun à tous leurs termes. De même si, après avoir dégagé du système d'équations (33) les systèmes de quantités $(\alpha_{1,n})$ et $(a_{1,n})$ au moyen des équations (40) et (41), on voulait de nouveau dégager des équations (40) ou des équations (41) le système de quantités $(m_{1,n})$, les équations adjointes du second ordre obtenues par ce moyen ne différeraient des équations (33) que par un facteur commun à tous leurs termes. Mais, si l'on dégage des équations (40) le système de quantités $(b_{1,n})$ et des équations (41) le système de quantités $(\beta_{1,n})$, on obtiendra deux nouveaux systèmes d'équations symétriques qui seront *adjoints du second ordre* au système des équations (33) et qui seront différents des trois systèmes d'équations (33), (40) et (41).

Soit $(r_{1,n})$ le système de quantités adjoint au système $(m_{1,n})$. M_n étant toujours le déterminant du système $(m_{1,n})$, on aura, en vertu de l'équation (35),

$$M_n = D_n \delta_n.$$

Cela posé, pour dégager des équations

$$(40) \qquad \Sigma[S^n(b_{1,\mu} m_{1,\nu}) = D_n \alpha_{\nu,\mu}]$$

le système de quantités $(b_{1,n})$, il faudra, d'après la règle établie ci-dessus :

1° Remplacer $D_n \alpha_{\nu,\mu}$ par $b_{\nu,\mu}$ et $b_{1,\mu}$ par $D_n \alpha_{1,\mu}$;

2° Multiplier $b_{\nu,\mu}$ par M_n;

3° Remplacer $m_{1,\nu}$ par $r_{\nu,1}$.

On obtiendra de cette manière le système d'équations représenté par le symbole

$$\Sigma[S^n(D_n \alpha_{1,\mu} r_{\nu,1}) = M_n b_{\nu,\mu}].$$

Si dans ce système on divise les deux membres de chaque équation par D_n, en observant que $\frac{M_n}{D_n} = \delta_n$, le symbole précédent deviendra

$$(42) \qquad \Sigma[S^n(\alpha_{1,\mu} r_{\nu,1}) = \delta_n b_{\nu,\mu}].$$

Le système d'équations représenté par ce dernier symbole est un des deux systèmes adjoints du second ordre aux équations (33). Pour obtenir l'autre système adjoint, il suffira de dégager le système de quantités $(\beta_{1,\nu})$ des équations

$$(41) \qquad \Sigma[S^n(m_{\mu,1} \beta_{1,\nu}) = \delta_n a_{\mu,\nu}].$$

Pour y parvenir il faut, en vertu de la règle citée :

1° Remplacer $\delta_n a_{\mu,\nu}$ par $\beta_{\mu,\nu}$ et $\beta_{1,\nu}$ par $\delta_n a_{1,\nu}$;

2° Multiplier $\beta_{\mu,\nu}$ par M_n;

3° Remplacer $m_{\mu,1}$ par $r_{1,\mu}$.

Le symbole qui représente le système d'équations cherché sera donc

$$\Sigma[S^n(r_{1,\mu} \delta_n a_{1,\nu}) = M_n \beta_{\mu,\nu}].$$

Si l'on divise les deux membres de chacune des équations comprises dans ce systeme par δ_n, en observant que $\frac{M_n}{\delta_n} = D_n$, le symbole précédent deviendra

$$(43) \qquad \Sigma[S^n(r_{1,\mu}a_{1,\nu}) = D_n \beta_{\mu,\nu}].$$

Ainsi, le système des équations (33) a pour systèmes adjoints du second ordre ceux qui sont représentés par les symboles (42) et (43).

Si maintenant on voulait dégager des équations (42) le système de quantités $(\alpha_{1,n})$ ou des équations (43) le système de quantités $(a_{1,n})$, on retrouverait les équations (40) et (41) multipliées par un facteur commun à tous leurs termes; mais, si l'on dégage des équations (42) ou des équations (43) le système de quantités $(r_{1,n})$, on obtiendra un nouveau système d'équations symétriques que j'appellerai *adjoint du troisième ordre* au système des équations (33). Pour obtenir ce nouveau système il faut, dans les équations

$$(42) \qquad \Sigma[S^n(\alpha_{1,\mu}r_{\nu,1}) = \delta_n b_{\nu,\mu}]:$$

1° Remplacer $\delta_n b_{\nu,\mu}$ par $r_{\nu,\mu}$ et $r_{\nu,1}$ par $\delta_n b_{\nu,1}$;

2° Multiplier $r_{\nu,\mu}$ par δ_n;

3° Remplacer $\alpha_{1,\mu}$ par $\beta_{\mu,1}$.

On obtient de cette manière le symbole

$$\Sigma[S^n(\beta_{\mu,1}\delta_n b_{\nu,1}) = \delta_n r_{\nu,\mu}].$$

En divisant chacune des équations qui s'y trouvent comprises par δ_n, on aura le symbole suivant :

$$(44) \qquad \Sigma[S^n(\beta_{\mu,1}b_{\nu,1}) = r_{\nu,\mu}]$$

qui représente le système des équations adjointes du troisième ordre aux équations (33). Il est à remarquer que, pour déduire les équations (40) des équations (33), il suffit de remplacer dans ces dernières les trois systèmes de quantités

$$(\alpha_{1,n}), \quad (a_{1,n}), \quad (m_{1,n})$$

par les systèmes adjoints du premier ordre

$$(\beta_{1,n}),\quad (b_{1,n}),\quad (r_{1,n}).$$

Ainsi, les relations établies par les équations (33) entre les trois premiers systèmes de quantités subsistent encore entre les trois autres.

§ VII. Avant de passer à de nouvelles recherches, il ne sera pas inutile de réunir en un seul tableau les principaux résultats que fournit l'analyse précédente relativement à trois systèmes de quantités liés entre eux par un système d'équations symétriques.

Soient respectivement

$$(\alpha_{1,n}),\quad (a_{1,n}),\quad (m_{1,n})$$

les trois systèmes de quantités dont il s'agit. Désignons par

$$(\beta_{1,n}),\quad (b_{1,n}),\quad (r_{1,n})$$

les systèmes adjoints du premier ordre aux trois systèmes donnés et par

$$(\gamma_{1,n}),\quad (c_{1,n}),\quad (t_{1,n})$$

les trois systèmes adjoints du deuxième ordre.

Enfin représentons, comme ci-dessus, par

$$\Sigma[\mathrm{S}^n(\alpha_{\nu,1}a_{\mu,1}) = m_{\mu,\nu}] \tag{33}$$

le système d'équations symétriques par lequel les trois systèmes donnés se trouvent liés entre eux et désignons respectivement les déterminants des systèmes

$$(\alpha_{1,n}),\quad (\beta_{1,n}),\quad (\gamma_{1,n}),\quad (a_{1,n}),\quad (b_{1,n}),\quad (c_{1,n}),\quad (m_{1,n}),\quad (r_{1,n}),\quad (t_{1,n})$$

par

$$\delta_n,\quad \zeta_n,\quad \theta_n,\quad \mathrm{D}_n,\quad \mathrm{B}_n,\quad \mathrm{C}_n,\quad \mathrm{M}_n,\quad \mathrm{R}_n,\quad \mathrm{T}_n;$$

on aura entre les termes et les déterminants des systèmes dont il s'agit les équations suivantes :

$$(45)\quad \begin{cases} \qquad\qquad M_n = D_n \delta_n, \\ \zeta_n = \delta_n^{n-1}, \qquad B_n = D_n^{n-1}, \qquad R_n = M_n^{n-1}, \\ \qquad\qquad R_n = B_n \zeta_n, \\ \theta_n = \delta_n^{2(n-1)}, \qquad C_n = D_n^{2(n-1)}, \qquad T_n = M_n^{2(n-1)}, \\ \qquad\qquad T_n = C_n \theta_n; \end{cases}$$

$$(46)\quad \begin{cases} \gamma_{\mu,\nu} = \delta_n^{n-2} \alpha_{\mu,\nu}, \qquad c_{\mu,\nu} = D_n^{n-2} a_{\mu,\nu}, \qquad t_{\mu,\nu} = M_n^{n-2} m_{\mu,\nu}, \\ \gamma_{\mu,\nu} \delta_n = \zeta_n \alpha_{\mu,\nu}, \qquad c_{\mu,\nu} D_n = B_n a_{\mu,\nu}, \qquad t_{\mu,\nu} M_n = R_n m_{\mu,\nu}; \end{cases}$$

$$(47)\quad \begin{cases} \delta_n = S^n(\alpha_{\mu,1} \beta_{\mu,1}), \qquad D_n = S^n(a_{\mu,1} b_{\mu,1}), \qquad M_n = S^n(m_{\mu,1} r_{\mu,1}), \\ \delta_n = S^n(\alpha_{1,\mu} \beta_{1,\mu}), \qquad D_n = S^n(a_{1,\mu} b_{1,\mu}), \qquad M_n = S^n(m_{1,\mu} r_{1,\mu}), \\ 0 = S^n(\alpha_{\mu,1} \beta_{\nu,1}), \qquad 0 = S^n(a_{\mu,1} b_{\nu,1}), \qquad 0 = S^n(m_{\mu,1} r_{\nu,1}), \\ 0 = S^n(\alpha_{1,\mu} \beta_{1,\nu}), \qquad 0 = S^n(a_{1,\mu} b_{1,\nu}), \qquad 0 = S^n(m_{1,\mu} r_{1,\nu}), \\ \zeta_n = S^n(\beta_{\mu,1} \gamma_{\mu,1}), \qquad C_n = S^n(b_{\mu,1} c_{\mu,1}), \qquad T_n = S^n(r_{\mu,1} t_{\mu,1}), \\ \zeta_n = S^n(\beta_{1,\mu} \gamma_{1,\mu}), \qquad C_n = S^n(b_{1,\mu} c_{1,\mu}), \qquad T_n = S^n(r_{1,\mu} t_{1,\mu}), \\ 0 = S^n(\beta_{\mu,1} \gamma_{\nu,1}), \qquad 0 = S^n(b_{\mu,1} c_{\nu,1}), \qquad 0 = S^n(r_{\mu,1} t_{\nu,1}), \\ 0 = S^n(\beta_{1,\mu} \gamma_{1,\nu}), \qquad 0 = S^n(b_{1,\mu} c_{1,\nu}), \qquad 0 = S^n(r_{1,\mu} t_{1,\nu}); \end{cases}$$

$$(48)\quad \begin{cases} \qquad\qquad \Sigma[S^n(\alpha_{\nu,1} a_{\mu,1}) = m_{\mu,\nu}], \\ \Sigma[S^n(b_{1,\mu} m_{1,\nu}) = D_n \alpha_{\nu,\mu}], \qquad \Sigma[S^n(m_{\mu,1} \beta_{1,\nu}) = \delta_n a_{\mu,\nu}], \\ \Sigma[S^n(\alpha_{1,\mu} r_{\nu,1}) = \delta_n b_{\nu,\mu}], \qquad \Sigma[S^n(r_{1,\mu} a_{1,\nu}) = D_n \beta_{\mu,\nu}], \\ \qquad\qquad \Sigma[S^n(\beta_{\mu,1} b_{\nu,1}) = r_{\mu,\nu}]. \end{cases}$$

Lorsque dans ces deux équations on suppose successivement

$$n = 2 \qquad \text{et} \qquad n = 3,$$

on obtient diverses formules qui ont été données par M. Gauss et appliquées par ce géomètre à la théorie des formes binaires et ternaires du deuxième degré.

Les systèmes d'équations (48) sont les mêmes que les systèmes (33), (40), (41), (42), (43) et (44). Les cinq derniers sont adjoints du premier, du deuxième et du troisième ordre au système (33). Pour les obtenir tous les cinq il suffit de dégager successivement des équations (33) :

1° Les deux systèmes de quantités $(\alpha_{1,n})$ et $(a_{1,n})$;

2° Les deux systèmes adjoints aux précédents, savoir $(\beta_{1,n})$ et $(b_{1,n})$;

3° Le système de quantités $(r_{1,n})$ adjoint au système $(m_{1,n})$.

Si l'on voulait des équations (44) dégager l'un des systèmes $(\beta_{1,n})$, $(b_{1,n})$, en ayant égard aux relations établies par les équations (46), on retrouverait les équations (42) et (43). Ainsi, d'un système d'équations symétriques de l'ordre n, on peut toujours déduire cinq autres systèmes semblables, savoir : deux systèmes adjoints du premier ordre, deux systèmes adjoints du deuxième ordre, un seul système adjoint du troisième ordre; mais on n'en saurait déduire un plus grand nombre.

§ VIII. Je reviens maintenant aux équations (31) qui se trouvent représentées par le symbole (33). Lorsqu'on les ajoute entre elles, on a l'équation suivante :

$$(49)\quad \left\{\begin{array}{l} (\alpha_{1,1}+\alpha_{2,1}+\ldots+\alpha_{n,1})(a_{1,1}+a_{2,1}+\ldots+a_{n,1}) \\ +(\alpha_{1,2}+\alpha_{2,2}+\ldots+\alpha_{n,2})(a_{1,2}+a_{2,2}+\ldots+a_{n,2}) \\ +\ldots\ldots\ldots\ldots\ldots\ldots\ldots\ldots\ldots\ldots \\ +(\alpha_{1,n}+\alpha_{2,n}+\ldots+\alpha_{n,n})(a_{1,n}+a_{2,n}+\ldots+a_{n,n}) \\ =m_{1,1}+m_{2,1}+\ldots+m_{n,1}+m_{1,2}+\ldots+m_{n,2}+\ldots+m_{n,n}. \end{array}\right.$$

On peut mettre cette équation sous la forme suivante :

$$\begin{aligned} &S^n(\alpha_{\mu,1})\,S^n(a_{\mu,1})+S^n(\alpha_{\mu,2})\,S^n(a_{\mu,2})+\ldots+S^n(\alpha_{\mu,n})\,S^n(a_{\mu,n}) \\ &\quad =S^n(m_{\mu,1})+S^n(m_{\mu,2})+\ldots+S^n(m_{\mu,n}), \end{aligned}$$

le signe S étant relatif aux indices μ qui occupent la première place dans les termes des systèmes

$$(\alpha_{1,n}),\quad (a_{1,n}),\quad (m_{1,n}).$$

On peut encore mettre la même équation sous la forme

$$(50)\qquad S^n[S^n(\alpha_{\mu,\nu})\,S^n(a_{\mu,\nu})]=S^n\,S^n(m_{\mu,\nu}),$$

le premier signe S dans chaque membre étant relatif à l'indice ν et les autres à l'indice μ.

Si au lieu d'ajouter entre elles les équations (33) on ajoute les équations (44), on obtiendra une équation semblable à l'équation (50), et qui pourra être mise sous la forme

(51) $$S^n[S^n(\beta_{\mu,\nu})\,S^n(b_{\mu,\nu})] = S^n\,S^n(r_{\mu,\nu}),$$

pourvu que les opérations indiquées par le signe S dans

$$S^n(\beta_{\mu,\nu}),\quad S^n(b_{\mu,\nu}),\quad S^n(r_{\mu,\nu})$$

soient relatives aux indices μ qui occupent la première place et que les deux autres signes S employés dans l'équation (51) soient relatifs aux indices ν qui occupent la seconde place.

On obtiendrait de la même manière, par l'addition des équations (40), (41), (42), (43), les valeurs de

$$S^n\,S^n(\alpha_{\nu,\mu}),\quad S^n\,S^n(a_{\mu,\nu}),\quad S^n\,S^n(b_{\nu,\mu}),\quad S^n\,S^n(\beta_{\mu,\nu}).$$

TROISIÈME SECTION.

Des systèmes de quantités dérivées et de leurs déterminants.

§ IX. Soit $(a_{1,n})$ un système quelconque de l'ordre n. Les indices qui affectent les différents termes de ce système étant respectivement égaux aux nombres 1, 2, 3, ..., n; supposons qu'on les assemble p à p de toutes les manières possibles; le nombre des combinaisons que l'on pourra former par ce moyen sera égal à la fraction

$$\frac{n(n-1)\ldots(n-p+1)}{1.2.3\ldots.p}$$

que je désignerai par P.

Supposons maintenant que, après avoir écrit ces combinaisons à la suite les unes des autres en commençant par celles où le produit des indices est le plus petit possible et finissant par celles où le produit des indices est le plus grand possible, on leur fasse correspondre les numéros (1), (2), (3), ..., (P − 1), (P). Le numéro (1) correspondra à la combinaison

$$1.2.3\ldots.p$$

et le numéro (P) à la combinaison

$$n-p+1.n-p+2\ldots\ldots n-1.n,$$

dans laquelle le produit des indices est évidemment plus grand que dans tous les autres.

Soient maintenant (μ) et (ν) deux des numéros affectés aux combinaisons dont il s'agit. Si dans le système donné $(a_{1,n})$ on supprime tous les termes à l'exception de ceux qui ont leur premier indice compris dans la combinaison (μ) et leur second indice compris dans la combinaison (ν), les termes restants formeront un système de quantités symétriques de l'ordre p. Ainsi, par exemple, si $\mu=\nu=1$, les combinaisons (μ) et (ν) se réduiront à une seule combinaison formée des indices

$$1,\quad 2,\quad 3,\quad \ldots,\quad p$$

et, dans ce cas, les termes conservés du système $(a_{1,n})$ formeront le système $(a_{1,p})$ de l'ordre p, savoir

$$(52)\qquad \begin{cases} a_{1,1}, & a_{1,2}, & \ldots, & a_{1,p}, \\ a_{2,1}, & a_{2,2}, & \ldots, & a_{2,p}, \\ \ldots, & \ldots, & \ldots, & \ldots, \\ a_{p,1}, & a_{p,2}, & \ldots, & a_{p,p}, \end{cases}$$

dont le déterminant sera D_p.

Si l'on n'a pas $\mu=1$, $\nu=1$; alors, au lieu du système (52), on aura un autre système de l'ordre (p) dans lequel les indices des suites horizontales seront égaux à ceux que renferme la combinaison (μ) et les indices des suites verticales égaux à ceux que renferme la combinaison (ν). Je désignerai le déterminant de ce dernier système par $a_{\mu,\nu}^{(p)}$. Sa valeur absolue dépend uniquement des indices compris dans les combinaisons (μ) et (ν); mais son signe reste arbitraire, à moins que l'on n'introduise de nouvelles conditions dans le calcul.

Si dans $a_{\mu,\nu}^{(p)}$ on donne successivement à μ et à ν toutes les valeurs possibles depuis 1 jusqu'à P, on aura en tout un nombre de déterminants égal à P^2. Ces déterminants, rangés en carré de la manière suivante

$$(53)\qquad \left\{\begin{array}{llll} a^{(p)}_{1,1}, & a^{(p)}_{1,2}, & \ldots, & a^{(p)}_{1,\mathrm{P}}, \\ a^{(p)}_{2,1}, & a^{(p)}_{2,2}, & \ldots, & a^{(p)}_{2,\mathrm{P}}, \\ \ldots, & \ldots, & \ldots, & \ldots, \\ a^{(p)}_{\mathrm{P},1}, & a^{(p)}_{\mathrm{P},2}, & \ldots, & a^{(p)}_{\mathrm{P},1}, \end{array}\right.$$

formeront un système symétrique de l'ordre P dont le premier terme $a^{(p)}_{1,1}$ sera égal à D_p et dont les autres termes pourront être déduits du premier à l'aide de substitutions opérées entre les indices qui affectent les termes du système $(a_{1,n})$. Pour suivre la notation précédemment adoptée, je désignerai le système (53) par

$$(a^{(p)}_{1,\mathrm{P}}).$$

Si l'on donne successivement à p toutes les valeurs

$$1,\quad 2,\quad 3,\quad \ldots,\quad n-3,\quad n-2,\quad n-1,$$

P prendra les valeurs suivantes :

$$n,\quad \frac{n(n-1)}{1.2},\quad \frac{n(n-1)(n-2)}{1.2.3},\quad \ldots,\quad \frac{n(n-1)(n-2)}{1.2.3},\quad \frac{n(n-1)}{1.2},\quad n,$$

et l'on obtiendra par suite un nombre égal à $n-1$ de systèmes symétriques différents les uns des autres dont le premier sera le système donné $(a_{1,n})$. Ces différents systèmes seront désignés respectivement par

$$(a_{1,n}),\quad \left(a^{(2)}_{1,\frac{n(n-1)}{2}}\right),\quad \left(a^{(3)}_{1,\frac{n(n-1)(n-2)}{1.2.3}}\right),\quad \ldots,$$

$$\left(a^{(n-3)}_{1,\frac{n(n-1)(n-2)}{1.2.3}}\right),\quad \left(a^{(n-2)}_{1,\frac{n(n-1)}{1.2}}\right),\quad (a^{(n-1)}_{1,n});$$

je les appellerai *systèmes dérivés* de $(a_{1,n})$. Parmi ces systèmes, ceux qui correspondent à des valeurs de p dont la somme est égale à n sont toujours de même ordre; je les appellerai *systèmes dérivés complémentaires*. Ainsi, en général,

$$(a^{(p)}_{1,\mathrm{P}}) \quad \text{et} \quad (a^{(n-p)}_{1,\mathrm{P}})$$

sont deux systèmes dérivés complémentaires l'un de l'autre dont l'ordre est égal à

$$P = \frac{n(n-1)\ldots(n-p+1)}{1.2.3.\ldots.p}.$$

Les différents termes du système (53) représentant autant de déterminants de l'ordre p, on peut supposer à volonté chacun de ces termes positif ou négatif. De plus, les numéros correspondant aux diverses combinaisons des indices $1, 2, 3, \ldots, n$ ne sont pas entièrement déterminés par cette seule condition que l'on donne de moindres numéros aux combinaisons dans lesquelles les produits des indices sont plus petits. Quoi qu'il en soit, on pourra, sans détruire les propositions que nous allons démontrer, régler à volonté ce qu'il y a d'arbitraire dans la détermination des signes et des numéros dont il s'agit, pourvu qu'après avoir fixé d'une certaine manière les signes et les numéros relatifs aux termes du système dérivé $(a_{1,P}^{(p)})$, on fixe de la manière suivante les signes et les numéros relatifs aux termes du système dérivé complémentaire $(a_{1,P}^{(n-p)})$:

1° Soit (μ) le numéro correspondant à l'une des combinaisons formées avec un nombre égal à p d'indices pris dans la suite

$$1, \quad 2, \quad 3, \quad \ldots, \quad n;$$

on désignera par $(P-\mu+1)$ le numéro qui correspond à la combinaison formée avec ceux des indices $1, 2, 3, \ldots, n$ qui sont exclus de la combinaison μ en nombre égal à $(n-p)$. Par suite, si l'on compare entre eux les deux termes

$$a_{\mu,\pi}^{(p)}, \quad a_{P-\mu+1,P-\pi+1}^{(n-p)},$$

dont l'un est pris dans le système $(a_{1,P}^{(p)})$ et l'autre dans le système complémentaire $(a_{1,P}^{(n-p)})$ et que l'on examine les indices qui, dans ces deux déterminants, affectent les termes du système $(a_{1,n})$, on trouvera que les indices compris dans le déterminant $a_{\mu,\pi}^{(p)}$ sont exclus du déterminant $a_{P-\mu+1,P-\pi+1}^{(n-p)}$ et réciproquement. Je désignerai les deux quantités

$$a_{\mu,\pi}^{(p)}, \quad a_{P-\mu+1,P-\pi+1}^{(n-p)}$$

sous le nom de *termes complémentaires* des deux systèmes

$$(a_{1,\mathrm{P}}^{(p)}),\quad (a_{1,\mathrm{P}}^{(n-p)}).$$

Le premier terme du système (53) étant

$$a_{1,1}^{(p)} = \mathrm{D}_p = \pm\,\mathrm{S}(\pm\, a_{1,1}\, a_{2,2} \ldots a_{p,p}),$$

le terme complémentaire pris dans le système $(a_{1,\mathrm{P}}^{(n-p)})$ sera

$$a_{\mathrm{P},\mathrm{P}}^{(n-p)} = \pm\,\mathrm{S}(\pm\, a_{p+1,p+1}\, a_{p+2,p+2} \ldots a_{n,n}).$$

2° Le produit des deux termes précédents ou

$$\pm\,\mathrm{S}(\pm\, a_{1,1}\, a_{2,2} \ldots a_{p,p})\,\mathrm{S}(\pm\, a_{p+1,p+1}\, a_{p+2,p+2} \ldots a_{n,n})$$

est, abstraction faite du signe, évidemment égal à la somme de plusieurs produits symétriques affectés des mêmes signes que dans le déterminant D_n, c'est-à-dire à une portion de ce déterminant. En général, il est facile de voir que le produit de deux termes complémentaires pris à volonté est toujours, au signe près, une portion de ce même déterminant. Cela posé, étant donné le signe de l'un de ces deux termes, on déterminera celui de l'autre par la condition que leur produit soit affecté du même signe que la portion correspondante du déterminant D_n.

Si l'on suppose $p = 1$, on aura $\mathrm{P} = n$ et la quantité $a_{\mu,\pi}^{(p)}$ deviendra généralement égale à

$$a_{\mu,\pi}.$$

Dans le même cas, la quantité complémentaire $a_{\mathrm{P}-\mu+1,\mathrm{P}-\pi+1}^{(n-p)}$ deviendra égale à

$$b_{\mu,\pi}.$$

§ X. On a fait voir dans le paragraphe III que la fonction symétrique alternée

$$\mathrm{S}(\pm\, a_{1,1}\, a_{2,2}\, a_{3,3} \ldots a_{n,n}) = \mathrm{D}_n$$

était équivalente à celle-ci

$$\mathrm{S}[\pm\,\mathrm{S}(\pm\, a_{1,1}\, a_{2,2} \ldots a_{n-1,n-1})\, a_{n,n}].$$

On fera voir de même qu'elle est encore équivalente à

$$S[\pm S(\pm a_{1,1} a_{2,2} \ldots a_{p,p}) S(\pm a_{p+1,p+1} \ldots a_{n-1,n-1} a_{n,n})],$$

les opérations indiquées par le signe S pouvant être considérées comme relatives soit aux premiers, soit aux seconds indices. On a d'ailleurs par ce qui précède

$$S(\pm a_{1,1} a_{2,2} \ldots a_{p,p}) = \pm a_{1,1}^{(p)},$$
$$S(\pm a_{p+1,p+1} \ldots a_{n,n}) = \pm a_{P,P}^{(n-p)}.$$

Enfin les signes des quantités de la forme $a_{1,1}^{(p)}$, $a_{P,P}^{(n-p)}$ doivent être tels que les produits semblables à $a_{1,1}^{(p)} a_{P,P}^{(n-p)}$ soient, dans le déterminant D_n, affectés du signe +. Cela posé, il résulte de l'équation

$$D_n = S[\pm S(\pm a_{1,1} a_{2,2} \ldots a_{p,p}) S(\pm a_{p+1,p+1} \ldots a_{n-1,n-1} a_{n,n})],$$

que D_n est la somme de plusieurs produits de la forme

$$a_{1,1}^{(p)} a_{P,P}^{(n-p)}.$$

Selon que pour obtenir ces différents produits on échangera entre eux les premiers ou les seconds indices du système $(a_{1,n})$, on trouvera ou l'équation

$$D_n = a_{1,1}^{(p)} a_{P,P}^{(n-p)} + a_{2,1}^{(p)} a_{P-1,P}^{(n-p)} + \ldots + a_{P,1}^{(p)} a_{1,P}^{(n-p)}$$

ou celle-ci

$$D_n = a_{1,1}^{(p)} a_{P,P}^{(n-p)} + a_{1,2}^{(p)} a_{P,P-1}^{(n-p)} + \ldots + a_{1,P}^{(p)} a_{P,1}^{(n-p)}.$$

On aura de même, en général, les deux équations

$$D_n = a_{1,\pi}^{(p)} a_{P,P-\pi+1}^{(n-p)} + a_{2,\pi}^{(p)} a_{P-1,P-\pi+1}^{(n-p)} + \ldots + a_{P,\pi}^{(p)} a_{1,P-\pi+1}^{(n-p)},$$
$$D_n = a_{\mu,1}^{(p)} a_{P-\mu+1,P}^{(n-p)} + a_{\mu,2}^{(p)} a_{P-\mu+1,P}^{(n-p)} + \ldots + a_{\mu,P}^{(p)} a_{P-\mu+1,1}^{(n-p)}.$$

Ces deux équations sont comprises dans la suivante :

(54) $$D_n = S^P(a_{\mu,\pi}^{(p)} a_{P-\mu+1,P-\pi+1}^{(n-p)})$$

qui a lieu également, soit que l'on considère le signe S comme relatif à l'indice μ, soit qu'on le considère comme relatif à l'indice π.

Si dans l'équation (54) on suppose $p = 1$, elle deviendra

$$D_n = S^n(a_{\mu,\pi}\, b_{\mu,\pi}).$$

Suivant que l'on suppose dans cette dernière le signe S relatif à l'indice π ou à l'indice μ, on obtient l'une ou l'autre des deux équations

$$D_n = S^n(a_{\mu,1}\, b_{\mu,1}),$$
$$D_n = S^n(a_{1,\pi}\, b_{1,\pi}) = S^n(a_{1,\mu}\, b_{1,\mu}),$$

qui ont déjà été trouvées dans le paragraphe III.

D_n étant une fonction symétrique alternée des indices du système $(a_{1,n})$ doit se réduire à zéro lorsqu'on y remplace un de ces indices par un autre. Si l'on opère de semblables remplacements à l'égard des indices qui occupent la première place dans le système $(a_{1,n})$ et qui entrent dans la combinaison (μ), cette même combinaison se trouvera transformée en une autre que je désignerai par (ν) et $a^{(p)}_{\mu,\pi}$ sera changé en $a^{(p)}_{\nu,\pi}$. D'ailleurs, en supposant le signe S relatif à π, on a

(54) $$D_n = S^P(a^{(p)}_{\mu,\pi}\, a^{(n-p)}_{P-\mu+1,P-\pi+1});$$

on aura donc par suite

(55) $$0 = S^P(a^{(p)}_{\nu,\pi}\, a^{(n-p)}_{P-\mu+1,P-\pi+1}).$$

On aurait de même, en supposant le signe S relatif à l'indice μ et en désignant par (τ) une nouvelle combinaison différente de (π),

(56) $$0 = S^P(a^{(p)}_{\mu,\tau}\, a^{(n-p)}_{P-\mu+1,P-\pi+1}).$$

Si dans les équations (55) et (56) on suppose $p = 1$, on retrouvera les équations

$$0 = S^n(a_{\nu,1}\, b_{\mu,1}),$$
$$0 = S^n(a_{1,\tau}\, b_{1,\pi}) = S^n(a_{1,\nu}\, b_{1,\mu})$$

que nous avons déjà obtenues dans le paragraphe III.

Si dans les équations (54) et (56) on suppose le signe S relatif à l'indice μ et que l'on donne successivement à π et à τ toutes les valeurs entières depuis 1 jusqu'à P, on obtiendra le système d'équations suivant dont l'ordre est égal à P :

$$
(57)\quad
\left\{
\begin{array}{l}
D_n = a_{1,1}^{(p)} a_{P,P}^{(n-p)} + a_{2,1}^{(p)} a_{P-1,P}^{(n-p)} + \ldots + a_{P,1}^{(p)} a_{1,P}^{(n-p)},\\
0 = a_{1,1}^{(p)} a_{P,P-1}^{(n-p)} \qquad\qquad\quad + \ldots + a_{P,1}^{(p)} a_{1,P-1}^{(n-p)},\\
\ldots\ldots\ldots\ldots\ldots\ldots\ldots\ldots\ldots\ldots\ldots\ldots,\\
0 = a_{1,1}^{(p)} a_{P,1}^{(n-p)} \qquad\qquad\quad + \ldots + a_{P,1}^{(p)} a_{1,1}^{(n-p)};\\
\\
0 = a_{1,2}^{(p)} a_{P,P}^{(n-p)} + a_{2,2}^{(p)} a_{P-1,P}^{(n-p)} + \ldots + a_{P,2}^{(p)} a_{1,P}^{(n-p)},\\
D_n = a_{1,2}^{(p)} a_{P,P-1}^{(n-p)} \qquad\qquad\quad + \ldots + a_{P,2}^{(p)} a_{1,P-1}^{(n-p)},\\
\ldots\ldots\ldots\ldots\ldots\ldots\ldots\ldots\ldots\ldots\ldots\ldots,\\
0 = a_{1,2}^{(p)} a_{P,1}^{(n-p)} \qquad\qquad\quad + \ldots + a_{P,2}^{(p)} a_{1,1}^{(n-p)};\\
\\
\ldots\ldots\ldots\ldots\ldots\ldots\ldots\ldots\ldots\ldots\ldots\ldots,\\
\ldots\ldots\ldots\ldots\ldots\ldots\ldots\ldots\ldots\ldots\ldots\ldots;\\
\\
0 = a_{1,P}^{(p)} a_{P,P}^{(n-p)} + a_{2,P}^{(p)} a_{P-1,P}^{(n-p)} + \ldots + a_{P,P}^{(p)} a_{1,P}^{(n-p)},\\
0 = a_{1,P}^{(p)} a_{P,P-1}^{(n-p)} \qquad\qquad\quad + \ldots + a_{P,P}^{(p)} a_{1,P-1}^{(n-p)},\\
\ldots\ldots\ldots\ldots\ldots\ldots\ldots\ldots\ldots\ldots\ldots\ldots,\\
D_n = a_{1,P}^{(p)} a_{P,1}^{(n-p)} \qquad\qquad\quad + \ldots + a_{P,P}^{(p)} a_{1,1}^{(n-p)}.
\end{array}
\right.
$$

Ce système d'équations peut être représenté par le symbole

$$\Sigma[S^P(a_{\mu,\tau}^{(p)} a_{P-\mu+1,P-\pi+1}^{(n-p)}) = D_{\pi,\tau}],$$

pourvu que l'on suppose généralement

$$D_{\pi,\tau} = 0$$

lorsque π et τ sont inégaux et

$$D_{\pi,\pi} = D_{\tau,\tau} = D_n$$

dans le cas contraire.

Cela posé, désignons généralement par

$$D_P^{(p)}$$

le déterminant du système $(a_{1,P}^{(p)})$;

$$D_P^{(n-p)}$$

sera le déterminant du système complémentaire $(a_{1,P}^{(n-p)})$. D'ailleurs dans les équations (57) le déterminant du système dégagé doit être égal au produit des déterminants des deux systèmes engagés et comme le système dégagé a pour déterminant

$$D_n^P,$$

on aura

(58) $$D_n^P = D_P^{(p)} D_P^{(n-p)}.$$

Lorsqu'on suppose $p = 1$, les équations (57) se confondent avec les équations (10) obtenues dans le paragraphe III, et l'équation (58) se change en la suivante :

$$D_n^n = D_n B_n$$

qui était déjà connue.

Si n est un nombre pair et que l'on suppose $p = \frac{n}{2}$, on aura

$$D_P^{(p)} = D_P^{(n-p)} = D_P^{\left(\frac{n}{2}\right)},$$

P étant égal à

$$\frac{n(n-1)\ldots\left(\frac{n}{2}+1\right)}{1.2.3\ldots\ldots\frac{n}{2}}.$$

L'équation (58) deviendra donc alors

$$D_n^P = \left(D_P^{\left(\frac{n}{2}\right)}\right)^2$$

ou

(59) $$D_P^{\left(\frac{n}{2}\right)} = D_n^{\frac{P}{2}}.$$

Elle fera ainsi connaître la valeur du déterminant $D_P^{\left(\frac{n}{2}\right)}$.

QUATRIÈME SECTION.

Des systèmes d'équations dérivées et de leurs déterminants.

§ XI. Les trois systèmes de quantités $(\alpha_{1,n})$, $(a_{1,n})$, $(m_{1,n})$ étan supposés liés entre eux par les équations

(33) $$\Sigma[S^n(\alpha_{\nu,1}\, a_{\mu,1}) = m_{\mu,\nu}],$$

les systèmes de même ordre dérivés des trois premiers, par exemple

$$(\alpha^{(p)}_{1,P}),\quad (a^{(p)}_{1,P}),\quad (m^{(p)}_{1,P}),$$

seront liés entre eux par des équations semblables, ainsi qu'on va le faire voir.

Soient π, ρ, ..., τ plusieurs indices pris à volonté parmi ceux qui occupent la première place dans le système $(a_{1,n})$. Soit p le nombre de ces mêmes indices, et désignons par

$$(\mu)$$

la combinaison qui les renferme tous. Soient de même π', ρ', ..., τ' des indices en nombre égal à p pris parmi ceux qui occupent la première place dans le système $(\alpha_{1,n})$, et désignons par

$$(\nu)$$

la combinaison qui renferme ces derniers. On aura en général

$$m^{(p)}_{\mu,\nu} = \pm\, \mathrm{S}(\pm\, m_{\pi,\pi'}\, m_{\rho,\rho'} \ldots m_{\tau,\tau'}). \tag{60}$$

Si l'on développe le second membre de l'équation précédente, après y avoir substitué pour

$$m_{\pi,\pi'},\quad m_{\rho,\rho'},\quad \ldots,\quad m_{\tau,\tau'}$$

leurs valeurs données par les équations

$$(61)\quad \left\{\begin{array}{l} m_{\pi,\pi'} = \alpha_{\pi',1}\, a_{\pi,1} + \alpha_{\pi',2}\, a_{\pi,2} + \ldots + \alpha_{\pi',n}\, a_{\pi,n}, \\ m_{\rho,\rho'} = \alpha_{\rho',1}\, a_{\rho,1} + \alpha_{\rho',2}\, a_{\rho,2} + \ldots + \alpha_{\rho',n}\, a_{\rho,n}, \\ \ldots\ldots\ldots\ldots\ldots\ldots\ldots\ldots\ldots\ldots, \\ m_{\tau,\tau'} = \alpha_{\tau',1}\, a_{\tau,1} + \alpha_{\tau',2}\, a_{\tau,2} + \ldots + \alpha_{\tau',n}\, a_{\tau,n}, \end{array}\right.$$

on trouvera que le développement ainsi formé renferme avec le produit

$$\alpha_{\pi',1}\,\alpha_{\rho',2} \ldots \alpha_{\tau',p}\, a_{\pi,1}\, a_{\rho,2} \ldots a_{\tau,p}:$$

1° tous les produits que l'on peut déduire de celui-ci par des transpositions opérées entre les indices

$$\pi,\quad \rho,\quad \ldots,\quad \tau$$

qui occupent la première place dans a et par des transpositions opérées entre les indices

$$\pi', \quad \rho', \quad \ldots, \quad \tau'$$

qui occupent la première place dans α; 2° tous les produits que l'on peut en déduire par des transpositions opérées entre les indices

$$1, \quad 2, \quad 3, \quad \ldots, \quad p, \quad \ldots, \quad n-1, \quad n$$

qui occupent la seconde place dans les deux systèmes $(a_{1,n})$ et $(\alpha_{1,n})$.

Cela posé, le développement de

$$S(\pm m_{\pi,\pi'} m_{\rho,\rho'} \ldots m_{\tau,\tau'})$$

devant être une fonction symétrique alternée relativement aux indices $\pi, \rho, \ldots, \tau$ qui occupent la première place dans a, et relativement aux indices $\pi', \rho', \ldots, \tau'$ qui occupent la première place dans α, ne pourra renfermer le produit

$$\alpha_{\pi',1} \alpha_{\rho',2} \ldots \alpha_{\tau',p} a_{\pi,1} a_{\rho,2} \ldots a_{\tau,p}$$

sans renfermer en même temps le produit

$$S(\pm \alpha_{\pi',1} \alpha_{\rho',2} \ldots \alpha_{\tau',p}) S(\pm a_{\pi,1} a_{\rho,2} \ldots a_{\tau,p}),$$

qui d'après les conventions établies doit être désigné par

$$\pm \alpha_{\nu,1}^{(p)} a_{\mu,1}^{(p)},$$

puisque les trois combinaisons

$$\pi'.\rho'.\ldots.\tau', \quad \pi.\rho.\ldots.\tau, \quad 1.2.3.\ldots.p$$

correspondent aux trois numéros

$$(\nu), \qquad (\mu), \qquad (1).$$

Le même développement, devant être une fonction symétrique permanente relativement aux indices toujours égaux qui affectent en seconde ligne a et α dans chacune des équations (61), ne pourra renfermer le produit

$$\alpha_{\nu,1}^{(p)} a_{\mu,1}^{(p)} = \pm S(\pm \alpha_{\pi',1} \alpha_{\rho',2} \ldots \alpha_{\tau',p}) S(\pm a_{\pi,1} a_{\rho,2} \ldots a_{\tau,p})$$

sans renfermer la somme de tous ceux que l'on peut déduire du précédent par des transpositions opérées entre les seconds indices des deux systèmes $(a_{1,n})$ et $(\alpha_{1,n})$; et comme pour opérer ces diverses transpositions il suffit de remplacer successivement la combinaison (1) par les suivantes (2), (3), ..., (P) ou, ce qui revient au même, le produit $\alpha_{\nu,1}^{(p)} a_{\mu,1}^{(p)}$ par les produits

$$\alpha_{\nu,2}^{(p)} a_{\mu,2}^{(p)}, \quad \alpha_{\nu,3}^{(p)} a_{\mu,3}^{(p)}, \quad \ldots, \quad \alpha_{\nu,\mathrm{P}}^{(p)} a_{\mu,\mathrm{P}}^{(p)},$$

le développement cherché sera nécessairement de la forme

$$c(\alpha_{\nu,1}^{(p)} a_{\mu,1}^{(p)} + \alpha_{\nu,2}^{(p)} a_{\mu,2}^{(p)} + \ldots + \alpha_{\nu,\mathrm{P}}^{(p)} a_{\mu,\mathrm{P}}^{(p)}) = c\,\mathrm{S}^{\mathrm{P}}(\alpha_{\nu,1}^{(p)} a_{\mu,1}^{(p)})$$

et par suite on aura

$$m_{\mu,\nu}^{(p)} = c\,\mathrm{S}^{\mathrm{P}}(\alpha_{\nu,1}^{(p)} a_{\mu,1}^{(p)}),$$

le signe S étant relatif à l'indice 1 et c désignant une constante arbitraire que l'on déterminera de la manière suivante. Si l'on développe le produit

$$\alpha_{\nu,1}^{(p)} a_{\mu,1}^{(p)} = \pm\,\mathrm{S}(\pm\,\alpha_{\pi',1}\alpha_{\rho',2}\ldots\alpha_{\tau',p})\,\mathrm{S}(\pm\,a_{\pi,1}a_{\rho,2}\ldots a_{\tau,p}),$$

on trouvera pour premier terme le produit suivant :

$$\pm\,\alpha_{\pi',1}\alpha_{\rho',2}\ldots\alpha_{\tau',p}\,a_{\pi,1}a_{\rho,2}\ldots a_{\tau,p}.$$

D'ailleurs l'inspection des équations (61) suffit pour faire voir que ce dernier produit doit être compris une seule fois dans le développement de

$$m_{\mu,\nu}^{(p)} = \pm\,\mathrm{S}(\pm\,m_{\pi,\pi'}m_{\rho,\rho'}\ldots m_{\tau,\tau'}).$$

On a donc nécessairement $c = \pm 1$. Le choix que l'on doit faire ici entre les deux signes + et − dépend de la manière dont on aura déterminé les signes respectifs des trois quantités

$$m_{\mu,\nu}^{(p)}, \quad a_{\mu,1}^{(p)}, \quad \alpha_{\nu,1}^{(p)}$$

ou, ce qui revient au même, les signes des trois suivantes :

$$\alpha_{\mu,\nu}^{(p)} = \pm\,\mathrm{S}(\alpha_{\pi,\pi'}\alpha_{\rho,\rho'}\ldots\alpha_{\tau,\tau'}),$$
$$\alpha_{\mu,1}^{(p)} = \pm\,\mathrm{S}(\pm\,\alpha_{\pi,1}\alpha_{\rho,2}\ldots\alpha_{\tau,p}),$$
$$\alpha_{\nu,1}^{(p)} = \pm\,\mathrm{S}(\pm\,\alpha_{\pi',1}\alpha_{\rho',2}\ldots\alpha_{\tau',p}).$$

Il est facile de voir que l'on aura $c = 1$ si l'on suppose que le signe du produit

$$\alpha_{\pi,\pi'}\alpha_{\rho,\rho'}\ldots\alpha_{\tau,\tau'}$$

dans $\alpha_{\mu,\nu}^{(p)}$ soit égal au produit du signe de

$$\alpha_{\pi,1}\alpha_{\rho,2}\ldots\alpha_{\tau,p}$$

dans $\alpha_{\mu,1}^{(p)}$ par le signe de

$$\alpha_{\pi',1}\alpha_{\rho',2}\ldots\alpha_{\tau',p}$$

dans $\alpha_{\nu,1}^{(p)}$. Si l'on admet cette hypothèse, l'équation rapportée plus haut deviendra

$$(62)\qquad m_{\mu,\nu}^{(p)} = \mathbf{S}^{\mathrm{P}}(\alpha_{\nu,1}^{(p)}\,a_{\mu,1}^{(p)}).$$

Si dans cette équation on donne successivement à μ et à ν toutes les valeurs entières depuis 1 jusqu'à P, on aura un système d'équations symétriques de l'ordre P, que l'on pourra représenter par le symbole

$$(63)\qquad \Sigma[\mathbf{S}^{\mathrm{P}}(\alpha_{\nu,1}^{(p)}\,a_{\mu,1}^{(p)}) = m_{\mu,\nu}^{(p)}],$$

P étant toujours égal à

$$\frac{n(n-1)\ldots(n-p+1)}{1.2.3\ldots\ldots p}.$$

Pour déduire des équations (33) les équations (63), il suffit évidemment de remplacer les trois systèmes de quantités

$$(a_{1,n}),\quad (\alpha_{1,n}),\quad (m_{1,n})$$

par les systèmes dérivés de même ordre

$$(a_{1,\mathrm{P}}^{(p)}),\quad (\alpha_{1,\mathrm{P}}^{(p)}),\quad (m_{1,\mathrm{P}}^{(p)}).$$

Je dirai pour cette raison que le second système d'équations est dérivé du premier.

Si dans le symbole précédent on suppose $p = 1$, on retrouvera les équations (33). Si dans le même symbole on change

$$\mu \text{ en } \mathrm{P}-\mu+1,\quad \nu \text{ en } \mathrm{P}-\nu+1,\quad 1 \text{ en } \mathrm{P}$$

et que l'on fasse ensuite $p = n - 1$, on aura

$$P = n, \qquad \alpha^{(p)}_{P-\nu+1,P} = \beta_{\nu,1}, \qquad a^{(p)}_{P-\mu+1,P} = b_{\mu,1}, \qquad m^{(p)}_{P-\mu+1,P-\nu+1} = r_{\mu,\nu}$$

et par suite le symbole (63) se changera dans le suivant :

$$\Sigma[S^n(\beta_{\nu,1}\, b_{\mu,1}) = m_{\mu,\nu}],$$

auquel on était déjà parvenu directement.

Si dans les équations (63) on change p en $n - p$, on aura

$$(64) \qquad \Sigma[S^P(\alpha^{(n-p)}_{\nu,1}\, a^{(n-p)}_{\mu,1}) = m^{(n-p)}_{\mu,\nu}].$$

Désignons par

$$\delta^{(p)}_P, \quad D^{(p)}_P, \quad M^{(p)}_P$$

les déterminants des trois systèmes

$$(\alpha^{(p)}_{1,P}), \quad (a^{(p)}_{1,P}), \quad (m^{(p)}_{1,P});$$

on aura, en vertu des équations (63),

$$(65) \qquad M^{(p)}_P = D^{(p)}_P \delta^{(p)}_P.$$

On aura de même

$$M^{(n-p)}_P = D^{(n-p)}_P \delta^{(n-p)}_P.$$

Si l'on multiplie ces deux équations l'une par l'autre, on aura en vertu de l'équation (58)

$$M^P_n = D^P_n \delta^P_n$$

et par suite

$$M_n = D_n \delta_n.$$

On obtient aussi ce dernier résultat en supposant, dans l'équation (65), $p = 1$.

Si l'on ajoute entre elles les équations (63), on aura la suivante :

$$(66) \qquad S^P[S^P(\alpha^{(p)}_{\mu,\nu})\, S^P(a^{(p)}_{\mu,\nu})] = S^P\, S^P(m^{(p)}_{\mu,\nu}),$$

le premier signe S, c'est-à-dire le signe extérieur, étant relatif à l'indice ν et les autres, c'est-à-dire les signes intérieurs, étant relatifs à l'indice μ.

§ XII. En réunissant ce que la théorie précédente offre de plus remarquable relativement aux systèmes d'équations dérivées, on formera le Tableau suivant :

Soient toujours $(\alpha_{1,n})$, $(a_{1,n})$, $(m_{1,n})$ trois systèmes de quantités liés entre eux par les équations symétriques

$$(33) \qquad \Sigma[\mathrm{S}^n(\alpha_{\nu,1}\, a_{\mu,1}) = m_{\mu,\nu}].$$

Faisons à l'ordinaire

$$\mathrm{P} = \frac{n(n-1)\ldots(n-p+1)}{1.2.3\ldots\ldots p},$$

et désignons par

$$(\alpha_{1,\mathrm{P}}^{(p)}),\quad (\alpha_{1,\mathrm{P}}^{(n-p)}),\quad (a_{1,\mathrm{P}}^{(p)}),\quad (a_{1,\mathrm{P}}^{(n-p)}),\quad (m_{1,\mathrm{P}}^{(p)}),\quad (m_{1,\mathrm{P}}^{(n-p)})$$

les systèmes de l'ordre P, dérivés des trois systèmes donnés, et qui deux à deux sont complémentaires l'un de l'autre. Enfin, soient respectivement

$$\delta_{\mathrm{P}}^{(p)},\quad \delta_{\mathrm{P}}^{(n-p)},\quad \mathrm{D}_{\mathrm{P}}^{(p)},\quad \mathrm{D}_{\mathrm{P}}^{(n-p)},\quad \mathrm{M}_{\mathrm{P}}^{(p)},\quad \mathrm{M}_{\mathrm{P}}^{(n-p)}$$

les déterminants de ces différents systèmes; on aura les équations suivantes :

$$(67)\quad \left\{\begin{array}{l} \mathrm{M}_{\mathrm{P}}^{(p)} = \mathrm{D}_{\mathrm{P}}^{(p)}\,\delta_{\mathrm{P}}^{(p)}, \qquad \mathrm{M}_{\mathrm{P}}^{(n-p)} = \mathrm{D}_{\mathrm{P}}^{(n-p)}\,\delta_{\mathrm{P}}^{(n-p)}, \\ \delta_n^{\mathrm{P}} = \delta_{\mathrm{P}}^{(p)}\,\delta_{\mathrm{P}}^{(n-p)}, \qquad \mathrm{D}_n^{\mathrm{P}} = \mathrm{D}_{\mathrm{P}}^{(p)}\,\mathrm{D}_{\mathrm{P}}^{(n-p)}, \qquad \mathrm{M}_n^{\mathrm{P}} = \mathrm{M}_{\mathrm{P}}^{(p)}\,\mathrm{M}_{\mathrm{P}}^{(n-p)}; \end{array}\right.$$

$$(68)\quad \left\{\begin{array}{l} \delta_n = \mathrm{S}^{\mathrm{P}}(\alpha_{\mu,\pi}^{(p)}\,\alpha_{\mathrm{P}-\mu+1,\mathrm{P}-\pi+1}^{(n-p)}), \qquad \mathrm{D}_n = \mathrm{S}^{\mathrm{P}}(a_{\mu,\pi}^{(p)}\,a_{\mathrm{P}-\mu+1,\mathrm{P}-\pi+1}^{(n-p)}), \\ \qquad \mathrm{M}_n = \mathrm{S}^{\mathrm{P}}(m_{\mu,\pi}^{(p)}\,m_{\mathrm{P}-\mu+1,\mathrm{P}-\pi+1}^{(n-p)}); \\ 0 = \mathrm{S}^{\mathrm{P}}(\alpha_{\mu,\pi}^{(p)}\,\alpha_{\mathrm{P}-\nu+1,\mathrm{P}-\pi+1}^{(n-p)}), \qquad 0 = \mathrm{S}^{\mathrm{P}}(a_{\mu,\pi}^{(p)}\,a_{\mathrm{P}-\nu+1,\mathrm{P}-\pi+1}^{(n-p)}), \\ \qquad 0 = \mathrm{S}^{\mathrm{P}}(m_{\mu,\pi}^{(p)}\,m_{\mathrm{P}-\nu+1,\mathrm{P}-\pi+1}^{(n-p)}); \\ 0 = \mathrm{S}^{\mathrm{P}}(\alpha_{\mu,\pi}^{(p)}\,\alpha_{\mathrm{P}-\mu+1,\mathrm{P}-\tau+1}^{(n-p)}), \qquad 0 = \mathrm{S}^{\mathrm{P}}(a_{\mu,\pi}^{(p)}\,a_{\mathrm{P}-\mu+1,\mathrm{P}-\tau+1}^{(n-p)}), \\ \qquad 0 = \mathrm{S}^{\mathrm{P}}(m_{\mu,\pi}^{(p)}\,m_{\mathrm{P}-\mu+1,\mathrm{P}-\tau+1}^{(n-p)}); \end{array}\right.$$

$$(69)\quad \Sigma[\mathrm{S}^{\mathrm{P}}(\alpha_{\nu,1}^{(p)}\,a_{\mu,1}^{(p)}) = m_{\mu,\nu}^{(p)}], \qquad \Sigma[\mathrm{S}^{\mathrm{P}}(\alpha_{\nu,1}^{(n-p)}\,a_{\mu,1}^{(n-p)}) = m_{\mu,\nu}^{(n-p)}];$$

$$(70)\quad \left\{\begin{array}{l} \mathrm{S}^{\mathrm{P}}[\mathrm{S}^{\mathrm{P}}(a_{\mu,\nu}^{(p)})\,\mathrm{S}^{\mathrm{P}}(a_{\mu,\nu}^{(p)})] = \mathrm{S}^{\mathrm{P}}\,\mathrm{S}^{\mathrm{P}}(m_{\mu,\nu}^{(p)}), \\ \mathrm{S}^{\mathrm{P}}[\mathrm{S}^{\mathrm{P}}(\alpha_{\mu,\nu}^{(n-p)})\,\mathrm{S}^{\mathrm{P}}(a_{\mu,\nu}^{(n-p)})] = \mathrm{S}^{\mathrm{P}}\,\mathrm{S}^{\mathrm{P}}(m_{\mu,\nu}^{(n-p)}). \end{array}\right.$$

Si l'on suppose n pair et $p = \frac{n}{2}$, alors on aura

$$p = n - p = \frac{n}{2}, \qquad P = \frac{n(n-1)\ldots\left(\frac{n}{2}+1\right)}{1.2.3\ldots\ldots\frac{n}{2}},$$

$$\delta_P^{(p)} = \delta_P^{(n-p)}, \qquad D_P^{(p)} = D_P^{(n-p)}, \qquad M_P^{(p)} = M_P^{(n-p)}$$

et, par suite, les équations (67) donneront pour

$$\delta_P^{(p)}, \quad D_P^{(p)}, \quad M_P^{(p)}$$

les valeurs suivantes :

$$(71) \qquad \delta_P^{\left(\frac{n}{2}\right)} = \delta_n^{\frac{P}{2}}, \qquad D_P^{\left(\frac{n}{2}\right)} = D_n^{\frac{P}{2}}, \qquad M_P^{\left(\frac{n}{2}\right)} = M_n^{\frac{P}{2}}.$$

On vient de voir combien de transformations analytiques différentes peuvent se déduire de la considération des systèmes d'équations symétriques. On doit surtout remarquer le théorème renfermé dans l'équation

$$M_n = D_n \delta_n,$$

en vertu duquel le produit de deux déterminants est encore un déterminant et dont les recherches faites par M. Gauss sur les polynomes du deuxième degré à deux et à trois variables offrent de nombreuses applications. J'avais rencontré l'été dernier, à Cherbourg, où j'étais fixé par les travaux de mon état, ce théorème et quelques autres du même genre, en cherchant à généraliser les formules de M. Gauss. M. Binet, dont je me félicite d'être l'ami, avait été conduit aux mêmes résultats par des recherches différentes. De retour à Paris, j'étais occupé de poursuivre mon travail, lorsque j'allai le voir. Il me montra son théorème qui était semblable au mien. Seulement il désignait sous le nom de *résultante* ce que j'avais appelé *déterminant*. Il me dit en outre qu'il avait généralisé le théorème dont il s'agit en substituant au produit de deux résultantes des sommes de produits de même espèce. J'avais dès lors déjà démontré le théorème suivant :

D'un système quelconque d'équations symétriques on peut déduire cinq autres systèmes du même ordre; mais on n'en saurait déduire un plus grand nombre.

J'ai démontré depuis, à l'aide des méthodes précédentes, cet autre théorème :

D'un système quelconque d'équations symétriques de l'ordre n on peut toujours déduire deux systèmes d'équations symétriques de l'ordre

$$\frac{n(n-1)}{2},$$

deux systèmes d'equations symétriques de l'ordre

$$\frac{n(n-1)(n-2)}{1.2.3},$$

....

En ajoutant entre elles les équations symétriques comprises dans un même système, on obtient, comme on l'a vu, les formules (50), (51) et (70) qui me paraissent devoir être semblables à celles dont M. Binet m'a parlé.

MÉMOIRE

SUR LA

DÉTERMINATION DU NOMBRE DES RACINES RÉELLES

DANS LES ÉQUATIONS ALGÉBRIQUES (¹).

Journal de l'École Polytechnique, XVIIe Cahier, Tome X, p. 457; 1815.

PREMIÈRE SECTION.

EXPOSITION GÉNÉRALE DE LA THÉORIE.

§ I. Les géomètres se sont beaucoup occupés de la question qui fait l'objet de ce Mémoire et qui peut être envisagée sous deux points de vue différents, selon qu'il s'agit des équations littérales ou que l'on considère une équation dont tous les coefficients sont donnés en nombres. Dans le second cas, on résout complètement le problème en formant par les règles connues une équation auxiliaire dont les racines sont les carrés des différences entre celles de la proposée; ce qui fournit le moyen d'assigner une quantité moindre que la plus petite de ces différences et, par suite, de fixer avec le nombre des racines réelles des limites entre lesquelles chacune des racines est comprise. Mais, relativement aux équations littérales, la question consiste à trouver des fonctions rationnelles de leurs coefficients dont les signes déterminent dans chaque cas particulier le nombre et l'espèce de leurs racines réelles. Or ce n'était, jusqu'à présent, que pour un petit nombre d'équations d'une forme déterminée que l'on avait réussi à

(¹) Extrait de plusieurs Mémoires lus à l'Institut dans le courant de l'année 1813.

former de semblables fonctions. Ce qu'il y avait de plus général sur cette matière avait été donné par de Gua dans les *Mémoires de l'Académie des Sciences*, année 1741. Mais, quoiqu'il eût établi la plupart des principes qui devaient conduire à la solution du problème, il paraissait désespérer que l'on pût jamais y parvenir, et les géomètres désiraient encore une méthode générale applicable aux équations littérales de tous les degrés. M. Poisson ayant bien voulu m'indiquer ce sujet de recherches, je me suis proposé de compléter, s'il était possible, cette partie de l'Algèbre et, après diverses tentatives, je suis enfin parvenu à la méthode qui fait l'objet du présent Mémoire. Afin de rendre cette méthode plus sensible, je commencerai par l'exposer d'une manière géométrique et, pour plus de simplicité, je supposerai d'abord que ni l'équation proposée ni aucune des équations auxiliaires qu'on sera obligé de considérer n'ont de racines égales entre elles ou égales à zéro.

Si l'on désigne par x la variable de l'équation donnée et par X son premier membre, X étant un polynome en x du degré n, ce polynome pourra être considéré comme représentant l'ordonnée d'une courbe parabolique dont les points d'intersection avec l'axe des x auront pour abscisses les racines réelles de l'équation proposée. La parabole dont il s'agit sera une courbe continue à une seule branche composée en général : 1° de plusieurs portions finies terminées par leurs deux extrémités à l'axe des abscisses; 2° de deux portions indéfinies qui toutes deux s'élèveront au-dessus de l'axe des x, si l'équation proposée est de degré pair, et dont l'une s'abaissera au-dessous du côté des abscisses négatives dans le cas contraire. Toutes ces portions se réduiraient à une seule si l'équation donnée n'avait que des racines imaginaires et, dans ce cas, la courbe s'étendrait indéfiniment au-dessus de l'axe des abscisses. Dans tout autre cas, le nombre des portions finies de la parabole, augmenté de l'unité, sera toujours égal au nombre des points d'intersection de la courbe avec l'axe des x, c'est-à-dire au nombre des racines réelles de la proposée.

Après les points où la parabole coupe l'axe des x, les plus remarquables sont ceux où la tangente devient horizontale et que je désignerai sous le nom de *sommets*. Ces mêmes points sont aussi ceux où l'ordonnée de la courbe devient un *maximum* ou un *minimum*. J'appellerai *sommets de première espèce* ceux où la courbe tourne sa concavité vers l'axe des abscisses et où l'ordonnée, abstraction faite du signe, devient un *maximum*. J'appellerai *sommets de seconde espèce* ceux où la courbe tourne sa convexité vers le même axe et où l'ordonnée, abstraction faite du signe, devient un *minimum*. Si l'on parcourt une partie de la parabole située tout entière d'un même côté de l'axe des abscisses, les divers sommets que l'on rencontrera seront alternativement de l'une et de l'autre espèce et, si l'une des extrémités est un point d'intersection de la courbe avec l'axe, le sommet le plus voisin de cette extrémité sera un sommet de première espèce. Il en résulte que, dans chaque portion finie de courbe, comprise entre deux points d'intersection consécutifs, le nombre des sommets de première espèce surpasse toujours d'une unité le nombre des sommets de seconde espèce. De plus, ces deux espèces de sommets sont toujours en même nombre dans chacune des deux portions indéfinies.

Il suit de cette remarque que le nombre total des sommets de première espèce surpasse le nombre total des sommets de seconde espèce d'autant d'unités qu'il y a de portions finies dans la courbe que l'on considère. Par suite, la différence de ces deux nombres, augmentée de l'unité, sera toujours égale au nombre des points d'intersection de la courbe avec l'axe. En général, *si l'on considère une partie quelconque de la courbe, comprise entre deux points fixes, le nombre des points d'intersection et ceux des sommets de première et de seconde espèce compris dans cette même partie auront entre eux une relation qu'il est facile de déterminer. Le premier de ces trois nombres sera égal à la différence des deux autres si, en s'approchant de ses deux extrémités, la partie en question s'approche d'un côté et s'éloigne de l'autre de l'axe des abscisses. Il surpassera la même différence d'une unité, si vers ses deux extrémités la même partie s'éloigne de l'axe des x. Enfin il en sera surpassé d'une unité dans le cas contraire.*

Pour faire une application de ce théorème, supposons que l'on considère la moitié de la parabole située à droite de l'axe des ordonnées ou du côté des abscisses positives. Si, en s'approchant de l'axe des ordonnées, cette moitié de parabole s'approche également de l'axe des x, alors du côté des abscisses positives la différence entre les nombres de sommets de première et de seconde espèce sera égale au nombre des points d'intersection de la courbe avec l'axe. Si, dans le même cas, on considère l'autre moitié de parabole située du côté des abscisses négatives, on trouvera qu'en s'approchant de l'axe des ordonnées cette moitié s'éloigne de l'axe des x et, par conséquent, du côté des abscisses négatives le nombre des points d'intersection de la courbe avec l'axe surpassera d'une unité la différence entre les nombres de sommets de première et de seconde espèce. On obtiendrait des résultats inverses si, en s'approchant de l'axe des ordonnées, la moitié de parabole qui correspond aux abscisses positives s'éloignait de l'axe des x. Par suite de ce qu'on vient de dire, *si l'on forme les différences qui existent entre les nombres des sommets de première et de seconde espèce : 1° du côté des abscisses positives, 2° du côté des abscisses négatives, la somme de ces deux différences, augmentée de l'unité, sera toujours égale au nombre total des points d'intersection de la courbe avec l'axe,* ce que l'on savait déjà, et, de plus, *l'excès de la première différence sur la seconde sera supérieur ou inférieur d'une unité à la différence qui existe entre le nombre des points d'intersection correspondant aux abscisses positives et le nombre des points d'intersection correspondant aux abscisses négatives, selon qu'en s'approchant de l'axe des ordonnées du côté des abscisses positives la parabole s'approchera ou s'éloignera de l'axe des x.* Ces théorèmes étant une fois établis en Géométrie, voyons comment on peut les traduire en Analyse.

§ II. Soit toujours X le premier membre de l'équation proposée et désignons par X′ et X″ ses fonctions dérivées du premier et du second ordre. X sera l'ordonnée de la parabole que nous avons considérée ci-dessus. Les points d'intersection de cette parabole avec l'axe des x

auront pour abscisses les racines réelles de l'équation $X = o$, et ces mêmes points seront situés du côté des abscisses positives ou du côté des abscisses négatives, suivant que les racines correspondantes seront elles-mêmes positives ou négatives. Quant aux sommets, c'est-à-dire aux points de la courbe où l'ordonnée devient un *maximum* ou un *minimum*, ils auront évidemment pour abscisses les racines réelles de l'équation dérivée

$$X' = o.$$

On sait de plus que la fonction X ne peut devenir un *maximum* absolu, c'est-à-dire abstraction faite du signe, qu'autant que X et X'' sont de signes différents et ne peut devenir un *minimum* absolu que dans le cas où X et X'' sont de même signe. Par suite, le produit XX'' sera toujours négatif relativement aux sommets de première espèce et positif relativement aux sommets de seconde espèce. Enfin, pour décider si, en s'approchant de l'axe des ordonnées du côté des abscisses positives, la parabole s'approche ou s'éloigne de l'axe des abscisses, il suffira évidemment de voir si, quand l'abscisse devient nulle, l'ordonnée et sa dérivée sont de même signe ou de signes contraires, c'est-à-dire si le produit des deux derniers termes de l'équation donnée est positif ou négatif.

Il suit de ces considérations que, si l'on savait résoudre l'équation $X' = o$, il serait facile d'obtenir non seulement l'excès du nombre total des sommets de première espèce sur le nombre total des sommets de seconde espèce, mais encore l'excès de la différence entre les nombres de sommets de première et de seconde espèce situés du côté des abscisses positives sur la différence entre les nombres de sommets de première et de seconde espèce situés du côté des abscisses négatives. En effet, pour obtenir la somme de ces deux dernières différences ou le premier excès, il suffirait de substituer successivement toutes les racines réelles de l'équation $X' = o$ dans le produit XX'', puis de retrancher le nombre des valeurs positives de ce produit du nombre de ses valeurs négatives et, pour obtenir l'excès de la première différence sur la seconde, il suffirait de changer préalablement les signes de toutes les valeurs du produit XX'' qui correspondent à des abscisses négatives, ce qui revient à remplacer le produit XX'' par le suivant xXX''.

Supposons maintenant que, au lieu de résoudre l'équation $X' = 0$, on forme deux équations auxiliaires qui aient respectivement pour racines les diverses valeurs des deux produits XX'', xXX'', prises avec des signes contraires et correspondant à toutes les racines réelles ou imaginaires de l'équation dérivée $X' = 0$. Si, comme nous le supposerons d'abord, ces deux équations auxiliaires n'ont pas de racines égales, celles de leurs racines qui correspondront à des racines imaginaires de l'équation dérivée seront elles-mêmes imaginaires et, par suite, si l'on forme successivement pour chacune d'elles l'excès du nombre des racines positives sur le nombre des racines négatives, on aura précisément les deux excès ou quantités cherchées. Au reste, il sera facile d'obtenir par l'élimination les deux équations auxiliaires dont il s'agit; car, si l'on représente par y l'inconnue de la première, par z l'inconnue de la seconde et par

$$Y = 0, \qquad Z = 0$$

les équations elles-mêmes, il suffira, pour obtenir la première auxiliaire $Y = 0$, d'éliminer x entre les deux équations

$$X' = 0, \qquad y + XX'' = 0,$$

et, pour obtenir la seconde auxiliaire $Z = 0$, d'éliminer x entre les deux équations

$$X' = 0, \qquad z + xXX'' = 0.$$

Cela posé, les deux théorèmes de Géométrie que nous avons énoncés ci-dessus, page 173, se réduisent aux deux suivants :

Théorème I. — *Le nombre des racines réelles de la proposée* $X = 0$ *surpasse toujours d'une unité la différence qui existe entre les nombres de racines positives et négatives de la première auxiliaire* $Y = 0$.

Théorème II. — *La différence qui existe dans la proposée* $X = 0$ *entre les nombres de racines positives et négatives est supérieure ou inférieure d'une unité à la même différence dans la seconde équation auxiliaire* $Z = 0$, *suivant que le produit des deux derniers coefficients de l'équation proposée pris en signes contraires est positif ou négatif.*

Si l'équation proposée $X = 0$ est du degré n, l'équation dérivée $X' = 0$ et, par suite, les deux équations auxiliaires $Y = 0$, $Z = 0$ seront toutes trois du degré $n - 1$ inférieur d'une unité à celui de la proposée. Il est maintenant facile de voir comment les deux théorèmes précédents peuvent conduire à la solution du problème qui fait l'objet de ce Mémoire. En effet, ce que l'on cherche est le nombre et l'espèce des racines réelles ou, si l'on veut, le nombre des racines positives et le nombre des racines négatives de l'équation $X = 0$. Pour y parvenir, il suffit évidemment de résoudre séparément chacune des deux questions suivantes :

1° Déterminer le nombre total des racines réelles de l'équation $X = 0$;

2° Déterminer la différence entre les nombres de racines positives et négatives de cette même équation.

D'ailleurs, en vertu des théorèmes ci-dessus énoncés, on pourra résoudre relativement à l'équation donnée du degré n les deux questions précédentes si l'on sait résoudre la seconde relativement à une équation quelconque du degré $n - 1$. Pareillement, on pourra réduire la détermination de la différence entre les nombres de racines positives et négatives dans une équation du degré $n - 1$ à la détermination de la même différence dans une équation du degré $n - 2$ et abaisser ainsi continuellement la difficulté jusqu'à ce que l'on parvienne à une équation du premier degré. Cette dernière n'ayant qu'une seule racine toujours réelle, la différence entre les nombres de racines positives et négatives y sera évidemment égale à $+1$ ou à -1, suivant que le produit des deux coefficients de l'équation pris en signe contraire sera positif ou négatif. Toutes les difficultés étant ainsi levées, les deux questions ci-dessus énoncées se trouveront complètement résolues.

En résumant ce qui vient d'être dit, on aura, pour déterminer la différence qui existe entre le nombre des racines positives et le nombre des racines négatives de la proposée, la règle suivante :

Soient $X = 0$ *l'équation proposée du degré* n, X' *et* X'' *les deux premières dérivées de* X. *Éliminez la variable* x *entre les deux équations*

$$X' = 0, \qquad z + xXX'' = 0$$

et soient $Z = 0$ *l'équation auxiliaire en* z *qui en résultera. Cette équation sera du degré* $n - 1$. *Soient* Z' *et* Z'' *les deux premières dérivées de* Z. *Éliminez de nouveau la variable* z *entre les deux équations*

$$Z' = 0, \qquad v + zZZ'' = 0$$

et soit $V = 0$ *l'équation auxiliaire en* v *qui en résultera. Cette équation sera du degré* $n - 2$, ... *Continuez de même jusqu'à ce que vous arriviez à une équation auxiliaire du premier degré. Vous aurez en tout* n *équations, y compris la proposée, savoir :*

$$X = 0, \qquad Z = 0, \qquad V = 0, \qquad \ldots.$$

Si dans chacune d'elles vous multipliez l'un par l'autre les coefficients des deux derniers termes, vous obtiendrez n *produits différents,* et la valeur négative ou positive de chaque produit fera connaître si la différence entre les nombres de racines positives et négatives de l'équation à laquelle il se rapporte est supérieure ou inférieure d'une unité à la même différence dans l'équation suivante. Par suite, *si l'on change les signes de tous ces produits et qu'après ce changement on remplace les produits qui obtiendront une valeur positive par* $+1$ *et ceux qui obtiendront une valeur négative par* -1, *la somme algébrique des résultats sera précisément égale à la différence entre le nombre des racines positives et le nombre des racines négatives de l'équation proposée.*

On aura ensuite, pour déterminer le nombre total des racines réelles de l'équation donnée, cette autre règle :

Soit toujours $X = 0$ *l'équation proposée du degré* n; X' *et* X'' *les deux* *premières dérivées de x. Éliminez x entre les deux équations*

$$X' = 0, \qquad y + XX' = 0,$$

et soit $Y = 0$ *l'équation auxiliaire en y qui en résultera. Cette équation sera du degré $n - 1$, et si l'on détermine, par la règle précédente, la différence entre les nombres de ses racines positives et négatives, cette différence, augmentée d'une unité, sera précisément égale au nombre des racines réelles de la proposée.*

Le nombre des produits que l'on forme en suivant la première règle étant égal à n, le nombre de ceux que l'on formera en suivant la seconde sera égal à $n - 1$ et, par suite, les signes de $2n - 1$ fonctions différentes des coefficients de l'équation donnée suffiront pour déterminer le nombre et l'espèce de ses racines réelles.

§ III. La méthode précédente suppose évidemment que ni l'équation proposée ni aucune des équations auxiliaires n'aient de racines égales entre elles ou égales à zéro; et d'abord, si l'équation proposée avait des racines réelles égales entre elles, la courbe dont l'ordonnée représente le premier membre de cette équation devenant tangente en un ou plusieurs points à l'axe des abscisses, chaque point de tangence devrait être considéré comme formé par la réunion d'autant de points d'intersection de la courbe avec l'axe et d'autant de sommets moins un qu'il y aurait, pour ce même point, de racines égales dans la proposée. De plus, les points de tangence dont il s'agit étant situés sur l'axe des abscisses, les valeurs correspondantes de l'ordonnée X et du produit XX'' s'évanouiraient et ce produit cesserait d'avoir un signe déterminé. Enfin, si la proposée avait une ou plusieurs racines nulles, cette équation n'ayant plus de dernier terme, le produit des deux derniers coefficients s'évanouirait et ne pourrait plus être considéré comme positif ou comme négatif.

Les racines égales des équations auxiliaires du degré $n - 1$ peuvent provenir de deux causes, savoir : 1° de racines égales dans l'équation dérivée $X' = 0$; 2° d'un ou plusieurs couples de racines imaginaires dans l'équation dérivée qui, par suite de relations particulières entre les coefficients de cette équation, fournissent des racines réelles aux équations auxiliaires. Ainsi, par exemple, si $\alpha + \beta\sqrt{-1}$ désigne une racine imaginaire de $X' = 0$ et que la substitution de $\alpha + \beta\sqrt{-1}$ dans le produit XX'' donne pour résultat la quantité réelle A, la substitution de $\alpha - \beta\sqrt{-1}$ dans le même produit donnera encore le même résultat; et comme les racines imaginaires

$$\alpha + \beta\sqrt{-1}, \qquad \alpha - \beta\sqrt{-1}$$

appartiennent toutes deux à l'équation dérivée, la première équation auxiliaire aura deux racines égales à $-$ A. Toutes les fois que l'équation dérivée aura des racines égales, les racines qui en proviendront dans les équations auxiliaires seront non seulement égales entre elles, mais encore égales à zéro; car, dans ce cas, la fonction X'' étant nulle aussi bien que la fonction X', le produit XX'' s'évanouira nécessairement. Par suite, on ne pourra plus déterminer quel est le signe de ce produit, ni décider par ce moyen si, pour le sommet que l'on considère, l'ordonnée de la courbe devient un maximum ou un minimum absolu. Il pourra même arriver qu'elle ne soit ni l'un ni l'autre. Pour savoir dans quel cas cela aura lieu, désignons par

$$X', \quad X'', \quad X''', \quad X^{IV}, \quad X^{V}, \quad \ldots$$

les dérivées des divers ordres de l'ordonnée X, et supposons que dans toutes ces fonctions x désigne l'abscisse du sommet que l'on considère. Si l'on fait croître ou diminuer cette abscisse d'une quantité indéterminée h, l'ordonnée X deviendra

$$X \pm hX' + \frac{h^2}{1.2}X'' \pm \frac{h^3}{1.2.3}X''' + \frac{h^4}{1.2.3.4}X^{IV} \pm \frac{h^5}{1.2.3.4.5}X^{V} + \ldots,$$

ou, parce que $X' = 0$,

$$X + \frac{h^2}{1.2}X'' \pm \frac{h^3}{1.2.3}X''' + \frac{h^4}{1.2.3.4}X^{IV} \pm \frac{h^5}{1.2.3.4.5}X^{V} + \ldots.$$

Par conséquent, la différence entre l'ordonnée correspondant à l'abscisse $x \pm h$ et l'ordonnée correspondant à l'abscisse x, ou, pour abréger, la différence de l'ordonnée sera

$$\frac{h^2}{1.2}X'' \pm \frac{h^3}{1.2.3}X''' + \frac{h^4}{1.2.3.4}X^{IV} \pm \frac{h^5}{1.2.3.4.5}X^{V} + \ldots.$$

Pour de très petites valeurs de h, cette différence se réduira au premier de ses termes qui ne s'évanouira pas. Elle se réduira donc à

$$\frac{h^2}{1.2}X''$$

si X'' n'est pas nul ou si, pour le sommet que l'on considère, l'équation dérivée n'a pas de racines égales; à

$$\pm \frac{h^3}{1.2.3}X'''$$

si l'on a $X''=0$, $X'''<$ ou >0, c'est-à-dire si, pour le sommet que l'on considère, l'équation dérivée a deux racines égales; à

$$\frac{h^4}{1.2.3.4}X^{IV}$$

si l'on a $X''=0$, $X'''=0$, $X^{IV}<$ ou >0, c'est-à-dire si, pour le sommet que l'on considère, l'équation dérivée a trois racines égales; à

$$\pm \frac{h^5}{1.2.3.4.5}X^{V}$$

si l'on a $X''=0$, $X'''=0$, $X^{IV}=0$, $X^{V}>$ ou <0, c'est-à-dire si, pour le sommet que l'on considère, l'équation dérivée a quatre racines égales; etc., etc.

En général, on voit que la différence de l'ordonnée conservera le même signe, quel que soit d'ailleurs celui de h, si, pour le point que l'on considère, la dérivée a un nombre pair de racines égales. Elle changera de signe avec h dans le cas contraire. Dans ce dernier cas, l'ordonnée ne pourra être ni un maximum ni un minimum. Mais, si la dérivée a un nombre pair de racines égales, l'ordonnée correspondant à l'abscisse $x \pm h$ sera représentée, pour de très petites valeurs de h, par un des binomes

$$X + \frac{h^2}{1.2} X'',$$
$$X + \frac{h^4}{1.2.3.4} X^{IV},$$
$$\dots\dots\dots\dots\dots$$

et, par suite, l'ordonnée X correspondant à l'abscisse x sera un minimum ou un maximum absolu, suivant que le second terme de ce binome aura un signe égal ou opposé à celui du premier terme, c'est-à-dire suivant que le premier des produits

$$XX'', \quad XX^{IV}, \quad XX^{VI}, \quad \dots$$

qui ne s'évanouira pas sera positif ou négatif.

On vient de voir que les équations auxiliaires peuvent acquérir des racines nulles dans deux cas différents, savoir : 1° quand la proposée a des racines égales; 2° quand l'équation dérivée a des racines égales; et, en effet, la fonction X dans le premier cas, la fonction X'' dans le second et, par suite, les produits XX'', xXX'' dans les deux cas, s'évanouissent. Il est encore un troisième cas où la seconde équation auxiliaire seulement peut avoir des racines nulles. C'est celui où il existe déjà de telles racines dans la dérivée; car le produit xXX'' s'évanouit alors avec son premier facteur x. Dans toutes ces hypothèses, le dernier terme d'une équation auxiliaire étant nul, le produit des deux derniers termes de cette équation se réduit à zéro et, par suite, on ne peut plus décider si ce produit est positif ou négatif.

De même que des racines égales dans l'équation proposée du degré n produisent des racines nulles dans les équations auxiliaires du degré $n-1$; de même, les racines égales qui pourraient se trouver dans ces dernières produiront des racines nulles dans les équations auxiliaires du degré $n-2$. En général, si, dans une des suites d'équations auxiliaires qu'on est obligé de former, quelque équation a des racines égales, la suivante aura des racines nulles et le produit de ses deux derniers coefficients se trouvera réduit à zéro.

Ainsi, toutes les hypothèses possibles, dans lesquelles la méthode générale se trouve en défaut, coïncident avec cette circonstance remarquable que, sur les produits dont les signes devaient déterminer le nombre et l'espèce des racines réelles de la proposée, un ou plusieurs s'évanouissent et ne peuvent plus par cela même servir à la détermination dont il s'agit. On voit en même temps que cela n'aura jamais lieu à moins que la proposée ou les équations auxiliaires n'aient des racines égales entre elles ou égales à zéro. Pour faire disparaître les inconvénients qui résultent de cette égalité, on peut employer diverses méthodes que je vais indiquer en peu de mots.

§ IV. La première méthode et celle qui se présente d'abord à l'esprit consiste à passer en revue tous les cas particuliers que peut offrir l'équation donnée et à fournir les moyens de lever les difficultés propres à chacun des cas dont il s'agit. Ainsi, par exemple, si la proposée a des racines nulles, il sera facile d'en constater le nombre et de s'en débarrasser ensuite. On peut éviter de même la considération des racines égales, en supposant l'équation préparée d'avance, de manière que toutes ses racines soient inégales entre elles. Après cela, il faudra examiner si la dérivée a des racines égales entre elles ou à zéro et remédier aux inconvénients qui pourraient naître de cette égalité. On y parviendra comme il suit.

Lorsque plusieurs racines de la dérivée deviennent égales entre elles, les différents sommets dont ces racines étaient les abscisses se réunissent, et de cette réunion résulte un nouveau sommet qui sera double, triple, quadruple, etc., suivant le nombre des racines qui viendront à coïncider. L'ordonnée de ce sommet sera un maximum ou un minimum absolu si les racines qui deviennent égales sont en nombre impair et, pour déterminer l'espèce du sommet dans cette hypothèse, il suffira de consulter le signe du produit XX'' s'il s'agit d'un sommet simple, du produit XX^{IV} s'il s'agit d'un sommet triple, etc. Quant aux sommets doubles, quadruples, etc., on devra cesser d'en tenir compte, attendu que les ordonnées de ces sommets ne doivent point être rangées parmi les ordonnées maxima et minima. Cela posé, si la dérivée n'a point de racines nulles, les théorèmes de Géométrie établis ci-dessus (p. 173) subsisteront toujours et, pour déterminer le nombre et l'espèce des racines réelles de la proposée, il suffira de calculer : 1° la somme des différences qui existent du côté des abscisses positives et du côté des abscisses négatives entre les sommets de première et de seconde espèce; 2° l'excès de la première différence sur la seconde. On y parviendra facilement en déterminant ainsi qu'il suit les diverses parties de la somme et de l'excès en question qui correspondent aux racines simples, triples, quintuples, etc. Soit toujours X' l'équation dérivée; soient de plus X'_1 le produit de ses facteurs simples, X'_2 celui de ses facteurs doubles, X'_3 celui des facteurs triples, etc., élevés chacun à la première puissance, en sorte qu'on ait

$$X' = X'_1(X'_2)^2(X'_3)^3\ldots.$$

La méthode des racines égales fera connaître chacun des polynomes X'_1, X'_3, X'_5, ... et, pour obtenir la différence totale entre les nombres de sommets de première espèce, il suffira d'éliminer x :

1° Entre les équations	$X'_1 = 0$,	$y + XX'' = 0$;
2° »	$X'_3 = 0$,	$y + XX^{IV} = 0$;
3° »	$X'_5 = 0$,	$y + XX^{VI} = 0$;
....	......,	....

On aura par ce moyen plusieurs équations auxiliaires en y au lieu d'une seule et la somme des différences qui auront lieu pour ces diverses équations entre les nombres de racines positives et négatives sera égale à la différence cherchée ou à la somme des différences qui existent tant du côté des abscisses positives que du côté des abscisses négatives entre les nombres de sommets de première et de seconde espèce. On obtiendra de même l'excès de la première différence sur la seconde en substituant aux équations

$$y + XX'' = 0, \qquad y + XX^{IV} = 0, \qquad y + XX^{VI} = 0, \qquad \ldots$$

les suivantes

$$z + xXX'' = 0, \qquad z + xXX^{IV} = 0, \qquad z + xXX^{VI} = 0, \qquad \ldots$$

et cet excès, augmenté ou diminué d'une unité, fera connaître la différence qui existe entre les nombres de racines positives et négatives de la proposée. Cette dernière différence et l'excès dont il s'agit deviendraient égaux entre eux si un sommet de première ou de seconde espèce était situé sur l'axe des abscisses ou, ce qui revient au même, si la dérivée avait un nombre impair de racines nulles; mais si la dérivée n'a point de racines nulles ou si ces racines sont en nombre pair, il faudra, pour obtenir la même différence, augmenter ou diminuer l'excès en question d'une unité, suivant qu'en s'approchant de l'axe des ordonnées du côté des abscisses positives la courbe s'éloignera ou s'approchera de l'axe des x, c'est-à-dire suivant que le produit du dernier terme de l'équation proposée par celui des termes précédents qui renfermera la puissance la moins élevée de x sera négatif ou positif.

La théorie précédente suppose évidemment que les équations auxiliaires en y et z, qui correspondent aux facteurs simples, triples, quintuples, etc. de l'équation dérivée, n'ont pas de racines égales. S'il en était autrement, ces racines pourraient à la fois être réelles et provenir de quelques couples de racines imaginaires des équations

$$X'_1 = 0, \quad X'_3 = 0, \quad X'_5 = 0, \quad \ldots.$$

On évitera cet inconvénient si l'on multiplie chacun des produits

$$\begin{array}{llll} XX'', & XX^{IV}, & XX^{VI}, & \ldots, \\ xXX'', & xXX^{IV}, & xXX^{VI}, & \ldots \end{array}$$

par une fonction de x qui reste positive pour toutes les valeurs réelles de la variable x et qui empêche ces mêmes produits de devenir réels pour les valeurs imaginaires de x qui satisfont à l'équation dérivée. Telle est la fonction

$$(x + k)^2,$$

dans laquelle la constante arbitraire k peut recevoir une infinité de valeurs qui remplissent la condition exigée.

En suivant la méthode précédente on finit toujours par obtenir la solution complète de la question proposée; mais s'il s'agit d'une équation littérale, cette méthode entraîne, comme on le voit, l'examen d'autant de cas particuliers que l'on peut faire d'hypothèses différentes sur le nombre des racines égales, non seulement de la proposée, mais encore des diverses équations auxiliaires. C'est pourquoi elle ne peut être employée avec avantage que dans certaines occasions où, en raison de la forme de l'équation donnée, elle devient facilement applicable.

§ V. Une autre méthode consiste à établir la distinction des diverses espèces de sommets sur la considération immédiate du signe du produit qu'on obtient en multipliant l'ordonnée X par la série

$$\frac{h^2}{1.2}X'' \pm \frac{h^3}{1.2.3}X''' + \frac{h^4}{1.2.3.4}X^{\text{IV}} \pm \frac{h^5}{1.2.3.4.5}X^{\text{V}} + \dots,$$

laquelle représente, pour un quelconque des sommets, l'accroissement de l'ordonnée correspondant à l'accroissement très petit $\pm h$ de la variable x.

Si l'on fait, pour plus de commodité,

$$X = f(x)$$

et, par suite,

$$X'' = f''(x),$$

la série précédente sera toujours de même signe que

$$f''(x \pm h),$$

d'où il suit que le produit de cette série par X pourra être remplacé par le produit

$$X f''(x \pm h).$$

Supposons qu'après avoir substitué pour x dans ce dernier produit une des racines réelles de la dérivée, on donne successivement à l'indéterminée h les signes $+$ et $-$; les deux valeurs obtenues par ce moyen seront de signes contraires si la racine réelle dont il s'agit représente l'abscisse d'un sommet double, quadruple, sextuple, etc. Elles seront de même signe si cette racine correspond à un sommet simple, triple, quintuple, etc. et, dans cette dernière hypothèse, les deux valeurs du produit seront ou négatives ou positives, suivant que le sommet en question sera de première ou de seconde espèce. De plus, la quantité h restant indéterminée, il est aisé de voir que la substitution des racines imaginaires de la dérivée dans chacun des produits

$$X f''(x+h), \quad X f''(x-h)$$

fournira en général des résultats imaginaires. Cela posé, on obtiendra évidemment la différence totale entre les nombres de sommets de première et de seconde espèce si, après avoir éliminé x entre les deux équations

$$X'=0, \qquad y + X f''(x \pm h) = 0,$$

on détermine, pour l'équation auxiliaire en y ainsi formée et pour de très petites valeurs de h, la différence entre les nombres de racines inégales positives et négatives : 1° dans le cas où l'on admet pour h le signe supérieur; 2° dans le cas où l'on admet pour h le signe inférieur et qu'on prenne ensuite la moyenne entre les deux résultats. C'est ce résultat moyen que je désignerai ici sous le nom de *différence moyenne* entre le nombre des racines inégales positives et le nombre des racines inégales négatives de l'équation auxiliaire en y.

De même, pour obtenir l'excès de la différence entre les nombres de sommets de première et de seconde espèce situés du côté des abscisses positives sur la différence entre les nombres de sommets de première et de seconde espèce situés du côté des abscisses négatives, il suffira d'éliminer x entre les deux équations

$$X'=0, \qquad z + xX f''(x+h) = 0$$

et de chercher ensuite la différence moyenne entre les nombres de racines inégales positives et négatives de l'équation auxiliaire en z résultant de cette élimination.

Lorsque la dérivée a des racines nulles, un des sommets de la courbe étant situé sur l'axe des ordonnées ne peut plus être compté ni parmi ceux qui répondent aux abscisses positives ni parmi ceux qui répondent aux abscisses négatives; mais, alors aussi, le produit

$$xX f''(x+h)$$

venant à s'évanouir avec son premier facteur x, la racine correspondante de l'équation auxiliaire en z ne fait plus partie ni des racines positives ni des racines négatives de cette même équation.

Les résultats précédents subsistent dans le cas même où la proposée a des racines égales. Dans cette hypothèse, la parabole que l'on considère devient tangente en plusieurs points à l'axe des abscisses, et ces points sont évidemment des sommets de la courbe, puisque leurs abscisses satisfont à l'équation dérivée. Mais, quoique ces sommets puissent être simples, ou triples, ou quintuples, etc., ils ne peuvent dans aucun cas être considérés comme sommets de première ou de seconde espèce, attendu que l'ordonnée de chacun d'eux étant nulle n'a plus de signe déterminé et qu'on ne peut décider par suite si cette ordonnée devient un *maximum* ou un *minimum* absolu. On ne doit donc tenir aucun compte des racines des équations auxiliaires en y et z qui correspondent à de semblables sommets; mais ces racines disparaissent d'elles-mêmes à cause du facteur X qui, étant égal à zéro, fait évanouir les deux produits

$$\mathrm{X} f''(x+h), \quad x\mathrm{X} f''(x+h).$$

Ainsi, dans tous les cas possibles, la différence moyenne entre les nombres de racines inégales positives et négatives des équations auxiliaires ci-dessus mentionnées détermine immédiatement : 1° la somme faite de la différence entre les nombres de sommets de première et de seconde espèce situés du côté des abscisses positives et de la différence semblable formée du côté des abscisses négatives; 2° l'excès de la première différence sur la seconde. D'ailleurs, si l'on veut étendre les théorèmes précédemment démontrés au cas où l'équation donnée a des racines égales entre elles, on reconnaîtra sans peine que *la somme des deux différences en question est toujours inférieure d'une unité au nombre total des points d'intersection ou de tangence de la courbe avec l'axe des x*. De plus, *l'excès de la première différence sur la seconde sera supérieur d'une unité, égal ou inférieur d'une unité à l'excès du nombre des points d'intersection ou de tangence situés du côté des abscisses positives sur le nombre de ceux qui seront situés du côté des* *abscisses négatives, selon qu'en s'approchant de l'axe des ordonnées du côté des abscisses positives et s'éloignant ensuite de ce même axe du côté des abscisses négatives, la courbe s'approchera constamment de l'axe des x, ou qu'en passant par l'axe des ordonnées, elle cessera de s'approcher de l'axe des abscisses pour s'en éloigner, ou de s'en éloigner pour s'en rapprocher, ou qu'elle s'éloignera constamment de l'axe des x.* Le premier ou le troisième cas aura lieu si, la proposée n'ayant pas de racines nulles, la dérivée n'en a pas non plus, ou si ces racines y sont en nombre pair, c'est-à-dire si, la proposée ayant un terme constant, le dernier terme de l'équation dérivée renferme une puissance paire de x. Le second cas aura lieu si la proposée a des racines nulles ou si la dérivée a des racines nulles en nombre impair, c'est-à-dire si l'équation donnée n'a pas de terme constant ou si le dernier terme de l'équation dérivée renferme une puissance impaire de x. Enfin, pour distinguer le premier cas du troisième, il suffira d'examiner si le produit du dernier terme de l'équation donnée par le dernier terme de la dérivée est positif ou négatif. Soient p le terme constant de la proposée, qui peut être égal à zéro, et qx^r le dernier terme de l'équation dérivée ou celui qui renferme la plus petite puissance de x. Si dans le produit

$$pqx^r$$

on donne successivement à x deux valeurs égales et de signes contraires et qu'on prenne ensuite la valeur moyenne entre les deux résultats, on reconnaîtra facilement que cette valeur moyenne sera positive dans le premier cas, nulle dans le deuxième, négative dans le troisième. Ainsi, en ayant égard au produit du terme constant de la proposée par le dernier terme de la dérivée, on pourra toujours déterminer le nombre et l'espèce des racines inégales de l'équation donnée à l'aide de la différence moyenne entre le nombre des racines inégales positives et le nombre des racines inégales négatives dans chacune des équations auxiliaires en y et z. Pour obtenir cette différence moyenne relativement à l'une d'elles, par exemple relativement à l'équation auxiliaire en y, il semble d'abord qu'on serait obligé de déterminer la différence entre les nombres de racines inégales positives et négatives : 1° dans le cas où l'indéterminée h a de très petites valeurs positives; 2° dans le cas où h a de très petites valeurs négatives. Mais on arrivera au même but si, après avoir formé les fonctions des coefficients de l'équation auxiliaire en y qui déterminent la différence dont il s'agit, en laissant le signe et la valeur de h entièrement arbitraires, on substitue à ces fonctions les valeurs qu'elles obtiennent lorsque, ayant développé chacune d'elles suivant les puissances ascendantes de h et réduit le développement à son premier terme vis-à-vis duquel tous les autres doivent être négligés, on donne successivement à h deux valeurs égales et de signes contraires et qu'on prend la moyenne entre les deux résultats. Par suite, chacune des fonctions que l'on considère devra être remplacée par zéro si le premier terme de son développement renferme une puissance impaire de h. Dans le cas contraire, il faudra la considérer comme positive ou comme négative suivant que le coefficient de ce premier terme sera lui-même positif ou négatif.

Nous venons d'indiquer comment l'emploi de l'indéterminée h peut servir à lever les difficultés que faisaient naître les racines égales des équations en y et z, c'est-à-dire des équations auxiliaires du degré $n-1$. L'introduction de plusieurs autres indéterminées h', h'', ... servirait de même à lever les difficultés qui peuvent résulter de l'égalité de quelques racines dans les équations auxiliaires des degrés

$$n-2, \quad n-3, \quad \ldots,$$

et, à l'aide de cet artifice, on finirait par déterminer dans tous les cas possibles le nombre et l'espèce des racines de l'équation donnée. Il est bon toutefois d'observer que, si plusieurs de ces racines sont égales entre elles, on obtiendra seulement de cette manière le nombre des racines inégales positives et le nombre des racines inégales négatives, c'est-à-dire le nombre des quantités réelles essentiellement différentes de valeur ou de signe qui satisfont à la proposée.

La méthode précédente se réduit, comme on le voit, à remplacer dans les deux produits

$$\mathrm{XX}'', \quad x\mathrm{XX}'',$$

le dernier facteur $X'' = f''(x)$ par

$$f''(x \pm h),$$

c'est-à-dire à substituer dans $f''(x)$, à l'abscisse du sommet que l'on considère, l'abscisse $x \pm h$ d'un point de la parabole très rapproché de ce même sommet. Cette nouvelle méthode, sans exiger comme la première un examen préalable de tous les cas particuliers, a néanmoins le désavantage de compliquer extrêmement les calculs par l'admission de quantités arbitraires dans les équations auxiliaires des divers degrés. On évite cet inconvénient en suivant une troisième méthode dont je vais rendre compte.

§ VI. Dans cette troisième méthode, comme dans la première, je supposerai l'équation donnée préparée de manière qu'elle n'ait pas de racines égales entre elles ou à zéro. Cette préparation faite, on lèvera facilement tous les obstacles à l'aide des considérations suivantes :

Si les équations auxiliaires n'avaient pas de racines égales entre elles ou à zéro, elles serviraient immédiatement, comme on l'a déjà fait voir, à déterminer le nombre et l'espèce des racines réelles de la proposée; mais si le contraire a lieu, pour ramener ce second cas au premier, il faudra détruire l'égalité dont il s'agit en substituant aux sommets de la courbe d'autres points très rapprochés de ces mêmes sommets. Il existe deux manières différentes d'opérer cette substitution. La première consiste à remplacer un quelconque des sommets par un autre point très voisin de ce sommet et pris sur la courbe que l'on considère. La seconde consiste à remplacer la courbe elle-même par une autre courbe très voisine et à substituer les sommets de cette dernière à ceux de la courbe donnée. Pour effectuer la première substitution il suffit d'augmenter les abscisses des sommets de quantités indéterminées supposées très petites. Pour effectuer la seconde, il faut augmenter de quantités très petites les coefficients de l'équation proposée dont les valeurs respectives déterminent la nature de la courbe. Le premier moyen coïncide avec la seconde des deux méthodes précédentes et rend très pénible, comme on l'a remarqué, la formation des équations auxiliaires. Le second n'a pas cet inconvénient et il conduit facilement à la solution du problème proposé dans tous les cas possibles.

En effet, lorsqu'on augmente de quantités très petites mais arbitraires les coefficients de l'équation donnée, on détruit les relations qui existaient entre ces coefficients et en vertu desquelles les racines des diverses équations auxiliaires pouvaient devenir nulles ou égales entre elles. Par suite, les fonctions des coefficients qui étaient destinées en général à déterminer le nombre des racines de chaque espèce cessent d'être nulles et redeviennent propres à la détermination dont il s'agit.

Cela posé, pour obtenir le nombre des racines positives et le nombre des racines négatives d'une équation du degré n, dans le cas où cette équation n'a pas de racines égales entre elles ou à zéro, il suffira de former, par la méthode indiquée dans le deuxième paragraphe, $2n - 1$ fonctions différentes des coefficients de cette équation. On substituera ensuite dans chaque cas particulier, à la place des coefficients dont il s'agit, leurs valeurs prises dans l'équation donnée. Si cette substitution ne fait disparaître aucune des fonctions que l'on considère, leurs signes détermineront immédiatement le nombre des racines de chaque espèce. Mais si quelques-unes de ces fonctions s'évanouissent, on augmentera chacun des coefficients de l'équation donnée d'une quantité très petite, mais arbitraire, que l'on peut supposer à volonté positive ou négative. De plus, on assignera à ces mêmes variations un ordre de grandeur déterminé, de telle manière qu'on puisse toujours négliger les unes par rapport aux autres. Les fonctions qui s'évanouissaient, étant développées suivant les variations dont il s'agit, pourront toujours être réduites à un seul terme et toutes les difficultés seront ainsi levées. On pourra même se dispenser de faire varier à la fois tous les coefficients; il suffira d'en faire varier un ou plusieurs l'un après l'autre et l'on devra toujours s'arrêter au moment où chacune des fonctions que l'on considère cessera de s'évanouir.

§ VII. Quel que soit le degré n de l'équation donnée, il est possible de former, comme on le verra tout à l'heure, plusieurs systèmes d'équations auxiliaires qui jouissent des mêmes propriétés. Il convient de choisir le système pour lequel les fonctions qui déterminent le nombre et l'espèce des racines réelles sont les plus simples possibles. Ce choix étant fait, il faut encore examiner si les fonctions dont il s'agit sont décomposables en facteurs et si quelques-uns de ces facteurs peuvent être supprimés sans inconvénient. Nous ferons à cet égard les remarques suivantes :

Les deux équations auxiliaires du degré $n-1$, que nous avons appris à former dans le deuxième paragraphe, ont respectivement pour racines des fonctions rationnelles et entières des racines de la dérivée; mais on peut, sans nul inconvénient, multiplier ou diviser les fonctions dont il s'agit par d'autres fonctions qui soient toujours positives quand les racines de la dérivée sont réelles. Pour faciliter autant que possible le calcul de l'élimination, il faut représenter l'inconnue de chaque équation auxiliaire par une fraction dont les deux termes soient des polynomes entiers en x choisis de telle manière que la plus haute puissance de la variable renfermée dans ces deux polynomes soit la plus petite possible. L'expérience m'a fait voir que, dans ce cas, on arrivait encore à des résultats plus simples. On satisfera à ces conditions si l'on divise par X^2 les deux produits

$$-XX'', \quad -xXX'',$$

qui représentaient, dans le paragraphe II, les valeurs respectives de y et z, ce qui revient à prendre pour inconnue de la première équation auxiliaire la fraction

$$\frac{-X''}{X}$$

et pour inconnue de la seconde équation auxiliaire la fraction

$$\frac{-xX''}{X}.$$

Dans cette hypothèse, on peut simplifier de beaucoup la recherche des fonctions propres à déterminer le nombre des racines de chaque espèce à l'aide des théorèmes suivants :

1° *Étant donnée une équation quelconque, si l'on substitue successivement toutes ses racines dans le premier membre de l'équation dérivée et qu'on fasse le produit des résultats, ce produit sera égal, à un coefficient numérique près, au dernier terme de l'équation qui aurait pour racines les carrés des différences entre celles de la proposée. Ce même produit sera encore égal à celui qu'on aurait trouvé si l'on eût substitué successivement toutes les racines de la dérivée dans le premier membre de l'équation donnée et qu'on eût multiplié l'un ar l'autre les résultats ainsi obtenus.*

2° *Étant donnée une équation quelconque, si l'on divise par le premier membre de l'équation dérivée une fonction entière de la variable et si l'on ajoute les diverses valeurs qu'obtient ce quotient lorsqu'on y substitue successivement pour x les diverses racines de l'équation donnée, la somme de ces valeurs sera toujours une fonction rationnelle et entière des coefficients de la proposée.*

3° *Si l'on divise le premier membre de l'équation donnée par le premier membre de l'équation dérivée du second ordre et que l'on substitue successivement pour x dans ce quotient toutes les racines de la dérivée, la somme des valeurs obtenues, prise en signe contraire, sera égale, à un coefficient numérique près, à la somme des carrés des différences entre les racines de la proposée.*

4° *Étant données deux équations tellement liées entre elles que les racines de la seconde soient des fonctions rationnelles quelconques des racines de la première, si l'on forme respectivement les derniers termes des équations aux carrés des différences entre ces racines et qu'on divise les deux termes obtenus l'un par l'autre, le quotient sera toujours un carré parfait.*

Il suit du troisième théorème que l'une des fonctions qui déterminent le nombre des racines réelles est égale, quel que soit le degré de l'équation donnée, à la somme des carrés des différences entre les racines de cette équation. On peut encore, en appliquant à la méthode précédente un artifice d'analyse indiqué par Euler, déterminer pour tous les degrés une autre de ces fonctions. Enfin, on prouve facilement que le produit de toutes ces fonctions doit toujours avoir le même signe que le produit des carrés des différences entre les racines. Par suite, sur les $n - 1$ fonctions qui déterminent le nombre des racines réelles, le nombre de celles qu'on sera obligé de former séparément pour un degré donné se trouvera réduit à $n - 4$; on n'aura donc besoin d'en calculer aucune en particulier pour les équations du deuxième, du troisième et du quatrième degré; il suffira de calculer une nouvelle fonction pour le cinquième degré, deux pour le sixième, etc.

Quant aux fonctions de la seconde espèce, c'est-à-dire à celles qui déterminent la différence entre le nombre des racines positives et négatives de la proposée, on peut en déterminer une pour tous les degrés possibles en ayant égard au deuxième théorème et, de plus, on prouve facilement que le produit de toutes ces fonctions doit toujours être affecté du même signe que le produit des carrés des différences entre les racines multiplié par le produit des racines elles-mêmes. Ces dernières fonctions sont les seules qu'on soit obligé de considérer, lorsqu'on veut savoir combien l'équation donnée a de racines réelles comprises entre deux limites α et β, car le nombre de ces racines réelles est égal à la quantité dont le nombre des fonctions positives diminue ou dont le nombre des fonctions négatives augmente lorsqu'on passe de la transformée en $x - \alpha$ à la transformée en $x - \beta$. Par suite, les fonctions de la seconde espèce suffisent pour déterminer le nombre des racines réelles comprises, soit entre o et $-\infty$, soit entre o et $+\infty$, c'est-à-dire le nombre total des racines positives ou négatives, en sorte qu'on peut toujours se passer, si l'on veut, des fonctions de la première espèce ou bien les déduire des autres.

Je joins ici la démonstration des théorèmes ci-dessus énoncés et plusieurs développements relatifs aux méthodes exposées dans les paragraphes IV, V et VI de la présente section. Pour plus de clarté, j'appliquerai ces méthodes à divers exemples et particulièrement à la détermination du nombre des racines réelles dans les équations générales des cinq premiers degrés.

DEUXIÈME SECTION.

DÉVELOPPEMENTS ANALYTIQUES.

THÉORÈME I. — *Soient* $\varphi(x)=0$, $f(x)=0$ *deux équations différentes, la première du degré m, la seconde du degré n. Supposons que l'on substitue successivement dans le polynome* $f(x)$ *toutes les racines de l'équation* $\varphi(x)=0$ *et qu'on fasse le produit des résultats; qu'ensuite l'on substitue dans le polynome* $\varphi(x)$ *toutes les racines de l'équation* $f(x)=0$ *et qu'on fasse encore le produit des résultats. Les deux produits ainsi obtenus seront égaux et de même signe si l'un des deux nombres m et n est pair; ils seront égaux et de signes contraires si les deux nombres m et n sont tous deux impairs.*

Démonstration. — En effet, soient respectivement α, β, γ, ... les racines de l'équation $\varphi(x)=0$ et a, b, c, ... celles de l'équation $f(x)=0$. Supposons de plus, à l'ordinaire, que la plus haute puissance de la variable dans chacune des fonctions $f(x)$ et $\varphi(x)$ soit positive et ait l'unité pour coefficient; on aura

$$f(x)=(x-a)(x-b)(x-c)\ldots,$$
$$\varphi(x)=(x-\alpha)(x-\beta)(x-\gamma)\ldots$$

et, par suite, les deux produits

$$f(\alpha)f(\beta)f(\gamma)\ldots,$$
$$\varphi(a)\varphi(b)\varphi(c)\ldots$$

seront respectivement égaux, le premier à

$$(\alpha-a)(\alpha-b)(\alpha-c)\ldots(\beta-a)(\beta-b)\ldots(\gamma-a)\ldots$$

et le second à

$$(a-\alpha)(a-\beta)(a-\gamma)\ldots(b-\alpha)(b-\beta)\ldots(c-\alpha)\ldots.$$

Sous cette forme le second produit a ses facteurs égaux et de signes contraires à ceux du premier, et comme le nombre de ces mêmes facteurs est mn, on aura

$$f(\alpha)f(\beta)f(\gamma)\ldots = (-1)^{mn}\varphi(a)\varphi(b)\varphi(c)\ldots,$$

ce qui vérifie le théorème énoncé.

Corollaire I. — Si l'on élimine x : 1° entre les équations

$$\varphi(x) = 0, \qquad y + f(x) = 0;$$

2° entre les équations

$$f(x) = 0, \qquad y + \varphi(x) = 0,$$

les deux équations en y résultant de cette double élimination auront, au signe près, le même terme constant.

Corollaire II. — Désignons, en général, par $f_n(x)$ le polynome

$$x^n + na_1x^{n-1} + \frac{n(n-1)}{1.2}a_2x^{n-2} + \ldots + na_{n-1}x + a_n;$$

$f_{n-1}(x)$ désignera le polynome

$$x^{n-1} + (n-1)a_1x^{n-2} + \frac{(n-1)(n-2)}{1.2}a_2x^{n-3} + \ldots + (n-1)a_{n-2}x + a_{n-1},$$

et comme on aura, dans ce cas,

$$f'_n(x) = n\,f_{n-1}(x),$$

l'équation

$$f_n(x) = 0 \tag{1}$$

aura pour dérivée la suivante

$$f_{n-1}(x) = 0. \tag{2}$$

Si maintenant on désigne par

$$X_1, \quad X_2, \quad \ldots, \quad X_{n-1}, \quad X_n$$

les racines de l'équation (1) et par

$$x_1, \quad x_2, \quad \ldots, \quad x_{n-1}$$

celles de l'équation (2); l'un des nombres n, $n-1$ étant nécessairement pair, on aura, en vertu du théorème précédent,

$$f_n(x_1) f_n(x_2) \ldots f_n(x_{n-1}) = f_{n-1}(X_1) f_{n-1}(X_2) \ldots f_{n-1}(X_{n-1}) f_{n-1}(X_n),$$

ce qui vérifie la seconde partie du premier théorème énoncé dans le paragraphe VII de la section précédente.

Théorème II. — *Conservons la même notation que dans le second corollaire du théorème précédent; soient, en conséquence,*

$$f_n(x) = 0$$

l'équation proposée et, par suite,

$$f_{n-1}(x) = 0$$

sa dérivée. Concevons, de plus, que l'on forme une nouvelle équation qui ait pour racines les carrés des différences entre celles de la proposée. Le dernier terme de cette nouvelle équation sera égal, à un coefficient numérique près, à chacun des produits

$$f_n(x_1) f_n(x_2) \ldots f_n(x_{n-1}), \quad f_{n-1}(X_1) f_{n-1}(X_2) \ldots f_{n-1}(X_{n-1}) f_{n-1}(X_n).$$

Démonstration. — Le dernier terme de l'équation aux carrés des différences entre les racines de la proposée sera

$$(-1)^{\frac{n(n-1)}{2}} (X_1 - X_2)^2 (X_1 - X_3)^2 \ldots (X_{n-1} - X_n)^2.$$

Ce même terme pourra être considéré comme formé par la multiplication de n produits différents qui seront respectivement

$$(X_1 - X_2)(X_1 - X_3) \ldots (X_1 - X_n),$$
$$(X_2 - X_1)(X_2 - X_3) \ldots (X_2 - X_n),$$
$$\ldots\ldots\ldots\ldots\ldots\ldots\ldots\ldots,$$
$$(X_n - X_1)(X_n - X_2) \ldots (X_n - X_{n-1});$$

d'ailleurs, le premier de ces produits est égal à

$$f'_n(X_1) = n\, f_{n-1}(X_1),$$

le deuxième à

$$f'_n(X_2) = n\, f_{n-1}(X_2),$$
$$\ldots\ldots\ldots\ldots\ldots\ldots,$$

le dernier à

$$f'_n(X_n) = n\, f_{n-1}(X_n).$$

Le dernier terme de l'équation aux carrés des différences entre les racines de la proposée pourra donc être représenté par

$$n^n f_{n-1}(X_1)\, f_{n-1}(X_2)\ldots f_{n-1}(X_n).$$

Ce dernier terme sera donc égal à chacun des produits

$$f_{n-1}(X_1)\, f_{n-1}(X_2)\ldots f_{n-1}(X_n), \quad f_n(x_1)\, f_n(x_2)\ldots f_n(x_{n-1})$$

multiplié par le coefficient numérique n^n, ce qui vérifie en totalité le premier théorème énoncé dans le paragraphe VII de la précédente section.

Corollaire I. — Soit toujours $f_n(x) = 0$ l'équation proposée. Pour obtenir le dernier terme de l'équation aux carrés des différences entre les racines de celle-ci, il suffira d'éliminer x entre les deux équations

$$f_{n-1}(x) = 0, \qquad y + f_n(x) = 0$$

et de multiplier ensuite le dernier terme de l'équation résultante par n^n. On obtiendrait encore, mais à un coefficient numérique près, le terme dont il s'agit si l'on cherchait la condition nécessaire pour que les deux équations

$$f_n(x) = 0, \qquad f_{n-1}(x) = 0$$

puissent être en même temps satisfaites.

Problème I. — *Étant donnée une équation quelconque du degré n, trouver le dernier terme de l'équation qui aurait pour racines les carrés des différences entre celles de la proposée.*

Solution. — Soit toujours

$$f_n(x) = 0$$

ou

$$x^n + na_1 x^{n-1} + \frac{n(n-1)}{1.2} a_2 x^{n-2} + \ldots + na_{n-1} x + a_n = 0$$

l'équation proposée. On commencera par éliminer x entre les deux équations

$$f_n(x) = 0, \qquad f_{n-1}(x) = 0$$

et l'on obtiendra par ce moyen une fonction des coefficients

$$a_1, \quad a_1, \quad \ldots, \quad a_n$$

qui sera nulle toutes les fois que les deux équations précédentes seront en même temps satisfaites. Désignons par B_n la fonction dont il s'agit et par A_n le dernier terme cherché. Les deux quantités A_n, B_n seront égales à un coefficient numérique près; et si l'on désigne par λ ce coefficient, on aura

$$A_n = \lambda B_n.$$

Cette dernière équation devant être satisfaite, quels que soient les coefficients a_1, a_2, ..., a_n de l'équation donnée, aura encore lieu, si l'on suppose

$$a_1 = 0, \qquad a_2 = 0, \qquad \ldots, \qquad a_{n-1} = 0, \qquad a_n = 1.$$

Supposons que, dans ce cas, B_n se change en β. Dans la même hypothèse, on aura évidemment

$$A_n = n^n.$$

En effet, les deux équations

$$f_{n-1}(x) = 0, \qquad y + f_n(x) = 0$$

devenant alors

$$x^{n-1} = 0, \qquad y + x^n + 1 = 0,$$

l'équation en y, résultant de l'élimination de x entre les deux précédentes, sera

$$(y+1)^{n-1} = 0,$$

et, le dernier terme de cette équation étant égal à $+1$, en le multipliant par n^n on aura

$$A_n = n^n.$$

Par suite, on trouvera

$$\lambda = \frac{n^n}{\beta},$$

et l'on aura, en général,

$$A_n = n_n \frac{B_n}{\beta},$$

β étant ce que devient B_n quand on y suppose à la fois

$$a_1 = 0, \quad a_2 = 0, \quad \ldots, \quad a_{n-1} = 0, \quad a_n = 1.$$

Corollaire I. — Au lieu d'éliminer x entre les deux équations

$$f_n(x) = 0, \quad f_{n-1}(x) = 0,$$

on peut l'éliminer entre les deux suivantes

$$f_n(x - a_1) = 0, \quad f_{n-1}(x - a_1) = 0,$$

et il est clair que, dans les deux cas, on doit arriver à la même équation de condition. D'ailleurs, si l'on fait, en général,

$$f_n(-a_1) = b_n,$$

on aura

$$\begin{aligned} f'_n(-a_1) &= nb_{n-1}, \\ f''_n(-a_1) &= n(n-1)b_{n-2}, \\ &\ldots\ldots\ldots\ldots\ldots\ldots\ldots\ldots, \\ f_n^{(n-1)}(-a_1) &= n(n-1)\ldots 3.2.b_1, \\ f_n^{(n)}(-a_1) &= n(n-1)\ldots 3.2.1.b_0. \end{aligned}$$

De plus, comme on a

$$b_1 = f_1(-a_1) = -a_1 + a_1 = 0, \quad b_0 = 1,$$

les deux dernières équations se réduiront à

$$f_n^{(n-1)}(-a_1) = 0, \quad f_n^{(n)}(-a_1) = 1.2.3\ldots\ldots n.$$

Cela posé, on aura, par le théorème de Taylor,

$$f_n(x-a_1)=x^n+\frac{n(n-1)}{1.2}b_2x^{n-2}$$
$$+\frac{n(n-1)(n-2)}{1.2.3}b_3x^{n-3}+\ldots+\frac{n}{1}b_{n-1}x+b_n,$$

$$f_{n-1}(x-a_1)=x^{n-1}+\frac{(n-1)(n-2)}{1.2}b_2x^{n-3}$$
$$+\frac{(n-1)(n-2)(n-3)}{1.2.3}b_3x^{n-4}+\ldots+b_{n-1}$$

et, par suite,

$$f_n(x-a_1)-xf_{n-1}(x-a_1)$$
$$=(n-1)\left[b_2x^{n-2}+\frac{n-2}{1}\frac{b_3}{2}x^{n-3}+\frac{(n-2)(n-3)}{1.2}\frac{b_4}{3}x^{n-4}+\ldots\right.$$
$$\left.+(n-2)\frac{b_{n-1}}{n-2}x+\frac{b_n}{n-1}\right].$$

Si l'on fait, pour abréger,

$$f_n(x-a_1)-xf_{n-1}(x-a_1)=(n-1)\mathfrak{f}_{n-2}(x)$$

et

$$b_r=(r-1)c_{r-1},$$

on trouvera

$$\mathfrak{f}_{n-2}(x)=c_1x^{n-2}+\frac{n-2}{1}c_2x^{n-3}+\frac{(n-2)(n-3)}{1.2}c_3x^{n-4}+\ldots$$
$$+(n-2)c_{n-2}x+c_{n-1}.$$

Enfin il est aisé de voir que l'élimination de la variable x entre les deux équations

$$f_{n-1}(x-a_1)=0,\qquad \mathfrak{f}_{n-2}(x)=0$$

doit conduire au même résultat que celle de la même variable entre les deux équations

$$f_n(x-a_1)=0,\qquad f_{n-1}(x-a_1)=0.$$

On obtiendra donc l'équation de condition cherchée si l'on élimine x

entre les deux suivantes

$$(3)\quad \begin{cases} x^{n-1}+\dfrac{(n-1)(n-2)}{1.2}c_1x^{n-3}+\dfrac{(n-1)(n-2)(n-3)}{1.2}2c_2x^{n-4}+\ldots \\ \qquad +\dfrac{n-1}{1}(n-3)c_{n-3}x+(n-2)c_{n-2}=0, \end{cases}$$

$$(4)\quad \begin{cases} c_1x^{n-2}+\dfrac{n-2}{1}c_2x^{n-3}+\dfrac{(n-2)(n-3)}{1.2}c_3x^{n-4}+\ldots \\ \qquad +\dfrac{n-2}{1}c_{n-2}x+c_{n-1}=0. \end{cases}$$

Si l'on désigne par $B_n=0$ cette équation de condition et par β ce que devient B_n lorsqu'on suppose

$$a_1=0,\quad a_2=0,\quad \ldots,\quad a_{n-1}=0,\quad a_n=1,$$

$n^n\dfrac{B_n}{\beta}$ représentera le dernier terme de l'équation aux carrés des différences entre les racines de la proposée.

Premier exemple. — Supposons l'équation donnée du deuxième degré et soit $f_2(x)=0$ ou $x^2+2a_1x+a_2=0$ cette même équation. Si l'on fait comme ci-dessus

$$f_r(-a_1)=b_r=(r-1)c_{r-1},$$

on aura

$$c_1=f_2(-a_1)=a_2-a_1^2.$$

De plus, les équations (3) et (4) se réduiront à

$$(3)\qquad x=0,$$

$$(4)\qquad c_1=0.$$

La dernière de ces deux équations, étant indépendante de x, sera elle-même l'équation de condition cherchée. On pourra donc supposer

$$B_2=c_1=a_2-a_1^2,\qquad \beta=1$$

et, par suite, le dernier terme de l'équation aux carrés des différences entre les racines de la proposée sera

$$A_2=2^2c_1=-4(a_1^2-a_2).$$

Deuxième exemple. — Supposons l'équation donnée du troisième degré et soit $f_3(x) = 0$ ou $x^3 + 3a_1x^2 + 3a_2x + a_3 = 0$ cette même équation; on aura

$$c_1 = f_2(-a_1) = a_2 - a_1^2,$$
$$2c_2 = f_3(-a_1) = a_3 - 3a_1a_2 + 2a_1^3.$$

De plus, les équations (3) et (4) se réduiront à

$$(3) \qquad x^2 + c_1 = 0,$$
$$(4) \qquad c_1x + c_2 = 0.$$

Si l'on élimine x entre ces deux dernières équations, on obtiendra l'équation de condition suivante

$$c_2^2 + c_1^3 = 0.$$

On pourra donc supposer

$$B_3 = c_2^2 + c_1^3.$$

D'ailleurs, si l'on fait

$$a_1 = 0, \qquad a_2 = 0, \qquad a_3 = 1,$$

on aura

$$c_1 = 0, \qquad c_2 = \frac{1}{2}.$$

Par suite,

$$\beta = \frac{1}{2^2},$$

et le dernier terme de l'équation aux carrés des différences entre les racines de la proposée sera

$$A_3 = 2^2 3^3 (c_2^2 + c_1^3).$$

Troisième exemple. — Supposons l'équation donnée du quatrième degré et soit $f_4(x) = 0$ ou $x^4 + 4a_1x^3 + 6a_2x^2 + 4a_3x + a_4 = 0$ cette même équation; on aura

$$c_1 = f_2(-a_1) = a_2 - a_1^2,$$
$$2c_2 = f_3(-a_1) = a_3 - 3a_1a_2 + 2a_1^3,$$
$$3c_3 = f_4(-a_1) = a_4 - 4a_1a_3 + 6a_1^2a_2 - 3a_1^4.$$

De plus, les équations (3) et (4) deviendront respectivement

$$(3)\qquad x^3+3c_1x+2c_2=0,$$

$$(4)\qquad c_1x^2+2c_2x+\ \ c_3=0.$$

Si l'on désigne par x_1, x_2, x_3 les trois racines de l'équation (3) et par $B_3=0$ l'équation de condition cherchée, on aura

$$B_3=(c_1x_1^2+2c_2x_1+c_3)(c_1x_2^2+2c_2x_2+c_3)(c_1x_3^2+2c_2x_3+c_3).$$

D'ailleurs si l'on fait, pour abréger,

$$c_2^2-c_1c_3=f,$$

on aura

$$c_1x^2+2c_2x+c_3=\frac{1}{c_1}\left(c_1x+c_2+f^{\frac{1}{2}}\right)\left(c_1x+c_2-f^{\frac{1}{2}}\right).$$

Par suite, la valeur précédente de B_3 sera égale au produit des six facteurs

$$c_1x_1+c_2+f^{\frac{1}{2}},\quad c_1x_2+c_2+f^{\frac{1}{2}},\quad c_1x_3+c_2+f^{\frac{1}{2}},$$

$$c_1x_1+c_2-f^{\frac{1}{2}},\quad c_1x_2+c_2-f^{\frac{1}{2}},\quad c_1x_3+c_2-f^{\frac{1}{2}}$$

divisé par c_1^3. Le produit des trois premiers facteurs est, en vertu de l'équation (3), égal à

$$\left(c_2+f^{\frac{1}{2}}\right)^3+3c_1^3\left(c_2+f^{\frac{1}{2}}\right)-2c_1^3c_2$$

$$=c_2(c_2^2+c_1^3)+3c_2f+f^{\frac{1}{2}}[3(c_2^2+c_1^3)+f].$$

De même, le produit des trois autres facteurs sera

$$c_2(c_2^2+c_1^3)+3c_2f-f^{\frac{1}{2}}[3(c_2^2+c_1^3)+f].$$

On aura donc

$$B_3=\frac{[c_2(c_2^2+c_1^3)+3c_2f]^2-f[3(c_2^2+c_1^3)+f]^2}{c_1^3}$$

ou, si l'on fait

$$c_2^2+c_1^3=g,$$

$$B_3=\frac{c_2^2(g+3f)^2-f(3g+f)^2}{c_1^3}$$

$$=\frac{g(g+3f)^2-f(3g+f)^2}{c_1^3}-(g+3f)^2=\frac{(g-f)^3}{c_1^3}-(g+3f)^2.$$

Si l'on restitue à la place des quantités f et g leurs valeurs

$$c_2^2 - c_1 c_3 \quad \text{et} \quad c_2^2 + c_1^3,$$

on trouvera

$$\frac{g-f}{c_1} = c_1^2 + c_3, \qquad g + 3f = 4c_2^2 - 3c_1c_3 + c_1^3$$

et, par suite,

$$B_3 = (c_3 + c_1^2)^3 - (4c_2^2 - 3c_1c_3 + c_1^3)^2.$$

Si l'on suppose dans cette dernière équation

$$a_1 = 0, \qquad a_2 = 0, \qquad a_3 = 0, \qquad a_4 = 1,$$

on aura

$$c_1 = 0, \qquad c_2 = 0, \qquad c_3 = \frac{1}{3}$$

et, par conséquent,

$$\beta = \frac{1}{3^3}.$$

Par suite, le dernier terme de l'équation aux carrés des différences entre les racines de la proposée sera

$$A_4 = 3^3 4^4 [(c_3 + c_1^2)^3 - (4c_2^2 - 3c_1c_3 + c_1^3)^2].$$

Corollaire II. — Désignons, en général, par K_n le produit des diverses valeurs que reçoit la fonction $f_{n-2}(x)$ lorsqu'on y substitue successivement pour x les diverses racines de l'équation

$$f_{n-1}(x - a_1) = 0$$

et par $\varkappa$ ce que devient K_n quand on y fait

$$a_1 = 0, \qquad a_2 = 0, \qquad a_3 = 0, \qquad \ldots, \qquad a_{n-1} = 0, \qquad a_n = 1.$$

On pourra, dans l'équation

$$A_n = n^n \frac{B_n}{\beta},$$

supposer

$$B_n = K_n, \qquad \beta = \varkappa.$$

D'ailleurs, si l'on fait

$$a_1 = 0, \qquad a_2 = 0, \qquad a_3 = 0, \qquad \ldots, \qquad a_{n-1} = 0, \qquad a_n = 1,$$

on aura évidemment

$$c_1 = 0, \qquad c_2 = 0, \qquad \ldots, \qquad c_{n-2} = 0, \qquad c_{n-1} = \frac{1}{n-1},$$

$$f_{n-1}(x - a_1) = f_{n-1}(x) = x^{n-1}, \qquad \mathfrak{f}_{n-2}(x) = c_{n-1} = \frac{1}{n-1}$$

et, par suite,

$$\varkappa = \frac{1}{(n-1)^{n-1}}.$$

On aura donc aussi

$$A_n = n^n \frac{K_n}{\varkappa} = n^n (n-1)^{n-1} K_n.$$

On peut vérifier cette dernière équation sur chacun des exemples rapportés ci-dessus. Si l'on fait successivement

$$n = 2, \qquad n = 3, \qquad n = 4, \qquad n = 5, \qquad \ldots,$$

on trouvera

$$A_2 = 1^1 2^2 K_2, \qquad K_2 = c_1,$$

$$A_3 = 2^2 3^3 K_3, \qquad K_3 = c_1^3 + c_2^2,$$

$$A_4 = 3^3 4^4 K_4, \qquad K_4 = (c_1^2 + c_3)^3 - (4c_2^2 - 3c_1c_3 + c_1^3)^2,$$

$$\begin{aligned} A_5 = 4^4 5^5 K_5, \qquad K_5 = {} & c_4^4 - 4.15 c_1 c_2 c_4^3 \\ \ldots\ldots\ldots\ldots, \qquad & + 6c_4^2(15c_1c_3^2 + 110c_1^2c_2^2 - 45c_1^3c_3 + 45c_2^2c_3 + 36c_1^5) \\ & + 4c_4(315c_1^2c_2c_3^2 + 160c_1^3c_2^3 \\ & \qquad - 135c_2c_3^3 - 945c_1c_2^3c_3 - 270c_1^4c_2c_3 + 432c_2^5) \\ & + 243c_3^5 - 810c_1^2c_3^4 + 2430c_1c_2^2c_3^3 \\ & + 675c_1^4c_3^3 - 1215c_2^4c_3^2 - 450c_1^3c_2^2c_3^2, \\ & \ldots\ldots\ldots\ldots\ldots\ldots\ldots\ldots\ldots\ldots \end{aligned}$$

A_2, A_3, A_4, A_5 désignent ici les derniers termes des équations aux carrés des différences entre les racines des équations suivantes

$$\begin{aligned} & x^2 + 2a_1x + a_2 = 0, \\ & x^3 + 3a_1x^2 + 3a_2x + a_3 = 0, \\ & x^4 + 4a_1x^3 + 6a_2x^2 + 4a_3x + a_4 = 0, \\ & x^5 + 5a_1x^4 + 10a_2x^3 + 10a_3x^2 + 5a_4x + a_5 = 0, \\ & \ldots\ldots\ldots\ldots\ldots\ldots\ldots\ldots\ldots\ldots \end{aligned}$$

et l'on a de plus

$$\begin{aligned}
c_1 &= a_2 - a_1^2,\\
2c_2 &= a_3 - 3a_1a_2 + 2a_1^3,\\
3c_3 &= a_4 - 4a_1a_3 + 6a_1^2a_2 - 3a_1^4,\\
4c_4 &= a_5 - 5a_1a_4 + 10a_1^2a_3 - 10a_1^3a_2 + 4a_1^5,\\
&\ldots\ldots\ldots\ldots\ldots\ldots\ldots\ldots\ldots\ldots
\end{aligned}$$

Si les équations données n'avaient pas de second terme ou si l'on supposait $a_1 = 0$, on trouverait simplement

$$c_1 = a_2, \qquad c_2 = \frac{1}{2}a_3, \qquad c_3 = \frac{1}{3}a_4, \qquad c_4 = \frac{1}{4}a_5, \qquad \ldots$$

THÉORÈME III. — *Supposons que l'on garde la même notation que dans le théorème II. Soit toujours*

$$f_n(x) = 0$$

l'équation donnée. Soient $X_1, X_2, \ldots, X_n$ *ses différentes racines et*

$$f_{n-1}(x) = 0$$

l'équation dérivée. Enfin désignons par $\varphi(x)$ *une nouvelle fonction rationnelle et entière de la variable* x. *La somme suivante*

$$\frac{\varphi(X_1)}{f_{n-1}(X_1)} + \frac{\varphi(X_2)}{f_{n-1}(X_2)} + \ldots + \frac{\varphi(X_n)}{f_{n-1}(X_n)}$$

sera nécessairement une fonction rationnelle et entière des coefficients de la proposée.

Démonstration. — Supposons, à l'ordinaire,

$$f_n(x) = x^n + na_1x^{n-1} + \frac{n(n-1)}{1.2}a_2x^{n-2} + \ldots + na_{n-1}x + a_n$$

et soit, de plus,

$$\varphi(x) = \alpha + \beta x + \gamma x^2 + \ldots + \zeta x^{n-2} + \lambda x^{n-1} + \mu x^n + \nu x^{n+1} + \ldots$$

Enfin, désignons par N la somme cherchée. Si l'on réduit au même dénominateur toutes les fractions dont cette somme se compose, le dénominateur commun, multiplié par n^n, sera, en vertu du théorème II, égal à

$$(-1)^{\frac{n(n-1)}{2}}(X_1 - X_2)^2(X_1 - X_3)^2 \ldots (X_{n-1} - X_n)^2.$$

De plus, si l'on fait usage de la notation adoptée dans l'un des précédents Mémoires (*voir* p. 95), on aura

$$(X_1 - X_2)(X_1 - X_3)\ldots(X_{n-1} - X_n) = S(\pm X_1^{n-1} X_2^{n-2} \ldots X_n^0)$$

et, par suite, le dénominateur commun de toutes les fractions sera représenté par

$$(-1)^{\frac{n(n-1)}{2}} \frac{1}{n^n}[S(\pm X_1^{n-1} X_2^{n-2} \ldots X_n^0)]^2.$$

Quant au numérateur de la première fraction, il deviendra égal à

$$\varphi(X_1) f_{n-1}(X_2) f_{n-1}(X_3) \ldots f_{n-1}(X_n).$$

D'ailleurs, le produit $f_{n-1}(X_2) f_{n-1}(X_3) \ldots f_{n-1}(X_n)$, multiplié par n^{n-1}, se trouvera formé des mêmes facteurs que le dénominateur commun. Seulement, chacun des facteurs

$$X_1 - X_2, \quad X_1 - X_3, \quad \ldots, \quad X_1 - X_n$$

n'y sera élevé qu'à la première puissance. Cela posé, on reconnaîtra facilement que ce même produit est décomposable en deux autres, dont l'un, ayant pour facteurs toutes les différences qu'on obtient en disposant les racines de l'équation donnée suivant l'ordre de grandeur de leurs indices et retranchant successivement de chacune d'elles toutes celles qui la précèdent, peut être représenté par

$$(X_2 - X_1)(X_3 - X_1)\ldots(X_n - X_1)(X_3 - X_2)\ldots(X_n - X_{n-1})$$
$$= (-1)^{\frac{n(n-1)}{2}} S(\pm X_1^{n-1} X_2^{n-2} \ldots X_n^0)$$

et dont l'autre, ayant pour facteurs les mêmes différences prises en signe contraire, à l'exception toutefois de celles qui renferment la racine X_1, pourra être désigné par

$$(X_2-X_3)(X_2-X_4)\ldots(X_2-X_n)(X_3-X_4)\ldots(X_{n-1}-X_n)=S(\pm X_2^{n-2}X_3^{n-3}\ldots X_n^0).$$

Par suite, le numérateur de la première fraction se trouvera représenté par

$$(-1)^{\frac{n(n-1)}{2}}\frac{1}{n^{n-1}}S(\pm X_1^{n-1}X_2^{n-2}\ldots X_n^0)\,\varphi(X_1)\,S(\pm X_2^{n-2}X_3^{n-3}\ldots X_n^0),$$

et la somme des numérateurs de toutes les fractions semblables par

$$(-1)^{\frac{n(n-1)}{2}}\cdot\frac{1}{n^{n-1}}S(\pm X_1^{n-1}X_2^{n-2}\ldots X_n^0)\,S[\pm\varphi(X_1)\,S(\pm X_2^{n-2}X_3^{n-3}\ldots X_n^0)].$$

En divisant cette somme par le dénominateur commun, on aura pour la somme de toutes les fractions

$$N=n\frac{S[\pm\varphi(X_1)\,S(\pm X_2^{n-2}X_3^{n-3}\ldots X_n^0)]}{S(\pm X_1^{n-1}X_2^{n-2}X_3^{n-3}\ldots X_n^0)}.$$

Il sera maintenant facile d'obtenir la valeur de N. En effet, si l'on remet pour $\varphi(X_1)$ sa valeur

$$\alpha+\beta X_1+\gamma X_1^2+\ldots+\zeta X_1^{n-2}+\lambda X_1^{n-1}+\mu X_1^n+\nu X_1^{n+1}+\ldots,$$

on trouvera

$$\begin{aligned}
&S[\pm\varphi(X_1)\,S(\pm X_2^{n-2}X_3^{n-3}\ldots X_n^0)]\\
&\quad=S[\pm(\alpha+\beta X_1+\gamma X_1^2+\ldots+\zeta X_1^{n-2}+\lambda X_1^{n-1}+\mu X_1^n+\nu X_1^{n+1}+\ldots)\\
&\qquad\qquad\times S(\pm X_2^{n-2}X_3^{n-3}\ldots X_n^0)]\\
&\quad=\alpha S(\pm X_1^0X_2^{n-2}X_3^{n-3}\ldots X_n^0)+\beta S(\pm X_1^1X_2^{n-2}X_3^{n-3}\ldots X_n^0)\\
&\qquad+\ldots\ldots\ldots\ldots\ldots\ldots\ldots\ldots\ldots\\
&\qquad+\zeta S(\pm X_1^{n-2}X_2^{n-2}X_3^{n-3}\ldots X_n^0)+\lambda S(\pm X_1^{n-1}X_2^{n-2}X_3^{n-3}\ldots X_n^0)\\
&\qquad+\mu S(\pm X_1^nX_2^{n-2}X_3^{n-3}\ldots X_n^0)+\nu S(\pm X_1^{n+1}X_2^{n-2}X_3^{n-3}\ldots X_n^0)\\
&\qquad+\ldots\ldots\ldots\ldots\ldots\ldots\ldots\ldots\ldots
\end{aligned}$$

Les premiers termes de la série précédente, jusqu'à celui qui a ζ pour coefficient, sont évidemment nuls; car si l'on désigne par r un quelconque des indices $1, 2, 3, \ldots, n-2$, on aura toujours

$$S(\pm X_1^rX_2^{n-2}X_3^{n-3}\ldots X_n^0)=0.$$

De plus, si l'on désigne par r un nombre entier supérieur à $n-2$, l'expression

$$S(\pm X_1^r X_2^{n-2} X_3^{n-3} \dots X_n^0)$$

sera, en vertu des théorèmes établis dans le Mémoire déjà cité (*voir* p. 110), divisible par

$$S(\pm X_1^{n-1} X_2^{n-2} X_3^{n-3} \dots X_n^0);$$

et, si l'on représente par N_r le quotient, on trouvera

$$N_{n-1} = 1,$$
$$N_n = X_1 + X_2 + \dots + X_n = S^n(X_1) = -na_1,$$
$$N_{n+1} = X_1^2 + X_2^2 + \dots + X_1 X_2 + \dots = S^n(X_1^2) + S^n(X_1 X_2) = n^2 a_1^2 - \frac{n(n-1)}{1.2} a_2,$$
. . . .

Cela posé, la valeur de N précédemment trouvée deviendra

$$N = n(\lambda N_{n-1} + \mu N_n + \nu N_{n+1} + \dots) = n\left[\lambda - na_1\mu + n\left(na_1^2 - \frac{n-1}{2} a_2\right)\nu + \dots\right].$$

Cette valeur sera donc une fonction rationnelle et entière des coefficients de la proposée, ce qui vérifie le second théorème du paragraphe VII de la première section.

Corollaire I. — Si la fonction $\varphi(x)$ est, par rapport à x, d'un degré inférieur à $n-1$, ou si l'on a simplement

$$\varphi(x) = \alpha + \beta x + \gamma x^2 + \dots + \zeta x^{n-2},$$

la somme N sera nulle, quelles que soient d'ailleurs les valeurs de α, β, γ, ..., ζ, et l'on aura par suite

$$\frac{\varphi(X_1)}{f_{n-1}(X_1)} + \frac{\varphi(X_2)}{f_{n-1}(X_2)} + \dots + \frac{\varphi(X_n)}{f_{n-1}(X_n)} = 0.$$

Corollaire II. — Si l'on suppose en même temps

$$\varphi(x) = \alpha + \beta x + \gamma x^2 + \dots + \zeta x^{n-2} + \lambda x^{n-1} + \mu x^n + \nu x^{n+1} + \dots$$

et

$$\psi(x) = \lambda x^{n-1} + \mu x^n + \nu x^{n+1} + \dots,$$

il suffira, pour déterminer la valeur de N, d'avoir égard aux termes de $\varphi(x)$ qui renferment des puissances de x supérieures à $n-2$, et l'on aura par suite

$$N = \frac{\psi(X_1)}{f_{n-1}(X_1)} + \frac{\psi(X_2)}{f_{n-1}(X_2)} + \ldots + \frac{\psi(X_n)}{f_{n-1}(X_n)}$$
$$= n\left[\lambda - na_1\mu + n\left(na_1^2 - \frac{n-1}{2}a_2\right)\nu - \ldots\right].$$

Corollaire III. — Soient toujours $f_n(x)=0$ l'équation proposée, $f_{n-1}(x)=0$ sa dérivée et $x_1, x_2, \ldots, x_{n-1}$ les racines de cette dernière équation. Si l'on fait

$$N' = \frac{\varphi(x_1)}{f_{n-2}(x_1)} + \frac{\varphi(x_2)}{f_{n-2}(x_2)} + \ldots + \frac{\varphi(x_{n-1})}{f_{n-2}(x_{n-1})},$$

on aura

$$N' = (n-1)\left\{\zeta - (n-1)a_1\lambda + (n-1)\left[(n-1)a_1^2 - \frac{n-2}{2}a_2\right]\mu - \ldots\right\}.$$

En effet, pour déduire la valeur de N' de celle de N, il suffira évidemment de changer n en $n-1$ et de remplacer λ par ζ, μ par λ, ν par μ, etc., c'est-à-dire le coefficient d'une puissance quelconque de x dans $\varphi(x)$ par le coefficient de la puissance immédiatement inférieure.

Corollaire IV. — Si dans le corollaire précédent on suppose

$$\varphi(x) = f_n(x),$$

on aura

$$\zeta = \frac{n(n-1)}{2}a_2, \qquad \lambda = na_1, \qquad \mu = 1$$

et, par suite,

$$\frac{f_n(x_1)}{f_{n-2}(x_1)} + \frac{f_n(x_2)}{f_{n-2}(x_2)} + \ldots + \frac{f_n(x_{n-1})}{f_{n-2}(x_{n-1})} = (n-1)^2(a_2 - a_1^2).$$

On a d'ailleurs

$$a_1 = \frac{1}{n}S^n(X_1), \qquad a_2 = \frac{2}{n(n-1)}S^n(X_1X_2),$$

et, par suite,

$$-(n-1)^2(a_2-a_1^2)=\frac{n-1}{n^2}S^n(X_1-X_2)^2,$$

ce qui vérifie le théorème III de la section précédente (paragraphe VII).

Théorème IV. — *Soit toujours $f_n(x)=0$ l'équation proposée. Soit, de plus, $\psi(x)$ une fonction rationnelle quelconque de x et supposons que l'élimination de x entre les deux équations*

$$f_n(x)=0, \qquad \zeta-\psi(x)=0$$

donne pour résultat l'équation

$$\varphi(\zeta)=0.$$

Si l'on désigne par A_n le dernier terme de l'équation aux carrés des différences entre les racines de la proposée et par α le dernier terme de l'équation aux carrés des différences entre les racines de $\varphi(\zeta)=0$: le quotient $\frac{\alpha}{A_n}$ sera toujours un carré parfait.

Démonstration. — En effet, soient $X_1, X_2, \ldots, X_n$ les racines de la proposée; on aura

$$A_n=(-1)^{\frac{n(n-1)}{2}}[(X_1-X_2)(X_1-X_3)\ldots(X_{n-1}-X_n)]^2,$$
$$\alpha=(-1)^{\frac{n(n-1)}{2}}\{[\psi(X_1)-\psi(X_2)][\psi(X_1)-\psi(X_3)]\ldots[\psi(X_{n-1})-\psi(X_n)]\}^2$$

et, par suite,

$$\frac{\alpha}{A_n}=\left[\frac{\psi(X_1)-\psi(X_2)}{X_1-X_2}\,\frac{\psi(X_1)-\psi(X_3)}{X_1-X_3}\cdots\frac{\psi(X_{n-1})-\psi(X_n)}{X_{n-1}-X_n}\right]^2.$$

D'ailleurs, le produit

$$\frac{\psi(X_1)-\psi(X_2)}{X_1-X_2}\,\frac{\psi(X_1)-\psi(X_3)}{X_1-X_3}\cdots\frac{\psi(X_{n-1})-\psi(X_n)}{X_{n-1}-X_n}$$

est évidemment une fonction symétrique des racines de la proposée;

car il ne change pas de valeur lorsqu'on échange entre elles ces mêmes racines. Il peut donc être remplacé par une fonction rationnelle des coefficients de l'équation donnée et, par suite, $\frac{\alpha}{A_n}$ sera le carré de cette même fonction.

Corollaire. — Quel que soit le degré de l'équation donnée, le produit des carrés des différences entre les racines de chacune des équations auxiliaires en y et z aura toujours le même signe que le produit des carrés des différences entre les racines de l'équation dérivée.

PROBLÈME II. — *Déterminer le nombre et l'espèce de racines réelles d'une équation du degré n.*

Solution. — Pour plus de commodité, supposons ici que ni l'équation donnée ni aucune des équations auxiliaires que l'on est obligé de former n'aient de racines égales entre elles ou à zéro. Soient toujours $f_n(x) = 0$ l'équation donnée et $f_{n-1}(x) = 0$ sa dérivée du premier ordre.

La fonction dérivée du second ordre de $f_n(x)$, savoir $f''_n(x)$, sera de même signe que $f_{n-2}(x)$ et, par suite de la méthode exposée dans le paragraphe II de la première section, il suffira, pour obtenir le nombre des racines réelles de la proposée, d'éliminer x entre les deux équations

$$y + f_n(x) f_{n-2}(x) = 0, \qquad f_{n-1}(x) = 0$$

et d'ajouter une unité à la différence entre les nombres de racines positives et négatives de l'équation en y résultant de cette élimination.

D'ailleurs, en vertu de la remarque faite plus loin, paragraphe VII, on peut remplacer le produit

$$f_n(x) f_{n-2}(x)$$

par la fraction

$$\frac{f_{n-2}(x)}{f_n(x)}.$$

Par suite, le nombre des racines réelles de la proposée surpassera d'une unité la différence entre les nombres de racines positives et négatives de l'équation en y qu'on obtient par l'élimination de x entre les deux suivantes :

$$y f_n(x) + f_{n-2}(x) = 0, \qquad f_{n-1}(x) = 0$$

ou, ce qui revient au même, entre les deux suivantes :

$$y f_n(x - a_1) + f_{n-2}(x - a_1) = 0, \qquad f_{n-1}(x - a_1) = 0.$$

De plus, si l'on fait usage de la notation adoptée ci-dessus (*voir* le problème I, corollaire I), on aura

$$f_n(x - a_1) = x f_{n-1}(x - a_1) + (n - 1) \mathfrak{f}_{n-2}(x);$$

et, par conséquent, si l'on suppose $f_{n-1}(x - a_1) = 0$, on aura simplement

$$f_n(x - a_1) = (n - 1) \mathfrak{f}_{n-2}(x).$$

On pourra donc, en faisant abstraction du facteur numérique $n - 1$, remplacer la fonction $f_n(x - a_1)$ par $\mathfrak{f}_{n-2}(x)$; d'où il suit que, pour obtenir l'équation auxiliaire en y, on pourra se contenter d'éliminer x entre les deux suivantes :

$$y \mathfrak{f}_{n-2}(x) + f_{n-2}(x - a_1) = 0, \qquad f_{n-1}(x - a_1) = 0.$$

De même, pour obtenir l'équation auxiliaire en z, il suffira d'éliminer x entre les deux qui suivent :

$$z \mathfrak{f}_{n-2}(x) + (x - a_1) f_{n-2}(x - a_1) = 0, \qquad f_{n-1}(x - a_1) = 0.$$

Les deux équations auxiliaires en y et z étant ainsi formées, si l'on détermine pour chacune d'elles la différence entre le nombre des racines positives et le nombre des racines négatives, la première des deux différences obtenues sera inférieure d'une unité au nombre des racines réelles de la proposée et la seconde sera inférieure ou supérieure d'une unité à l'excès du nombre des racines positives sur le nombre des racines négatives, suivant que le produit $a_{n-1} a_n$ sera négatif ou positif.

En appliquant aux équations auxiliaires les mêmes raisonnements qu'à la proposée elle-même, on finira par obtenir les fonctions des coefficients

$$a_1, \quad a_2, \quad a_3, \quad \ldots, \quad a_{n-1}, \quad a_n$$

qui déterminent le nombre et l'espèce des racines réelles de l'équation donnée.

Premier exemple. — Supposons l'équation donnée du second degré et soit

$$x^2 + 2a_1 x + a_2 = 0$$

cette même équation. Si l'on fait comme ci-dessus (problème I)

$$c_1 = a_2 - a_1^2,$$

on aura

$$f_{n-1}(x - a_1) = x, \qquad f_{n-2}(x - a_1) = 1, \qquad f_{n-2}(x) = c_1.$$

Ainsi, pour obtenir les équations en y et z, il suffira d'éliminer x :
1° entre les deux équations

$$c_1 y + 1 = 0, \qquad x = 0;$$

2° entre les deux équations

$$c_1 z + x - a_1 = 0, \qquad x = 0.$$

Les équations auxiliaires en y et z seront donc respectivement

$$y + \frac{1}{c_1} = 0, \qquad z - \frac{a_1}{c_1} = 0.$$

Par suite, la différence entre les nombres de racines positives et négatives sera, pour l'équation en y, $+1$ si $\frac{1}{c_1}$ ou c_1 est négatif et -1 dans le cas contraire. La même différence, pour l'équation en z, sera $+1$ si $\frac{a_1}{c_1}$ ou $a_1 c_1$ est positif et -1 dans le cas contraire. De plus, si l'on veut passer de l'équation en z à la proposée, il faudra augmenter ou diminuer la dernière différence d'une unité, suivant que le produit

$a_1 a_2$ sera négatif ou positif. Cela posé, si l'on convient de remplacer constamment par $+1$ les fonctions des coefficients de la proposée, qui obtiennent des valeurs positives, et par -1 celles qui obtiennent des valeurs négatives, on aura, pour déterminer le nombre et l'espèce des racines réelles de l'équation

$$x^2 + 2a_1 x + a_2 = 0,$$

les quatre fonctions

$$1, \quad -c_1, \quad -a_1 a_2, \quad a_1 c_1,$$

la somme des deux premières fonctions devant toujours être, après le remplacement dont il s'agit, égale au nombre des racines réelles de l'équation donnée et la somme des deux dernières à l'excès du nombre des racines positives sur le nombre des racines négatives.

Le nombre des racines réelles étant déterminé par les deux fonctions 1 et $-c_1 = a_1^2 - a_2$ dont la première est toujours positive, il y aura deux racines réelles si $a_1^2 - a_2$ est aussi positive; il n'y en aura point dans le cas contraire. Dans cette dernière hypothèse, a_2 sera nécessairement positif et, par suite, les deux fonctions $-a_1 a_2$, $+a_1 c_1$ seront de signes opposés; mais, dans le premier cas, c_1 étant négatif, les deux fonctions $-a_1 a_2$, $+a_1 c_1$ et, par suite, les deux racines réelles de l'équation donnée seront de même signe ou de signes contraires, suivant que a_2 sera positif ou négatif. Enfin ces racines, supposées de même signe, seront toutes deux positives si a_1 est négatif et négatives dans le cas contraire.

Second exemple. — Supposons l'équation donnée du troisième degré et soit

$$x^3 + 3a_1 x^2 + 3a_2 x + a_3 = 0$$

cette même équation; on aura, dans le cas présent, $n = 3$, et si l'on fait, comme dans le problème I,

$$c_1 = a_2 - a_1^2, \qquad 2c_2 = a_3 - 3a_1 a_2 + 2a_1^3,$$

on trouvera

$$f_{n-1}(x - a_1) = x^2 + c_1, \qquad f_{n-2}(x - a_1) = x, \qquad f_{n-2}(x) = c_1 x + c_2.$$

Par suite, pour obtenir les équations auxiliaires en y et z, il suffira d'éliminer x : 1° entre les deux équations

$$y(c_1 x + c_2) + x = 0, \qquad x^2 + c_1 = 0;$$

2° entre les deux équations

$$z(c_1 x + c_2) + x(x - a_1) = 0, \qquad x^2 + c_1 = 0.$$

On tire de la première

$$x = \frac{-c_2 y}{c_1 y + 1}.$$

De plus, si dans l'équation

$$z(c_1 x + c_2) + x^2 - a_1 x = 0$$

on remplace x^2 par $-c_1$, on en déduira

$$x = \frac{c_1 - c_2 z}{c_1 z - a_1}.$$

Si l'on substitue successivement les deux valeurs précédentes de x dans l'équation

$$x^2 + c_1 = 0,$$

on aura les deux équations suivantes en y et z

$$(c_2^2 + c_1^3) y^2 + 2 c_1^2 y + c_1 = 0,$$
$$(c_2^2 + c_1^3) z^2 - 2 c_1 (a_1 c_1 + c_2) z + c_1 (a_1^2 + c_1) = 0.$$

Il ne reste plus qu'à déterminer pour chacune d'elles la différence entre les nombres de racines positives et négatives. Or on a déjà fait voir que, relativement à l'équation

$$x^2 + 2 a_1 x + a_2 = 0,$$

la même différence était déterminée par les deux fonctions

$$-a_1 a_2, \qquad -a_1 (a_1^2 - a_2).$$

D'ailleurs, pour passer de cette dernière équation aux équations auxiliaires en y et z, il suffira évidemment de remplacer les deux quantités a_1 et a_2

1° par $\frac{2c_1^2}{c_2^2+c_1^3}$ et $\frac{c_1}{c_2^2+c_1^3}$;

2° par $\frac{-2c_1(a_1c_1+c_2)}{c_2^2+c_1^3}$ et $\frac{c_1(a_1^2+c_1)}{c_2^2+c_1^3}=\frac{c_1a_2}{c_2^2+c_1^3}$.

Quant à la quantité

$$a_1^2-a_2$$

qui, relativement à l'équation

$$x^2+2a_1x+a_2=0,$$

représentait le quart du carré de la différence entre les deux racines, elle devra être remplacée par la même fonction des racines des équations auxiliaires en y et z; et, par suite, en vertu du théorème IV, on pourra lui substituer immédiatement le quart du carré de la différence entre les racines de l'équation

$$x^2+c_1=0,$$

c'est-à-dire la quantité $-c_1$. Cela posé, si l'on fait abstraction des facteurs carrés qui n'ont aucune influence sur les signes et que l'on change les diviseurs en multiplicateurs, les deux fonctions

$$-a_1a_2,\quad -a_1(a_1^2-a_2),$$

se trouveront remplacées, pour l'équation auxiliaire en y, par

$$-c_1,\quad c_1(c_2^2+c_1^3)$$

et, pour l'équation auxiliaire en z, par

$$a_2(a_1c_1+c_2),\quad -(a_1c_1+c_2)(c_2^2+c_1^3).$$

Il est aisé d'en conclure que le nombre et l'espèce des racines réelles de l'équation

$$x^3+3a_1x^2+3a_2x+a_3=0$$

seront déterminés par les six fonctions

$$1, \quad -c_1, \quad c_1(c_2^2+c_1^3), \quad -a_2a_3, \quad a_2(a_1c_1+c_2), \quad -(a_1c_1+c_2)(c_2^2+c_1^3).$$

Lorsque dans chaque cas particulier on aura remplacé celles des fonctions précédentes qui seront positives par $+1$ et celles qui seront négatives par -1, la somme des trois premières donnera le nombre des racines réelles de la proposée et la somme des trois dernières la différence entre les nombres de racines positives et négatives.

Il est bon de remarquer qu'à la fonction $a_1c_1+c_2$ on peut substituer

$$2a_1c_1+2c_2=a_3-a_1a_2,$$

en sorte que les trois fonctions qui déterminent la différence entre le nombre des racines positives et le nombre des racines négatives peuvent être présentées sous la forme suivante :

$$-a_2a_3, \quad a_2(a_3-a_1a_2), \quad -(a_3-a_1a_2)(c_2^2+c_1^3).$$

Des trois fonctions

$$1, \quad -c_1, \quad c_1(c_2^2+c_1^3)$$

qui déterminent le nombre des racines réelles, la première, 1, est toujours essentiellement positive. De plus, les deux autres ne peuvent être à la fois négatives; car, si la deuxième est négative, la troisième sera évidemment positive. Enfin, le produit des deux dernières fonctions étant égal à $-c_1^2(c_2^2+c_1^3)$, ce produit sera négatif et les deux fonctions de signes contraires si $c_2^2+c_1^3$ est positif; le même produit sera positif et, par suite, les deux fonctions seront positives si $c_2^2+c_1^3$ est négatif. Dans le premier cas, l'équation donnée n'aura qu'une racine réelle; dans le second, elle en aura trois.

La quantité $c_2^2+c_1^3$, qui suffit en général pour déterminer le nombre des racines réelles, représente, comme on l'a fait voir ci-dessus, le dernier terme de l'équation aux carrés des différences entre les racines de la proposée divisé par le carré de 2 et le cube de 3.

Corollaire I. — On voit, par les exemples précédents, comment le nombre et l'espèce des racines réelles d'une équation donnée du degré n se trouvent déterminés à l'aide de plusieurs fonctions des coefficients de cette équation.

Les premières fonctions, ou celles qui déterminent le nombre des racines réelles, sont en nombre égal à n. Les autres, qui déterminent la différence entre le nombre des racines positives et le nombre des racines négatives, sont encore en nombre égal à n. Le nombre total des fonctions que l'on considère est donc égal à $2n$. Mais, comme la première de ces fonctions est toujours égale à l'unité, le nombre de celles qui varient avec les coefficients est seulement égal à $2n - 1$, ce qui s'accorde avec le deuxième paragraphe de la première section.

Corollaire II. — Après l'unité, la première des fonctions qui déterminent le nombre des racines réelles a été trouvée, pour le deuxième et le troisième degré, égale à $-c_1$. Cette fonction reste la même, quel que soit le degré de l'équation proposée. En effet, elle est égale et de signe contraire au produit des deux derniers termes de l'équation en y; mais le produit de ces deux termes peut être remplacé par leur quotient ou par

$$\frac{f_n(x_1)}{f_{n-2}(x_1)} + \frac{f_n(x_2)}{f_{n-2}(x_2)} + \ldots + \frac{f_n(x_{n-1})}{f_{n-2}(x_{n-1})};$$

et, en vertu du théorème III, ce même quotient, pris en signe contraire, est, à un coefficient numérique près, égal à

$$a_1^2 - a_2 = -c_1,$$

ou encore à la somme des carrés des différences entre les racines de la proposée.

Corollaire III. — Dans les exemples que nous venons de parcourir, le produit des fonctions qui déterminent le nombre des racines réelles a toujours le même signe que le produit des carrés des différences entre les racines de l'équation donnée. Cette proposition reste vraie, quel que soit le degré de l'équation que l'on considère. En effet, chacune des fonctions négatives indiquant un couple de racines imaginaires, le nombre des fonctions négatives sera pair ou impair et, par suite, le produit de toutes les fonctions cherchées sera positif ou négatif, suivant que les couples de racines imaginaires seront en nombre pair ou en nombre impair, et l'on sait d'ailleurs que, pour lever toute incertitude à cet égard, il suffit d'examiner si le produit des carrés des différences entre les racines de la proposée est positif ou négatif.

Corollaire IV. — Si l'on considère à la fois les diverses fonctions en nombre égal à $2n$ qui déterminent, non seulement le nombre mais encore l'espèce des racines réelles, on déterminera facilement, par l'inspection de leurs signes, le nombre des racines positives. En effet, ce dernier nombre est égal à la moitié de la somme faite du nombre des racines réelles et de l'excès du nombre des racines positives sur le nombre des racines négatives. Par suite, toutes les racines de l'équation donnée seront positives si toutes les fonctions que l'on considère le sont aussi; mais chaque fonction qui deviendra négative diminuera le nombre cherché d'une unité. Cela posé, il sera facile de reconnaître, par le signe du produit de toutes les fonctions, si le nombre des racines positives est pair ou impair. On voit, en effet, que ce nombre sera de même espèce que le degré de l'équation donnée si les fonctions négatives sont en nombre pair ou, ce qui revient au même, si le produit de toutes les fonctions est positif et qu'il sera d'espèce différente dans le cas contraire. D'ailleurs, on peut lever immédiatement toute incertitude à cet égard en examinant si le produit des racines de l'équation donnée est positif ou négatif. Ainsi, le produit des diverses fonctions qui déterminent le nombre et l'espèce des racines réelles doit toujours avoir le même signe que le produit des racines de la proposée; mais on a prouvé ci-dessus que le produit des fonctions qui déterminent seulement le nombre des racines réelles avait toujours même signe que le produit des carrés des différences entre les racines. Par suite, le produit des fonctions qui déterminent la différence entre le nombre des racines positives et le nombre des racines négatives aura même signe que le produit des racines par les carrés des différences entre les racines. Ainsi, par exemple, si l'on considère l'équation générale du troisième degré

$$x^3 + 3a_1 x^2 + 3a_2 x + a_3 = 0,$$

le produit des racines étant alors égal à $-a_3$ et le produit des carrés des différences entre les racines à

$$-2^2 3^3 (c_2^2 + c_1^3),$$

le produit des fonctions qui déterminent la différence entre les nombres de racines positives et négatives doit avoir même signe que le suivant :

$$a_3 (c_2^2 + c_1^3),$$

ce qui s'accorde avec les résultats trouvés ci-dessus.

Corollaire V. — En suivant la méthode précédente, on détermine le nombre des racines réelles d'une équation du degré n au moyen de la différence qui existe entre les nombres de racines positives et négatives dans une équation auxiliaire du degré $n - 1$; mais, à l'aide d'un artifice indiqué par Euler (2e partie du *Calcul différentiel*, Chap. XII), on peut abaisser d'une unité le degré de cette équation auxiliaire, ainsi qu'on va le faire voir.

Problème III. — *Réduire la recherche du nombre des racines réelles dans une équation donnée du degré n à la détermination de la différence qui existe entre les nombres de racines positives et négatives dans une équation du degré $n - 2$.*

Solution. — Conservons la même notation que dans le problème précédent et soit toujours $f_n(x) = 0$ l'équation proposée. Ses racines réelles seront en même nombre que les racines réelles de l'équation

$$f_n(x - a_1) = 0$$

ou

$$x^n + \frac{n(n-1)}{1.2} c_1 x^{n-2} + \ldots$$
$$+ \frac{n(n-1)}{1.2}(n-3)c_{n-3}x^2 + \frac{n}{1}(n-2)c_{n-2}x + (n-1)c_{n-1} = 0.$$

Si dans cette dernière on change x en $\frac{1}{x}$, le nombre des racines réelles restera encore le même. On pourra donc, à l'équation proposée, substituer la suivante :

$$(5)\quad \begin{cases} (n-1)c_{n-1}x^n + \frac{n}{1}(n-2)c_{n-2}x^{n-1} \\ \quad + \frac{n(n-1)}{1.2}(n-3)c_{n-3}x^{n-2} + \ldots + \frac{n(n-1)}{1.2}c_1 x^2 + 1 = 0. \end{cases}$$

Pour déduire celle-ci de l'équation donnée, il suffira d'y remplacer

$$a_1 \quad \text{par} \quad \frac{(n-2)c_{n-2}}{(n-1)c_{n-1}},$$
$$a_2 \quad \text{par} \quad \frac{(n-3)c_{n-3}}{(n-1)c_{n-1}},$$
$$\ldots \quad \ldots\ldots\ldots\ldots,$$
$$a_{n-2} \quad \text{par} \quad \frac{c_1}{(n-1)c_{n-1}},$$

enfin

$$a_{n-1} \quad \text{par} \quad 0$$

et

$$a_n \quad \text{par} \quad \frac{1}{(n-1)c_{n-1}}$$

On pourra donc se contenter de chercher les fonctions de

$$a_1, \quad a_2, \quad \ldots, \quad a_{n-1}, \quad a_n$$

qui déterminent le nombre des racines réelles de l'équation

$$(6)\quad x^n + na_1x^{n-1} + \frac{n(n-1)}{1.2}a_2x^{n-2} + \ldots + \frac{n(n-1)}{1.2}a_{n-2}x^2 + a_n = 0,$$

pourvu qu'ensuite l'on effectue les substitutions que nous venons d'indiquer.

Pour obtenir l'équation (6) il suffit de faire $a_{n-1} = 0$ dans l'équation générale du degré n, savoir $f_n(x) = 0$. Par suite, pour obtenir l'équation auxiliaire en y qui doit servir à déterminer le nombre des racines réelles de l'équation (6), il suffit de supposer $a_{n-1} = 0$ dans les deux fonctions ci-dessus désignées par

$$f_n(x), \quad f_{n-1}(x)$$

et d'éliminer x entre les deux équations

$$y f_n(x) + f_{n-2}(x) = 0, \qquad f_{n-1}(x) = 0.$$

Désignons à l'ordinaire par $x_1, x_2, \ldots, x_{n-1}$ les racines de l'équation $f_{n-1}(x) = 0$. Comme on a dans le cas présent

$$f_{n-1}(x) = x^{n-1} + (n-1)a_1 x^{n-2} + \ldots + (n-1)a_{n-2}x,$$

on pourra supposer

$$x_{n-1} = 0$$

et alors $x_1, x_2, \ldots, x_{n-2}$ seront les racines de l'équation

$$(7) \qquad x^{n-2} + (n-1)a_1 x^{n-3} + \ldots + (n-1)a_{n-2} = 0.$$

De plus, comme, dans la supposition où $x = 0$, l'équation

$$y f_n(x) + f_{n-2}(x) = 0$$

donne

$$y = -\frac{a_{n-2}}{a_n},$$

l'une des racines de l'équation en y sera $-\frac{a_{n-2}}{a_n}$, et puisque, dans la recherche qui nous occupe, cette racine doit être comptée pour $+1$ si elle est positive et pour -1 si elle est négative, on pourra la ranger immédiatement parmi les fonctions qui déterminent le nombre des racines réelles de l'équation (6) et se contenter de calculer la différence entre les nombres de racines positives et négatives de l'équation en y qu'on obtient par l'élimination de la variable x entre les deux suivantes :

$$(8)\qquad \begin{cases} y f_n(x) + f_{n-2}(x) = 0, \\ x^{n-2} + (n-1)a_1 x^{n-3} + \ldots + (n-1)a_{n-2} = 0. \end{cases}$$

Cette nouvelle équation en y pourra être représentée par

$$(9)\quad [y f_n(x_1) + f_{n-2}(x_1)][y f_n(x_2) + f_{n-2}(x_2)]\ldots[y f_n(x_{n-2}) + f_{n-2}(x_{n-2})] = 0.$$

Dans cette dernière équation, les coefficients du premier et du dernier terme peuvent être facilement déterminés à l'aide du théorème II; car ces mêmes coefficients sont respectivement égaux aux deux produits

$$f_n(x_1) f_n(x_2)\ldots f_n(x_{n-2}) f_n(x_{n-1})$$

et

$$f_{n-2}(x_1) f_{n-2}(x_2)\ldots f_{n-2}(x_{n-2}) f_{n-2}(x_{n-1})$$

divisés, le premier par $f_n(x_{n-1}) = a_n$, et le second par $f_{n-2}(x_{n-1}) = a_{n-2}$. On peut encore déterminer par le théorème III le rapport des coefficients des deux derniers termes dans l'équation (9). En effet, ce rapport est égal à

$$\frac{f_n(x_1)}{f_{n-2}(x_1)} + \frac{f_n(x_2)}{f_{n-2}(x_2)} + \ldots + \frac{f_n(x_{n-2})}{f_{n-2}(x_{n-2})}$$

et l'on a de plus, en vertu du théorème III (corollaire IV),

$$\begin{aligned} \frac{f_n(x_1)}{f_{n-2}(x_1)} + \frac{f_n(x_2)}{f_{n-2}(x_2)} + \ldots + \frac{f_n(x_{n-2})}{f_{n-2}(x_{n-2})} &= -(n-1)^2(a_1^2 - a_2) - \frac{f_n(x_{n-1})}{f_{n-2}(x_{n-1})} \\ &= -(n-1)^2(a_1^2 - a_2) - \frac{a_n}{a_{n-2}}. \end{aligned}$$

D'ailleurs, le produit des deux derniers coefficients de l'équation en y, pris en signe contraire, est une des fonctions qui déterminent le nombre des racines réelles de la proposée et, comme le produit et le quotient de deux quantités sont toujours affectés du même signe, le rapport des deux derniers coefficients de l'équation en y, pris négativement, ou

$$(n-1)^2(a_1^2 - a_2) + \frac{a_n}{a_{n-2}},$$

sera encore une des fonctions cherchées. On connaîtra donc, dans tous les cas possibles, deux des fonctions qui déterminent le nombre des racines réelles de l'équation

$$x^n + na_1 x^{n-1} + \frac{n(n-1)}{1.2} a_2 x^{n-2} + \ldots + \frac{n(n-1)}{1.2} a_{n-2} x^2 + a_n = 0$$

et ces deux fonctions seront

$$-\frac{a_{n-2}}{a_n}, \quad (n-1)^2(a_1^2 - a_2) + \frac{a_n}{a_{n-2}}.$$

Si, dans ces mêmes fonctions, on remplace

$$a_1 \quad \text{par} \quad \frac{(n-2)c_{n-2}}{(n-1)c_{n-1}},$$

$$a_2 \quad \text{par} \quad \frac{(n-3)c_{n-3}}{(n-1)c_{n-1}},$$

$$a_{n-2} \quad \text{par} \quad \frac{c_1}{(n-1)c_{n-1}},$$

$$a_n \quad \text{par} \quad \frac{1}{(n-1)c_{n-1}}$$

et qu'après avoir changé les diviseurs en multiplicateurs on néglige les facteurs carrés, on obtiendra les deux suivantes

$$-c_1, \quad c_1 \{ c_1 [(n-2)^2 c_{n-2}^2 - (n-1)(n-3) c_{n-1} c_{n-3}] + c_{n-1}^2 \}.$$

Ces deux dernières fonctions feront donc toujours partie de celles qui déterminent le nombre des racines réelles de l'équation donnée

$$x^n + na_1 x^{n-1} + \frac{n(n-1)}{1.2} a_2 x^{n-2} + \ldots + \frac{n(n-1)}{1.2} a_{n-2} x^2 + na_{n-1} x + a_n = 0.$$

De plus, le produit de toutes les fonctions dont il s'agit doit toujours être de même signe que le produit des carrés des différences entre les racines de la proposée. Si l'on désigne, comme nous l'avons déjà fait, par

$$A_n = n^n (n-1)^{n-1} K_n$$

le dernier terme de l'équation aux carrés des différences,

$$(-1)^{\frac{n(n-1)}{2}} A_n$$

sera le produit des carrés des différences entre les racines; et, si l'on suppose déjà connues, à l'exception d'une seule, les diverses fonctions qui déterminent le nombre des racines réelles, en désignant par P le produit de ces fonctions, on pourra représenter la fonction qui reste inconnue par

$$(-1)^{\frac{n(n-1)}{2}} K_n P.$$

Ainsi, à l'aide des considérations précédentes, on déterminera, pour tous les degrés possibles, trois des fonctions cherchées, sans compter la première de toutes qui est toujours l'unité. L'une de ces trois fonctions, représentée par $-c_1$, est égale à

$$a_1^2 - a_2,$$

c'est-à-dire, à un coefficient numérique près, à la somme des carrés des différences entre les racines de la proposée, ce qui s'accorde avec le corollaire II du problème précédent.

Premier exemple. — Si l'on suppose $n = 2$, les deux fonctions

$$1, \quad -c_1$$

suffiront pour déterminer le nombre des racines réelles.

Deuxième exemple. — Soit $n = 3$. Il faudra, pour déterminer le nombre des racines réelles, avoir égard, non seulement aux deux fonctions 1, $-c_1$, mais encore à la fonction

$$c_1 \{ c_1 [(n-2)^2 c_{n-2}^2 - (n-1)(n-3) c_{n-1} c_{n-3}] + c_{n-1}^2 \}$$

qui, dans le cas présent, se réduit à

$$c_1 (c_1^3 + c_2^2).$$

Par suite, on aura, pour déterminer le nombre des racines réelles, les trois fonctions

$$1, \quad -c_1, \quad c_1(c_2^2+c_1^3).$$

Le produit de ces trois fonctions, lorsqu'on néglige le facteur carré c_1^2, devient égal à

$$-(c_2^2+c_1^3)=(-1)^{\frac{3.2}{2}}K_3,$$

ce qui s'accorde avec la théorie précédente.

Troisième exemple. — Soit $n=4$. La fonction

$$c_1\{c_1[(n-2)^2c_{n-2}^2-(n-1)(n-3)c_{n-1}c_{n-3}]+c_{n-1}^2\}$$

deviendra

$$c_1[(4c_2^2-3c_1c_3)c_1+c_3^2].$$

De plus, si l'on néglige le facteur carré c_1^2, le produit des trois premières fonctions multiplié par

$$(-1)^{\frac{4.3}{2}}K_4=K_4$$

sera

$$-[c_1(4c_2^2-3c_1c_3)+c_3^2]K_4.$$

Par suite, on aura, pour déterminer le nombre des racines réelles, les quatre fonctions

$$1, \quad -c_1, \quad c_1[4c_1c_2^2-c_3(3c_1^2-c_3)], \quad -[4c_1c_2^2-c_3(3c_1^2-c_3)]K_4.$$

Quatrième exemple. — Soit $n=5$. Trois des fonctions cherchées seront immédiatement connues par ce qui précède et ces trois fonctions seront

$$1, \quad -c_1, \quad c_1[c_1(9c_3^2-8c_2c_4)+c_4^2].$$

De plus, le produit des deux dernières fonctions devra être affecté du même signe que le produit des trois premières par le dernier terme de l'équation aux carrés des différences; mais, comme cette condition ne suffit pas pour déterminer entièrement les deux fonctions qui restent inconnues, il faudra nécessairement avoir recours à l'équation auxiliaire qui résulte de l'élimination de y entre les équations (8). Si dans ces deux dernières équations on fait $n = 5$ et que l'on remplace immédiatement

$$a_1 \quad \text{par} \quad \frac{3c_3}{4c_4},$$
$$a_2 \quad \text{par} \quad \frac{2c_2}{4c_4},$$
$$a_3 \quad \text{par} \quad \frac{c_1}{4c_4},$$
$$a_5 \quad \text{par} \quad \frac{1}{4c_4},$$

elles deviendront respectivement

$$(10) \quad \begin{cases} y(4c_4x^5 + 15c_3x^4 + 20c_2x^3 + 10c_1x^2 + 1) \\ \qquad + (4c_4x^3 + 9c_3x^2 + 6c_2x + c_1) = 0, \\ c_4x^3 + 3c_3x^2 + 3c_2x + c_1 = 0. \end{cases}$$

On peut d'ailleurs, à chacun des polynomes en x renfermés dans la première équation, substituer le reste de la division de ce polynome par le premier membre de la deuxième. Si l'on suppose, pour plus de commodité,

$$p = -27c_3^3 + 3c_4(11c_2c_3 - 2c_1c_4),$$
$$q = -27c_2c_3^2 + 3c_4(8c_2^2 + c_1c_3),$$
$$r = -9c_1c_3^2 + c_4(8c_1c_2 - c_4),$$

les deux polynomes dont il s'agit donneront pour restes

$$-\frac{1}{c_4^2}(px^2 + qx + r), \quad -3(c_3x^2 + 2c_2x + c_1);$$

et, comme les multiplicateurs $\frac{1}{c_4^2}$ et 3 sont essentiellement positifs, on pourra, sans nul inconvénient, se dispenser d'en tenir compte. Cela posé, les équations (10) se réduiront à

$$(px^2 + qx + r)y + c_3x^2 + 2c_2x + c_1 = 0, \qquad c_4x^3 + 3c_3x^2 + 3c_2x + c_1 = 0.$$

Si l'on fait, pour abréger,

$$py + c_3 = y_3, \qquad qy + 2c_2 = y_2, \qquad ry + c_1 = y_1,$$

elles deviendront

$$y_3 x^2 + y_2 x + y_1 = 0, \qquad c_4 x^3 + 3c_3 x^2 + 3c_2 x + c_1 = 0.$$

L'élimination de x entre ces deux dernières conduit à la suivante :

$$\begin{aligned} c_4^2 y_1^3 &+ c_4[(3c_2 y_1 - c_1 y_2)(y_2^2 - 2y_1 y_3) - y_1 y_2(3c_3 y_1 - c_1 y_3)] \\ &+ y_3(3c_3 y_1 - c_1 y_3)^2 - y_3(3c_3 y_2 - 3c_2 y_3)(3c_2 y_1 - c_1 y_2) = 0. \end{aligned}$$

Si dans celle-ci on remet pour y_1, y_2, y_3 leurs valeurs respectives, on aura

$$\begin{aligned} 3c_3 y_2 - 3c_2 y_3 &= 3c_2 c_3 - 3c_4 p' y, \\ 3c_3 y_1 - c_1 y_3 &= 2c_1 c_3 - 3c_4 q' y, \\ 3c_2 y_1 - c_1 y_2 &= c_1 c_2 - 3c_4 r' y, \end{aligned}$$

p', q', r' étant déterminés par les trois équations

$$\begin{aligned} p' &= 9\, c_2^2 c_3 - 3c_1 c_3^2 - 6c_1 c_2 c_4, \\ q' &= 3c_1 c_2 c_3 + c_3 c_4 - 2\, c_1^2 c_4, \\ r' &= c_1^2 c_3 + c_2 c_4; \end{aligned}$$

et, par suite, l'équation auxiliaire en y sera

$$\begin{aligned} c_4^2(ry + c_1)^3 + c_4 \{ & [(qy + 2c_2)^2 - 2(py + c_3)(ry + c_1)](c_1 c_2 - 3c_4 r' y) \\ & - (qy + 2c_2)(ry + c_1)(2c_1 c_3 - 3c_4 q' y) \} \\ + (py + c_3) & [(2c_1 c_3 - 3c_4 q' y)^2 - (c_1 c_2 - 3c_4 r' y)(3c_2 c_3 - 3c_4 p' y)] = 0. \end{aligned}$$

Représentons par

$$\alpha y^3 + 3\beta y^2 + 3\gamma y + \delta = 0$$

cette même équation, on aura

$$\begin{aligned} \alpha &= c_4^2[r^3 + 3q(q'r - qr') + 3p(3q'^2 - 3p'r' + 2rr')], \\ 3\beta &= 3c_4^2[c_1(r^2 + 2pr' + qq') - 2c_2(2qr' - q'r) + c_3(3q'^2 - 3p'r' + 2rr')] \\ &\quad + c_4[c_1 c_2(q^2 - 2pr + 3pp') - c_1 c_3(2qr + 12pq') + 9c_2 c_3 pr'], \\ 3\gamma &= 3c_4^2[c_1^2 r + 2c_1 c_2 q' + 2(c_1 c_3 - 2c_2^2) r'] \\ &\quad + c_4[2c_1(2c_2^2 - c_1 c_3) q - 2c_1^2 c_2 p - 6c_1 c_2 c_3 r + 3c_1 c_2 c_3 p' - 12 c_1 c_3^2 q' + 9c_2 c_3^2 r'] \\ &\quad + c_1 c_3(4c_1 c_3 - 3c_2^2) p, \\ \delta &= c_1[c_1^2 c_4^2 + c_2 c_4(4c_2^2 - 6c_1 c_3) + c_3^2(4c_1 c_3 - 3c_2^2)]. \end{aligned}$$

Si maintenant on restitue les valeurs de p, q, r, p', q', r', que l'on restitue à K_5 la même valeur que ci-dessus (p. 206) et qu'on fasse pour abréger

$$
\begin{aligned}
L_5 &= c_4^2 - 8c_1c_2c_4 + 9c_1c_3^2,\\
M_5 &= c_4^4c_1 - 4c_4^3c_2(7c_1^2 + c_3)\\
&\quad + c_4^2(3c_3^3 + 33c_1^2c_3^2 + 142c_1c_2^2c_3 - 54c_1^4c_3 + 52c_1^3c_2^2 - 96c_2^4)\\
&\quad - 2c_4(129c_1c_2c_3^3 - 147c_1^3c_2c_3^2 - 90c_2^3c_3^2 + 242c_1^2c_2^3c_3 - 96c_1c_2^5)\\
&\quad + 9c_3^2(12c_1c_3^3 - 9c_2^2c_3^2 - 20c_1^3c_3^2 + 35c_1^2c_2^2c_3 - 15c_1c_2^4),\\
N_5 &= c_4^2c_1^2 - 2c_4c_2(3c_1c_3 - 2c_2^2) + c_3^2(4c_1c_3 - 3c_2^2),
\end{aligned}
$$

on trouvera

$$\alpha = -c_4^4K_5, \qquad \beta = c_4^2M_5, \qquad \gamma = -L_5N_5, \qquad \delta = c_1N_5.$$

D'ailleurs, l'équation en y, que nous avons représentée par

$$\alpha y^3 + 3\beta y^2 + 3\gamma y + \delta = 0,$$

étant du troisième degré, on obtient facilement, par le problème II, les trois fonctions qui déterminent pour cette équation la différence entre les nombres de racines positives et négatives. Les deux premières de ces fonctions sont respectivement égales à

$$-\frac{\gamma}{\alpha}\frac{\delta}{\alpha}, \quad \frac{\gamma}{\alpha}\left(\frac{\delta}{\alpha} - \frac{\beta}{\alpha}\frac{\gamma}{\alpha}\right)$$

et peuvent être évidemment remplacées par les deux suivantes :

$$-\gamma\delta, \quad \alpha\gamma(\alpha\delta - \beta\gamma).$$

De plus, si l'on désigne par Δ le produit des carrés des différences entre les racines de l'équation en y, le produit des trois fonctions cherchées sera de même signe que le suivant :

$$-\frac{\delta}{\alpha}\Delta,$$

d'où il résulte que la troisième fonction peut être représentée par

$$(\alpha\delta - \beta\gamma)\Delta.$$

Enfin, en vertu du théorème IV (corollaire I), on pourra remplacer Δ par le produit des carrés des différences entre les racines de l'équation

$$c_4 x^3 + 3 c_3 x^2 + 3 c_2 x + c_1 = 0,$$

ou, si l'on veut, de l'équation réciproque

$$c_4 + 3 c_3 x + 3 c_2 x^2 + c_1 x^3 = 0.$$

Soit D le produit des carrés des différences entre les racines de cette dernière équation, on aura

$$D = -27 \frac{N_5}{c_1^4}.$$

D s'évanouit donc avec N_5, ce qu'il était facile de prévoir; car

$$N_5 = 0$$

exprime la condition nécessaire pour que les deux équations

$$c_4 x^3 + 3 c_3 x^2 + 3 c_2 x + c_1 = 0, \qquad c_3 x^2 + 2 c_2 x + c_1 = 0,$$

ou, ce qui revient au même, les deux suivantes

$$c_4 + 3 c_3 x + 3 c_2 x^2 + c_1 x^3 = 0, \qquad c_3 + 2 c_2 x + c_1 x^2 = 0,$$

puissent être en même temps satisfaites; et, comme la seconde de ces dernières équations est la première dérivée de l'autre, la même condition peut encore être exprimée par

$$D = 0.$$

Si dans la valeur de D on fait abstraction du facteur numérique 27 et du diviseur carré c_1^4, on trouvera, pour la troisième des fonctions cherchées,

$$-(\alpha\delta - \beta\gamma) N_5.$$

Ainsi, les trois fonctions qui déterminent la différence entre le nombre des racines positives et le nombre des racines négatives de l'équation en y sont respectivement

$$-\gamma\delta, \quad \alpha\gamma(\alpha\delta - \beta\gamma), \quad -(\alpha\delta - \beta\gamma) N_5.$$

Si dans ces trois fonctions on substitue les valeurs de $\alpha, \beta, \gamma, \delta$ données ci-dessus, on trouvera, en négligeant les facteurs carrés,

$$c_1 L_5, \quad L_5 K_5 (M_5 L_5 - c_1 c_4^2 K_5), \quad -(M_5 L_5 - c_1 c_4^2 K_5).$$

Cela posé, les fonctions qui relativement à l'équation générale du cinquième degré doivent déterminer le nombre des racines réelles seront

$$1, \quad -c_1, \quad c_1 L_5, \quad -L_5 K_5 (c_1 c_4^2 K_5 - L_5 M_5), \quad c_1 c_4^2 K_5 - L_5 M_5,$$

K_5, L_5, M_5 ayant les valeurs que nous leur avons assignées plus haut.

Le produit de toutes ces fonctions a évidemment le même signe que le produit des carrés des différences entre les racines de l'équation générale du cinquième degré, ce qui confirme l'exactitude de nos calculs.

Corollaire I. — Désignons à l'ordinaire par

$$x^n + n a_1 x^{n-1} + \frac{n(n-1)}{1.2} a_2 x^{n-2} + \ldots + \frac{n(n-1)}{1.2} a_{n-2} x^2 + n a_{n-1} x + a_n = 0$$

l'équation générale du degré n. Soit toujours

$$A_n = n^n (n-1)^{n-1} K_n$$

le dernier terme de l'équation aux carrés des différences entre les racines de la proposée. Enfin supposons que l'on donne à

$$c_1, \quad c_2, \quad \ldots, \quad c_{n-1}, \quad c_n$$

les mêmes valeurs que ci-dessus (problème I, corollaire II) et soit

$$L_n = c_{n-1}^2 + c_1[(n-2)^2 c_{n-2}^2 - (n-1)(n-3) c_{n-1} c_{n-3}].$$

Si l'on fait successivement $n = 3$, $n = 4$, $n = 5$, on trouvera

$$L_3 = c_2^2 + c_1^3 = K_3,$$
$$L_4 = c_3^2 + c_1(4c_2^2 - 3c_1c_3),$$
$$L_5 = c_4^2 + c_1(9c_3^2 - 8c_2c_4);$$

et, en vertu de la théorie qu'on vient de développer, les fonctions dont les signes détermineront le nombre des racines réelles de la proposée seront respectivement :

Pour l'équation générale du deuxième degré,

$$1, \quad -c_1;$$

pour l'équation générale du troisième degré,

$$1, \quad -c_1, \quad c_1 L_3;$$

pour l'équation générale du quatrième degré,

$$1, \quad -c_1, \quad c_1 L_4, \quad -L_4 K_4;$$

enfin, pour l'équation générale du cinquième degré,

$$1, \quad -c_1, \quad c_1 L_5, \quad -L_5 K_5 (c_1 c_4^2 K_5 - L_5 M_5), \quad c_1 c_4^2 K_5 - L_5 M_5,$$

M_5 ayant toujours la valeur que nous lui avons précédemment assignée.

Jusqu'ici, nous avons supposé que l'équation proposée et les équations auxiliaires des divers ordres n'avaient pas de racines égales entre elles ou égales à zéro. S'il en était autrement, parmi les fonctions dont les signes doivent déterminer le nombre et l'espèce des racines réelles, quelques-unes deviendraient nulles et, par suite, ne pourraient plus servir à la détermination dont il s'agit. Il faudrait alors avoir recours à l'une des méthodes exposées dans les paragraphes IV, V et VI de la première section. Pour faire mieux sentir l'esprit de ces méthodes, je vais les appliquer à quelques exemples.

Problème IV. — *Déterminer le nombre et l'espèce des racines réelles de l'équation binome*

$$x^n + a = 0,$$

a étant un nombre entier quelconque positif ou négatif.

Première solution. — L'équation proposée étant

$$x^n + a = 0,$$

l'équation dérivée, savoir

$$x^{n-1} = 0,$$

aura toutes ses racines égales entre elles et à zéro. Cela posé, si l'on veut faire usage de la méthode indiquée dans le paragraphe IV (première section), il faudra distinguer deux cas, suivant que n sera pair ou impair.

Supposons d'abord n pair. Comme l'équation dérivée n'a qu'une seule espèce de racines égales, on n'obtiendra qu'une seule équation auxiliaire en y et une seule équation auxiliaire en z. Pour former ces équations auxiliaires il suffira, conformément au paragraphe IV (première section), d'éliminer x : 1° entre les deux équations

$$y + \mathrm{X}\mathrm{X}^{(n)} = 0, \qquad x = 0;$$

2° entre les deux équations

$$z + x\mathrm{X}\mathrm{X}^{(n)} = 0, \qquad x = 0.$$

On a d'ailleurs, dans le cas présent, $\mathrm{X} = x^n + a$, et, $\mathrm{X}^{(n)}$ étant une quantité constante et positive, on peut, sans inconvénient, remplacer $\mathrm{X}^{(n)}$ par l'unité. Cela posé, les équations auxiliaires cherchées seront respectivement

$$y + a = 0, \qquad z = 0.$$

La première ayant une racine positive lorsque a est négatif et une racine négative dans le cas contraire, l'équation proposée aura deux racines réelles dans le premier cas et n'en aura pas dans le second. De plus, l'équation en z ayant une seule racine réelle égale à zéro et les racines de l'équation dérivée étant en nombre impair, la différence entre les nombres de racines positives et négatives sera nulle dans la proposée et, par suite, si a est négatif, les deux racines réelles de l'équation

$$x^n + a = 0$$

seront de signes contraires.

Supposons maintenant n impair. Toutes les racines de l'équation dérivée étant égales entre elles et en nombre pair, on n'aura plus d'équations auxiliaires à former et, par suite, la proposée n'aura qu'une racine réelle. Pour savoir si cette racine est positive ou négative, il suffira d'examiner si le produit des deux termes de l'équation donnée est négatif ou positif. La racine réelle dont il s'agit sera donc positive si a est négatif et négative dans le cas contraire.

Ces résultats étaient déjà bien connus; mais on voit comme ils se déduisent naturellement de la méthode exposée dans le paragraphe IV (première section). On peut encore les obtenir, ainsi qu'il suit, par la méthode du paragraphe V.

Seconde solution. — Si l'on veut appliquer à l'équation

$$x^n + a = 0$$

la méthode exposée dans le paragraphe V (première section), il faudra faire

$$X = f(x) = x^n + a, \qquad X' = f'(x) = n x^{n-1}, \qquad f''(x+h) = n(n-1)(x+h)^{n-2}.$$

On peut, dans la valeur de $f''(x+h)$, négliger le facteur numérique $n(n-1)$ et, par suite, pour obtenir, conformément à la méthode dont il s'agit, les équations auxiliaires en y et z, il suffira d'éliminer x : 1° entre les deux équations

$$y + (x^n + a)(x+h)^{n-2} = 0, \qquad x^{n-1} = 0;$$

2° entre les deux équations

$$z + x(x^n + a)(x+h)^{n-2} = 0, \qquad x^{n-1} = 0.$$

Cela posé, les équations auxiliaires cherchées seront respectivement

$$(y + ah^{n-2})^{n-1} = 0, \qquad z^{n-1} = 0;$$

et, comme on ne doit tenir compte que des racines inégales de ces mêmes équations, on pourra les supposer réduites à

$$y + ah^{n-2} = 0, \qquad z = 0.$$

La différence moyenne entre les nombres de racines positives et négatives de l'équation en y se trouve ici déterminée par la valeur moyenne du produit

$$-ah^{n-2},$$

valeur qu'on obtient en supposant alternativement dans ce produit l'indéterminée h positive et négative et prenant ensuite la moyenne entre les deux résultats. La valeur moyenne dont il s'agit sera donc égale à

$$\frac{-ah^{n-2}+ah^{n-2}}{2},$$

c'est-à-dire nulle si n est un nombre impair; mais, si n est un nombre pair, elle sera positive ou négative, suivant que a sera négatif ou positif. Sous cette condition, le nombre des racines réelles de l'équation

$$x^n + a = 0$$

se trouvera déterminé par les deux fonctions

$$1, \quad -ah^{n-2}.$$

La dernière de ces fonctions devant être remplacée par zéro lorsque n est impair, l'équation donnée aura, dans cette hypothèse, une seule racine réelle. Dans le cas contraire, elle en aura deux si a est négatif, aucune si a est positif.

L'équation auxiliaire en z n'ayant qu'une seule racine réelle égale à zéro et le produit du terme constant de l'équation proposée par le terme unique de l'équation dérivée étant égal à

$$ax^{n-1},$$

la valeur moyenne qu'obtient ce dernier produit, lorsqu'on y donne successivement à x deux valeurs égales et de signes contraires, suffira pour déterminer la différence entre le nombre des racines positives et le nombre des racines négatives de l'équation donnée. Si n est un nombre pair, cette valeur moyenne étant nulle, l'équation donnée aura, dans cette hypothèse, autant de racines positives que de négatives; mais si n est un nombre impair, auquel cas la proposée a toujours une seule racine réelle, cette racine sera positive ou négative suivant que le produit ax^{n-1} sera négatif ou positif, c'est-à-dire suivant que la quantité a sera elle-même négative ou positive.

Il serait facile d'appliquer les méthodes précédentes aux équations trinomes de la forme

$$x^n + ax^{n-1} + b = 0.$$

En effet, une semblable équation a pour première dérivée

$$x^{n-1} + \frac{n-1}{n} ax^{n-2} = 0,$$

et l'on voit au premier abord que celle-ci a toutes ses racines réelles et nulles, à l'exception d'une seule qui est égale à

$$-\frac{n-1}{n} a.$$

Mais nous ne nous arrêterons pas plus longtemps sur cet objet et nous nous contenterons d'ajouter ici quelques développements relatifs à la méthode exposée dans le paragraphe VI de la première section.

Problème V. — *Déterminer le nombre des racines réelles dans les équations générales des cinq premiers degrés.*

Solution. — L'équation du premier degré ne présente aucune difficulté puisqu'elle a toujours une seule racine réelle. De plus, nous avons donné ci-dessus (problème III, corollaire I) les fonctions dont les signes déterminent ordinairement le nombre des racines réelles dans les équations générales des deuxième, troisième, quatrième et cinquième degrés; mais lorsque ces fonctions, ou du moins quelques-unes d'entre elles, viennent à s'évanouir, on ne sait plus si elles doivent être considérées comme positives ou comme négatives. Il nous reste maintenant à faire voir comment la méthode du paragraphe VI (première section) peut servir à lever cette difficulté. Je supposerai, comme dans le paragraphe dont il s'agit, que l'équation donnée n'a pas de racines égales. Si le contraire avait lieu il serait facile de l'en débarrasser par les méthodes connues.

Cela posé, désignons toujours par

$$x^n + na_1x^{n-1} + \frac{n(n-1)}{1.2}a_2x^{n-2} + \ldots + \frac{n(n-1)}{1.2}a_{n-2}x^2 + na_{n-1}x + a_n = 0$$

l'équation donnée, n pouvant être un quelconque des nombres 2, 3, 4 ou 5. Faisons de plus, à l'ordinaire,

$$\begin{aligned} c_1 &= a_2 - a_1^2, \\ 2c_2 &= a_3 - 3a_1a_2 + 2a_1^3, \\ 3c_3 &= a_4 - 4a_1a_3 + 6a_1^2a_2 - 3a_1^4, \\ 4c_4 &= a_5 - 5a_1a_4 + 10a_1^2a_3 - 10a_1^3a_2 + 4a_1^5. \end{aligned}$$

Comme par hypothèse l'équation donnée n'a pas de racines égales, le dernier terme de l'équation aux carrés des différences, représenté par

$$A_n = n^n(n-1)^{n-1}K_n,$$

aura nécessairement une valeur positive ou négative différente de zéro. Supposons maintenant que parmi les fonctions trouvées ci-dessus (problème III) quelques-unes s'évanouissent; alors, pour suivre la méthode du paragraphe VI (première section), il suffira d'attribuer à chacune des quantités

$$a_2, \quad a_3, \quad a_4, \quad a_5$$

ou, ce qui revient au même, à chacune des quantités suivantes

$$c_1, \quad c_2, \quad c_3, \quad c_4,$$

un accroissement très petit mais arbitraire, positif ou négatif, et d'établir entre les accroissements de ces mêmes quantités un ordre de grandeur déterminé, en sorte qu'on puisse toujours négliger les uns par rapport aux autres. Désignons par h_1, h_2, h_3, h_4 les accroissements de c_1, c_2, c_3, c_4. Si l'on fait varier ces quantités de leurs accroissements respectifs dans les fonctions qui se trouvaient réduites à zéro, ces fonctions cesseront de s'évanouir et leurs signes détermineront, à l'ordinaire, le nombre des racines réelles de la proposée. Il suffira même, dans beaucoup de cas, de faire varier seulement une ou deux des quantités que l'on considère. Appliquons ces principes aux équations générales du deuxième, du troisième, du quatrième et du cinquième degré.

Premier exemple. — Considérons l'équation générale du deuxième degré

$$x^2 + 2a_1 x + a_2 = 0.$$

Les fonctions dont les signes déterminent ordinairement le nombre de ses racines réelles sont, comme on l'a déjà fait voir,

$$1, \quad -c_1.$$

Ici la fonction c_1 est la seule qui puisse devenir nulle; mais cette fonction, même étant égale à K_2, ne s'évanouira jamais tant que les racines de la proposée seront inégales entre elles, ainsi que nous l'avons admis ci-dessus.

Deuxième exemple. — Considérons l'équation générale du troisième degré

$$x^3 + 3a_1 x^2 + 3a_2 x + a_3 = 0.$$

Le nombre de ses racines réelles est ordinairement déterminé par les signes des trois fonctions

$$1, \quad -c_1, \quad c_1 L_3.$$

Comme la fonction K_3 n'est pas nulle par hypothèse, il en sera de même de la fonction L_3 qui lui est égale; mais il peut arriver que c_1 s'évanouisse. Dans ce cas, on devra remplacer c_1 par h_1; d'ailleurs, puisque l'on peut supposer à volonté h_1 positif ou négatif et que ces deux hypothèses doivent conduire au même résultat, il sera nécessaire que les deux fonctions

$$-h_1, \quad h_1 L_3$$

soient de signes contraires; car s'il en était autrement, si par exemple ces deux fonctions étaient positives dans le cas où l'on suppose h_1 négatif, elles deviendraient toutes deux négatives lorsque h_1 serait positif;

et, par suite, on arriverait à des conclusions différentes, suivant que l'on admettrait l'une ou l'autre des deux hypothèses dont il s'agit. Il suit encore de la remarque précédente que, dans le cas où c_1 devient nul, la quantité L_3 doit être positive; c'est ce dont il est facile de s'assurer directement, car L_3 se réduit alors à c_2^2. Dans le même cas, les deux fonctions

$$-h_1, \quad h_1 L_3$$

étant de signes contraires, on peut en faire abstraction et il en résulte que le nombre des racines réelles de la proposée est simplement égal à l'unité.

En général, lorsque c_1 est positif ou nul, L_3 est positif et les deux fonctions

$$-c_1, \quad c_1 L_3$$

doivent être considérées comme affectées de signes contraires. On peut donc alors les remplacer par les deux suivantes

$$1, \quad -L_3.$$

D'ailleurs, lorsque c_1 est négatif, on peut remplacer encore

$$-c_1 \quad \text{par} \quad 1$$

et

$$c_1 L_3 \quad \text{par} \quad -L_3 = -K_3.$$

On pourra donc, dans tous les cas possibles, substituer aux trois fonctions données les suivantes

$$1, \quad 1, \quad -K_3.$$

Ainsi l'équation proposée aura trois racines réelles si le dernier terme de l'équation aux carrés des différences est négatif; elle n'en aura qu'une si ce terme est positif.

Troisième exemple. — Considérons l'équation du quatrième degré

$$x^4 + 4a_1 x^3 + 6a_2 x^2 + 4a_3 x + a_4 = 0.$$

Le nombre de ses racines réelles est ordinairement déterminé par les signes des quatre fonctions

$$1, \quad -c_1, \quad c_1 L_4, \quad -L_4 K_4.$$

La quantité K_4 n'est pas nulle par hypothèse; mais les quantités c_1 et L_4 peuvent être ensemble ou séparément égales à zéro.

Supposons d'abord que c_1 seule s'évanouisse; L_4 se réduisant alors à c_3^2 sera nécessairement positif et, d'ailleurs, en raisonnant comme dans le deuxième exemple, on fera voir que les fonctions

$$-c_1, \quad c_1 L_4$$

doivent être considérées comme affectées de signes contraires. On pourra donc en faire abstraction et, dans ce cas, le nombre des racines réelles sera uniquement déterminé par les signes des deux fonctions

$$1, \quad -L_4 K_4$$

ou, ce qui revient au même, des deux suivantes

$$1, \quad -K_4.$$

Supposons, en second lieu, que L_4 seule s'évanouisse. Si l'on fait varier c_2 de h_2, la variation de L_4 sera

$$8 c_1 c_2 h_2.$$

On pourra donc, en négligeant les facteurs numériques et les facteurs carrés, substituer aux deux fonctions

$$c_1 L_4, \quad -L_4 K_4$$

les deux suivantes

$$c_2 h_2, \quad -c_1 c_2 K_4 h_2;$$

et, comme le signe de h_2 est tout à fait arbitraire, ces deux fonctions devront être de signes contraires, à moins toutefois que c_2 ne soit nul. Si ce dernier cas avait lieu, elles se réduiraient à zéro; mais alors, en faisant varier c_1 de h_1, on trouverait, pour la variation de L_4,

$$-6 c_1 c_3 h_1$$

et l'on ferait voir encore que les fonctions

$$c_1 L_4, \quad -L_4 K_4$$

doivent être considérées comme affectées de signes contraires, à moins que c_3 ne soit nul. D'ailleurs, comme on ne peut supposer en même temps

$$c_2 = 0, \qquad c_3 = 0$$

sans avoir aussi

$$K_4 = 0,$$

on voit que, en excluant cette dernière hypothèse, ou pourra toujours faire abstraction des deux fonctions

$$c_1 L_4, \quad -L_4 K_4$$

dans le cas où L_4 s'évanouirait.

Il est facile d'arriver directement à la même conclusion en prouvant que, dans le cas où l'on suppose

$$L_4 = 0,$$

les deux quantités c_1, K_4 sont nécessairement de même signe; et, en effet, on a, dans cette hypothèse,

$$K_4 = \left[\frac{2c_2(c_1^2 + c_3)}{c_1}\right]^2 c_1.$$

Ainsi, dans le cas que l'on considère, les fonctions qui doivent déterminer le nombre des racines réelles se réduisent à

$$1, \quad -c_1$$

ou, ce qui revient au même, à

$$1, \quad -K_4.$$

Supposons enfin que l'on ait en même temps

$$c_1 = 0, \qquad L_4 = 0;$$

il sera facile de faire varier à la fois c_1, c_2 et c_3 de manière que, l'une des quantités c_1, L_4 restant nulle, l'autre cesse de s'évanouir. On rentrera par ce moyen dans l'une des deux hypothèses précédentes. Ainsi, par exemple, si l'on augmente c_3 de h_3 sans faire varier c_1, L_4 obtiendra une valeur différente de zéro et l'on rentrera dans le premier des deux cas que nous avons considérés ci-dessus. Il suit de cette remarque que, dans la dernière hypothèse comme dans les deux autres, le nombre des racines réelles sera déterminé par les signes des deux fonctions

$$1, \quad -K_4.$$

De plus, comme en supposant $c_1 = 0$, $L_4 = 0$, on a

$$c_3 = 0 \quad \text{et} \quad K_4 = -(4c_2^2)^2,$$

la fonction $-K_4$ sera positive et, par conséquent, la proposée aura deux racines réelles.

Quatrième exemple. — Considérons l'équation générale du cinquième degré

$$x^5 + 5a_1x^4 + 10a_2x^3 + 10a_3x^2 + 5a_4x + a_5 = 0.$$

Les fonctions dont les signes déterminent ordinairement le nombre de ses racines réelles sont, comme on l'a fait voir,

$$1, \quad -c_1, \quad c_1L_5, \quad -L_5K_5(c_1c_4^2K_5 - L_5M_5), \quad c_1c_4^2K_5 - L_5M_5.$$

Comme on suppose les racines de l'équation donnée inégales entre elles, K_5 a nécessairement une valeur différente de zéro; mais les trois quantités

$$c_1, \quad L_5, \quad c_1c_4^2K_5 - L_5M_5$$

peuvent s'évanouir ensemble ou séparément et, par suite, les fonctions données peuvent devenir nulles dans quatre hypothèses différentes que nous allons examiner successivement.

1° Supposons que, des trois quantités que l'on considère, la première seule ou c_1 s'évanouisse. On fera voir, comme dans le deuxième exemple, qu'on peut ne tenir aucun compte des deux fonctions

$$-c_1, \quad c_1L_5.$$

De plus, L_5 étant alors nécessairement positive, on pourra, dans les fonctions où cette quantité entre comme facteur, la remplacer par l'unité et, par conséquent, il suffira, pour déterminer le nombre des racines réelles de la proposée, d'avoir égard aux signes des trois fonctions

$$1, \quad K_5 M_5, \quad -M_5.$$

Les deux dernières seront de signes contraires si K_5 est positif : la proposée n'aura donc alors qu'une racine réelle; mais si K_5 est négatif, les deux fonctions dont il s'agit seront de même signe et, comme le nombre des fonctions négatives ne peut évidemment surpasser le nombre des positives, les deux fonctions que l'on considère seront nécessairement positives, d'où il suit que l'équation donnée aura trois racines réelles. On conclut aisément de ces remarques que, dans le cas où $c_1 = 0$, le nombre des racines réelles peut toujours être déterminé par les signes des trois fonctions

$$1, \quad 1, \quad -K_5.$$

2° Supposons que des trois quantités

$$c_1, \quad L_5, \quad c_1 c_4^2 K_5 - L_5 M_5$$

la deuxième seule ou L_5 s'évanouisse. On ne pourra supposer dans L_5

$$9 c_3^2 - 8 c_2 c_4 = 0;$$

car on aurait alors nécessairement

$$c_4 = 0, \qquad c_3 = 0, \qquad K_5 = 0.$$

Cela posé, en faisant varier c_1 de h_1 dans la valeur générale de L_5, on prouvera facilement qu'on peut ne tenir aucun compte des deux fonctions

$$c_1 L_5, \quad -L_5 K_5 (c_1 c_4^2 K_5 - L_5 M_5)$$

et que les deux quantités

$$c_1, \quad K_5 (c_1 c_4^2 K_5 - L_5 M_5),$$

ou bien encore les deux suivantes

$$c_1 c_4^2 K_5 - L_5 M_5, \quad c_1 K_5,$$

sont nécessairement affectées de même signe. Par suite, pour déterminer le nombre des racines réelles de la proposée, il suffira d'avoir égard aux signes des trois fonctions

$$1, \quad -c_1, \quad c_1 K_5$$

ou, ce qui revient au même, des trois suivantes

$$1, \quad 1, \quad -K_5.$$

L'équation donnée aura donc une seule racine réelle si K_5 est positif; elle en aura trois dans le cas contraire.

3° Supposons que, chacune des quantités c_1, L_5 ayant une valeur différente de zéro, la quantité

$$c_1 c_4^2 K_5 - L_5 M_5$$

soit nulle. Dans ce cas, les coefficients de l'équation auxiliaire en y que nous avons considérée ci-dessus (problème III, quatrième exemple) et que nous avons représentée par

$$\alpha y^3 + 3\beta y^2 + 3\gamma y + \delta = 0$$

satisferont à la condition suivante

$$\alpha\delta - \beta\gamma = 0.$$

Alors, des trois fonctions qui déterminent la différence entre le nombre des racines positives et le nombre des racines négatives de cette équation, deux se réduiront à zéro. Mais, en faisant varier les coefficients α, β, γ, δ de quantités très petites et de signe arbitraire, on prouvera facilement qu'on peut faire abstraction des deux fonctions dont il s'agit et déterminer uniquement la différence cherchée par le signe de la fonction

$$-\gamma\delta.$$

On doit toutefois excepter le cas où l'équation en y aurait des racines égales et ceux où quelqu'un des coefficients α, β, γ, δ deviendrait nul. Dans tout autre cas, le produit $\alpha\gamma$ et la quantité désignée par Δ seront nécessairement de signes contraires et, par suite, les quantités K_5, L_5 seront de même signe. De plus, comme on peut, en négligeant les facteurs carrés, remplacer la fonction

$$-\gamma\delta$$

par la suivante

$$c_1 L_5,$$

on pourra encore, en vertu de la remarque précédente, lui substituer celle-ci

$$c_1 K_5;$$

et l'on aura enfin, pour déterminer le nombre des racines réelles de l'équation du cinquième degré proposée, les trois fonctions suivantes

$$1, \quad -c_1, \quad c_1 K_5$$

que l'on peut aussi remplacer par ces trois dernières

$$1, \quad 1, \quad -K_5.$$

Il reste à savoir ce qui arriverait si, dans l'hypothèse précédente, quelqu'une des quantités α, β, γ, δ se réduisait à zéro ou si l'équation auxiliaire en y avait des racines égales.

Il suit évidemment de l'équation

$$\alpha\delta - \beta\gamma = 0$$

qu'une des quatre quantités α, β, γ, δ ne peut devenir nulle sans qu'une des quantités α, δ le soit aussi; d'ailleurs, c_1 et K_5 n'étant pas nulles par hypothèse, on ne peut avoir

$$\alpha = 0 \quad \text{ou} \quad \delta = 0$$

sans avoir aussi

$$c_4 = 0 \quad \text{ou} \quad N_5 = 0,$$

c'est-à-dire sans que l'équation auxiliaire en y acquière deux racines égales nulles ou infinies. Il suffira donc d'examiner le cas où, l'équation en y ayant des racines égales entre elles, $c_1 c_4^2 K_5 - L_5 M_5$, et par suite $\alpha\delta - \beta\gamma$, s'évanouit.

Il est donc aisé de voir que, pour satisfaire aux deux conditions précédentes, on est obligé de supposer à la fois

$$\alpha = 0, \qquad c_1 c_4^2 K_5 - L_5 M_5 = 0,$$

ou bien

$$\delta = 0, \qquad c_1 c_4^2 K_5 - L_5 M_5 = 0,$$

ou bien encore

$$\beta^2 - \alpha\gamma = 0, \qquad c_1 c_4^2 K_5 - L_5 M_5 = 0.$$

Supposons d'abord

$$\alpha = 0, \qquad c_1 c_4^2 K_5 - L_5 M_5 = 0.$$

K_5 et L_5 n'étant pas nuls par hypothèse, on aura nécessairement

$$c_4 = 0, \qquad M_5 = 0.$$

De plus, lorsque c_4 s'évanouit, on a

$$M_5 = 9 c_3^2 (4 c_1 c_3 - 3 c_2^2)(3 c_3^2 - 5 c_1^2 c_3 + 5 c_1 c_2^2) = 9 N_5 (3 c_3^2 - 5 c_1^2 c_3 + 5 c_1 c_2^2);$$

et, puisqu'on ne peut supposer à la fois

$$c_4 = 0, \qquad c_3 = 0,$$

si $4 c_1 c_3 - 3 c_2^2$ n'est pas nul, l'équation $M_5 = 0$ se trouvera réduite à

$$3 c_3^2 - 5 c_1^2 c_3 + 5 c_1 c_2^2 = 0.$$

Dans le même cas, si l'on fait varier c_1 de h_1, c_2 de h_2, c_3 de h_3, la variation de M_5 sera en général

$$9[5(c_2^2 - 2 c_1 c_3) h_1 + 10 c_1 c_2 h_2 + (6 c_3 - 5 c_1^2) h_3] N_5;$$

et, comme on ne peut avoir en même temps

$$c_2^2 - 2 c_1 c_3 = 0, \qquad c_1 c_2 = 0, \qquad 6 c_3 - 5 c_1^2 = 0$$

sans avoir aussi

$$K_5 = c^4 = 0,$$

on pourra toujours, en négligeant deux des accroissements h_1, h_2, h_3 vis-à-vis du troisième, réduire la variation dont il s'agit à l'une des trois suivantes

$$45(c_2^2 - 2c_1c_3)N_5h_1, \quad 90c_1c_2N_5h_2, \quad 9(6c_3 - 5c_1^2)N_5h_3.$$

Cela posé, la variation

$$c_1c_4^2K_5 - L_5M_5$$

sera proportionnelle à l'un des accroissements h_1, h_2, h_3. Le signe de chacun d'eux étant tout à fait arbitraire, il en résulte que les deux fonctions

$$-L_5K_5(c_1c_4^2K_5 - L_5M_5), \quad c_1c_4^2K_5 - L_5M_5$$

devront être considérées comme affectées de signes contraires et que les deux quantités L_5, K_5 seront nécessairement de même signe. Il est aisé d'en conclure que le nombre des racines réelles de la proposée sera encore déterminé par les signes des trois fonctions

$$1, \quad 1, \quad -K_5.$$

Si, pour satisfaire l'équation $M_5 = 0$, on supposait $N_5 = 0$, la seconde des équations (10), savoir

$$c_4x^3 + 3c_3x^2 + 3c_2x + c_1 = 0,$$

ayant alors des racines égales, la proposée aurait nécessairement des racines imaginaires. On pourrait donc assurer qu'elle a trois racines réelles si K_5 est négatif, une seule si K_5 est positif; ce qui revient à déterminer le nombre des racines réelles par les signes des trois fonctions

$$1, \quad 1, \quad -K_5.$$

Supposons maintenant

$$\delta = 0, \quad c_1c_4^2K_5 - L_5M_5 = 0.$$

c_1 n'étant pas nul par hypothèse, l'équation $\delta = 0$ entraînera la suivante

$$N_5 = 0;$$

et, par suite, il suffira toujours, pour déterminer le nombre des racines réelles, d'avoir égard aux signes des trois fonctions

$$1, \quad 1, \quad -K_5.$$

Supposons enfin

$$\beta^2 - \alpha\gamma = 0, \qquad c_1 c_4^2 K_5 - L_5 M_5 = 0.$$

La dernière de ces deux équations pouvant être mise sous la forme

$$\alpha\delta - \beta\gamma = 0,$$

on aura en même temps

$$\gamma = \frac{\beta^2}{\alpha}, \qquad \delta = \frac{\beta^3}{\alpha^2}.$$

Cela posé, l'équation auxiliaire en y deviendra

$$(\alpha y + \beta)^3 = 0$$

ou, ce qui revient au même,

$$(c_4^2 K_5 y - M_5)^2 = 0.$$

Cette dernière équation aura ses trois racines réelles égales et positives si M_5 n'étant pas nul K_5 et M_5 sont de même signe et, dans ce cas seulement, la proposée pourra avoir toutes ses racines réelles. Pour qu'elles le soient en effet, il sera de plus nécessaire que c_1 soit négatif et que la seconde des équations (10) ait ses trois racines réelles et inégales, ce qui entraîne la condition

$$N_5 < 0.$$

Ainsi, toutes les racines de la proposée seront réelles si l'on a en même temps

$$c_1 < 0, \quad \alpha\delta - \beta\gamma = 0, \quad \beta^2 - \alpha\gamma = 0, \quad K_5 M_5 > 0, \quad N_5 < 0$$

ou, ce qui revient au même, si l'on a

$$c_1 < 0, \quad c_1 c_4^2 K_5 - L_5 M_5 = 0, \quad K_5 L_5 N_5 - M_5^2 = 0, \quad K_5 M_5 > 0, \quad N_5 < 0.$$

Dans cette hypothèse, K_5 et M_5 étant de même signe, il faudra, pour que l'équation $c_1 c_4^2 K_5 - L_5 M_5 = 0$ puisse avoir lieu, que L_5 soit négatif. De plus, comme N_5 est aussi négatif, l'équation $K_5 L_5 N_5 - M_5^2 = 0$ entraînera la condition $K_5 > 0$ et, par suite, on aura encore $M_5 > 0$. Si les conditions précédentes ne sont pas satisfaites et que la quantité

$$c_1 c_4^2 K_5 - L_5 M_5$$

vienne à s'évanouir, le nombre des racines réelles de l'équation donnée, ne pouvant être égal à 5, sera nécessairement déterminé par les signes des trois fonctions

$$1, \quad 1, \quad -K_5.$$

4° Jusqu'ici nous avons supposé que des trois quantités

$$c_1, \quad L_5, \quad c_1 c_4^2 K_5 - L_5 M_5$$

une seule devenait nulle. Mais il peut arriver que deux de ces quantités ou toutes trois à la fois se réduisent à zéro. Au reste, il est facile de prouver que, dans cette hypothèse, on aura nécessairement

$$c_1 = 0.$$

Car, si c_1 n'étant pas nul les deux quantités L_5, $c_1 c_4^2 K_5 - L_5 M_5$ venaient à s'évanouir, on aurait en même temps les deux équations

$$c_4^2 K_5 = 0, \qquad L_5 = 0,$$

auxquelles il est impossible de satisfaire tant que l'on attribue à K_5 une valeur différente de zéro. D'ailleurs, en faisant varier c_2, c_3 et c_4 de quantités très petites mais arbitraires, on ramène facilement l'hypothèse précédente à celle où, des trois quantités

$$c_1, \quad L_5, \quad c_1 c_4^2 K_5 - L_5 M_5,$$

la première toute seule s'évanouit. On peut donc assurer que, dans cette même hypothèse, le nombre des racines réelles est uniquement déterminé par les signes des trois fonctions

$$1, \quad 1, \quad -K_5.$$

Corollaire I. — En résumant tout ce qui a été dit ci-dessus, on arrive aux conclusions suivantes :

Lorsqu'une équation du deuxième ou du troisième degré a toutes ses racines inégales entre elles, le nombre des racines réelles se trouve déterminé, si l'équation est du deuxième degré, par les signes des deux fonctions

$$1, \quad -K_2,$$

et, si l'équation est du troisième degré, par les signes des trois fonctions

$$1, \quad 1, \quad -K_3.$$

Lorsqu'une équation du quatrième ou du cinquième degré a toutes ses racines inégales entre elles, le nombre des racines réelles de cette même équation est déterminé par les fonctions données ci-dessus (problème III, corollaire I), pourvu toutefois qu'aucune de ces fonctions ne s'évanouisse; mais si quelques-unes d'entre elles se réduisent à zéro, alors les fonctions, dont les signes déterminent le nombre des racines réelles, sont, pour l'équation générale du quatrième degré,

$$1, \quad -K_4,$$

et, pour l'équation générale du cinquième degré,

$$1, \quad 1, \quad -K_5.$$

On doit seulement excepter, relativement à l'équation générale du cinquième degré, le cas où la quantité $c_1 c_4^2 K_5 - L_5 M_5$ étant nulle on aurait de plus

$$c_1 < 0, \qquad N_5 < 0, \qquad K_5 M_5 > 0, \qquad K_5 L_5 N_5 - M_5^2 = 0,$$

auquel cas les cinq racines seraient toutes réelles.

Corollaire II. — On peut facilement comparer, jusqu'au quatrième degré, les résultats que nous venons d'obtenir avec les conditions à l'aide desquelles on fixe ordinairement le nombre des racines réelles; et, d'abord, il suit de la théorie précédente que, dans les équations du deuxième et du troisième degré, le nombre de ces racines est toujours déterminé par le signe du dernier terme de l'équation aux carrés des différences, ce que l'on savait déjà.

Je passe à l'équation du quatrième degré. La méthode par laquelle on détermine ordinairement le nombre de ses racines réelles se réduit à ce qui suit. On commence par examiner si le dernier terme de l'équation aux carrés des différences est positif ou négatif. Lorsqu'il est négatif, on en conclut que la proposée a deux racines imaginaires. Lorsqu'il est positif, toutes les racines sont à la fois réelles ou imaginaires; elles sont réelles si l'on a en même temps

$$c_1 < 0, \qquad c_3 - 3c_1^2 < 0;$$

elles sont imaginaires si l'une ou l'autre des deux conditions précédentes vient à manquer.

On peut arriver aux mêmes conclusions par la considération des quatre fonctions trouvées ci-dessus, savoir

$$1, \quad -c_1, \quad c_1 L_4, \quad -L_4 K_4;$$

et, d'abord, si K_4 est négatif, le produit de ces quatre fonctions étant aussi négatif, les fonctions négatives seront en nombre impair. D'ailleurs, le nombre de ces dernières ne pouvant surpasser le nombre de celles qui seront positives, on aura nécessairement, dans l'hypothèse dont il s'agit, une fonction négative, trois positives, et, par suite, deux racines réelles. Ce résultat subsiste dans le cas même où quelques-unes des fonctions données s'évanouissent; car les deux fonctions

$$1, \quad -K_4,$$

qui déterminent alors le nombre des racines réelles, étant toutes deux positives, indiquent deux racines de cette espèce dans l'équation proposée.

Supposons maintenant K_4 positif. Les quatre fonctions données seront positives si les quantités c_1, L_4 sont toutes deux négatives; et, dans ce cas, la proposée aura ses quatre racines réelles. Mais si l'une des quantités c_1, L_4 est positive ou si ces quantités le sont toutes deux en même temps, le nombre des fonctions positives sera égal à celui des négatives; et, par suite, l'équation donnée n'aura pas de racines réelles. Il en serait encore de même si quelques-unes des fonctions que l'on considère venaient à s'évanouir; car il faudrait alors, pour fixer le nombre des racines réelles, avoir recours aux deux fonctions

$$1, \quad -K_4$$

qui, pour une valeur positive de K_4, sont évidemment de signes contraires. Les conditions nécessaires, mais suffisantes, pour que les racines soient toutes réelles sont donc les trois suivantes

$$K_4 > 0, \qquad c_1 < 0, \qquad L_4 < 0.$$

Il nous reste à faire voir qu'elles sont équivalentes à celles que fournissent les méthodes connues, savoir

$$K_4 > 0, \qquad c_1 < 0, \qquad c_3 - 3c_1^2 < 0.$$

On peut aisément démontrer cette assertion ainsi qu'il suit.

Il est d'abord facile de prouver que, si l'on a en même temps

$$K_4 > 0, \qquad c_1 < 0, \qquad L_4 < 0,$$

on aura aussi

$$c_3 - 3c_1^2 < 0;$$

et, en effet, la condition $K_4 > 0$ entraîne la suivante

$$(c_1^2 + c_3)^3 > (4c_2^2 - 3c_1c_3 + c_1^3)^2,$$

qu'on peut aussi mettre sous la forme

$$(c_1^2 + c_3)^3 > \frac{1}{c_1^2}(c_3^2 - c_1^4 - L_4)^2.$$

Cela posé, si c_3 est négatif ou si c_3 étant positif reste inférieur à c_1^2, $c_3 - 3c_1^2$ sera évidemment négatif. Mais si c_3 est positif et supérieur à c_1^2, alors, les deux quantités $c_3^2 - c_1^4$ et L_4 étant positives, on aura

$$c_3^2 - c_1^4 - L_4 > c_3^2 - c_1^4.$$

Or on a déjà trouvé

$$(c_1^2+c_3)^3 > \frac{1}{c_1^2}(c_3^2-c_1^4-L_4)^2.$$

On aura donc par suite

$$(c_1^2+c_3)^3 > \frac{1}{c_1^2}(c_3^2-c_1^4)^2.$$

Si l'on multiplie les deux membres de cette dernière inégalité par

$$\left(\frac{c_1}{c_1^2+c_3}\right)^2,$$

on trouvera qu'elle se réduit à

$$c_1^2(c_1^2+c_3) > (c_3-c_1^2)^2,$$

ou bien encore à

$$c_3(c_3-3c_1^2) < 0;$$

et comme, par hypothèse, c_3 est positif, il faudra nécessairement que $c_3-3c_1^2$ soit négatif; ainsi, dans tous les cas possibles, les trois conditions

$$K_4 > 0, \qquad c_1 < 0, \qquad L_4 < 0$$

entraînent la suivante

$$c_3-3c_1^2 < 0.$$

Réciproquement, si l'on a en même temps

$$K_4 > 0, \qquad c_1 < 0, \qquad c_3-3c_1^2 < 0,$$

on devra aussi avoir nécessairement

$$L_4 < 0;$$

et, en effet, les deux quantités c_1 et $c_3-3c_1^2$ étant négatives par hypothèse, si c_3 est positif la valeur de L_4 donnée par l'équation

$$L_4 = 4c_2^2c_1 + c_3(c_3-3c_1^2)$$

sera évidemment négative. De plus, K_4 ne pouvant être positif à moins que l'on n'ait

$$c_1^2 + c_3 > 0, \qquad (c_1^2 + c_3)^3 > \frac{1}{c_1^2}(c_3^2 - c_1^4 - L_4)^2;$$

si l'on suppose c_3 négatif on aura

$$c_1^2(c_1^2 + c_3)^2 > (c_1^2 + c_3)^3 > \frac{1}{c_1^2}(c_3^2 - c_1^4 - L_4)^2.$$

Mais, c_3 étant négatif, on a aussi

$$c_1^2(c_1^2 + c_3)^2 < \frac{1}{c_1^2}(c_3^2 - c_1^4)^2.$$

On aura donc, par suite,

$$(c_3^2 - c_1^4)^2 > (c_3^2 - c_1^4 - L_4)^2.$$

Pour satisfaire à cette dernière inégalité on est obligé de supposer que

$$c_3^2 - c_1^4 \quad \text{et} \quad L_4$$

sont de même signe; d'ailleurs $c_3^2 - c_1^4$, étant le produit des deux facteurs

$$c_3 + c_1^2, \quad c_3 - c_1^2$$

dont le premier est positif et le second négatif, a nécessairement une valeur négative. Il en sera donc de même de L_4. On ne pourra donc avoir en même temps

$$K_4 > 0, \qquad c_1 < 0, \qquad c_3 - 3c_1^2 < 0$$

sans avoir aussi

$$L_4 < 0,$$

ce qui achève de prouver l'identité des conditions que fournissent, relativement à l'équation générale du quatrième degré, les méthodes connues et celle que nous avons précédemment exposée.

Quant à l'équation générale du cinquième degré, les conditions que nous avons trouvées pour déterminer le nombre de ses racines réelles, lorsque ces racines sont inégales, se réduisent à ce qui suit :

Les cinq racines seront réelles si les quatre quantités

$$-c_1, \quad -L_5, \quad K_5, \quad c_1 c_4^2 K_5 - L_5 M_5$$

sont toutes positives ou si, la dernière de ces quantités étant nulle, on a

$$c_1 < 0, \qquad N_5 < 0, \qquad K_5 M_5 > 0, \qquad K_5 L_5 N_5 - M_5^2 = 0.$$

Dans toute autre hypothèse, la proposée aura une seule racine réelle ou bien elle en aura trois, suivant que la condition $K_5 > 0$ sera ou ne sera pas satisfaite. Les conditions qu'on vient d'énoncer peuvent remplacer celles que fournit l'équation aux carrés des différences et leur sont nécessairement équivalentes; mais il serait peut-être difficile de les en déduire directement.

SUR

LES RACINES IMAGINAIRES DES ÉQUATIONS.

Journal de l'École Polytechnique, XVIIIe Cahier, Tome XI, p. 411; 1820.

Qu'il soit toujours possible de décomposer un polynome en facteurs réels du premier et du deuxième degré ou, en d'autres termes, que toute équation dont le premier membre est une fonction rationnelle et entière de la variable x puisse toujours être vérifiée par des valeurs réelles ou imaginaires de cette variable : c'est une proposition que l'on a déjà prouvée de plusieurs manières. MM. Lagrange, Laplace et Gauss ont employé diverses méthodes pour l'établir et j'en ai moi-même donné une démonstration fondée sur des considérations analogues à celles dont M. Gauss a fait usage. Mais, dans chacune des méthodes que je viens de citer, on fait une attention spéciale au degré de l'équation donnée, et quelquefois même on remonte de cette dernière à d'autres équations d'un degré supérieur. Ces considérations paraissent étrangères à la question et M. Legendre est parvenu à s'en passer (*Théorie des nombres*, 1re Partie, § XIV) en faisant usage du développement en série. Je suis arrivé, en suivant la même idée, à une démonstration qui semble aussi directe et aussi simple qu'on puisse le désirer. Je vais, ici, l'exposer en peu de mots.

Soit $f(x)$ un polynome quelconque en x. Si l'on y substitue pour x une valeur imaginaire $u+v\sqrt{-1}$, on aura

$$(1) \qquad f(u+v\sqrt{-1}) = P + Q\sqrt{-1},$$

P et Q étant deux fonctions réelles de u et v. De plus, si l'on fait

$$(2)\qquad P+Q\sqrt{-1}=R(\cos T+\sqrt{-1}\sin T),$$

R sera ce qu'on appelle le *module de l'expression imaginaire*

$$P+Q\sqrt{-1},$$

et sa valeur sera donnée par l'équation

$$(3)\qquad R^2=P^2+Q^2.$$

Cela posé, le théorème à démontrer c'est que l'on pourra toujours satisfaire par des valeurs réelles de u et de v aux deux équations

$$P=0,\qquad Q=0,$$

ou, ce qui revient au même, à l'équation unique

$$R=0.$$

Il importe donc de savoir quelles sont les diverses valeurs que peut recevoir la fonction R et comment cette fonction varie avec u et v. On y parviendra comme il suit.

Supposons que les quantités u et v obtiennent à la fois les accroissements h et k, et soient ΔP, ΔQ, ΔR les accroissements correspondants de P, Q, R. Les équations (3) et (1) deviendront respectivement

$$(4)\qquad (R+\Delta R)^2=(P+\Delta P)^2+(Q+\Delta Q)^2,$$

$$(5)\qquad \left\{\begin{aligned} P+\Delta P+(Q+\Delta Q)\sqrt{-1}&=f(u+v\sqrt{-1}+h+k\sqrt{-1})\\ &=f(u+v\sqrt{-1})+(h+k\sqrt{-1})\,f_1(u+v\sqrt{-1})\\ &\qquad+(h+k\sqrt{-1})^2 f_2(u+v\sqrt{-1})+\ldots,\end{aligned}\right.$$

f_1, f_2, ... désignant de nouvelles fonctions. Pour déduire de l'équation (5) les valeurs de $P+\Delta P$ et de $Q+\Delta Q$, il suffit de ramener le second membre à la forme $p+q\sqrt{-1}$. C'est ce que l'on fera en substituant à $f(u+v\sqrt{-1})$ sa valeur $R(\cos T+\sqrt{-1}\sin T)$ et posant, en outre,

$$h + k\sqrt{-1} = \rho(\cos\theta + \sqrt{-1}\sin\theta),$$
$$f_1(u + v\sqrt{-1}) = R_1(\cos T_1 + \sqrt{-1}\sin T_1),$$
$$f_2(u + v\sqrt{-1}) = R_2(\cos T_2 + \sqrt{-1}\sin T_2),$$
$$\cdots\cdots\cdots\cdots\cdots\cdots$$

Après les réductions effectuées, l'équation (5) deviendra

$$(6)\quad \left\{\begin{aligned} & P + \Delta P + (Q + \Delta Q)\sqrt{-1} \\ & \quad = R\cos T + R_1\rho\cos(T_1 + \theta) + R_2\rho^2\cos(T_2 + 2\theta) + \ldots \\ & \qquad + [R\sin T + R_1\rho\sin(T_1 + \theta) + R_2\rho^2\sin(T_2 + 2\theta) + \ldots]\sqrt{-1}, \end{aligned}\right.$$

et l'on en conclura

$$(7)\quad \left\{\begin{aligned} P + \Delta P &= R\cos T + R_1\rho\cos(T_1 + \theta) + R_2\rho^2\cos(T_2 + 2\theta) + \ldots, \\ Q + \Delta Q &= R\sin T + R_1\rho\sin(T_1 + \theta) + R_2\rho^2\sin(T_2 + 2\theta) + \ldots; \end{aligned}\right.$$

$$(8)\quad \left\{\begin{aligned} (R + \Delta R)^2 = & [R\cos T + R_1\rho\cos(T_1 + \theta) + R_2\rho^2\cos(T_2 + 2\theta) + \ldots]^2 \\ & + [R\sin T + R_1\rho\sin(T_1 + \theta) + R_2\rho^2\sin(T_2 + 2\theta) + \ldots]^2. \end{aligned}\right.$$

Supposons maintenant que, pour certaines valeurs attribuées aux variables u et v, l'équation

$$R = 0$$

ne soit pas satisfaite. Si, dans cette hypothèse, R_1 n'est pas nul, le second membre de l'équation (8), ordonné suivant les puissances ascendantes de ρ, deviendra

$$R^2 + 2RR_1\rho\cos(T_1 - T + \theta) + \ldots;$$

et, par suite, la quantité

$$(R + \Delta R)^2 - R^2,$$

ou l'accroissement de R^2 ordonné suivant les puissances ascendantes de ρ, aura pour premier terme

$$2RR_1\rho\cos(T_1 - T + \theta).$$

Si, dans la même hypothèse, R_1 était nul sans que R_2 le fût, l'accroissement de R^2 aurait pour premier terme

$$2RR_2\rho^2\cos(T_2-T+2\theta),$$

etc., etc. Enfin ce premier terme deviendrait

$$2RR_n\rho^n\cos(T_n-T+n\theta)$$

si, pour les valeurs données de u et v, toutes les quantités R_1, R_2, ... s'évanouissaient jusqu'à R_{n-1} inclusivement. D'ailleurs, si l'on attribue à ρ des valeurs positives très petites et à θ des valeurs quelconques, ou, ce qui revient au même, si l'on attribue aux quantités h et k des valeurs numériques très petites, l'accroissement de R^2, savoir

$$(R+\Delta R)^2-R^2,$$

sera de même signe que son premier terme représenté généralement par le produit

$$(9)\qquad 2RR_n\rho^n\cos(T_n-T+n\theta);$$

et comme on peut disposer de la valeur arbitraire de θ de manière à rendre $\cos(T_n-T+n\theta)$, c'est-à-dire le dernier facteur du produit (9) et, par suite, le produit lui-même, ou positif ou négatif, il en résulte que, dans le cas où des valeurs particulières attribuées aux variables u et v ne vérifient pas l'équation $R=0$, la valeur correspondante de R^2 ne peut être ni un maximum ni un minimum. Donc, si l'on peut s'assurer, *a priori*, que R^2 admet une valeur minimum, on devra en conclure que cette valeur est nulle et qu'il est possible de satisfaire à l'équation $R=0$.

Or, R^2 admettra évidemment un minimum correspondant à des valeurs finies de u et de v si, pour de très grandes valeurs numériques de ces mêmes variables, R^2 finit par devenir supérieur à toute quantité donnée. D'ailleurs, si l'on fait

$$u+v\sqrt{-1}=r(\cos z+\sqrt{-1}\sin z),$$

à de très grandes valeurs numériques de u et v correspondront de très grandes valeurs de r et réciproquement. Donc, pour que l'on puisse satisfaire à l'équation $R=0$ par des valeurs réelles et finies des variables u et v, il est nécessaire et il suffit que la quantité R^2 déterminée par les équations

$$(10) \qquad \begin{cases} R^2 = P^2 + Q^2, \\ P + Q\sqrt{-1} = f[r(\cos z + \sqrt{-1}\sin z)] \end{cases}$$

finisse par devenir constamment, pour de très grandes valeurs de r, supérieure à tout nombre donné.

La conclusion précédente subsiste également, que la fonction $f(x)$ soit entière ou non. Elle exige seulement que P et Q soient des fonctions continues des variables u et v et que les quantités $R_1, R_2, \ldots$ ne deviennent jamais infinies pour des valeurs finies de ces mêmes variables.

Supposons, en particulier, que la fonction $f(x)$ soit entière et faisons en conséquence

$$f(x) = a_0 x^n + a_1 x^{n-1} + \ldots + a_{n-1} x + a_n.$$

Les équations (10) donneront

$$\begin{aligned} P + Q\sqrt{-1} &= f(r\cos z + r\sin z\sqrt{-1}) \\ &= a_0 r^n \cos nz + a_1 r^{n-1}\cos(n-1)z + \ldots + a_{n-1} r\cos z + a_n \\ &\quad + [a_0 r^n \sin nz + a_1 r^{n-1}\sin(n-1)z + \ldots + a_{n-1} r \sin z]\sqrt{-1}, \end{aligned}$$

$$P = a_0 r^n\left[\cos nz + \frac{a_1}{a_0}\frac{\cos(n-1)z}{r} + \ldots + \frac{a_{n-1}}{a_0}\frac{\cos z}{r^{n-1}} + \frac{a_n}{a_0}\frac{1}{r^n}\right],$$

$$Q = a_0 r^n\left[\sin nz + \frac{a_1}{a_0}\frac{\sin(n-1)z}{r} + \ldots + \frac{a_{n-1}}{a_0}\frac{\sin z}{r^{n-1}}\right],$$

$$R^2 = P^2 + Q^2 = a_0^2 r^{2n}\left[1 + \frac{2a_1\cos z}{a_0}\frac{1}{r} + \ldots + \left(\frac{a_n}{a_0}\right)^2 \frac{1}{r^{2n}}\right].$$

Or, il est clair que, pour de très grandes valeurs de r, la valeur précédente de R^2 finira par surpasser toute quantité donnée. Donc, en vertu de ce qui a été dit plus haut, on pourra satisfaire par des valeurs réelles de u et de v à l'équation

$$R = 0,$$

ou, ce qui revient au même, aux deux suivantes

$$P = 0, \qquad Q = 0.$$

Au reste, la méthode ci-dessus exposée n'est pas uniquement applicable au cas où la fonction $f(x)$ est entière; et, lors même que cette fonction cesse de l'être, les raisonnements dont nous avons fait usage peuvent servir à décider s'il est possible de satisfaire à l'équation

$$f(x) = 0$$

par des valeurs réelles ou imaginaires de la variable x.

MÉMOIRE

SUR UNE ESPÈCE PARTICULIÈRE

DE MOUVEMENT DES FLUIDES.

Journal de l'École Polytechnique, XIXe Cahier, t. XII, p. 204; 1823.

Lorsqu'un fluide se meut dans un vase de figure quelconque, la vitesse et la pression en chaque point varient d'un instant à l'autre, et, par conséquent, elles dépendent, en général, de quatre variables, savoir, le temps et les coordonnées du point que l'on considère. Ces quatre variables se réduiront à deux si le mouvement a lieu de telle manière que deux molécules ne puissent occuper successivement la même place sans décrire la même courbe. Nous allons nous occuper, en particulier, de cette espèce de mouvement d'une masse fluide qu'on peut appeler *mouvement par filets*. Pour le déterminer plus facilement, nous commencerons par établir un théorème qui se rapporte aux fluides en équilibre et dont voici l'énoncé :

Théorème. — *Concevons que, dans un fluide en équilibre, on trace une courbe à volonté. Nommons s l'arc de cette courbe compté à partir d'un point fixe et soient, à l'extrémité de cet arc, p la pression, ρ la densité, P la force accélératrice. Enfin, désignons par α l'angle compris entre la direction de la force P et celle de la courbe à l'extrémité de l'arc s. On aura, en supposant toutes les variables exprimées en fonction de s,*

$$\frac{\partial p}{\partial s} = \rho P \cos\alpha. \tag{1}$$

Démonstration. — En effet, si l'on rapporte tous les points de l'espace à trois axes rectangulaires et que l'on désigne par X, Y, Z les composantes algébriques de la force P parallèlement à ces mêmes axes, on aura, en supposant d'abord toutes les variables exprimées en fonction de x, y, z,

$$(2)\qquad \begin{cases} \dfrac{\partial p}{\partial x} = \rho X, \\ \dfrac{\partial p}{\partial y} = \rho Y, \\ \dfrac{\partial p}{\partial z} = \rho Z. \end{cases}$$

D'ailleurs, pour la courbe que l'on considère, x, y, z deviennent fonctions de s et si l'on substitue leurs valeurs en s dans la valeur générale de p, il en résultera une nouvelle fonction de s qui vérifiera la formule

$$(3)\qquad \frac{dp}{ds} = \frac{\partial p}{\partial x}\frac{dx}{ds} + \frac{\partial p}{\partial y}\frac{dy}{ds} + \frac{\partial p}{\partial z}\frac{dz}{ds} = \rho\left(X\frac{dx}{ds} + Y\frac{dy}{ds} + Z\frac{dz}{ds}\right).$$

D'autre part, les cosinus des angles que forment avec les axes la direction de la force P et celle de la courbe proposée à l'extrémité de l'arc s étant respectivement

$$\frac{X}{P},\quad \frac{Y}{P},\quad \frac{Z}{P},$$

$$\frac{dx}{ds},\quad \frac{dy}{ds},\quad \frac{dz}{ds},$$

on en conclura, pour l'expression du cosinus de l'angle compris entre les deux directions,

$$(4)\qquad \cos\alpha = \frac{X}{P}\frac{dx}{ds} + \frac{Y}{P}\frac{dy}{ds} + \frac{Z}{P}\frac{dz}{ds}.$$

En vertu de cette dernière formule, l'équation (3) se trouvera réduite à

$$(1)\qquad \frac{dp}{ds} = \rho P \cos\alpha,$$

ce qu'il fallait démontrer.

On peut remarquer en passant que la pression sera constante dans toute l'étendue de la courbe donnée si l'on a $\cos\alpha = 0$, c'est-à-dire si cette courbe est perpendiculaire en tous ses points à la direction de la force accélératrice, ce qui s'accorde avec la propriété bien connue des surfaces de niveau.

On peut encore remarquer que $P\cos\alpha$ représente, au signe près, la projection de la force P sur la tangente à la courbe que l'on considère.

Concevons à présent que le fluide se meuve et se partage en un nombre infini de filets, de telle sorte que la courbe décrite par une molécule, à partir d'un point donné, soit constamment suivie par celles qui lui succèdent au même point. Nommons s l'arc d'une semblable courbe, compté à partir d'une origine fixe dans le sens du mouvement, et t le temps mesuré à partir d'une époque fixe. Soient de plus, au bout du temps t et à l'extrémité de l'arc s,

ρ la densité,

p la pression,

v la vitesse,

P la force accélératrice appliquée au fluide,

α l'angle compris entre la direction de cette force accélératrice et la direction de la vitesse,

Q la force accélératrice qui serait capable de produire le mouvement observé,

β l'angle compris entre la direction de cette force et celle de la vitesse.

Enfin, imaginons que, la force P étant décomposée en deux autres, dont l'une soit la force Q elle-même, la direction de la seconde composante représentée par R fasse, avec la direction de la vitesse v, l'angle γ. Les quantités ρ, p, v, P, Q, R, α, β, γ seront autant de fonctions des deux variables indépendantes s, t et, en vertu du principe général de Dynamique, la pression p sera précisément celle qui aurait lieu dans l'état d'équilibre du fluide uniquement soumis à la force accélératrice R. Par conséquent, le théorème ci-dessus démontré fournira l'équation

$$\frac{\partial p}{\partial s} = \rho R \cos\gamma. \tag{5}$$

D'ailleurs, Q et R étant les composantes de la force P, si l'on projette ces trois forces sur la direction de la vitesse, on trouvera

$$(6) \qquad P\cos\alpha = Q\cos\beta + R\cos\gamma.$$

Donc, par suite,

$$(7) \qquad \frac{\partial p}{\partial s} = \rho(P\cos\alpha - Q\cos\beta).$$

Observons maintenant que, si l'on appelle x, y, z les coordonnées rectangulaires de la molécule située à l'extrémité de l'arc s et X, Y, Z les projections algébriques sur les axes de la force accélératrice P, la valeur de $\cos\alpha$ vérifiera l'équation (4), et qu'on aura, en conséquence,

$$(8) \qquad P\cos\alpha = X\frac{dx}{ds} + Y\frac{dy}{ds} + Z\frac{dz}{ds}.$$

De plus, la courbe que suit cette molécule pouvant être censée décrite en vertu de la seule force accélératrice Q, la variation de la vitesse v, pendant un instant très court Δt compté à partir de la fin du temps t, pourra être considérée, sans erreur sensible, comme uniquement due à la force Q décomposée suivant la courbe dont il s'agit, c'est-à-dire à la force accélératrice représentée par la valeur numérique du produit $Q\cos\beta$. Il est aisé d'en conclure que ce produit sera équivalent, à très peu près, à la variation de la vitesse divisée par Δt. Or, l'espace parcouru pendant l'instant Δt étant sensiblement égal à $v\Delta t$ et la vitesse étant fonction des deux variables s et t, si, pour fixer les idées, on suppose

$$v = f(s, t),$$

en désignant par ε un nombre très petit, on trouvera, pour la variation de la vitesse pendant l'instant Δt, une expression de la forme

$$f[s + (v + \varepsilon)\Delta t, t + \Delta t] - f(s, t).$$

En divisant cette variation par Δt, puis faisant converger Δt vers la limite zéro, on obtiendra la valeur suivante de $Q\cos\beta$:

$$Q\cos\beta = v\frac{\partial f(s, t)}{\partial s} + \frac{\partial f(s, t)}{\partial t}$$

ou, ce qui revient au même,

$$(9) \qquad Q\cos\beta = v\frac{\partial v}{\partial s} + \frac{\partial v}{\partial t}.$$

Si dans l'équation (7) on remet, pour $P\cos\alpha$ et $Q\cos\beta$, leurs valeurs tirées des équations (8) et (9), on trouvera définitivement

$$(10) \qquad \frac{\partial p}{\partial s} = \rho\left(\frac{X\,dx + Y\,dy + Z\,dz}{ds} - v\frac{\partial v}{\partial s} - \frac{\partial v}{\partial t}\right).$$

Telle est la formule différentielle qui exprime la relation existant entre la pression et la vitesse dans le mouvement par filets d'une masse fluide. Ajoutons que, dans ce même mouvement, la vitesse v peut être décomposée en deux facteurs dont l'un dépende uniquement de la variable s et l'autre de la variable t. Pour le démontrer, imaginons la masse fluide divisée en filets dont les sections transversales soient très petites et varient d'un bout à l'autre d'un filet donné, de manière que les mêmes molécules passent successivement par chacune d'elles. La quantité de fluide qui passera, pendant un instant très court, par une section plane faite dans ce filet perpendiculairement à sa longueur, sera proportionnelle, d'une part, à l'aire de la section, de l'autre, à la vitesse des molécules qu'elle renferme à l'instant dont il s'agit; et, comme cette quantité de fluide devra rester la même pour toutes les positions possibles du plan coupant, il est clair que, à chaque instant, les vitesses de deux molécules comprises dans deux sections différentes seront en raison inverse des aires de ces sections. Par suite, si v désigne toujours la vitesse, au bout du temps t, de la molécule fluide située dans un certain filet à l'extrémité de l'arc s et si, de plus, on représente par v_0 la vitesse à la même époque d'une autre molécule située dans le même filet à l'extrémité de l'arc s_0, s_0 étant une valeur particulière et constante de la variable s, le rapport $\frac{v}{v_0}$ dépendra uniquement de cette variable.

On pourra donc supposer

$$\frac{v}{v_0} = \mu$$

ou

(11) $$v = v_0 \mu,$$

μ étant une fonction de la seule variable s et v_0 une fonction de la seule variable t, ce qu'il fallait démontrer. Il nous reste à faire quelques applications des formules (10) et (11).

Supposons d'abord que le mouvement du fluide soit ce qu'on appelle un *mouvement permanent,* c'est-à-dire que la vitesse de chaque molécule et la direction de cette vitesse dépendent uniquement de la position absolue de la molécule que l'on considère. Alors, la valeur de v ne variant plus avec le temps, on aura

(12) $$\frac{\partial v}{\partial t} = 0;$$

ce qui réduira la formule (10) à

(13) $$\frac{dp}{ds} = \rho\left(\frac{\mathrm{X}\,dx + \mathrm{Y}\,dy + \mathrm{Z}\,dz}{ds} - \frac{v\,dv}{ds}\right).$$

Concevons que, dans cette hypothèse, la densité ρ ait une valeur constante et que l'expression

$$\mathrm{X}\,dx + \mathrm{Y}\,dy + \mathrm{Z}\,dz$$

puisse être ramenée, comme il arrive dans beaucoup de cas, à la forme $d\lambda$, λ représentant une certaine fonction des coordonnées x, y, z. Il deviendra facile d'intégrer l'équation (13) ou, en d'autres termes, la suivante

(14) $$\frac{dp}{ds} = \rho\left(\frac{d\lambda}{ds} - \frac{v\,dv}{ds}\right).$$

En effectuant les intégrations par rapport à la variable indépendante s à partir de la valeur particulière $s = s_0$ et désignant par p_0, λ_0, v_0 les valeurs particulières correspondantes des variables p, λ, v, on trouvera

$$(15) \qquad p - p_0 = \rho\left[\lambda - \lambda_0 - \frac{1}{2}(v^2 - v_0^2)\right].$$

Par suite, si la pression à l'extrémité de l'arc s est la même qu'à l'extrémité de l'arc s_0, on aura simplement

$$\lambda - \lambda_0 - \frac{1}{2}(v^2 - v_0^2) = 0,$$

et l'on en conclura

$$(16) \qquad v^2 - v_0^2 = 2(\lambda - \lambda_0) = 2\int(X\,dx + Y\,dy + Z\,dz).$$

Il résulte de cette dernière formule que, *dans le mouvement permanent, une molécule fluide, en parcourant une courbe aux extrémités de laquelle les pressions sont égales, gagne ou perd la même quantité de force vive que gagnerait ou que perdrait dans le vide une molécule solide douée de la même masse et de la même vitesse initiale, assujettie à décrire la même courbe et soumise aux mêmes forces accélératrices.*

Le principe qu'on vient d'énoncer suffit quelquefois pour faire découvrir parmi les circonstances du mouvement celles qu'il importe le plus de connaître. Admettons, par exemple, qu'un fluide pesant et homogène s'écoule d'un vase entretenu constamment plein par un orifice très petit. Alors, au bout d'un temps plus ou moins considérable, le mouvement devient sensiblement permanent et, par conséquent, la vitesse du fluide à la sortie du vase devient à très peu près constante. Or il sera facile, à l'aide du principe établi, de calculer cette vitesse. En effet, la pression atmosphérique étant, à très peu près, la même sur la surface supérieure de la masse fluide contenue dans le vase et sur la surface latérale de la veine qui s'en échappe, la force vive acquise par une molécule, dans le passage de la première surface à la seconde, devra être, en vertu de ce principe, le produit de la masse de la molécule par le carré de la vitesse qu'acquerrait dans le vide un corps pesant descendant de la même hauteur. Donc, si l'on nomme h cette hauteur, v_0 la vitesse de la molécule à son entrée dans le vase et v sa vitesse au moment de la sortie, on trouvera, en divisant la variation de la force vive par la masse,

$$v^2 - v_0^2 = 2gh. \tag{17}$$

On aura d'ailleurs, en vertu de la formule (11),

$$v = v_0 \mu,$$

μ désignant le rapport des sections faites, dans un filet fluide qui renferme la molécule et aux extrémités de ce même filet, par des plans perpendiculaires à sa longueur. Cela posé, on tirera de l'équation (17)

$$v = \frac{\sqrt{(2gh)}}{\sqrt{\left(1 - \frac{1}{\mu^2}\right)}}. \tag{18}$$

La valeur de μ devant être très considérable lorsque l'orifice est très petit, on peut, dans une première approximation, négliger le terme $\frac{1}{\mu^2}$, ce qui réduit la formule (18) à

$$v = \sqrt{(2gh)}. \tag{19}$$

Les équations (18) et (19) sont celles que l'on déduit ordinairement des calculs fondés sur l'hypothèse du *parallélisme des tranches*. Lorsqu'on veut faire usage de l'équation (18), on prend pour valeur de μ le rapport entre la surface supérieure du fluide qui, en général, est sensiblement plane et la section minimum de la veine qui sort par l'orifice, ce qui serait exact si toutes les molécules fluides, même celles qui décrivent des courbes différentes, arrivaient dans le vase et dans la section minimum de la veine avec des vitesses communes.

Supposons maintenant que le mouvement du fluide cesse d'être permanent. Alors, en substituant dans l'équation (10) la valeur de v tirée de la formule (11), on trouvera

$$\frac{\partial p}{\partial s} = \rho\left(\frac{X\,dx + Y\,dy + Z\,dz}{ds} - v_0^2 \frac{\mu\,d\mu}{ds} - \mu \frac{dv_0}{dt}\right). \tag{20}$$

Si l'on admet toujours que la densité ρ soit constante et que l'expression $X\,dx + Y\,dy + Z\,dz$ se réduise à $d\lambda$, λ étant une fonction des coordonnées x, y, z, on pourra intégrer, par rapport à s, l'équation (20) ou, ce qui revient au même, la suivante

$$\frac{\partial p}{\partial s} = \rho\left(\frac{d\lambda}{ds} - v_0^2\,\frac{\mu\,d\mu}{ds} - \mu\,\frac{dv_0}{dt}\right); \tag{21}$$

et, en désignant par s_0, p_0, λ_0, v_0 des valeurs particulières correspondantes des variables s, p, λ, v, on obtiendra la formule

$$p - p_0 = \rho\left[\lambda - \lambda_0 - \frac{1}{2}\,v_0^2(\mu^2 - 1) - \frac{dv_0}{dt}\int \mu\,ds\right] \tag{22}$$

dans laquelle l'intégrale relative à s est prise à partir de l'origine s_0. Enfin, si l'on suppose que la pression soit la même aux extrémités des arcs s_0 et s, on aura simplement

$$\lambda - \lambda_0 - \frac{1}{2}\,v_0^2(\mu^2 - 1) - \frac{dv_0}{dt}\int \mu\,ds = 0$$

et, par suite,

$$v_0^2(\mu^2 - 1) + 2\,\frac{dv_0}{dt}\int \mu\,ds = 2(\lambda - \lambda_0). \tag{23}$$

Le coefficient différentiel $\frac{dv_0}{dt}$ étant toujours positif quand la vitesse v_0 croît avec le temps et le binome $\lambda - \lambda_0$ représentant une quantité finie indépendante de la variable t, il résulte évidemment de l'équation (23) que, dans le cas où les différences $\mu^2 - 1$, $s - s_0$ sont de même signe, c'est-à-dire lorsque les filets vont en se rétrécissant dans le sens du mouvement, la vitesse v_0 ne saurait recevoir un accroissement indéfini. Donc alors, si cette vitesse a commencé par croître, elle ne s'élèvera pas au delà d'un certain maximum ou, du moins, ne dépassera pas une certaine limite. Lorsqu'elle aura sensiblement atteint ce maximum ou cette limite, on aura, à très peu près,

$$\frac{dv_0}{dt} = 0 \tag{24}$$

et, par suite,

$$v_0^2(\mu^2 - 1) = 2(\lambda - \lambda_0)$$

ou, en d'autres termes,

$$v^2 - v_0^2 = 2(\lambda - \lambda_0), \tag{25}$$

comme dans le cas du mouvement permanent.

Si l'on veut appliquer les formules précédentes à un fluide pesant, alors, en supposant que l'on prenne pour axe des x une droite verticale et que l'on compte les x positives dans le sens de la pesanteur, on trouvera

$$X = g, \qquad Y = 0, \qquad Z = 0,$$

$$d\lambda = X\,dx + Y\,dy + Z\,dz = g\,dx;$$

on en conclura

$$\lambda - \lambda_0 = g(x - x_0).$$

Cela posé, les équations (22), (23) et (25) deviendront respectivement

$$p - p_0 = \rho\left[g(x - x_0) - \frac{1}{2}v_0^2(\mu^2 - 1) - \frac{dv_0}{dt}\int \mu\,ds\right], \tag{26}$$

$$v_0^2(\mu^2 - 1) + 2\frac{dv_0}{dt}\int \mu\,ds = 2g(x - x_0), \tag{27}$$

$$v^2 - v_0^2 = 2g(x - x_0). \tag{28}$$

La dernière de celles-ci s'accorde avec l'équation (17), puisque $x - x_0$ représente précisément la hauteur verticale de laquelle descend une molécule fluide, en passant du point dont l'abscisse est x_0 au point dont l'abscisse est x.

En terminant ce Mémoire sur le mouvement par filets d'une masse fluide, nous ferons remarquer que l'espèce de mouvement désignée sous ce nom a nécessairement lieu lorsque la masse entière se réduit à un filet fluide contenu dans un tube infiniment étroit. Par conséquent, la formule (26) est applicable aux oscillations de l'eau dans un tube recourbé (*voir* la *Mécanique* de M. Poisson, Liv. V). Si dans cette même formule on attribue successivement aux variables p, x, μ, s les deux systèmes de valeurs particulières qu'elles acquièrent aux deux extrémités du filet fluide à la fin du temps t et que l'on désigne ces valeurs particulières par p', x', μ', s' ; p'', x'', μ'', s'', on trouvera

$$(29)\qquad p' - p_0 = \rho\left[g(x' - x_0) - \frac{1}{2}v_0^2(\mu'^2 - 1) - \frac{dv_0}{dt}\int \mu\, ds\right],$$

$$(30)\qquad p'' - p_0 = \rho\left[g(x'' - x_0) - \frac{1}{2}v_0^2(\mu''^2 - 1) - \frac{dv_0}{dt}\int \mu\, ds\right],$$

l'intégration relative à s devant être faite, dans la première équation, entre les limites s_0, s', et, dans la seconde, entre les limites s_0, s''. En retranchant l'une de l'autre les deux équations qui précèdent, on obtiendra la suivante

$$(31)\qquad p'' - p' = \rho\left[g(x'' - x') - \frac{1}{2}v_0^2(\mu''^2 - \mu'^2) - \frac{dv_0}{dt}\int \mu\, ds\right],$$

dans laquelle l'intégrale relative à s est prise entre les limites s', s''. Si l'on suppose d'ailleurs que la pression p ait la même valeur aux deux extrémités du filet fluide, la formule (31) deviendra

$$(32)\qquad g(x'' - x') - \frac{1}{2}v_0^2(\mu''^2 - \mu'^2) - \frac{dv_0}{dt}\int \mu\, ds = 0.$$

Cette dernière, dans laquelle v_0 désigne la vitesse au bout du temps t en un point fini du tube, coïncide avec l'équation (2) de la *Mécanique* de M. Poisson (Liv. V, § II).

MÉMOIRE

SUR

L'INTÉGRATION DES ÉQUATIONS LINÉAIRES

AUX

DIFFÉRENTIELLES PARTIELLES ET A COEFFICIENTS CONSTANTS [1].

Journal de l'École Polytechnique, XIXe Cahier, Tome XII, p. 511; 1823.

L'objet que je me propose dans ce Mémoire est de résoudre la question suivante :

Étant donnée, entre la variable principale φ *et les variables indépendantes* $x, y, z, \ldots, t$, *une équation linéaire aux différences partielles et à coefficients constants avec un dernier terme fonction des variables indépendantes, intégrer cette équation de manière que les quantités*

$$\varphi, \quad \frac{\partial\varphi}{\partial t}, \quad \frac{\partial^2\varphi}{\partial t^2}, \quad \ldots$$

se réduisent à des fonctions connues de $x, y, z, \ldots$ *pour* $t = 0$.

[1] Ce Mémoire, présenté à l'Académie royale des Sciences le 16 septembre 1822, est le développement de celui que M. Cauchy avait donné, sous le même titre, le 8 octobre 1821. Mais il en diffère quant à la manière d'envisager la question principale et renferme en outre des additions importantes. Plusieurs de ces additions étaient déjà indiquées par les Notes insérées, soit dans le *Bulletin de la Société philomathique* pour l'année 1821, soit dans l'Analyse des travaux de l'Académie des Sciences pendant la même année. D'autres, savoir celles qui font le sujet du quatrième paragraphe de la première Partie, ont eu pour base un théorème dont l'auteur avait signalé, il y a longtemps, les nombreuses applications, dans une lecture faite à la même Académie, et à l'aide duquel il était parvenu à exprimer par des intégrales doubles les racines réelles d'une équation quelconque algébrique ou transcendante.

La solution générale de cette question peut se déduire d'une formule qui, employée d'abord par M. Fourier dans le Mémoire sur la chaleur, a été depuis appliquée à d'autres problèmes et, en particulier, par M. Poisson et moi à la théorie des ondes. De plus, les résultats fournis par la méthode générale sont, dans beaucoup de cas, susceptibles d'être simplifiés à l'aide de quelques autres formules qu'il importe de connaître. Nous réunirons ces diverses formules dans la première Partie de notre Mémoire et, dans la seconde, nous résoudrons la question proposée.

PREMIÈRE PARTIE.

§ I. La formule de M. Fourier, étendue à un nombre n de variables $x, y, z, \ldots$ sert à remplacer une fonction quelconque de ces variables par une intégrale multiple dans laquelle $x, y, z, \ldots$ ne se trouvent plus que sous les signes sin et cos. Elle peut s'écrire comme il suit :

$$(1)\quad \left\{ \begin{aligned} f(x, y, z, \ldots) = \left(\frac{1}{2\pi}\right)^n \int\!\!\int\!\!\int \ldots \cos\alpha(x-\mu)\cos\beta(y-\nu)\cos\gamma(z-\varpi)\ldots \\ \times f(\mu, \nu, \varpi, \ldots)\, d\alpha\, d\mu\, d\beta\, d\nu\, d\gamma\, d\varpi \ldots, \end{aligned} \right.$$

les intégrations relatives à $\alpha, \beta, \gamma, \ldots$ étant effectuées entre les limites $-\infty, +\infty$ et celles qui se rapportent à $\mu, \nu, \varpi, \ldots$ entre des limites quelconques, pourvu que ces limites comprennent les valeurs attribuées à $x, y, z, \ldots$. Pour rendre plus faciles les applications de cette même formule, il convient de la modifier un peu en substituant aux cosinus des exponentielles imaginaires et d'écrire simplement

$$(2)\quad \left\{ \begin{aligned} f(x, y, z, \ldots) = \left(\frac{1}{2\pi}\right)^n \int\!\!\int\!\!\int \ldots e^{\alpha(x-\mu)\sqrt{-1}} e^{\beta(y-\nu)\sqrt{-1}} e^{\gamma(z-\varpi)\sqrt{-1}} \ldots \\ \times f(\mu, \nu, \varpi, \ldots)\, d\alpha\, d\mu\, d\beta\, d\nu\, d\gamma\, d\varpi \ldots. \end{aligned} \right.$$

Il est essentiel d'observer que les fonctions renfermées sous les signes $\int\!\!\int\!\!\int \ldots$, dans les intégrales multiples qui forment les seconds membres des équations (1) et (2), passent du positif au négatif par la seule variation des quantités $\alpha, \beta, \gamma, \ldots$. Il en résulte que ces intégrales multiples pourront devenir indéterminées mais jamais infinies. Toutes les fois qu'elles deviendront effectivement indéterminées, il suffira, pour faire cesser l'indétermination, de multiplier dans chacune d'elles la fonction sous les signes $\int\int\int\ldots$ par un facteur auxiliaire de la forme

$$(3)\qquad \frac{\psi(k\alpha,\ k'\beta,\ k''\gamma,\ \ldots)}{\psi(0,\ 0,\ 0,\ \ldots)},$$

la lettre ψ indiquant une fonction convenablement choisie ([1]) et k, k', k'', ... désignant des quantités positives infiniment petites qu'on devra réduire à zéro après les intégrations effectuées. En supposant, pour plus de commodité,

$$k = k' = k'' = \ldots,$$

on réduira le facteur auxiliaire à

$$(4)\qquad \frac{\psi(k\alpha,\ k\beta,\ k\gamma,\ \ldots)}{\psi(0,\ 0,\ 0,\ \ldots)}.$$

Par suite, on pourra, dans un grand nombre de cas, prendre pour ce même facteur l'une des expressions

$$(5)\qquad \frac{1}{1 + k^2(\alpha^2 + \beta^2 + \gamma^2 + \ldots)},$$

$$(6)\qquad e^{-k\sqrt{\alpha^2+\beta^2+\gamma^2+\ldots}},$$

$$(7)\qquad e^{-k^2(\alpha^2+\beta^2+\gamma^2+\ldots)},$$

. . . .

Nous ajouterons que l'emploi du facteur auxiliaire suffit pour établir les formules (1) et (2) ([2]). C'est ce que nous allons prouver en nous

([1]) Est-il possible, dans tous les cas, de choisir la fonction ψ de manière à faire cesser l'indétermination? Si cette question était résolue négativement, il est clair qu'on devrait restreindre les applications des formules (1) et (2) aux seuls cas pour lesquels la condition qu'on vient d'énoncer serait satisfaite. Mais rien jusqu'à présent ne nous porte à croire que l'on se trouve jamais dans l'impossibilité de la remplir.

([2]) Lorsqu'on veut choisir le facteur de telle manière que, la formule (1) étant établie, on en déduise immédiatement la formule (2), on doit avoir soin de prendre pour

$$\psi(k\alpha,\ k\beta,\ k\gamma,\ \ldots)$$

une fonction des variables α, β, γ, ... qui ait la propriété, comme les expressions (5), (6), (7), de conserver la même valeur, tandis que toutes ces variables ou quelques-unes d'entre elles changent de signes.

arrêtant, pour simplifier les calculs, à la formule (1) et nous bornant au cas où les variables $x, y, z, \ldots$ se trouvent remplacées par la seule variable x. Dans ce cas, la formule (1) se réduit à

$$f(x) = \frac{1}{2\pi}\int_{-\infty}^{\infty}\int_{\mu'}^{\mu''}\cos\alpha(x-\mu)\,f(\mu)\,d\alpha\,d\mu, \tag{8}$$

l'intégration relative à α étant effectuée entre les limites $-\infty$, $+\infty$ et l'intégration relative à μ entre des limites μ', μ'' qui comprennent la valeur attribuée à la variable x. Pour empêcher que le second membre de la formule (8) ne devienne indéterminé, on devra écrire généralement

$$f(x) = \frac{1}{2\pi}\int_{-\infty}^{\infty}\int_{\mu'}^{\mu''}\frac{\psi(k\alpha)}{\psi(0)}\cos\alpha(x-\mu)\,f(\mu)\,d\alpha\,d\mu, \tag{9}$$

k désignant une quantité positive infiniment petite et ψ une fonction convenablement choisie. Il reste à faire voir que la formule (9) subsiste toutes les fois que son second membre converge, pour des valeurs décroissantes de k, vers une limite fixe. Or, en effet, si l'on pose

$$X = \int_{-\infty}^{\infty}\int_{\mu'}^{\mu''}\frac{\psi(k\alpha)}{\psi(0)}\cos\alpha(x-\mu)\,f(\mu)\,d\alpha\,d\mu, \tag{10}$$

on en conclura, en remplaçant dans le second membre α par $\frac{\alpha}{k}$ et μ par $x + k\mu$,

$$X = \int_{-\infty}^{\infty}\int_{-\frac{x-\mu'}{k}}^{\frac{\mu''-x}{k}}\frac{\psi(\alpha)}{\psi(0)}\cos\alpha\mu\, f(x+k\mu)\,d\alpha\,d\mu; \tag{11}$$

puis, en faisant $k = 0$, on trouvera [1]

$$X = A\,f(x), \tag{12}$$

[1] Il est essentiel de se rappeler que la valeur de x est par hypothèse supérieure à μ' et inférieure à μ'', d'où il résulte que $\frac{x-\mu'}{k}$, $\frac{\mu''-x}{k}$ sont deux quantités positives. Pour bien voir dans cette hypothèse comment l'équation (12) se déduit de la formule (11), il convient d'employer un artifice de calcul semblable à celui dont nous avons fait usage dans le *Bulletin de la Société philomathique* de décembre 1818 et de partager l'intégrale

la valeur de A étant fournie par l'équation

$$(13)\qquad A = \frac{1}{\psi(0)}\int_{-\infty}^{\infty}\int_{-\infty}^{\infty}\psi(\alpha)\cos\alpha\mu\,d\alpha\,d\mu.$$

La valeur précédente de A étant indépendante de $f(x)$, il suffira pour l'obtenir d'attribuer à $f(x)$ une valeur particulière. Si, pour fixer les idées, on suppose

$$f(x) = e^{-x^2},$$

et, de plus,

$$\mu' = -\infty, \qquad \mu'' = +\infty;$$

on tirera des formules (10) et (12), comparées l'une à l'autre,

$$(14)\qquad \left\{\begin{aligned} A e^{-x^2} &= \int_{-\infty}^{\infty}\int_{-\infty}^{\infty}\frac{\psi(k\alpha)}{\psi(0)}e^{-\mu^2}\cos\alpha(x-\mu)\,d\alpha\,d\mu \\ &= \int_{-\infty}^{\infty}\int_{-\infty}^{\infty}e^{-\mu^2}\cos\alpha(x-\mu)\,d\alpha\,d\mu \\ &= \int_{-\infty}^{\infty}\int_{-\infty}^{\infty}e^{-\mu^2}\cos\alpha\mu\cos\alpha x\,d\alpha\,d\mu. \end{aligned}\right.$$

Comme on a d'ailleurs généralement

$$(15)\qquad \int_{-\infty}^{\infty}e^{-\alpha^2}\cos 2b\alpha\,d\alpha = \pi^{\frac{1}{2}}e^{-b^2}$$

définie que renferme la formule (11) en trois autres intégrales, savoir :

$$\int_{-\infty}^{\infty}\int_{-\frac{x-\mu'}{k}}^{-\frac{1}{\sqrt{k}}}\frac{\psi(\alpha)}{\psi(0)}\cos\alpha\mu\,f(x+k\mu)\,d\alpha\,d\mu,$$

$$\int_{-\infty}^{\infty}\int_{-\frac{1}{\sqrt{k}}}^{+\frac{1}{\sqrt{k}}}\frac{\psi(\alpha)}{\psi(0)}\cos\alpha\mu\,f(x+k\mu)\,d\alpha\,d\mu,$$

$$\int_{-\infty}^{\infty}\int_{+\frac{1}{\sqrt{k}}}^{\frac{\mu''-x}{k}}\frac{\psi(\alpha)}{\psi(0)}\cos\alpha\mu\,f(x+k\mu)\,d\alpha\,d\mu.$$

Lorsque dans ces trois dernières on fait converger k vers la limite zéro, la deuxième se réduit au produit $A\,f(x)$, la première et la troisième s'évanouissent.

Si la valeur attribuée à x cessait d'être renfermée entre les limites μ' et μ'', alors, en

et, par suite,

$$(16)\qquad \int_{-\infty}^{\infty} e^{-a\alpha^2}\cos b\alpha\, d\alpha = \left(\frac{\pi}{a}\right)^{\frac{1}{2}} e^{-\frac{b^2}{4a}},$$

le dernier membre de l'équation (14) se réduira simplement à

$$\pi^{\frac{1}{2}}\int_{-\infty}^{\infty} e^{-\frac{\alpha^2}{4}}\cos\alpha x\, d\alpha = 2\pi e^{-x^2}$$

et l'on conclura de cette équation

$$(17)\qquad A = 2\pi.$$

On serait arrivé à la même conclusion en prenant

$$f(x) = e^{-\sqrt{x^2}}$$

ou bien encore

$$f(x) = \frac{1}{1+x^2},$$

etc., etc.

Cela posé, la valeur générale de X deviendra

$$(18)\qquad X = 2\pi f(x).$$

En substituant cette valeur de X dans l'équation (10) et divisant les deux membres par 2π, on retrouvera précisément l'équation (9) qu'il s'agissait d'établir. On parviendrait avec la même facilité à démontrer la formule

$$(19)\qquad \begin{cases} f(x, y, z, \ldots) = \left(\dfrac{1}{2\pi}\right)^n \displaystyle\int_{-\infty}^{\infty}\int_{\mu'}^{\mu''}\int_{-\infty}^{\infty}\int_{\nu'}^{\nu''}\ldots\frac{\psi(k\alpha, k\beta, k\gamma, \ldots)}{\psi(0, 0, 0, \ldots)} \\ \qquad\times\cos\alpha(x-\mu)\cos\beta(y-\nu)\cos\gamma(z-\varpi)\ldots \\ \qquad\times f(\mu, \nu, \varpi, \ldots)\, d\alpha\, d\mu\, d\beta\, d\nu\, d\gamma\, d\varpi\ldots, \end{cases}$$

dans laquelle k désigne une quantité infiniment petite.

faisant $k = 0$, on trouverait

$$X = \frac{1}{\psi(0)} f(x)\int_{-\infty}^{\infty}\int_{\infty}^{\infty}\psi(\alpha)\cos\alpha\mu\, d\alpha\, d\mu$$

ou bien

$$X = \frac{1}{\psi(0)} f(x)\int_{-\infty}^{\infty}\int_{-\infty}^{-\infty}\psi(\alpha)\cos\alpha\mu\, d\alpha\, d\mu$$

et par suite on aurait, dans tous les cas,

$$X = 0.$$

§ II. Avant d'appliquer les formules précédentes, nous allons en faire connaître quelques autres qui conduisent à des résultats dignes de remarque.

Considérons d'abord l'intégrale définie

$$\int_{-\infty}^{\infty} f(\alpha^2)\,d\alpha, \tag{20}$$

la lettre f indiquant une fonction réelle ou imaginaire. Je dis que, la valeur de cette intégrale étant supposée connue, on en déduira sans peine les valeurs des intégrales suivantes

$$\int_{-\infty}^{\infty} f\left(a\alpha^2 + b\alpha + \frac{b^2}{4a}\right)d\alpha, \tag{21}$$

$$\int_{-\infty}^{\infty} f\left(a\alpha^2 - 2a^{\frac{1}{2}}b^{\frac{1}{2}} + \frac{b}{\alpha^2}\right)d\alpha, \tag{22}$$

dans lesquelles a et b désignent des constantes positives. Effectivement, si l'on établit entre les trois variables α, β, γ les relations

$$\beta = a^{\frac{1}{2}}\alpha + \frac{b}{2a^{\frac{1}{2}}},$$

$$\gamma = a^{\frac{1}{2}}\alpha - \frac{b^{\frac{1}{2}}}{\alpha},$$

on trouvera

$$\int_{-\infty}^{\infty} f(\beta^2)\,d\beta = a^{\frac{1}{2}}\int_{-\infty}^{\infty} f\left(a\alpha^2 + b\alpha + \frac{b^2}{4a}\right)d\alpha \tag{23}$$

et

$$\left\{\begin{aligned}\int_{-\infty}^{\infty} f(\gamma^2)\,d\gamma = {} & a^{\frac{1}{2}}\int_{0}^{\infty} f\left(a\alpha^2 - 2a^{\frac{1}{2}}b^{\frac{1}{2}} + \frac{b}{\alpha^2}\right)d\alpha \\ & + b^{\frac{1}{2}}\int_{0}^{\infty} f\left(a\alpha^2 - 2a^{\frac{1}{2}}b^{\frac{1}{2}} + \frac{b}{\alpha^2}\right)\frac{d\alpha}{\alpha^2}.\end{aligned}\right. \tag{24}$$

D'ailleurs, les deux intégrales que renferme le second membre de l'équation (24) se changeant l'une dans l'autre lorsqu'on y remplace α par $\dfrac{b^{\frac{1}{2}}}{a^{\frac{1}{2}}\alpha}$ sont nécessairement égales entre elles.

On aura donc encore

$$(25)\quad \begin{cases} \displaystyle\int_{-\infty}^{\infty} f(\gamma^2)\,d\gamma = 2a^{\frac{1}{2}}\int_0^{\infty} f\left(a\alpha^2 - 2a^{\frac{1}{2}}b^{\frac{1}{2}} + \frac{b}{\alpha^2}\right)d\alpha \\ \displaystyle\qquad = a^{\frac{1}{2}}\int_{-\infty}^{\infty} f\left(a\alpha^2 - 2a^{\frac{1}{2}}b^{\frac{1}{2}} + \frac{b}{\alpha^2}\right)d\alpha. \end{cases}$$

Cela posé, si dans les premiers membres des équations (23) et (25) on substitue la lettre α aux deux lettres β et γ, on tirera de ces équations

$$(26)\qquad \int_{-\infty}^{\infty} f\left(a\alpha^2 + b\alpha + \frac{b^2}{4a}\right)d\alpha = \frac{1}{a^{\frac{1}{2}}}\int_{-\infty}^{\infty} f(\alpha^2)\,d\alpha,$$

$$(27)\qquad \int_{-\infty}^{\infty} f\left(a\alpha^2 - 2a^{\frac{1}{2}}b^{\frac{1}{2}} + \frac{b}{\alpha^2}\right)d\alpha = \frac{1}{a^{\frac{1}{2}}}\int_{-\infty}^{\infty} f(\alpha^2)\,d\alpha.$$

Ajoutons que, les intégrales

$$a^{\frac{1}{2}}\int_{-\infty}^{\infty} f\left(a\alpha^2 - 2a^{\frac{1}{2}}b^{\frac{1}{2}} + \frac{b}{\alpha^2}\right)d\alpha, \qquad b^{\frac{1}{2}}\int_{-\infty}^{\infty} f\left(a\alpha^2 - 2a^{\frac{1}{2}}b^{\frac{1}{2}} + \frac{b}{\alpha^2}\right)\frac{d\alpha}{\alpha^2}$$

étant équivalentes l'une à l'autre, la formule (27) entraînera la suivante

$$(28)\qquad \int_{-\infty}^{\infty} f\left(a\alpha^2 - 2a^{\frac{1}{2}}b^{\frac{1}{2}} + \frac{b}{\alpha^2}\right)\frac{d\alpha}{\alpha^2} = \frac{1}{b^{\frac{1}{2}}}\int_{-\infty}^{\infty} f(\alpha^2)\,d\alpha.$$

Supposons maintenant

$$f(\alpha^2) = e^{-\alpha^2}.$$

Comme on a

$$(29)\qquad \int_{-\infty}^{\infty} e^{-\alpha^2}\,d\alpha = \pi^{\frac{1}{2}},$$

on conclura des formules (26), (27) et (28)

$$(30)\qquad \int_{-\infty}^{\infty} e^{-a\alpha^2 - b\alpha}\,d\alpha = \left(\frac{\pi}{a}\right)^{\frac{1}{2}} e^{\frac{b^2}{4a}},$$

$$(31)\qquad \int_{-\infty}^{\infty} e^{-\left(a\alpha^2 + \frac{b}{\alpha^2}\right)}\,d\alpha = \left(\frac{\pi}{a}\right)^{\frac{1}{2}} e^{-2a^{\frac{1}{2}}b^{\frac{1}{2}}},$$

$$(32)\qquad \int_{-\infty}^{\infty} e^{-\left(a\alpha^2 + \frac{b}{\alpha^2}\right)}\frac{d\alpha}{\alpha^2} = \left(\frac{\pi}{b}\right)^{\frac{1}{2}} e^{-2a^{\frac{1}{2}}b^{\frac{1}{2}}}.$$

Si l'on fait $a=1$ dans les équations (30) et (31), puis que l'on remplace dans la première b par $2b$ ou par $2b\sqrt{-1}$ et dans la seconde b par $\frac{b^2}{4}$, on trouvera

$$(33)\qquad \left\{\begin{aligned} &\int_{-\infty}^{\infty} e^{-\alpha^2-2b\alpha}\,d\alpha &&= \pi^{\frac{1}{2}} e^{b^2},\\ &\int_{-\infty}^{\infty} e^{-\alpha^2}\cos 2b\alpha\,d\alpha &&= \pi^{\frac{1}{2}} e^{-b^2},\\ &\int_{-\infty}^{\infty} e^{-\left(\alpha^2+\frac{b^2}{4\alpha^2}\right)}\,d\alpha &&= \pi^{\frac{1}{2}} e^{-b},\end{aligned}\right.$$

ou, ce qui revient au même,

$$(34)\qquad \left\{\begin{aligned} e^{b^2} &= \left(\frac{1}{\pi}\right)^{\frac{1}{2}} \int_{-\infty}^{\infty} e^{-\alpha^2-2b\alpha}\,d\alpha,\\ e^{-b^2} &= \left(\frac{1}{\pi}\right)^{\frac{1}{2}} \int_{-\infty}^{\infty} e^{-\alpha^2}\cos 2b\alpha\,d\alpha,\\ e^{-b} &= \left(\frac{1}{\pi}\right)^{\frac{1}{2}} \int_{-\infty}^{\infty} e^{-\left(\alpha^2+\frac{b^2}{4\alpha^2}\right)}\,d\alpha.\end{aligned}\right.$$

Ces dernières équations, dont la seconde coïncide avec l'équation (15), étaient déjà connues. Elles fournissent le moyen de substituer à des exponentielles de la forme e^b, $e^{\pm b^2}$ d'autres exponentielles dont les exposants sont proportionnels aux carrés ou aux racines carrées des exposants des premières.

Si l'on désigne par n un nombre entier quelconque et que l'on différentie n fois de suite par rapport à b chacune des équations (30) et (31), on obtiendra les valeurs des intégrales

$$(35)\qquad \int_{-\infty}^{\infty} \alpha^n e^{-a\alpha^2-b\alpha}\,d\alpha$$

et

$$(36)\qquad \int_{-\infty}^{\infty} e^{-\left(a\alpha^2+\frac{b}{\alpha^2}\right)}\frac{d\alpha}{\alpha^{2n}}.$$

Ces valeurs seront données par les formules

$$(37)\quad \begin{cases} \displaystyle\int_{-\infty}^{\infty} \alpha^n e^{-a\alpha^2-b\alpha}\,d\alpha = (-1)^n\left(\frac{\pi}{a}\right)^{\frac{1}{2}}\frac{\partial^n e^{\frac{b^2}{4a}}}{\partial b^n} = (-1)^n\left(\frac{\pi}{a}\right)^{\frac{1}{2}}\left(\frac{b}{2a}\right)^n e^{\frac{b^2}{4a}} \\ \displaystyle\qquad\times\left[1+\frac{n(n-1)}{1}\frac{a}{b^2}+\frac{n(n-1)(n-2)(n-3)}{1.2}\frac{a^2}{b^4}+\ldots\right], \\ \displaystyle\int_{-\infty}^{\infty} e^{-\left(a\alpha^2+\frac{b}{\alpha^2}\right)}\frac{d\alpha}{\alpha^{2n}} = (-1)^n\left(\frac{\pi}{a}\right)^{\frac{1}{2}}\frac{\partial^n e^{-2a^{\frac{1}{2}}b^{\frac{1}{2}}}}{\partial b^n} = \left(\frac{\pi}{a}\right)^{\frac{1}{2}}\left(\frac{a}{b}\right)^{\frac{n}{2}} e^{-2\sqrt{ab}} \\ \displaystyle\qquad\times\left[1+\frac{n(n-1)}{1}\frac{1}{4\sqrt{ab}}+\frac{(n+1)n(n-1)(n-2)}{1.2}\left(\frac{1}{4\sqrt{ab}}\right)^2+\ldots\right]. \end{cases}$$

Si dans la dernière on pose $n=1$, on retrouvera la formule (32).

Supposons encore

$$(38)\qquad f(\alpha^2) = e^{\pm\alpha^2\sqrt{-1}}.$$

Comme on a

$$(39)\qquad \int_{-\infty}^{\infty}\cos\alpha^2\,d\alpha = \int_{-\infty}^{\infty}\sin\alpha^2\,d\alpha = \left(\frac{\pi}{2}\right)^{\frac{1}{2}},$$

et, par suite,

$$(40)\qquad \int_{-\infty}^{\infty} e^{\pm\alpha^2\sqrt{-1}}\,d\alpha = \int_{-\infty}^{\infty}\cos\alpha^2\,d\alpha \pm \sqrt{-1}\int_{-\infty}^{\infty}\sin\alpha^2\,d\alpha = \left(\frac{\pi}{2}\right)^{\frac{1}{2}}(1\pm\sqrt{-1}),$$

on conclura des formules (26) et (27)

$$(41)\quad \begin{cases} \displaystyle\int_{-\infty}^{\infty} e^{+(a\alpha^2+b\alpha)\sqrt{-1}}\,d\alpha = \left(\frac{\pi}{2a}\right)^{\frac{1}{2}}(1+\sqrt{-1})\,e^{-\frac{b^2}{4a}\sqrt{-1}}, \\ \displaystyle\int_{-\infty}^{\infty} e^{-(a\alpha^2+b\alpha)\sqrt{-1}}\,d\alpha = \left(\frac{\pi}{2a}\right)^{\frac{1}{2}}(1-\sqrt{-1})\,e^{+\frac{b^2}{4a}\sqrt{-1}}; \end{cases}$$

$$(42)\quad \begin{cases} \displaystyle\int_{-\infty}^{\infty} e^{+\left(a\alpha^2+\frac{b}{\alpha^2}\right)\sqrt{-1}}\,d\alpha = \left(\frac{\pi}{2a}\right)^{\frac{1}{2}}(1+\sqrt{-1})\,e^{2a^{\frac{1}{2}}b^{\frac{1}{2}}\sqrt{-1}}, \\ \displaystyle\int_{-\infty}^{\infty} e^{-\left(a\alpha^2+\frac{b}{\alpha^2}\right)\sqrt{-1}}\,d\alpha = \left(\frac{\pi}{2a}\right)^{\frac{1}{2}}(1-\sqrt{-1})\,e^{-2a^{\frac{1}{2}}b^{\frac{1}{2}}\sqrt{-1}}. \end{cases}$$

Si l'on désigne par n un nombre entier et que l'on différentie n fois de suite par rapport à b chacune des équations (41) et (42), on obtiendra les valeurs des intégrales

$$(43)\qquad \int_{-\infty}^{\infty} \alpha^n e^{\pm(a\alpha^2+b\alpha)\sqrt{-1}}\, d\alpha$$

et

$$(44)\qquad \int_{-\infty}^{\infty} e^{\pm\left(a\alpha^2+\frac{b}{\alpha^2}\right)\sqrt{-1}}\, \frac{d\alpha}{\alpha^{2n}}.$$

Ces valeurs seront données par les formules

$$(45)\quad \left\{\begin{aligned}
&\int_{-\infty}^{\infty} \alpha^n e^{(a\alpha^2+b\alpha)\sqrt{-1}}\, d\alpha \\
&\quad = \left(\frac{\pi}{2a}\right)^{\frac{1}{2}} \frac{1+\sqrt{-1}}{(\sqrt{-1})^n}\, \frac{\partial^n e^{-\frac{b^2}{4a}\sqrt{-1}}}{\partial b^n} = (-1)^n \left(\frac{\pi}{2a}\right)^{\frac{1}{2}} (1+\sqrt{-1}) \left(\frac{b}{2a}\right)^n e^{-\frac{b^2}{4a}\sqrt{-1}} \\
&\quad\quad \times \left[1 + \frac{n(n-1)}{1}\, \frac{a}{b^2}\sqrt{-1} - \frac{n(n-1)(n-2)(n-3)}{1.2}\, \frac{a^2}{b^4} - \ldots\right], \\
&\int_{-\infty}^{\infty} \alpha^n e^{-(a\alpha^2+b\alpha)\sqrt{-1}}\, d\alpha \\
&\quad = \left(\frac{\pi}{2a}\right)^{\frac{1}{2}} \frac{1-\sqrt{-1}}{(-\sqrt{-1})^n}\, \frac{\partial^n e^{\frac{b^2}{4a}\sqrt{-1}}}{\partial b^n} = (-1)^n \left(\frac{\pi}{2a}\right)^{\frac{1}{2}} (1-\sqrt{-1}) \left(\frac{b}{2a}\right)^n e^{\frac{b^2}{4a}\sqrt{-1}} \\
&\quad\quad \times \left[1 - \frac{n(n-1)}{1}\, \frac{a}{b^2}\sqrt{-1} - \frac{n(n-1)(n-2)(n-3)}{1.2}\, \frac{a^2}{b^4} + \ldots\right];
\end{aligned}\right.$$

$$(46)\quad \left\{\begin{aligned}
&\int_{-\infty}^{\infty} e^{\left(a\alpha^2+\frac{b}{\alpha^2}\right)\sqrt{-1}}\, \frac{d\alpha}{\alpha^{2n}} \\
&\quad = \left(\frac{\pi}{2a}\right)^{\frac{1}{2}} \frac{1+\sqrt{-1}}{(\sqrt{-1})^n}\, \frac{\partial^n e^{2a^{\frac{1}{2}}b^{\frac{1}{2}}\sqrt{-1}}}{\partial b^n} = \left(\frac{\pi}{2a}\right)^{\frac{1}{2}} (1+\sqrt{-1}) \left(\frac{a}{b}\right)^{\frac{n}{2}} e^{2a^{\frac{1}{2}}b^{\frac{1}{2}}\sqrt{-1}} \\
&\quad\quad \times \left[1 + \frac{n(n-1)}{1}\, \frac{1}{4\sqrt{ab}}\sqrt{-1} - \frac{(n+1)n(n-1)(n-2)}{1.2} \left(\frac{1}{4\sqrt{ab}}\right)^2 - \ldots\right], \\
&\int_{-\infty}^{\infty} e^{-\left(a\alpha^2+\frac{b}{\alpha^2}\right)\sqrt{-1}}\, \frac{d\alpha}{\alpha^{2n}} \\
&\quad = \left(\frac{\pi}{2a}\right)^{\frac{1}{2}} \frac{1-\sqrt{-1}}{(-\sqrt{-1})^n}\, \frac{\partial^n e^{-2a^{\frac{1}{2}}b^{\frac{1}{2}}\sqrt{-1}}}{\partial b^n} = \left(\frac{\pi}{2a}\right)^{\frac{1}{2}} (1-\sqrt{-1}) \left(\frac{a}{b}\right)^{\frac{n}{2}} e^{-2a^{\frac{1}{2}}b^{\frac{1}{2}}\sqrt{-1}} \\
&\quad\quad \times \left[1 - \frac{n(n-1)}{1}\, \frac{1}{4\sqrt{ab}}\sqrt{-1} - \frac{(n+1)n(n-1)(n-2)}{1.2} \left(\frac{1}{4\sqrt{ab}}\right)^2 + \ldots\right],
\end{aligned}\right.$$

§ III. A l'aide des principes établis dans les paragraphes précédents il sera facile de transformer l'intégrale multiple

$$(47)\quad \int_{-\infty}^{\infty}\int_{-\infty}^{\infty}\int_{-\infty}^{\infty}\ldots f(\alpha^2+\beta^2+\gamma^2+\ldots)\cos a\alpha\cos b\beta\cos c\gamma\ldots\, d\alpha\, d\beta\, d\gamma\ldots$$

en une intégrale double, quelquefois même en une intégrale simple. Pour y parvenir, j'observe d'abord que, si dans l'équation (8) on suppose x positif, on pourra prendre pour limites de l'intégration relative à μ

$$\mu=0,\quad \mu=\infty;$$

ce qui donnera

$$f(x)=\frac{1}{2\pi}\int_{-\infty}^{\infty}\int_{0}^{\infty}\cos\alpha(x-\mu)\,f(\mu)\,d\alpha\,d\mu$$
$$=\frac{1}{\pi}\int_{0}^{\infty}\int_{0}^{\infty}\cos\alpha(x-\mu)\,f(\mu)\,d\alpha\,d\mu.$$

Si maintenant on remplace α par θ^2 et μ par τ^2, on trouvera

$$f(x)=\frac{4}{\pi}\int_{0}^{\infty}\int_{0}^{\infty}\cos\theta^2(x-\tau^2)\,f(\tau^2)\,\theta\,d\theta\,\tau\,d\tau,$$

puis, en écrivant $\alpha^2+\beta^2+\gamma^2+\ldots$ au lieu de x,

$$(48)\quad f(\alpha^2+\beta^2+\gamma^2+\ldots)=\frac{4}{\pi}\int_{0}^{\infty}\int_{0}^{\infty}\cos\theta^2(\alpha^2+\beta^2+\gamma^2+\ldots-\tau^2)\,f(\tau^2)\,\theta\,d\theta\,\tau\,d\tau.$$

Cela posé, l'intégrale (47) prendra la forme

$$(49)\quad \left\{\begin{array}{l}\dfrac{4}{\pi}\displaystyle\int_{-\infty}^{\infty}\int_{-\infty}^{\infty}\int_{-\infty}^{\infty}\cdots\int_{0}^{\infty}\int_{0}^{\infty}\cos\theta^2(\alpha^2+\beta^2+\gamma^2+\ldots-\tau^2)\\ \quad\times\cos a\alpha\cos b\beta\cos c\gamma\ldots f(\tau^2)\,d\alpha\,d\beta\,d\gamma\ldots\theta\,d\theta\,\tau\,d\tau,\end{array}\right.$$

et, par suite, elle ne sera autre chose que la partie réelle F de l'expression imaginaire $F+G\sqrt{-1}$ déterminée par l'équation

$$(50)\quad \left\{\begin{array}{l}F+G\sqrt{-1}=\dfrac{4}{\pi}\displaystyle\int_{-\infty}^{\infty}\int_{-\infty}^{\infty}\int_{-\infty}^{\infty}\cdots\int_{0}^{\infty}\int_{0}^{\infty}e^{\theta^2(\alpha^2+\beta^2+\gamma^2+\ldots-\tau^2)\sqrt{-1}}\\ \quad\times\cos a\alpha\cos b\beta\cos c\gamma\ldots f(\tau^2)\,d\alpha\,d\beta\,d\gamma\ldots\theta\,d\theta\,\tau\,d\tau.\end{array}\right.$$

D'ailleurs, en ayant égard à la première des formules (41), on trouve

$$(51)\quad \int_{-\infty}^{\infty} e^{\theta^2\alpha^2\sqrt{-1}}\cos a\alpha\, d\alpha = \int_{-\infty}^{\infty} e^{(\theta^2\alpha^2+a\alpha)\sqrt{-1}}\, d\alpha = \left(\frac{\pi}{2}\right)^{\frac{1}{2}} \frac{1+\sqrt{-1}}{\theta}\, e^{-\frac{a^2}{4\theta^2}\sqrt{-1}}.$$

On aura de même

$$\int_{-\infty}^{\infty} e^{\theta^2\beta^2\sqrt{-1}}\cos b\beta\, d\beta = \left(\frac{\pi}{2}\right)^{\frac{1}{2}} \frac{1+\sqrt{-1}}{\theta}\, e^{-\frac{b^2}{4\theta^2}\sqrt{-1}},$$

$$\int_{-\infty}^{\infty} e^{\theta^2\gamma^2\sqrt{-1}}\cos c\gamma\, d\gamma = \left(\frac{\pi}{2}\right)^{\frac{1}{2}} \frac{1+\sqrt{-1}}{\theta}\, e^{-\frac{c^2}{4\theta^2}\sqrt{-1}},$$

. . . .

Donc, si l'on désigne par n le nombre des variables $\alpha, \beta, \gamma, \ldots$, on tirera de l'équation (50)

$$(52)\quad \begin{cases} F + G\sqrt{-1} \\ \quad = \dfrac{4}{\pi}\pi^{\frac{n}{2}}\left(\dfrac{1+\sqrt{-1}}{\sqrt{2}}\right)^n \displaystyle\int_0^{\infty}\int_0^{\infty} e^{\left(\theta^2\tau^2 + \frac{a^2+b^2+c^2+\ldots}{4\theta^2}\right)\sqrt{-1}} f(\tau^2)\, \frac{d\theta}{\theta^{n-1}}\,\tau\, d\tau. \end{cases}$$

Comme on a d'autre part

$$\frac{1+\sqrt{-1}}{\sqrt{2}} = \cos\frac{\pi}{4} + \sqrt{-1}\sin\frac{\pi}{4},$$

on en conclura

$$\left(\frac{1+\sqrt{-1}}{\sqrt{2}}\right)^n = e^{\frac{n\pi}{4}\sqrt{-1}}$$

et, par suite,

$$(53)\quad F + G\sqrt{-1} = 4\pi^{\frac{n}{2}-1}\int_0^{\infty}\int_0^{\infty} e^{\left(\frac{n\pi}{4} - \theta^2\tau^2 - \frac{a^2+b^2+c^2+\ldots}{4\theta^2}\right)\sqrt{-1}} f(\tau^2)\, \frac{d\theta}{\theta^{n-1}}\,\tau\, d\tau.$$

En égalant entre elles les parties réelles des deux membres de cette dernière équation, puis écrivant à la place de la lettre F l'intégrale qu'elle représente, on trouvera

$$(54)\quad \begin{cases} \displaystyle\int_{-\infty}^{\infty}\int_{-\infty}^{\infty}\int_{-\infty}^{\infty} \ldots f(\alpha^2+\beta^2+\gamma^2+\ldots)\cos a\alpha\cos b\beta\cos c\gamma\ldots\, d\alpha\, d\beta\, d\gamma\ldots \\ \quad = 4\pi^{\frac{n}{2}-1}\displaystyle\int_0^{\infty}\int_0^{\infty} \cos\left(\frac{n\pi}{4} - \theta^2\tau^2 - \frac{a^2+b^2+c^2+\ldots}{4\theta^2}\right) f(\tau^2)\, \frac{d\theta}{\theta^{n-1}}\,\tau\, d\tau. \end{cases}$$

Il est donc démontré que l'expression (47) peut être généralement transformée en une intégrale double. J'ajoute qu'il est possible de la réduire à une intégrale simple, lorsque n désigne un nombre impair. En effet, dans cette dernière hypothèse, $n-1$ étant nécessairement un nombre pair, on déduira de la seconde des formules (46) la valeur de l'intégrale

$$\int_0^\infty e^{-\left(\theta^2\tau^2+\frac{a^2+b^2+c^2+\dots}{4\theta^2}\right)\sqrt{-1}}\frac{d\theta}{\theta^{n-1}},$$

et en faisant, pour abréger,

$$a^2+b^2+c^2+\ldots=\rho^2, \tag{55}$$

on trouvera

$$\begin{aligned}
&\int_0^\infty e^{-\left(\theta^2\tau^2+\frac{\rho^2}{4\theta^2}\right)\sqrt{-1}}\frac{d\theta}{\theta^{n-1}}\\
&=\frac{1}{2}\int_{-\infty}^\infty e^{-\left(\theta^2\tau^2+\frac{\rho^2}{4\theta^2}\right)\sqrt{-1}}\frac{d\theta}{\theta^{n-1}}\\
&=\frac{\pi^{\frac{1}{2}}}{2\tau}\left(\frac{2\tau}{\rho}\right)^{\frac{n-1}{2}}\left(\frac{1-\sqrt{-1}}{\sqrt{2}}\right)e^{-\tau\rho\sqrt{-1}}\\
&\times\left[1-\frac{(n-1)(n-3)}{4}\frac{1}{2\tau\rho}\sqrt{-1}-\frac{(n+1)(n-1)(n-3)(n-5)}{4.8}\left(\frac{1}{2\tau\rho}\right)^2+\ldots\right].
\end{aligned}$$

Cela posé, l'équation (52) donnera

$$\left\{\begin{aligned}
&F+G\sqrt{-1}\\
&=\frac{2^{\frac{n+1}{2}}\pi^{\frac{n-1}{2}}}{\rho^{\frac{n-1}{2}}}\left(\sqrt{-1}\right)^{\frac{n-1}{2}}\int_0^\infty \tau^{\frac{n-1}{2}}e^{-\tau\rho\sqrt{-1}}\\
&\quad\times\left[1-\frac{(n-1)(n-3)}{4}\frac{1}{2\tau\rho}\sqrt{-1}-\frac{(n+1)(n-1)(n-3)(n-5)}{4.8}\left(\frac{1}{2\tau\rho}\right)^2+\ldots\right]f(\tau^2)\,d\tau\\
&=2\left(\frac{2\pi}{\rho}\right)^{\frac{n-1}{2}}\int_0^\infty \tau^{\frac{n-1}{2}}e^{\left[\frac{(n-1)\pi}{4}-\tau\rho\right]\sqrt{-1}}\\
&\quad\times\left[1-\frac{(n-1)(n-3)}{4}\frac{1}{2\tau\rho}\sqrt{-1}-\frac{(n+1)(n-1)(n-3)(n-5)}{4.8}\left(\frac{1}{2\tau\rho}\right)^2+\ldots\right]f(\tau^2)\,d\tau;
\end{aligned}\right. \tag{56}$$

et l'on aura en conséquence, pour des valeurs impaires de n,

$$(57)\quad \left\{\begin{aligned} \mathrm{F} &= \int_{-\infty}^{\infty}\int_{-\infty}^{\infty}\int_{-\infty}^{\infty}\ldots f(\alpha^2+\beta^2+\gamma^2+\ldots)\cos a\alpha\cos b\beta\cos c\gamma\ldots d\alpha\,d\beta\,d\gamma\ldots \\ &= 2\left(\frac{2\pi}{\rho}\right)^{\frac{n-1}{2}}\int_0^\infty \tau^{\frac{n-1}{2}}\left[1-\frac{(n+1)(n-1)(n-3)(n-5)}{4.8}\left(\frac{1}{2\tau\rho}\right)^2+\ldots\right] \\ &\quad\times\cos\left[\frac{(n-1)\pi}{4}-\tau\rho\right]f(\tau^2)\,d\tau+2\left(\frac{2\pi}{\rho}\right)^{\frac{n-1}{2}}\int_0^\infty\tau^{\frac{n-1}{2}} \\ &\quad\times\left[\frac{(n-1)(n-3)}{4}\,\frac{1}{2\tau\rho}-\frac{(n+3)(n+1)(n-1)(n-3)(n-5)(n-7)}{4.8.12}\left(\frac{1}{2\tau\rho}\right)^3+\ldots\right] \\ &\quad\times\sin\left[\frac{(n-1)\pi}{4}-\tau\rho\right]f(\tau^2)\,d\tau. \end{aligned}\right.$$

Si, au lieu d'introduire dans le calcul la quantité ρ déterminée par l'équation (55), on avait supposé

$$(58)\qquad a^2+b^2+c^2+\ldots=s;$$

alors on aurait trouvé

$$\int_0^\infty e^{-\left(\theta^2\tau^2+\frac{a^2+b^2+c^2+\ldots}{4\theta^2}\right)\sqrt{-1}}\,\frac{d\theta}{\theta^{n-1}}=\frac{1}{2}\int_{-\infty}^{\infty}e^{-\left(\theta^2\tau^2+\frac{s}{4\theta^2}\right)\sqrt{-1}}\,\frac{d\theta}{\theta^{n-1}}$$
$$=\frac{(-1)^{\frac{n-1}{2}}\,2^{n-1}}{(\sqrt{-1})^{\frac{n-1}{2}}}\left(\frac{1-\sqrt{-1}}{\sqrt{2}}\right)\frac{\pi^{\frac{1}{2}}}{2\tau}\,\frac{\partial^{\frac{n-1}{2}}e^{-\tau s^{\frac{1}{2}}\sqrt{-1}}}{\partial s^{\frac{n-1}{2}}},$$

et, par suite, on aurait conclu de la formule (52),

$$(59)\qquad \mathrm{F}+\mathrm{G}\sqrt{-1}=(-1)^{\frac{n-1}{2}}2^n\pi^{\frac{n-1}{2}}\int_0^\infty\frac{\partial^{\frac{n-1}{2}}e^{-\tau s^{\frac{1}{2}}\sqrt{-1}}}{\partial s^{\frac{n-1}{2}}}f(\tau^2)\,d\tau,$$

$$(60)\qquad \mathrm{F}=(-1)^{\frac{n-1}{2}}2^n\pi^{\frac{n-1}{2}}\int_0^\infty\frac{\partial^{\frac{n-1}{2}}\cos\tau s^{\frac{1}{2}}}{\partial s^{\frac{n-1}{2}}}f(\tau^2)\,d\tau.$$

Il suffit de développer cette dernière valeur de F, et de remplacer dans le développement obtenu s par ρ^2, pour revenir à la formule (57).

Si dans l'équation (60) on substitue à la quantité F l'intégrale multiple que cette quantité représente, et à l'expression

$$\int_0^\infty \frac{\partial^{\frac{n-1}{2}} \cos \tau s^{\frac{1}{2}}}{\partial s^{\frac{n-1}{2}}} f(\tau^2)\, d\tau$$

l'expression équivalente

$$\frac{1}{2} \frac{d^{\frac{n-1}{2}}}{ds^{\frac{n-1}{2}}} \int_{-\infty}^{\infty} \cos s^{\frac{1}{2}} \alpha\, f(\alpha^2)\, d\alpha,$$

on aura définitivement, pour des valeurs impaires de n,

$$(61) \quad \begin{cases} \displaystyle\int_{-\infty}^{\infty}\int_{-\infty}^{\infty}\int_{-\infty}^{\infty} \ldots f(\alpha^2+\beta^2+\gamma^2+\ldots) \cos a\alpha \cos b\beta \cos c\gamma \ldots d\alpha\, d\beta\, d\gamma \ldots \\ \displaystyle = (-1)^{\frac{n-1}{2}} 2^{n-1} \pi^{\frac{n-1}{2}} \frac{d^{\frac{n-1}{2}}}{ds^{\frac{n-1}{2}}} \int_{-\infty}^{\infty} \cos s^{\frac{1}{2}} \alpha\, f(\alpha^2)\, d\alpha, \end{cases}$$

s désignant toujours la somme $a^2 + b^2 + c^2 + \ldots$. A l'aide de la formule précédente, l'évaluation de l'intégrale multiple

$$\int_{-\infty}^{\infty}\int_{-\infty}^{\infty}\int_{-\infty}^{\infty} \ldots f(\alpha^2+\beta^2+\gamma^2+\ldots) \cos a\alpha \cos b\beta \cos c\gamma \ldots d\alpha\, d\beta\, d\gamma \ldots,$$

dans le cas où les variables α, β, γ, ... sont en nombre impair, se réduit à la détermination d'une intégrale simple de même espèce, c'est-à-dire de la forme

$$\int_{-\infty}^{\infty} f(\alpha^2) \cos a\alpha\, d\alpha.$$

Si l'on fait $n = 1$, l'équation (61) deviendra identique. Si l'on pose $n = 3$, elle donnera

$$(62) \quad \begin{cases} \displaystyle\int_{-\infty}^{\infty}\int_{-\infty}^{\infty}\int_{-\infty}^{\infty} f(\alpha^2+\beta^2+\gamma^2) \cos a\alpha \cos b\beta \cos c\gamma\, d\alpha\, d\beta\, d\gamma \\ \displaystyle = -4\pi \frac{d}{ds} \int_{-\infty}^{\infty} \cos s^{\frac{1}{2}} \alpha\, f(\alpha^2)\, d\alpha \\ \displaystyle = \frac{2\pi}{(a^2+b^2+c^2)^{\frac{1}{2}}} \int_{-\infty}^{\infty} \alpha\, f(\alpha^2) \sin(a^2+b^2+c^2)^{\frac{1}{2}} \alpha\, d\alpha. \end{cases}$$

Les intégrations indiquées dans l'équation (62) devant s'effectuer entre les limites $-\infty$, $+\infty$ de chaque variable, on peut, sans altérer cette équation, y substituer aux cosinus des exponentielles imaginaires. On trouvera ainsi

$$(63)\quad \left\{\begin{aligned} &\int_{-\infty}^{\infty}\int_{-\infty}^{\infty}\int_{-\infty}^{\infty} f(\alpha^2+\beta^2+\gamma^2)e^{(a\alpha+b\beta+c\gamma)\sqrt{-1}}\,d\alpha\,d\beta\,d\gamma \\ &= -4\pi\frac{d}{ds}\int_{-\infty}^{\infty} e^{s^{\frac{1}{2}}\alpha\sqrt{-1}} f(\alpha^2)\,d\alpha \\ &= -\frac{2\pi\sqrt{-1}}{(a^2+b^2+c^2)^{\frac{1}{2}}}\int_{-\infty}^{\infty}\alpha e^{(a^2+b^2+c^2)^{\frac{1}{2}}\alpha\sqrt{-1}} f(\alpha^2)\,d\alpha. \end{aligned}\right.$$

Si maintenant on remplace les variables α, β, γ considérées comme représentant des coordonnées rectangulaires par trois coordonnées polaires p, q, r, en sorte qu'on ait

$$(64)\qquad \alpha = r\cos p,\qquad \beta = r\sin p\cos q,\qquad \gamma = r\sin p \sin q,$$

la formule (63) deviendra

$$(65)\quad \left\{\begin{aligned} &\int_0^{\pi}\int_0^{2\pi}\int_0^{\infty} r^2 f(r^2)e^{(a\cos p+b\sin p\cos q+c\sin p\sin q)r\sqrt{-1}}\sin p\,dp\,dq\,dr \\ &= -\frac{2\pi\sqrt{-1}}{(a^2+b^2+c^2)^{\frac{1}{2}}}\int_{-\infty}^{\infty}\alpha e^{(a^2+b^2+c^2)^{\frac{1}{2}}\alpha\sqrt{-1}} f(\alpha^2)\,d\alpha. \end{aligned}\right.$$

On en conclura, en posant $b=0$, $c=0$,

$$(66)\quad 2\pi\int_0^{\pi}\int_0^{\infty} r^2 f(r^2)e^{ar\cos p\sqrt{-1}}\sin p\,dp\,dr = -\frac{2\pi\sqrt{-1}}{a}\int_{-\infty}^{\infty}\alpha e^{a\alpha\sqrt{-1}} f(\alpha^2)\,d\alpha.$$

On aura par suite

$$\begin{aligned} &2\pi\int_0^{\pi}\int_0^{\infty} r^2 f(r^2)e^{(a^2+b^2+c^2)^{\frac{1}{2}}r\cos p\sqrt{-1}}\sin p\,dp\,dr \\ &= -\frac{2\pi\sqrt{-1}}{(a^2+b^2+c^2)^{\frac{1}{2}}}\int_{-\infty}^{\infty}\alpha e^{(a^2+b^2+c^2)^{\frac{1}{2}}\alpha\sqrt{-1}} f(\alpha^2)\,d\alpha; \end{aligned}$$

d'où il résulte que l'équation (67) pourra être présentée sous la forme

$$(67)\quad \begin{cases} \displaystyle\int_0^{\pi}\int_0^{2\pi}\int_0^{\infty} r^2 f(r^2)\, e^{(a\cos p + b\sin p\cos q + c\sin p\sin q)r\sqrt{-1}} \sin p\, dp\, dq\, dr \\ \displaystyle = 2\pi \int_0^{\pi}\int_0^{\infty} r^2 f(r^2)\, e^{(a^2+b^2+c^2)^{\frac{1}{2}} r\cos p\sqrt{-1}} \sin p\, dp\, dr. \end{cases}$$

Cette dernière équation se simplifie, lorsqu'on fait, pour abréger,

$$(68)\qquad \int_0^{\infty} r^2 f(r^2)\, e^{ar\sqrt{-1}}\, dr = \mathrm{F}(a),$$

et se réduit à

$$(69)\quad \begin{cases} \displaystyle\int_0^{\pi}\int_0^{2\pi} \mathrm{F}(a\cos p + b\sin p\cos q + c\sin p\sin q)\sin p\, dp\, dq \\ \displaystyle = 2\pi\int_0^{\pi} \mathrm{F}\left[(a^2+b^2+c^2)^{\frac{1}{2}}\cos p\right]\sin p\, dp. \end{cases}$$

Elle se trouve ainsi ramenée à la formule générale établie par M. Poisson, à l'aide de considérations purement géométriques, dans un Mémoire lu à l'Institut le 19 juillet 1819.

On pourrait encore déduire de la formule (63) plusieurs conséquences dignes de remarque. Je me contenterai d'en offrir une nouvelle. Concevons que, dans la formule dont il s'agit, on remplace α, β, γ par $\mathrm{A}^{\frac{1}{2}}\alpha$, $\mathrm{B}^{\frac{1}{2}}\beta$, $\mathrm{C}^{\frac{1}{2}}\gamma$, et a, b, c par $\frac{a}{\mathrm{A}^{\frac{1}{2}}}$, $\frac{b}{\mathrm{B}^{\frac{1}{2}}}$, $\frac{c}{\mathrm{C}^{\frac{1}{2}}}$; A, B, C désignant trois nombres quelconques. On trouvera

$$(70)\quad \begin{cases} \displaystyle \mathrm{A}^{\frac{1}{2}}\mathrm{B}^{\frac{1}{2}}\mathrm{C}^{\frac{1}{2}}\int_{-\infty}^{\infty}\int_{-\infty}^{\infty}\int_{-\infty}^{\infty} f(\mathrm{A}\alpha^2+\mathrm{B}\beta^2+\mathrm{C}\gamma^2)\, e^{(a\alpha+b\beta+c\gamma)\sqrt{-1}}\, d\alpha\, d\beta\, d\gamma \\ \displaystyle = -\frac{2\pi\sqrt{-1}}{\left(\frac{a^2}{\mathrm{A}}+\frac{b^2}{\mathrm{B}}+\frac{c^2}{\mathrm{C}}\right)^{\frac{1}{2}}}\int_{-\infty}^{\infty} \alpha\, e^{\left(\frac{a^2}{\mathrm{A}}+\frac{b^2}{\mathrm{B}}+\frac{c^2}{\mathrm{C}}\right)^{\frac{1}{2}}\alpha\sqrt{-1}} f(\alpha^2)\, d\alpha. \end{cases}$$

En opérant sur cette dernière équation comme sur la formule (63) elle-même, puis ayant égard à l'équation (68), on obtiendra la suivante

$$(71)\quad \left\{\begin{aligned} &\int_0^\pi\int_0^{2\pi} \mathrm{F}\left[\frac{a\cos p + b\sin p\cos q + c\sin p\sin q}{(\mathrm{A}\cos^2 p + \mathrm{B}\sin^2 p\cos^2 q + \mathrm{C}\sin^2 p\sin^2 q)^{\frac{1}{2}}}\right] \\ &\quad\times\frac{\sin p\,dp\,dq}{(\mathrm{A}\cos^2 p + \mathrm{B}\sin^2 p\cos^2 q + \mathrm{C}\sin^2 p\sin^2 q)^{\frac{3}{2}}} \\ &= \frac{2\pi}{(\mathrm{ABC})^{\frac{1}{2}}}\int_0^\pi \mathrm{F}\left[\left(\frac{a^2}{\mathrm{A}} + \frac{b^2}{\mathrm{B}} + \frac{c^2}{\mathrm{C}}\right)^{\frac{1}{2}}\cos p\right]\sin p\,dp. \end{aligned}\right.$$

Si l'on suppose en particulier que la fonction indiquée par la caractéristique F se réduise à l'unité, on aura simplement la formule

$$(72)\quad \int_0^\pi\int_0^{2\pi}\frac{\sin p\,dp\,dq}{(\mathrm{A}\cos^2 p + \mathrm{B}\sin^2 p\cos^2 q + \mathrm{C}\sin^2 p\sin^2 q)^{\frac{3}{2}}} = \frac{4\pi}{(\mathrm{ABC})^{\frac{1}{2}}},$$

qu'il est facile de vérifier directement.

Les formules (57) et (61) cessant d'être applicables, lorsqu'on prend pour n un nombre impair, il ne paraît pas possible de réduire dans ce cas l'expression (47) à une intégrale simple. Mais on peut alors la changer par le moyen de l'équation (54) en une intégrale double qui renferme, à la place des quantités $a, b, c, \ldots$, la somme de leurs carrés, savoir,

$$a^2 + b^2 + c^2 + \ldots.$$

Quand on suppose $n = 2$, l'équation (54) devient

$$(73)\quad \left\{\begin{aligned} &\int_{-\infty}^{\infty}\int_{-\infty}^{\infty} f(\alpha^2+\beta^2)\cos a\alpha\cos b\beta\,d\alpha\,d\beta \\ &= 4\int_0^\infty\int_0^\infty \sin\left(\theta^2\tau^2 + \frac{a^2+b^2}{4\theta^2}\right) f(\tau^2)\frac{d\theta}{\theta}\,\tau\,d\tau. \end{aligned}\right.$$

Si l'on fait en outre

$$\theta^2 = \frac{1}{\mu}, \qquad \tau^2 = \mu\nu,$$

on trouvera

$$(74)\quad \left\{\begin{aligned}&\int_{-\infty}^{\infty}\int_{-\infty}^{\infty} f(\alpha^2+\beta^2)\cos a\alpha\cos b\beta\, d\alpha\, d\beta\\ &=\int_0^{\infty}\int_0^{\infty}\sin\left(\nu+\frac{a^2+b^2}{4}\mu\right)f(\mu\nu)\, d\mu\, d\nu.\end{aligned}\right.$$

Ajoutons que le second membre de l'équation (74) est la somme des deux expressions

$$\int_0^{\infty}\int_0^{\infty}\sin\nu\cos\frac{a^2+b^2}{4}\mu\, f(\mu\nu)\, d\mu\, d\nu,$$

$$\int_0^{\infty}\int_0^{\infty}\cos\nu\sin\frac{a^2+b^2}{4}\mu\, f(\mu\nu)\, d\mu\, d\nu,$$

dont chacune équivaut à la suivante

$$\int_0^{\infty}\int_0^{\infty}\sin\frac{(a^2+b^2)^{\frac{1}{2}}\alpha}{2}\cos\frac{(a^2+b^2)^{\frac{1}{2}}\beta}{2}f(\alpha\beta)\, d\alpha\, d\beta.$$

Il en résulte que l'équation (74) peut être présentée sous la forme

$$(75)\quad \left\{\begin{aligned}&\int_{-\infty}^{\infty}\int_{-\infty}^{\infty} f(\alpha^2+\beta^2)\cos a\alpha\cos b\beta\, d\alpha\, d\beta\\ &=2\int_0^{\infty}\int_0^{\infty}\sin\nu\cos\frac{a^2+b^2}{4}\mu\, f(\mu\nu)\, d\mu\, d\nu.\end{aligned}\right.$$

§ IV. L'intégrale multiple que renferme le second membre de l'équation (1) (§ I) est comprise, comme cas particulier, dans une autre intégrale que nous allons faire connaître, et qui jouit de propriétés remarquables. Supposons que, le nombre n des variables α, β, γ, ... étant toujours égal à celui des variables μ, ν, ϖ, ..., on désigne par

$$M,\quad N,\quad P,\quad \ldots$$

n fonctions différentes de ces dernières. Concevons en outre que, parmi les divers systèmes de valeurs des variables μ, ν, ϖ, ... qui se composent de valeurs de μ renfermées entre les limites μ', μ'', de valeurs de ν renfermées entre les limites ν', ν'', de valeurs de ϖ renfermées entre les limites ϖ', ϖ'', etc., on recherche tous ceux qui satisfont aux équations simultanées

$$(76)\qquad M=0,\quad N=0,\quad P=0,\quad \ldots.$$

Soient respectivement

$$(77)\qquad \left\{\begin{array}{llll} \mu=\mu_0, & \nu=\nu_0, & \varpi=\varpi_0, & \ldots, \\ \mu=\mu_1, & \nu=\nu_1, & \varpi=\varpi_1, & \ldots, \\ \ldots\ldots, & \ldots\ldots, & \ldots\ldots, & \ldots, \\ \mu=\mu_{m-1}, & \nu=\nu_{m-1}, & \varpi=\varpi_{m-1}, & \ldots, \end{array}\right.$$

les systèmes dont il s'agit, en nombre égal à m; et construisons l'intégrale multiple

$$(78)\qquad \int_{-\infty}^{\infty}\int_{\mu'}^{\mu''}\int_{-\infty}^{\infty}\int_{\nu'}^{\nu''}\ldots\cos\alpha M\cos\beta N\cos\gamma P\ldots f(\mu,\nu,\varpi,\ldots)\,d\alpha\,d\mu\,d\beta\,d\nu\,d\gamma\,d\varpi\ldots,$$

en ayant soin, toutes les fois qu'elle devient indéterminée, de multiplier la fonction sous les signes $\int\int\int\ldots$ par un facteur auxiliaire de la forme

$$(4)\qquad \frac{\psi(k\alpha,\,k\beta,\,k\gamma,\,\ldots)}{\psi(0,\,0,\,0,\,\ldots)},$$

dans lequel ψ désigne une nouvelle fonction convenablement choisie, et k une quantité positive infiniment petite. Je dis que l'intégrale (78), ou celle qui prendra sa place, savoir,

$$(79)\qquad \left\{\begin{array}{l} \displaystyle\int_{-\infty}^{\infty}\int_{\mu'}^{\mu''}\int_{-\infty}^{\infty}\int_{\nu'}^{\nu''}\ldots\frac{\psi(k\alpha,\,k\beta,\,k\gamma,\,\ldots)}{\psi(0,\,0,\,0,\,\ldots)}\cos\alpha M\cos\beta N\cos\gamma P\ldots \\ \qquad\times f(\mu,\,\nu,\,\varpi,\,\ldots)\,d\alpha\,d\mu\,d\beta\,d\nu\,d\gamma\,d\varpi\ldots, \end{array}\right.$$

aura une valeur en termes finis qu'il sera facile de calculer. Pour le démontrer, supposons d'abord que la limite μ'' de la variable μ soit très peu différente de la limite μ', que ν'' diffère aussi très peu de ν', ϖ'' de ϖ', etc., et que, parmi les valeurs de μ, ν, ϖ, ... renfermées entre ces limites respectives, les seules qui puissent à la fois satisfaire aux équations (76) soient les suivantes

$$(80)\qquad \mu = \mu_0, \quad \nu = \nu_0, \quad \varpi = \varpi_0, \quad \ldots.$$

Alors, si l'on remplace $\alpha, \beta, \gamma, \ldots$ par $\frac{\alpha}{k}, \frac{\beta}{k}, \frac{\gamma}{k}, \ldots$, et si l'on fait de plus

$$(81)\qquad \mu = \mu_0 + ku, \quad \nu = \nu_0 + kv, \quad \varpi = \varpi_0 + kw, \quad \ldots,$$

l'intégrale (79) prendra la forme

$$(82)\quad \left\{ \begin{aligned} &\int_{-\infty}^{\infty}\int_{-\frac{\mu_0-\mu'}{k}}^{\frac{\mu''-\mu_0}{k}}\int_{-\infty}^{\infty}\int_{-\frac{\nu_0-\nu'}{k}}^{\frac{\nu''-\nu_0}{k}}\cdots\frac{\psi(\alpha,\beta,\gamma,\ldots)}{\psi(0,0,0,\ldots)}\cos\alpha(au+bv+cw+\ldots\pm\varepsilon) \\ &\times\cos\beta(a'u+b'v+c'w+\ldots\pm\varepsilon')\cos\gamma(a''u+b''v+c''w+\ldots\pm\varepsilon'')\ldots \\ &\times f(\mu_0+ku,\ \nu_0+kv,\ \varpi+kw,\ \ldots)\,d\alpha\,du\,d\beta\,dv\,d\gamma\,dw\ldots, \end{aligned}\right.$$

$\varepsilon, \varepsilon', \varepsilon'', \ldots$ désignant des variables qui s'évanouissent avec la quantité k, et

$$a, \quad b, \quad c, \quad \ldots, \quad a', \quad b', \quad c', \quad \ldots, \quad a'', \quad b'', \quad c'', \quad \ldots$$

les valeurs que reçoivent les fonctions

$$\frac{\partial M}{\partial\mu}, \quad \frac{\partial M}{\partial\nu}, \quad \frac{\partial M}{\partial\varpi}, \quad \ldots, \quad \frac{\partial N}{\partial\mu}, \quad \frac{\partial N}{\partial\nu}, \quad \frac{\partial N}{\partial\varpi}, \quad \ldots, \quad \frac{\partial P}{\partial\mu}, \quad \frac{\partial P}{\partial\nu}, \quad \frac{\partial P}{\partial\varpi}, \quad \ldots$$

quand on attribue les valeurs particulières $\mu_0, \nu_0, \varpi_0, \ldots$ aux variables $\mu, \nu, \varpi, \ldots$. Si l'on pose maintenant $k = 0$, l'intégrale (82) deviendra

$$(83)\quad \left\{ \begin{aligned} &f(\mu_0,\nu_0,\varpi_0,\ldots)\int_{-\infty}^{\infty}\int_{-\infty}^{\infty}\int_{-\infty}^{\infty}\cdots\frac{\psi(\alpha,\beta,\gamma,\ldots)}{\psi(0,0,0,\ldots)}\cos\alpha(au+bv+cw+\ldots) \\ &\times\cos\beta(a'u+b'v+c'w+\ldots)\cos\gamma(a''u+b''v+c''w+\ldots)\ldots \\ &\times d\alpha\,du\,d\beta\,dv\,d\gamma\,dw\ldots. \end{aligned}\right.$$

Toutefois il est essentiel d'observer que cette dernière expression équivaut à l'intégrale (79), dans le cas seulement où la quantité μ_0 se trouve renfermée entre les limites μ', μ'', la quantité ν_0 entre les limites ν', ν'', la quantité ϖ_0 entre les limites ϖ', ϖ'', etc. Si une seule de ces conditions n'était pas remplie, par exemple, si μ_0 était située hors des limites μ', μ'', les deux quantités

$$-\frac{\mu_0-\mu'}{k}, \quad +\frac{\mu''-\mu_0}{k},$$

étant alors de même signe, se réduiraient l'une et l'autre à $+\infty$, ou l'une et l'autre à $-\infty$; et par conséquent, les deux limites de u venant à se confondre pour des valeurs infiniment petites de k, l'intégrale (82) aurait une valeur nulle.

Il reste à exprimer en termes finis la valeur de l'intégrale

$$(84)\quad \left\{\begin{array}{l} \displaystyle\int_{-\infty}^{\infty}\int_{-\infty}^{\infty}\int_{-\infty}^{\infty}\cdots\frac{\psi(\alpha,\beta,\gamma,\ldots)}{\psi(0,0,0,\ldots)}\cos\alpha(au+bv+cw+\ldots) \\ \quad\times\cos\beta(a'u+b'v+c'w+\ldots)\cos\gamma(a''u+b''v+c''w+\ldots)\ldots \\ \quad\times\, d\alpha\, du\, d\beta\, dv\, d\gamma\, dw\ldots. \end{array}\right.$$

Cette valeur peut être facilement calculée dans le cas particulier où l'on suppose

$$\begin{array}{llll} a=1, & b=0, & c=0, & \ldots, \\ a'=0, & b'=1, & c'=0, & \ldots, \\ a''=0, & b''=0, & c''=1, & \ldots, \\ \ldots\ldots, & \ldots\ldots, & \ldots\ldots, & \ldots. \end{array}$$

En effet, si dans la formule (19) on remplace la fonction $f(x, y, z, \ldots)$ par l'unité, les variables α, β, γ, ... par $\frac{\alpha}{k}, \frac{\beta}{k}, \frac{\gamma}{k}, \ldots$ et les variables μ, ν, ϖ par $x+ku$, $y+kv$, $z+kw$, ..., on tirera de cette formule

$$(85)\quad \left\{\begin{array}{l} \displaystyle\int_{-\infty}^{\infty}\int_{-\infty}^{\infty}\int_{-\infty}^{\infty}\cdots\frac{\psi(\alpha,\beta,\gamma,\ldots)}{\psi(0,0,0,\ldots)}\cos\alpha u\cos\beta v\cos\gamma w\ldots \\ \qquad\qquad\times\, d\alpha\, du\, d\beta\, dv\, d\gamma\, dw\ldots=(2\pi)^n. \end{array}\right.$$

On aura, par exemple, dans le cas de $n=1$,

$$(86)\qquad \int_{-\infty}^{\infty}\int_{-\infty}^{\infty}\frac{\psi(\alpha)}{\psi(0)}\cos\alpha u\, d\alpha\, du=2\pi;$$

dans le cas de $n=2$,

$$(87)\qquad \int_{-\infty}^{\infty}\int_{-\infty}^{\infty}\int_{-\infty}^{\infty}\int_{-\infty}^{\infty}\frac{\psi(\alpha,\beta)}{\psi(0,0)}\cos\alpha u\cos\beta v\, d\alpha\, du\, d\beta\, dv=4\pi^2.$$

Etc., etc.

De plus, si dans l'intégrale (84) on fait successivement $n=1$, $n=2, \ldots$, on obtiendra les suivantes

$$(88)\qquad \int_{-\infty}^{\infty}\int_{-\infty}^{\infty}\frac{\psi(\alpha)}{\psi(0)}\cos a\alpha u\,d\alpha\,du,$$

$$(89)\qquad \int_{-\infty}^{\infty}\int_{-\infty}^{\infty}\int_{-\infty}^{\infty}\int_{-\infty}^{\infty}\frac{\psi(\alpha,\beta)}{\psi(0,0)}\cos\alpha(au+bv)\cos\beta(a'u+b'v)\,d\alpha\,du\,d\beta\,dv.$$

Etc., etc.

Pour fixer la valeur de l'intégrale (88), on posera

$$au=\mu \qquad \text{ou} \qquad u=\frac{\mu}{a},$$

ce qui réduira cette intégrale à la forme

$$\frac{1}{a}\int_{-\infty}^{\infty}\int_{\mp\infty}^{\pm\infty}\frac{\psi(\alpha)}{\psi(0)}\cos\alpha\mu\,d\alpha\,d\mu=\pm\frac{2\pi}{a},$$

les signes supérieurs ou inférieurs devant être adoptés, selon que la quantité a sera positive ou négative. On aura par suite

$$(90)\qquad \int_{-\infty}^{\infty}\int_{-\infty}^{\infty}\frac{\psi(\alpha)}{\psi(0)}\cos a\alpha u\,d\alpha\,du=\frac{2\pi}{\sqrt{a^2}},$$

$\sqrt{a^2}$ désignant la valeur numérique de a. Pour fixer la valeur de l'intégrale (89), on posera successivement

$$au+bv=\mu, \qquad \text{ou} \qquad u=\frac{\mu-bv}{a},$$

puis

$$a'\frac{\mu-bv}{a}+b'v=\nu, \qquad \text{ou} \qquad v=\frac{a\nu-a'\mu}{ab'-a'b};$$

et l'on reconnaîtra ainsi que l'intégrale (89) est équivalente aux deux expressions

$$\frac{1}{a}\int_{-\infty}^{\infty}\int_{\mp\infty}^{\pm\infty}\int_{-\infty}^{\infty}\int_{-\infty}^{\infty}\frac{\psi(\alpha,\beta)}{\psi(0,0)}\cos\alpha\mu\cos\beta\left(a'\frac{\mu-bv}{a}+b'v\right)d\alpha\,d\mu\,d\beta\,dv,$$

$$\frac{1}{ab'-a'b}\int_{-\infty}^{\infty}\int_{\mp\infty}^{\pm\infty}\int_{-\infty}^{\infty}\int_{\mp\infty}^{\pm\infty}\frac{\psi(\alpha,\beta)}{\psi(0,0)}\cos\alpha\mu\cos\beta\nu\,d\alpha\,d\mu\,d\beta\,d\nu,$$

dont la dernière se réduit à

$$\pm \frac{4\pi^2}{ab' - a'b},$$

le signe supérieur ou inférieur devant être adopté, selon que la différence $ab' - a'b$ est positive ou négative. Donc, si, pour éviter le double signe, on substitue à la différence dont il s'agit sa valeur numérique, c'est-à-dire la quantité positive

$$\sqrt{(ab' - a'b)^2},$$

on aura définitivement

$$(91)\quad \left\{ \begin{aligned} &\int_{-\infty}^{\infty}\int_{-\infty}^{\infty}\int_{-\infty}^{\infty}\int_{-\infty}^{\infty} \frac{\psi(\alpha, \beta)}{\psi(0, 0)} \cos\alpha(au + bv)\cos(a'u + b'v)\, d\alpha\, du\, d\beta\, dv \\ &\quad = \frac{(2\pi)^2}{\sqrt{(ab' - a'b)^2}}. \end{aligned} \right.$$

On prouverait de la même manière que l'intégrale (84) se réduit, pour $n = 3$, à

$$\frac{(2\pi)^3}{\sqrt{(ab'c'' - ab''c' + a'b''c - a'bc'' + a''bc' - a''b'c)^2}},$$

et généralement, pour une valeur quelconque de n, à

$$(92)\qquad \frac{(2\pi)^n}{\sqrt{D^2}},$$

D étant le dénominateur commun des fractions propres à représenter les valeurs particulières qu'on obtient pour u, v, w, ... en résolvant les équations linéaires

$$(93)\quad \left\{ \begin{array}{l} au + bv + cw + \ldots = 1, \\ a'u + b'v + c'w + \ldots = 1, \\ a''u + b''v + c''w + \ldots = 1, \\ \ldots\ldots\ldots\ldots\ldots\ldots\ldots\ldots \end{array} \right.$$

Il est essentiel d'observer que si l'on désigne par L le dénominateur commun des fractions qui représentent les valeurs de u, v, w, ... tirées des équations

$$(94)\qquad \begin{cases} u\dfrac{\partial M}{\partial \mu}+v\dfrac{\partial M}{\partial \nu}+w\dfrac{\partial M}{\partial \varpi}+\ldots=1,\\ u\dfrac{\partial N}{\partial \mu}+v\dfrac{\partial N}{\partial \nu}+w\dfrac{\partial N}{\partial \varpi}+\ldots=1,\\ u\dfrac{\partial P}{\partial \mu}+v\dfrac{\partial P}{\partial \nu}+w\dfrac{\partial P}{\partial \varpi}+\ldots=1,\\ \ldots\ldots\ldots\ldots\ldots\ldots\ldots\ldots \end{cases}$$

et par L_0 ce que devient L quand on y pose

$$\mu=\mu_0,\qquad \nu=\nu_0,\qquad \varpi=\varpi_0,\qquad \ldots,$$

on aura identiquement

$$D=L_0.$$

Par suite, l'expression (92) deviendra

$$\frac{(2\pi)^n}{\sqrt{L_0^2}},$$

et l'on trouvera pour la valeur en termes finis de l'expression (83)

$$(95)\qquad \frac{(2\pi)^n}{\sqrt{L_0^2}}f(\mu_0,\nu_0,\varpi_0,\ldots).$$

Cette valeur est également celle de l'intégrale (79) dans l'hypothèse admise, c'est-à-dire dans le cas où, les deux limites de chacune des variables μ, ν, ϖ, ... étant très rapprochées l'une de l'autre, les quantités

$$\mu_0,\quad \nu_0,\quad \varpi_0,\quad \ldots$$

sont les seules valeurs de ces variables qui remplissent la double condition de rester comprises entre les limites données, et de vérifier les équations (76). Dans l'hypothèse contraire, cette double condition pouvant être remplie par plusieurs systèmes de valeurs des variables μ, ν, ϖ, ...; par exemple, par tous ceux que renferme le Tableau (77), on divisera l'intervalle entre les deux limites de chaque variable en éléments très petits et inférieurs aux différences entre les valeurs de cette variable qui se trouvent dans le Tableau; puis, on partagera l'intégrale (79) en plusieurs autres de même forme, en substituant aux intervalles entre les limites des diverses intégrales, c'est-à-dire aux quantités

$$\mu'' - \mu', \quad \nu'' - \nu', \quad \varpi'' - \varpi', \quad \ldots,$$

leurs éléments respectifs combinés n à n de toutes les manières possibles. Parmi les intégrales partielles ainsi obtenues, celle qui remplira les conditions précédemment énoncées à l'égard des valeurs de μ, ν, ϖ, ... désignées par

$$\mu_0, \quad \nu_0, \quad \varpi_0, \quad \ldots$$

sera équivalente à l'expression (95). Celle qui remplira les mêmes conditions à l'égard d'autres valeurs toujours comprises dans une des lignes horizontales du Tableau (77) sera représentée par l'une des expressions

$$\frac{(2\pi)^n}{\sqrt{L_1^2}} f(\mu_1, \nu_1, \varpi_1, \ldots),$$

$$\frac{(2\pi)^n}{\sqrt{L_2^2}} f(\mu_2, \nu_2, \varpi_2, \ldots),$$

$$\ldots\ldots\ldots\ldots\ldots\ldots\ldots,$$

$$\frac{(2\pi)^n}{\sqrt{L_{m-1}^2}} f(\mu_{m-1}, \nu_{m-1}, \varpi_{m-1}, \ldots),$$

L_1, L_2, ..., L_{m-1} désignant ce que devient la fonction L pour les valeurs dont il s'agit. Enfin, les autres intégrales partielles se réduisant à zéro en vertu d'une observation précédemment faite, nous devons conclure que la somme totale des intégrales partielles, ou l'intégrale (79), aura pour valeur, dans la nouvelle hypothèse,

$$(96) \quad (2\pi)^n \left[\frac{f(\mu_0, \nu_0, \varpi_0, \ldots)}{\sqrt{L_0^2}} + \frac{f(\mu_1, \nu_1, \varpi_1, \ldots)}{\sqrt{L_1^2}} + \ldots + \frac{f(\mu_{m-1}, \nu_{m-1}, \varpi_{m-1}, \ldots)}{\sqrt{L_{m-1}^2}} \right].$$

Ainsi, l'on trouvera généralement

$$(97)\quad \left\{\begin{array}{l}\displaystyle\int_{-\infty}^{\infty}\int_{\mu'}^{\mu''}\int_{-\infty}^{\infty}\int_{\nu'}^{\nu''}\ldots\cos\alpha\mathrm{M}\cos\beta\mathrm{N}\cos\gamma\mathrm{P}\ldots f(\mu,\nu,\varpi,\ldots)\,d\alpha\,d\mu\,d\beta\,d\nu\,d\gamma\,d\varpi\ldots\\ \displaystyle\quad=(2\pi)^n\left[\frac{f(\mu_0,\nu_0,\varpi_0,\ldots)}{\sqrt{\mathrm{L}_0^2}}+\frac{f(\mu_1,\nu_1,\varpi_1,\ldots)}{\sqrt{\mathrm{L}_1^2}}+\ldots+\frac{f(\mu_{m-1},\nu_{m-1},\varpi_{m-1},\ldots)}{\sqrt{\mathrm{L}_{m-1}^2}}\right],\end{array}\right.$$

la fonction sous les signes $\int\int\int\ldots$ devant être, dans certains cas, multipliée par le facteur 4, comme il a été dit plus haut.

Si dans l'équation (97) on pose

$$(98)\qquad f(\mu,\nu,\varpi,\ldots)=\sqrt{\mathrm{L}^2}\,\mathrm{F}(\mu,\nu,\varpi,\ldots),$$

cette équation prendra la forme

$$(99)\quad \left\{\begin{array}{l}\displaystyle\int_{-\infty}^{\infty}\int_{\mu'}^{\mu''}\int_{-\infty}^{\infty}\int_{\nu'}^{\nu''}\ldots\cos\alpha\mathrm{M}\cos\beta\mathrm{N}\cos\gamma\mathrm{P}\ldots\sqrt{\mathrm{L}^2}\,\mathrm{F}(\mu,\nu,\varpi,\ldots)\,d\alpha\,d\mu\,d\beta\,d\nu\,d\gamma\,d\varpi\ldots\\ \quad=(2\pi)^n[\mathrm{F}(\mu_0,\nu_0,\varpi_0,\ldots)+\ldots+\mathrm{F}(\mu_{m-1},\nu_{m-1},\varpi_{m-1},\ldots)],\end{array}\right.$$

les limites des diverses intégrations étant toujours les mêmes aussi bien que la fonction L. On aura en conséquence, pour $n=1$,

$$(100)\qquad \int_{-\infty}^{\infty}\int_{\mu'}^{\mu''}\cos\alpha\mathrm{M}\sqrt{\mathrm{L}^2}\,\mathrm{F}(\mu)\,d\alpha\,d\mu\ldots=2\pi[\mathrm{F}(\mu_0)+\mathrm{F}(\mu_1)+\ldots+\mathrm{F}(\mu_{m-1})],$$

la valeur de L étant

$$(101)\qquad \mathrm{L}=\pm\frac{d\mathrm{M}}{d\mu},$$

M représentant une fonction quelconque de la variable μ, et

$$\mu_0,\quad \mu_1,\quad \ldots,\quad \mu_{m-1}$$

désignant les diverses racines réelles de l'équation

$$(102)\qquad \mathrm{M}=0$$

comprises entre les deux limites μ', μ''. On trouvera ensuite, pour $n = 2$,

$$(103)\quad \left\{ \begin{aligned} &\int_{-\infty}^{\infty}\int_{\mu'}^{\mu''}\int_{-\infty}^{\infty}\int_{\nu'}^{\nu''} \cos\alpha M \cos\beta N \sqrt{L^2}\, F(\mu, \nu)\, d\alpha\, d\mu\, d\beta\, d\nu \\ &\quad = 4\pi^2 [F(\mu_0, \nu_0) + F(\mu_1, \nu_1) + \ldots + F(\mu_{m-1}, \nu_{m-1})], \end{aligned} \right.$$

M, N désignant des fonctions des variables μ et ν, la valeur de L étant déterminée par la formule

$$(104)\quad L = \pm \left(\frac{\partial M}{\partial \mu} \frac{\partial N}{\partial \nu} - \frac{\partial M}{\partial \nu} \frac{\partial N}{\partial \mu} \right),$$

et les quantités

$$\mu_0,\quad \nu_0;\quad \mu_1,\quad \nu_1;\quad \ldots;\quad \mu_{m-1},\quad \nu_{m-1}$$

étant les seules valeurs de μ et de ν, qui, sans cesser d'être comprises entre les limites des intégrations relatives à ces variables, vérifient les deux équations simultanées

$$(105)\quad M = 0, \qquad N = 0.$$

En continuant de la même manière, on déduirait successivement de l'équation (99) les formules particulières qui se rapportent au cas où l'on suppose $n = 3$, $n = 4$, ...

Il ne sera pas inutile d'observer que les équations (99), (100), (103), etc. subsistent, non seulement lorsque les fonctions

$$F(\mu, \nu, \varpi, \ldots), \quad F(\mu), \quad F(\mu, \nu), \quad \ldots$$

sont réelles, mais aussi lorsque ces fonctions deviennent imaginaires.

Concevons maintenant que, $f(x)$ désignant une fonction réelle de la variable x, les quantités M et N de la formule (103) soient des fonctions réelles de μ et de ν, déterminées par l'équation

$$(106)\quad f(\mu + \nu\sqrt{-1}) = M + N\sqrt{-1},$$

ou, ce qui revient au même, par la suivante

$$(107)\quad f(\mu - \nu\sqrt{-1}) = M - N\sqrt{-1}.$$

Comme on aura dans cette hypothèse

$$\frac{\partial M}{\partial \nu} + \frac{\partial N}{\partial \nu}\sqrt{-1} = \sqrt{-1}\, f'(\mu + \nu\sqrt{-1}) = \sqrt{-1}\left(\frac{\partial M}{\partial \mu} + \frac{\partial N}{\partial \mu}\sqrt{-1}\right),$$

on en conclura

$$(108) \qquad \frac{\partial M}{\partial \nu} = -\frac{\partial N}{\partial \mu}, \qquad \frac{\partial N}{\partial \nu} = \frac{\partial M}{\partial \mu},$$

et, par suite,

$$L = \pm \left[\left(\frac{\partial M}{\partial \mu}\right)^2 + \left(\frac{\partial N}{\partial \mu}\right)^2\right],$$

$$(109) \quad \begin{cases} \sqrt{L^2} = \left(\dfrac{\partial M}{\partial \mu}\right)^2 + \left(\dfrac{\partial N}{\partial \mu}\right)^2 = \left(\dfrac{\partial M}{\partial \mu} + \dfrac{\partial N}{\partial \mu}\sqrt{-1}\right)\left(\dfrac{\partial M}{\partial \mu} - \dfrac{\partial N}{\partial \mu}\sqrt{-1}\right) \\ \quad = f'(\mu + \nu\sqrt{-1})\, f'(\mu - \nu\sqrt{-1}). \end{cases}$$

Imaginons de plus qu'à la fonction quelconque $F(\mu, \nu)$ on substitue la fonction imaginaire $F(\mu + \nu\sqrt{-1})$, et désignons par

$$\begin{array}{l} x_0 = \mu_0 + \nu_0 \sqrt{-1}, \\ x_1 = \mu_1 + \nu_1 \sqrt{-1}, \\ \ldots\ldots\ldots\ldots\ldots\ldots\ldots\ldots, \\ x_{m-1} = \mu_{m-1} + \nu_{m-1}\sqrt{-1} \end{array}$$

les diverses racines de l'équation

$$(110) \qquad f(x) = 0,$$

dans lesquelles les parties réelles demeurent comprises entre les limites μ', μ'', et les coefficients de $\sqrt{-1}$ entre les limites ν', ν''. La formule (103) donnera évidemment

$$(111) \quad \begin{cases} \displaystyle\int_{-\infty}^{\infty}\int_{\mu'}^{\mu''}\int_{-\infty}^{\infty}\int_{\nu'}^{\nu''} \cos\alpha M \cos\beta N \\ \quad \times f'(\mu + \nu\sqrt{-1})\, f'(\mu - \nu\sqrt{-1})\, F(\mu + \nu\sqrt{-1})\, d\alpha\, d\mu\, d\beta\, d\nu \\ \quad = 4\pi^2[F(x_0) + F(x_1) + \ldots + F(x_{m-1})]. \end{cases}$$

Si l'on veut que la suite

$$x_0, \quad x_1, \quad x_2, \quad \ldots, \quad x_{m-1}$$

comprenne toutes les racines réelles ou imaginaires de l'équation (110), il suffira de supposer dans la formule (111)

$$\mu' = -\infty, \qquad \mu'' = +\infty; \qquad \nu' = -\infty, \qquad \nu'' = +\infty \text{ (1)}.$$

Alors on tirera de cette formule

$$(112)\quad \left\{ \begin{aligned} & F(x_0) + F(x_1) + \ldots + F(x_{m-1}) \\ & \quad = \frac{1}{4\pi^2} \int_{-\infty}^{\infty} \int_{-\infty}^{\infty} \int_{-\infty}^{\infty} \int_{-\infty}^{\infty} \cos\alpha M \cos\beta N \\ & \quad \times f'(\mu + \nu\sqrt{-1}) f'(\mu - \nu\sqrt{-1}) F(\mu + \nu\sqrt{-1})\, d\alpha\, d\mu\, d\beta\, d\nu. \end{aligned} \right.$$

Si, au contraire, on attribue à μ', μ'', ν', ν'' des valeurs finies choisies de telle manière que, pour une seule racine x_0, la partie réelle demeure comprise entre les limites μ', μ'', et le coefficient de $\sqrt{-1}$ entre les limites ν', ν'', la formule (111) donnera

$$(113)\quad \left\{ \begin{aligned} & F(x_0) = \frac{1}{4\pi^2} \int_{-\infty}^{\infty} \int_{\mu'}^{\mu''} \int_{-\infty}^{\infty} \int_{\nu'}^{\nu''} \cos\alpha M \cos\beta N \\ & \quad \times f'(\mu + \nu\sqrt{-1}) f'(\mu - \nu\sqrt{-1}) F(\mu + \nu\sqrt{-1})\, d\alpha\, d\mu\, d\beta\, d\nu, \end{aligned} \right.$$

et, en faisant

$$F(x) = x,$$

on en conclura

$$(114)\quad \left\{ \begin{aligned} & x_0 = \frac{1}{4\pi^2} \int_{-\infty}^{\infty} \int_{\mu'}^{\mu''} \int_{-\infty}^{\infty} \int_{\nu'}^{\nu''} \cos\alpha M \cos\beta N \\ & \quad \times f'(\mu + \nu\sqrt{-1}) f'(\mu - \nu\sqrt{-1}) (\mu + \nu\sqrt{-1})\, d\alpha\, d\mu\, d\beta\, d\nu. \end{aligned} \right.$$

(1) Il suffira même de supposer

$$\mu' = -\rho, \qquad \mu'' = +\rho; \qquad \nu' = -\rho, \qquad \nu'' = +\rho,$$

ρ désignant un nombre dont le carré surpasse non seulement les carrés de toutes les racines réelles, mais encore les produits réels et positifs qu'on obtient en multipliant deux à deux les racines imaginaires. On évitera ainsi l'indétermination que présente, dans certains cas, le second membre de la formule (112). Au reste, on pourrait remédier directement à l'indétermination dont il s'agit, en faisant usage, comme dans le Paragraphe Ier, d'un facteur auxiliaire qui renfermerait, avec une constante infiniment petite k, les variables α et β, ou bien les variables μ et ν.

Cette dernière formule peut servir à déterminer l'une quelconque des racines réelles ou imaginaires d'une équation algébrique, ou même transcendante [1]. Si l'on se propose, en particulier, de déterminer une racine réelle, on pourra prendre pour ν' et ν'' deux quantités, l'une positive, l'autre négative, et très peu différentes de zéro. Alors, la valeur numérique de la variable ν devant rester très petite entre les limites de l'intégration, on aura à très peu près entre ces limites

$$\mu + \nu\sqrt{-1} = \mu,$$

$$f'(\mu + \nu\sqrt{-1}) = f'(\mu - \nu\sqrt{-1}) = f'(\mu),$$

$$\mathrm{M} = \frac{1}{2}[f(\mu + \nu\sqrt{-1}) + f(\mu - \nu\sqrt{-1})] = f(\mu),$$

$$\mathrm{N} = \frac{1}{2\sqrt{-1}}[f(\mu + \nu\sqrt{-1}) - f(\mu - \nu\sqrt{-1})] = \nu f'(\mu),$$

et, par suite, la valeur de x_0 se trouvera réduite à

$$(115)\qquad x_0 = \frac{1}{4\pi^2}\int_{-\infty}^{\infty}\int_{\mu'}^{\mu''}\int_{-\infty}^{\infty}\int_{\nu'}^{\nu''}\cos\alpha f(\mu)\cos\beta\nu f'(\mu)[f'(\mu)]^2\mu\, d\alpha\, d\mu\, d\beta\, d\nu.$$

On aura d'ailleurs, entre les limites $\beta = -\infty$, $\beta = +\infty$, $\nu = \nu'$, $\nu = \nu''$,

$$\int_{-\infty}^{\infty}\int_{\nu'}^{\nu''}\cos\beta\nu f'(\mu)\, d\beta\, d\nu = \frac{1}{\sqrt{[f'(\mu)]^2}}\int_{-\infty}^{\infty}\int_{\nu'}^{\nu''}\cos\beta\nu\, d\beta\, d\nu = \frac{2\pi}{\sqrt{[f'(\mu)]^2}}.$$

Donc la racine x_0, supposée réelle, sera donnée simplement par l'équation

$$(116)\qquad x_0 = \frac{1}{2\pi}\int_{-\infty}^{\infty}\int_{\mu'}^{\mu''}\cos\alpha f(\mu)\sqrt{[f'(\mu)]^2}\,\mu\, d\alpha\, d\mu.$$

La même équation se déduit de la formule (100), lorsqu'on pose $m = 1$ dans cette formule, et que l'on y remplace μ_0 par x_0, $\mathrm{F}(\mu)$ par μ, et M par $f(\mu)$. Nous ne nous arrêterons pas davantage aux

[1] On trouvera, dans les additions placées à la suite du Mémoire, d'autres formules plus simples qui conduisent au même but.

conséquences remarquables que présentent les diverses formules ci-dessus établies; et nous allons passer à la seconde Partie de notre Mémoire, dans laquelle nous appliquerons ces mêmes formules à l'intégration des équations linéaires aux différences partielles et à coefficients constants.

SECONDE PARTIE.

§ Ier. Soit donnée une équation linéaire aux différences partielles et à coefficients constants entre la variable principale φ et les variables indépendantes $x, y, z, \ldots, t$ dont nous désignerons le nombre par $n+1$. Si, pour plus de simplicité, l'on commence par admettre que cette équation ne renferme pas de terme indépendant de φ, elle sera de la forme

$$\nabla\varphi = 0, \tag{1}$$

$\nabla\varphi$ désignant une fonction linéaire des quantités

$$\begin{array}{ccccc} & & \varphi, & & \\ \frac{\partial\varphi}{\partial x}, & \frac{\partial\varphi}{\partial y}, & \frac{\partial\varphi}{\partial z}, & \ldots, & \frac{\partial\varphi}{\partial t}, \\ \frac{\partial^2\varphi}{\partial x^2}, & \frac{\partial^2\varphi}{\partial x\,\partial y}, & \frac{\partial^2\varphi}{\partial x\,\partial z}, & \ldots, & \frac{\partial^2\varphi}{\partial t^2}, \\ \frac{\partial^3\varphi}{\partial x^3}, & \frac{\partial^3\varphi}{\partial x^2\,\partial y}, & \frac{\partial^3\varphi}{\partial x^2\,\partial z}, & \ldots, & \frac{\partial^3\varphi}{\partial t^3}, \\ \ldots, & \ldots\ldots, & \ldots\ldots, & \ldots, & \ldots, \end{array}$$

c'est-à-dire, de la variable principale φ et de ses dérivées des divers ordres, prises par rapport aux variables indépendantes. Supposons d'ailleurs que, parmi les dérivées relatives à t qui entrent dans la composition de $\nabla\varphi$, celle de l'ordre le plus élevé soit $\frac{\partial^m\varphi}{\partial t^m}$. On aura identiquement

$$\nabla\varphi = \nabla_0\varphi + \nabla_1\frac{\partial\varphi}{\partial t} + \nabla_2\frac{\partial^2\varphi}{\partial t^2} + \ldots + \nabla_m\frac{\partial^m\varphi}{\partial t^m}, \tag{2}$$

les caractéristiques $\nabla_0, \nabla_1, \nabla_2, \ldots, \nabla_m$ indiquant des opérations relatives aux seules variables $x, y, z, \ldots$; et l'on pourra intégrer l'équation (1) de manière que les quantités

$$(3) \qquad \varphi, \quad \frac{\partial \varphi}{\partial t}, \quad \frac{\partial^2 \varphi}{\partial t^2}, \quad \ldots, \quad \frac{\partial^{m-1} \varphi}{\partial t^{m-1}}$$

se réduisent, pour $t = 0$, à des fonctions connues de $x, y, z, \ldots$; par exemple, aux suivantes

$$(4) \quad f_0(x, y, z, \ldots), \quad f_1(x, y, z, \ldots), \quad f_2(x, y, z, \ldots), \quad \ldots, \quad f_{m-1}(x, y, z, \ldots).$$

On y parviendra, en effet, par la méthode que je vais indiquer.

Lorsqu'on veut uniquement satisfaire à cette condition, que les quantités

$$\varphi, \quad \frac{\partial \varphi}{\partial t}, \quad \frac{\partial^2 \varphi}{\partial t^2}, \quad \ldots, \quad \frac{\partial^{m-1} \varphi}{\partial t^{m-1}}$$

se réduisent aux fonctions

$$f_0(x, y, z, \ldots), \quad f_1(x, y, z, \ldots), \quad f_2(x, y, z, \ldots), \quad \ldots, \quad f_{m-1}(x, y, z, \ldots).$$

pour $t = 0$, il suffit (*voir* la Ire partie, § I) de prendre pour φ une expression de la forme

$$(5) \left\{ \begin{aligned} \varphi = {} & \left(\frac{1}{2\pi}\right)^n \int_{-\infty}^{\infty} \int_{\mu'}^{\mu''} \int_{-\infty}^{\infty} \int_{\nu'}^{\nu''} \ldots \mathrm{T}_0 e^{\alpha(x-\mu)\sqrt{-1}} e^{\beta(y-\nu)\sqrt{-1}} e^{\gamma(z-\varpi)\sqrt{-1}} \ldots \\ & \times f_0(\mu, \nu, \varpi, \ldots)\, d\alpha\, d\mu\, d\beta\, d\nu\, d\gamma\, d\varpi \ldots \\ & + \left(\frac{1}{2\pi}\right)^n \int_{-\infty}^{\infty} \int_{\mu'}^{\mu''} \int_{-\infty}^{\infty} \int_{\nu'}^{\nu''} \ldots \mathrm{T}_1 e^{\alpha(x-\mu)\sqrt{-1}} e^{\beta(y-\nu)\sqrt{-1}} e^{\gamma(z-\varpi)\sqrt{-1}} \ldots \\ & \times f_1(\mu, \nu, \varpi, \ldots)\, d\alpha\, d\mu\, d\beta\, d\nu\, d\gamma\, d\varpi \ldots \\ & + \ldots\ldots\ldots\ldots\ldots\ldots\ldots\ldots\ldots\ldots \\ & + \left(\frac{1}{2\pi}\right)^n \int_{-\infty}^{\infty} \int_{\mu'}^{\mu''} \int_{-\infty}^{\infty} \int_{\nu'}^{\nu''} \ldots \mathrm{T}_{m-1} e^{\alpha(x-\mu)\sqrt{-1}} e^{\beta(y-\nu)\sqrt{-1}} e^{\gamma(z-\varpi)\sqrt{-1}} \ldots \\ & \times f_{m-1}(\mu, \nu, \varpi, \ldots)\, d\alpha\, d\mu\, d\beta\, d\nu\, d\gamma\, d\varpi \ldots, \end{aligned} \right.$$

les limites des intégrations étant les mêmes que dans la formule (1)

(Ire partie), et d'assujettir les quantités

$$T_0,\quad T_1,\quad T_2,\quad \ldots,\quad T_{m-1},$$

supposées fonctions de t et des variables auxiliaires α, β, γ, ..., à vérifier, pour une valeur nulle de t, les équations de condition

$$(6)\quad \left\{\begin{array}{lllll} T_0 = 1, & \dfrac{\partial T_0}{\partial t} = 0, & \dfrac{\partial^2 T_0}{\partial t^2} = 0, & \ldots, & \dfrac{\partial^{m-1} T_0}{\partial t^{m-1}} = 0; \\ T_1 = 0, & \dfrac{\partial T_1}{\partial t} = 1, & \dfrac{\partial^2 T_1}{\partial t^2} = 0, & \ldots, & \dfrac{\partial^{m-1} T_1}{\partial t^{m-1}} = 0; \\ \ldots\ldots, & \ldots\ldots, & \ldots\ldots, & \ldots, & \ldots\ldots; \\ T_{m-1} = 0, & \dfrac{\partial T_{m-1}}{\partial t} = 0, & \dfrac{\partial^2 T_{m-1}}{\partial t^2} = 0, & \ldots, & \dfrac{\partial^{m-1} T_{m-1}}{\partial t^{m-1}} = 1. \end{array}\right.$$

Or, concevons qu'en désignant par u une nouvelle variable, on pose

$$(7)\qquad S = T_0 + T_1 u + T_2 u^2 + \ldots + T_{m-1} u^{m-1};$$

il est clair que les conditions (6) seront remplies, si la quantité S, considérée comme fonction de u et de t, vérifie, pour $t = 0$, les équations

$$(8)\qquad S = 1,\quad \frac{\partial S}{\partial t} = u,\quad \frac{\partial^2 S}{\partial t^2} = u^2,\quad \ldots,\quad \frac{\partial^{m-1} S}{\partial t^{m-1}} = u^{m-1}.$$

Soient d'ailleurs

$$(9)\qquad A_0,\quad A_1,\quad A_2,\quad \ldots,\quad A_{m-1},\quad A_m$$

ce que deviennent les expressions

$$(10)\qquad \nabla_0 \varphi,\quad \nabla_1 \varphi,\quad \nabla_2 \varphi,\quad \ldots,\quad \nabla_{m-1}\varphi,\quad \nabla_m \varphi$$

quand on y remplace φ par 1, $\frac{\partial\varphi}{\partial x}$ par $\alpha\sqrt{-1}$, $\frac{\partial\varphi}{\partial y}$ par $\beta\sqrt{-1}$, $\frac{\partial\varphi}{\partial z}$ par $\gamma\sqrt{-1}$, ..., et généralement

$$\frac{\partial^{p+q+r+\ldots}\varphi}{\partial x^p\,\partial y^q\,\partial z^r\ldots}$$

par

$$(\alpha\sqrt{-1})^p(\beta\sqrt{-1})^q(\gamma\sqrt{-1})^r\ldots.$$

Pour que la valeur de φ donnée par la formule (5) satisfasse à l'équation (1), il suffira que les quantités

$$T_0, \quad T_1, \quad T_2, \quad \ldots, \quad T_{m-1},$$

considérées comme fonctions de t, satisfassent à des équations différentielles de la forme

$$A_0 T_0 + A_1 \frac{\partial T_0}{\partial t} + A_2 \frac{\partial^2 T_0}{\partial t^2} + \ldots + A_m \frac{\partial^m T_0}{\partial t^m} = 0;$$

ou, ce qui revient au même, que la fonction S vérifie, quel que soit u, l'équation différentielle

$$(11) \qquad A_0 S + A_1 \frac{\partial S}{\partial t} + A_2 \frac{\partial^2 S}{\partial t^2} + \ldots + A_m \frac{\partial^m S}{\partial t^m} = 0.$$

Cette dernière équation, réunie aux conditions (8) qui doivent être remplies pour $t = 0$, détermine complètement la valeur de S. Pour obtenir cette même valeur, on observera qu'on satisfait à la formule (11) en posant

$$S = e^{\theta t},$$

et prenant pour θ une des racines de l'équation algébrique

$$A_0 + A_1 \theta + A_2 \theta^2 + \ldots + A_m \theta^m = 0.$$

Par suite, si l'on fait

$$(12) \qquad F(\theta) = A_0 + A_1 \theta + A_2 \theta^2 + \ldots + A_m \theta^m,$$

et si l'on appelle

$$(13) \qquad \theta_0, \quad \theta_1, \quad \theta_2, \quad \ldots, \quad \theta_{m-1},$$

les m racines de l'équation

$$(14) \qquad F(\theta) = 0,$$

les formules

$$S = e^{\theta_0 t}, \qquad S = e^{\theta_1 t}, \qquad \ldots, \qquad S = e^{\theta_{m-1} t}$$

seront des intégrales particulières de l'équation différentielle en S, et son intégrale générale, assujettie aux conditions (8), pourra être présentée sous l'une ou l'autre de ces deux formes

$$(15)\quad \begin{cases} S = \dfrac{(u-\theta_1)(u-\theta_2)\ldots(u-\theta_{m-1})}{(\theta_0-\theta_1)(\theta_0-\theta_2)\ldots(\theta_0-\theta_{m-1})} e^{\theta_0 t} + \ldots \\ \qquad + \dfrac{(u-\theta_0)(u-\theta_1)\ldots(u-\theta_{m-2})}{(\theta_{m-1}-\theta_0)(\theta_{m-1}-\theta_1)\ldots(\theta_{m-1}-\theta_{m-2})} e^{\theta_{m-1} t}, \end{cases}$$

$$(16)\quad S = F(u)\left[\frac{e^{\theta_0 t}}{(u-\theta_0)F'(\theta_0)} + \frac{e^{\theta_1 t}}{(u-\theta_1)F'(\theta_1)} + \ldots + \frac{e^{\theta_{m-1} t}}{(u-\theta_{m-1})F'(\theta_{m-1})}\right].$$

Si l'on développe cette intégrale générale suivant les puissances ascendantes et entières de u, les coefficients des diverses puissances seront précisément les valeurs de

$$T_0,\quad T_1,\quad \ldots,\quad T_{m-1}.$$

Cela posé, comme on aura

$$F(u) = A_0 + A_1 u + A_2 u^2 + \ldots + A_m u^m,$$

$$\frac{1}{u-\theta_0} = -\frac{1}{\theta_0\left(1-\dfrac{u}{\theta_0}\right)} = -\frac{1}{\theta_0} - \frac{u}{\theta_0^2} - \frac{u^2}{\theta_0^3} - \ldots - \frac{u_0^{m-1}}{\theta_1^m} - \ldots,$$

on en conclura

$$T_0 = -A_0\left[\frac{e^{\theta_0 t}}{\theta_0 F'(\theta_0)} + \frac{e^{\theta_1 t}}{\theta_1 F'(\theta_1)} + \ldots + \frac{e^{\theta_{m-1} t}}{\theta_{m-1} F'(\theta_{m-1})}\right],$$

$$\begin{aligned} T_1 = &-A_1\left[\frac{e^{\theta_0 t}}{\theta_0 F'(\theta_0)} + \frac{e^{\theta_1 t}}{\theta_1 F'(\theta_1)} + \ldots + \frac{e^{\theta_{m-1} t}}{\theta_{m-1} F'(\theta_{m-1})}\right] \\ &-A_0\left[\frac{e^{\theta_0 t}}{\theta_0^2 F'(\theta_0)} + \frac{e^{\theta_1 t}}{\theta_1^2 F'(\theta_1)} + \ldots + \frac{e^{\theta_{m-1} t}}{\theta_{m-1}^2 F'(\theta_{m-1})}\right], \end{aligned}$$

$$\begin{aligned} T_2 = &-A_2\left[\frac{e^{\theta_0 t}}{\theta_0 F'(\theta_0)} + \frac{e^{\theta_1 t}}{\theta_1 F'(\theta_1)} + \ldots + \frac{e^{\theta_{m-1} t}}{\theta_{m-1} F'(\theta_{m-1})}\right] \\ &-A_1\left[\frac{e^{\theta_0 t}}{\theta_0^2 F'(\theta_0)} + \frac{e^{\theta_1 t}}{\theta_1^2 F'(\theta_1)} + \ldots + \frac{e^{\theta_{m-1} t}}{\theta_{m-1}^2 F'(\theta_{m-1})}\right] \\ &-A_0\left[\frac{e^{\theta_0 t}}{\theta_0^3 F'(\theta_0)} + \frac{e^{\theta_1 t}}{\theta_1^3 F'(\theta_1)} + \ldots + \frac{e^{\theta_{m-1} t}}{\theta_{m-1}^3 F'(\theta_{m-1})}\right], \end{aligned}$$

$$\ldots\ldots\ldots\ldots\ldots\ldots\ldots\ldots\ldots\ldots\ldots\ldots,$$

et

$$
\begin{aligned}
T_{m-1} = & - A_{m-1}\left[\frac{e^{\theta_0 t}}{\theta_0 F'(\theta_0)} + \frac{e^{\theta_1 t}}{\theta_1 F'(\theta_1)} + \ldots + \frac{e^{\theta_{m-1} t}}{\theta_{m-1} F'(\theta_{m-1})}\right] \\
& - A_{m-2}\left[\frac{e^{\theta_0 t}}{\theta_0^2 F'(\theta_0)} + \frac{e^{\theta_1 t}}{\theta_1^2 F'(\theta_1)} + \ldots + \frac{e^{\theta_{m-1} t}}{\theta_{m-1}^2 F'(\theta_{m-1})}\right] \\
& - \ldots\ldots\ldots\ldots\ldots\ldots\ldots\ldots\ldots\ldots \\
& - A_0 \left[\frac{e^{\theta_0 t}}{\theta_0^m F'(\theta_0)} + \frac{e^{\theta_1 t}}{\theta_1^m F'(\theta_1)} + \ldots + \frac{e^{\theta_{m-1} t}}{\theta_{m-1}^m F'(\theta_{m-1})}\right];
\end{aligned}
$$

puis, en faisant pour plus de commodité

$$
(17) \qquad R = -\left[\frac{e^{\theta_0 t}}{\theta_0^m F'(\theta_0)} + \frac{e^{\theta_1 t}}{\theta_1^m F'(\theta_1)} + \ldots + \frac{e^{\theta_{m-1} t}}{\theta_{m-1}^m F'(\theta_{m-1})}\right],
$$

on trouvera

$$
(18) \qquad \begin{cases}
T_0 = A_0 \dfrac{\partial^{m-1} R}{\partial t^{m-1}}, \\
T_1 = A_0 \dfrac{\partial^{m-2} R}{\partial t^{m-2}} + A_1 \dfrac{\partial^{m-1} R}{\partial t^{m-1}}, \\
T_2 = A_0 \dfrac{\partial^{m-3} R}{\partial t^{m-3}} + A_1 \dfrac{\partial^{m-2} R}{\partial t^{m-2}} + A_2 \dfrac{\partial^{m-1} R}{\partial t^{m-1}}, \\
\ldots\ldots\ldots\ldots\ldots\ldots\ldots\ldots\ldots\ldots, \\
T_{m-1} = A_0 R + A_1 \dfrac{\partial R}{\partial t} + A_2 \dfrac{\partial^2 R}{\partial t^2} + \ldots + A_{m-1} \dfrac{\partial^{m-1} R}{\partial t^{m-1}}.
\end{cases}
$$

Si maintenant on pose

$$
(19) \quad Q = \left(\frac{1}{2\pi}\right)^n \int_{-\infty}^{\infty}\int_{-\infty}^{\infty}\int_{-\infty}^{\infty} \ldots R e^{\alpha(x-\mu)\sqrt{-1}} e^{\beta(y-\nu)\sqrt{-1}} e^{\gamma(z-\varpi)\sqrt{-1}} \ldots d\alpha\, d\beta\, d\gamma \ldots,
$$

on aura évidemment

$$
\begin{aligned}
T_0 Q &= \left(\frac{1}{2\pi}\right)^n \int_{-\infty}^{\infty}\int_{-\infty}^{\infty}\int_{-\infty}^{\infty} \ldots A_0 R e^{\alpha(x-\mu)\sqrt{-1}} e^{\beta(y-\nu)\sqrt{-1}} e^{\gamma(z-\varpi)\sqrt{-1}} \ldots d\alpha\, d\beta\, d\gamma \ldots, \\
T_1 Q &= \left(\frac{1}{2\pi}\right)^n \int_{-\infty}^{\infty}\int_{-\infty}^{\infty}\int_{-\infty}^{\infty} \ldots A_1 R e^{\alpha(x-\mu)\sqrt{-1}} e^{\beta(y-\nu)\sqrt{-1}} e^{\gamma(z-\varpi)\sqrt{-1}} \ldots d\alpha\, d\beta\, d\gamma \ldots, \\
& \ldots\ldots\ldots\ldots\ldots\ldots\ldots\ldots\ldots\ldots, \\
T_{m-1} Q &= \left(\frac{1}{2\pi}\right)^n \int_{-\infty}^{\infty}\int_{-\infty}^{\infty}\int_{-\infty}^{\infty} \ldots A_{m-1} R e^{\alpha(x-\mu)\sqrt{-1}} e^{\beta(y-\nu)\sqrt{-1}} e^{\gamma(z-\varpi)\sqrt{-1}} \ldots d\alpha\, d\beta\, d\gamma \ldots,
\end{aligned}
$$

et en conséquence, la valeur de φ déduite des équations (5) et (18) deviendra

$$
(20)\quad \left\{
\begin{aligned}
\varphi = {} & \nabla_0 \frac{\partial^{m-1}}{\partial t^{m-1}} \int\int\int \ldots Q f_0(\mu, \nu, \varpi, \ldots)\, d\mu\, d\nu\, d\varpi \ldots \\
& + \nabla_0 \frac{\partial^{m-2}}{\partial t^{m-2}} \int\int\int \ldots Q f_1(\mu, \nu, \varpi, \ldots)\, d\mu\, d\nu\, d\varpi \ldots \\
& + \nabla_1 \frac{\partial^{m-1}}{\partial t^{m-1}} \int\int\int \ldots Q f_1(\mu, \nu, \varpi, \ldots)\, d\mu\, d\nu\, d\varpi \ldots \\
& + \ldots\ldots\ldots\ldots\ldots\ldots\ldots\ldots\ldots\ldots \\
& + \nabla_0 \int\int\int \ldots Q f_{m-1}(\mu, \nu, \varpi, \ldots)\, d\mu\, d\nu\, d\varpi \ldots \\
& + \nabla_1 \frac{\partial}{\partial t} \int\int\int \ldots Q f_{m-1}(\mu, \nu, \varpi, \ldots)\, d\mu\, d\nu\, d\varpi \ldots \\
& + \ldots\ldots\ldots\ldots\ldots\ldots\ldots\ldots\ldots\ldots \\
& + \nabla_{m-1} \frac{\partial^{m-1}}{\partial t^{m-1}} \int\int\int \ldots Q f_{m-1}(\mu, \nu, \varpi, \ldots)\, d\mu\, d\nu\, d\varpi \ldots .
\end{aligned}
\right.
$$

Il est important d'observer que la quantité Q donnée par la formule (19) est une fonction des variables $x, y, z, \ldots, t$, qui satisfait à l'équation aux différences partielles

$$(21)\qquad \nabla Q = 0.$$

Quant à la valeur de φ donnée par la formule (20), elle n'est le plus souvent qu'une intégrale particulière de l'équation proposée

$$(1)\qquad \nabla\varphi = 0.$$

Si l'on représente par U cette intégrale particulière, l'intégrale générale sera de la forme

$$(22)\qquad \varphi = U + V,$$

V désignant une fonction $x, y, z, \ldots, t$ assujettie à la double condition de vérifier l'équation

$$(23)\qquad \nabla V = 0$$

et de s'évanouir pour $t = 0$, avec ses dérivées relatives à t, depuis la dérivée du premier ordre jusqu'à celle de l'ordre $m-1$ inclusivement. Quelquefois il est impossible de remplir ces deux conditions autrement qu'en supposant

$$V = 0. \tag{24}$$

Alors la formule (20) devient elle-même l'intégrale générale de l'équation (1). Il semble, au premier abord, qu'il doit toujours en être ainsi, quand les différents termes du développement en série de la fonction V s'évanouissent, ce qui a lieu, par exemple, dans le cas où les expressions

$$\nabla_m \frac{\partial^m \varphi}{\partial t^m}, \quad \nabla_m \frac{\partial^m V}{\partial t^m}$$

se réduisent aux coefficients différentiels

$$\frac{\partial^m \varphi}{\partial t^m}, \quad \frac{\partial^m V}{\partial t^m},$$

multipliés par une quantité constante. Néanmoins, dans l'état actuel de l'Analyse, il est permis de concevoir à ce sujet des doutes légitimes fondés sur la remarque que nous avons faite dans un autre Mémoire, savoir, que les différents termes d'un développement peuvent s'évanouir, sans que la fonction développée s'évanouisse elle-même.

§ II. Admettons maintenant que l'équation aux différences partielles dont on cherche l'intégrale renferme un terme indépendant de φ, et fonction des seules variables

$$x, \quad y, \quad z, \quad \ldots, \quad t.$$

Si l'on fait passer ce terme dans le second membre, l'équation donnée prendra la forme

$$\nabla\varphi = f(x, y, z, \ldots, t), \tag{25}$$

et, pour ramener son intégration à celle de l'équation (1), il suffira, comme l'on sait, de connaître une valeur particulière de φ, pour laquelle $\nabla\varphi$ devienne égale à $f(x, y, z, \ldots, t)$. Or, on obtiendra évidemment une semblable valeur si l'on pose

$$(26)\quad \left\{ \begin{aligned} \varphi = \left(\frac{1}{2\pi}\right)^{n+1} \int\int\int \ldots e^{\alpha(x-\mu)\sqrt{-1}} e^{\beta(y-\nu)\sqrt{-1}} e^{\gamma(z-\varpi)\sqrt{-1}} \ldots e^{\theta(t-\tau)\sqrt{-1}} \\ \times \frac{f(\mu, \nu, \varpi, \ldots, \tau)}{A} d\alpha\, d\mu\, d\beta\, d\nu\, d\gamma\, d\varpi \ldots d\theta\, d\tau, \end{aligned} \right.$$

les intégrations devant être effectuées comme dans la formule (1) (Ire Partie), et la lettre A représentant ce que devient l'expression $\nabla\varphi$ quand on y remplace φ par 1, $\frac{\partial\varphi}{\partial x}$ par $\alpha\sqrt{-1}$, $\frac{\partial\varphi}{\partial y}$ par $\beta\sqrt{-1}$, ..., $\frac{\partial\varphi}{\partial t}$ par $\theta\sqrt{-1}$, ... et généralement

$$\frac{\partial^{p+q+r+\ldots+s}\varphi}{\partial x^p\, \partial y^q\, \partial z^r \ldots \partial t^s}$$

par

$$(\alpha\sqrt{-1})^p(\beta\sqrt{-1})^q(\gamma\sqrt{-1})^r\ldots(\theta\sqrt{-1})^s.$$

§ III. Parmi les équations linéaires qui s'intègrent à l'aide des méthodes précédentes, on doit distinguer celles dans lesquelles se change l'équation (1), lorsqu'on prend pour $\nabla\varphi$ une expression de la forme

$$(27)\qquad \nabla_0\varphi - \frac{\partial^m\varphi}{\partial t^m},$$

la caractéristique ∇_0 indiquant des opérations relatives aux seules variables $x, y, z, \ldots$. Alors la fonction φ obtient une valeur très simple qu'il est bon de connaître. Supposons, en effet, qu'il s'agisse d'intégrer l'équation aux différences partielles

$$\nabla_0\varphi - \frac{\partial^m\varphi}{\partial t^m} = 0,$$

ou, ce qui revient au même, la suivante

$$(28)\qquad \frac{\partial^m\varphi}{\partial t^m} = \nabla_0\varphi.$$

Dans cette hypothèse, en adoptant les notations du paragraphe I, on trouvera

$$F(\theta) = A_0 - \theta^m,$$
$$F'(\theta) = -m\theta^{m-1},$$

et, par suite,

$$(29)\qquad R = \frac{1}{m}\left(\frac{e^{\theta_0 t}}{\theta_0^{2m-1}} + \frac{e^{\theta_1 t}}{\theta_1^{2m-1}} + \ldots + \frac{e^{\theta_{m-1} t}}{\theta_{m-1}^{2m-1}}\right),$$

$\theta_0, \theta_1, \ldots, \theta_{m-1}$ désignant les m racines de l'équation

$$(30)\qquad \theta^m = A_0,$$

dont le second membre représente la fonction de $\alpha, \beta, \gamma, \ldots$ qui se tire de l'expression $\nabla_0 \varphi$, quand on y remplace φ par 1, $\frac{\partial \varphi}{\partial x}$ par $\alpha\sqrt{-1}, \ldots$, et généralement

$$\frac{\partial^{p+q+r\ldots}\varphi}{\partial x^p\,\partial y^q\,\partial z^r\ldots}$$

par

$$(\alpha\sqrt{-1})^p(\beta\sqrt{-1})^q(\gamma\sqrt{-1})^r\ldots.$$

Cela posé, la valeur de Q étant toujours déterminée par la formule

$$(19)\quad Q = \left(\frac{1}{2\pi}\right)^n \int_{-\infty}^{\infty}\int_{-\infty}^{\infty}\int_{-\infty}^{\infty}\cdots R\, e^{\alpha(x-\mu)\sqrt{-1}} e^{\beta(y-\nu)\sqrt{-1}} e^{\gamma(z-\varpi)\sqrt{-1}}\ldots d\alpha\, d\beta\, d\gamma\ldots,$$

la valeur de φ deviendra

$$(31)\quad \left\{\begin{aligned} \varphi = {} & \nabla_0 \frac{d^{m-1}}{dt^{m-1}}\int\int\int\cdots Q\, f_0(\mu, \nu, \varpi, \ldots)\, d\mu\, d\nu\, d\varpi\ldots \\ & + \nabla_0 \frac{d^{m-2}}{dt^{m-2}}\int\int\int\cdots Q\, f_1(\mu, \nu, \varpi, \ldots)\, d\mu\, d\nu\, d\varpi\ldots \\ & + \ldots\ldots\ldots\ldots\ldots\ldots\ldots\ldots\ldots\ldots \\ & + \nabla_0 \int\int\int\cdots Q\, f_{m-1}(\mu, \nu, \varpi, \ldots)\, d\mu\, d\nu\, d\varpi\ldots. \end{aligned}\right.$$

Observons d'ailleurs que, dans le cas présent, on tirera de l'équation (21)

$$(32)\qquad \nabla_0 Q = \frac{\partial^m Q}{\partial t^m},$$

et, par suite,

$$\nabla_0 \frac{\partial^{m-1} Q}{\partial t^{m-1}} = \frac{\partial^{2m-1} Q}{\partial t^{2m-1}}$$

$$= \left(\frac{1}{2\pi}\right)^n \int_{-\infty}^{\infty}\int_{-\infty}^{\infty}\int_{-\infty}^{\infty} \cdots \frac{\partial^{2m-1} R}{\partial t^{2m-1}} e^{\alpha(x-\mu)\sqrt{-1}} e^{\beta(y-\nu)\sqrt{-1}} e^{\gamma(z-\varpi)\sqrt{-1}} \ldots d\alpha\, d\beta\, d\gamma \ldots$$

$$= \left(\frac{1}{2\pi}\right)^n \int_{-\infty}^{\infty}\int_{-\infty}^{\infty}\int_{-\infty}^{\infty} \frac{e^{\theta_0 t} + e^{\theta_1 t} + \ldots + e^{\theta_{m-1} t}}{m} e^{\alpha(x-\mu)\sqrt{-1}} e^{\beta(y-\nu)\sqrt{-1}} e^{\gamma(z-\varpi)\sqrt{-1}} \ldots d\alpha\, d\beta\, d\gamma \ldots.$$

En conséquence, si l'on fait

$$(33) \qquad T = \frac{e^{\theta_0 t} + e^{\theta_1 t} + \ldots + e^{\theta_{m-1} t}}{m},$$

et

$$(34) \qquad P = \left(\frac{1}{2\pi}\right)^n \int_{-\infty}^{\infty}\int_{-\infty}^{\infty}\int_{-\infty}^{\infty} \cdots T\, e^{\alpha(x-\mu)\sqrt{-1}} e^{\beta(y-\nu)\sqrt{-1}} e^{\gamma(z-\varpi)\sqrt{-1}} \ldots d\alpha\, d\beta\, d\gamma \ldots,$$

on aura

$$(35) \qquad \nabla_0 \frac{\partial^{m-1} Q}{\partial t^{m-1}} = P,$$

et la valeur générale de φ prendra la forme

$$(36) \quad \left\{ \begin{aligned} \varphi = & \int\int\int \cdots P\, f_0(\mu, \nu, \varpi, \ldots)\, d\mu\, d\nu\, d\varpi \ldots \\ & + \int dt \int\int\int \cdots P\, f_1(\mu, \nu, \varpi, \ldots)\, d\mu\, d\nu\, d\varpi \ldots \\ & + \int^{(2)} dt^2 \int\int\int \cdots P\, f_2(\mu, \nu, \varpi, \ldots)\, d\mu\, d\nu\, d\varpi \ldots \\ & + \ldots\ldots\ldots\ldots\ldots\ldots\ldots\ldots \\ & + \int^{(m-1)} dt^{m-1} \int\int\int \cdots P\, f_{m-1}(\mu, \nu, \varpi, \ldots)\, d\mu\, d\nu\, d\varpi, \ldots, \end{aligned} \right.$$

les intégrations relatives à t étant effectuées à partir de $t = 0$. On s'assurera facilement que la fonction P comprise dans le second membre de l'équation précédente a la propriété de vérifier l'équation aux différences partielles

$$(37) \qquad \nabla_0 P = \frac{\partial^m P}{\partial t^m}.$$

§ IV. Les formules établies dans les paragraphes précédents ramènent l'intégration des équations linéaires (1), (25) et (28) à la résolution des équations algébriques (14) et (30) dont les racines

$$\theta_0, \quad \theta_1, \quad \theta_2, \quad \ldots, \quad \theta_{m-1}$$

se trouvent comprises dans les valeurs générales des fonctions R et T. Mais cette résolution n'est pas nécessaire, et l'on peut y suppléer en déterminant [1] immédiatement les valeurs de R et de T à l'aide de la formule (111) (Ire Partie).

§ V. Pour montrer une application des principes établis dans ce Mémoire, supposons qu'il s'agisse d'intégrer l'équation linéaire aux différences partielles que l'on déduit de la formule symbolique

$$a\left(\frac{\partial^2}{\partial x^2}+\frac{\partial^2}{\partial y^2}+\frac{\partial^2}{\partial z^2}+\ldots\right)^l \varphi = \frac{\partial^m \varphi}{\partial t^m}, \tag{38}$$

lorsque, après avoir développé le premier membre de cette formule, dans lequel a désigne une quantité constante, on remplace

$$\begin{array}{ccc}
\left(\dfrac{\partial^2}{\partial x^2}\right)\varphi & \text{par} & \dfrac{\partial^2\varphi}{\partial x^2}, \\
\left(\dfrac{\partial^2}{\partial x^2}\right)^2\varphi & \text{par} & \dfrac{\partial^4\varphi}{\partial x^4}, \\
\left(\dfrac{\partial^2}{\partial x^2}\right)^3\varphi & \text{par} & \dfrac{\partial^6\varphi}{\partial x^6}, \\
\ldots\ldots\ldots & & \ldots, \\
\left(\dfrac{\partial^2}{\partial y^2}\right)\varphi & \text{par} & \dfrac{\partial^2\varphi}{\partial y^2}, \\
\ldots\ldots\ldots & & \ldots, \\
\left(\dfrac{\partial^2}{\partial x^2}\dfrac{\partial^2}{\partial y^2}\right)\varphi & \text{par} & \dfrac{\partial^4\varphi}{\partial x^2\,\partial y^2}, \\
\ldots\ldots\ldots\ldots & & \ldots\ldots,
\end{array}$$

[1] Cette détermination présente quelques difficultés dont l'examen détaillé nous entraînerait au delà des bornes prescrites à ce Mémoire. Nous avons supprimé pour cette raison les développements qui se trouvaient ici dans le manuscrit, et qui formaient la fin du paragraphe IV. D'ailleurs ce qu'il y a de mieux à faire pour obtenir la valeur de φ, sans être obligé de résoudre aucune équation, c'est d'exprimer les valeurs de $T_0, T_1, \ldots, T_{m-1}$, T, par des intégrales définies simples à l'aide des formules que renferment les additions placées à la suite du paragraphe VI.

et ainsi de suite. Dans cette hypothèse, l'équation (14) prendra la forme

$$A_0 = \theta^m, \tag{38}$$

la valeur de A_0 étant

$$A_0 = a(-\alpha^2 - \beta^2 - \gamma^2 - \ldots)^l. \tag{39}$$

En conséquence

$$\theta_0, \quad \theta_1, \quad \theta_2, \quad \ldots, \quad \theta_{m-1}$$

seront les racines de l'équation binome

$$\theta^m = (-1)^l a(\alpha^2 + \beta^2 + \gamma^2 + \ldots)^l. \tag{40}$$

Or, on vérifiera généralement cette dernière, en supposant

$$\theta = \lambda(\alpha^2 + \beta^2 + \gamma^2 + \ldots)^{\frac{l}{m}},$$

et prenant pour λ une des racines de l'équation

$$\lambda^m = (-1)^l a. \tag{41}$$

Par suite, si l'on appelle

$$\lambda_0, \quad \lambda_1, \quad \lambda_2, \quad \ldots, \quad \lambda_{m-1}$$

les m racines de l'équation (41), et si l'on fait, pour abréger,

$$\frac{e^{\lambda_0 t} + e^{\lambda_1 t} + \ldots + e^{\lambda_{m-1} t}}{m} = f(t), \tag{42}$$

on tirera des formules (33) et (34)

$$T = f\left[(\alpha^2 + \beta^2 + \gamma^2 + \ldots)^{\frac{l}{m}} t\right], \tag{43}$$

$$\left\{\begin{aligned} P = {} & \left(\frac{1}{2\pi}\right)^n \int_{-\infty}^{\infty}\int_{-\infty}^{\infty}\int_{-\infty}^{\infty} \ldots f\left[(\alpha^2 + \beta^2 + \gamma^2 + \ldots)^{\frac{l}{m}} t\right] \\ & \times e^{\alpha(x-\mu)\sqrt{-1}} e^{\beta(y-\nu)\sqrt{-1}} e^{\gamma(z-\varpi)\sqrt{-1}} \ldots d\alpha\, d\beta\, d\gamma \ldots \\ = {} & \left(\frac{1}{2\pi}\right)^n \int_{-\infty}^{\infty}\int_{-\infty}^{\infty}\int_{-\infty}^{\infty} \ldots f\left[(\alpha^2 + \beta^2 + \gamma^2 + \ldots)^{\frac{l}{m}} t\right] \\ & \times \cos\alpha(x-\mu) \cos\beta(y-\nu) \cos\gamma(z-\varpi) \ldots d\alpha\, d\beta\, d\gamma \ldots . \end{aligned}\right. \tag{44}$$

Soit maintenant

(45) $$(x-\mu)^2+(y-\nu)^2+(z-\varpi)^2+\ldots=s,$$

et désignons à l'ordinaire par n le nombre des variables $x, y, z, \ldots$, c'est-à-dire, des variables indépendantes autres que la variable t. La valeur de P donnée par l'équation (44) admettra évidemment des réductions semblables à celles qui sont indiquées par les formules (54) et (61) de la première Partie. Effectivement, si l'on a égard à la formule (61), on trouvera, pour des valeurs impaires de n,

$$P=(-1)^{\frac{n-1}{2}}\frac{1}{2\pi^{\frac{n+1}{2}}}\frac{\partial^{\frac{n-1}{2}}}{\partial s^{\frac{n-1}{2}}}\int_{-\infty}^{\infty}\cos s^{\frac{1}{2}}\alpha\, f\left(\alpha^{\frac{2l}{m}}t\right)d\alpha,$$

puis, en remettant pour $f\left(\alpha^{\frac{2l}{m}}t\right)$ sa valeur déduite de l'équation (42) ([1]),

(46) $$P=\frac{(-1)^{\frac{n-1}{2}}}{2\pi^{\frac{n+1}{2}}}\frac{\partial^{\frac{n-1}{2}}}{\partial s^{\frac{n-1}{2}}}\int_{-\infty}^{\infty}\frac{e^{\alpha^{\frac{2l}{m}}\lambda_0 t}+e^{\alpha^{\frac{2l}{m}}\lambda_1 t}+\ldots+e^{\alpha^{\frac{2l}{m}}\lambda_{m-1} t}}{m}\cos s^{\frac{1}{2}}\alpha\, d\alpha.$$

De même, en ayant égard à la formule (54) de la première Partie, on trouvera, pour les valeurs paires de n,

(47) $$\left\{\begin{aligned}P=&\frac{1}{2^{n-2}\pi^{\frac{n}{2}+1}}\int_0^{\infty}\int_0^{\infty}\frac{e^{\alpha^{\frac{2l}{m}}\lambda_0 t}+e^{\alpha^{\frac{2l}{m}}\lambda_1 t}+\ldots+e^{\alpha^{\frac{2l}{m}}\lambda_{m-1} t}}{m}\\&\times\cos\left(\frac{n\pi}{4}-\alpha^2\beta^2-\frac{s}{4\beta^2}\right)\frac{d\beta}{\beta^{n-1}}\,\alpha\, d\alpha.\end{aligned}\right.$$

La valeur de P étant déterminée par l'une des équations (44), (46) ou (47), il ne restera plus qu'à substituer cette valeur dans la formule (36), pour obtenir l'intégrale générale de l'équation (38).

([1]) Dans les équations (46) et (47), et dans celles qui s'en déduisent, la notation $\alpha^{\frac{2l}{m}}$ est censée représenter la valeur réelle et positive de l'expression

$$\sqrt[m]{\alpha^{2l}}.$$

Dans le cas particulier où l'on suppose $n = 0$, l'équation (38) se réduit à

$$a\left(\frac{\partial^2}{\partial x^2} + \frac{\partial^2}{\partial y^2}\right)^l \varphi = \frac{\partial^m \varphi}{\partial t^m}. \tag{48}$$

Dans cette hypothèse, la valeur de P donnée par la formule (44) devient

$$\left\{\begin{aligned} \mathrm{P} = \frac{1}{4\pi^2}\int_{-\infty}^{\infty}\int_{-\infty}^{\infty} & \frac{e^{(\alpha^2+\beta^2)^{\frac{l}{m}}\lambda_0 t} + e^{(\alpha^2+\beta^2)^{\frac{l}{m}}\lambda_1 t} + \ldots + e^{(\alpha^2+\beta^2)^{\frac{l}{m}}\lambda_{m-1} t}}{m} \\ & \times \cos\alpha(x-\mu)\cos\beta(y-\nu)\,d\alpha\,d\beta. \end{aligned}\right. \tag{49}$$

On peut faire servir à la réduction de cette valeur la formule (75) de la première Partie, et l'on trouve alors

$$\mathrm{P} - \frac{1}{2\pi^2}\int_0^{\infty}\int_0^{\infty} \frac{e^{(\alpha\beta)^{\frac{l}{m}}\lambda_0 t} + e^{(\alpha\beta)^{\frac{l}{m}}\lambda_1 t} + \ldots + e^{(\alpha\beta)^{\frac{l}{m}}\lambda_{m-1} t}}{m} \sin\beta\cos\frac{s\alpha}{4}\,d\alpha\,d\beta, \tag{50}$$

la valeur de s étant donnée par l'équation

$$s = (x-\mu)^2 + (y-\nu)^2. \tag{51}$$

Dans le cas particulier où l'on a $n = 3$, les équations (38) et (46) deviennent

$$a\left(\frac{\partial^2}{\partial x^2} + \frac{\partial^2}{\partial y^2} + \frac{\partial^2}{\partial z^2}\right)^l \varphi = \frac{\partial^m \varphi}{\partial t^m} \tag{52}$$

et

$$\mathrm{P} = -\frac{1}{2\pi^2}\frac{\partial}{\partial s}\int_{-\infty}^{\infty} \frac{e^{\alpha^{\frac{2l}{m}}\lambda_0 t} + e^{\alpha^{\frac{2l}{m}}\lambda_1 t} + \ldots + e^{\alpha^{\frac{2l}{m}}\lambda_{m-1} t}}{m} \cos s^{\frac{1}{2}}\alpha\,d\alpha, \tag{53}$$

les valeurs de s étant

$$s = (x-\mu)^2 + (y-\nu)^2 + (z-\varpi)^2. \tag{54}$$

Il est essentiel de se rappeler que dans les formules (49), (50) et (53)

$$\lambda_0, \quad \lambda_1, \quad \ldots, \quad \lambda_{m-1}$$

désignent les racines de l'équation binome

$$\lambda^m = (-1)^l a.$$

Plusieurs questions de Physique et de Mécanique, et entre autres les problèmes du *son*, de la *chaleur*, des *ondes*, des *cordes vibrantes*, des *plaques élastiques*, etc., conduisent à des équations aux différences partielles qui se trouvent comprises, comme cas particuliers, dans les formules (48) et (52). Ces équations pourront donc être intégrées à l'aide des formules (50) et (53) réunies à l'équation (36). C'est ce que nous allons faire voir par quelques exemples dans lesquels nous nous trouverons naturellement ramenés à des résultats déjà connus.

La loi, suivant laquelle la chaleur se distribue dans un corps solide et homogène, dépend de l'équation

$$(55) \qquad \frac{\partial \varphi}{\partial t} = a\left(\frac{\partial^2 \varphi}{\partial x^2} + \frac{\partial^2 \varphi}{\partial y^2} + \frac{\partial^2 \varphi}{\partial z^2}\right),$$

dans laquelle a désigne une quantité positive. Pour déduire cette équation de la formule (52), il suffit de poser

$$l = 1, \qquad m = 1.$$

Alors l'équation (41) devient

$$\lambda = -a;$$

et, par suite, on tire de la formule (53)

$$P = -\frac{1}{2\pi^2}\frac{\partial}{\partial s}\int_{-\infty}^{\infty} e^{-\alpha^2 at} \cos s^{\frac{1}{2}} \alpha \, d\alpha,$$

puis, en ayant égard à l'équation (16) de la première Partie,

$$P = -\frac{1}{2\pi^2}\frac{\partial\left[\left(\frac{\pi}{at}\right)^{\frac{1}{2}} e^{-\frac{s}{4at}}\right]}{\partial s} = \frac{1}{2^3(a\pi t)^{\frac{3}{2}}} e^{-\frac{s}{4at}},$$

ou, ce qui revient au même,

$$(56)\qquad P = \frac{1}{2^3(a\pi)^{\frac{3}{2}}} t^{-\frac{3}{2}} e^{-\frac{(\mu-x)^2+(\nu-y)^2+(\varpi-z)^2}{4at}}$$

En adoptant cette valeur de P, on trouvera pour l'intégrale générale de l'équation (55)

$$(57)\qquad \varphi = \int\int\int P f_0(\mu, \nu, \varpi)\, d\mu\, d\nu\, d\varpi.$$

Les petites vibrations des plaques sonores, homogènes et d'une épaisseur constante, se rapportent à l'équation

$$(58)\qquad \frac{\partial^2 \varphi}{\partial t^2} + b^2\left(\frac{\partial^4 \varphi}{\partial x^4} + 2\frac{\partial^4 \varphi}{\partial x^2\, \partial y^2} + \frac{\partial^4 \varphi}{\partial y^4}\right) = 0,$$

dans laquelle b désigne une constante positive, et φ une ordonnée de surface courbe. Pour déduire cette équation de la formule (48), il suffit de prendre

$$l = 2, \qquad m = 2 \qquad \text{et} \qquad a = -b^2.$$

Alors l'équation (41) devient

$$\lambda^2 = -b^2,$$

et l'on en tire

$$\lambda_0 = +b\sqrt{-1}, \qquad \lambda_1 = -b\sqrt{-1}.$$

Cela posé, la formule (50) donnera

$$\begin{aligned} P &= \frac{1}{2\pi^2}\int_0^\infty\int_0^\infty \cos\alpha\beta\, bt \sin\beta \cos\frac{s\alpha}{4}\, d\alpha\, d\beta \\ &= \frac{1}{2\pi^2 bt}\int_0^\infty\int_0^\infty \cos\alpha\beta \sin\beta\cos\frac{s\alpha}{4bt}\, d\alpha\, d\beta, \end{aligned}$$

ou, ce qui revient au même,

$$\begin{aligned} P &= \frac{1}{4\pi^2 bt}\int_{-\infty}^\infty\int_0^\infty \cos\alpha\beta \sin\beta\cos\frac{s\alpha}{4bt}\, d\alpha\, d\beta \\ &= \frac{1}{8\pi^2 bt}\int_{-\infty}^\infty\int_0^\infty \cos\alpha\left(\beta - \frac{s}{4bt}\right)\sin\beta\, d\alpha\, d\beta \\ &\quad + \frac{1}{8\pi^2 bt}\int_{-\infty}^\infty\int_0^\infty \cos\alpha\left(\beta + \frac{s}{4bt}\right)\sin\beta\, d\alpha\, d\beta. \end{aligned}$$

D'ailleurs, $\frac{s}{4bt}$ étant une quantité positive comprise entre les limites $\beta = 0$, $\beta = \infty$, on conclut de la formule (8) (Ire Partie), en y remplaçant μ par β et x par $\frac{s}{4bt}$,

$$\int_{-\infty}^{\infty}\int_{0}^{\infty} \sin\beta \cos\alpha\left(\beta - \frac{s}{4bt}\right) d\alpha\, d\beta = 2\pi \sin\left(\frac{s}{4bt}\right).$$

Quant à l'intégrale

$$\int_{-\infty}^{\infty}\int_{0}^{\infty} \sin\beta \cos\alpha\left(\beta + \frac{s}{4bt}\right) d\alpha\, d\beta,$$

il est clair qu'elle sera nulle. En conséquence, la valeur de P deviendra

$$P = \frac{1}{4\pi bt} \sin \frac{s}{4bt},$$

ou, si l'on écrit $(\mu - x)^2 + (\nu - y)^2$ au lieu de s,

$$(59) \qquad P = \frac{1}{4\pi bt} \sin \frac{(\mu - x)^2 + (\nu - y)^2}{4bt}.$$

En adoptant cette dernière valeur de P, on tirera de la formule (36) l'intégrale générale de l'équation (58), et l'on trouvera

$$(60) \qquad \varphi = \int\!\!\int P f_0(\mu, \nu)\, d\mu\, d\nu + \int dt \int\!\!\int P f_1(\mu, \nu)\, d\mu\, d\nu,$$

les fonctions $f_0(x, y)$, $f_1(x, y)$ désignant les valeurs particulières de φ et $\frac{\partial\varphi}{\partial t}$ pour $t = 0$.

Le mouvement des fluides élastiques est déterminé par une équation linéaire de la forme

$$(61) \qquad \frac{\partial^2\varphi}{\partial t^2} = b^2\left(\frac{\partial^2\varphi}{\partial x^2} + \frac{\partial^2\varphi}{\partial y^2} + \frac{\partial^2\varphi}{\partial z^2}\right),$$

b désignant une constante réelle que l'on peut considérer comme positive. On déduit cette équation de la formule (52) en supposant

$$l = 1, \quad m = 2, \quad a = b^2.$$

On aura donc encore dans le cas présent

$$\lambda^2 = -b^2,$$
$$\lambda_0 = +b\sqrt{-1}, \quad \lambda_1 = -b\sqrt{-1}.$$

Cela posé, la formule (53) donnera

$$P = -\frac{1}{2\pi^2}\frac{\partial}{\partial s}\int_{-\infty}^{\infty} \cos\alpha bt \cos s^{\frac{1}{2}}\alpha\, d\alpha,$$

ou, si l'on fait pour abréger $s^{\frac{1}{2}} = r$, et par conséquent $s = r^2$,

$$P = -\frac{1}{4\pi^2 r}\frac{\partial}{\partial r}\int_{-\infty}^{\infty} \cos\alpha bt \cos r\alpha\, d\alpha.$$

Pour déterminer la valeur de l'intégrale que renferme l'équation précédente, il faut recourir à l'artifice de calcul indiqué dans la première Partie de ce Mémoire (§ Ier), et multiplier la fonction sous le signe $\int$ par un facteur auxiliaire de la forme $\frac{\psi(k\alpha)}{\psi(0)}$, k désignant une quantité positive infiniment petite, et ψ une fonction convenablement choisie. On peut prendre pour ce facteur auxiliaire l'une des expressions

$$e^{-k\sqrt{\alpha^2}}, \quad e^{-k^2\alpha^2}, \quad \frac{1}{1+k^2\alpha^2}, \quad \ldots.$$

Concevons, pour fixer les idées, que l'on s'arrête à la première. L'intégrale comprise dans la valeur de P deviendra

$$\int_{-\infty}^{\infty} e^{-k\sqrt{\alpha^2}} \cos\alpha bt \cos r\alpha\, d\alpha = 2\int_0^{\infty} e^{-k\alpha} \cos\alpha bt \cos r\alpha\, d\alpha$$
$$= \int_0^{\infty} e^{-k\alpha}[\cos\alpha(r-bt) + \cos\alpha(r+bt)]\, d\alpha$$
$$= \frac{k}{k^2+(r-bt)^2} + \frac{k}{k^2+(r+bt)^2}.$$

D'ailleurs, la variable $r = s^{\frac{1}{2}}$, étant liée aux variables μ, ν, ϖ par l'équation

$$(62) \qquad r = [(\mu - x)^2 + (\nu - y)^2 + (\varpi - z)^2]^{\frac{1}{2}},$$

n'admettra que des valeurs positives comprises entre les limites o, ∞; et comme, des deux binomes $r - bt$, $r + bt$, celui dont le second terme est négatif sera le seul qui s'évanouisse entre ces limites, il est clair que, si l'on attribue à t des valeurs positives différentes de zéro, la seconde des deux fractions $\frac{k}{k^2 + (r - bt)^2}$, $\frac{k}{k^2 + (r + bt)^2}$ restera infiniment petite, tandis que la première cessera de l'être pour des valeurs de r très voisines de bt. On pourra donc négliger dans le calcul la fraction $\frac{k}{k^2 + (r + bt)^2}$, et substituer à l'intégrale comprise dans la valeur de P la fraction unique $\frac{k}{k^2 + (r - bt)^2}$. On trouvera ainsi

$$P = -\frac{1}{4\pi^2 r} \frac{\partial \left[\frac{k}{k^2 + (r - bt)^2} \right]}{\partial r},$$

ou, ce qui revient au même,

$$(63) \qquad P = \frac{1}{4\pi^2 br} \frac{\partial \left[\frac{k}{k^2 + (r - bt)^2} \right]}{\partial t}.$$

En adoptant cette dernière valeur de P, on tirera de la formule (36)

$$(64) \qquad \varphi = \int\int\int P f_0(\mu, \nu, \varpi)\, d\mu\, d\nu\, d\varpi + \int dt \int\int\int P f_1(\mu, \nu, \varpi)\, d\mu\, d\nu\, d\varpi,$$

les fonctions $f_0(x, y, z)$, $f_1(x, y, z)$ désignant les valeurs particulières de φ et de $\frac{\partial \varphi}{\partial t}$ pour $t = 0$. En remettant pour P sa valeur, on aura définitivement

$$(65) \qquad \begin{cases} \varphi = \int\int\int \frac{1}{4\pi^2 br} \frac{k}{k^2 + (r - bt)^2} f_1(\mu, \nu, \varpi)\, d\mu\, d\nu\, d\varpi \\ \quad + \frac{\partial}{\partial t} \int\int\int \frac{1}{4\pi^2 br} \frac{k}{k^2 + (r - bt)^2} f_0(\mu, \nu, \varpi)\, d\mu\, d\nu\, d\varpi, \end{cases}$$

les limites des variables μ, ν, ϖ étant choisies de manière à comprendre les valeurs attribuées à x, y, z, et k désignant toujours une quantité positive infiniment petite qu'on devra réduire à zéro après les intégrations effectuées. Si l'on veut que les valeurs particulières de φ et de $\frac{\partial\varphi}{\partial t}$, correspondant à $t=0$, coïncident avec les fonctions $f_0(x, y, z)$, $f_1(x, y, z)$, quelles que soient les quantités x, y, z, il faudra, dans l'équation (65), prendre pour limites de chacune des variables μ, ν, ϖ, les deux quantités $-\infty$, $+\infty$.

Supposons maintenant que l'on considère les trois variables μ, ν, ϖ comme représentant des coordonnées rectangulaires, et qu'après avoir transporté l'origine au point pour lequel on a $\mu=x$, $\nu=y$, $\varpi=z$, on substitue aux coordonnées rectangulaires μ, ν, ϖ des coordonnées polaires p, q, r, relatives à la nouvelle origine, et déterminées par les formules

$$(66)\qquad \mu=x+r\cos p,\qquad \nu=y+r\sin p\cos q,\qquad \varpi=z+r\sin p\sin q.$$

La valeur de r sera précisément celle que fournit l'équation (62); et comme, à la place du produit $d\mu\,d\nu\,d\varpi$, on devra écrire le suivant $r^2\sin p\,dp\,dq\,dr$, la formule (65) donnera

$$(67)\quad \left\{\begin{aligned} \varphi = {} & \frac{1}{4\pi^2 b}\int\!\!\int\!\!\int\frac{k}{k^2+(r-bt)^2} \\ & \times f_1(x+r\cos p,\ y+r\sin p\cos q,\ z+r\sin p\sin q)\,r\sin p\,dp\,dq\,dr \\ & +\frac{1}{4\pi^2 b}\frac{\partial}{\partial t}\int\!\!\int\!\!\int\frac{k}{k^2+(r-bt)^2} \\ & \times f_0(x+r\cos p,\ y+r\sin p\cos q,\ z+r\sin p\sin q)\,r\sin p\,dp\,dq\,dr. \end{aligned}\right.$$

De plus, si dans le second membre de la formule (65) chaque intégration est effectuée entre les limites $-\infty$, $+\infty$, les intégrales multiples que renferme l'équation (67) devront être prises entre les limites $p=0$, $p=\pi$; $q=0$, $q=2\pi$; $r=0$, $r=\infty$. D'autre part, la fraction $\frac{k}{k^2+(r-bt)^2}$ n'ayant de valeur sensible que dans le cas où l'on attribue à r une valeur très peu différente de bt, et l'expression

$$f_1(x+r\cos p,\ y+r\sin p\cos q,\ z+r\sin p\sin q)\,r\sin p$$

devenant alors sensiblement égale à

$$f_1(x+bt\cos p,\ y+bt\sin p\cos q,\ z+bt\sin p\sin q)\,bt\sin p,$$

on pourra évidemment remplacer l'intégrale

$$\int_0^\infty \frac{k}{k^2+(r-bt)^2} f_1(x+r\cos p,\ y+r\sin p\cos q,\ z+r\sin p\sin q)\,r\sin p\,dr$$

par le produit

$$f_1(x+bt\cos p,\ y+bt\sin p\cos q,\ z+bt\sin p\sin q)\,bt\sin p\int_0^\infty \frac{k\,dr}{k^2+(r-bt)^2}$$
$$=\pi bt\sin p\,f_1(x+bt\cos p,\ y+bt\sin p\cos q,\ z+bt\sin p\sin q).$$

Par la même raison, à l'intégrale

$$\int_0^\infty \frac{k}{k^2+(r-bt)^2} f_0(x+r\cos p,\ y+r\sin p\cos q,\ z+r\sin p\sin q)\,r\sin p\,dr$$

on pourra substituer le produit

$$\pi bt\sin p\,f_0(x+bt\cos p,\ y+bt\sin p\cos q,\ z+bt\sin p\sin q).$$

Cela posé, la valeur de φ déterminée par l'équation (67) deviendra

$$(68)\quad \begin{cases} \varphi = \dfrac{1}{4\pi}\displaystyle\int_0^\pi\int_0^{2\pi} t\sin p\,f_1(x+bt\cos p,\ y+bt\sin p\cos q,\ z+bt\sin p\sin q)\,dp\,dq \\ \quad + \dfrac{1}{4\pi}\dfrac{\partial}{\partial t}\displaystyle\int_0^\pi\int_0^{2\pi} t\sin p\,f_0(x+bt\cos p,\ y+bt\sin p\cos q,\ z+bt\sin p\sin q)\,dp\,dq. \end{cases}$$

Cette dernière formule coïncide avec celle que M. Poisson a donnée dans un Mémoire lu à l'Académie le 19 juillet 1819.

§ VI [1]. Si, à la place de l'équation (38), on considérait la suivante

$$(69)\qquad \frac{\partial^m \varphi}{\partial t^m} = a\frac{\partial^l \varphi}{\partial x^l},$$

[1] Ce qui suit a été ajouté au Mémoire depuis sa présentation à l'Académie.

alors on tirerait des formules (33), (34) et (36)

$$(70)\qquad P = \frac{1}{2\pi}\int_{-\infty}^{\infty} \frac{e^{\theta_0 t} + e^{\theta_1 t} + \ldots + e^{\theta_{m-1} t}}{m} e^{\alpha(x-\mu)\sqrt{-1}}\, d\alpha,$$

et

$$(71)\qquad \varphi = \int P f_0(\mu)\, d\mu + \int dt \int P f_1(\mu)\, d\mu + \ldots + \int^{m-1} dt^{m-1} \int P f_{m-1}(\mu)\, d\mu,$$

$\theta_0, \theta_1, \ldots, \theta_{m-1}$ désignant les racines de l'équation

$$(72)\qquad \theta^m = a(\alpha\sqrt{-1})^l.$$

Dans le cas particulier où l'on suppose $l = m = 2$, $a = -1$, l'équation (69) devient

$$(73)\qquad \frac{\partial^2\varphi}{\partial t^2} + \frac{\partial^2\varphi}{\partial x^2} = 0,$$

et l'on trouve

$$(74)\qquad P = \frac{1}{2\pi}\int_{-\infty}^{\infty} \frac{e^{\alpha t} + e^{-\alpha t}}{2} e^{\alpha(x-\mu)\sqrt{-1}}\, d\alpha = \frac{1}{2\pi}\int_{-\infty}^{\infty} \frac{e^{\alpha t} + e^{-\alpha t}}{2} \cos\alpha(x-\mu)\, d\alpha,$$

$$(75)\qquad \left\{\begin{aligned} \varphi = {} & \frac{1}{2\pi}\int\int \frac{e^{\alpha t} + e^{-\alpha t}}{2} \cos\alpha(x-\mu)\, f_0(\mu)\, d\alpha\, d\mu \\ & + \frac{1}{2\pi}\int dt \int\int \frac{e^{\alpha t} + e^{-\alpha t}}{2} \cos\alpha(x-\mu)\, f_1(\mu)\, d\alpha\, d\mu. \end{aligned}\right.$$

La valeur précédente de φ est indéterminée. Mais l'indétermination cessera pour l'ordinaire, si, dans chaque intégrale relative à la variable α, on multiplie la fonction sous le signe $\int$ par $e^{-k\alpha^2}$, k désignant un nombre infiniment petit. Alors, en effectuant les intégrations relatives à cette variable, et posant $\mu = x + 2k^{\frac{1}{2}}u$, on obtiendra la formule

$$(76)\qquad \left\{\begin{aligned} \varphi = {} & \left(\frac{1}{\pi}\right)^{\frac{1}{2}} e^{\frac{t^2}{4k}} \int_{-\infty}^{\infty} e^{-u^2} \cos\left(\frac{ut}{k^{\frac{1}{2}}}\right) f_0\left(x + 2k^{\frac{1}{2}}u\right) du \\ & + \left(\frac{1}{\pi}\right)^{\frac{1}{2}} \int e^{\frac{t^2}{4k}}\, dt \int_{-\infty}^{\infty} e^{-u^2} \cos\left(\frac{ut}{k^{\frac{1}{2}}}\right) f_1\left(x + 2k^{\frac{1}{2}}u\right) du, \end{aligned}\right.$$

dans laquelle le nombre k ne devra être annulé qu'après l'intégration relative à u. On pourrait au reste (ainsi que je l'ai fait voir dans le *Bulletin de la Société philomathique* de 1821) introduire les imaginaires dans le second membre de l'équation (75), de manière à obtenir la formule

$$(77)\qquad \left\{\begin{aligned} \varphi = {} & \frac{f_0(x+t\sqrt{-1})+f_0(x-t\sqrt{-1})}{2} \\ & + \int \frac{f_1(x+t\sqrt{-1})+f_1(x-t\sqrt{-1})}{2}\,dt. \end{aligned}\right.$$

Mais, quoique cette dernière valeur de φ, substituée dans l'équation (73), paraisse la vérifier dans tous les cas, néanmoins on ne saurait la considérer comme générale, tant que l'on n'aura pas donné de l'expression imaginaire $f(x+t\sqrt{-1})$ une définition indépendante de la forme de la fonction $f(x)$ supposée réelle. A la vérité, cette expression imaginaire se trouverait suffisamment définie, si l'on convenait de représenter par la notation $f(x+t\sqrt{-1})$ une fonction φ de x et de t, qui, étant continue par rapport à ces deux variables, fût propre à remplir la double condition de se réduire à $f(x)$ pour $t=0$, et de vérifier l'équation

$$(78)\qquad \frac{\partial\varphi}{\partial t} = \frac{\partial\varphi}{\partial x}\sqrt{-1}.$$

Mais il est facile de voir que, dans ce cas, la fonction φ serait celle qui vérifie l'équation (73) pour toutes les valeurs possibles de t, et les équations de condition $\varphi = f(x)$, $\frac{\partial\varphi}{\partial t} = 0$, pour la valeur particulière $t=0$. Ainsi, la recherche de la fonction $f(x+t\sqrt{-1})$ se trouverait ramenée à l'intégration de la formule (73) et l'on ne pourrait plus donner pour intégrale de cette formule l'équation (77), sans tomber dans un cercle vicieux.

Lorsqu'on suppose $m=2$, $l=1$ et $a=b^2$, l'équation (69) devient

$$(79)\qquad \frac{\partial^2\varphi}{\partial t^2} = b^2\frac{\partial\varphi}{\partial x},$$

et l'on trouve

$$(80)\qquad P = \frac{1}{2\pi}\int_{-\infty}^{\infty} \frac{e^{(\alpha\sqrt{-1})^{\frac{1}{2}}bt} + e^{-(\alpha\sqrt{-1})^{\frac{1}{2}}bt}}{2} e^{\alpha(x-\mu)\sqrt{-1}}\,d\alpha,$$

$$(81)\qquad \varphi = \int P\,f_0(\mu)\,d\mu + \int dt \int P\,f_1(\mu)\,d\mu.$$

Dans ce cas, la valeur de φ se présente encore sous une forme indéterminée. Mais on fera ordinairement cesser l'indétermination, en multipliant, dans chaque intégrale relative à la variable α, la fonction sous le signe $\int$ par $e^{-k\alpha^2}$, k désignant un nombre infiniment petit. De plus, on pourra faire subir à la fonction P une transformation qu'il est bon de connaître, et que je vais établir en peu de mots.

Si, en désignant par h une constante positive, et par α, β deux quantités variables, on pose

$$A = (h + \beta\sqrt{-1})^{\frac{1}{2}} + \frac{(\alpha\sqrt{-1})^{\frac{1}{2}}}{2(h+\beta\sqrt{-1})^{\frac{1}{2}}},$$

puis, que l'on intègre deux fois chaque membre de l'équation identique

$$\frac{\partial\left(e^{A^2}\dfrac{\partial A}{\partial\beta}\right)}{\partial\alpha} = \frac{\partial\left(e^{A^2}\dfrac{\partial A}{\partial\alpha}\right)}{\partial\beta},$$

savoir, une fois par rapport à la variable α, entre les limites o et α, et une fois par rapport à la variable β entre les limites $-\infty$, $+\infty$, on obtiendra une nouvelle équation dont le second membre sera nul, attendu que $e^{A^2}\dfrac{\partial A}{\partial\alpha}$ s'évanouit pour $\beta = \pm\infty$, et de laquelle il résultera que l'intégrale

$$\int_{-\infty}^{\infty} e^{A^2}\frac{\partial A}{\partial\beta}\,d\beta$$
$$= e^{(\alpha\sqrt{-1})^{\frac{1}{2}}} \int_{-\infty}^{\infty} e^{h+\beta\sqrt{-1}+\frac{\alpha\sqrt{-1}}{4(h+\beta\sqrt{-1})}}\,\frac{1}{2}\left[\frac{1}{(h+\beta\sqrt{-1})^{\frac{1}{2}}} - \frac{(\alpha\sqrt{-1})^{\frac{1}{2}}}{2(h+\beta\sqrt{-1})^{\frac{3}{2}}}\right]d\beta$$

conserve la même valeur, quel que soit α. D'ailleurs, cette intégrale se réduit, pour $\alpha = 0$, à la suivante

$$(82)\qquad \frac{1}{2}\int_{-\infty}^{\infty} e^{h+\beta\sqrt{-1}} \frac{d\beta}{(h+\beta\sqrt{-1})^{\frac{1}{2}}},$$

et il est facile de prouver que celle-ci a pour valeur $\pi^{\frac{1}{2}}$ (¹). On aura donc

$$(83)\qquad \int_{-\infty}^{\infty} e^{h+\beta\sqrt{-1}+\frac{\alpha\sqrt{-1}}{4(h+\beta\sqrt{-1})}} \frac{1}{2}\left[\frac{1}{(h+\beta\sqrt{-1})^{\frac{1}{2}}} - \frac{(\alpha\sqrt{-1})^{\frac{1}{2}}}{2(h+\beta\sqrt{-1})^{\frac{3}{2}}}\right] d\beta = \pi^{\frac{1}{2}} e^{-(\alpha\sqrt{-1})^{\frac{1}{2}}}.$$

Si dans la formule (83) on remplace $(\alpha\sqrt{-1})^{\frac{1}{2}}$ par $-(\alpha\sqrt{-1})^{\frac{1}{2}}$, on en obtiendra une seconde qui, ajoutée à la première, donnera

$$(84)\qquad \frac{e^{(\alpha\sqrt{-1})^{\frac{1}{2}}} + e^{-(\alpha\sqrt{-1})^{\frac{1}{2}}}}{2} = \frac{1}{2\pi^{\frac{1}{2}}} \int_{-\infty}^{\infty} e^{h+\beta\sqrt{-1}+\frac{\alpha\sqrt{-1}}{4(h+\beta\sqrt{-1})}} \frac{d\beta}{(h+\beta\sqrt{-1})^{\frac{1}{2}}}.$$

Si maintenant on remplace α par $\alpha b^2 t^2$, on reconnaîtra que la valeur de P, fournie par l'équation (80), peut être présentée sous la forme

$$(85)\qquad P = \frac{1}{2\pi^{\frac{3}{2}}} \int\int\int e^{h+\beta\sqrt{-1}} e^{\alpha\left[x+\frac{b^2 t^2}{4(h+\beta\sqrt{-1})}-\mu\right]\sqrt{-1}} \frac{d\alpha\, d\beta\, d\mu}{(h+\beta\sqrt{-1})^{\frac{1}{2}}}.$$

Lorsqu'on substitue cette valeur de P dans l'équation (81), après avoir

(¹) La valeur de l'intégrale (82) se déduit facilement de l'équation (86). En effet, si dans cette équation on prend l'intégrale relative à μ entre les limites $\mu = 0$, $\mu = \infty$, et que l'on pose $f(\mu) = \mu^{a-1} e^{-h\mu}$, on trouvera

$$2\pi x^{a-1} e^{-hx} = \int\int e^{\alpha x\sqrt{-1}} e^{-\mu(h+\alpha\sqrt{-1})} \mu^{a-1}\, d\mu\, d\alpha = \int \mu^{a-1} e^{-\mu}\, d\mu \times \int \frac{e^{\alpha x\sqrt{-1}}\, d\alpha}{(h+\alpha\sqrt{-1})^a},$$

puis, en faisant d'abord $x = 1$, et ensuite $a = \frac{1}{2}$,

$$\int \frac{e^{\alpha\sqrt{-1}}\, d\alpha}{(h+\alpha\sqrt{-1})^a} = \frac{2\pi e^{-h}}{\int \mu^{a-1} e^{-\mu}\, d\mu},$$

$$\int \frac{e^{\alpha\sqrt{-1}}\, d\alpha}{(h+\alpha\sqrt{-1})^{\frac{1}{2}}} = \frac{2\pi e^{-h}}{\pi^{\frac{1}{2}}},$$

$$\int \frac{e^{h+\alpha\sqrt{-1}}\, d\alpha}{(h+\alpha\sqrt{-1})^{\frac{1}{2}}} = 2\pi^{\frac{1}{2}}.$$

multiplié la fonction renfermée sous les signes $\int\int\int$ par $e^{-k\alpha^2}$ (k désignant toujours une quantité positive infiniment petite), on obtient l'intégrale de l'équation (79). Si l'on voulait, dans cette intégrale, introduire les imaginaires sous les fonctions f_0 et f_1, il suffirait d'avoir égard à l'équation (8) (Ire partie) que l'on présenterait sous la forme

$$(86) \qquad f(x) = \frac{1}{2\pi}\int_{-\infty}^{\infty}\int_{\mu'}^{\mu''} e^{\alpha(x-\mu)\sqrt{-1}} f(\mu)\, d\alpha\, d\mu,$$

et de laquelle on conclurait par analogie

$$(87) \qquad f\left[x + \frac{b^2 t^2}{4(h+\beta\sqrt{-1})}\right] = \frac{1}{2\pi}\int_{-\infty}^{\infty}\int_{\mu'}^{\mu''} e^{\alpha\left[x+\frac{b^2t^2}{4(h+\beta\sqrt{-1})}-\mu\right]\sqrt{-1}}\, d\alpha\, d\mu.$$

On aurait par suite

$$(88) \qquad \left\{ \begin{aligned} \varphi = {} & \frac{1}{2\pi^{\frac{1}{2}}}\int_{-\infty}^{\infty} f_0\left[x + \frac{b^2 t^2}{4(h+\beta\sqrt{-1})}\right] \frac{e^{h+\beta\sqrt{-1}}\, d\beta}{(h+\beta\sqrt{-1})^{\frac{1}{2}}} \\ & + \frac{1}{2\pi^{\frac{1}{2}}}\int_0^t dt \int_{-\infty}^{\infty} f_1\left[x + \frac{b^2 t^2}{4(h+\beta\sqrt{-1})}\right] \frac{e^{h+\beta\sqrt{-1}}\, d\beta}{(h+\beta\sqrt{-1})^{\frac{1}{2}}}. \end{aligned} \right.$$

Cette dernière formule est précisément celle que l'on déduirait du développement de l'intégrale en série, et que M. Poisson a citée dans le *Bulletin de la Société philomathique* de septembre 1822. Mais elle fait naître les mêmes difficultés que l'équation (77), et l'on peut en dire autant de toutes les formules dans lesquelles des expressions imaginaires se trouvent renfermées sous des fonctions arbitraires.

OBSERVATIONS GÉNÉRALES ET ADDITIONS.

Dans le Mémoire qu'on vient de lire, nous considérons chaque intégrale définie, prise entre deux limites données, comme n'étant autre chose que la somme des valeurs infiniment petites de l'expression différentielle placée sous le signe $\int$, qui correspondent aux diverses valeurs de la variable renfermées entre les limites dont il s'agit. Lorsqu'on adopte cette manière d'envisager les intégrales définies, on démontre aisément qu'une semblable intégrale a une valeur unique et finie, toutes les fois que, les deux limites de la variable étant des quantités finies, la fonction sous le signe $\int$ demeure elle-même finie et continue dans tout l'intervalle compris entre ces limites. Supposons que, ces dernières conditions étant remplies pour l'intégrale $\int f(x)\,dx$ prise entre les limites $x=x'$, $x=x''$, on représente par x_0, x_1, ..., x_{m-1} des valeurs de x intermédiaires entre les valeurs extrêmes x', x'', et par

$$\xi'=\chi(x',k), \qquad \xi''=\psi(x'',k)$$

deux fonctions de k, x', x'', qui convergent respectivement vers les deux limites x', x'', tandis que l'on fait converger k vers la limite zéro. Si l'on désigne, avec M. Fourier, l'intégrale proposée par la notation $\int_{x'}^{x''} f(x)\,dx$, on établira facilement les deux équations

$$\lim \int_{\xi'}^{\xi''} f(x)\,dx = \int_{x'}^{x''} f(x)\,dx,$$

$$\int_{x'}^{x''} f(x)\,dx = \int_{x'}^{x_0} f(x)\,dx + \int_{x_0}^{x_1} f(x)\,dx + \ldots + \int_{x_{m-1}}^{x''} f(x)\,dx.$$

Il suffit d'étendre, par analogie, ces deux équations au cas même où les conditions ci-dessus énoncées ne sont plus satisfaites, pour être en état de fixer, dans toutes les suppositions possibles, le sens que l'on doit attacher à la notation $\int_{x'}^{x''} f(x)\,dx$, ou, en d'autres termes, la valeur de l'intégrale définie qu'elle exprime. [*Voir*, pour plus de détail, le résumé des leçons que j'ai données à l'École royale polytechnique, sur le Calcul infinitésimal ([1]).] Il faut seulement observer que cette valeur sera, dans beaucoup de cas, infinie ou indéterminée. Or, il importe, non seulement de reconnaître les cas de cette espèce, mais encore de fixer le nombre et la nature des quantités arbitraires que comporte une

([1]) *OEuvres de Cauchy*, S. II, T. IV.

intégrale définie indéterminée. On parvient à ce double résultat par la considération des intégrales définies *singulières*, dont j'ai fait usage pour la première fois dans un Mémoire [1] présenté à l'Institut le 22 août 1814, et dont j'ai développé la théorie dans une Note que renferme le *Bulletin de la Société philomathique* de novembre 1822 [2]. Au reste, l'indétermination qui affecte une intégrale définie simple ou multiple cesse, pour l'ordinaire, lorsque cette intégrale est censée représenter la limite vers laquelle converge une autre intégrale définie, ou la somme de plusieurs intégrales de cette espèce, tandis que certaines constantes renfermées sous les signes d'intégration s'évanouissent. Ainsi, par exemple, quoique, pour des valeurs entières de m supérieures à l'unité, et pour des valeurs positives de b, les quatre intégrales

$$\int_0^m \frac{dx}{x-1}, \quad \int_0^\infty x^{m-1}\cos bx\, dx,$$

$$\int_0^\infty x^{m-1}\sin bx\, dx, \quad \int_0^\infty\int_0^\infty \frac{e^{b\alpha}+e^{-b\alpha}}{2}\cos\alpha\mu\, d\alpha\, d\mu$$

soient effectivement indéterminées; néanmoins si, k désignant un nombre infiniment petit, elles entrent dans un calcul comme limites

(1) Ce Mémoire, qui sera publié dans le Cahier prochain, a été approuvé par l'Institut, sur un rapport de M. Legendre, daté du 7 novembre 1814, et dont les conclusions se trouvent imprimées dans l'Analyse des travaux de l'Institut pendant la même année. De plus, M. Poisson a donné un extrait de ce Mémoire dans le *Bulletin de la Société philomathique* de décembre 1814.

(2) J'appelle *intégrale définie singulière* une intégrale prise relativement à une ou à plusieurs variables entre des limites infiniment rapprochées de certaines valeurs attribuées à ces mêmes variables, savoir, de valeurs infiniment grandes, ou de valeurs pour lesquelles la fonction sous le signe $\int$ devient infinie ou indéterminée. Ces sortes d'intégrales ne sont pas nécessairement nulles et peuvent obtenir des valeurs finies ou même infinies qu'il est ordinairement facile de calculer. Ainsi, par exemple, k désignant un nombre infiniment petit, et μ, ν deux constantes positives, on fixera sans peine les valeurs des deux intégrales définies singulières

$$(a) \qquad \int_{k\nu}^{k\mu} \frac{f(x)}{x}\,dx = f(0)\,l\left(\frac{\mu}{\nu}\right),$$

$$(b) \qquad \int_{1-k\mu}^{1-k\nu} \frac{f(x)}{1-x}\,dx = f(1)\,l\left(\frac{\mu}{\nu}\right).$$

des suivantes

$$\int_0^m \frac{(x-1)\,dx}{k^2+(x-1)^2},\quad \int_0^\infty x^{m-1}e^{-kx}\cos bx\,dx,$$

$$\int_0 x^{m-1}e^{-kx}\sin bx\,dx,\quad \int_0^\infty\int_0^\infty e^{-k\alpha^2}\frac{e^{b\alpha}+e^{-b\alpha}}{2}\cos\alpha\mu\,d\alpha\,d\mu,$$

elles reprendront des valeurs fixes, et se réduiront à

$$\log(m-1),\quad \frac{1.2.3\ldots.(m-1)}{b^m}\cos\frac{m\pi}{2},\quad \frac{1.2.3\ldots.(m-1)}{b^m}\sin\frac{m\pi}{2},\quad \frac{\pi}{2}.$$

Il est remarquable que, dans la dernière de ces quatre intégrales, on doit attendre, pour annuler le nombre k, que la seconde intégration soit effectuée. La même remarque s'étend à une grande partie des formules que nous avons données dans le présent Mémoire.

Concevons encore que, dans l'intégrale définie $\int_{x'}^{x''} f(x)\,dx$, la fonction sous le signe $\int$, savoir, $f(x)$, devienne infinie pour des valeurs de x comprises entre les limites x', x'', et représentées par x_0, x_1, x_2, ..., x_{m-1}. Cette intégrale sera le plus ordinairement indéterminée. Mais, si elle entre dans le calcul comme limite de la somme

$$\int_{x'}^{x_0-k} f(x)\,dx + \int_{x_0+k}^{x_1-k} f(x)\,dx + \ldots + \int_{x_{m-1}+k}^{x''} f(x)\,dx,$$

elle reprendra en général une valeur fixe à laquelle nous avons donné le nom de *valeur principale*. (*Voir* le résumé des leçons données à l'École royale polytechnique.)

Les considérations précédentes conduisent à plusieurs formules que l'on peut employer avec avantage, soit dans l'évaluation des intégrales définies, soit dans la résolution des équations algébriques ou même transcendantes, et que nous allons faire connaître.

Soient U, V deux fonctions réelles des variables u, v; et désignons par x_0, x_1, ..., x_{m-1} celles des racines de l'équation

$$(1)\qquad f(x) = \pm\infty$$

qui, substituées dans la formule

$$x = \mathrm{U} + \mathrm{V}\sqrt{-1}, \tag{2}$$

déterminent des valeurs de u renfermées entre les limites u', u'', et des valeurs de v renfermées entre les limites v', v''. Posons, d'ailleurs,

$$\left\{\begin{aligned} \chi(u, v) &= f(\mathrm{U} + \mathrm{V}\sqrt{-1})\frac{\partial(\mathrm{U} + \mathrm{V}\sqrt{-1})}{\partial u}, \\ \psi(u, v) &= f(\mathrm{U} + \mathrm{V}\sqrt{-1})\frac{\partial(\mathrm{U} + \mathrm{V}\sqrt{-1})}{\partial v}. \end{aligned}\right. \tag{3}$$

Enfin, représentons par $f_0, f_1, \ldots, f_{m-1}$ les véritables valeurs des produits $kf(x_0 + k), kf(x_1 + k), \ldots, kf(x_{m-1} + k)$ correspondant à $k = 0$ (¹). Si l'on intègre par rapport à u et à v les deux membres de l'équation identique

$$\frac{\partial \chi(u, v)}{\partial v} = \frac{\partial \psi(u, v)}{\partial u} \tag{4}$$

entre les limites $u = u'$, $u = u''$; $v = v'$, $v = v''$, et que l'on remplace dans chaque membre l'intégrale relative à u par sa valeur principale, on trouvera

$$\left\{\begin{aligned} &\int_{u'}^{u''} [\chi(u, v'') - \chi(u, v')]\,du \\ &= \int_{v'}^{v''} [\psi(u'', v) - \psi(u', v)]\,dv - 2\pi(\pm f_0 \pm f_1 \pm \ldots \pm f_{m-1})\sqrt{-1}, \end{aligned}\right. \tag{5}$$

chaque terme de la somme $\pm f_0 \pm f_1 \pm \ldots \pm f_{m-1}$ devant être affecté du signe + ou du signe −, suivant que les valeurs de u et de v correspondant à ce terme déterminent une valeur positive ou négative de la fonction réelle $\frac{\partial \mathrm{U}}{\partial u}\frac{\partial \mathrm{V}}{\partial v} - \frac{\partial \mathrm{U}}{\partial v}\frac{\partial \mathrm{V}}{\partial u}$. Ajoutons que chacun de ces mêmes

(¹) Si l'équation (1) avait plusieurs racines égales à x_0, p étant le nombre de ces racines, il faudrait, pour obtenir la valeur de f_0, substituer au produit $kf(x_0 + k)$ la fonction

$$\frac{1}{1.2.3\ldots.(p-1)}\,\frac{\partial^{p-1}[k^p f(x_0 + k)]}{\partial k^{p-1}}.$$

termes devra être réduit à moitié, si la valeur correspondante de u coïncide avec une des limites u', u'', ou la valeur correspondante de v avec l'une des limites v', v''. La formule (5) résulte des calculs développés dans le Mémoire de 1814 déjà cité. Si l'on prend successivement

$$\mathrm{U}+\mathrm{V}\sqrt{-1}=u+v\sqrt{-1}, \qquad \mathrm{U}+\mathrm{V}\sqrt{-1}=u(\cos v+\sqrt{-1}\sin v),$$

et que dans le second cas on suppose la quantité u toujours positive, on obtiendra les équations

$$(6)\quad \begin{cases} \displaystyle\int_{u'}^{u''}\left[f(u+v''\sqrt{-1})-f(u+v'\sqrt{-1})\right]du \\ \displaystyle\quad =\sqrt{-1}\int_{v'}^{v''}\left[f(u''+v\sqrt{-1})-f(u'+v\sqrt{-1})\right]dv-2\pi(f_0+f_1+\ldots+f_{m-1})\sqrt{-1}, \end{cases}$$

$$(7)\quad \begin{cases} \displaystyle\int_{u'}^{u''}\left[e^{v''\sqrt{-1}}f(ue^{v''\sqrt{-1}})-e^{v'\sqrt{-1}}f(ue^{v'\sqrt{-1}})\right]du \\ \displaystyle\quad =\sqrt{-1}\int_{v'}^{v''}\left[u''f(u''e^{v\sqrt{-1}})-u'f(u'e^{v\sqrt{-1}})\right]e^{v\sqrt{-1}}dv-2\pi(f_0+f_1+\ldots+f_{m-1})\sqrt{-1}. \end{cases}$$

Lorsque la fonction $f(u+v\sqrt{-1})$ ne varie jamais d'une manière brusque entre les limites $u=-\infty$, $u=\infty$; $v=-\infty$, $v=0$, et qu'elle s'évanouit, 1° pour $u=\pm\infty$, quel que soit v, 2° pour $v=-\infty$, quel que soit u, alors, en posant $u'=-\infty$, $u''=\infty$, $v'=-\infty$, $v''=0$, et remplaçant u par x, on tire de la formule (6)

$$(8)\qquad \int_{-\infty}^{\infty}f(x)\,dx=2\pi(f_0+f_1+\ldots+f_{m-1})\sqrt{-1}.$$

Lorsque la fonction $f(ue^{v\sqrt{-1}})$ ne varie point d'une manière brusque entre les limites $u=0$, $u=1$; $v=-\pi$, $v=+\pi$, en prenant ces mêmes limites pour valeurs respectives de u', u'', v', v'', on tire de la formule (7)

$$(9)\qquad \int_{-\pi}^{\pi}e^{v\sqrt{-1}}f(e^{v\sqrt{-1}})\,dv=2\pi(f_0+f_1+\ldots+f_{m-1}).$$

Il importe de remarquer que les quantités $f_0, f_1, \ldots, f_{m-1}$ correspondent, dans la formule (8), aux racines de l'équation (1) pour lesquelles le coefficient de $\sqrt{-1}$ est nul ou négatif, et, dans la formule (9), aux racines réelles ou imaginaires dont la valeur numérique ou le module est inférieur à l'unité. Ajoutons que l'on devra toujours réduire à moitié celles des quantités $f_0, f_1, \ldots, f_{m-1}$ qui correspondraient, dans la formule (8), à des racines réelles de l'équation (1), ou, dans la formule (9), à des racines dont la valeur numérique ou le module serait l'unité. Alors ces équations ne fourniraient plus que les valeurs principales des intégrales comprises dans les premiers membres, et non leurs valeurs générales qui deviendraient indéterminées. Observons, au reste, qu'il sera toujours facile de convertir ces valeurs principales en intégrales déterminées ([1]).

La formule (8) s'accorde avec celles que j'ai présentées dans le Mémoire de 1814, et dans des leçons données en 1817, au Collège royal de France ([2]). Elle fournit une grande partie des intégrales définies

([1]) Il est aisé de convertir en intégrales déterminées, non seulement les valeurs principales des intégrales définies indéterminées, mais encore toutes leurs autres valeurs, et même les intégrales définies singulières. Ces transformations conduisent souvent à des résultats dignes de remarque. Ainsi, par exemple, lorsque la fonction $f(x)$ demeure finie et continue entre les limites $x = 0$, $x = \infty$, l'équation (a) (p. 335) entraîne la suivante

$$(c) \qquad \int_k^\infty \frac{f(\nu z)}{z}\,dz - \int_k^\infty \frac{f(\mu z)}{z}\,dz = \int_0^\infty \frac{f(\nu z) - f(\mu z)}{z}\,dz = f(0)\,l\left(\frac{\mu}{\nu}\right),$$

laquelle comprend, comme cas particulier, la formule connue $\int_0^\infty \frac{e^{-\nu z} - e^{-\mu z}}{z}\,dz = l\left(\frac{\mu}{\nu}\right)$.

De même, si l'on suppose que $f(x)$ demeure finie et continue depuis $x = 0$ jusqu'à $x = 1$, et si l'on désigne par $\chi(z)$, $\psi(z)$ deux fonctions qui, croissant et décroissant avec la variable z d'une manière continue, convergent en même temps que cette variable vers les limites 0 et 1, on tirera sans peine de la formule (b)

$$(d) \qquad \int_0^1 \left[\frac{\psi'(z)\,f(\psi z)}{1 - \psi(z)} - \frac{\chi'(z)\,f(\chi z)}{1 - \chi(z)}\right] dz = f(1)\,l\left[\frac{\chi'(1)}{\psi'(1)}\right].$$

([2]) Dans l'une de ces leçons j'avais déduit, d'une formule générale qui s'accorde avec l'équation (8), les valeurs des quatre intégrales

$$\int_{-\infty}^{\infty} \frac{f(x)}{F(x)} \sin rx\,dx, \quad \int_{-\infty}^{\infty} \frac{f(x)}{F(x)} \cos rx\,dx,$$

$$\int_{-\infty}^{\infty} \frac{f(x)}{F(x)}\, l(1 + r^2x^2)\,dx, \quad \int_{-\infty}^{\infty} \frac{f(x)}{F(x)} \operatorname{arc\,tang} rx\,dx,$$

r désignant une constante positive et $\frac{f(x)}{F(x)}$ une fraction rationnelle.

simples dont les valeurs avaient été fixées par d'autres méthodes, et beaucoup d'intégrales nouvelles. D'abord, il est aisé de voir que l'on ramène immédiatement l'équation (9) à l'équation (8) en posant

$$\operatorname{tang}\frac{v}{2}=x,$$

afin de convertir l'intégrale $\int_{-\pi}^{\pi} e^{v\sqrt{-1}} f(e^{v\sqrt{-1}})\,dv$ en une autre de la forme $\int_{-\infty}^{\infty} \mathfrak{f}(x)\,dx$. De plus, il est clair que les équations (8) et (9) fourniront les valeurs en termes finis des deux intégrales qu'elles renferment, toutes les fois que les racines de l'équation (1), ou, du moins, celles dont les modules resteront inférieurs à l'unité, seront en nombre fini. Dans le cas contraire, les seconds membres des formules (8) et (9) se changeraient en séries dont les sommes seraient équivalentes à ces mêmes intégrales. Je me contenterai, pour le moment, d'appliquer ces formules à quelques exemples.

Si l'on désigne par a, b, r trois quantités positives, on tirera de la formule (8), en supposant a inférieur ou tout au plus égal à 2,

$$(10)\quad \left\{\begin{aligned} &\int_{-\infty}^{\infty} (x\sqrt{-1})^{a-1} e^{-bx\sqrt{-1}} \frac{dx}{r^2+x^2} \\ &\quad = 2\int_0^{\infty} x^{a-1}\sin\left(\frac{a\pi}{2}-bx\right)\frac{dx}{r^2+x^2} = \pi r^{a-2} e^{-br}, \end{aligned}\right.$$

$$(11)\quad \left\{\begin{aligned} &\int_{-\infty}^{\infty} (x\sqrt{-1})^{a-1} e^{-bx\sqrt{-1}} \frac{dx}{r^2-x^2} \\ &\quad = 2\int_0^{\infty} x^{a-1}\sin\left(\frac{a\pi}{2}-bx\right)\frac{dx}{r^2-x^2} = \pi r^{a-2}\cos\left(\frac{a\pi}{2}-br\right). \end{aligned}\right.$$

L'équation (10) comprend, comme cas particuliers, les formules

$$\int_0^{\infty} \frac{x^{a-1}\,dx}{1+x^2} = \frac{\pi}{2\sin\frac{a\pi}{2}}, \qquad \int_0^{\infty} \frac{r\cos bx}{r^2+x^2}\,dx = \int_0^{\infty} \frac{x\sin bx}{r^2+x^2}\,dx = \frac{\pi}{2}e^{-br}$$

données par Euler et M. de Laplace. La formule (11) fournit seulement la valeur principale de l'intégrale qu'elle renferme. Mais, si l'on transforme cette valeur principale en une intégrale déterminée, et que l'on fasse, pour abréger, $br = c$, on trouvera

$$(12)\quad \int_0^r \frac{\left(\frac{x}{r}\right)^{1-a}\sin\left(\frac{a\pi}{2} - c\frac{r}{x}\right) - \left(\frac{r}{x}\right)^{1-a}\sin\left(\frac{a\pi}{2} - c\frac{x}{r}\right)}{\frac{x}{r} - \frac{r}{x}}\,\frac{dx}{x} = \frac{\pi}{2}\cos\left(\frac{a\pi}{2} - c\right).$$

Cette dernière équation comprend plusieurs formules connues, entre autres la suivante

$$\int_0^1 \frac{x^{1-a} - \left(\frac{1}{x}\right)^{1-a}}{x - \frac{1}{x}}\,\frac{dx}{x} = \frac{\pi}{2\tan\!g\,\frac{a\pi}{2}}.$$

Si l'on pose $a = 0$, les formules (10), (11) et (12) cesseront d'être exactes; mais, en opérant toujours de la même manière, on trouvera

$$(13)\quad \begin{cases} \displaystyle\int_0^\infty \frac{\sin bx}{x}\,\frac{dx}{r^2 + x^2} = \frac{\pi}{2r^2}(1 - e^{-br}), \\ \displaystyle\int_0^\infty \frac{\sin bx}{x}\,\frac{dx}{r^2 - x^2} = \frac{\pi}{2r^2}(1 - \cos br), \end{cases}$$

$$(14)\quad \int_0^r \frac{\frac{x}{r}\sin\left(c\frac{r}{x}\right) - \frac{r}{x}\sin\left(c\frac{x}{r}\right)}{\frac{x}{r} - \frac{r}{x}}\,\frac{dx}{x} = \frac{\pi}{2}(1 - \cos c).$$

On tire encore de la formule (8), en supposant a positif, mais inférieur, ou tout au plus égal à l'unité,

$$(15)\quad \begin{cases} \displaystyle\int_{-\infty}^\infty \frac{(x\sqrt{-1})^a e^{-bx\sqrt{-1}}}{l(1 + x\sqrt{-1})}\,\frac{dx}{r^2 + x^2} \\ \displaystyle = \int_0^\infty \frac{\cos\left(\frac{a\pi}{2} - bx\right) l(1+x^2) + 2\sin\left(\frac{a\pi}{2} - bx\right)\operatorname{arc\,tang} x}{[\frac{1}{2}l(1 + x^2)]^2 + (\operatorname{arc\,tang} x)^2}\,\frac{x^a\,dx}{r^2 + x^2} = \frac{\pi r^{a-1} e^{-br}}{l(1 + r)}, \end{cases}$$

et, en supposant $a = 0$,

$$(16)\quad \begin{cases} \displaystyle\int_{-\infty}^\infty \frac{e^{-bx\sqrt{-1}}}{l(1 + x\sqrt{-1})}\,\frac{dx}{r^2 + x^2} \\ \displaystyle = \int_0^\infty \frac{\cos bx\, l(1+x^2) - 2\sin bx \operatorname{arc\,tang} x}{[\frac{1}{2}l(1 + x^2)]^2 + (\operatorname{arc\,tang} x)^2}\,\frac{dx}{r^2 + x^2} = \frac{\pi}{r}\left[\frac{e^{-br}}{l(1+r)} - \frac{1}{r}\right]. \end{cases}$$

Si l'on fait, dans ces dernières formules, $b = 0$, $r = 1$, $x = \operatorname{tang} z$, et de plus $a = 1$ dans l'équation (15), on obtiendra les intégrales

$$\int_0^{\frac{1}{2}\pi} \frac{z \operatorname{tang} z\, dz}{z^2 + (l \cos z)^2} = \frac{\pi}{2\,l(2)}, \qquad \int_0^{\frac{1}{2}\pi} \frac{l \cos z\, dz}{z^2 + (l \cos z)^2} = \frac{\pi}{2}\left(1 - \frac{1}{l(2)}\right)$$

citées par M. Poisson dans le *Bulletin de la Société philomathique* de septembre 1822.

On déterminerait avec la même facilité les valeurs des intégrales définies imaginaires

$$\int_{-\infty}^{\infty} \frac{\mathrm{f}(x)}{\mathrm{F}(x)} e^{-bx\sqrt{-1}}\, dx, \qquad \int_{-\infty}^{\infty} \frac{\mathrm{f}(x)}{\mathrm{F}(x)} l\left[r \sin\theta + (x + r\cos\theta)\sqrt{-1}\right] dx,$$
$$\int_{-\infty}^{\infty} \frac{\mathrm{f}(x)}{\mathrm{F}(x)} \frac{dx}{l(1 + x\sqrt{-1})}, \quad \ldots,$$

et par suite celles des intégrales réelles

$$\int_{-\infty}^{\infty} \frac{\mathrm{f}(x)}{\mathrm{F}(x)} \cos bx\, dx, \quad \int_{-\infty}^{\infty} \frac{\mathrm{f}(x)}{\mathrm{F}(x)} \sin bx\, dx, \quad \int_{-\infty}^{\infty} \frac{\mathrm{f}(x)}{\mathrm{F}(x)} l(r^2 + 2rx\cos\theta + x^2)\, dx,$$
$$\int_{-\infty}^{\infty} \frac{\mathrm{f}(x)}{\mathrm{F}(x)} \operatorname{arc\,tang} \frac{x + r\cos\theta}{r \sin\theta}\, dx, \quad \int_{-\infty}^{\infty} \frac{\mathrm{f}(x)}{\mathrm{F}(x)} \frac{\frac{1}{2} l(1 + x^2)}{\left[\frac{1}{2} l(1 + x^2)\right]^2 + (\operatorname{arc\,tang} x)^2}\, dx,$$
$$\int_{-\infty}^{\infty} \frac{\mathrm{f}(x)}{\mathrm{F}(x)} \frac{\operatorname{arc\,tang} x}{\left[\frac{1}{2} l(1 + x^2)\right]^2 + (\operatorname{arc\,tang} x)^2}\, dx, \quad \ldots,$$

$\dfrac{\mathrm{f}(x)}{\mathrm{F}(x)}$ désignant une fraction rationnelle, b, r des constantes positives et θ un arc compris entre les limites 0, π. Nous ne nous arrêterons pas davantage aux diverses applications de la formule (8) que l'on pourrait multiplier à l'infini.

Si l'on fait, dans la formule (9), $f(x) = \dfrac{\mathrm{f}(x)}{x\,\mathrm{F}(x)}$, la fonction $\mathrm{f}(x)$ étant choisie de telle manière que l'expression $\mathrm{f}(ue^{v\sqrt{-1}})$ reste finie et déterminée entre les limites $u = 0$, $u = 1$; $v = -\pi$, $v = +\pi$, on en conclura

$$(17) \qquad \int_{-\pi}^{\pi} \frac{\mathrm{f}(e^{v\sqrt{-1}})}{\mathrm{F}(e^{v\sqrt{-1}})}\, dv = 2\pi\left[\frac{\mathrm{f}(0)}{\mathrm{F}(0)} + \frac{\mathrm{f}(x_0)}{x_0\,\mathrm{F}'(x_0)} + \frac{\mathrm{f}(x_1)}{x_1\,\mathrm{F}'(x_1)} + \ldots\right],$$

$x_0, x_1, \ldots$ désignant les racines réelles ou imaginaires de l'équation $F(x) = 0$, qui auront pour valeur numérique ou pour module un nombre inférieur à l'unité. Ainsi, par exemple, en posant

$$F(x) = 1 - ax,$$

on trouvera :

Pour $a^2 < 1$,

$$\int_{-\pi}^{\pi} \frac{f(e^{v\sqrt{-1}})}{1 - ae^{v\sqrt{-1}}} dv = 2\pi f(0), \tag{18}$$

et, pour $a^2 > 1$,

$$\int_{-\pi}^{\pi} \frac{f(e^{v\sqrt{-1}})}{1 - ae^{v\sqrt{-1}}} dv = 2\pi \left[f(0) - f\left(\frac{1}{a}\right) \right]. \tag{19}$$

Ces formules s'accordent encore avec deux autres que M. Poisson a citées dans le *Bulletin* qu'on vient de rappeler.

Concevons maintenant que l'on prenne

$$f(x) = \frac{\varphi(x) F'(x) - \varpi(x) F(x)}{F(x)}, \tag{20}$$

$F(x)$, $\varphi(x)$ et $\varpi(x)$ désignant des fonctions arbitraires, mais telles, cependant, que les racines $x_0, x_1, \ldots, x_{m-1}$ appartiennent toutes à l'équation

$$F(x) = 0. \tag{21}$$

On conclura des formules (5), (6), (7),

$$\left\{ \begin{aligned} &\pm \varphi(x_0) \pm \varphi(x_1) \pm \ldots \pm \varphi(x_{m-1}) \\ &\quad = \frac{1}{2\pi\sqrt{-1}} \int_{v'}^{v''} [\psi(u'', v) - \psi(u', v)]\, dv \\ &\quad - \frac{1}{2\pi\sqrt{-1}} \int_{u'}^{u''} [\chi(u, v'') - \chi(u, v')]\, du, \end{aligned} \right. \tag{22}$$

$$\left\{ \begin{aligned} &\varphi(x_0) + \varphi(x_1) + \ldots + \varphi(x_{m-1}) \\ &\quad = \frac{1}{2\pi} \int_{v'}^{v''} [f(u'' + v\sqrt{-1}) - f(u' + v\sqrt{-1})]\, dv \\ &\quad + \frac{\sqrt{-1}}{2\pi} \int_{u'}^{u''} [f(u + v''\sqrt{-1}) - f(u + v'\sqrt{-1})]\, du, \end{aligned} \right. \tag{23}$$

et

$$(24)\quad\left\{\begin{aligned}&\varphi(x_0)+\varphi(x_1)+\ldots+\varphi(x_{m-1})\\&\quad=\frac{1}{2\pi}\int_{v'}^{v''}\left[u''f\left(u''e^{v\sqrt{-1}}\right)-u'f\left(u'e^{v\sqrt{-1}}\right)\right]e^{v\sqrt{-1}}\,dv\\&\quad+\frac{\sqrt{-1}}{2\pi}\int_{u'}^{u''}\left[e^{v''\sqrt{-1}}f\left(ue^{v''\sqrt{-1}}\right)-e^{v'\sqrt{-1}}f\left(ue^{v'\sqrt{-1}}\right)\right]du.\end{aligned}\right.$$

Les racines de l'équation (21) qui entrent dans ces dernières formules, savoir, $x_0, x_1, \ldots, x_{m-1}$, se réduiront à une seule, si l'on choisit convenablement les limites u', u'', v', v''. On peut donc obtenir par ce moyen la valeur de $\varphi(x_0)$, puis, en posant $\varphi(x)=x$, la valeur de x_0, c'est-à-dire, d'une quelconque des racines exprimée à l'aide d'intégrales définies simples. On doit même remarquer que ces intégrales renfermeront des constantes arbitraires u', u'', v', v'', avec une fonction arbitraire $\varpi(x)$ assujettie seulement à certaines conditions.

Lorsque la fonction $f(u+v\sqrt{-1})$ s'évanouit pour $v=\pm\infty$, quel que soit u, alors, en supposant $v'=-\infty$, $v''=\infty$, on réduit la formule (23) à

$$(25)\quad\left\{\begin{aligned}&\varphi(x_0)+\varphi(x_1)+\ldots+\varphi(x_{m-1})\\&\quad=\frac{1}{2\pi}\int_{-\infty}^{\infty}\left[f\left(u''+v\sqrt{-1}\right)-f\left(u'+v\sqrt{-1}\right)\right]dv.\end{aligned}\right.$$

Lorsque dans la formule (24) on suppose $v'=-\pi$, $v''=+\pi$, $u'=0$, $u''=r$ (r étant une quantité positive), on trouve

$$(26)\quad \varphi(x_0)+\varphi(x_1)+\ldots+\varphi(x_{m-1})=\frac{1}{2\pi}\int_{-\pi}^{\pi}re^{v\sqrt{-1}}f\left(re^{v\sqrt{-1}}\right)dv.$$

Si l'on veut que $x_0, x_1, \ldots, x_{m-1}$ représentent toutes les racines de l'équation (21), il suffira de concevoir que dans la formule (25) les deux quantités u', u'' deviennent, la première inférieure, la seconde supérieure aux parties réelles de toutes ces racines, et que dans la formule (26) la quantité r surpasse à la fois les valeurs numériques des racines réelles et les modules des racines imaginaires.

Les formules (23) et (25) comprennent, comme cas particuliers, celles que j'ai données dans un Mémoire sur la résolution des équations par les intégrales définies, présenté à l'Académie des Sciences le 22 novembre 1819.

Dans tous les cas où l'on peut réduire à zéro la fonction arbitraire $\varpi(x)$, la formule (20) donne simplement

$$f(x) = \frac{\varphi(x)\,F'(x)}{F(x)}.$$

Alors, en faisant, pour abréger, $\varphi(x)\,F'(x) = \mathrm{f}(x)$, on tire des équations (25) et (26)

$$(27)\quad \begin{cases} \dfrac{\mathrm{f}(x_0)}{F'(x_0)} + \dfrac{\mathrm{f}(x_1)}{F'(x_1)} + \ldots + \dfrac{\mathrm{f}(x_{m-1})}{F'(x_{m-1})} \\ \quad = \dfrac{1}{2\pi}\displaystyle\int_{-\infty}^{+\infty} \left[\dfrac{\mathrm{f}(u'' + v\sqrt{-1})}{F(u'' + v\sqrt{-1})} - \dfrac{\mathrm{f}(u' + v\sqrt{-1})}{F(u' + v\sqrt{-1})}\right] dv, \end{cases}$$

$$(28)\quad \frac{\mathrm{f}(x_0)}{F'(x_0)} + \frac{\mathrm{f}(x_1)}{F'(x_1)} + \ldots + \frac{\mathrm{f}(x_{m-1})}{F'(x_{m-1})} = \frac{1}{2\pi}\int_{-\pi}^{+\pi} re^{v\sqrt{-1}}\,\frac{\mathrm{f}(re^{v\sqrt{-1}})}{F(re^{v\sqrt{-1}})}\,dv.$$

L'équation (27) suppose : 1° que la fonction $\dfrac{\mathrm{f}(u + v\sqrt{-1})}{F(u + v\sqrt{-1})}$ s'évanouit pour $v = \pm\infty$, quel que soit u; 2° qu'elle ne varie jamais d'une manière brusque entre les limites $v = -\infty$, $v = +\infty$; $u = u'$, $u = u''$; 3° qu'entre ces limites la fonction $\mathrm{f}(u + v\sqrt{-1})$ ne devient jamais infinie. Dans l'équation (28), les deux dernières conditions subsistent pour les fonctions $\dfrac{\mathrm{f}(ue^{v\sqrt{-1}})}{F(ue^{v\sqrt{-1}})}$, $\mathrm{f}(ue^{v\sqrt{-1}})$, mais seulement entre les limites $v = -\pi$, $v = \pi$, $u = 0$, $u = r$. Ajoutons que $x_0, x_1, \ldots, x_{m-1}$ représentent, dans la formule (27), celles des racines de l'équation (21) dont les parties réelles demeurent comprises entre les limites $u = u'$, $u = u''$; et, dans la formule (28), celles de ces racines dont les valeurs numériques ou les modules sont inférieurs à r.

Dans le cas particulier où l'intégrale $\displaystyle\int_{-\infty}^{\infty} \frac{\mathrm{f}(u + v\sqrt{-1})}{F(u + v\sqrt{-1})}\,dv$ s'évanouit pour $u = -\infty$, alors, en prenant $u' = -\infty$, $u'' = U$, on réduit la formule (27) à

$$(29)\quad \frac{f(x_0)}{F'(x_0)}+\frac{f(x_1)}{F'(x_1)}+\ldots+\frac{f(x_{m-1})}{F'(x_{m-1})}=\frac{1}{2\pi}\int_{-\infty}^{\infty}\frac{f(U+v\sqrt{-1})}{F(U+v\sqrt{-1})}\,dv.$$

Le premier membre de celle-ci renfermera toutes les racines de l'équation (21), si la quantité U surpasse les parties réelles de toutes ces racines.

Lorsque la fraction $\frac{f(x)}{F(x)}$ devient rationnelle ou de la forme

$$\frac{a_0+a_1x+\ldots+a_px^p}{A_0+A_1x+\ldots+A_mx^m},$$

et que le nombre p est inférieur à $m-1$, alors, en prenant $u=-\infty$, $u''=\infty$, on réduit à zéro les intégrales que renferme le second membre de l'équation (27), et l'on trouve

$$(30)\quad \frac{f(x_0)}{F'(x_0)}+\frac{f(x_1)}{F'(x_1)}+\ldots+\frac{f(x_{m-1})}{F'(x_{m-1})}=0.$$

Si, au contraire, l'on suppose $p=m-1$, alors, en faisant $u'=-U$, $u''=U$, et attribuant à U des valeurs infiniment grandes, on réduira le second membre de la formule (27) à

$$\frac{1}{2\pi}\int_{-\infty}^{\infty}\frac{a_{m-1}}{A_m}\left(\frac{1}{U+v\sqrt{-1}}-\frac{1}{-U+v\sqrt{-1}}\right)dv=\frac{a_{m-1}}{\pi A_m}\int_{-\infty}^{\infty}\frac{U\,dv}{U^2+v^2}=\frac{a_{m-1}}{A_m},$$

et par suite cette formule donnera

$$(31)\quad \frac{f(x_0)}{F'(x_0)}+\frac{f(x_1)}{F'(x_1)}+\ldots+\frac{f(x_{m-1})}{F'(x_{m-1})}=\frac{a_{m-1}}{A_m}.$$

Les équations (30) et (31) s'accordent avec un théorème que j'ai démontré dans le XVIIe Cahier de ce Journal, page 207.

Les diverses formules que nous venons d'établir fournissent le moyen d'exprimer, par des intégrales définies, non seulement les racines d'une équation algébrique ou transcendante, mais encore les sommes de fonctions semblables de ces mêmes racines, ou de quelques-unes d'entre elles; et par suite les intégrales générales des équations linéaires aux différences finies ou infiniment petites à coefficients constants, et souvent même à coefficients variables. C'est ce que nous allons faire voir, en peu de mots, pour les équations différentielles et aux différences partielles.

Supposons d'abord que, $A_0, A_1, \ldots, A_m, \Psi$ désignant des quantités constantes, et ψ une fonction inconnue de t, on veuille intégrer l'équation différentielle

$$A_0\psi + A_1\frac{d\psi}{dt} + \ldots + A_m\frac{d^m\psi}{dt^m} = 0, \tag{32}$$

avec la condition que

$$\psi, \quad \frac{d\psi}{dt}, \quad \ldots, \quad \frac{d^{m-1}\psi}{dt^{m-1}} \tag{33}$$

se réduisent respectivement à

$$\Psi^0, \quad \Psi^1, \quad \ldots, \quad \Psi^{m-1} \tag{34}$$

pour $t = 0$. Alors, en posant

$$F(\theta) = A_0 + A_1\theta + \ldots + A_m\theta^m, \tag{35}$$

et nommant $\theta_0, \theta_1, \ldots, \theta_{m-1}$ les racines de l'équation

$$F(\theta) = 0, \tag{36}$$

on trouvera

$$\left\{\begin{aligned} \psi &= \frac{(\Psi - \theta_1)(\Psi - \theta_2)\ldots(\Psi - \theta_{m-1})}{(\theta_0 - \theta_1)(\theta_0 - \theta_2)\ldots(\theta_0 - \theta_{m-1})} e^{\theta_0 t} + \ldots \\ &\quad + \frac{(\Psi - \theta_0)(\Psi - \theta_1)\ldots(\Psi - \theta_{m-2})}{(\theta_{m-1} - \theta_0)(\theta_{m-1} - \theta_1)\ldots(\theta_{m-1} - \theta_{m-2})} e^{\theta_{m-1} t} \\ &= \frac{F(\Psi) - F(\theta_0)}{\Psi - \theta_0}\,\frac{e^{\theta_0 t}}{F'(\theta_0)} + \ldots + \frac{F(\Psi) - F(\theta_{m-1})}{\Psi - \theta_{m-1}}\,\frac{e^{\theta_{m-1} t}}{F'(\theta_{m-1})}. \end{aligned}\right. \tag{37}$$

Or, si l'on désigne par Θ une limite supérieure aux parties réelles de toutes les racines de l'équation (36), la valeur précédente de ψ pourra être, en vertu de l'équation (29), présentée sous la forme très simple

$$(38)\qquad \psi = \frac{1}{2\pi}\int_{-\infty}^{\infty} \frac{F(\Psi) - F(\Theta + \theta\sqrt{-1})}{\Psi - (\Theta + \theta\sqrt{-1})} \frac{e^{(\Theta+\theta\sqrt{-1})t}}{F(\Theta + \theta\sqrt{-1})} d\theta.$$

Si l'on voulait intégrer l'équation (32) de manière que les expressions (33) se trouvassent réduites par la supposition $t = 0$, non plus aux puissances successives d'une même quantité Ψ, mais à des quantités différentes

$$(39)\qquad \Psi_0,\quad \Psi_1,\quad \ldots,\quad \Psi_{m-1},$$

on pourrait toujours employer la formule (38), pourvu qu'après avoir développé le second membre suivant les puissances ascendantes de Ψ, on convînt de remplacer Ψ^0 par Ψ_0, Ψ^1 par Ψ_1, ..., Ψ^{m-1} par Ψ_{m-1}. Lorsque les quantités (39) sont arbitraires, le développement de la fraction $\frac{F(\Psi) - F(x)}{\Psi - x}$, modifié conformément aux conventions dont il s'agit, se change en une fonction entière mais arbitraire de x, du degré $m - 1$. Donc, en désignant par $\varpi(x)$ une fonction de cette nature, on aura pour l'intégrale générale de l'équation (32)

$$(40)\qquad \psi = \frac{1}{2\pi}\int_{-\infty}^{\infty} \frac{\varpi(\Theta + \theta\sqrt{-1})}{F(\Theta + \theta\sqrt{-1})} e^{(\Theta+\theta\sqrt{-1})t} d\theta.$$

Supposons, en second lieu, que l'on veuille intégrer l'équation

$$(41)\qquad A_0 + A_1\frac{d\psi}{dt} + A_2\frac{d^2\psi}{dt^2} + \ldots + A_m\frac{d^m\psi}{dt^m} = f(t),$$

avec la condition que les expressions (33) s'évanouissent pour $t = 0$. On aura

$$(42)\qquad \left\{\begin{aligned} \psi &= \frac{e^{\theta_0 t}}{F'(\theta_0)}\int_0^t e^{-\theta_0 t} f(t)\, dt + \ldots + \frac{e^{\theta_{m-1} t}}{F'(\theta_{m-1})}\int_0^t e^{-\theta_{m-1} t} f(t)\, dt \\ &= \frac{1}{F'(\theta_0)}\int_0^t e^{\theta_0(t-\tau)} f(\tau)\, d\tau + \ldots + \frac{1}{F'(\theta_{m-1})}\int_0^t e^{\theta_{m-1}(t-\tau)} f(\tau)\, d\tau, \end{aligned}\right.$$

et, par suite,

$$(43)\qquad \psi = \frac{1}{2\pi}\int_{-\infty}^{\infty}\int_{0}^{t}\frac{e^{(\Theta+\theta\sqrt{-1})(t-\tau)}}{F(\Theta+\theta\sqrt{-1})}f(\tau)\,d\theta\,d\tau.$$

Si l'on voulait, au contraire, que les expressions (33) fussent réduites, par la supposition $t=0$, aux quantités (39), alors il faudrait réunir les valeurs de ψ données par les formules (38) et (43); et l'on trouverait, en ayant égard aux conventions ci-dessus énoncées,

$$(44)\qquad \psi = \frac{1}{2\pi}\int_{-\infty}^{\infty}\left[\frac{F(\Psi)-F(\Theta+\theta\sqrt{-1})}{\Psi-(\Theta+\theta\sqrt{-1})}+\int_{0}^{t}\frac{f(\tau)\,d\tau}{e^{(\Theta+\theta\sqrt{-1})\tau}}\right]\frac{e^{(\Theta+\theta\sqrt{-1})t}\,d\theta}{F(\Theta+\theta\sqrt{-1})}.$$

Si à la formule (29) on eût substitué la formule (27), alors, en désignant par θ', θ'' deux quantités, l'une inférieure, l'autre supérieure aux parties réelles de toutes les racines de l'équation (36), on aurait trouvé

$$(45)\qquad \left\{\begin{aligned} \psi = {}& \frac{1}{2\pi}\int_{-\infty}^{\infty}\left[\frac{F(\Psi)-F(\theta''+\theta\sqrt{-1})}{\Psi-(\theta''+\theta\sqrt{-1})}+\int_{0}^{t}\frac{f(\tau)\,d\tau}{e^{(\theta''+\theta\sqrt{-1})\tau}}\right]\frac{e^{(\theta''+\theta\sqrt{-1})t}\,d\theta}{F(\theta''+\theta\sqrt{-1})}\\ &-\frac{1}{2\pi}\int_{-\infty}^{\infty}\left[\frac{F(\Psi)-F(\theta'+\theta\sqrt{-1})}{\Psi-(\theta'+\theta\sqrt{-1})}+\int_{0}^{t}\frac{f(\tau)\,d\tau}{e^{(\theta'+\theta\sqrt{-1})\tau}}\right]\frac{e^{(\theta'+\theta\sqrt{-1})t}\,d\theta}{F(\theta'+\theta\sqrt{-1})}\end{aligned}\right.$$

On revient immédiatement de la formule (45) à la formule (44), en posant $\theta'=-\infty$, $\theta''=\Theta$. Ajoutons que la formule (45) peut être vérifiée directement par la substitution de la valeur de ψ qu'elle donne, dans l'équation (41).

Il est essentiel de remarquer que, si dans la formule (43) on prend l'intégrale relative à τ, non plus entre les limites $\tau=0$, $\tau=t$, mais entre deux limites τ', τ'', l'une inférieure, l'autre supérieure à t, la valeur de ψ qui en résultera satisfera généralement à la formule (41), puisqu'en la substituant dans le premier membre on obtiendra l'équation exacte

$$(46)\qquad \frac{1}{2\pi}\int_{\tau'}^{\tau''}\int_{-\infty}^{\infty}e^{(\Theta+\theta\sqrt{-1})(t-\tau)}f(\tau)\,d\tau\,d\theta = f(t).$$

Concevons maintenant qu'il s'agisse d'intégrer l'équation différentielle

$$(47)\qquad \frac{A_0}{(1+t)^m}\psi + \frac{A_1}{(1+t)^{m-1}}\frac{d\psi}{dt} + \ldots + \frac{A_{m-1}}{1+t}\frac{d^{m-1}\psi}{dt^{m-1}} + A_m\frac{d^m\psi}{dt^m} = f(t),$$

avec la condition que les expressions (33) se réduisent respectivement aux quantités

$$(48)\qquad \Psi^0,\quad \Psi,\quad \Psi(\Psi-1),\quad \ldots,\quad \Psi(\Psi-1)\ldots(\Psi-m+2),$$

pour $t=0$. Alors, en supposant la fonction $F(\theta)$ déterminée, non plus par la formule (35), mais par la suivante

$$(49)\qquad F(\theta) = A_0 + A_1\theta + A_2\theta(\theta-1) + \ldots + A_m\theta(\theta-1)\ldots(\theta-m+1),$$

on trouvera, en vertu de l'équation (29),

$$(50)\qquad \left\{\begin{aligned} \psi = {} & \frac{1}{2\pi}\int_{-\infty}^{\infty}\frac{F(\Psi)-F(\Theta+\theta\sqrt{-1})}{\Psi-(\Theta+\theta\sqrt{-1})}(1+t)^{\Theta+\theta\sqrt{-1}}\frac{d\theta}{F(\Theta+\theta\sqrt{-1})} \\ & + \frac{1}{2\pi}\int_{-\infty}^{\infty}\int_0^t\left(\frac{1+t}{1+\tau}\right)^{\Theta+\theta\sqrt{-1}}(1+\tau)^{m-1}\frac{f(\tau)\,d\theta\,d\tau}{F(\Theta+\theta\sqrt{-1})}, \end{aligned}\right.$$

et, en vertu de l'équation (27),

$$(51)\qquad \left\{\begin{aligned} \psi = {} & \frac{1}{2\pi}\int_{-\infty}^{\infty}\frac{F(\Psi)-F(\theta''+\theta\sqrt{-1})}{\Psi-(\theta''+\theta\sqrt{-1})}(1+t)^{\theta''+\theta\sqrt{-1}}\frac{d\theta}{F(\theta''+\theta\sqrt{-1})} \\ & + \frac{1}{2\pi}\int_{-\infty}^{\infty}\int_0^t\left(\frac{1+t}{1+\tau}\right)^{\theta''+\theta\sqrt{-1}}(1+\tau)^{m-1}\frac{f(\tau)\,d\theta\,d\tau}{F(\theta''+\theta\sqrt{-1})} \\ & - \frac{1}{2\pi}\int_{-\infty}^{\infty}\frac{F(\Psi)-F(\theta'+\theta\sqrt{-1})}{\Psi-(\theta'+\theta\sqrt{-1})}(1+t)^{\theta'+\theta\sqrt{-1}}\frac{d\theta}{F(\theta'+\theta\sqrt{-1})} \\ & - \frac{1}{2\pi}\int_{-\infty}^{\infty}\int_0^t\left(\frac{1+t}{1+\tau}\right)^{\theta'+\theta\sqrt{-1}}(1+\tau)^{m-1}\frac{f(\tau)\,d\theta\,d\tau}{F(\theta'+\theta\sqrt{-1})}. \end{aligned}\right.$$

Si l'on voulait que les expressions (33) fussent réduites par la supposition $t=0$, non plus aux produits (48), mais aux quantités (39), on pourrait encore employer la formule (50) ou (51), pourvu que l'on convînt de développer le second membre en une série de termes proportionnels aux produits dont il s'agit, et de remplacer ensuite dans le développement ces mêmes produits par les quantités Ψ_0, Ψ_1, ..., Ψ_{m-1}.

Considérons à présent une équation linéaire aux différences partielles, par exemple, l'équation (1) de la seconde Partie. Les valeurs des quantités T_0, T_1, ..., T_{m-1} comprises dans l'intégrale générale de cette équation dépendront, comme on l'a vu, de la fonction S assujettie à vérifier la formule (11) (p. 310), avec les conditions (8) (p. 309). Or, en vertu de ce qui précède, la fonction S, déterminée de manière à remplir les conditions prescrites, pourra être présentée sous la forme

$$(52)\qquad S = \frac{1}{2\pi}\int_{-\infty}^{\infty} \frac{F(u) - F(\Theta + \theta\sqrt{-1})}{u - (\Theta + \theta\sqrt{-1})}\, \frac{e^{(\Theta+\theta\sqrt{-1})t}\, d\theta}{F(\Theta + \theta\sqrt{-1})},$$

Θ désignant une limite supérieure aux parties réelles de toutes les racines de l'équation $F(\theta) = 0$. Si l'on développe la valeur qu'on vient d'obtenir pour S, suivant les puissances ascendantes de u, on trouvera pour les coefficients respectifs de ces mêmes puissances

$$(53)\qquad \begin{cases} T_0 = \dfrac{1}{2\pi}\displaystyle\int_{-\infty}^{\infty} \frac{A_1 + A_2(\Theta + \theta\sqrt{-1}) + \ldots + A_m(\Theta + \theta\sqrt{-1})^{m-1}}{F(\Theta + \theta\sqrt{-1})} e^{(\Theta+\theta\sqrt{-1})t}\, d\theta, \\ T_1 = \dfrac{1}{2\pi}\displaystyle\int_{-\infty}^{\infty} \frac{A_2 + \ldots + A_m(\Theta + \theta\sqrt{-1})^{m-2}}{F(\Theta + \theta\sqrt{-1})} e^{(\Theta+\theta\sqrt{-1})t}\, d\theta, \\ \ldots\ldots\ldots\ldots\ldots\ldots\ldots\ldots\ldots\ldots, \\ T_{m-1} = \dfrac{1}{2\pi}\displaystyle\int_{-\infty}^{\infty} \frac{A_m}{F(\Theta + \theta\sqrt{-1})} e^{(\Theta+\theta\sqrt{-1})t}\, d\theta. \end{cases}$$

Ces dernières valeurs de T_0, T_1, ..., T_{m-1} s'accordent, en vertu de la formule (29), avec celles que nous avons données dans la seconde Partie (p. 311 et 312).

Si l'on remplace l'équation (1) du paragraphe Ier (IIe Partie) par l'équation (28) du paragraphe III, la valeur de φ sera donnée par les équations (34) et (36), dans lesquelles on aura

$$(54)\qquad T = \frac{e^{\theta_0 t} + e^{\theta_1 t} + \ldots + e^{\theta_{m-1} t}}{m} = \frac{1}{2\pi}\int_{-\infty}^{\infty} \frac{(\Theta + \theta\sqrt{-1})^{m-1}}{(\Theta + \theta\sqrt{-1})^m - A_0} e^{(\Theta+\theta\sqrt{-1})t}\, d\theta.$$

Dans un autre Mémoire, je reviendrai sur l'application de ces diverses formules, soit à la résolution des équations algébriques, soit à l'intégration des équations linéaires aux différences finies ou infiniment petites à coefficients constants, ou à coefficients variables, et je les comparerai avec celles qui ont été présentées par MM. Parseval et Brisson, sur les mêmes sujets. Je finirai en observant que, si dans la formule (2) (Ire Partie) on remplace la fonction $f(\mu, \nu, \varpi, \ldots)$ par le produit $e^{\mathrm{a}(x-\mu)} e^{\mathrm{b}(y-\nu)} e^{\mathrm{c}(z-\varpi)} \ldots f(\mu, \nu, \varpi, \ldots)$, a, b, c, ... désignant des constantes réelles mais arbitraires, on trouvera

$$(55)\quad \left\{ \begin{aligned} f(x, y, z, \ldots) = \left(\frac{1}{2\pi}\right)^n \int\int \ldots e^{(\mathrm{a}+\alpha\sqrt{-1})(x-\mu)} e^{(\mathrm{b}+\beta\sqrt{-1})(y-\nu)} \ldots \\ \times f(\mu, \nu, \varpi, \ldots) \ldots d\alpha\, d\mu\, d\beta\, d\nu \ldots . \end{aligned} \right.$$

Il en résulte que dans tous les calculs de la seconde Partie, et dans les fonctions $A_0, A_1, \ldots, A_{m-1}$, $F(\theta)$, ... on peut écrire $\mathrm{a} + \alpha\sqrt{-1}$, $\mathrm{b} + \beta\sqrt{-1}$, ... au lieu de $\alpha\sqrt{-1}$, $\beta\sqrt{-1}$, ... Par la même raison, à la formule (26) de la page 315, on peut substituer la suivante

$$(56)\quad \left\{ \begin{aligned} \varphi = \left(\frac{1}{2\pi}\right)^{n+1} \int\int\int \ldots e^{(\mathrm{a}+\alpha\sqrt{-1})(x-\mu)} e^{(\mathrm{b}+\beta\sqrt{-1})(y-\nu)} \ldots e^{(\Theta+\theta\sqrt{-1})(t-\tau)} \\ \times \frac{f(\mu, \nu, \ldots, \tau)}{F(\Theta + \theta\sqrt{-1})}\, d\alpha\, d\mu\, d\beta\, d\nu \ldots d\theta\, d\tau, \end{aligned} \right.$$

a, b, ..., Θ représentant des constantes arbitraires dont la dernière pourra même être remplacée par une fonction quelconque de $\alpha, \beta, \gamma, \ldots$, par exemple par une quantité supérieure aux parties réelles de toutes les racines de l'équation $F(\theta) = 0$. Ajoutons que, pour obtenir la valeur de $F(\Theta + \theta\sqrt{-1})$ qui convient à la formule (56), il suffira de substituer dans la valeur générale de $\nabla\varphi$ un produit de la forme

$$(\mathrm{a} + \alpha\sqrt{-1})^p (\mathrm{b} + \beta\sqrt{-1})^q \ldots (\Theta + \theta\sqrt{-1})^s$$

à chaque terme de la forme

$$\frac{\partial^{p+q+r+\ldots+s} \varphi}{\partial x^p\, \partial y^q\, \partial z^r \ldots \partial t^s}.$$

Remarquons enfin que, si dans la formule (56) on suppose l'intégration relative à τ effectuée, non plus entre les limites $\tau = \tau'$, $\tau = \tau''$, mais entre les suivantes $\tau = 0$, $\tau = t$, la valeur de φ qu'on obtiendra sera précisément l'intégrale de l'équation (25) (IIe Partie), cette intégrale étant déterminée de manière que les expressions

$$(57) \qquad \varphi, \quad \frac{\partial \varphi}{\partial t}, \quad \ldots, \quad \frac{\partial^{m-1} \varphi}{\partial t^{m-1}}$$

s'évanouissent toutes pour $t = 0$.

Au reste, il suit évidemment de la formule (55) que, si l'on donne une équation linéaire aux différences partielles et de l'ordre m par rapport à t, dont le premier membre ne renferme que des coefficients constants ou fonctions de t, et dont le second membre se réduise à un terme variable ou de la forme $f(x, y, z, \ldots, t)$ on pourra facilement intégrer cette équation de manière que les expressions (57) se réduisent respectivement à

$$f_0(x, y, z, \ldots), \quad f_1(x, y, z, \ldots), \quad \ldots, \quad f_{m-1}(x, y, z, \ldots),$$

pour $t = 0$. En effet, pour y parvenir, il suffira de poser

$$(58) \quad \varphi = \left(\frac{1}{2\pi}\right)^{n} \int_{-\infty}^{\infty}\int_{\mu'}^{\mu''}\int_{-\infty}^{\infty}\int_{\nu''}^{\nu'} \ldots e^{(a+\alpha\sqrt{-1})(x-\mu)} e^{(b+\beta\sqrt{-1})(y-\nu)} \ldots \psi \, d\alpha \, d\mu \, d\beta \, d\nu \ldots,$$

en assujettissant l'inconnue ψ, considérée comme fonction de t, à une équation différentielle de la forme

$$(59) \qquad A_0 + A_1 \frac{d\psi}{dt} + \ldots + A_m \frac{d^m \psi}{dt^m} = f(\mu, \nu, \varpi, \ldots, t),$$

dans laquelle A_0, A_1, ..., A_m représenteront des fonctions connues de $a + \alpha\sqrt{-1}$, $b + \beta\sqrt{-1}$, ... et de la variable t. Alors il ne restera plus qu'à intégrer cette équation différentielle de manière que les expressions

$$\psi, \quad \frac{d\psi}{dt}, \quad \ldots, \quad \frac{d^{m-1}\psi}{dt^{m-1}}$$

se réduisent respectivement à

$$f_0(\mu, \nu, \varpi, \ldots), \quad f_1(\mu, \nu, \varpi, \ldots), \quad \ldots, \quad f_{m-1}(\mu, \nu, \varpi, \ldots),$$

pour $t = 0$. Ce dernier problème se résoudra très simplement par les méthodes précédentes, si les coefficients A_0, A_1, ..., A_m sont constants, c'est-à-dire indépendants de la variable t, ou réciproquement proportionnels aux puissances entières et descendantes d'une fonction linéaire de cette variable.

P.-S. — On se trouve naturellement conduit par la théorie des quadratures à considérer chaque intégrale définie, prise entre deux limites réelles, comme n'étant autre chose que la somme des valeurs infiniment petites de l'expression différentielle placée sous le signe $\int$, qui correspondent aux diverses valeurs réelles de la variable, renfermées entre les limites dont il s'agit. Or, cette manière d'envisager une intégrale définie nous paraît devoir être adoptée de préférence, ainsi que nous venons de le faire, parce qu'elle convient également à tous les cas, même à ceux dans lesquels on ne sait point passer généralement de la fonction placée sous le signe $\int$ à la fonction primitive. Elle a, de plus, l'avantage de fournir toujours des valeurs réelles pour les intégrales qui correspondent à des fonctions réelles. Enfin, elle permet de séparer facilement chaque équation imaginaire en deux équations réelles. Tout cela n'aurait plus lieu, si l'on considérait une intégrale définie prise entre deux limites réelles, comme nécessairement équivalente à la différence des valeurs extrêmes d'une fonction primitive même discontinue, ou si l'on faisait passer la variable d'une limite à l'autre par une série de valeurs imaginaires. Dans ces deux derniers cas, on obtiendrait souvent, pour les intégrales elles-mêmes, des valeurs imaginaires semblables à celle que M. Poisson a donnée pour la suivante

$$\int_0^\infty \frac{\cos ax}{x^2 - b^2}\, dx$$

(*voir* le XVIIIe Cahier de ce *Journal*, p. 329). Si l'on applique à cette intégrale les méthodes ci-dessus indiquées, on trouvera pour sa valeur principale $-\frac{\pi}{2b}\sin ab$, tandis que sa valeur générale, considérée comme limite de la somme

$$\int_0^{b-k\mu} \frac{\cos ax}{x^2 - b^2}\,dx + \int_{b+k\nu}^{\infty} \frac{\cos ax}{x^2 - b^2}\,dx,$$

sera déterminée par la formule

$$\int_0^{\infty} \frac{\cos ax\,dx}{x^2 - b^2} = \frac{\pi}{2b}(\cos ab\,\mathrm{l}m - \sin ab),$$

m désignant, pour abréger, une constante arbitraire égale au rapport $\frac{\mu}{\nu}$. De cette formule on tire immédiatement les suivantes

$$\int_0^1 \left(\frac{\cos ax}{x - \frac{1}{x}} - m\frac{\cos\frac{a}{x^m}}{x^m - \frac{1}{x^m}} \right) \frac{dx}{x} = \frac{\pi}{2}(\cos a\,\mathrm{l}m - \sin a),$$

$$\int_0^1 \frac{\cos ax - \cos\frac{a}{x}}{x - \frac{1}{x}}\,\frac{dx}{x} = -\frac{\pi}{2}\sin a,$$

dans lesquelles les fonctions sous le signe $\int$ cessent de passer par l'infini entre les limites des intégrations.

Au reste, il peut arriver qu'à une même intégrale correspondent plusieurs fonctions primitives, dont les unes conduisent à des valeurs réelles de l'intégrale, les autres à des valeurs imaginaires. Ainsi, par exemple, si l'on considère l'intégrale

$$\int_{-1}^{+2} \frac{dx}{x} = \int_{-1}^{+2} \frac{x\,dx}{x^2} = \int_{-1}^{+2} \frac{\frac{1}{2}\,dx^2}{x^2},$$

on pourra prendre pour fonction primitive ou le logarithme népérien de x, tantôt réel, tantôt imaginaire, ou la fonction $\frac{1}{2}\mathrm{l}x^2$ supposée toujours réelle. La différence des valeurs extrêmes, qui sera imaginaire dans le premier cas, se réduira dans le second à la quantité réelle $\frac{1}{2}\mathrm{l}4$, ou $\mathrm{l}2$, laquelle est précisément la valeur principale de l'intégrale proposée.

Il importe d'observer que, pour différentier la valeur principale d'une intégrale indéterminée par rapport à une quantité distincte de la variable à laquelle l'intégration est relative, il ne suffit pas toujours d'effectuer la différentiation sous le signe $\int$. Mais toutes les questions et les difficultés que l'on pourrait proposer à ce sujet seront aisément résolues, si l'on a eu soin de remplacer l'intégrale indéterminée par la somme dont sa valeur principale est la limite. Concevons, par exemple, qu'en attribuant au nombre k une valeur infiniment petite, et supposant la quantité a positive, mais inférieure à l'unité, on veuille différentier n fois par rapport à la quantité a l'équation qui fournit la valeur principale de l'intégrale indéterminée $\int_0^1 \frac{dx}{x-a}$. On présentera cette équation sous la forme

$$\int_0^{a-k} \frac{dx}{x-a} + \int_{a+k}^1 \frac{dx}{x-a} = \mathrm{l}\left(\frac{1-a}{a}\right),$$

et, en la différentiant n fois, on trouvera

$$\int_0^{a-k} \frac{d^n\left(\frac{1}{x-a}\right)}{da^n} dx$$
$$+\int_{a+k}^1 \frac{d^n\left(\frac{1}{x-a}\right)}{da^n} dx - 1.2.3.....(n-1)\left[\left(\frac{1}{k}\right)^n - \left(\frac{1}{-k}\right)^n\right] = \frac{d^n \mathrm{l}\left(\frac{1-a}{a}\right)}{da^n}.$$

Par suite, en réduisant chaque intégrale indéterminée à sa valeur principale, on aura, pour des valeurs paires de n,

$$\int_0^1 \frac{d^n\left(\frac{1}{x-a}\right)}{da^n} dx = \frac{d^n \mathrm{l}\left(\frac{1-a}{a}\right)}{da^n},$$

et, pour des valeurs impaires de n,

$$\int_0^1 \frac{d^n\left(\frac{1}{x-a}\right)}{da^n} dx = \frac{d^n \mathrm{l}\left(\frac{1-a}{a}\right)}{da^n} + 1.2.3.....(n-1).\frac{2}{k^n} = \infty,$$

ce qui est exact.

Nous ajouterons, pour ne laisser aucune incertitude sur la valeur des signes algébriques dont nous nous sommes servis, que, dans ce Mémoire, comme dans le *Cours d'Analyse de l'École royale polytechnique,* nous avons toujours employé la notation arc tang$x$, pour indiquer le plus petit arc (abstraction faite du signe) dont la tangente soit égale à x, et les notations $(u+v\sqrt{-1})^\mu$, $\mathrm{l}(u+v\sqrt{-1})$ (u désignant une quantité positive ou nulle), pour représenter les expressions imaginaires

$$(u^2+v^2)^{\frac{\mu}{2}}\left[\cos\left(\mu \operatorname{arc\,tang}\frac{v}{u}\right)+\sqrt{-1}\sin\left(\mu \operatorname{arc\,tang}\frac{v}{u}\right)\right],$$

$$\frac{1}{2}\mathrm{l}(u^2+v^2)+\sqrt{-1}\operatorname{arc\,tang}\frac{u}{v}.$$

MÉMOIRE [1]

SUR LE SYSTÈME DE VALEURS

QU'IL FAUT ATTRIBUER A DIVERS ÉLÉMENTS DÉTERMINÉS PAR UN GRAND NOMBRE D'OBSERVATIONS, POUR QUE LA PLUS GRANDE DE TOUTES LES ERREURS, ABSTRACTION FAITE DU SIGNE, DEVIENNE UN MINIMUM.

Le P. Boscowich a fait voir comment on pouvait résoudre la question précédente, dans le cas où l'on n'a qu'un seul élément à considérer. M. Laplace a examiné une question semblable dans le troisième Livre de la *Mécanique céleste,* qui traite de la figure du sphéroïde terrestre, et a donné une méthode facile pour déterminer la figure elliptique, dans laquelle le plus grand écart des degrés du méridien, abstraction faite du signe, devient un minimum. On a dans ce cas deux éléments à considérer, au lieu d'un seul. Mais la fonction des éléments qui représente les erreurs n'est pas la plus générale possible. Il restait à étendre la même théorie au cas où cette fonction devient la plus générale de son espèce, et où le nombre des éléments est supérieur à deux. M. Laplace ayant bien voulu m'indiquer ce sujet de recherches, je me suis efforcé de répondre à son attente; et je suis parvenu à une méthode générale qui renferme toutes les autres, et qui reste toujours la même, quel que soit le nombre des éléments que l'on considère. Tel est l'objet du Mémoire que j'ai l'honneur de soumettre à la Classe. Voici d'abord en quoi consiste le problème qu'il s'agit de résoudre.

(1) Présenté à la première Classe de l'Institut, le 28 février 1814.

Lorsque, pour déterminer un élément inconnu, par exemple une longueur, un angle, etc., on a fait un grand nombre d'observations ou sur ces éléments eux-mêmes, ou sur d'autres quantités qui en dépendent, alors chaque observation prise à part détermine une valeur particulière de l'élément. Si l'on a déjà conclu, soit des observations que l'on considère, soit d'autres observations faites antérieurement, une valeur approchée de l'élément, pour déduire de cette valeur la véritable, il suffira d'y ajouter une petite correction que l'on peut désigner par la variable x. Chaque observation, prise séparément et considérée comme exacte, détermine une valeur particulière de la correction. Mais si, au lieu de considérer cette équation comme exacte, on suppose qu'elle soit en erreur sur le résultat vrai d'une certaine quantité, alors la correction à faire, ou la variable x qui la représente, deviendra fonction de cette erreur, et réciproquement. Par suite, l'erreur de chaque observation pourra en général être exprimée par une série ordonnée suivant les puissances de la variable, et dans laquelle, vu la petitesse de la correction à faire, on pourra s'arrêter à la première puissance de celle-ci. Cette erreur sera donc représentée par un binome, dont le premier terme sera constant, et dont le second renfermera seulement la première puissance de la variable x. Si les observations données doivent servir à déterminer plusieurs éléments au lieu d'un seul, en désignant les corrections respectives de ceux-ci par les variables x, y, z, ..., on parviendra de la même manière à représenter chaque erreur par un polynome du premier degré en x, y, z, ... Cela posé, *il s'agit de trouver pour ces variables un système de valeurs*

$$x = \xi, \quad y = \eta, \quad z = \zeta, \quad \ldots,$$

tel que le plus grand des polynomes que l'on considère, ou, ce qui revient au même, la plus grande des erreurs qu'ils représentent, devienne, abstraction faite du signe, un minimum.

Le problème se simplifie considérablement, lorsque les polynomes qui représentent les erreurs sont deux à deux égaux et de signes contraires. Alors, en effet, pour des valeurs déterminées des variables

$x, y, z, \ldots$, la plus grande des erreurs positives est égale à la plus grande des erreurs négatives; et la question se réduit à déterminer le système des valeurs de $x, y, z, \ldots$, pour lequel la plus grande des erreurs positives devient un minimum. Si les erreurs ne sont pas deux à deux égales et de signes contraires, on pourra ramener ce cas au précédent, en doublant par la pensée le nombre des erreurs et joignant, aux polynomes qui représentent les erreurs données, d'autres polynomes égaux et de signes contraires, destinés à représenter les erreurs fictives que l'on se propose de considérer. Si parmi les erreurs données il s'en trouvait déjà plusieurs qui fussent égales et de signes contraires, il serait inutile d'en doubler le nombre. Au moyen de l'artifice précédent, on écarte les difficultés qui pouvaient naître de la distinction des signes, et l'on est alors autorisé à considérer une quantité négative plus grande comme plus petite qu'une autre quantité négative moindre. La question proposée se trouve ainsi, comme on l'a déjà remarqué, ramenée à la suivante :

$x, y, z, \ldots$ *étant les corrections des éléments que l'on considère, déterminer pour ces variables un système de valeurs tel que la plus grande des erreurs positives devienne un minimum.*

Je vais exposer en peu de mots la méthode qui conduit à la solution de ce nouveau problème.

Soient $x = \xi$, $y = \eta$, $z = \zeta$, ..., les valeurs des inconnues qui résolvent la question. Chacune de ces valeurs devra être choisie parmi une infinité d'autres. Il semble donc au premier abord que, pour arriver à la solution cherchée, il faudrait faire varier séparément chacune des corrections $x, y, z, \ldots$ et examiner quelle influence peut avoir la variation de chacune d'elles sur l'accroissement et la diminution des erreurs que l'on considère. On peut néanmoins atteindre le but qu'on se propose, en se contentant de faire varier une seule correction, z par exemple, ainsi qu'on va le faire voir.

Supposons un moment le problème déjà résolu pour un nombre d'éléments inférieur d'une unité à celui que l'on considère; concevons de plus que l'on donne successivement à z toutes les valeurs possibles depuis $z = -\infty$ jusqu'à $z = +\infty$, et que pour chaque valeur de z on détermine les autres variables $x, y, \ldots$, par la condition que la plus grande erreur devienne un minimum. On obtiendra de cette manière une suite de systèmes de valeurs de $x, y, z, \ldots$, parmi lesquels se trouvera nécessairement le système cherché; et, pour obtenir ce dernier, il suffira de choisir, entre les minima des plus grandes erreurs correspondant aux diverses valeurs de z, celui qui est lui-même plus petit que tous les autres. Ce dernier correspond à la valeur ζ de z; et par suite, si cette valeur était connue, il n'y aurait plus de choix à faire, et la question se trouverait ainsi ramenée au cas où l'on a un élément de moins à considérer. Mais, comme on ne peut espérer de découvrir immédiatement la valeur ζ de z qui satisfait à la question, il faudra commencer par donner à z une valeur arbitraire, en supposant, par exemple, $z = 0$, et déterminer les valeurs correspondantes de $x, y, \ldots$, par la condition ci-dessus énoncée, savoir, que la plus grande erreur devienne un minimum. Après avoir ainsi obtenu le minimum des plus grandes erreurs pour la valeur zéro de z, il ne restera plus qu'à faire varier z de manière à faire décroître le minimum dont il s'agit, jusqu'à ce qu'il acquière la plus petite valeur possible. La méthode qu'il faut employer pour y parvenir est fondée sur le théorème suivant, démontré par M. Laplace :

Quel que soit le nombre des éléments renfermés dans les erreurs que l'on considère, si l'on fait varier, ou tous ces éléments, ou seulement quelques-uns d'entre eux, et que l'on détermine les valeurs des éléments variables qui rendent la plus grande erreur un minimum, pour les valeurs dont il s'agit, plusieurs erreurs deviendront à la fois égales entre elles et les plus grandes de toutes, et le nombre de ces dernières surpassera toujours au moins d'une unité le nombre des éléments variables.

Pour montrer comment on peut faire l'application de ce théorème à la question proposée, supposons que l'on ait trois éléments à considérer. Soient x, y et z les corrections de ces trois éléments. Soit n le nombre des erreurs, et désignons celles-ci par $e_1, e_2, \ldots, e_n$. En vertu de ce qui précède, on commencera par supposer dans toutes les erreurs $z = 0$, et l'on déterminera, dans cette hypothèse, les valeurs de x et de y qui rendent la plus grande erreur un minimum. Soient

$$x = \alpha, \qquad y = \beta$$

les valeurs dont il s'agit. Il suit du théorème précédent que, pour les valeurs α, β et o des variables x, y, z, trois erreurs, par exemple

$$e_p, \quad e_q, \quad e_r,$$

deviendront égales entre elles et les plus grandes de toutes. De plus, la double équation

$$e_p = e_q = e_r$$

servira à déterminer les valeurs α et β de x et de y qui correspondent à $z = 0$. Si, maintenant, on fait varier z d'une très petite quantité en plus ou en moins, les trois erreurs e_p, e_q, e_r jouiront encore de la même propriété, c'est-à-dire qu'elles seront toujours les plus grandes de toutes pour les valeurs de x et de y qui rendent la plus grande erreur un minimum, et ces mêmes valeurs seront encore déterminées par l'équation double

$$e_p = e_q = e_r.$$

Seulement, pour faire en sorte que la valeur commune de ces trois erreurs diminue, il pourra arriver que l'on soit obligé ou de faire croître ou de faire diminuer z. Supposons, pour fixer les idées, que cette valeur diminue quand z augmente. z continuant à croître, les erreurs e_p, e_q, e_r diminueront simultanément, en demeurant toujours les plus grandes de toutes, jusqu'à ce qu'une nouvelle erreur e_s parvienne à les égaler pour les surpasser ensuite. Soit γ_1 la valeur de z pour laquelle les quatre erreurs e_p, e_q, e_r, e_s deviennent égales entre elles; et désignons par α_1 et β_1 les valeurs correspondantes de x et de y. Le système des valeurs

$$x = \alpha_1, \qquad y = \beta_1, \qquad z = \gamma_1$$

sera déterminé par la triple équation

$$e_p = e_q = e_r = e_s,$$

et, pour la valeur γ_1 de z, ce système sera celui qui rend la plus grande erreur un minimum. D'ailleurs, il suit du théorème énoncé ci-dessus que, pour les valeurs des inconnues qui résolvent la question proposée, quatre erreurs doivent être égales entre elles et les plus grandes de toutes. Cette dernière condition étant satisfaite, en même temps que la précédente, pour les trois valeurs

$$x = \alpha_1, \quad y = \beta_1, \quad z = \gamma_1,$$

il convient de rechercher si celles-ci ne résoudraient pas le problème. On y parvient de la manière suivante :

Lorsqu'on fait croître z au delà de γ_1, les trois erreurs e_p, e_q, e_r cessent d'être conjointement les plus grandes de toutes pour les valeurs de x et de y qui rendent la plus grande erreur un minimum; et cette propriété appartient alors à deux d'entre elles prises conjointement avec la nouvelle erreur e_s. On détermine facilement quelles sont, parmi les trois erreurs e_p, e_q, e_r, les deux qu'il convient de choisir pour cet objet. Soient, par exemple, e_q, e_r ces deux erreurs; si l'on fait croître z au delà de γ_1, la valeur commune des trois erreurs e_q, e_r, e_s ira en croissant ou en diminuant. Dans le premier cas, les valeurs α_1, β_1, γ_1 de x, y et z satisferont à la question proposée. Dans le second cas, les erreurs dont il s'agit continueront à décroître, en restant toujours les plus grandes de toutes pour les valeurs de x et de y qui rendent la plus grande erreur un minimum, jusqu'à ce qu'une nouvelle erreur parvienne à les égaler toutes trois pour les surpasser ensuite. Alors on obtiendra de nouveau une équation triple entre quatre erreurs. On pourra juger, comme précédemment, si le système des valeurs des inconnues déterminé par cette équation triple satisfait à la question proposée. Dans le cas contraire, en suivant toujours la même marche, on finira par arriver à la solution du problème.

Les erreurs e_p, e_q, e_r étant supposées connues, pour découvrir l'erreur e_s, il suffit évidemment de chercher celle qui, égalée aux trois premières, détermine la plus petite valeur positive de la variable z. Mais il peut arriver que, pour cette valeur de z, plusieurs erreurs, par exemple e_s, e_t, e_u, ..., deviennent à la fois égales entre elles et aux trois premières. Désignons toujours par γ_1 la valeur dont il s'agit. Si l'on fait croître z au delà de γ_1, trois des erreurs suivantes

$$e_p, \quad e_q, \quad e_r, \quad e_s, \quad e_t, \quad e_u, \quad \ldots$$

deviendront conjointement les plus grandes de toutes pour les valeurs de x et de y qui rendent la plus grande erreur un minimum; et, sur ces trois erreurs, deux au plus devront être prises parmi les trois premières e_p, e_q, e_r. Sauf cette restriction, la combinaison qui renferme les trois nouvelles erreurs pourra être l'une quelconque de celles que l'on forme en assemblant trois à trois les erreurs

$$e_p, \quad e_q, \quad e_r, \quad e_s, \quad e_t, \quad e_u, \quad \ldots.$$

Pour juger quelle est parmi ces combinaisons celle qui mérite la préférence, on supposera que la variable z croisse au delà de γ_1 d'une quantité positive, mais indéterminée, représentée par k, et que les valeurs correspondantes α_1 et 6_1 des deux autres variables x et y reçoivent en même temps les accroissements positifs ou négatifs g et h. Les accroissements des erreurs e_p, e_q, e_r, e_s, e_t, e_u, ..., qui, par hypothèse, étaient toutes égales entre elles, se trouveront alors exprimés par des polynomes homogènes du premier degré en g, h et k; et il suffira de déterminer les valeurs respectives de g et de h pour lesquelles le plus grand de tous devient un minimum. k étant une quantité essentiellement positive, on pourra, sans nul inconvénient, diviser par k chacun de ces polynomes. Les quotients ne renfermeront plus de variables que les rapports des accroissements de x et de y à celui de z, et il ne restera plus qu'à déterminer ces deux rapports de telle manière que le plus grand des quotients que l'on considère devienne un minimum. Ainsi toutes les difficultés se trouvent réduites à la solution du problème général, dans le cas où l'on n'a que deux éléments à corriger.

On réduira de même les difficultés que présente cette dernière hypothèse aux difficultés qui subsistent, dans le cas où l'on n'a qu'un seul élément à considérer. Enfin l'on réduira celles-ci à la détermination de la plus grande erreur pour une valeur donnée de la variable, et alors la question proposée se trouvera complètement résolue.

On pourra de même, en général, quel que soit le nombre des variables, ramener la question proposée au cas où l'on a une variable de moins à considérer, et abaisser ensuite continuellement la difficulté, jusqu'à ce qu'elle disparaisse entièrement. Ainsi, par exemple, si m représente le nombre des variables, on commencera par donner à l'une d'elles, que je désignerai par z, une valeur arbitraire, en déterminant les autres de manière que la plus grande erreur devienne un minimum. Alors on obtiendra un système de valeurs pour lesquelles m erreurs différentes deviendront égales entre elles et les plus grandes de toutes. On fera ensuite varier z de manière à faire décroître la valeur commune des erreurs dont il s'agit, jusqu'à ce qu'une nouvelle erreur parvienne à les égaler toutes, pour les surpasser ensuite. Alors on obtiendra une équation entre $m+1$ erreurs différentes; et l'on jugera facilement si les valeurs des variables déterminées par cette équation satisfont à la question proposée. Dans le cas contraire, si l'on continue à faire varier z toujours dans le même sens, une nouvelle combinaison de m erreurs remplacera la première; et, en suivant la même marche, on finira nécessairement par arriver à la solution du problème. Le cas où, pour une même valeur de z, le nombre des erreurs égales entre elles et les plus grandes de toutes viendrait à surpasser $m+1$, ne présente aucune difficulté qu'il ne soit toujours aisé de résoudre, au moyen de l'artifice employé pour cet objet dans l'hypothèse de trois variables.

Lorsqu'on a un seul élément à corriger, la méthode précédente se réduit à celle qu'a donnée le P. Boscowich, pourvu que l'on suppose la première valeur de z, que l'on peut choisir arbitrairement, égale à l'infini négatif. On peut néanmoins, dans ce cas, simplifier la solution, en prenant pour première valeur de z celle qui rend égales entre elles les deux erreurs où cette variable a le plus grand coefficient positif et le plus grand coefficient négatif.

Si l'on a plusieurs éléments à considérer, les calculs deviennent beaucoup plus simples, dans le cas où quelqu'un de ces éléments a le même coefficient, au signe près, dans toutes les erreurs données. Ainsi, par exemple, si l'on considère deux éléments, et que le coefficient de l'un d'entre eux soit toujours égal à $+1$ ou à -1, on arrive à une méthode semblable à celle qu'a donnée M. Laplace pour déterminer, relativement à la Terre, la figure elliptique dans laquelle le plus grand écart des degrés du méridien devient, abstraction faite du signe, un minimum (A).

Je joins ici la démonstration des théorèmes que suppose la méthode précédente, et les formules relatives aux cas les plus simples.

Je finirai par observer que, dans l'hypothèse de deux et de trois variables, la question proposée peut recevoir une interprétation géométrique assez singulière. Elle se réduit alors à l'un des deux problèmes suivants :

PROBLÈME I. — *Étant données les équations des droites qui forment les côtés d'un polygone, déterminer le sommet le plus bas du polygone.*

PROBLÈME II. — *Étant données les équations des plans qui composent les faces d'un polyèdre, déterminer le sommet le plus bas de ce même polyèdre.*

On peut encore résoudre, par la même analyse, le problème suivant :

Étant données les équations des plans qui composent les faces d'une pyramide, déterminer la plus basse de ses arêtes (B).

ADDITIONS.

(A). Nous avons remarqué ci-dessus que les valeurs des variables qui résolvent la question proposée rendent toujours égales entre elles autant d'erreurs, plus une, qu'il y a d'éléments à considérer. On pourrait donc, à la rigueur, découvrir le système de valeurs demandé, en cherchant, parmi ceux qui satisfont à la condition précédente, celui qui rend la plus grande erreur un minimum; mais cette méthode serait longue et pénible, et le nombre des opérations qu'elle exigerait pour un nombre m d'éléments serait égal au nombre des combinaisons des erreurs prises $m+1$ à $m+1$. Il est aisé de voir quel avantage la méthode précédemment exposée a sur cette dernière. Car, au lieu d'employer tous les systèmes de valeurs des variables pour lesquels $m+1$ erreurs deviennent égales entre elles, nous avons considéré seulement une partie de ceux où les erreurs égales deviennent en même temps les plus grandes de toutes. On peut apprécier cet avantage avec quelque exactitude à l'aide d'un théorème assez remarquable, et dont voici l'énoncé :

Soit toujours m le nombre des éléments que l'on considère. Supposons que l'on combine successivement les erreurs données une à une, deux à deux, trois à trois, etc., enfin $m+1$ à $m+1$, et que l'on ait seulement égard aux combinaisons formées d'erreurs qui puissent devenir simultanément les plus grandes de toutes; le nombre total des combinaisons où les erreurs entreront en nombre impair surpassera d'une unité le nombre des combinaisons où les erreurs entreront en nombre pair.

Ainsi, par exemple, si l'on a un seul élément à considérer, le nombre des erreurs qui pourront devenir successivement les plus grandes de toutes surpassera d'une unité le nombre des combinaisons deux à deux. Si l'on a trois éléments à considérer, le nombre des erreurs, plus le nombre des combinaisons trois à trois, surpassera d'une unité le nombre des combinaisons deux à deux, et ainsi de suite, ... D'ailleurs, il est facile de prouver que le rapport du nombre des combinaisons m à m au nombre des combinaisons $m+1$ à $m+1$ surpasse toujours la moitié du nombre des éléments augmenté de l'unité. Cette inégalité, jointe au théorème ci-dessus énoncé, suffit pour faire voir que le nombre des combinaisons $m+1$ à $m+1$ n'est pas d'un ordre plus élevé que le nombre des combinaisons $m-1$ à $m-1$, lorsqu'on a seulement égard aux combinaisons formées d'erreurs qui deviennent simultanément les plus grandes de toutes. On démontre, par ce moyen, que, dans le cas de deux variables, le nombre des opérations qu'exige la méthode proposée croît seulement comme le nombre des erreurs; tandis que, par l'autre méthode, il croîtrait comme le cube de ce dernier nombre. De même, dans le cas de trois variables, le nombre d'opérations qu'exige la première méthode n'est pas d'un ordre plus élevé que le carré du nombre des observations, tandis que, par l'autre méthode, il serait du même ordre que la quatrième puissance. En général, l'ordre dont il s'agit est toujours abaissé par la première méthode au moins de deux unités. On peut même faire voir que, dans plusieurs cas particuliers, le nombre des opérations qu'elle exige croît seulement comme le nombre des observations. C'est ce qui a lieu, par exemple, toutes les fois que, dans les erreurs données, les diverses variables, à l'exception d'une ou de deux, ont partout le même coefficient numérique.

Dans le cas où l'on ne considère que deux variables, le nombre des opérations ne peut jamais surpasser le double du nombre des erreurs. Je suis parvenu à ce théorème par trois voies différentes; mais une seule m'a conduit à la détermination du nombre des opérations qu'on est obligé de faire lorsque le nombre des variables est supérieur à deux.

(B). Enfin, le théorème de la page 367 renferme, comme cas particuliers, les trois suivants :

1° *Dans un polygone ouvert par ses deux extrémités, le nombre des côtés surpasse d'une unité le nombre des sommets.*

2° *Dans un polyèdre ouvert par sa partie supérieure, le nombre des faces, augmenté du nombre des sommets, surpasse d'une unité le nombre des arêtes.*

3° *Si l'on réunit, les uns autour des autres, plusieurs polyèdres, les uns fermés, les autres ouverts, de telle manière que chaque face soit commune à deux polyèdres différents, le nombre des polyèdres, augmenté du nombre des arêtes, surpassera d'une unité le nombre des faces augmenté du nombre des sommets.*

Il résulte du premier théorème que, dans tout polygone, le nombre des sommets est égal à celui des côtés. On déduit du deuxième la relation qu'Euler a découverte entre les divers éléments d'un polyèdre convexe. Le troisième théorème coïncide avec un théorème inséré dans un Mémoire que j'ai eu l'honneur, il y a trois ans, de présenter à la Classe, et qu'elle a daigné accueillir favorablement.

La Géométrie ne saurait aller plus loin, parce qu'elle se borne à faire varier les trois dimensions de l'espace. Mais l'Analyse, en ramenant les propositions que nous venons d'énoncer à la théorie des combinaisons, fournit le moyen de les étendre à un nombre quelconque de variables.

DÉMONSTRATION DES THÉORÈMES QUE SUPPOSE LA MÉTHODE EXPOSÉE DANS CE MÉMOIRE.

Théorème I. — *Quel que soit le nombre des éléments renfermés dans les erreurs que l'on considère, si l'on fait varier, ou tous ces éléments, ou seulement quelques-uns d'entre eux, et que l'on détermine les valeurs des éléments variables qui rendent la plus grande erreur un minimum, pour les valeurs dont il s'agit, plusieurs erreurs deviendront à la fois égales entre elles et les plus grandes de toutes, et le nombre de ces dernières surpassera toujours au moins d'une unité le nombre des éléments variables.*

Nota. — On trouve, dans le calcul des probabilités, une démonstration du théorème précédent, fondée sur ce principe, que les valeurs de $x, y, z, \ldots$ qui rendent la plus grande erreur un minimum, rendent aussi un minimum la somme des puissances infinies des erreurs. Mais on peut aussi démontrer directement ce théorème à l'aide des considérations suivantes. Comme je suppose qu'on ne fait pas abstraction du signe des erreurs, je regarderai une quantité négative plus grande comme plus petite qu'une autre quantité négative moindre.

Démonstration. — Soient $x, y, z, \ldots$ les corrections des éléments que l'on suppose variables, et désignons par $\zeta, \eta, \zeta, \ldots$ les valeurs des éléments qui rendent la plus grande erreur positive un minimum. Enfin soient $e_1, e_2, \ldots, e_n$ les erreurs données en nombre égal à n, et supposons généralement

$$e_r = a_r + b_r x + c_r y + d_r z + \ldots,$$

quelle que soit la valeur de r. Si l'on fait croître $x, y, z, \ldots$ de quantités arbitraires $g, h, k, \ldots$, l'accroissement de l'erreur e_r sera

$$b_r g + c_r h + d_r k + \ldots.$$

Supposons maintenant que cette erreur devienne la plus grande de toutes pour les valeurs $\xi, \eta, \zeta, \ldots$ des variables x, y, z. Il est aisé de prouver que, pour ces mêmes valeurs, plusieurs autres erreurs $e_s, e_t, \ldots$ lui seront égales : car, si cette égalité n'avait pas lieu, l'erreur e_r resterait la plus grande de toutes pour les valeurs de $x, y, z, \ldots$ très rapprochées de $\xi, \eta, \zeta, \ldots$. D'ailleurs, si l'on fait croître $\xi, \eta, \zeta, \ldots$ de quantités très petites mais arbitraires $g, h, k, \ldots$, on pourra toujours fixer les signes de ces quantités de manière que l'accroissement de e_r ou

$$b_r g + c_r h + d_r k + \ldots$$

devienne négatif, et se change en une diminution. Par suite, l'erreur e_r pourrait encore diminuer en restant la plus grande de toutes, et $\xi, \eta, \zeta, \ldots$ ne seraient pas les valeurs de $x, y, z, \ldots$, qui rendent la plus grande erreur un minimum, ce qui est contre l'hypothèse.

Il reste à faire voir que le nombre des erreurs qui deviendront égales pour les valeurs $\xi, \eta, \zeta, \ldots$ des variables $x, y, z, \ldots$, sera toujours supérieur au moins d'une unité à celui de ces mêmes variables.

En effet, désignons par m le nombre des variables que l'on considère, et soient

$$e_r, \quad e_s, \quad e_t, \quad \ldots$$

les erreurs qui deviennent à la fois égales entre elles et les plus grandes de toutes, lorsqu'on suppose

$$x = \xi, \qquad y = \eta, \qquad z = \zeta, \qquad \ldots.$$

Si le nombre de ces erreurs surpasse m d'une unité, l'équation multiple

$$e_r = e_s = e_t = \ldots$$

suffira en général pour déterminer complètement les valeurs ξ, η, ζ, ... des variables x, y, z, ... Mais, dans le cas contraire, on pourra donner à ces mêmes variables des valeurs très rapprochées de ξ, η, ζ, ... qui satisfassent toujours à l'équation dont il s'agit, et pour lesquelles les erreurs e_r, e_s, e_t, .., soient toujours les plus grandes de toutes. Pour obtenir ces nouvelles valeurs, on fera croître ξ, η, ζ, ... de quantités très petites mais indéterminées g, h, k, ... Les accroissements correspondants des erreurs e_r, e_s, e_t, ... seront

$$b_r g + e_r h + d_r k + \ldots,$$
$$b_s g + e_s h + d_s k + \ldots,$$
$$b_t g + e_t h + d_t k + \ldots,$$
$$\ldots\ldots\ldots\ldots\ldots\ldots,$$

et par hypothèse ils devront tous être égaux entre eux. Cette égalité déterminera quelques-unes des quantités g, h, k, ... en fonction des autres; et, si l'on élimine les premières de l'un des accroissements dont il s'agit, celles qui resteront après l'élimination seront entièrement arbitraires. Au reste, le résultat sera le même, quel que soit celui des accroissements que l'on considère; et il est aisé de voir que ce résultat ne renfermera pas de terme constant. Par suite, en donnant des signes convenables à celles des quantités g, h, k, ... qui s'y trouvent comprises, on pourra toujours faire en sorte qu'il soit négatif, c'est-à-dire qu'il représente une diminution. Ainsi, dans ce cas, les erreurs e_r, e_s, e_t, ... pourraient encore diminuer en restant les plus grandes de toutes; et ξ, η, ζ, ... ne seraient pas les valeurs de x, y, z, ... qui rendent la plus grande erreur un minimum; ce qui est ontre l'hypothèse.

La démonstration précédente aurait lieu pareillement, si, les erreurs e_r, e_s, e_t, ... étant en nombre égal à $m + 1$, l'équation multiple

$$e_r = e_s = e_t = \ldots$$

ne suffisait pas pour déterminer les valeurs des variables représentées par

$$\xi, \quad \eta, \quad \zeta, \quad \ldots$$

Théorème II. — *Le problème qui fait l'objet du précédent Mémoire ne peut jamais admettre qu'une solution, à moins que d'en admettre un nombre infini.*

Démonstration. — Concevons que l'on donne successivement à z toutes les valeurs possibles depuis $-\infty$ jusqu'à $+\infty$, et que pour chaque valeur de z on détermine les autres variables $x, y, z, \ldots$ par la condition que la plus grande erreur devienne un minimum. On aura de cette manière les minima des plus grandes erreurs correspondant aux diverses valeurs de z, et l'on pourra toujours, par la méthode précédente, obtenir un minimum plus petit que ceux qui le précèdent et ceux qui le suivent. Cela posé, il sera facile de prouver qu'aucun autre minimum ne peut jouir de la même propriété. En effet, soit ζ la valeur de z correspondant à celui que l'on considère; et supposons que l'on donne successivement à z toutes les valeurs possibles depuis $z = \zeta$ jusqu'à $z = \infty$; je dis que le minimum des plus grandes erreurs ira toujours en croissant. Car, s'il en était autrement, ce minimum cesserait de croître pour une certaine valeur de z que je désignerai par γ. Soient maintenant $e_p, e_q, e_r, \ldots$ les erreurs qui sont égales entre elles et les plus grandes de toutes pour les valeurs de $x, y, \ldots$ qui rendent la plus grande erreur un minimum, au moment où z est sur le point d'atteindre la valeur γ. Ces erreurs seront en nombre égal à celui des variables $x, y, z, \ldots$; et, par suite, quelle que soit la valeur de z, l'équation

$$e_p = e_q = e_r = \ldots$$

déterminera toujours les valeurs de x et de y qui rendent un minimum la plus grande des erreurs $e_p, e_q, e_r, \ldots$. En vertu de cette même équation, les valeurs de $x, y, \ldots$ devenant proportionnelles à z, la valeur commune des erreurs $e_p, e_q, e_r, \ldots$ deviendra aussi proportionnelle à z; et, puisque cette valeur augmente lorsque z est sur le point d'atteindre la valeur γ, elle augmentera encore lorsqu'on fera croître z au delà de γ. Ainsi, lorsqu'on se borne à considérer les erreurs e_p, e_q, e_r, ..., si pour la valeur γ de z le minimum des plus grandes erreurs est désigné par M, pour une valeur de z supérieure à γ, ce minimum deviendra supérieur à M. Supposons maintenant qu'au lieu de considérer seulement les erreurs e_p, e_q, e_r, ..., on ait à la fois égard à toutes les erreurs données. Le minimum des plus grandes erreurs correspondant à une valeur donnée de z ne pourra qu'augmenter lorsqu'on passera de la première hypothèse à la seconde. Par suite, dans ce dernier cas, pour des valeurs de z supérieures à γ, le minimum des plus grandes erreurs sera toujours supérieur à M. Ce minimum ne pourra donc cesser de croître pour une certaine valeur γ de z. Mais au contraire il ira toujours en croissant depuis $z=\zeta$ jusqu'à $z=\infty$. On prouverait de même qu'il croîtra toujours depuis $z=\zeta$ jusqu'à $z=-\infty$. Ainsi, parmi les minima correspondant aux diverses valeurs de z, un seul est plus petit que ceux qui le précèdent et ceux qui le suivent, et celui-là seul résout la question proposée.

La démonstration précédente suppose que, z venant à varier de part et d'autre de ζ, le minimum des plus grandes erreurs commence à croître dès que l'on donne à z une valeur plus grande ou plus petite que ζ. Mais il pourrait arriver qu'avant de croître le minimum dont il s'agit restât quelque temps stationnaire. Alors on obtiendrait une infinité de minima tous égaux entre eux, et correspondant à une infinité de valeurs de z. Dans tous les cas, dès qu'une fois le minimum des plus grandes erreurs a commencé à croître, il ne peut plus s'arrêter. Ainsi, lorsque la question devient indéterminée, toutes les valeurs de z qui la résolvent se trouvent comprises entre deux limites données, et le minimum des plus grandes erreurs conserve toujours la même valeur entre ces deux limites.

Théorème III. — *Supposons que l'erreur e_p devienne la plus grande de toutes : 1° pour les valeurs α_1, 6_1, γ_1, ... de x, y, z, ...; 2° pour les valeurs α_2, 6_2, γ_2, ... des mêmes variables; si l'on désigne par α une valeur de x comprise entre α_1 et α_2, et par 6, γ, ... les valeurs correspon-*

dantes qu'on obtient pour y, z, ... *en faisant* $x = \alpha$ *dans les équations*

$$\frac{y - \beta_1}{\beta_2 - \beta_1} = \frac{x - \alpha_1}{\alpha_2 - \alpha_1},$$
$$\frac{z - \gamma_1}{\gamma_2 - \gamma_1} = \frac{x - \alpha_1}{\alpha_2 - \alpha_1},$$
$$\dots\dots\dots\dots,$$

l'erreur e_p *sera encore la plus grande de toutes pour les valeurs* α, β, γ, ... *des variables* x, y, z, ...

Démonstration. — En effet, supposons que l'on donne successivement à x toutes les valeurs possibles depuis $x = -\infty$ jusqu'à $x = +\infty$, et que pour chaque valeur de x on détermine les valeurs de y, z, ... par les équations

$$(1)\quad \begin{cases} \dfrac{y - \beta_1}{\beta_2 - \beta_1} = \dfrac{x - \alpha_1}{\alpha_2 - \alpha_1}, \\ \dfrac{z - \gamma_1}{\gamma_2 - \gamma_1} = \dfrac{x - \alpha_1}{\alpha_2 - \alpha_1}, \\ \dots\dots\dots\dots, \end{cases}$$

on obtiendra une infinité de systèmes de valeurs de x, y, z, ... parmi lesquels se trouveront compris les trois systèmes

$$\alpha,\quad \beta,\quad \gamma,\quad \dots,$$
$$\alpha_1,\quad \beta_1,\quad \gamma_1,\quad \dots,$$
$$\alpha_2,\quad \beta_2,\quad \gamma_2,\quad \dots.$$

De plus, quel que soit le système que l'on considère, la différence entre l'erreur e_p et une autre erreur quelconque e_q sera un polynome du premier degré en x, y, z, ...; et, si l'on y substitue pour y, z, ... leurs valeurs en x déduites des équations (1), cette différence deviendra simplement un polynome en x du premier degré ou de la forme

$$\mathrm{A}x + \mathrm{B}.$$

Maintenant, si ce polynome reste positif pour les valeurs α_1 et α_2 de x, il est clair qu'il sera encore positif pour toute valeur de x comprise entre α_1 et α_2. Si donc l'erreur e_p est supérieure à toute autre e_q

pour les deux systèmes

$$\alpha_1,\ \beta_1,\ \gamma_1,\ \ldots,$$
$$\alpha_2,\ \beta_2,\ \gamma_2,\ \ldots,$$

elle sera encore supérieure à toutes les autres pour le système

$$\alpha,\ \beta,\ \gamma,\ \ldots.$$

Corollaire I. — Si deux, trois, ..., ou un plus grand nombre d'erreurs e_p, e_q, e_r, ... sont égales entre elles et les plus grandes de toutes : 1° pour les valeurs α_1, β_1, γ_1, ... des variables x, y, z, ...; 2° pour les valeurs α_2, β_2, γ_2, ... des mêmes variables, elles jouiront encore de la même propriété pour les valeurs α, β, γ, ... de x, y, z, pourvu toutefois que ces valeurs satisfassent aux équations (1), et que α soit comprise entre α_1 et α_2.

En effet, ce qu'on a dit ci-dessus de l'erreur e_p peut s'appliquer également aux erreurs e_q, e_r, ... De plus, chacune des différences

$$e_p - e_q,$$
$$e_p - e_r,$$
$$\ldots\ldots\ldots$$

devenant, en vertu des équations (1), un polynome en x du premier degré, ne peut être nulle pour les valeurs α_1 et α_2 de x sans être également nulle pour toute autre valeur α de la même variable. Par suite, les erreurs e_p, e_q, e_r, ... restent constamment égales entre elles pour tous les systèmes de valeurs de x, y, z, ... qui satisfont aux équations (1).

Corollaire II. — Si, pour la valeur α_1 de la variable x, on peut déterminer les autres variables y, z, ..., de manière que l'erreur e_p devienne la plus grande de toutes, et qu'on parvienne à remplir la même condition en donnant à x la valeur α_2; on pourra encore y parvenir en donnant à x une quelconque des valeurs comprises entre α_1 et α_2.

Corollaire III. — Si, pour les valeurs α_1 et α_2 de la variable x, on peut déterminer les autres variables y, z, ..., de manière que les erreurs e_p, e_q, e_r, ... deviennent simultanément supérieures à toutes les autres, on pourra encore remplir la même condition en donnant à x une quelconque des valeurs comprises entre α_1 et α_2.

Corollaire IV. — Si l'on considère une combinaison formée de l erreurs e_p, e_q, e_r, ..., et que, pour deux systèmes de valeurs différents des variables x, y, z, ..., toutes les erreurs qui forment cette combinaison deviennent égales entre elles et les plus grandes de toutes, on pourra, en passant de l'un à l'autre système par degrés insensibles, obtenir une infinité de systèmes différents tous compris entre les deux premiers, et pour lesquels les erreurs e_p, e_q, e_r, ... resteront les plus grandes de toutes. De plus, pour chacun de ces systèmes, les valeurs de x, y, z, ... satisferont toujours à l'équation multiple

$$e_p = e_q = e_r = \ldots$$

Cette équation multiple déterminera plusieurs des variables x, y, z, ... en fonctions des autres, et le nombre de celles qui seront ainsi déterminées sera, en général, inférieur d'une unité au nombre des erreurs e_p, e_q, e_r, ..., c'est-à-dire égal à

$$l - 1.$$

Mais il pourra devenir moindre. Si l'on désigne ce nombre par $k - 1$, k sera ce que nous appellerons désormais l'*ordre de la combinaison formée avec les erreurs* e_p, e_q, e_r, ... Cet ordre indiquera donc, en général, le nombre des erreurs renfermées dans la combinaison que l'on considère; mais il peut lui devenir inférieur, sans être pourtant jamais nul. Il se réduirait à l'unité, si l'on avait $l = 1$, c'est-à-dire si l'on se bornait à considérer une erreur isolée.

Dans ce qui suivra, nous ne nous occuperons plus que des erreurs qui deviennent les plus grandes de toutes, ou des combinaisons formées d'erreurs qui jouissent simultanément de cette propriété. Comme pour un système quelconque de valeurs de x, y, z, ... il est nécessaire qu'une, ou deux, ou trois, ... ou un plus grand nombre d'erreurs deviennent supérieures à toutes les autres, à chaque système de valeurs répondra toujours une combinaison d'un certain ordre. Cela posé, il suit de ce qui précède que les différents systèmes qui correspondent à une même combinaison sont toujours réunis en un même groupe et, par conséquent, renfermés entre certaines limites. La détermination de ces limites est l'objet de la proposition suivante :

THÉORÈME IV. — *Les systèmes de valeurs de x, y, z, ... qui correspondent aux combinaisons de l'ordre k ont pour limites respectives les systèmes qui correspondent aux combinaisons de l'ordre $k+1$.*

Démonstration. — En effet, considérons d'abord les erreurs simples, en ayant seulement égard à celles qui peuvent devenir, chacune séparément, supérieures à toutes les autres. Comme il est nécessaire que chaque système de valeurs corresponde au moins à l'une de ces erreurs, tous les systèmes de valeurs possibles se trouveront répartis par groupes, si je puis ainsi m'exprimer, entre les diverses erreurs dont il s'agit. Dans quelques-uns de ces groupes, les valeurs des variables resteront toujours finies. Dans d'autres, elles pourront s'étendre à l'infini. De plus, comme on ne pourra sortir d'un groupe sans passer dans un autre, chaque groupe sera nécessairement entouré de plusieurs autres, qui lui seront voisins ou contigus. Cela posé, les systèmes qui sont communs à deux groupes voisins et qui correspondent aux combinaisons du deuxième ordre seront évidemment les limites des erreurs qui correspondent aux erreurs simples ou aux combinaisons du premier ordre. Si l'on désigne sous le nom d'*erreurs contiguës* celles qui correspondent à des groupes voisins, on pourra dire encore que deux erreurs contiguës ont toujours pour limite commune une combinaison du deuxième ordre.

Les différents systèmes qui correspondent aux combinaisons du deuxième ordre, comme ceux qui correspondent aux erreurs simples, peuvent, dans certains cas, n'admettre que des valeurs finies des variables, et, dans d'autres cas, plusieurs de ces systèmes pourront s'étendre à l'infini. Si l'on désigne sous le nom d'*erreurs* et *combi-*

naisons définies celles qui ne peuvent correspondre qu à des systèmes de valeurs finies des variables, et celles qui sont dans le cas contraire sous le nom d'*erreurs* et *combinaisons indéfinies,* on reconnaîtra sans peine qu'une combinaison indéfinie du deuxième ordre ne peut servir de limite qu'à deux erreurs indéfinies.

Considérons maintenant les diverses combinaisons du deuxième ordre qui servent de limites à une même erreur simple, et supposons que l'on parcoure les différents systèmes qui correspondent à ces combinaisons d'une manière continue, c'est-à-dire en faisant croître ou diminuer les variables par degrés insensibles. Comme, dans ce cas, on ne pourra quitter les systèmes qui correspondent à une combinaison du deuxième ordre sans rencontrer ceux qui correspondent à une autre combinaison du deuxième ordre, on trouvera dans le passage des uns aux autres des systèmes intermédiaires qui leur serviront de limites. Ces systèmes intermédiaires seront ceux qui correspondent aux combinaisons du troisième ordre. Si l'on appelle *combinaisons contiguës du deuxième ordre* celles qui correspondent à des systèmes voisins, on pourra dire que deux combinaisons contiguës du deuxième ordre ont toujours pour limite commune une combinaison du troisième ordre.

En continuant de même, on ferait voir que les systèmes correspondant à une combinaison de l'ordre k ont toujours pour limites d'autres systèmes correspondant à des combinaisons de l'ordre $k+1$; ce qu'on peut aussi exprimer en disant qu'une combinaison de l'ordre k a toujours pour limites d'autres combinaisons de l'ordre $k+1$. De plus, ces limites appartiennent à la fois à la combinaison donnée et à d'autres combinaisons voisines ou contiguës. Enfin, une combinaison indéfinie de l'ordre $k+1$ ne peut servir de limite qu'à des combinaisons indéfinies de l'ordre k.

Si l'on désigne par m le nombre des variables données, $m+1-k$ sera le nombre des variables qui restent arbitraires dans les systèmes qui correspondent à une combinaison de l'ordre k. Par suite, il ne restera qu'une seule variable arbitraire dans les systèmes correspondant aux combinaisons de l'ordre m. Les diverses valeurs que cette variable pourra recevoir seront comprises entre deux limites fixes, dont l'une pourra s'étendre à l'infini; et chacune de ces limites, lorsqu'elle sera finie, déterminera, pour les variables x, y, z, ..., un système de valeurs correspondant à une combinaison de l'ordre $m+1$. Ainsi toute combinaison de l'ordre m a pour limites deux combinaisons de l'ordre $m+1$, à moins qu'à l'une de ces limites les valeurs des variables ne deviennent infinies; et, dans ce cas, l'autre limite est toujours une combinaison de l'ordre $m+1$.

Si l'on considère maintenant les combinaisons de ce dernier ordre, on trouvera que, dans les systèmes correspondants, il ne reste plus de variables arbitraires, mais que les variables y sont entièrement déterminées. Ces combinaisons sont donc de l'ordre le plus élevé que l'on puisse admettre. De plus, on a fait voir que c'était parmi les systèmes correspondant aux combinaisons de cet ordre qu'on devait chercher celui qui résout la question proposée; et la méthode que nous avons indiquée pour la solution du problème se réduit en effet à essayer successivement plusieurs des combinaisons dont il s'agit. Le nombre de ces essais a donc pour limite le nombre des combinaisons de l'ordre $m+1$, et il ne saurait croître plus rapidement que ce dernier nombre. Ainsi, pour avoir une limite du nombre d'essais que la méthode exige, il importe de savoir comment le nombre des combinaisons de l'ordre $m+1$ croît avec le nombre des erreurs simples. Nous donnerons, à cet égard, les théorèmes suivants :

Théorème V. — *Quel que soit le nombre des éléments que l'on considère, le nombre des combinaisons d'ordre impair surpassera toujours d'une unité le nombre des combinaisons d'ordre pair.*

(On suppose toujours que l'on ait seulement égard aux combinaisons formées d'erreurs qui puissent devenir simultanément les plus grandes de toutes.)

Démonstration. — Il suit du théorème précédent : 1° que les erreurs simples, comparées entre elles deux à deux, ont pour limites respectives les combinaisons du deuxième ordre; 2° que les combinaisons du deuxième ordre qui servent de limites à une même erreur, étant comparées deux à deux, ont pour limites respectives des combinaisons du troisième ordre, etc. On trouvera de même que les combinaisons du troisième ordre qui servent de limites à une même combinaison du deuxième ordre, étant comparées entre elles deux à deux, ont pour limites respectives des combinaisons du quatrième ordre, etc.; et, si l'on désigne toujours par m le nombre des éléments variables, on verra encore que les combinaisons de l'ordre m qui servent de limites à une même combinaison de l'ordre $m-1$ ont pour limites respectives des combinaisons de l'ordre $m+1$. Enfin chaque combinaison de l'ordre m aura pour limites deux combinaisons de l'ordre $m+1$, à moins que l'une de ces limites ne s'éloigne vers l'infini. Si donc on augmente d'une unité le nombre total des combinaisons de l'ordre $m+1$, pour tenir lieu des limites qui divergent vers l'infini, on se trouvera placé dans des circonstances tout à fait semblables à celles qui auraient lieu, si l'on n'avait à considérer que des erreurs et des combinaisons définies.

Cela posé, désignons respectivement par

M_1 le nombre des erreurs simples ou combinaisons du premier ordre,
M_2 le nombre des combinaisons du deuxième ordre,
....,
M_m le nombre des combinaisons du $m^{\text{ième}}$ ordre,
M_{m+1} le nombre des combinaisons du $(m+1)^{\text{ième}}$ ordre.

$M_{m+1}+1$ sera ce dernier nombre augmenté de l'unité; et, pour démontrer le théorème ci-dessus énoncé, il suffira de faire voir que l'on a

$$(1)\qquad M_1+M_3+\ldots+M_m=M_2+M_4+\ldots+(M_{m+1}+1),$$

si m est un nombre impair, et

$$(2)\qquad M_1+M_3+\ldots+(M_{m+1}+1)=M_2+M_4+\ldots+(M_m+2),$$

si m est un nombre pair.

Ces deux équations sont comprises dans la suivante

$$(3) \qquad M_1 - M_2 + M_3 - \ldots \pm M_m \mp M_{m+1} = 1,$$

dont il faut prouver l'exactitude.

J'observe d'abord que, si le théorème renfermé dans cette équation est vrai, quel que soit m, relativement au nombre total des erreurs que l'on considère et de leurs combinaisons respectives, il subsistera encore entre les combinaisons du deuxième ordre ou d'un ordre plus élevé, qui appartiennent à une même erreur indéfinie. Ainsi, par exemple, si l'on désigne par

$$P_2, \quad P_3, \quad P_4, \quad \ldots, \quad P_m, \quad P_{m+1}$$

les combinaisons des divers ordres dans lesquelles entre l'erreur indéfinie e_p, on aura

$$(4) \qquad P_2 - P_3 + P_4 - \ldots \mp P_m \pm P_{m+1} = 1.$$

On voit en effet, par ce qui a été dit plus haut, que les conditions auxquelles doivent satisfaire les quantités P_2, P_3, ..., P_m, P_{m+1} sont entièrement semblables à celles auxquelles sont assujetties les quantités M_1, M_2, ..., M_{m+1}. Si donc ces conditions suffisent pour établir, relativement à la dernière espèce de quantités, le théorème proposé, elles suffiront aussi pour l'établir relativement à la première.

Si l'erreur e_p, au lieu d'être une erreur indéfinie, était une erreur définie, il faudrait, en vertu de la remarque faite ci-dessus, diminuer d'une unité le nombre des combinaisons de l'ordre le plus élevé et, par suite, l'équation (4) deviendrait

$$(5) \qquad P_2 - P_3 + P_4 - \ldots \mp P_m \pm (P_{m+1} - 1) = 1,$$

équation dans laquelle on doit admettre le signe supérieur, si m est un nombre impair, et le signe inférieur dans le cas contraire.

Il est encore bon de remarquer que le théorème renfermé dans l'équation (3) n'est qu'un cas particulier d'un autre théorème plus général, dont voici l'énoncé :

Supposons que parmi les erreurs données on en choisisse plusieurs e_p,

e_q, e_r, ..., *toutes contiguës les unes aux autres, et désignons respectivement par*

$$N_1,\quad N_2,\quad N_3,\quad \ldots,\quad N_m,\quad N_{m+1}$$

les nombres de ces mêmes erreurs et des combinaisons qui les renferment, en ayant soin toutefois d'augmenter le nombre des combinaisons de l'ordre $m+1$ *d'une unité; si, parmi les erreurs* e_p, e_q, e_r, ... *il s'en trouve quelques-unes d'indéfinies, on aura toujours*

$$(6)\qquad N_1 - N_2 + N_3 - \ldots \pm N_m \mp N_{m+1} = \mp 1;$$

le signe supérieur devant être admis lorsque m *sera un nombre impair, et le signe inférieur lorsque* m *sera un nombre pair.*

Pour déduire l'équation (3) de l'équation (6), il suffira de supposer que la série des erreurs e_p, e_q, e_r, ... renferme toutes les erreurs définies et indéfinies, à l'exception d'une seule. On a en effet, dans cette hypothèse,

$$N_1 = M_1 - 1,\quad N_2 = M_2,\quad N_3 = M_3,\quad \ldots,\quad N_m = M_m,\quad N_{m+1} = M_{m+1} + 1;$$

et ces valeurs, substituées dans l'équation (6), reproduisent l'équation (3).

Si l'équation (6) était une fois démontrée, en lui appliquant les raisonnements qui ont servi à déduire l'équation (4) de l'équation (3), on obtiendrait le théorème suivant :

Soit e_p *une erreur quelconque. Soient* e_q, e_r, e_s, ... *plusieurs autres erreurs définies ou indéfinies, contiguës entre elles et à l'erreur* e_s, *et désignons par*

$$p_2,\quad p_3,\quad \ldots,\quad p_m,\quad p_{m+1}$$

les nombres de combinaisons des divers ordres où entrent, avec l'erreur e_p, *une ou plusieurs des erreurs* e_q, e_r, e_s, ..., *en ayant soin toutefois d'augmenter le dernier nombre d'une unité, si quelques-unes des combinaisons que l'on considère sont indéfinies; on aura*

$$(7)\qquad p_2 - p_3 + p_4 - \ldots \mp p_m \pm p_{m+1} = \pm 1,$$

le signe supérieur devant prévaloir si m est un nombre impair, et le signe inférieur dans le cas contraire.

Il est facile de reconnaître que cette dernière équation renferme les équations (4) et (5), tout comme l'équation (6) renferme l'équation (3).

Le théorème renfermé dans l'équation (4), et tous les autres théorèmes rapportés ci-dessus, reposent uniquement, comme on vient de le voir, sur celui que renferme l'équation (6). Il suffira donc de démontrer ce dernier pour établir tous les autres.

Cela posé, concevons d'abord que le théorème renfermé dans l'équation (6) ait été démontré pour un nombre d'éléments inférieur d'une unité à celui que l'on considère, ou égal à $m - 1$. Les équations (4), (5) et (7) se trouveront, par là même, suffisamment établies; et, par suite, si l'on désigne par e_p une erreur définie quelconque, et par

$$P_2, \quad P_3, \quad \ldots, \quad P_m, \quad P_{m+1},$$

les nombres de combinaisons des divers ordres qui renferment cette même erreur, on aura

$$(5) \qquad P_2 - P_3 + P_4 - \ldots \mp P_m \pm (P_{m+1} - 1) = 1.$$

Soit maintenant e_q une autre erreur définie, contiguë à l'erreur e_p; désignons par

$$Q_2, \quad Q_3, \quad Q_4, \quad \ldots, \quad Q_m, \quad Q_{m+1}$$

les nombres de combinaisons des divers ordres qui renferment l'erreur e_q, et par

$$Q_2 - Q'_2, \quad Q_3 - Q'_3, \quad \ldots, \quad Q_m - Q'_m, \quad Q_{m+1} - Q'_{m+1}$$

les nombres de celles qui renferment l'erreur e_q avec l'erreur e_p;

$$Q'_2, \quad Q'_3, \quad \ldots, \quad Q'_m, \quad Q'_{m+1}$$

seront les nombres de celles qui renferment l'erreur e_q sans l'erreur e_p. On aura d'ailleurs, en vertu de l'équation (5),

$$Q_2 - Q_3 + \ldots \mp Q_m \pm (Q_{m+1} - 1) = 1,$$

et, en vertu de l'équation (7),

$$(Q_2 - Q'_2) - (Q_3 - Q'_3) + \ldots \pm (Q_{m+1} - Q'_{m+1}) = \pm 1.$$

Si l'on retranche ces deux équations l'une de l'autre, on trouvera

$$(8) \qquad Q'_2 - Q'_3 + Q'_4 - \ldots \mp Q'_m \pm Q'_{m+1} = 1.$$

Considérons encore une troisième erreur définie e_r contiguë à l'une des deux premières, ou à toutes les deux ensemble. Désignons par

$$R_2, \quad R_3, \quad \ldots, \quad R_m, \quad R_{m+1}$$

les nombres de combinaisons des divers ordres où entre l'erreur e_r, et par

$$R''_2, \quad R''_3, \quad \ldots, \quad R''_m, \quad R''_{m+1}$$

les nombres de combinaisons où elle entre sans aucune des erreurs e_p, e_q; on aura, en vertu des équations (5) et (7),

$$R_2 - R_3 + \ldots \mp R_m \pm (R_{m+1} - 1) = 1,$$
$$(R_2 - R''_2) - (R_3 - R''_3) + \ldots \mp (R_m - R''_m) \pm (R_{m+1} - R''_{m+1}) = \pm 1,$$

et, par suite,

$$(9) \qquad R''_2 - R''_3 + R''_4 - \ldots \mp R''_m \pm R''_{m+1} = 1.$$

En continuant de même, et considérant successivement plusieurs erreurs définies e_p, e_q, e_r, e_s, ..., on obtiendra une suite d'équations semblables aux équations (8) et (9). D'ailleurs, si l'on désigne par N le nombre des erreurs e_p, e_q, e_r, ..., et par

$$N_2, \quad N_3, \quad \ldots, \quad N_m, \quad N_{m+1}$$

les nombres de combinaisons des divers ordres qui renferment ces mêmes erreurs, on aura évidemment

$$\begin{aligned}
N_1 &= 1 + 1 + 1 + \ldots,\\
N_2 &= P_2 + Q'_2 + R''_2 + \ldots,\\
N_3 &= P_3 + Q'_3 + R''_3 + \ldots,\\
&\ldots\ldots\ldots\ldots\ldots\ldots\ldots\ldots,\\
N_m &= P_m + Q'_m + R''_m + \ldots,\\
N_{m+1} &= P_{m+1} + Q'_{m+1} + R''_{m+1} + \ldots.
\end{aligned}$$

Cela posé, si l'on ajoute entre elles les équations (5), (8), (9), ... ou

$$\begin{aligned}
&P_2 - P_3 + P_4 - \ldots \mp P_m \pm (P_{m+1} - 1) = 1,\\
&Q'_2 - Q'_3 + Q'_4 - \ldots \mp Q'_m \pm Q'_{m+1} = 1,\\
&R''_2 - R''_3 + R''_4 - \ldots \mp R''_m \pm R''_{m+1} = 1,\\
&\ldots\ldots\ldots\ldots\ldots\ldots\ldots\ldots\ldots,
\end{aligned}$$

on aura l'équation (6), savoir

$$N_2 - N_3 + N_4 - \ldots \mp N_m \pm (N_{m+1} - 1) = N_1,$$

ou, ce qui revient au même,

$$N_1 - N_2 + N_3 - \ldots \pm N_m \mp N_{m+1} = \mp 1.$$

Si, parmi les erreurs e_p, e_q, e_r, ... que nous avons supposées toutes définies, quelques-unes devenaient indéfinies, il suffirait, pour avoir égard à cette circonstance, d'augmenter, dans l'équation précédente, la valeur de N_{m+1} d'une unité.

Il résulte des calculs précédents que si l'équation (6) est vraie pour un nombre de variables égal à $m - 1$, elle sera encore vraie pour un nombre de variables égal à m. D'ailleurs, si le nombre de variables se réduit à l'unité, chaque erreur aura pour limites deux combinaisons du deuxième ordre; et chaque combinaison du deuxième ordre sera une limite commune à deux erreurs contiguës. Alors, si l'on considère plusieurs erreurs définies et contiguës en nombre égal à N_1, et que N_2 soit le nombre des combinaisons du deuxième ordre où elles se trouvent comprises, on aura évidemment

$$N_2 = N_1 + 1.$$

Car, toutes les erreurs dont il s'agit se trouvant alors renfermées entre deux limites déterminées, si l'on fait croître la variable unique depuis la première limite jusqu'à la seconde, les diverses valeurs de cette variable correspondront successivement : 1° à la combinaison du deuxième ordre qui forme la première limite; 2° à une des erreurs que l'on considère; 3° à une nouvelle combinaison du deuxième ordre; 4° à une autre erreur, etc.; enfin, à la combinaison du deuxième ordre qui forme la dernière limite. Mais comme, avant d'arriver à cette dernière combinaison, on aura rencontré alternativement des combinaisons et des erreurs, il en résulte que le nombre des combinaisons surpassera d'une unité celui des erreurs que l'on considère. On aura donc

$$N_2 = N_1 + 1 \quad \text{ou} \quad N_1 - N_2 = -1.$$

L'équation (6), étant ainsi vérifiée pour le cas d'une variable, sera vraie, en vertu de ce qui précède, pour le cas de deux variables et, par suite, pour le cas de trois, de quatre, etc., et, en général, d'un nombre quelconque de variables.

L'équation (6) étant vraie, l'équation (3) le sera également, puisque, pour l'obtenir, il suffira de supposer dans l'équation (6) le nombre des erreurs e_p, e_q, e_r, ... égal au nombre total des erreurs définies et indéfinies diminué d'une unité.

Scholie. — Nous avons déjà remarqué l'interprétation géométrique que pouvait recevoir le théorème (3) dans le cas où l'on considère une, deux, ou trois variables. On peut aussi présenter ce théorème sous une forme à la fois simple et analytique, quel que soit le nombre des variables, en l'énonçant comme il suit.

Supposons qu'ayant combiné entre eux, de diverses manières, un à un, deux à deux, trois à trois, ..., m à m les indices

$$1, \quad 2, \quad 3, \quad \ldots, \quad M_1,$$

on forme de ces combinaisons plusieurs séries en nombre égal à m. Soient respectivement

$$\begin{array}{ll} [1] & 1, \quad 2, \quad 3, \quad \ldots, \quad M_1, \\ [2] & a_1, \quad a_2, \quad a_3, \quad \ldots, \quad a_{M_2}, \\ [3] & b_1, \quad b_2, \quad b_2, \quad \ldots, \quad b_{M_3}, \\ & .., \quad .., \quad .., \quad \ldots, \quad \ldots \end{array}$$

ces mêmes séries, que nous indiquerons respectivement par les numéros [1], [2], [3], ..., [$m-1$], [m], et dont chaque terme représente une des combinaisons dont il s'agit. Supposons, de plus, que, la première série étant uniquement composée des indices eux-mêmes, chaque terme de la deuxième soit formé par la réunion de deux indices, et que les termes de l'une quelconque des autres séries comprennent chacun les indices renfermés dans deux ou plusieurs termes de la série précédente, de manière qu'on finisse toujours par épuiser les termes d'une série, en écrivant successivement à côté les uns des autres ceux auxquels un ou plusieurs termes de la série précédente appartiennent en commun. Supposons ensuite que l'on supprime, dans les séries [2], [3], ..., [m] : 1° tous les termes qui ne renferment pas l'indice α; 2° l'indice α et tous ceux qui ne se trouvent pas avec l'indice α dans un des termes de la série [2]; et qu'après les suppressions dont il s'agit, les séries [2], [3], [4], ..., [m] remplissent les mêmes conditions auxquelles satisfaisaient précédemment les séries [1], [2], [3], ..., [$m-1$]. Supposons encore que l'on supprime de nouveau, dans les séries [3], [4], ..., [m] : 1° tous les termes qui ne renferment pas l'indice β; 2° l'indice β et tous ceux qui ne se trouvent pas avec l'indice β dans un des termes de la série [3]; et qu'après ces nouvelles suppressions, les séries [3], [4], ..., [m] remplissent les conditions auxquelles satisfaisaient en premier lieu les séries [1], [2], ..., [$m-2$]; enfin que l'on ait opéré, avec le même succès, plusieurs suppressions consécutives semblables aux précédentes, de manière à ne conserver que les séries [$m-1$] et [m], réduites, la première, à une série d'indices isolés, et la deuxième, à des combinaisons de ces mêmes indices considérés deux à deux; et concevons que, dans cette hypothèse, chaque indice de la série [$m-1$] reparaisse dans deux termes différents de la série [m]. Si les suppressions ci-dessus indiquées réussissent également quels que soient les indices α, β, ..., et quel que soit l'ordre établi entre ces mêmes indices, alors, en désignant par

$$M_1,\quad M_2,\quad M_3,\quad \ldots,\quad M_{m-1},\quad M_m$$

les nombres des termes des séries

$$[1],\quad [2],\quad [3],\quad \ldots,\quad [m-1],\quad [m],$$

on aura

$$(10)\qquad M_1 - M_2 + M_3 - \ldots - \pm M_{m-1} \mp (M_m - 1) = 1,$$

le signe supérieur devant être admis, si m est pair, et le signe inférieur, si m est un nombre impair. Nous avons ici diminué M_m d'une unité, parce que le cas que nous considérons répond à celui où toutes les erreurs seraient définies.

Exemple. — Considérons les trois séries de combinaisons

[1]	1, 2, 3, 4, 5, 6,
[2]	(1,2), (1,3), (2,3), (4,5), (4,6), (5,6), (1,4), (2,5), (3,6),
[3]	(1,2,3), (4,5,6), (1,4,2,5), (2,5,3,6), (1,4,3,6).

Il est facile de voir que ces trois séries satisfont aux conditions exigées. Car : 1° Les termes de la deuxième résultent des combinaisons deux à deux des termes de la première, et chaque terme de la troisième renferme les indices compris dans deux termes de la deuxième. 2° Si, dans les séries [2] et [3], on supprime tous les termes qui ne renferment pas l'indice 1, et que, dans les autres termes, on conserve seulement les indices 2, 3 et 4 qui sont renfermés, avec l'indice 1, dans le premier, le deuxième et le septième terme de la série [2]; les séries [2] et [3] deviendront

[2]	2, 3, 4,
[3]	(2,3), (2,4), (3,4).

Par suite, la série [2] ne sera plus formée que d'indices isolés; la série [3], que des combinaisons deux à deux de ces mêmes indices; et, de plus, chaque terme de la série [2] sera compris dans deux termes différents de la série [3]. 3° Il est facile de s'assurer qu'on obtiendra des résultats semblables si, au lieu de supprimer les termes qui ne renferment pas l'indice 1, on supprime ceux qui ne renferment pas l'un quelconque des autres indices 2, 3, 4, ... 4° Enfin, avant ou après les suppressions, on peut épuiser tous les termes de la série [3], en écrivant à la suite les uns des autres ceux auxquels appartiennent en commun un ou plusieurs termes de la série [2]; et les termes de la deuxième série jouissent encore de la même propriété relativement à ceux de la première. Cela posé, comme les nombres de termes des séries

$$[1], \quad [2], \quad [3]$$

sont respectivement

$$6, \quad 9, \quad 5,$$

on doit avoir, en vertu de l'équation (10),

$$6 - 9 + (5 - 1) = 1,$$

ce qui est exact.

Théorème VI. — *Si l'on désigne par m le nombre des éléments variables, chaque erreur définie se trouvera comprise au moins dans $m+1$ combinaisons de l'ordre $m+1$.*

Démonstration. — 1° Si l'on ne considère d'abord qu'un seul élément, chaque erreur définie aura pour limites deux combinaisons du deuxième ordre, ce qui vérifie le théorème énoncé.

2° Supposons que l'on considère deux éléments; et soit e_p une erreur définie quelconque. Soit (e_p, e_q) une des combinaisons du deuxième ordre qui lui servent de limites. Cette combinaison du deuxième ordre aura elle-même pour limites deux combinaisons du troisième ordre, que nous désignerons par

$$(e_p, e_q, e_r), \quad (e_p, e_q, e_s).$$

Soient α_1, 6_1; α_2, 6_2 les valeurs des deux variables données x, y, qui satisfont aux deux équations doubles

$$e_p = e_q = e_r, \qquad e_p = e_q = e_s;$$

l'équation $e_p = e_q$ sera équivalente à celle-ci

$$\frac{x - \alpha_1}{\alpha_2 - \alpha_1} = \frac{y - 6_1}{6_2 - 6_1};$$

et, si l'on donne aux variables x et y des valeurs qui satisfassent à cette équation, x étant compris entre α_1 et α_2, les deux erreurs e_p, e_q deviendront simultanément les plus grandes de toutes. Maintenant, si, au lieu de supposer $e_p = e_q$, on suppose

$$e_p = e_q + \delta,$$

δ étant une quantité positive très petite, et que l'on conçoive toujours les valeurs de x et de y comprises entre celles que déterminent les équations doubles

$$e_p = e_q + \delta = e_r, \qquad e_p = e_q + \delta = e_s;$$

il est clair que l'erreur e_p restera supérieure à toutes les autres, et qu'elle surpassera même l'erreur e_q conjointement avec l'erreur e_r, si l'on suppose

$$e_p = e_q + \delta = e_r,$$

et, conjointement avec l'erreur e_s, si l'on suppose

$$e_p = e_q + \delta = e_s.$$

Si, maintenant, on fait croître δ, en supposant toujours $e_p = e_q + \delta = e_r$, les erreurs e_p, e_r continueront à être conjointement les plus grandes de toutes, jusqu'à ce qu'une nouvelle erreur e_t ou bien l'erreur e_s elle-même finisse par les égaler toutes deux pour un même système de valeurs de x et de y; et c'est ce qui arrivera toujours nécessairement, puisque, l'erreur e_p étant supposée définie, δ ne peut croître indéfiniment sans que l'erreur e_p cesse d'être la plus grande. On obtiendra donc, par ce moyen, une nouvelle combinaison du troisième ordre, savoir (e_p, e_q, e_t), (e_t pouvant être égal à e_s), qui renfermera l'erreur e_p; et, par suite, les trois combinaisons du troisième ordre

$$(e_p, e_q, e_r), \quad (e_p, e_q, e_s), \quad (e_p, e_q, e_t)$$

renfermeront l'erreur définie e_p, ce qui vérifie le théorème énoncé.

3° Supposons que l'on considère trois éléments. Soient e_p une erreur définie quelconque et (e_p, e_q) une des combinaisons du deuxième ordre qui renferment cette erreur. Comme l'équation $e_p = e_q$ ne laisse que deux variables arbitraires, on prouvera, comme dans le cas précédent, que la combinaison du deuxième ordre dont il s'agit appartient à trois combinaisons du quatrième ordre. Soient respectivement

$$(e_p, e_q, e_r, e_s), \quad (e_p, e_q, e_s, e_t), \quad (e_p, e_q, e_r, e_t)$$

ces trois dernières combinaisons. Si l'on donne aux trois variables x, y, z des valeurs qui satisfassent à l'équation

$$e_p = e_q,$$

et qui soient comprises entre les limites déterminées par les trois équations multiples

$$e_p = e_q = e_r = e_s, \quad e_p = e_q = e_s = e_t, \quad e_p = e_q = e_r = e_t,$$

c'est-à-dire des valeurs pour lesquelles on ait

$$e_p = e_q > e_r, e_s, e_t;$$

les erreurs e_p, e_q deviendront simultanément les plus grandes de toutes.

Maintenant, si, au lieu de supposer $e_p = e_q$, on suppose $e_p = e_q + \delta$, δ étant une quantité positive très petite, et que l'on donne à x, y, z des valeurs comprises entre celles que déterminent les trois équations multiples

$$e_p = e_q + \delta = e_r = e_s, \quad e_p = e_q + \delta = e_s = e_t, \quad e_p = e_q + \delta = e_r = e_t,$$

il est clair que l'erreur e_p restera supérieure aux autres, et qu'elle surpassera l'erreur e_q conjointement avec les erreurs e_r, e_s, si l'on suppose

$$e_p = e_q + \delta = e_r = e_s.$$

Si maintenant on fait croître δ, en supposant toujours

$$e_p = e_q + \delta = e_r = e_s,$$

les erreurs e_p, e_r, e_s continueront à être conjointement les plus grandes de toutes, jusqu'à ce que l'erreur e_t ou une nouvelle erreur e_u parvienne à les égaler; ce qui finira nécessairement par arriver, puisque l'erreur e_p est supposée définie. Alors, on obtiendra une quatrième combinaison du quatrième ordre, qui renfermera l'erreur e_p, ce qui vérifiera le théorème énoncé.

En raisonnant de la meme manière, on finira par démontrer le théorème, quel que soit le nombre des éléments que l'on considère.

Nous avons supposé, dans ce qui précède, que les combinaisons du deuxième ordre renfermaient seulement deux erreurs, celles du troisième ordre, trois erreurs, etc. Mais il est aisé de voir que les mêmes conclusions subsisteraient, si le nombre des erreurs d'une ou plusieurs combinaisons devenait supérieur à leur ordre.

Théorème VII. — *Soient e_p, e_q, e_r, ... plusieurs erreurs, définies ou indéfinies, comprises dans une même combinaïson de l'ordre $m+1$, chacune d'elles pouvant devenir séparément la plus grande de toutes. Soit, de plus, e_u une erreur fictive qui soit égale aux erreurs e_p, e_q, e_r, ... lorsque celles-ci deviennent égales entre elles, c'est-à-dire pour le système de valeurs de x, y, z, ... qui correspond à la combinaison que l'on considère. Si l'erreur fictive e_u devient supérieure à toutes les autres pour des systèmes de valeurs qui rendaient précédemment l'erreur e_p la plus grande de toutes, la différence $e_u - e_p$ sera nécessairement positive pour quelques-uns des systèmes de valeurs qui correspondent à celles des combinaisons de l'ordre m où les erréurs e_q, e_r, ... entrent conjointement avec l'erreur e_p.*

Démonstration. — En effet, les systèmes qui correspondaient à l'erreur e_p, c'est-à-dire ceux pour lesquels l'erreur e_p devenait supérieure à toutes les autres, se trouveront maintenant séparés en deux groupes au plus. Pour l'un de ces groupes, on aura

$$e_p > e_u$$

et, pour l'autre,

$$e_p < e_u.$$

Chacun de ces groupes aura pour limites des systèmes correspondant à des combinaisons du deuxième ordre, ceux-ci des systèmes correspondant à des combinaisons du troisième ordre, et ainsi de suite ..., jusqu'à ce qu'enfin l'on arrive à des combinaisons de l'ordre m, qui auront elles-mêmes pour limites la combinaison de l'ordre $m+1$ que l'on considère. La différence $e_u - e_p$ sera donc positive pour quelques-uns des systèmes qui correspondent à celles des combinaisons de l'ordre m où se trouvent comprises les erreurs e_q, e_r, ... avec l'erreur e_p.

Si les deux groupes dont nous avons parlé se réunissaient en un seul, on aurait, pour ce dernier groupe, $e_u > e_p$, et les conclusions précédentes auraient lieu *a fortiori*.

THÉORÈME VIII. — *Soit e_p une erreur qui devienne, pour certains systèmes de valeurs, supérieure à toutes les autres. Soit de plus*

$$(e_p, e_q, e_r, e_s, \ldots)$$

une des combinaisons de l'ordre $m+1$ qui renferme l'erreur e_p. On pourra toujours concevoir une erreur fictive e_u qui devienne égale à chacune des erreurs e_p, e_q, e_r, e_s, ... pour le système de valeurs qui correspond à la combinaison précédente, et qui soit inférieure à e_p pour tout autre système correspondant à cette dernière erreur.

Démonstration. — Ce théorème paraît vrai et général. Mais il suffira, pour notre objet, de le démontrer dans le cas où le nombre des combinaisons de l'ordre m, qui renferment l'erreur e_p, et qui ont pour limite la combinaison donnée de l'ordre $m+1$, ne surpasse pas m.

Cela posé, désignons par α, β, γ, ... le système de valeurs de x, y, z, ... qui correspond à la combinaison de l'ordre $m+1$

$$(e_p, e_q, e_r, e_s, \ldots).$$

Soient de plus

$$\begin{aligned} e_p &= a_p + b_p x + c_p y + d_p z + \ldots, \\ e_q &= a_q + b_q x + c_q y + d_q z + \ldots, \\ e_r &= a_r + b_r x + c_r y + d_r z + \ldots, \\ &\ldots\ldots\ldots\ldots\ldots\ldots\ldots\ldots \end{aligned}$$

Faisons de même

$$e_u = a_u + b_u x + c_u y + d_u z + \ldots;$$

$a_u, b_u, c_u, d_u, \ldots$ étant des coefficients indéterminés. Enfin désignons par A la valeur commune des erreurs $e_p, e_q, e_r, \ldots$ qui correspond au système de valeurs $\alpha, \beta, \gamma, \ldots$. Puisqu'on suppose, dans ce cas, l'erreur e_u égale aux autres, on aura

$$a_u + b_u \alpha + c_u \beta + d_u \gamma + \ldots = \mathrm{A}.$$

Cette équation servira à déterminer a_u, lorsqu'on connaîtra b_u; c_u, d_u, ... Il reste à déterminer ces derniers coefficients de manière que, pour tout système correspondant à l'erreur e_p et différent de $\alpha, \beta, \gamma, \ldots$, la différence $e_p - e_u$ soit positive.

Faisons, pour plus de commodité,

$$x = \alpha + x', \qquad y = \beta + y', \qquad z = \gamma + z', \qquad \ldots.$$

On aura, dans ce cas,

$$\begin{aligned}
e_p &= \mathrm{A} + b_p x' + c_p y' + d_p z' + \ldots,\\
e_q &= \mathrm{A} + b_q x' + c_q y' + d_q z' + \ldots,\\
e_r &= \mathrm{A} + b_r x' + c_r y' + d_r z' + \ldots,\\
&\ldots\ldots\ldots\ldots\ldots\ldots\ldots\ldots\ldots,\\
e_u &= \mathrm{A} + b_u x' + c_u y' + d_u z' + \ldots
\end{aligned}$$

Si l'on égale entre elles les valeurs précédentes de celles des erreurs e_q, e_r, e_s, ... qui entrent avec e_p dans une même combinaison de l'ordre m, on aura une équation multiple, et cette équation multiple déterminera les rapports

$$\frac{y'}{x'}, \quad \frac{z'}{x'}, \quad \ldots$$

qui conviennent à tous les systèmes correspondant à cette combinaison. Soient $k, l, \ldots$ ces mêmes rapports. Si l'on suppose que les erreurs comprises dans les combinaisons dont il s'agit deviennent supérieures à toutes les autres pour des valeurs positives de $x' = x - \alpha$, la valeur commune de ces diverses erreurs, correspondant à une valeur quelconque de x', sera de la forme

$$A + Bx',$$

pourvu que l'on suppose

$$(1)\quad B = b_p + c_p k + d_p l + \ldots = b_q + c_q k + d_q l + \ldots = b_r + c_r k + d_r l + \ldots;$$

et, comme dans le cas contraire on doit avoir

$$e_u < e_p = A + Bx',$$

il faudra supposer

$$b_u + c_u k + d_u l + \ldots < B.$$

Si donc l'on désigne par δ une quantité très petite, que l'on pourra d'ailleurs choisir à volonté, et que l'on fasse

$$B(1 - \delta) = B',$$

on pourra supposer

$$(2)\qquad b_u + c_u k + d_u l + \ldots = B'.$$

Cette première équation établira entre les inconnues b_u, c_u, d_u, ... une relation en vertu de laquelle la différence $e_p - e_u$ restera positive pour les systèmes de valeurs correspondant à l'une des combinaisons de l'ordre m qui renferment l'erreur e_p, et qui ont pour limite la combinaison donnée de l'ordre $m + 1$.

Supposons maintenant que le nombre des combinaisons de cette espèce ne surpasse pas m; on pourra former autant d'équations pareilles à l'équation (2) qu'il y aura de semblables combinaisons, et déterminer les valeurs des inconnues b_u, c_u, d_u, ... de manière que toutes ces équations soient satisfaites. Alors on sera assuré que la différence $e_p - e_u$ reste positive pour tous les systèmes de valeurs correspondant aux combinaisons dont il s'agit. Par suite, cette différence sera positive pour tous les systèmes de valeurs qui correspondaient à l'erreur e_p. Car, si, pour quelques-uns d'entre eux, elle devenait négative, elle le serait encore, en vertu du théorème VII, pour quelques-uns des systèmes correspondant aux combinaisons de l'ordre m que l'on considère.

Corollaire I. — On pourra toujours déterminer les coefficients de l'erreur fictive e_u de manière que cette erreur soit inférieure à e_p pour tous les systèmes de valeurs qui rendent l'erreur e_p supérieure aux autres, excepté toutefois celui qui rend les erreurs e_p, e_q, e_r, ... égales entre elles, et pour lequel on aura encore $e_u = e_p$. De plus, puisque, pour des valeurs données des variables x, y, z, ..., la différence

$$e_p - e_u$$

dépendra de la différence $B - B' = B\delta$ et de toutes les différences semblables qui peuvent devenir chacune aussi petite qu'on le jugera convenable, et que les coefficients de $e_p - e_u$, savoir

$$b_p - b_u, \quad c_p - c_u, \quad d_p - d_u, \quad \ldots$$

sont, ainsi qu'on peut le conclure des équations (1) et (2), du même ordre que ces différences; on voit que la différence

$$e_p - e_u$$

pourra elle-même devenir moindre que toute quantité donnée.

Corollaire II. — Considérons un système de valeurs pour lequel on ait

$$e_q > e_p;$$

on pourra toujours déterminer les coefficients de e_u de manière que la différence

$$e_p - e_u$$

soit inférieure (abstraction faite du signe) à

$$e_q - e_p$$

et, par suite, de manière que e_u soit inférieur à e_q. Ainsi l'on pourra toujours faire en sorte que l'erreur e_u ne devienne jamais la plus grande de toutes, si ce n'est pour le système de valeurs qui correspond à la combinaison de l'ordre $m+1$ que l'on considère, et pour lequel on aura à la fois

$$e_p = e_q = e_r = \ldots = e_u.$$

Corollaire III. — L'erreur e_u étant déterminée comme on vient de le dire, les différences

$$e_p - e_u, \quad e_q - e_u, \quad e_r - e_u, \quad \ldots$$

seront toutes égales à zéro pour le système de valeurs

$$\alpha, \quad 6, \quad \gamma, \quad \ldots$$

qui correspond à la combinaison que l'on considère. Mais, pour tout autre système, une ou plusieurs de ces différences deviendront positives, et si l'on augmente indéfiniment la valeur de $x-\alpha$, en laissant toujours les mêmes valeurs aux rapports

$$\frac{y-6}{x-\alpha}, \quad \frac{z-\gamma}{x-\alpha}, \quad \ldots,$$

celle des différences

$$e_p - e_u, \quad e_q - e_u, \quad \ldots,$$

qui seront positives, finiront par devenir plus grandes que toute quantité donnée.

Corollaire IV. — L'erreur e_u étant toujours déterminée de la même manière, soit e_v une seconde erreur fictive, et faisons

$$e_v = e_u + \varepsilon;$$

ε étant une quantité très petite, mais arbitraire. Alors, pour le système de valeurs $\alpha, 6, \gamma, \ldots$ et pour les systèmes voisins, l'erreur e_v deviendra supérieure à toutes les autres. De plus, comme pour des valeurs infinies de $x-\alpha$, $y-6$, $z-\gamma$, ..., quelques-unes des différences

$$e_p - e_u, \quad e_q - e_u, \quad \ldots$$

deviennent positives et infinies, et qu'au contraire la différence $e_v - e_u$ est toujours constante, on voit que, pour de grandes valeurs $x - \alpha$, $y - \beta$, $z - \gamma$, ..., quelques-unes des différences

$$e_p - e_v, \quad e_q - e_v, \quad \ldots$$

deviendront positives. Par suite, les systèmes de valeurs qui rendent l'erreur e_p supérieure aux autres ne peuvent s'étendre à l'infini. Cette erreur sera donc une erreur définie. Enfin il est aisé de voir que les combinaisons de l'ordre k qui renfermeraient quelques-unes des erreurs e_p, e_q, e_r, ... comprises dans la combinaison de l'ordre $m+1$ que l'on considère, se trouveront, par l'addition de l'erreur e_v, transformées en des combinaisons de l'ordre $k+1$.

Théorème IX. — *Si l'on désigne par m le nombre des éléments variables, chaque combinaison de l'ordre m + 1 servira de limite, au moins, à m + 1 combinaisons de l'ordre m.*

Démonstration. — Soit

$$(e_p, e_q, e_r, e_s, \ldots)$$

la combinaison de l'ordre $m+1$ que l'on considère, et soit e_p une des erreurs comprises dans cette combinaison, erreur qui pourra devenir supérieure à toutes les autres. Si le nombre des combinaisons de l'ordre m qui renferment l'erreur e_p est supérieur à m, le théorème se trouvera vérifié immédiatement; mais, si ce nombre n'est pas supérieur à m, on pourra, en vertu de la proposition précédente (corollaire IV), concevoir une erreur fictive e_v qui soit définie et qui surpasse toutes les autres pour le système de valeurs

$$\alpha, \quad \beta, \quad \gamma, \quad \ldots$$

correspondant à la combinaison de l'ordre $m+1$ que l'on considère. De plus, si l'erreur fictive e_v est déterminée par la méthode que nous avons indiquée, alors chacune des combinaisons de l'ordre k qui appartenaient à la combinaison donnée de l'ordre $m+1$ deviendra, par l'addition de l'erreur e_v, une combinaison de l'ordre $k+1$. Par suite, le nombre des combinaisons de l'ordre $m+1$ qui renfermeront l'erreur définie e_v sera égal au nombre des combinaisons de l'ordre m qui avaient pour limite commune la combinaison donnée de l'ordre $m+1$. D'ailleurs, en vertu du théorème VI, le nombre des combinaisons de l'ordre $m+1$ qui renferment une même erreur définie est au moins égal à $m+1$. Il en sera de même du nombre des combinaisons de l'ordre m qui ont une même limite; ce qui vérifie le théorème énoncé.

Lorsque le nombre des erreurs renfermées dans la combinaison de l'ordre $m+1$ que l'on considère est seulement égal à $m+1$, on peut encore démontrer facilement le théorème IX de la manière suivante :

Soient e_p, e_q, e_r, ... les erreurs renfermées dans une même combinaison de l'ordre $m+1$, en nombre égal à $m+1$. Ces erreurs deviendront simultanément les plus grandes de toutes, si l'on détermine les variables x, y, z, ... par l'équation

$$e_p = e_q = e_r = \ldots.$$

Mais, si l'on désigne par δ une quantité très petite et positive, et que l'on détermine x, y, z, ... par l'équation

$$e_p + \delta = e_q = e_r = \ldots,$$

l'erreur e_p deviendra inférieure aux autres, et les erreurs e_q, e_r, e_s, ... seront simultanément les plus grandes de toutes. Dans le même cas, la combinaison

$$(e_q, e_r, e_s, \ldots)$$

sera de l'ordre m. On obtiendra donc une combinaison de l'ordre m formée d'erreurs qui deviennent simultanément les plus grandes de toutes, si dans la combinaison donnée

$$(e_p, e_q, e_r, e_s, \ldots)$$

on supprime la première erreur e_p. On arriverait encore aux mêmes conclusions si, au lieu de supprimer l'erreur e_p, on supprimait l'erreur e_q, ou l'erreur e_r, ..., ou quelqu'une des autres erreurs données. Ces dernières étant, par hypothèse, en nombre égal à $m+1$, on obtiendra, par ces diverses suppressions, $m+1$ combinaisons de l'ordre m, qui toutes se trouveront comprises dans la combinaison donnée.

Corollaire. — Soient M_{m+1} le nombre total des combinaisons de l'ordre $m+1$, et M_m le nombre total des combinaisons de l'ordre m, tant définies qu'indéfinies. Puisque chaque combinaison de l'ordre $m+1$ renferme au moins $m+1$ combinaisons de l'ordre m, et que chaque combinaison de l'ordre m a pour limites deux combinaisons de l'ordre $m+1$, si elle est définie, et une seule, si elle est indéfinie; on aura

$$(m+1)M_{m+1} \leqq 2M_m, \qquad \text{ou} \qquad M_m > \frac{m+1}{2} M_{m+1}.$$

Cette inégalité jointe à l'équation (3) du théorème V sert à déterminer une limite du nombre d'opérations qu'exige la méthode exposée dans ce Mémoire.

THÉORÈME X. — *Le nombre des opérations qu'exige la méthode exposée dans ce Mémoire n'est pas d'un ordre plus élevé que le nombre des combinaisons $m-1$ à $m-1$ des erreurs données, m étant le nombre des éléments variables.*

Démonstration. — En effet, supposons qu'en ayant seulement égard aux combinaisons formées d'erreurs qui puissent devenir simultanément les plus grandes de toutes, on désigne par M_1 le nombre des erreurs simples ou combinaisons du premier ordre, et par

$$M_2, \quad M_3, \quad \ldots, \quad M_m, \quad M_{m+1},$$

les nombres de combinaisons du deuxième, du troisième, ..., enfin, du $m^{\text{ième}}$ et du $(m+1)^{\text{ième}}$ ordre. On aura, en vertu du théorème V,

$$M_{m+1} - M_m + M_{m-1} - \ldots \pm M_2 \mp M_1 \pm 1 = 0,$$

et en vertu du théorème IX,

$$M_m > \frac{m+1}{2} M_{m+1}.$$

Si l'on ajoute membre à membre l'équation et l'inégalité précédentes, on aura

$$M_{m-1} - M_{m-2} + \ldots \pm M_2 \mp M_1 \pm 1 > \frac{m-1}{2} M_{m+1},$$

d'où l'on conclut

$$(1) \qquad M_{m+1} < \frac{2}{m-1}(M_{m-1} - M_{m-2} + \ldots \pm M_2 \mp M_1 \pm 1);$$

le signe supérieur devant être admis si m est un nombre impair, et le signe inférieur dans le cas contraire. D'ailleurs M_{m+1} représente, comme on l'a déjà remarqué, la limite du nombre des opérations à faire, et M_{m-1} indique le nombre des combinaisons de l'ordre $m-1$, qui est ou égal ou inférieur au nombre des combinaisons $m-1$ à $m-1$ des erreurs données ou d'une partie de ces erreurs. L'inégalité précédente vérifie donc le théorème énoncé.

Corollaire I. — Si l'on a deux éléments variables, il faudra supposer $m=2$, et l'inégalité précédente deviendra

$$M_3 < 2M_1 - 2:$$

Par suite, le nombre des opérations à faire ne pourra surpasser $2M_1$ ou le double du nombre des erreurs.

Corollaire II. — Si l'on suppose $m=3$, on aura

$$M_4 < M_2 - M_1 + 1:$$

Par suite, le nombre des opérations à faire ne pourra être d'un ordre supérieur au nombre des combinaisons deux à deux, c'est-à-dire au carré du nombre des erreurs.

Corollaire III. — Si l'on suppose $m = 4$, on aura

$$M_5 < \frac{2}{3}(M_3 - M_2 + M_1 - 1):$$

Par suite, le nombre des opérations à faire ne pourra être d'un ordre supérieur à M_3 ou au cube du nombre des erreurs, etc.

MÉMOIRE SUR L'INTÉGRATION

D'UNE CERTAINE CLASSE D'ÉQUATIONS

AUX

DIFFÉRENCES PARTIELLES,

ET SUR LES

PHÉNOMÈNES DONT CETTE INTÉGRATION FAIT CONNAITRE LES LOIS DANS LES QUESTIONS DE PHYSIQUE MATHÉMATIQUE.

Journal de l'École Polytechnique, XXe Cahier, Tome XIII, p. 175, 287; 1831.

La solution d'un grand nombre de problèmes de Physique mathématique dépend de l'intégration d'équations aux différences partielles linéaires, et à coefficients constants, dans lesquelles les dérivées de la variable principale sont toutes du même ordre. Telles sont, en particulier, les équations qui expriment les lois de la propagation des ondes à la surface d'un liquide renfermé dans un canal dont la profondeur est très petite, et les lois de la propagation du son dans un gaz, dans un liquide, ou dans un corps solide élastique. Il était important d'obtenir les intégrales générales des équations de ce genre sous une forme telle qu'on pût en déduire aisément la connaissance des phénomènes que ces équations représentent. Tel est l'objet du Mémoire qu'on va lire. Dans les premiers paragraphes, je m'occuperai de l'intégration des équations linéaires aux différences partielles et à coefficients constants, du deuxième ordre, ou d'un ordre pair supérieur au deuxième, mais dans lesquelles toutes les dérivées sont de même ordre. J'appliquerai ensuite les formules trouvées à diverses questions de Physique mathématique.

§ I. *Sur l'intégration d'une certaine classe d'équations aux différences partielles du deuxième ordre.*

Soient x, y, z, t quatre variables indépendantes, et s une fonction de ces quatre variables, déterminée par l'équation aux différences partielles

$$(1) \qquad \frac{\partial^2 s}{\partial t^2} = A \frac{\partial^2 s}{\partial x^2} + B \frac{\partial^2 s}{\partial y^2} + C \frac{\partial^2 s}{\partial z^2} + 2D \frac{\partial^2 s}{\partial y\,\partial z} + 2E \frac{\partial^2 s}{\partial z\,\partial x} + 2F \frac{\partial^2 s}{\partial x\,\partial y},$$

dans lesquelles A, B, C, D, E, F désignent des constantes choisies de manière que le polynome

$$(2) \qquad A\alpha^2 + B\delta^2 + C\gamma^2 + 2D\delta\gamma + 2E\gamma\alpha + 2F\alpha\delta$$

reste positif pour toutes les valeurs possibles des quantités α, δ, γ; ou, ce qui revient au même, de manière que l'équation

$$(3) \qquad Ax^2 + By^2 + Cz^2 + 2Dyz + 2Ezx + 2Fxy = 1$$

représente un ellipsoïde. Supposons d'ailleurs que l'on connaisse les valeurs de s et $\frac{\partial s}{\partial t}$ correspondant à $t = 0$, et que ces valeurs soient respectivement

$$(4) \qquad s = \varpi(x, y, z), \qquad \frac{\partial s}{\partial t} = \Pi(x, y, z).$$

La valeur générale de s sera

$$(5) \qquad s = \left(\frac{1}{2\pi}\right)^3 \int\int\int\int\int\int e^{\alpha(x-\lambda)\sqrt{-1}} e^{\delta(y-\mu)\sqrt{-1}} e^{\gamma(z-\nu)\sqrt{-1}} U \, d\alpha\, d\delta\, d\gamma\, d\lambda\, d\mu\, d\nu,$$

e désignant la base des logarithmes népériens, l'intégration relative à chacune des variables auxiliaires α, δ, γ, λ, μ, ν devant être effectuée entre les limites $-\infty$, $+\infty$, et la lettre U représentant une fonction de α, δ, γ, λ, μ, ν, t, propre à vérifier : $1°$ quel que soit t, la formule

$$(6) \qquad (A\alpha^2 + B\delta^2 + C\gamma^2 + 2D\delta\gamma + 2E\gamma\alpha + 2F\alpha\delta)U + \frac{\partial^2 U}{\partial t^2} = 0;$$

2° Pour $t = 0$, les deux conditions

$$U = \varpi(\lambda, \mu, \nu), \qquad \frac{\partial U}{\partial t} = \Pi(\lambda, \mu, \nu). \tag{7}$$

Cela posé, si l'on fait, pour abréger,

$$A\alpha^2 + B6^2 + C\gamma^2 + 2D6\gamma + 2E\gamma\alpha + 2F\alpha6 = \theta^2, \tag{8}$$

on trouvera

$$U = \varpi(\lambda, \mu, \nu)\cos\theta t + \Pi(\lambda, \mu, \nu)\frac{\sin\theta t}{\theta}, \tag{9}$$

ou, ce qui revient au même,

$$U = \varpi(\lambda, \mu, \nu)\cos\theta t + \int_0^t \Pi(\lambda, \mu, \nu)\cos\theta t\, dt; \tag{10}$$

et l'on aura par suite

$$\left\{\begin{aligned} 8 = {} & \left(\frac{1}{2\pi}\right)^3 \int\!\!\int\!\!\int\!\!\int\!\!\int\!\!\int e^{\alpha(x-\lambda)\sqrt{-1}} e^{6(y-\mu)\sqrt{-1}} e^{\gamma(z-\nu)\sqrt{-1}} \\ & \qquad \times \cos\theta t\, \varpi(\lambda, \mu, \nu)\, d\alpha\, d6\, d\gamma\, d\lambda\, d\mu\, d\nu \\ & + \left(\frac{1}{2\pi}\right)^3 \int_0^t \int\!\!\int\!\!\int\!\!\int\!\!\int\!\!\int e^{\alpha(x-\lambda)\sqrt{-1}} e^{6(y-\mu)\sqrt{-1}} e^{\gamma(z-\nu)\sqrt{-1}} \\ & \qquad \times \cos\theta t\, \Pi(\lambda, \mu, \nu)\, dt\, d\alpha\, d6\, d\gamma\, d\lambda\, d\mu\, d\nu. \end{aligned}\right. \tag{11}$$

Observons maintenant que l'équation (8) peut être présentée sous la forme

$$\left\{\begin{aligned} \theta^2 = {} & A\left(\alpha + \frac{F}{A}6 + \frac{E}{A}\gamma\right)^2 \\ & + \left(B - \frac{F^2}{A}\right)\left(6 + \frac{D - \frac{EF}{A}}{B - \frac{F^2}{A}}\gamma\right)^2 + \left[C - \frac{E^2}{A} - \frac{\left(D - \frac{EF}{A}\right)^2}{B - \frac{F^2}{A}}\right]\gamma^2. \end{aligned}\right. \tag{12}$$

Donc, si l'on fait

$$\left\{\begin{aligned} G &= A, \\ H &= B - \frac{F^2}{A} = \frac{AB - F^2}{A}, \\ J &= C - \frac{E^2}{A} - \frac{\left(D - \frac{EF}{A}\right)^2}{B - \frac{F^2}{A}} = \frac{ABC - AD^2 - BE^2 - CF^2 + 2DEF}{AB - F^2}, \end{aligned}\right. \tag{13}$$

et de plus

$$(14)\qquad \alpha+\frac{F}{A}\beta+\frac{E}{A}\gamma=\alpha',\qquad \beta+\frac{AD-EF}{AB-F^2}\gamma=\beta',\qquad \gamma=\gamma',$$

ou, ce qui revient au même,

$$(15)\qquad \alpha=\alpha'-\frac{F}{A}\beta'+\frac{FD-BE}{AB-F^2}\gamma',\qquad \beta=\beta'-\frac{AD-EF}{AB-F^2}\gamma',\qquad \gamma=\gamma',$$

on aura simplement

$$(16)\qquad \theta^2=G\alpha'^2+H\beta'^2+J\gamma'^2.$$

Soient d'ailleurs

$$(17)\qquad X=x,\qquad Y=y-\frac{F}{A}x,\qquad Z=z-\frac{AD-EF}{AB-F^2}y+\frac{FD-BE}{AB-F^2}x,$$

et

$$(18)\qquad \lambda'=\lambda,\qquad \mu'=\mu-\frac{F}{A}\lambda,\qquad \nu'=\nu-\frac{AD-EF}{AB-F^2}\mu+\frac{FD-BE}{AB-F^2}\lambda.$$

On trouvera

$$(19)\qquad \alpha(x-\lambda)+\beta(y-\mu)+\gamma(z-\nu)=\alpha'(X-\lambda')+\beta'(Y-\mu')+\gamma'(Z-\nu'),$$

et, par suite,

$$(20)\qquad \begin{cases} \int\int\int\int\int\int e^{\alpha(x-\lambda)\sqrt{-1}}e^{\beta(y-\mu)\sqrt{-1}}e^{\gamma(z-\nu)\sqrt{-1}} \\ \qquad\times\cos\theta t\,\varpi(\lambda,\mu,\nu)\,d\alpha\,d\beta\,d\gamma\,d\lambda\,d\mu\,d\nu \\ =\int\int\int\int\int\int e^{\alpha'(X-\lambda')\sqrt{-1}}e^{\beta'(Y-\mu')\sqrt{-1}}e^{\gamma'(Z-\nu')\sqrt{-1}} \\ \qquad\times\cos\theta t\,\varpi(\lambda,\mu,\nu)\,d\alpha'\,d\beta'\,d\gamma'\,d\lambda'\,d\mu'\,d\nu' \\ =\int\int\int\int\int\int\cos\alpha'(X-\lambda')\cos\beta'(Y-\mu')\cos\gamma'(Z-\nu') \\ \qquad\times\cos\theta t\,\varpi(\lambda,\mu,\nu)\,d\alpha'\,d\beta'\,d\gamma'\,d\lambda'\,d\mu'\,d\nu'; \end{cases}$$

l'intégration relative à chacune des variables auxiliaires α', β', γ', λ', μ', ν' devant être effectuée entre les limites $-\infty$, $+\infty$.

Soit encore

$$(21)\qquad \left[\frac{(x-\lambda')^2}{G}+\frac{(y-\mu')^2}{H}+\frac{(z-\nu')^2}{J}\right]^{\frac{1}{2}}=r.$$

On aura, en vertu d'une formule que j'ai donnée dans le XIXe Cahier du *Journal de l'École Polytechnique* (*voir* p. 292),

$$(22)\quad \left\{\begin{aligned}&\int_{-\infty}^{\infty}\int_{-\infty}^{\infty}\int_{-\infty}^{\infty}\cos\alpha'(x-\lambda')\cos\beta'(y-\mu')\cos\gamma'(z-\nu')\\&\qquad\times\cos(G\alpha'^2+H\beta'^2+J\gamma'^2)^{\frac{1}{2}}t\,d\alpha'\,d\beta'\,d\gamma'\\&=\frac{2\pi}{G^{\frac{1}{2}}H^{\frac{1}{2}}J^{\frac{1}{2}}r}\int_{-\infty}^{\infty}\alpha\sin r\alpha\cos\alpha t\,d\alpha\\&=-\frac{2\pi}{G^{\frac{1}{2}}H^{\frac{1}{2}}J^{\frac{1}{2}}r}\frac{\partial}{\partial r}\int_{-\infty}^{\infty}\cos r\alpha\cos\alpha t\,d\alpha.\end{aligned}\right.$$

Dans l'équation (22), l'intégrale

$$\int_{-\infty}^{\infty}\cos r\alpha\cos\alpha t\,d\alpha$$

peut être remplacée par la suivante

$$\int_{-\infty}^{\infty}e^{-\kappa\sqrt{\alpha^2}}\cos r\alpha\cos\alpha t\,d\alpha,$$

κ désignant une quantité positive infiniment petite; et, comme on a d'ailleurs

$$\begin{aligned}\int_{-\infty}^{\infty}e^{-\kappa\sqrt{\alpha^2}}\cos r\alpha\cos\alpha t\,d\alpha&=2\int_{0}^{\infty}e^{-\kappa\alpha}\cos r\alpha\cos\alpha t\,d\alpha\\&=\frac{\kappa}{\kappa^2+(r-t)^2}+\frac{\kappa}{\kappa^2+(r+t)^2}=\frac{\kappa}{\kappa^2+(r-t)^2},\end{aligned}$$

il est clair que la formule (22) pourra être réduite à

$$(23)\quad \left\{\begin{aligned}&\int\int\int\cos\alpha'(x-\lambda')\cos\beta'(y-\mu')\cos\gamma'(z-\nu')\cos\theta t\,d\alpha'\,d\beta'\,d\gamma'\\&=-\frac{2\pi}{G^{\frac{1}{2}}H^{\frac{1}{2}}J^{\frac{1}{2}}r}\frac{\partial\left[\frac{\kappa}{\kappa^2+(r-t)^2}\right]}{\partial r}=\frac{2\pi}{G^{\frac{1}{2}}H^{\frac{1}{2}}J^{\frac{1}{2}}r}\frac{\partial\left[\frac{\kappa}{\kappa^2+(r-t)^2}\right]}{\partial t}.\end{aligned}\right.$$

Cela posé, les formules (11) et (20) donneront

$$(24)\quad \left\{\begin{aligned} 8 &= \int\!\!\int\!\!\int \frac{1}{4\pi^2 G^{\frac{1}{2}} H^{\frac{1}{2}} J^{\frac{1}{2}} r} \frac{K}{K^2 + (r-t)^2} \Pi(\lambda, \mu, \nu)\, d\lambda'\, d\mu'\, d\nu' \\ &+ \frac{\partial}{\partial t} \int\!\!\int\!\!\int \frac{1}{4\pi^2 G^{\frac{1}{2}} H^{\frac{1}{2}} J^{\frac{1}{2}} r} \frac{K}{K^2 + (r-t)^2} \varpi(\lambda, \mu, \nu)\, d\lambda'\, d\mu'\, d\nu'. \end{aligned}\right.$$

Concevons à présent que l'on considère les trois rapports

$$\frac{\lambda' - X}{G^{\frac{1}{2}}}, \quad \frac{\mu' - Y}{H^{\frac{1}{2}}}, \quad \frac{\nu' - Z}{J^{\frac{1}{2}}},$$

comme représentant des coordonnées rectangulaires, et que l'on transforme ces coordonnées rectangulaires en coordonnées polaires, dont l'une soit précisément la variable r, à l'aide des formules

$$(25)\quad \frac{\lambda' - X}{G^{\frac{1}{2}}} = r\cos p, \quad \frac{\mu' - Y}{H^{\frac{1}{2}}} = r\sin p\cos q, \quad \frac{\nu' - Z}{J^{\frac{1}{2}}} = r\sin p\sin q.$$

On devra, dans la formule (24), à la place du produit $d\lambda'\, d\mu'\, d\nu'$, écrire le suivant $G^{\frac{1}{2}} H^{\frac{1}{2}} J^{\frac{1}{2}} r^2 \sin p\, dp\, dq\, dr$, et l'on tirera de cette formule

$$(26)\quad \left\{\begin{aligned} 8 &= \frac{1}{4\pi^2} \int\!\!\int\!\!\int \frac{K}{K^2 + (r-t)^2} \Pi(\lambda, \mu, \nu)\, r\sin p\, dp\, dq\, dr \\ &+ \frac{1}{4\pi^2} \frac{\partial}{\partial t} \int\!\!\int\!\!\int \frac{K}{K^2 + (r-t)^2} \varpi(\lambda, \mu, \nu)\, r\sin p\, dp\, dq\, dr, \end{aligned}\right.$$

les intégrations devant être effectuées entre les limites $p = 0$, $p = \pi$, $q = 0$, $q = 2\pi$, $r = 0$, $r = \infty$. Or, K étant un nombre infiniment petit, si l'on désigne par l, m, n ce que deviennent les valeurs de λ, μ, ν, tirées des équations (18) et (25), lorsqu'on y suppose $r = t$, on aura

$$(27)\quad \int_0^\infty \frac{K}{K^2 + (r-t)^2} \varpi(\lambda, \mu, \nu)\, r\, dr = \pi t\, \varpi(l, m, n);$$

et par conséquent la formule (26) donnera

$$(28)\quad \left\{\begin{aligned} 8 &= \frac{1}{4\pi} \int_0^\pi \int_0^{2\pi} t \sin p\, \Pi(l, m, n)\, dp\, dq \\ &+ \frac{1}{4\pi} \frac{\partial}{\partial t} \int_0^{2\pi} \int_0^\pi t\sin p\, \varpi(l, m, n)\, dp\, dq, \end{aligned}\right.$$

les valeurs de l, m, n étant

$$(29)\quad \begin{cases} l = \mathrm{X} + \mathrm{G}^{\frac{1}{2}} t \cos p, \\ m = \mathrm{Y} + \mathrm{H}^{\frac{1}{2}} t \sin p \cos q + \frac{\mathrm{F}}{\mathrm{A}}\left(\mathrm{X} + \mathrm{G}^{\frac{1}{2}} t \cos p\right), \\ n = \mathrm{Z} + \mathrm{J}^{\frac{1}{2}} t \sin p \sin q + \frac{\mathrm{AD} - \mathrm{EF}}{\mathrm{AB} - \mathrm{F}^2}\left(\mathrm{X} + \mathrm{H}^{\frac{1}{2}} t \sin p \cos q\right) + \frac{\mathrm{E}}{\mathrm{A}}\left(\mathrm{X} + \mathrm{G}^{\frac{1}{2}} t \cos p\right), \end{cases}$$

ou, ce qui revient au même,

$$(30)\quad \begin{cases} l = x + \mathrm{G}^{\frac{1}{2}} t \cos p, \\ m = y + \mathrm{H}^{\frac{1}{2}} t \sin p \cos q + \frac{\mathrm{F}}{\mathrm{A}} \mathrm{G}^{\frac{1}{2}} t \cos p. \\ n = z + \mathrm{J}^{\frac{1}{2}} t \sin p \sin q + \frac{\mathrm{AD} - \mathrm{EF}}{\mathrm{AB} - \mathrm{F}^2} \mathrm{H}^{\frac{1}{2}} t \sin p \cos q + \frac{\mathrm{E}}{\mathrm{A}} \mathrm{G}^{\frac{1}{2}} t \cos p. \end{cases}$$

Concevons, pour fixer les idées, que l'équation (1) se rapporte à une question de Mécanique ou de Physique, dans laquelle t représente le temps, et x, y, z des coordonnées rectilignes; supposons d'ailleurs que les valeurs initiales de 8 et $\frac{\partial 8}{\partial t}$, savoir : $\varpi(x, y, z)$ et $\pi(x, y, z)$, soient sensiblement nulles pour tous les points situés à une distance sensible de l'origine. Au bout du temps t, les fonctions $\varpi(l, m, n)$, $\pi(l, m, n)$ ne cesseront d'être nulles que pour des valeurs de l, m, n, très peu différentes de celles qui vérifient les trois conditions

$$(31)\qquad l = 0, \qquad m = 0, \qquad n = 0,$$

desquelles on tire, en les combinant avec les formules (29),

$$\mathrm{X} + \mathrm{G}^{\frac{1}{2}} t \cos p = 0, \qquad \mathrm{Y} + \mathrm{H}^{\frac{1}{2}} t \sin p \cos q = 0, \qquad \mathrm{Z} + \mathrm{J}^{\frac{1}{2}} t \sin p \sin q = 0,$$

et, par conséquent,

$$(32)\qquad \frac{\mathrm{X}^2}{\mathrm{G}} + \frac{\mathrm{Y}^2}{\mathrm{H}} + \frac{\mathrm{Z}^2}{\mathrm{J}} = t^2.$$

Si dans l'équation (32) on remet, pour les valeurs X, Y, Z, leurs valeurs déduites des formules (17), elle deviendra

$$(33)\qquad \frac{\left\{\begin{array}{l}(\mathrm{BC}-\mathrm{D}^2)x^2+(\mathrm{CA}-\mathrm{E}^2)y^2+(\mathrm{AB}-\mathrm{F}^2)z^2\\ \quad +2(\mathrm{EF}-\mathrm{AD})yz+2(\mathrm{FD}-\mathrm{BE})xz+2(\mathrm{DE}-\mathrm{CF})xy\end{array}\right\}}{\mathrm{ABC}-\mathrm{AD}^2-\mathrm{BE}^2-\mathrm{CF}^2+2\,\mathrm{DEF}}=t^2.$$

Donc, au bout du temps t, la variable 8 n'aura de valeur sensible que dans le voisinage de la surface du second degré, représentée par l'équation (33). Il est d'ailleurs facile de s'assurer que cette surface est un ellipsoïde. En effet, la valeur de θ^2 fournie par l'équation (8) ou (16) devant être positive, quelles que soient les valeurs attribuées aux variables α, 6, γ et, par conséquent, aux variables α', $6'$, γ', les quantités G, H, J seront nécessairement positives. Donc, le premier membre de la formule (32) ou (33) restera positif, quelles que soient les valeurs attribuées aux variables X, Y, Z et, par conséquent, aux variables x, y, z.

Si, pour plus de simplicité, l'on pose

$$(34)\qquad \mathrm{ABC}-\mathrm{AD}^2-\mathrm{BE}^2-\mathrm{CF}^2+2\,\mathrm{DEF}=\mathrm{K},$$

et

$$(35)\qquad \left\{\begin{array}{lll}\mathrm{a}=\dfrac{\mathrm{BC}-\mathrm{D}^2}{\mathrm{K}}, & \mathrm{b}=\dfrac{\mathrm{CA}-\mathrm{E}^2}{\mathrm{K}}, & \mathrm{c}=\dfrac{\mathrm{AB}-\mathrm{F}^2}{\mathrm{K}},\\[2ex] \mathrm{d}=\dfrac{\mathrm{EF}-\mathrm{AD}}{\mathrm{K}}, & \mathrm{e}=\dfrac{\mathrm{FD}-\mathrm{BE}}{\mathrm{K}}, & \mathrm{f}=\dfrac{\mathrm{DE}-\mathrm{CF}}{\mathrm{K}},\end{array}\right.$$

l'équation (33) deviendra

$$(36)\qquad \mathrm{a}x^2+\mathrm{b}y^2+\mathrm{c}z^2+2\mathrm{d}yz+2\mathrm{e}zx+2\mathrm{f}xy=\mathrm{t}^2.$$

Si d'ailleurs on nomme r le rayon vecteur mené de l'origine au point (x, y, z) de l'ellipsoïde représenté par l'équation (36), et α, 6, γ les angles formés par ce rayon vecteur avec les deux axes des x, y, z, supposés rectangulaires, on aura

$$(37)\qquad x=r\cos\alpha,\qquad y=r\cos 6,\qquad z=r\cos\gamma,$$

et, par suite,

$$r = \Omega t, \tag{38}$$

la valeur de Ω étant positive, et déterminée par la formule

$$\left\{ \begin{aligned} \frac{1}{\Omega^2} &= \mathrm{a}\cos^2\alpha + \mathrm{b}\cos^2 6 + \mathrm{c}\cos^2\gamma \\ &\quad + 2\mathrm{d}\cos 6\cos\gamma + 2\mathrm{e}\cos\gamma\cos\alpha + 2\mathrm{f}\cos\alpha\cos 6. \end{aligned} \right. \tag{39}$$

Cela posé, concevons que la quantité s dépende de vibrations très petites d'un corps solide, ou d'un fluide pondérable ou impondérable; et que ces vibrations, d'abord produites dans le voisinage de l'origine des coordonnées, se propagent dans l'espace et donnent ainsi naissance à une onde sonore ou lumineuse. La surface de l'onde coïncidera évidemment, au bout du temps t, avec l'ellipsoïde représenté par l'équation (36). Par suite, la vitesse du son ou de la lumière, mesurée suivant le rayon vecteur r, sera la quantité constante désignée ci-dessus par Ω, et déterminée par la formule (39).

Considérons maintenant un point dont les coordonnées x', y', z seront liées aux coordonnées x, y, z de l'ellipsoïde (33) ou (36) par les formules

$$\left\{ \begin{aligned} \mathrm{A}x' + \mathrm{F}y' + \mathrm{E}z' &= x, \\ \mathrm{F}x' + \mathrm{B}y' + \mathrm{D}z' &= y, \\ \mathrm{E}x' + \mathrm{D}y' + \mathrm{C}z' &= z. \end{aligned} \right. \tag{40}$$

On tirera de ces formules

$$\left\{ \begin{aligned} x' &= \frac{(\mathrm{BC} - \mathrm{D}^2)x + (\mathrm{DE} - \mathrm{CF})y + (\mathrm{FD} - \mathrm{BE})z}{\mathrm{ABC} - \mathrm{AD}^2 - \mathrm{BE}^2 - \mathrm{CF}^2 + 2\,\mathrm{DEF}}, \\ y' &= \frac{(\mathrm{DE} - \mathrm{CF})x + (\mathrm{CA} - \mathrm{E}^2)y + (\mathrm{EF} - \mathrm{AD})z}{\mathrm{ABC} - \mathrm{AD}^2 - \mathrm{BE}^2 - \mathrm{CF}^2 + 2\,\mathrm{DEF}}, \\ z' &= \frac{(\mathrm{FD} - \mathrm{BE})x + (\mathrm{EF} - \mathrm{AD})y + (\mathrm{AB} - \mathrm{F}^2)z}{\mathrm{ABC} - \mathrm{AD}^2 - \mathrm{BE}^2 - \mathrm{CF}^2 + 2\,\mathrm{DEF}}; \end{aligned} \right. \tag{41}$$

puis, en combinant les équations (41) avec la formule (33), on trouvera

$$xx' + yy' + zz' = t^2. \tag{42}$$

Enfin, l'on tirera des équations (40) et (42),

$$(43)\qquad Ax'^2+By'^2+Cz'^2+2Dy'z'+2Ez'x'+2Fx'y'=t^2.$$

Donc, le point (x', y', z') se trouvera sur la surface d'un second ellipsoïde, représenté par l'équation (43). De plus, si l'on nomme r' le rayon vecteur mené de l'origine au point (x', y', z'), et δ l'angle compris entre les rayons vecteurs r, r', on aura

$$(44)\qquad \cos\delta=\frac{xx'+yy'+zz'}{rr'},$$

en sorte que l'équation (43) pourra être réduite à

$$(45)\qquad rr'\cos\delta=t^2.$$

Donc, le produit qu'on obtiendra, au bout du temps t, en multipliant les rayons vecteurs correspondants r, r' par le cosinus de l'angle compris entre eux ou, ce qui revient au même, le premier de ces rayons vecteurs par la projection du second sur le premier, sera constamment égal à t^2. Ajoutons qu'étant donné un point (x', y', z') de l'ellipsoïde (43), on pourra facilement déterminer le point correspondant (x, y, z) de l'ellipsoïde (33). En effet, pour y parvenir, il suffira de mener par le point (x', y', z'), trois plans parallèles à ceux que représentent les équations

$$(46)\qquad \begin{cases} Ax+Fy+Ez=0,\\ Fx+By+Dz=0,\\ Ex+Dy+Cz=0.\end{cases}$$

Si l'on nomme x'', y'', z'' les coordonnées des points où ces trois plans rencontrent, le premier, l'axe des x, le deuxième, l'axe des y, le troisième, l'axe des z, on aura évidemment

$$(47)\qquad \begin{cases} Ax'+Fy'+Ez'=Ax'',\\ Fx'+By'+Dz'=By'',\\ Ex'+Dy'+Cz'=Cz'',\end{cases}$$

et, par suite,

$$(48)\qquad x = \mathrm{A}x'', \quad y = \mathrm{B}y'', \quad z = \mathrm{C}z''.$$

On remarquera que le point correspondant aux coordonnées x'', y'', z'' sera situé sur la surface d'un troisième ellipsoïde, dont la construction pourra servir à celle de l'ellipsoïde (33), puisqu'on passera de l'un à l'autre, en faisant croître ou décroître l'abscisse x du troisième ellipsoïde dans le rapport de 1 à A, et l'ordonnée y ou z dans le rapport de 1 à B ou de 1 à C.

Dans le cas particulier où les quantités D, E, F s'évanouissent, l'équation (1) se réduit à

$$(49)\qquad \frac{\partial^2 \varpi}{\partial t^2} = \mathrm{A}\frac{\partial^2 \varpi}{\partial x^2} + \mathrm{B}\frac{\partial^2 \varpi}{\partial y^2} + \mathrm{C}\frac{\partial^2 \varpi}{\partial z^2}.$$

Alors aussi l'on tire des formules (13)

$$(50)\qquad \mathrm{G} = \mathrm{A}, \quad \mathrm{H} = \mathrm{B}, \quad \mathrm{J} = \mathrm{C},$$

et des formules (20)

$$(51)\qquad l = x + \mathrm{A}^{\frac{1}{2}} t\cos p, \quad m = y + \mathrm{B}^{\frac{1}{2}} t\sin p\cos q, \quad n = z + \mathrm{C}^{\frac{1}{2}} t\sin p\sin q.$$

Donc la valeur générale de ϖ, déterminée par l'équation (28), devient

$$(52)\qquad \left\{\begin{aligned} \varpi = {} & \frac{1}{4\pi}\int_0^{\pi}\int_0^{2\pi} t\sin p \\ & \times \pi\left(x + \mathrm{A}^{\frac{1}{2}} t\cos p,\ y + \mathrm{B}^{\frac{1}{2}} t\sin p\cos q,\ z + \mathrm{C}^{\frac{1}{2}} t\sin p\sin q\right) dp\,dq \\ & + \frac{1}{4\pi}\frac{\partial}{\partial t}\int_0^{\pi}\int_0^{2\pi} t\sin p \\ & \times \varpi\left(x + \mathrm{A}^{\frac{1}{2}} t\cos p,\ y + \mathrm{B}^{\frac{1}{2}} t\sin p\cos q,\ z + \mathrm{C}^{\frac{1}{2}} t\sin p\sin q\right) dp\,dq. \end{aligned}\right.$$

Alors aussi les axes des deux ellipsoïdes représentés par les équations (33) (43) coïncident en direction avec les axes des x, y, z, et les équations de ces deux ellipsoïdes deviennent respectivement

$$(53)\qquad \frac{x^2}{A}+\frac{y^2}{B}+\frac{z^2}{C}=t^2,$$

$$(54)\qquad Ax'^2+By'^2+Cz'^2=t^2.$$

Ces deux équations résultent l'une et l'autre de la formule (42) combinée avec les formules (40) qui, dans le cas présent, se réduisent à

$$(55)\qquad Ax'=x,\qquad By'=y,\qquad Cz'=z.$$

De plus, l'équation (39), qui détermine la vitesse Ω, donne simplement

$$(56)\qquad \frac{1}{\Omega^2}=\frac{\cos^2\alpha}{A}+\frac{\cos^2 6}{B}+\frac{\cos^2\gamma}{C}.$$

Cela posé, si l'on nomme Ω_1, Ω_2, Ω_3 les valeurs que prend la vitesse Ω, lorsqu'on la mesure suivant l'axe des x, ou suivant l'axe des y, ou suivant l'axe des z, on trouvera

$$(57)\qquad \Omega_1^2=A,\qquad \Omega_2^2=B,\qquad \Omega_3^2=C,$$

et la formule (56) donnera

$$(58)\qquad \frac{1}{\Omega^2}=\frac{\cos^2\alpha}{\Omega_1^2}+\frac{\cos^2 6}{\Omega_2^2}+\frac{\cos^2\gamma}{\Omega_3^2}.$$

Si, D, E, F étant nuls, on suppose de plus

$$A=B=C=a^2,$$

a désignant une quantité positive, la formule (49), réduite à

$$(59)\qquad \frac{\partial^2 8}{\partial t^2}=a^2\left(\frac{\partial^2 8}{\partial x^2}+\frac{\partial^2 8}{\partial y^2}+\frac{\partial^2 8}{\partial z^2}\right),$$

sera celle qui détermine la propagation du son dans un milieu dont l'élasticité reste la même en tous sens. Alors la formule (52) deviendra

$$(60)\quad \left\{\begin{aligned} 8 = {} & \frac{1}{4\pi}\int_0^{\pi}\int_0^{2\pi} t\sin p \\ & \times \pi(x + at\cos p,\ y + at\sin p\cos q,\ z + at\sin p\sin q)\,dp\,dq \\ & + \frac{1}{4\pi}\frac{\partial}{\partial t}\int_0^{\pi}\int_0^{2\pi} t\sin p \\ & \times \varpi(x + at\cos p,\ y + at\sin p\cos q,\ z + at\sin p\sin q)\,dp\,dq, \end{aligned}\right.$$

et les formules (53), (54), (56) deviendront

$$(61)\qquad \frac{x^2 + y^2 + z^2}{a^2} = t^2,$$

$$(62)\qquad a^2(x'^2 + y'^2 + z'^2) = t^2,$$

$$(63)\qquad \Omega = a.$$

Donc l'onde sonore sera une onde sphérique, et la vitesse du son, qui restera la même en tous sens, sera mesurée par la constante a. La formule (60) coïncide avec l'intégrale que M. Poisson a donnée de l'équation (59).

CALCUL DES INDICES DES FONCTIONS.

Journal de l'École Polytechnique, XXVe Cahier, Tome XV, p. 176; 1837.

§ I. C'est dans le Mémoire présenté à l'Académie de Turin, le 17 novembre 1831 (¹), que j'ai fait connaître un nouveau calcul qui peut être fort utilement employé dans la résolution des équations de tous les degrés. Mais, dans le Mémoire dont il s'agit, les principes de ce calcul, que je nomme le *calcul des indices des fonctions,* se trouvent déduits de la considération des intégrales définies. Je me propose ici de montrer comment on peut établir directement ces mêmes principes sans recourir à des formules de calcul intégral.

Soit u une fonction réelle de la variable réelle x, et telle que si l'on fait croître cette variable par degrés insensibles entre deux limites données,

$$x = x_0, \qquad x = X,$$

u varie insensiblement, et ne change jamais de signe sans passer par zéro ou par l'infini. Pour une valeur a de x comprise entre les limites $x = x_0$, $x = X$, et propre à vérifier l'équation

$$\frac{1}{u} = 0, \tag{1}$$

la fonction u passera, en devenant infinie, du négatif au positif, ou

(¹) *Œuvres de Cauchy,* S. II, T. XV.

du positif au négatif, ou bien elle ne changera pas de signe. La quantité $+1$ dans le premier cas, -1 dans le second, zéro dans le troisième sera ce que je nomme *l'indice de la fonction u* pour la valeur donnée x de la variable x; et *l'indice intégral de u*, pris entre les limites

$$x = x_0, \qquad x = X > x_0,$$

ne sera autre chose que la somme des indices correspondant aux diverses racines de l'équation (1) renfermées entre les limites dont il s'agit. Je désignerai cet indice intégral par la notation

$$\mathcal{J}_{x_0}^{X}((u)),$$

l'usage des doubles parenthèses étant ici le même que dans le calcul des résidus. Cela posé, on établira sans peine les propositions suivantes :

THÉORÈME I. — *Soient u une fonction réelle de x qui, entre les limites* $x = x_0$, $x = X$, *ne change jamais de signe sans passer par zéro ou par l'infini, et* u_0, U *les deux valeurs de u correspondant aux valeurs réelles* x_0, X *de la variable x. La somme*

$$\mathcal{J}_{x_0}^{X}((u)) + \mathcal{J}_{x_0}^{X}\left(\left(\frac{1}{u}\right)\right) \tag{2}$$

sera équivalente à zéro si les deux quantités u_0, U *sont de même signe; à* $+1$ *si, la première étant négative, la seconde est positive; à* -1 *si, la première étant positive, la seconde est négative.*

Démonstration. — Si l'on fait croître x par degrés insensibles depuis la limite x_0 jusqu'à la limite X, les seules valeurs de x auxquelles correspondront des indices de u ou de $\frac{1}{u}$, différents de zéro, seront celles pour lesquelles la fonction u ou $\frac{1}{u}$ deviendra infinie en changeant de signe, et à une semblable valeur de x correspondra toujours un indice de u ou de $\frac{1}{u}$ égal à $+1$ si u passe du négatif au positif, et un indice de u ou de $\frac{1}{u}$ égal à -1 si u passe du positif au négatif. Soient maintenant

$$a,\quad b,\quad c,\quad d,\quad \ldots$$

les valeurs successives de x comprises entre les limites x_0, X et pour lesquelles la fonction u devient nulle ou infinie en changeant de signe, c'est-à-dire, en d'autres termes, les racines des deux équations

$$(3) \qquad u = 0, \qquad \frac{1}{u} = 0$$

renfermées entre les limites x_0, X, ces racines étant rangées par ordre de grandeur. Si u_0 est négatif, les indices de u ou de $\frac{1}{u}$ correspondant aux valeurs

$$a,\quad b,\quad c,\quad d,\quad \ldots$$

de la variable x seront respectivement

$$+1,\quad -1,\quad +1,\quad -1,\quad \ldots$$

et, par suite, la somme de ces indices sera equivalente à zéro ou à $+1$, suivant que leur nombre sera pair ou impair, c'est-à-dire, en d'autres termes, suivant que U sera négatif ou positif. Au contraire, si u_0 est positif, les indices de u ou de $\frac{1}{u}$, correspondant aux valeurs

$$a,\quad b,\quad c,\quad d,\quad \ldots$$

de la variable x seront respectivement

$$-1,\quad +1,\quad -1,\quad +1,\quad \ldots,$$

et, par suite, la somme de ces indices sera équivalente à zéro ou à -1, suivant que leur nombre sera pair ou impair, c'est-à-dire, en d'autres termes, suivant que U sera positif ou négatif. Donc, en définitive, l'expression (2) ou la somme des indices des fonctions

$$u,\quad \frac{1}{u}$$

correspondant aux valeurs

$$a, \quad b, \quad c, \quad d, \quad \ldots$$

de la variable x sera équivalente à $+1$, à -1, ou à zéro, suivant que la variable x, en passant brusquement de la valeur x_0 à la valeur X, fera passer la fonction u du négatif au positif ou du positif au négatif, ou cessera de produire dans cette fonction un changement de signe.

En supposant que la fonction réelle u de x ne change jamais de signe, sans passer par zéro ou par l'infini, nous désignerons par la notation

$$\mathcal{J}((u))$$

la somme des indices de u correspondant à toutes les racines de l'équation (1), en sorte que l'on aura identiquement

$$\mathcal{J}((u)) = \mathcal{J}_{-\infty}^{\infty}((u)).$$

Si la fonction u se réduit à la forme $\frac{k}{x}$, k étant une quantité constante, on trouvera

$$\mathcal{J}\left(\left(\frac{k}{x}\right)\right) = \mathcal{J}\frac{k}{((x))} = 1,$$

ou

$$\mathcal{J}\left(\left(\frac{k}{x}\right)\right) = \mathcal{J}\frac{k}{((x))} = -1,$$

suivant que la quantité k sera positive ou négative. Cela posé, le théorème I sera évidemment compris dans la formule

$$(4) \qquad \mathcal{J}_{x_0}^{X}((u)) + \mathcal{J}_{x_0}^{X}\left(\left(\frac{1}{u}\right)\right) = \frac{1}{2}\left[\mathcal{J}\frac{U}{((x))} - \mathcal{J}\frac{u_0}{((x))}\right].$$

Si à la fonction u on substitue le rapport entre deux fonctions données u, v, tellement choisies que chacune d'elles ne change jamais de signe entre les limites $x = x_0$, $x = X$, sans passer par zéro ou par l'infini, alors en nommant u_0, v_0 et U, V les valeurs de ces deux fonctions pour $x = x_0$ et pour $x = X$, on aura, en vertu de la formule (4)

$$(5)\qquad \mathcal{J}_{x_0}^{X}\left(\left(\frac{u}{v}\right)\right)+\mathcal{J}_{x_0}^{X}\left(\left(\frac{v}{u}\right)\right)=\frac{1}{2}\left[\mathcal{J}\frac{U}{V((x))}-\mathcal{J}\frac{u_0}{u_0((x))}\right],$$

ou, ce qui revient au même,

$$\mathcal{J}_{x_0}^{X}\left(\left(\frac{u}{v}\right)\right)+\mathcal{J}_{x_0}^{X}\left(\left(\frac{v}{u}\right)\right)=\frac{1}{2}\left[\mathcal{J}\frac{V}{U((x))}-\mathcal{J}\frac{v_0}{v_0((x))}\right].$$

Lorsque u est algébriquement divisible par v, l'indice intégral

$$\mathcal{J}_{x_0}^{X}\left(\left(\frac{u}{v}\right)\right)$$

est évidemment nul, et la formule (5) donne

$$(6)\qquad \mathcal{J}_{x_0}^{X}\left(\left(\frac{v}{u}\right)\right)=\frac{1}{2}\left[\mathcal{J}\frac{U}{V((x))}-\mathcal{J}\frac{u_0}{v_0((x))}\right].$$

Théorème II. — *Si u, v étant deux fonctions entières de x, et le degré de la première égal ou supérieur au degré de la seconde, on nomme* Q *le quotient et* ϖ *le reste que fournit la division de u par v, on aura*

$$(7)\qquad \mathcal{J}_{x_0}^{X}\left(\left(\frac{u}{v}\right)\right)=\mathcal{J}_{x_0}^{X}\left(\left(\frac{\varpi}{v}\right)\right),$$

quelles que soient les valeurs particulières de x représentées par x_0 et X.

Démonstration. — En effet, dans l'hypothèse admise on aura, quel que soit x,

$$\frac{u}{v}=Q+\frac{\varpi}{v};$$

et, par suite, les rapports

$$\frac{u}{v},\quad \frac{\varpi}{v},$$

dont la différence Q restera toujours finie en même temps que la variable x, deviendront simultanément infinis pour certaines valeurs réelles de x propres à vérifier l'équation

$$(8)\qquad v=0.$$

Soit a l'une de ces valeurs. Quand x différera très peu de a, les deux rapports

$$\frac{u}{v}, \quad \frac{w}{v},$$

offrant des valeurs numériques très considérables, supérieures à celle de Q, seront nécessairement des quantités de même signe. Donc, pour $x=a$, l'indice du rapport $\frac{u}{v}$ sera équivalent à l'indice du rapport $\frac{w}{v}$, et cette équivalence, subsistant pour toutes les racines de l'équation (8), entraînera la formule (7).

De la formule (7) jointe à la formule (5) on tire

$$(9) \qquad \mathcal{J}_{x_0}^{\mathrm{X}}\left(\left(\frac{v}{u}\right)\right)=\frac{1}{2}\left[\mathcal{J}\frac{\mathrm{U}}{\mathrm{V}((x))}-\mathcal{J}\frac{u_0}{v_0((x))}\right]-\mathcal{J}_{x_0}^{\mathrm{X}}\left(\left(\frac{w}{v}\right)\right).$$

En vertu de cette dernière équation, la détermination de l'indice intégral d'une fraction rationnelle $\frac{v}{u}$, entre des limites données, peut être réduite à la détermination de l'indice intégral d'une autre fraction rationnelle $\frac{w}{v}$ dont le numérateur et le dénominateur soient des polynomes de degrés moindres. D'ailleurs, une réduction semblable pourra s'appliquer non seulement à la nouvelle fraction $\frac{w}{v}$, mais encore à toutes les fractions que l'on en déduira successivement, et que l'on formera en divisant l'un par l'autre deux restes consécutifs obtenus dans la recherche du plus grand commun diviseur des deux polynomes u et v. Or, comme l'avant-dernier reste sera exactement divisible par le dernier, c'est-à-dire par le plus grand commun diviseur, la formule (6) fera connaître l'indice de la dernière fraction, duquel se déduiront immédiatement les indices de toutes les autres. Ainsi l'on peut, à l'aide des formules (6) et (9), déterminer l'indice de toute fraction rationnelle. On peut au reste abréger souvent le calcul à l'aide des considérations suivantes :

Si, u étant une fonction entière de la variable x, on désigne par $\mathfrak{G}$ l'accroissement de u correspondant à l'accroissement α de la variable x, la somme $u+6$ pourra être représentée par un polynome ordonné suivant les puissances ascendantes de α et de la forme

$$(10)\qquad u+\alpha u'+\frac{\alpha^2}{1.2}u''+\frac{\alpha^3}{1.2.3}u'''+\ldots,$$

et dans ce polynome les coefficients de

$$\alpha,\quad \frac{\alpha^2}{1.2},\quad \frac{\alpha^3}{1.2.3},\quad \ldots,$$

savoir,

$$u',\quad u'',\quad u''',\quad \ldots,$$

seront de nouvelles fonctions de x que l'on nomme *dérivées de la fonction u*, la dérivée du premier ordre u' n'étant autre chose que la limite vers laquelle converge le rapport

$$(11)\qquad \frac{6}{\alpha}=u'+\frac{\alpha}{1.2}u''+\frac{\alpha^2}{1.2.3}u''',\qquad \ldots;$$

tandis que α s'approche indéfiniment de zéro, et la dérivée $u^{(x)}$ de l'ordre x étant le coefficient de $\frac{\alpha^x}{1.2.3\ldots\ldots x}$ dans le polynome (10). Si l'on suppose, pour fixer les idées,

$$(12)\qquad u=k_0x^m+k_1x^{m-1}+\ldots+k_{m-2}x^2+k_{m-1}x+k_m,$$

$k_0, k_1, \ldots, k_{m-2}, k_{m-1}, k_m$ étant des quantités constantes, on trouvera

$$(13)\quad u+6=k_0(x+\alpha)^m+k_1(x+\alpha)^{m-1}+\ldots+k_{m-2}(x+\alpha)^2+k_{m-1}(x+\alpha)+k_m,$$

et, par suite,

$$(14)\quad \left\{\begin{array}{l} u'=mk_0x^{m-1}+(m-1)k_1x^{m-2}+\ldots+2k_{m-2}x+k_{m-1},\\ u''=(m-1)mk_0x^{m-2}+(m-2)(m-1)k_1x^{m-3}+\ldots+1.2k_{m-2},\\ \ldots\ldots\ldots\ldots\ldots\ldots\ldots\ldots\ldots\ldots\ldots\ldots\ldots\ldots\ldots\ldots \end{array}\right.$$

Or il résulte des formules (14) : 1° que l'on obtiendra la dérivée du premier ordre u' en multipliant chaque terme de la fonction u par l'exposant de x dans ce terme, et diminuant ce même exposant d'une unité; 2° que, pour obtenir les dérivées de u des divers ordres, il suffit de former successivement diverses fonctions dont chacune soit la dérivée de la précédente, la première étant la dérivée de u.

Concevons maintenant que le degré de la fonction entière u étant égal ou supérieur à m, u s'évanouisse pour une valeur donnée a de la variable x, et que $u^{(m)}$ soit alors le premier des termes de la suite

$$(15) \qquad u, \quad u', \quad u'', \quad \ldots, \quad u^{(m)}, \quad u^{(m+1)}, \quad \ldots$$

qui ne se réduise pas à zéro; si l'on nomme

$$A_m, \quad A_{m+1}, \quad A_{m+2}, \quad \ldots$$

les valeurs des fonctions

$$\frac{u^{(m)}}{1.2.\ldots.m}, \quad \frac{u^{(m+1)}}{1.2.\ldots.m(m+1)}, \quad \frac{u^{(m+2)}}{1.2.\ldots.m(m+1)(m+2)}, \quad \ldots$$

pour $x = a$, la valeur de u correspondant à

$$(16) \qquad x = a + \alpha$$

sera

$$A_m \alpha^m + A_{m+1} \alpha^{m+1} + A_{m+2} \alpha^{m+2} + \ldots;$$

par conséquent, l'équation (16) entraînera la suivante

$$(17) \qquad u = A_m \alpha^m + A_{m+1} \alpha^{m+1} + A_{m+2} \alpha^{m+2} + \ldots,$$

de sorte que l'on aura identiquement

$$u = A_m (x-a)^m + A_{m+1}(x-a)^{m+1} + A_{m+2}(x-a)^{m+2} + \ldots,$$

ou, ce qui revient au même,

$$(18) \qquad u = (x-a)^m [A_m + A_{m+1}(x-a) + A_{m+2}(x-a)^2 + \ldots].$$

Alors l'équation

$$(19) \qquad u = 0$$

pouvant être décomposée en deux autres, savoir

$$(x-a)^m = 0, \qquad \text{et} \qquad A_m + A_{m+1}(x-a) + A_{m+2}(x-a)^2 + \ldots = 0,$$

devra être considérée comme admettant m racines égales dont a sera la valeur commune. Ajoutons que, pour des valeurs de x très rapprochées de a, le rapport

$$\frac{u}{(x-a)^m} \tag{20}$$

sera, en vertu de la formule (18), une quantité finie, mais différente de zéro, affectée du même signe que A_m, par conséquent du même signe que u_m. Cela posé, on démontrera sans peine la proposition suivante :

Théorème III. — *Soient u, v deux fonctions réelles et entières de x, et supposons que les deux équations*

$$u=0, \tag{19}$$

$$v=0, \tag{8}$$

offrent la première m racines, la seconde n racines, égales et réelles, dont a soit la valeur commune. L'indice de la fraction

$$\frac{v}{u} \tag{21}$$

correspondant à $x=a$ sera zéro, si la différence $m-n$ est paire ou négative. Mais, si cette différence est impaire et positive, le même indice sera $+1$ ou -1, suivant que la valeur du rapport

$$\frac{v^{(n)}}{u^{(m)}} \tag{22}$$

correspondant à $x=a$ sera positive ou négative.

Démonstration. — Dans l'hypothèse admise, si l'on attribue à x une valeur très rapprochée de a, les deux fractions

$$\frac{u}{(x-a)^m}, \quad \frac{v}{(x-a)^n} \tag{23}$$

acquerront des valeurs finies, mais différentes de zéro, dont la première sera une quantité affectée du même signe que $u^{(m)}$, et la seconde une quantité affectée du même signe que $v^{(n)}$. Par suite le quotient qu'on obtient en divisant la seconde fraction par la première, savoir

$$\frac{v}{u}(x-a)^{m-n},$$

sera, pour des valeurs de x infiniment rapprochées de a, une quantité finie, mais différente de zéro et affectée du même signe que le rapport

$$\frac{v^{(n)}}{u^{(m)}}.$$

Donc alors la valeur de

$$\frac{v}{u}$$

sera infiniment petite, finie, ou infiniment grande, en même temps que le produit

$$\frac{v^{(n)}}{u^{(m)}}\,\frac{1}{(x-a)^{m-n}}. \tag{24}$$

Or, si la différence $x - a$ vient à changer de signe en passant par zéro, le produit (24) ne pourra changer de signe en passant par l'infini qu'autant que la différence $m - n$ sera impaire et positive et, dans ce cas, le produit (24) passera du négatif au positif ou du positif au négatif, suivant que la valeur du rapport

$$\frac{v^{(m)}}{u^{(n)}}$$

correspondant à $x = a$ sera positive ou négative. Donc l'indice de la fraction (21) s'évanouira si la différence $m - n$ est paire ou négative, et cet indice deviendra $+1$ ou -1 lorsque la différence $m - n$ sera impaire et positive, suivant que le rapport $\frac{v^{(n)}}{u^{(m)}}$ deviendra positif ou négatif pour $x = a$.

Corollaire. — Si a est une racine simple de l'équation (19), sans être racine de l'équation (8), l'indice de la fraction

$$\frac{v}{u}$$

correspondant à $x = a$, sera $+1$ ou -1, suivant que le rapport

$$\frac{v}{u'}$$

acquerra, pour $x = a$, une valeur positive ou négative.

Lorsque u, v désignant des fonctions réelles et entières de x, la forme de la fonction u est telle qu'on puisse facilement déterminer les racines de $u = 0$ renfermées entre les limites x_0, X, le théorème III fournit le moyen de calculer immédiatement l'indice correspondant à chacune de ces racines et, par suite, l'indice intégral

$$\mathcal{J}_{x_0}^{X}\left(\left(\frac{v}{u}\right)\right).$$

Dans le cas contraire on peut, en recourant à la formule (9), remplacer la fraction $\frac{v}{u}$ par une fraction $\frac{w}{v}$, et continuer ainsi jusqu'à ce que l'on parvienne à une nouvelle fraction dont l'indice intégral entre les limites x_0, X puisse être facilement déterminé à l'aide du théorème III. On peut aussi poursuivre le calcul jusqu'à la fraction qui a pour numérateur le plus grand commun diviseur des deux polynomes u, v, fraction dont l'indice sera immédiatement déterminé par la formule (6), et alors on déduira sans peine de la formule (9) le théorème suivant :

Théorème IV. — *Soit*

$$(25) \qquad u, \quad v, \quad v_2, \quad v_3, \quad \ldots, \quad v_{r-1}, \quad v_r$$

une suite de fonctions entières de x tellement choisies que, de trois termes consécutifs de la suite (25), *le troisième soit toujours égal au reste de la division du premier par le second, ce reste étant pris en signe contraire.*

— $v_2 = w$ sera le reste de la division de u par v, $\pm v_r$ sera le plus grand commun diviseur algébrique des polynomes u, v, et, pour déterminer l'indice de la fraction

$$\frac{v}{u}$$

entre les limites $x = x_0$, $x = X$, il suffira de comparer deux à deux, sous le rapport des signes, les termes qui se suivront immédiatement dans la suite (25), en supposant que l'on attribue à la variable x : 1° la valeur x_0, 2° la valeur X, puis de compter les variations de signe et les permanences de signe que la suite (25) offrira dans chacune de ces deux hypothèses. Si l'on nomme μ le nombre des variations de signe qui se changeront en permanences, et ν le nombre des permanences qui se changeront en variations dans le passage de la première hypothèse à la seconde, l'indice de la fraction

$$\frac{v}{u}$$

pris entre les limites $x = x_0$, $x = X$ sera équivalent à la différence entre les deux nombres μ et ν, en sorte que l'on aura

$$\mathcal{J}_{x_0}^{X}\left(\left(\frac{v}{u}\right)\right) = \mu - \nu. \tag{26}$$

Si à la fraction $\frac{v}{u}$ on substitue la suivante

$$\frac{u'}{u},$$

et si l'on suppose toujours que, a étant racine de l'équation

$$u = 0,$$

$u^{(m)}$ soit le premier terme de la suite

$$u, \quad u', \quad u''. \quad \ldots, \quad u^{(m)}, \quad u^{(m+1)}, \quad \ldots$$

qui ne s'évanouisse pas avec $x - a$, les deux équations

$$u = 0, \tag{19}$$
$$u' = 0 \tag{27}$$

admettront, la première m racines, la seconde $m - 1$ racines égales à a, et, comme la dérivée de l'ordre m de u sera en même temps la dérivée de l'ordre $m - 1$ de u', on conclura du théorème III que l'indice de $\frac{u'}{u}$ se réduit à l'unité pour chaque valeur réelle de x propre à vérifier l'équation $u = 0$. Par suite, si l'on nomme N le nombre des racines réelles mais distinctes de $u = 0$, renfermées entre les limites $x = x_0$, $x = X$, on aura

$$\text{(28)} \qquad N = \mathcal{J}_{x_0}^{X}\left(\left(\frac{u'}{u}\right)\right).$$

Si l'on veut obtenir le nombre total des racines réelles de l'équation (19), il suffira de poser, dans la formule (28), $x_0 = -\infty$, $X = \infty$, ou même simplement

$$x_0 = -R, \qquad X = R,$$

R désignant un nombre supérieur aux modules de toutes les racines. On pourra donc, à l'aide de la formule (28), déterminer le nombre des racines réelles d'une équation, ou plus généralement le nombre de celles de ces racines qui se trouvent comprises entre des limites données. Ajoutons que, si plusieurs racines sont renfermées entre les deux limites x_0, X, on pourra, entre ces deux limites, interposer une troisième valeur de x équivalente à leur moyenne arithmétique $\frac{x_0 + X}{2}$, et déterminer le nombre des racines comprises : 1° entre $x = x_0$ et $x = \frac{x_0 + X}{2}$; 2° entre $x = \frac{x_0 + X}{2}$ et $x = X$; par conséquent, entre deux nouvelles limites dont la différence sera la moitié de la différence des deux premières. Or, en continuant de la sorte à resserrer les limites qui renferment les racines réelles, on finira par obtenir une suite de valeurs de x croissantes et tellement choisies que deux termes consécutifs ne comprennent jamais entre eux plus d'une valeur réelle de x propre à vérifier l'équation donnée.

Si l'on voulait obtenir le nombre des racines positives de l'équation (19), il suffirait de poser $x_0 = 0$ et $X = \infty$ ou $X = R$, dans la formule (28), qui serait ainsi réduite à

$$(29) \qquad N = \mathcal{J}_0^\infty\left(\left(\frac{u'}{u}\right)\right),$$

ou

$$(30) \qquad N = \mathcal{J}_0^R\left(\left(\frac{u'}{u}\right)\right).$$

Si l'on nomme u_0, u'_0 et U, U' les valeurs des deux fonctions u, u' pour $x = x_0$ et pour $x = X$, on tirera de la formule (28) jointe à la formule (9),

$$(31) \qquad N = \frac{1}{2}\left[\mathcal{J}\frac{U}{U'((x))} - \mathcal{J}\frac{u_0}{u'_0((x))}\right] - \mathcal{J}_{x_0}^X\left(\left(\frac{u}{u'}\right)\right).$$

Dans le cas particulier où l'on suppose $x_0 = 0$, $X = \infty$, le rapport

$$\frac{U}{U'}$$

acquiert une valeur infinie, mais positive, et l'on a, par suite,

$$\mathcal{J}\frac{U}{U'((x))} = 1.$$

Alors aussi, u_0, u'_0 n'étant autre chose que le terme constant et le coefficient de la première puissance de x dans la fonction u, l'indice

$$\mathcal{J}\frac{u_0}{u'_0((x))}$$

sera équivalent à $+1$ ou à -1 suivant que le système des deux derniers termes de u offrira une permanence ou une variation de signes. Enfin l'expression

$$-\mathcal{J}_{x_0}^X\left(\left(\frac{u}{u'}\right)\right)$$

réduite à

$$-\mathcal{J}_0^\infty\left(\left(\frac{u}{u'}\right)\right)$$

ne pourra surpasser le nombre des racines réelles de l'équation (27).

Cela posé, on déduira immédiatement de la formule (31) la proposition suivante :

Théorème V. — *Le nombre des racines positives de l'équation* $u = 0$ *ne pourra surpasser que d'une unité le nombre des racines positives de l'équation dérivée* $u' = 0$, *et dans le cas seulement où le système des deux derniers termes de la fonction* u *offrira une variation de signe.*

Corollaire. — On prouvera de même que le nombre des racines de l'équation dérivée du premier ordre $u' = 0$ ne peut surpasser que d'une unité le nombre des racines positives de l'équation dérivée du second ordre $u'' = 0$, et dans le cas seulement où le système des deux derniers termes de u', par conséquent le système des deux termes qui précèdent le dernier dans u, offre une variation de signe. Donc le nombre des racines positives de $u = 0$ surpassera d'une ou de deux unités au plus le nombre des racines positives de $u'' = 0$, et dans le cas seulement où le système des trois derniers termes de u offrira une ou deux variations de signe. En continuant ainsi, on finira par établir la règle des signes de Descartes comprise dans le théorème dont voici l'énoncé :

Théorème VI. — *Le nombre des racines positives d'une équation* $u = 0$, *dans laquelle* u *désigne une fonction entière de* x, *ne peut surpasser le nombre des variations de signe qu'on obtient en comparant deux à deux les termes qui se succèdent immédiatement dans la fonction* u. *Le nombre des racines négatives ne peut surpasser le nombre des permanences de signe fournies par le même procédé.*

Nota. — Après avoir établi, comme on l'a expliqué ci-dessus, la première partie du théorème VI, il suffira, pour déduire la seconde partie de la première, de remplacer x par $-x$.

Observons encore que, si, dans la fonction u, les coefficients de plusieurs puissances de la variable x se réduisent à zéro, il suffira, pour qu'ils cessent de s'évanouir, de remplacer x par $x \pm \varepsilon$, ε désignant un nombre infiniment petit. On s'assure aisément de cette manière que, dans l'application du théorème de Descartes, on peut ne tenir aucun compte des termes qui disparaissent.

Si, dans le théorème III, on remplace la fraction $\frac{v}{u}$ par la suivante :

$$\frac{u'x}{u},$$

et si l'on pose en même temps $x_0 = -\infty$, $X = \infty$, on trouvera

$$\mathcal{J}_{-\infty}^{\infty}\left(\left(\frac{u'x}{u}\right)\right) = N - M,$$

N désignant le nombre des racines réelles positives et M le nombre des racines réelles négatives, puis on conclura des formules (9) et (31)

$$N - M = -\mathcal{J}_{-\infty}^{\infty}\left(\left(\frac{u}{u'x}\right)\right). \tag{32}$$

La formule (32) s'accorde avec un théorème à l'aide duquel j'ai démontré le premier que, pour une équation de degré quelconque, on peut trouver des fonctions rationnelles des coefficients dont les signes fassent connaître le nombre des racines réelles positives et le nombre des racines réelles négatives.

Si l'on combine la formule (28) avec le théorème IV, on obtiendra le beau théorème dû à M. Charles Sturm.

Théorème VII. — *Soit*

$$u,\quad u',\quad u_2,\quad u_3,\quad \ldots,\quad u_{r-1},\quad u_r, \tag{33}$$

une suite de fonctions entières de x tellement choisies que de trois termes consécutifs de la suite (33) *le troisième soit toujours égal, abstraction faite des signes, au reste de la division algébrique du premier par le deuxième, mais affecté d'un signe contraire au signe de ce reste.* $\pm u_r$ *sera le plus grand commun diviseur algébrique des deux polynomes u, u', et le nombre des permanences de signes qu'offriront les termes de la suite* (33), *pris consécutivement et comparés deux à deux, ne pourra que croître pour des valeurs croissantes de x. Or l'accroissement que recevra le nombre* *dont il s'agit dans le passage d'une limite donnée $x = x_0$ à une limite plus considérable $x = \mathrm{X}$ sera précisément le nombre des racines distinctes de $u = 0$ renfermées entre ces limites.*

Nota. — On peut sans inconvénient substituer aux restes des divisions successivement opérées les produits de ces restes par des nombres entiers quelconques, ce qui permettra de faire disparaître les diviseurs numériques dans les polynomes $u_2, u_3, \ldots, u_{r-1}, u_r$ lorsque les coefficients des diverses puissances de x dans la fonction u seront des nombres entiers.

En s'appuyant sur les principes ci-dessus exposés, on pourrait encore étendre le calcul des indices à la détermination des racines imaginaires des équations, ainsi qu'à la résolution des équations simultanées, et démontrer en particulier la proposition suivante :

Théorème VIII. — *Soient $f(x, y)$, $\mathrm{F}(x, y)$ deux fonctions de x, y, qui restent continues, entre les limites $x = x_0$, $x = \mathrm{X}$; $y = y_0$, $y = \mathrm{Y}$. Nommons $\varphi(x, y)$, $\Phi(x, y)$ les dérivées de ces fonctions relatives à x, et $\chi(x, y)$, $\mathrm{X}(x, y)$ leurs dérivées relatives à y. Enfin, soit N le nombre des différents systèmes de valeurs de x, y, propres à vérifier les équations simultanées $f(x, y) = 0$, $\mathrm{F}(x, y) = 0$, et comprises entre les limites ci-dessus énoncées. On aura*

$$\mathrm{N} = \frac{1}{2}\left[\mathcal{J}_{x_0}^{\mathrm{X}}((\Psi(x, \mathrm{Y}))) - \mathcal{J}_{x_0}^{\mathrm{X}}((\Psi(x, y_0))) - \mathcal{J}_{y_0}^{\mathrm{Y}}((\Psi(x_0, y))) + \mathcal{J}_{y_0}^{\mathrm{Y}}(\Psi((\mathrm{X}, y)))\right]$$

en supposant

$$\Psi(x, y) = \frac{\Phi(x, y)\chi(x, y) - \varphi(x, y)\mathrm{X}(x, y)}{\mathrm{F}(x, y)} f(x, y).$$

§ II. En 1833, pressé par le temps, je n'ai pu qu'indiquer les applications de la théorie aux racines imaginaires des équations à une seule inconnue, et aux équations simultanées; je vais appliquer aujourd'hui le calcul des indices à ces mêmes objets en suivant la méthode qui me paraît la plus directe.

LEMME I. — *Soient x, y deux variables que nous considérerons comme représentant deux coordonnées rectangulaires, et*

$$u = F(x, y) \tag{1}$$

une fonction de ces variables qui reste finie et continue pour tous les points (x, y) situés dans l'intérieur du contour fermé OS. *Les valeurs de u correspondant à deux de ces points*

$$P \text{ et } Q$$

seront des quantités de même signe, si l'on peut joindre ces deux points par une nouvelle courbe PQ *qui, renfermée dans l'intérieur du contour* OS, *ne rencontre pas celle que représente l'équation*

$$u = F(x, y) = 0. \tag{2}$$

Démonstration. — Comme, dans l'hypothèse admise, la fonction u variera par degrés insensibles, tandis que l'on passera sur la nouvelle courbe du point P au point Q, il est clair que cette fonction, ne pouvant s'évanouir, ne pourra non plus changer de signe.

Corollaire I. — Il suit du lemme précédent que, dans l'hypothèse admise, l'aire terminée par le contour OS sera divisée, par la courbe ou par les diverses branches de courbe que représente l'équation (2), en deux ou plusieurs parties, dans chacune desquelles la fonction

$$u = F(x, y)$$

conservera partout le même signe.

LEMME II. — *La fonction u et ses dérivées du premier ordre $\frac{\partial u}{\partial x}$, $\frac{\partial u}{\partial y}$ étant supposées continues pour tous les points situés dans l'intérieur du contour* OS, *et l'aire terminée par ce contour se trouvant divisée en deux ou plusieurs portions par la courbe ou les branches de courbe que représente l'équation* (2), *si l'on passe d'une de ces portions à une portion voisine en traversant la courbe dont il s'agit ou l'une de ses branches, la fonc-*

tion u changera nécessairement de signe, à moins que l'on n'ait simultanément en chaque point de cette branche

$$\frac{\partial u}{\partial x} = 0, \qquad \frac{\partial u}{\partial y} = 0. \tag{3}$$

Démonstration. — En effet, si l'on coupe la branche dont il s'agit en un point K par une droite qui forme l'angle ϖ avec le demi-axe des x positives, la fonction u, nulle au point K, ne pourra conserver le même signe de part et d'autre de ce point, sans devenir en ce même point un maximum ou un minimum, c'est-à-dire sans que l'on ait

$$\frac{\partial u}{\partial x} + \frac{\partial u}{\partial y}\frac{dy}{dx} = \frac{\partial u}{\partial x} + \frac{\partial u}{\partial y}\operatorname{tang}\varpi = 0,$$

quel que soit d'ailleurs l'angle ϖ, et, par suite,

$$\frac{\partial u}{\partial x} = 0, \qquad \frac{\partial u}{\partial y} = 0. \tag{3}$$

LEMME III. — *Si un point C, dans le voisinage duquel la fonction $u = F(x, y)$ et ses dérivées du premier ordre $\frac{\partial u}{\partial x}$, $\frac{\partial u}{\partial y}$ restent finies et continues, est, dans la courbe représentée par l'équation* (2), *un point isolé, ou un point d'arrêt, ou un point saillant* (*voir* les Applications du Calcul différentiel) [1], *les coordonnées de ce point vérifieront les formules* (3).

Démonstration. — En effet, dans ces trois hypothèses, on pourra, par le point C, faire passer une droite telle que, dans le voisinage de ce point, on ne puisse trouver, d'un côté de cette droite, ou des deux côtés à la fois, aucun point qui appartienne à la courbe dont il s'agit. En conséquence, deux points situés sur la droite, de part et d'autre du point C et à de très petites distances, pouvant être joints l'un à l'autre par une nouvelle courbe très peu étendue et qui ne rencontre pas la première, les valeurs de u correspondant à ces deux points seront des quantités de même signe (lemme I). Donc la valeur de u, variable

(1) *Œuvres de Cauchy*, S. II, t. V.

d'un point à un autre sur la droite dont il s'agit, deviendra encore au point C un maximum ou un minimum, et l'on en conclura, comme dans le lemme II, que les coordonnées du point C vérifient les formules (3).

Lemme IV. — *Si la courbe représentée par l'équation* (2) *offre un point multiple* C, *c'est-à-dire un point dans lequel se réunissent deux ou plusieurs branches de cette courbe, les coordonnées de ce point vérifieront les formules* (3).

Démonstration. — En effet, considérons deux branches de courbe qui se réunissent au point C, et coupons ces deux branches dans le voisinage du point C par une droite PQ qui forme l'angle ϖ avec le demi-axe des x positives. On pourra satisfaire à l'équation (2), non seulement en prenant pour x, y les coordonnées du point P où la droite PQ rencontrera la première branche de courbe, mais encore en substituant aux coordonnées x, y celles du point Q situé sur la seconde branche, que je supposerai désignées par

$$x + \Delta x, \qquad y + \Delta y,$$

la différence finie Δy étant de la forme

$$\Delta y = \operatorname{tang}\varpi\, \Delta x. \tag{4}$$

Cela posé, en nommant $u + \Delta u$ ce que devient la fonction u quand on y fait croître x de Δx et y de Δy, on aura non seulement

$$u = 0,$$

mais encore

$$u + \Delta u = 0,$$

et, par suite,

$$\Delta u = 0 \quad \text{et} \quad \frac{\Delta u}{\Delta x} = 0; \tag{5}$$

puis, en supposant que la droite PQ se rapproche indéfiniment du point C, et qu'en conséquence Δx converge vers la limite zéro, on tirera des formules (4), (5)

$$\frac{dy}{dx} = \operatorname{tang}\varpi, \qquad \frac{\partial u}{\partial x} + \frac{\partial u}{\partial y}\frac{dy}{dx} = 0.$$

De ces dernières on déduit immédiatement l'équation

$$\frac{\partial u}{\partial x} + \frac{\partial u}{\partial y}\operatorname{tang}\varpi = 0, \tag{6}$$

qui, devant subsister pour diverses valeurs de l'angle ϖ, entraînera les formules (3).

Corollaire I. — En raisonnant toujours de la même manière, et supposant réunies au point C non plus deux, mais trois branches de courbe, alors, outre l'équation (6), on obtiendrait la suivante

$$\frac{\partial^2 u}{\partial x^2} + 2\frac{\partial^2 u}{\partial x\,\partial y}\operatorname{tang}\varpi + \frac{\partial^2 u}{\partial y^2}\operatorname{tang}^2\varpi = 0, \tag{7}$$

laquelle, devant subsister indépendamment de la valeur attribuée à l'angle ϖ, entraînerait les conditions

$$\frac{\partial^2 u}{\partial x^2} = 0, \qquad \frac{\partial^2 u}{\partial x\,\partial y} = 0, \qquad \frac{\partial^2 u}{\partial y^2} = 0. \tag{8}$$

Corollaire II. — En général, la réunion de n branches de courbe en un point multiple C entraînera les conditions

$$\left\{\begin{array}{llll} \dfrac{\partial u}{\partial x} = 0, & \dfrac{\partial u}{\partial y} = 0, & & \\ \dfrac{\partial^2 u}{\partial x^2} = 0, & \dfrac{\partial^2 u}{\partial x\,\partial y} = 0, & \dfrac{\partial^2 u}{\partial y^2} = 0, & \\ \ldots\ldots, & \ldots\ldots, & \ldots\ldots, & \\ \dfrac{\partial^n u}{\partial x^n} = 0, & \dfrac{\partial^n u}{\partial x^{n-1}\,\partial y} = 0, & \ldots\ldots, & \dfrac{\partial^n u}{\partial y^n} = 0, \end{array}\right. \tag{9}$$

qui devront toutes se vérifier pour les coordonnées x, y du point dont il s'agit.

LEMME V. — *Les variables x, y représentant des coordonnées rectangu-*

laires, et les deux fonctions

$$u = \mathrm{F}(x, y), \qquad v = f(x, y),$$

étant supposées continues dans le voisinage du point C, *qui répond à un système donné de valeurs de* x, y, *si les deux courbes représentées par l'équation* (3) *et par la suivante*

$$(10) \qquad v = 0 \quad \text{ou} \quad f(x, y) = 0$$

se touchent au point C, *on aura en ce point*

$$(11) \qquad \frac{\partial v}{\partial x}\frac{\partial u}{\partial y} - \frac{\partial v}{\partial y}\frac{\partial u}{\partial x} = 0.$$

Démonstration. — En effet, si les deux courbes représentées par les équations (2) et (10) ont au point C une tangente commune, leurs équations différentielles, savoir

$$\frac{\partial u}{\partial x}dx + \frac{\partial u}{\partial y}dy = 0, \qquad \frac{\partial v}{\partial x}dx + \frac{\partial v}{\partial y}dy = 0,$$

devront fournir pour ce point la même valeur de $\frac{dy}{dx}$. Or cette condition entraînera immédiatement la formule (11).

Théorème I. — *Soit* $u = \mathrm{F}(x)$ *une fonction réelle de la variable* x. *Si* $x = a$ *représente une racine simple de l'équation*

$$(1) \qquad u = 0 \quad \text{ou} \quad \mathrm{F}(x) = 0,$$

l'indice de $\frac{1}{u}$, *correspondant à* $x = a$, *et représenté par la notation*

$$\mathcal{J}\frac{x-a}{u((x-a))}$$

sera $+1$ *ou* -1, *suivant que la fonction dérivée* u' *acquerra pour* $x = a$ *une valeur positive ou négative.*

Démonstration. — En effet, l'indice dont il s'agit sera $+1$ ou -1, suivant que la fonction u, en passant par zéro, sera croissante ou décroissante pour des valeurs croissantes de x. On sait d'ailleurs qu'une fonction de x croît ou décroît pour des valeurs croissantes de x, suivant que sa dérivée est positive ou négative. (*Voir* le *Calcul différentiel.*)

Corollaire I. — Les mêmes choses étant posées que dans le théorème I, si v désigne une seconde fonction de x qui ne devienne point nulle ni infinie pour $x = a$, l'indice du rapport

$$\frac{1}{uv},$$

correspondant à $x = a$, offrira le signe de la fonction dérivée

$$\frac{d(uv)}{dx} = uv' + u'v,$$

qui, en vertu de l'équation $u = 0$, se réduira au produit $u'v$, pourvu que v' conserve une valeur finie.

Corollaire II. — Si, dans le corollaire précédent, on remplace v par $\frac{1}{v}$, on en conclura que l'indice du rapport

$$\frac{v}{u},$$

correspondant à $x = a$, offre le signe de la fonction

$$\frac{v}{u'},$$

lorsque v et v' obtiennent, pour $x = a$, des valeurs finies différentes de zéro.

Cette conclusion s'accorde avec le théorème III du Mémoire de 1833 [1].

Théorème II. — *Soient, comme au lemme I, x, y deux variables que nous considérerons comme représentant deux coordonnées rectangulaires,*

$$u = F(x, y)$$

[1] *Œuvres de Cauchy*, S. II, t. XV.

une fonction réelle de ces deux variables et

$$x = a, \qquad y = b$$

un des systèmes de valeurs de x, y *propres à vérifier l'équation*

$$u = 0 \quad \text{ou} \quad F(x, y) = 0. \tag{2}$$

Traçons d'ailleurs autour du point C, *dont les coordonnées sont* a *et* b, *une courbe fermée* OS *dont la longueur totale soit désignée par* c, *et nommons* s *l'arc de cette courbe compté positivement à partir d'un point fixe* O *jusqu'à un point mobile* S *qui ait autour du point* C *un mouvement de rotation direct. Pour chacun des points situés sur la courbe* OS, x, y, *et par suite* u, *pourront être considérés comme fonctions de la variable* s. *Cela posé, si la courbe fermée* OS *est traversée en divers points par celle que représente l'équation* (2), *l'indice de la fonction* $\frac{1}{u}$, *correspondant à chacun de ces points, offrira le même signe que la fonction dérivée* $\frac{du}{ds}$.

Démonstration. — Le théorème II est une conséquence immédiate du théorème I et suppose qu'en chacun des points où la courbe OS est rencontrée par celle que représente l'équation (2) cette dernière équation, exprimée à l'aide de la seule variable s, n'offre point de racines égales.

Corollaire I. — Les mêmes choses étant posées que dans le théorème II, si l'on désigne par $v = f(x, y)$ une seconde fonction de x, y, l'indice du rapport $\frac{1}{uv}$, correspondant à l'un des points de rencontre de la courbe fermée OS et de celle que représente l'équation (2), offrira le même signe que la fonction dérivée

$$\frac{d(uv)}{ds} = u\frac{dv}{ds} + v\frac{du}{ds}.$$

Corollaire II. — Si, dans le corollaire précédent, on remplace v par $\frac{1}{v}$, on en conclura que l'indice du rapport $\frac{v}{u}$, correspondant à l'un des points de rencontre de la courbe OS et de celle que représente l'équation (2), offre le même signe que la fonction dérivée

$$\frac{d\left(\frac{u}{v}\right)}{ds} = \frac{1}{v^2}\left(v\frac{du}{ds} - u\frac{dv}{ds}\right),$$

par conséquent le même signe que la différence

$$v\frac{du}{ds} - u\frac{dv}{ds}. \tag{12}$$

Théorème III. — *Les mêmes choses étant posées que dans le théorème II, désignons par $v = f(x, y)$ une seconde fonction de x, y. Admettons d'ailleurs que les deux fonctions u, v soient non seulement finies, mais continues et la seconde différente de zéro, pour tout point situé sur le contour* OS; *alors, en supposant u et v exprimés sur le contour* OS *en fonction de la seule variable s, on aura*

$$\mathcal{J}_0^c\left(\left(\frac{v}{u}\right)\right) = 0. \tag{13}$$

Démonstration. — La fonction v conservera le même signe pour tous les points du contour OS, puisqu'elle y reste finie et continue sans jamais s'évanouir. Cela posé, concevons que l'extrémité de l'arc s, ou le point S, fasse le tour de la courbe OS avec un mouvement de rotation direct; pendant ce mouvement, le rapport $\frac{v}{u}$ des deux fonctions continues v et u ne pourra changer de signe qu'en passant par l'infini, et passera évidemment autant de fois du positif au négatif que du négatif au positif. Donc, parmi les indices de ce rapport qui différeront de zéro, le nombre de ceux qui se réduiront à -1 sera égal au nombre de ceux qui se réduiront à $+1$. Donc la somme de ces indices ou l'indice intégral de $\frac{v}{u}$ sera nul et vérifiera la formule (3).

Corollaire I. — En prenant $v = 1$, on réduit le théorème III à la proposition suivante :

Si la fonction $u = F(x, y)$ reste finie et continue pour tous les points situés sur le contour OS, alors, en considérant u comme fonction de la seule variable s, on aura

$$\mathcal{J}_0^c\left(\left(\frac{1}{u}\right)\right) = 0. \tag{14}$$

Corollaire II. — Soient $u = F(x, y)$ et $v = f(x, y)$ deux fonctions dont chacune reste non seulement finie, mais continue sur le contour OS, et puisse d'ailleurs s'évanouir en quelques points de ce contour. Alors, en considérant u et v comme fonctions de la seule variable s, on aura, d'après le corollaire I,

$$\mathcal{J}_0^c\left(\left(\frac{1}{uv}\right)\right) = 0,$$

et, par conséquent,

$$\mathcal{J}_0^c\left(\left(\frac{u^2 + v^2}{uv}\right)\right) = 0. \tag{15}$$

Comme on aura d'autre part

$$\frac{u^2 + v^2}{uv} = \frac{u}{v} + \frac{v}{u},$$

l'équation (15) pourra s'écrire ainsi [1]

$$\mathcal{J}_0^c\left(\left(\frac{u}{v}\right)\right) + \mathcal{J}_0^c\left(\left(\frac{v}{u}\right)\right) = 0. \tag{16}$$

Corollaire III. — Soient u, v, w trois fonctions de x, y, dont chacune reste non seulement finie, mais continue sur le contour OS, et puisse d'ailleurs s'évanouir en quelques points de ce contour; alors, en considérant u, v, w comme fonctions de la seule variable s, on aura, d'après le corollaire I,

$$\mathcal{J}_0^c\left(\left(\frac{1}{uvw}\right)\right) = 0,$$

[1] La méthode à l'aide de laquelle on démontre ici la formule (16) pourrait servir pareillement à établir la formule (5) du paragraphe Ier.

et, par conséquent,

$$(17)\qquad \mathcal{J}_0^c\left(\left(\frac{v^2w^2+w^2u^2+u^2v^2}{uvw}\right)\right)=0.$$

Comme on aura d'autre part

$$\frac{v^2w^2+w^2u^2+u^2v^2}{uvw}=\frac{vw}{u}+\frac{wu}{v}+\frac{uv}{w},$$

l'équation (17) pourra s'écrire ainsi

$$(18)\qquad \mathcal{J}_0^c\left(\left(\frac{vw}{u}\right)\right)+\mathcal{J}_0^c\left(\left(\frac{wu}{v}\right)\right)+\mathcal{J}_0^c\left(\left(\frac{uv}{w}\right)\right)=0.$$

Corollaire IV. — Des formules analogues aux équations (16) et (18) pourraient être facilement démontrées si le nombre des fonctions u, v, w, ... devenait supérieur à trois.

THÉORÈME IV. — *Les mêmes choses étant posées que dans le théorème II, désignons par $v=f(x,y)$ une seconde fonction de x, y, et admettons que les deux fonctions u, v restent finies et continues, ainsi que leurs dérivées du premier ordre,*

$$\frac{\partial u}{\partial x},\quad \frac{\partial u}{\partial y},\quad \frac{\partial v}{\partial x},\quad \frac{\partial v}{\partial y},$$

pour tous les points renfermés dans l'intérieur du contour OS. *Supposons de plus que, dans cet intérieur, les deux courbes représentées par les équations* (2) *et* (10) *se réduisent chacune à une seule branche* GCH *ou* ICJ *qui rencontre le contour* OS *en deux points* G, H *ou* I, J; *que ces deux courbes s'y rencontrent elles-mêmes en un seul point* C; *enfin que les fonctions dérivées*

$$\frac{\partial u}{\partial x},\quad \frac{\partial u}{\partial y},\quad \frac{\partial v}{\partial x},\quad \frac{\partial v}{\partial y}$$

y conservent toujours des valeurs finies, mais ne vérifient pas au point C *la condition* (11); *alors, en considérant, sur le contour* OS, x, y *et par suite* u, v *comme fonctions de la seule variable* s, *on aura*

$$(19)\qquad \frac{1}{2}\mathcal{J}_0^c\left(\left(\frac{v}{u}\right)\right)=\pm 1,$$

le double signe devant être réduit au signe + ou au signe —, suivant que la valeur du binome

$$\frac{\partial v}{\partial x}\frac{\partial u}{\partial y} - \frac{\partial v}{\partial y}\frac{\partial u}{\partial x}, \tag{11}$$

correspondant au point C, *sera positive ou négative.*

Démonstration. — Puisqu'au point C, situé sur la courbe GCH, la condition (11) n'est pas vérifiée, les conditions (3) ne pourront l'être dans l'hypothèse admise. Donc, en vertu du lemme II, la courbe GCH, représentée par l'équation (2), divisera l'aire terminée par le contour OS, et ce contour lui-même en deux portions telles que tous les points de l'une répondront à des valeurs positives et tous les points de l'autre à des valeurs négatives de la fonction u. Par la même raison, la courbe ICJ, représentée par l'équation (10), divisera l'aire terminée par le contour OS, et ce contour lui-même en deux portions telles que tous les points de l'une répondront à des valeurs positives et tous les points de l'autre à des valeurs négatives de la fonction v. Enfin, en vertu du lemme V, les deux courbes GCH, ICJ ne pourront se toucher au point C où elles se rencontrent sans que la condition (11) soit vérifiée. Elles s'y couperont donc, et il en résulte que, sur le contour OS, chacun des points I, J se trouvera situé entre les deux points G et H. Concevons, pour fixer les idées, que l'extrémité mobile de l'arc s, ou le point S, en faisant le tour de la courbe OS avec un mouvement de rotation direct, rencontre successivement les quatre points

G, I, H, J,

chacune des fonctions u, v conservera le même signe, tandis que le point S parcourra l'un des arcs

GI, IH, HJ, JG.

Mais la fonction u changera de signe lorsque le point S passera par la position G ou H, et la fonction v lorsque le point S passera par la position I ou J.

Par suite le rapport

$$\frac{v}{u}$$

changera de signe chaque fois que le point S passera par l'une des positions successives

$$G, \quad I, \quad H, \quad J;$$

et le changement de signe au point H s'effectuera dans le même sens qu'au point G, le changement de signe en sens opposé ayant lieu en chacun des points I et J. Donc les indices du rapport $\frac{v}{u}$, correspondant aux deux points G, H, seront égaux entre eux et à ± 1; d'où il résulte que la demi-somme de ces indices ou la moitié de l'expression

$$\mathcal{J}_0^c\left(\left(\frac{v}{u}\right)\right)$$

se réduira encore à ± 1. D'autre part, il suit du théorème II (corollaire II) que l'indice du rapport $\frac{v}{u}$, en chacun des points G, H, offrira le signe de la différence

$$(12) \qquad v\frac{du}{ds} - u\frac{dv}{ds}.$$

Donc la valeur de l'expression

$$\mathcal{J}_0^c\left(\left(\frac{v}{u}\right)\right)$$

sera déterminée par la formule (19), le signe du second membre devant être réduit au signe + ou au signe −, suivant que la valeur du binome

$$v\frac{du}{ds} - u\frac{dv}{ds},$$

correspondant à chacun des points G, H, sera positive ou négative.

Concevons maintenant que, a, b étant les valeurs de x, y relatives au point C, l'on remplace les coordonnées rectangulaires x, y par des coordonnées polaires p, r relatives au point C pris pour origine, et liées à x, y par les formules

$$x - a = r\cos p, \qquad y - b = r\sin p. \tag{20}$$

Supposons, de plus, que l'on resserre indéfiniment le contour OS autour du point C, en faisant décroître et rendant infiniment petite la valeur de r correspondant à chaque point de ce contour. Le point C qui répond à $r = 0$ étant celui dans lequel se coupent les deux courbes représentées par les équations (2) et (10), u et v, considérées comme fonctions du rayon vecteur r, deviendront infiniment petites avec r, ainsi que la quantité (12) à laquelle on pourra rendre une valeur finie, sans altérer le signe dont elle est affectée, en la divisant par r, c'est-à-dire en la remplaçant par la différence

$$\frac{v}{r}\frac{du}{ds} - \frac{u}{r}\frac{dv}{ds}. \tag{21}$$

D'ailleurs rien n'empêchera d'admettre que, dans le contour OS devenu infiniment petit, toutes les valeurs de r soient égales entre elles. Alors ce contour se transformera en une circonférence de cercle; et si l'on place l'origine O de l'arc s sur le demi-axe des x positives, cet arc, déterminé par la formule

$$s = rp,$$

devra être considéré comme fonction de la seule variable p; en sorte qu'on aura

$$\frac{du}{ds} = \frac{1}{r}\frac{\partial u}{\partial p}, \qquad \frac{dv}{ds} = \frac{1}{r}\frac{\partial v}{\partial p}.$$

Cela posé, la différence (21) deviendra

$$\frac{v}{r^2}\frac{\partial u}{\partial p} - \frac{u}{r^2}\frac{\partial v}{\partial p}. \tag{22}$$

Ce n'est pas tout : lorsque le contour OS se transforme en une circonférence de cercle dont le rayon est infiniment petit, chacun des points de cette circonférence se confond sensiblement avec le centre C; et par suite les valeurs du binome (22), qui répondent aux deux points G, H, se confondent sensiblement avec la valeur du même binome correspondant au point C ([1]). Donc cette dernière sera la limite des deux autres et pourra leur être substituée. Or, on aura pour le point C, où les trois quantités r, u, v s'évanouissent simultanément,

$$\frac{u}{r}=\frac{\partial u}{\partial r},\qquad \frac{v}{r}=\frac{\partial v}{\partial r}.$$

Donc, en ce point, la différence (22) sera équivalente au produit

$$\frac{1}{r}\left(\frac{\partial v}{\partial r}\frac{\partial u}{\partial p}-\frac{\partial v}{\partial p}\frac{\partial u}{\partial r}\right). \tag{23}$$

D'autre part on a généralement, en vertu des formules (20),

$$\frac{\partial u}{\partial r}=\cos p\frac{\partial u}{\partial x}+\sin p\frac{\partial u}{\partial y},\qquad \frac{1}{r}\frac{\partial u}{\partial p}=-\sin p\frac{\partial u}{\partial x}+\cos p\frac{\partial u}{\partial y},$$
$$\frac{\partial v}{\partial r}=\cos p\frac{\partial v}{\partial x}+\sin p\frac{\partial v}{\partial y},\qquad \frac{1}{r}\frac{\partial v}{\partial p}=-\sin p\frac{\partial v}{\partial x}+\cos p\frac{\partial v}{\partial y},$$

et, par suite,

$$\frac{1}{r}\left(\frac{\partial v}{\partial r}\frac{\partial u}{\partial p}-\frac{\partial v}{\partial p}\frac{\partial u}{\partial r}\right)=\frac{\partial v}{\partial x}\frac{\partial u}{\partial y}-\frac{\partial v}{\partial y}\frac{\partial u}{\partial x}. \tag{24}$$

Donc le signe de l'indice intégral

$$\mathcal{J}_{0}^{c}\left(\left(\frac{v}{u}\right)\right)$$

se confondra non seulement avec le signe du binome (12) ou (21) en chacun des points G, H, mais encore avec le signe de la différence

$$\frac{\partial v}{\partial x}\frac{\partial u}{\partial y}-\frac{\partial v}{\partial y}\frac{\partial u}{\partial x}$$

calculée pour le point C, c'est-à-dire pour le point où se coupent les courbes représentées par les équations (2) et (10).

([1]) Ce qui rend cette conclusion légitime, c'est que, dans l'hypothèse admise, les valeurs de u, v, $\frac{\partial u}{\partial x}$, $\frac{\partial u}{\partial y}$, $\frac{\partial v}{\partial x}$, $\frac{\partial v}{\partial y}$, et, par suite, celles de $\frac{\partial u}{\partial r}$, $\frac{1}{r}\frac{\partial u}{\partial p}$, $\frac{\partial v}{\partial r}$, $\frac{1}{r}\frac{\partial v}{\partial p}$, $\frac{u}{r}$, $\frac{v}{r}$ restent, dans l'intérieur du contour OS, fonctions continues des variables x, y ou r et p.

Autre démonstration. — On pourrait, dans la démonstration précédente, se dispenser de transformer les coordonnées rectangulaires en coordonnées polaires, et arriver très simplement aux mêmes conclusions de la manière suivante :

Supposons que le contour OS, en se resserrant de plus en plus autour du point C, prenne la forme non d'une circonférence de cercle, mais d'un rectangle terminé par quatre droites parallèles aux axes des x et des y; le binome (12) acquerra des formes diverses pour les points situés sur ces quatre droites. On trouvera, en particulier, pour les points situés sur l'une des droites parallèles à l'axe des y et du côté des x positives, par rapport au point C,

$$s = \text{const.} + y, \tag{25}$$

par conséquent

$$v\frac{du}{ds} - u\frac{dv}{ds} = v\frac{\partial u}{\partial y} - u\frac{\partial v}{\partial y}, \tag{26}$$

et comme pour chacun de ces points $x - a$ sera positif, le binome (26), pour chacun d'eux, offrira le même signe que la différence

$$\frac{v}{x-a}\frac{\partial u}{\partial y} - \frac{u}{x-a}\frac{\partial v}{\partial y}, \tag{27}$$

dont la limite, correspondant au point C, où $x - a$, u et v s'évanouissent, ne différera pas de la quantité w déterminée par la formule

$$w = \frac{\partial v}{\partial x}\frac{\partial u}{\partial y} - \frac{\partial v}{\partial y}\frac{\partial u}{\partial x}. \tag{28}$$

Au contraire, pour les points situés sur l'une des droites parallèles à l'axe des x, et du côté des y positives, relativement au point C, on aura

$$s = \text{const.} - x, \tag{29}$$

par conséquent

$$v\frac{du}{ds} - u\frac{dv}{ds} = u\frac{\partial v}{\partial x} - v\frac{\partial u}{\partial x}, \tag{30}$$

et comme pour chacun de ces points la différence $y-b$ sera positive, le binome (30), pour chacun d'eux, offrira le même signe que la différence

$$\frac{u}{y-b}\frac{\partial v}{\partial x}-\frac{v}{y-b}\frac{\partial u}{\partial x}, \tag{31}$$

dont la limite correspondant au point C, où $y-b$, u et v s'évanouissent, sera encore la quantité w. Si, au lieu des droites situées par rapport au point C du côté des coordonnées positives, on considérait les droites situées par rapport au point C du côté des coordonnées négatives, il faudrait remplacer dans les formules (27) et (31) y par $-y$, x par $-x$, et substituer aux différences $x-a$, $y-b$, qui deviendraient négatives, les différences $a-x$, $b-y$. Par suite on pourrait encore substituer au binome (12) l'expression (27) ou (31), dont la limite correspondant au point C serait toujours la quantité w.

Ainsi, en résumé, si le contour OS, en se resserrant autour du point C, prend la forme d'un rectangle dont les côtés deviennent infiniment petits, la valeur du binome (12), pour chacun des points situés sur ce contour, offrira le même signe qu'une quantité dont la limite sera la valeur de w correspondant au point C. Donc l'indice intégral

$$\mathcal{J}_0^c\left(\left(\frac{v}{u}\right)\right)$$

qui doit se réduire à $+1$ ou à -1, et offrir le même signe que le binome (11) en deux points G, H situés sur le contour du rectangle, sera donné par la formule (19), le signe du second membre étant déterminé comme il est dit dans l'énoncé du théorème IV.

Corollaire. — Si les deux fonctions u, v, étant nulles au point C, restent, dans le voisinage de ce point, finies et continues, ainsi que leurs dérivées du premier ordre

$$\frac{\partial u}{\partial x},\quad \frac{\partial u}{\partial y},\quad \frac{\partial v}{\partial x},\quad \frac{\partial v}{\partial y},$$

sans que la valeur de w relative au même point s'évanouisse, il sera impossible d'admettre que l'on ait simultanément

$$\frac{\partial u}{\partial x} = 0, \qquad \frac{\partial u}{\partial y} = 0,$$

ou bien

$$\frac{\partial v}{\partial x} = 0, \qquad \frac{\partial v}{\partial y} = 0.$$

Donc alors, en vertu des lemmes III et IV, le point C, considéré comme appartenant à l'une ou l'autre des courbes représentées par les équations

$$(32) \qquad u = 0, \qquad v = 0,$$

ne pourra être ni un point isolé, ni un point d'arrêt, ni un point saillant, ni un point multiple. Il y a plus : en vertu des lemmes IV et V, les deux courbes, réduites chacune à une seule branche dans le voisinage du point C, ne seront point tangentes l'une à l'autre en ce point, mais s'y traverseront mutuellement. Cela posé, pour que les conditions énoncées dans le théorème IV soient remplies, il suffira de choisir arbitrairement sur chacune des courbes GCH, ICJ, représentées par les équations (32), deux points G, H ou I, J situés de part et d'autre du point C à des distances infiniment petites, puis de joindre les quatre points

G, I, H, J,

pris consécutivement, et deux à deux, par quatre arcs de courbe

GI, IH, HJ, JG,

tracés de manière qu'aucun de ces arcs ne rencontre entre ses deux extrémités l'une des deux courbes GCH, ICJ. Alors, en effet, le système des quatre arcs GI, IH, HJ, JG formera un contour OS que chacune des courbes GCH, ICJ rencontrera seulement en deux points G et H ou I et J. Donc le théorème IV entraîne la proposition suivante :

Théorème V. — *Si les deux fonctions*

$$u = F(x, y), \qquad v = f(x, y),$$

étant nulles pour les valeurs de x, y qui correspondent à un point donné C, *restent, dans le voisinage de ce point, finies et continues, ainsi que leurs dérivées du premier ordre*

$$\frac{\partial u}{\partial x},\quad \frac{\partial u}{\partial y},\quad \frac{\partial v}{\partial x},\quad \frac{\partial v}{\partial y},$$

sans que la valeur de ϖ relative au même point et déterminée par la formule (27) *s'évanouisse, on pourra tracer autour du point* C, *et dans son voisinage, un contour fermé* OS, *de telle manière que l'on ait*

$$(19)\qquad \frac{1}{2}\mathcal{J}_0^c\left(\left(\frac{v}{u}\right)\right) = \pm 1,$$

s désignant l'arc de la nouvelle courbe OS *compté positivement dans le sens du mouvement de rotation direct, v, u étant considérés dans l'équation* (19) *comme fonctions de la seule variable s, et c représentant la longueur totale du contour fermé* OS. *Ajoutons que, dans le second membre de l'équation* (19), *le double signe devra être réduit au signe* + *ou au signe* −, *suivant que la valeur de ϖ relative au point* C *sera positive ou négative.*

Théorème VI. — *Soient x, y deux variables que nous considérerons comme représentant deux coordonnées rectangulaires, et*

$$u = \mathrm{F}(x, y)$$

une fonction de ces deux variables. Traçons d'ailleurs dans le plan des x, y une courbe fermée OS, *dont la longueur totale soit désignée par c, et nommons s l'arc de cette courbe compté positivement dans le sens du mouvement de rotation direct, à partir d'un point fixe* O *jusqu'au point mobile* S. *Si l'on partage le périmètre c de la courbe* OS *en plusieurs parties*

$$c_1,\quad c_2,\quad \ldots,\quad c_n,$$

respectivement comprises entre les extrémités des arcs

$$s_0 = 0,\qquad s_1,\quad s_2,\quad \ldots,\quad s_{n-1},\qquad s_n = c,$$

en sorte qu'on ait

$$c_1 = s_1 - s_0, \qquad c_2 = s_2 - s_1, \qquad \ldots, \qquad c_n = s_n - s_{n-1},$$

et, par suite,

$$c_1 + c_2 + \ldots + c_n = s_n - s_0 = c;$$

alors u étant considéré comme fonction de la seule variable s, l'indice intégral

$$\mathcal{J}_0^c\left(\left(\frac{1}{u}\right)\right)$$

sera la somme des indices de même forme qui correspondent aux diverses parties

$$c_1, \quad c_2, \quad \ldots, \quad c_n$$

du périmètre c, en sorte qu'on aura

$$(33) \qquad \mathcal{J}_0^c\left(\left(\frac{1}{u}\right)\right) = \mathcal{J}_{s_0}^{s_n}\left(\left(\frac{1}{u}\right)\right) = \mathcal{J}_{s_0}^{s_1}\left(\left(\frac{1}{u}\right)\right) + \mathcal{J}_{s_1}^{s_2}\left(\left(\frac{1}{u}\right)\right) + \ldots + \mathcal{J}_{s_{n-1}}^{s_n}\left(\left(\frac{1}{u}\right)\right).$$

Démonstration. — En effet, dans l'équation (33), le premier membre représente la somme totale des indices de la fonction $\frac{1}{u}$ correspondant aux points du contour OS pour lesquels cette fonction devient infinie, tandis que chaque terme du second membre représente une somme semblable, mais relative seulement aux points situés sur une partie du même contour. Or il est clair qu'en réunissant les sommes partielles relatives aux diverses portions c_1, c_2, ... c_n du contour c, on obtiendra la somme totale relative au contour entier.

Corollaire I. — Si l'on nomme C l'indice intégral relatif au contour fermé OS, et

$$C_1, \quad C_2, \quad \ldots, \quad C_n$$

ce que devient cet indice quand on remplace successivement le contour entier c par ses diverses parties

$$c_1, \quad c_2, \quad \ldots, \quad c_n,$$

on aura

$$(34) \qquad C = C_1 + C_2 + \ldots + C_n.$$

Corollaire II. — Les raisonnements dont nous avons fait usage suffisent évidemment pour établir la formule

$$(35)\qquad \mathcal{J}_{s_0}^{s_n}\left(\left(\frac{1}{u}\right)\right)=\mathcal{J}_{s_0}^{s_1}\left(\left(\frac{1}{u}\right)\right)+\mathcal{J}_{s_1}^{s_2}\left(\left(\frac{1}{u}\right)\right)+\ldots+\mathcal{J}_{s_{n-1}}^{s_n}\left(\left(\frac{1}{u}\right)\right),$$

dans le cas même où l'on n'aurait plus $s_0 = 0$, $s_n = c$, par conséquent, dans le cas où l'arc

$$s_n - s_0$$

ne serait lui-même qu'une partie du contour OS.

Si l'on suppose en particulier $n = 2$, la formule (35) donnera simplement

$$(36)\qquad \mathcal{J}_{s_0}^{s_2}\left(\left(\frac{1}{u}\right)\right)=\mathcal{J}_{s_0}^{s_1}\left(\left(\frac{1}{u}\right)\right)+\mathcal{J}_{s_1}^{s_2}\left(\left(\frac{1}{u}\right)\right).$$

Corollaire III. — Si l'on veut rendre la formule (35) applicable au cas même où la fonction $\frac{1}{u}$ devient infinie pour l'une des valeurs de s représentées par

$$s_0,\quad s_1,\quad s_2,\quad \ldots,\quad s_{n-1},\quad s_n,$$

il sera nécessaire d'admettre que, dans la somme d'indices représentée par une expression de la forme

$$\mathcal{J}_{s_0}^{s_1}\left(\left(\frac{1}{u}\right)\right),$$

on doit réduire à moitié l'indice correspondant à une valeur donnée de s toutes les fois que cette valeur coïncide avec l'une des limites s_0, s_1.

Corollaire IV. — Dans ce qui précède, nous avons implicitement admis que les quantités

$$s_0,\quad s_1,\quad s_2,\quad \ldots,\quad s_{n-1},\quad s_n$$

forment une suite croissante. Si l'on veut que les formules trouvées s'étendent au cas même où cette condition ne serait pas remplie, on tirera de la formule (36), en y posant $s_2 = s_0$,

$$\mathcal{J}_{s_0}^{s_1}\left(\left(\frac{1}{u}\right)\right)+\mathcal{J}_{s_1}^{s_0}\left(\left(\frac{1}{u}\right)\right)=\mathcal{J}_{s_0}^{s_0}\left(\left(\frac{1}{u}\right)\right)=0,$$

par conséquent

$$\mathcal{J}_{s_1}^{s_0}\left(\left(\frac{1}{u}\right)\right) = -\mathcal{J}_{s_0}^{s_1}\left(\left(\frac{1}{u}\right)\right). \tag{37}$$

Au reste, pour obtenir immédiatement la formule (39), il suffit d'étendre la définition que nous avons donnée de l'indice intégral d'une fonction, dans le paragraphe I, au cas même où la variable comprise dans cette fonction décroît au lieu de croître. En effet, si une fonction d'une seule variable change de signe dans un certain sens, tandis que la variable croît en passant par une valeur donnée, elle changera de signe en sens opposé, tandis que cette variable décroît en passant par la même valeur. Donc l'indice de la fonction correspondant à une valeur donnée de la variable se réduira dans le premier et le second cas à deux quantités de signes contraires, et par suite l'indice intégral, pris entre deux limites, restera le même au signe près, mais changera de signe si l'on échange les deux limites entre elles.

La formule (37) étant obtenue comme on vient de le dire, on en conclura sans peine que la formule (35) subsiste, quel que soit l'ordre de grandeur des quantités

$$s_0,\quad s_1,\quad s_2,\quad \ldots,\quad s_{n-1},\quad s_n.$$

D'ailleurs la formule (37) comprend un théorème que l'on peut énoncer comme il suit :

Théorème VII. — *Soient x, y deux variables que nous considérerons comme représentant deux coordonnées rectangulaires; $u = \mathrm{F}(x, y)$ une fonction réelle de ces deux variables qui ne change jamais de signe sans devenir nulle ou infinie; PQ une ligne droite ou courbe tracée dans le plan des x, y entre deux points donnés P, Q et s une longueur comptée sur cette ligne à partir d'un point fixe O. Alors u étant considéré comme fonction de la variable s, si l'on nomme C, D les valeurs qu'acquiert l'indice intégral de la fonction $\frac{1}{u}$, quand on passe, en suivant la ligne PQ : 1° du point P au point Q; 2° du point Q au point P, on aura*

$$\mathrm{C} = -\mathrm{D} \quad \text{ou} \quad \mathrm{C} + \mathrm{D} = 0. \tag{38}$$

Nota. — Il est aisé de s'assurer que ce théorème s'étend au cas même où la fonction $\frac{1}{u}$ deviendrait infinie en l'un des points P, Q.

Théorème VIII. — *Soient x, y deux variables qui représentent deux coordonnées rectangulaires;*

$$u = F(x, y)$$

une fonction de ces mêmes variables, et supposons tracés dans le plan des x, y deux contours PRQ, QSP *qui, offrant une partie commune* PQ, *enveloppent respectivement deux aires* A, B, *contiguës l'une à l'autre. Le système de leurs parties non communes formera un nouveau contour* RQSPR *qui servira d'enveloppe à l'aire totale* A + B. *Cela posé, nommons* A *ou* B *l'indice intégral de la fonction $\frac{1}{u}$ étendu à tous les points du contour* PRQ *ou* QSP *et calculé dans la supposition qu'un point mobile parcourra chacun de ces contours avec un mouvement de rotation direct, la somme*

$$A + B$$

représentera l'indice intégral de la même fonction $\frac{1}{u}$ étendu à tous les points du contour RQSPR *et calculé dans la supposition que ce dernier contour soit encore parcouru par un point mobile doué d'un mouvement de rotation direct.*

Démonstration. — Soient C la partie de l'indice intégral A et D la partie de l'indice intégral B, relatives à l'arc PQ, c'est-à-dire à la partie commune des deux contours PRQ, QSP. Soient au contraire R, S les parties des indices A et B qui correspondent aux parties non communes des deux contours. On aura

$$A = C + R, \qquad B = D + S, \tag{39}$$

et la somme R + S représentera évidemment l'indice intégral de $\frac{1}{u}$ étendu à tous les points du contour RQSPR, dans le cas où un point mobile parcourt ce dernier contour avec un mouvement de rotation direct. Or, pour s'assurer que la somme R + S ne diffère pas de la somme A + B, il suffira de combiner entre elles par voie d'addition les formules (39), en ayant égard à la condition (38) qui, dans l'hypothèse admise, se trouvera évidemment vérifiée.

Corollaire. — En réunissant successivement les unes aux autres plusieurs aires contiguës terminées par divers contours qui offrent des parties communes, on déduira sans peine du théorème VIII celui que nous allons énoncer.

Théorème IX. — *Soient x, y deux variables qui représentent des coordonnées rectangulaires ;*

$$u = F(x, y)$$

une fonction de ces variables, et considérons dans le plan des x, y une aire finie qui soit partagée en autant d'éléments que l'on voudra. L'indice intégral de la fonction $\frac{1}{u}$, étendu à tous les points du contour qui termine cette aire, sous la condition que ce contour soit parcouru dans le sens du mouvement de rotation direct, sera la somme des indices semblables calculés sous la même condition pour les divers contours qui terminent les divers éléments.

Du théorème IX, joint aux théorèmes III et V, on déduit immédiatement la proposition suivante :

Théorème X. — *Les variables x, y représentant des coordonnées rectangulaires, si, pour tous les points renfermés dans un certain contour* OS, *les deux fonctions*

$$u = F(x, y), \qquad v = f(x, y)$$

restent finies et continues aussi bien que leurs dérivées du premier ordre

$$\frac{\partial u}{\partial x}, \quad \frac{\partial u}{\partial y}, \quad \frac{\partial v}{\partial x}, \quad \frac{\partial v}{\partial y};$$

si, de plus, dans cet intérieur, la fonction

$$w = \frac{\partial v}{\partial x}\frac{\partial u}{\partial y} - \frac{\partial v}{\partial y}\frac{\partial u}{\partial x}$$

offre une valeur différente de zéro pour tous les points où se rencontrent les courbes représentées par les équations

$$(32) \qquad u = 0, \quad v = 0,$$

alors en nommant M *le nombre des points de rencontre qui correspondent à des valeurs négatives de* w, N le nombre de ceux qui correspondent à des valeurs positives de w, *c le périmètre du contour* OS, *enfin s un arc compté positivement sur ce contour dans le sens du mouvement de rotation direct, et supposant d'ailleurs le rapport* $\frac{v}{u}$ *exprimé en fonction de la seule variable s, on aura*

$$(40) \qquad \frac{1}{2}\mathcal{J}_0^c\left(\left(\frac{v}{u}\right)\right) = \mathrm{N} - \mathrm{M}.$$

Démonstration. — Dans l'hypothèse admise, et en vertu du théorème V, on pourra, autour de chacun des points de rencontre C, C′, ... des courbes représentées par les équations (32), tracer un contour fermé dont les dimensions soient très petites et dont la forme soit telle que la substitution de ce contour au contour OS fournisse, au lieu du premier membre de l'équation (40), une expression équivalente à l'unité, abstraction faite du signe, mais affectée du même signe que la valeur de w relative au point C, ou C′, etc. Il y a plus, les aires infiniment petites, comprises dans les contours tracés autour des points C, C′, ..., pourront être considérées comme autant d'éléments de l'aire finie comprise dans le contour OS, les autres éléments étant eux-mêmes infiniment petits et tracés de manière que chacun d'eux soit traversé par une seule des courbes (32) ou qu'il n'ait de points communs avec aucune d'elles. Or comme l'indice intégral relatif au contour qui termine l'un de ces derniers éléments sera nul dans le premier cas, en vertu du théorème III, et s'évanouira encore dans le second cas, où la fonction $\frac{v}{u}$ ne deviendra infinie pour aucun des points de ce contour, il suit du théorème IX que l'expression

$$\mathcal{J}_0^c\left(\left(\frac{v}{u}\right)\right)$$

se réduira simplement à la somme des indices relatifs aux éléments qui contiennent les points C, C', ... D'autre part, chacun de ces indices étant le double de $+1$ ou de -1, suivant que la valeur de w correspondant au point C ou C', etc. est positive ou négative, leur somme sera évidemment égale au double de N — M. Donc la valeur de l'expression

$$\mathcal{J}_0^c\left(\left(\frac{v}{u}\right)\right)$$

sera déterminée par la formule (40).

Corollaire I. — Lorsque u et v sont des fonctions entières de x, y, ces fonctions sont toujours finies et continues aussi bien que leurs dérivées du premier ordre

$$\frac{\partial u}{\partial x}, \quad \frac{\partial u}{\partial y}, \quad \frac{\partial v}{\partial x}, \quad \frac{\partial v}{\partial y}$$

pour des valeurs finies des variables x, y. Donc alors la formule (40) subsiste sous la seule condition que w diffère de zéro pour tous les systèmes de valeurs de x, y propres à vérifier les équations simultanées $u=0$, $v=0$, et l'on obtient le théorème qu'ont énoncé MM. Sturm et Liouville dans une Note que renferme le *Compte rendu de la séance de l'Académie des Sciences* du 15 mai 1837.

Corollaire II. — Lorsque u et v cessent d'être des fonctions entières de x, y, alors pour des valeurs de x, y propres à vérifier le système des équations simultanées

(32) $$u=0, \qquad v=0,$$

il peut arriver que la valeur et même le signe de w soient indéterminés.

Ainsi, par exemple, si l'on a

$$u = \frac{y^2}{x}, \qquad v = x,$$

les équations (32), réduites à la forme

$$\frac{y^2}{x} = 0, \qquad x = 0,$$

seront vérifiées par des valeurs nulles de x, y, et ces valeurs rendront indéterminée la fonction

$$w = \frac{\partial v}{\partial x}\frac{\partial u}{\partial y} - \frac{\partial v}{\partial y}\frac{\partial u}{\partial x} = \frac{2y}{x},$$

que l'on pourra supposer égale à une quantité quelconque positive ou négative. Alors le signe même de w restant indéterminé, la formule (40) cessera d'être applicable.

Mais si les fonctions u, v, étant fractionnaires ou même transcendantes, restent finies et continues, aussi bien que leurs dérivées du premier ordre relatives à x, y pour tous les points renfermés dans le contour donné, on n'aura plus à craindre que la valeur de w se présente dans l'intérieur de ce contour sous une forme indéterminée, et l'équation (40) continuera de subsister sous la condition énoncée. C'est ce qui arrivera, par exemple, si l'on suppose

$$u = y, \qquad v = x\,\mathrm{L}(x^2).$$

Concevons que, dans cette hypothèse, le contour OS se réduise à un carré dont le centre soit l'origine des coordonnées et dont le côté soit égal à 2, on trouvera

$$c = 8, \qquad \mathcal{J}_0^c\left(\left(\frac{v}{u}\right)\right) = 1 + 1 = 2, \qquad \frac{1}{2}\mathcal{J}_0^c\left(\left(\frac{v}{u}\right)\right) = 1,$$

$$w = \frac{\partial u}{\partial y}\frac{\partial v}{\partial x} - \frac{\partial u}{\partial x}\frac{\partial v}{\partial y} = 2 + \mathrm{L}(x^2).$$

D'autre part les équations simultanées

$$y = 0, \qquad x\,\mathrm{L}(x^2) = 0$$

entre les variables x, y seront vérifiées : 1° par les valeurs

$$x = 0, \qquad y = 0$$

pour lesquelles w deviendra négatif; 2° par les valeurs

$$x = 1, \qquad y = 0,$$

et

$$x = -1, \qquad y = 0,$$

pour lesquelles w deviendra positif. On aura donc $M = 1$, $N = 2$, par conséquent

$$N - M = 1 = \frac{1}{2}\mathcal{J}_0^c\left(\left(\frac{v}{u}\right)\right),$$

et la formule (40) se trouvera vérifiée.

Corollaire III. — Posons, pour abréger,

$$(41) \qquad \psi(x, y) = \frac{v}{u} = \frac{f(x, y)}{F(x, y)},$$

et nommons $f(s)$ ce que devient $\psi(x, y)$, quand on exprime, sur le contour OS, les coordonnées x, y en fonction de l'arc s. La formule (40) donnera

$$(42) \qquad \frac{1}{2}\mathcal{J}_0^c((f(s))) = N - M.$$

Corollaire IV. — Si le contour OS se réduit à la circonférence d'un cercle décrit de l'origine comme centre avec le rayon R, et si, en supposant le point O situé sur le demi-axe des x positives, on nomme p l'angle polaire que forme avec ce demi-axe le rayon vecteur r mené de l'origine au point (x, y), on aura

$$(43) \qquad x = r\cos p, \qquad y = r\sin p,$$

$$(44) \qquad s = Rp,$$

$$(45) \qquad c = 2\pi R,$$

et la formule (42) deviendra

$$(46) \qquad \frac{1}{2}\mathcal{J}_{s=0}^{s=2R\pi}((f(s))) = \frac{1}{2}\mathcal{J}_{p=0}^{p=2\pi}((f(Rp))) = N - M.$$

Comme on aura d'ailleurs pour tous les points situés sur le contour OS

$$x = R\cos p, \qquad y = R\sin p, \qquad s = Rp,$$

la formule

$$(47) \qquad f(s) = \psi(x, y)$$

donnera pour chacun de ces points

$$f(Rp) = \psi(R\cos p, R\sin p).$$

Donc la formule (46) pourra être réduite à

$$(48) \qquad \frac{1}{2}\mathcal{J}_0^{2\pi}((\psi(R\cos p, R\sin p))) = N - M,$$

le signe $\mathcal{J}$ étant relatif à la variable p.

Corollaire V. — Si le contour OS se réduit au périmètre du rectangle compris entre les quatre droites représentées par les équations

$$(49) \qquad x = x_0, \qquad x = X, \qquad y = y_0, \qquad y = Y;$$

alors, en supposant

$$(50) \qquad x_0 < X, \qquad y_0 < Y,$$

et la longueur s mesurée sur le périmètre du rectangle, à partir du sommet qui a pour coordonnées x_0, y_0, on obtiendra les formules

$$(51) \qquad c = 2(X - x_0) + 2(Y - y_0),$$

$$(52) \quad \left\{ \begin{aligned} \mathcal{J}_0^c((f(s))) = {} & \mathcal{J}_0^{X-x_0}((f(s))) + \mathcal{J}_{X-x_0}^{X-x_0+Y-y_0}((f(s))) \\ & + \mathcal{J}_{X-x_0+Y-y_0}^{2(X-x_0)+Y-y_0}((f(s))) + \mathcal{J}_{2(X-x_0)+Y-y_0}^{2(X-x_0)+2(Y-y_0)}((f(s))), \end{aligned} \right.$$

dans lesquelles les côtés du rectangle sont représentés par les différences

$$X - x_0, \qquad Y - y_0.$$

D'autre part, les valeurs de x, y, exprimées en fonction de s pour les points situés sur le premier, le deuxième, le troisième et le quatrième côté du rectangle, seront respectivement

$$(53)\quad \begin{cases} x = x_0 + s, & y = y_0; \\ x = \mathrm{X}, & y = y_0 + s - (\mathrm{X} - x_0); \\ x = \mathrm{X} - [s - (\mathrm{X} - x_0) - (\mathrm{Y} - y_0)], & y = \mathrm{Y}; \\ x = x_0, & y = \mathrm{Y} - [s - 2(\mathrm{X} - x_0) - (\mathrm{Y} - y_0)]; \end{cases}$$

et l'on aura, par suite, eu égard à la formule (47),

$$\mathcal{J}_0^{\mathrm{X}-x_0}((f(s))) = \mathcal{J}_{x_0}^{\mathrm{X}}((\psi(x, y_0))),$$

$$\mathcal{J}_{\mathrm{X}-x_0}^{\mathrm{X}-x_0+\mathrm{Y}-y_0}((f(s))) = \mathcal{J}_{y_0}^{\mathrm{Y}}((\psi(\mathrm{X}, y))) = \mathcal{J}_{\mathrm{X}-x_0+\mathrm{Y}-y_0}^{2(\mathrm{X}-x_0)+\mathrm{Y}-y_0}((f(s))) = -\mathcal{J}_{x_0}^{\mathrm{X}}((\psi(x, \mathrm{Y}))),$$

$$\mathcal{J}_{2(\mathrm{X}-x_0)+\mathrm{Y}-y_0}^{2(\mathrm{X}-x_0)+2(\mathrm{Y}-y_0)}((f(s))) = -\mathcal{J}_{y_0}^{\mathrm{Y}}((\psi(x_0, y))).$$

Donc, on tirera de l'équation (52)

$$(54)\quad \begin{cases} \mathcal{J}_0^{c}((f(s))) = \mathcal{J}_{x_0}^{\mathrm{X}}((\psi(x, y_0))) + \mathcal{J}_{y_0}^{\mathrm{Y}}((\psi(\mathrm{X}, y))) + \ldots \\ \qquad\qquad - \mathcal{J}_{x_0}^{\mathrm{X}}((\psi(x, \mathrm{Y}))) - \mathcal{J}_{y_0}^{\mathrm{Y}}((\psi(x_0, y))), \end{cases}$$

et la formule (42) donnera, dans l'hypothèse admise,

$$(55)\quad \begin{cases} \frac{1}{2}\Big[\mathcal{J}_{x_0}^{\mathrm{X}}((\psi(x, y_0))) + \mathcal{J}_{y_0}^{\mathrm{Y}}((\psi(\mathrm{X}, y))) \\ \qquad - \mathcal{J}_{x_0}^{\mathrm{X}}((\psi(x, \mathrm{Y}))) - \mathcal{J}_{y_0}^{\mathrm{Y}}((\psi(x_0, y)))\Big] = \mathrm{N} - \mathrm{M}. \end{cases}$$

Au reste, pour établir directement la formule (54) et, par suite, la formule (55), il suffit d'observer que, dans le cas où le contour OS devient un rectangle, les quatre parties de l'indice intégral

$$\mathcal{J}_0^{c}((f(s)))$$

correspondant aux quatre côtés de ce rectangle sont évidemment

$$\mathcal{J}_{x_0}^{\mathrm{X}}((\psi(x, y_0))),\quad \mathcal{J}_{y_0}^{\mathrm{Y}}((\psi(\mathrm{X}, y))),\quad \mathcal{J}_{\mathrm{X}}^{x_0}((\psi(x, \mathrm{Y}))),$$
$$\mathcal{J}_{\mathrm{Y}}^{y_0}((\psi(x_0, y))),$$

et qu'en vertu de la formule (27) les deux dernières se réduisent à

$$-\mathcal{J}_{x_0}^{X}((\psi(x, Y))), \qquad -\mathcal{J}_{y_0}^{Y}((\psi(x_0, y))).$$

THÉORÈME XI. — *Les mêmes choses étant posées que dans le théorème X, si la fonction* w *reste positive pour tous les points renfermés dans le contour* OS, *ou du moins pour ceux où se rencontrent les courbes représentées par les équations* (32), *on aura*

$$(56) \qquad \frac{1}{2}\mathcal{J}_0^c\left(\left(\frac{v}{u}\right)\right) = \text{N}.$$

Démonstration. — Alors, en effet, M sera évidemment nul et, par suite, la différence N — M se réduira simplement à N.

Corollaire I. — Dans le cas dont il s'agit, les formules (48) et (55) deviennent

$$(57) \qquad \frac{1}{2}\mathcal{J}_0^{2\pi}((\psi(\text{R}\cos p, \text{R}\sin p))) = \text{N},$$

$$(58) \qquad \left\{ \begin{aligned} \text{N} = \frac{1}{2}\Big[& \mathcal{J}_{x_0}^{X}((\psi(x, y_0))) + \mathcal{J}_{y_0}^{Y}((\psi(\text{X}, y))) \\ & - \mathcal{J}_{x_0}^{X}((\psi(x, \text{Y}))) - \mathcal{J}_{y_0}^{Y}((\psi(x_0, y)))\Big]. \end{aligned} \right.$$

Corollaire II. — $f(x)$ étant une fonction entière de x, préparée de manière que l'équation

$$(59) \qquad f(x) = 0'$$

n'offre pas de racines égales, si l'on nomme u, v deux fonctions réelles de x, y déterminées par la formule

$$(60) \qquad f(x + y\sqrt{-1}) = v + u\sqrt{-1},$$

on aura

$$\frac{\partial v}{\partial y} + \frac{\partial u}{\partial y}\sqrt{-1} = \sqrt{-1}\left(\frac{\partial v}{\partial x} + \frac{\partial u}{\partial x}\sqrt{-1}\right),$$

par conséquent

$$\frac{\partial u}{\partial y} = \frac{\partial v}{\partial x}, \qquad \frac{\partial v}{\partial y} = -\frac{\partial u}{\partial x},$$

et

$$(61)\qquad w = \frac{\partial v}{\partial x}\frac{\partial u}{\partial y} - \frac{\partial v}{\partial y}\frac{\partial u}{\partial x} = \left(\frac{\partial u}{\partial x}\right)^2 + \left(\frac{\partial v}{\partial x}\right)^2.$$

Or, cette dernière valeur de w ne pouvant s'évanouir que dans le cas où l'on aurait

$$\frac{\partial u}{\partial x} = 0, \qquad \frac{\partial v}{\partial x} = 0,$$

et, par suite,

$$\frac{\partial v}{\partial x} + \frac{\partial u}{\partial x}\sqrt{-1} = f'(x + y\sqrt{-1}) = 0,$$

sera entièrement positive pour les valeurs de x, y propres à vérifier les équations (32) et, par suite, la formule

$$(62)\qquad f(x + y\sqrt{-1}) = 0,$$

puisque les conditions

$$f(x + y\sqrt{-1}) = 0, \qquad f'(x + y\sqrt{-1}) = 0$$

ne peuvent subsister simultanément lorsque l'équation (59) n'offre point de racines égales. Il en résulte que, dans l'hypothèse admise, le nombre N des valeurs de x, y propres à vérifier l'équation (62) et correspondant à des points situés dans l'intérieur du contour OS, sera déterminé par la formule

$$(56)\qquad N = \frac{1}{2}\mathcal{J}_0^c\left(\left(\frac{v}{u}\right)\right).$$

Si le contour OS se réduit à une circonférence de cercle décrite de l'origine comme centre avec le rayon R, ou bien encore au périmètre du rectangle compris entre les droites que représentent les équations (49), la formule (56) devra être remplacée par la formule (57) ou (58). Alors aussi les diverses valeurs de $x + y\sqrt{-1}$, correspondant aux points où se rencontreront dans l'intérieur du contour donné les courbes représentées par les équations (32), seront précisément celles des racines réelles ou imaginaires de l'équation (59) qui remplissent certaines conditions, savoir : celles qui offrent un module inférieur à R, ou celles qui offrent une partie réelle comprise entre les limites x_0, X et un coefficient de $\sqrt{-1}$ compris entre les limites y_0, Y. Si d'ailleurs la fonction $f(x)$ est de forme réelle, l'équation (60) entraînera la suivante :

$$(63)\qquad f(x-y\sqrt{-1})=v-u\sqrt{-1};$$

en sorte qu'on aura

$$(64)\qquad \left\{\begin{aligned} v&=\frac{f(x+y\sqrt{-1})+f(x-y\sqrt{-1})}{2},\\ u&=\frac{f(x+y\sqrt{-1})-f(x-y\sqrt{-1})}{2\sqrt{-1}},\end{aligned}\right.$$

et les formules (57), (58) coïncideront avec les formules (174), (172) du Mémoire lithographié à Turin, sous la date du 27 septembre 1831. On déduirait avec la même facilité de l'équation (56) les autres formules contenues dans le Mémoire dont il s'agit, et relatives à la détermination du nombre des racines réelles ou imaginaires des équations algébriques ([1]).

Théorème XII. — *Les mêmes choses étant posées que dans le théorème X, si le système des équations*

$$(65)\qquad u=0,\qquad w=0$$

ne se vérifie pour aucun des points situés dans l'intérieur du contour OS, *alors en nommant N le nombre des points où se rencontrent, dans l'intérieur de ce contour, les courbes représentées par les équations* (32), *on aura*

$$(66)\qquad \frac{1}{2}\mathcal{J}_0^c\left(\left(\frac{vw}{u}\right)\right)=N.$$

Démonstration. — Pour déduire le théorème XII du théorème X, il

([1]) J'ai appris que des démonstrations élémentaires de mes théorèmes sur les racines imaginaires ont été données, pour la première fois, par MM. Sturm et Liouville, dans un Mémoire que je ne connais pas encore, l'exemplaire qu'ils ont bien voulu m'adresser ne m'étant pas encore parvenu.

suffit de remplacer la fonction v par le produit vw. Alors, en effet, les équations (32) devront être remplacées par celles-ci :

$$(67) \qquad u = 0, \qquad vw = 0,$$

et la différence

$$(12) \qquad \frac{\partial v}{\partial x}\frac{\partial u}{\partial y} - \frac{\partial v}{\partial y}\frac{\partial u}{\partial x}$$

par la suivante

$$(68) \qquad \frac{\partial(vw)}{\partial x}\frac{\partial u}{\partial y} - \frac{\partial(vw)}{\partial y}\frac{\partial u}{\partial x}.$$

D'ailleurs, les formules (65) n'étant pas simultanément vérifiées dans l'intérieur du contour OS, les équations (67) s'y réduiront à celles-ci :

$$(32) \qquad u = 0, \qquad v = 0,$$

et, pour chacun des points déterminés par ces dernières, la différence (68) deviendra

$$w\left(\frac{\partial v}{\partial x}\frac{\partial u}{\partial y} - \frac{\partial v}{\partial y}\frac{\partial u}{\partial x}\right) = w^2.$$

Donc, cette différence étant constamment positive, l'expression

$$\frac{1}{2}\mathcal{J}_0^c\left(\left(\frac{vw}{u}\right)\right)$$

se confondra, en vertu du théorème X, avec le nombre total N des systèmes de valeurs de x, y propres à vérifier, dans l'intérieur du contour OS, les équations (32).

On peut d'ailleurs observer que le nombre ici désigné par N est la somme des nombres représentés dans le théorème X par M et N, en sorte qu'on a

$$(69) \qquad N = \mathrm{M} + \mathrm{N}.$$

Corollaire I. — Si l'on pose, pour abréger,

$$(70) \qquad \psi(x, y) = \frac{v}{u}\left(\frac{\partial v}{\partial x}\frac{\partial u}{\partial y} - \frac{\partial v}{\partial y}\frac{\partial u}{\partial x}\right) = \frac{vw}{u},$$

et si l'on nomme $f(s)$ ce que devient l'expression $\psi(x, y)$, quand on exprime les coordonnées rectangulaires x, y en fonction de l'arc s, la formule (66) donnera

$$(71) \qquad \mathcal{N} = \frac{1}{2}\mathcal{J}_0^c((f(s))).$$

Corollaire II. — Si le contour OS se réduit à la circonférence d'un cercle décrit de l'origine comme centre avec le rayon R, ou au périmètre du rectangle compris entre les quatre droites que représentent les équations (49), on tirera des formules (48) et (55), dans le premier cas,

$$(72) \qquad \mathcal{N} = \frac{1}{2}\mathcal{J}_0^{2\pi}((\psi(R\cos p, R\sin p))),$$

et, dans le second cas,

$$(73) \qquad \left\{ \begin{aligned} \mathcal{N} = \frac{1}{2}\Big[& \mathcal{J}_{x_0}^{X}((\psi(x, y_0))) + \mathcal{J}_{y_0}^{Y}((\psi(X, y))) + \ldots \\ & -\mathcal{J}_{x_0}^{X}((\psi(x, Y))) - \mathcal{J}_{y_0}^{Y}((\psi(x_0, y))) \Big]. \end{aligned} \right.$$

La formule (73) coïncide avec celle qui termine le Mémoire du 15 juin 1833. Seulement, à l'énoncé du théorème que fournit cette même formule, et qui est le théorème VIII du paragraphe Ier, il convient de joindre la condition ci-dessus indiquée, savoir, que le système des équations

$$u = 0, \qquad w = 0$$

ne se vérifie pour aucun des points renfermés dans l'intérieur du contour donné.

MÉMOIRE SUR DIVERSES FORMULES

RELATIVES A LA

THÉORIE DES INTÉGRALES DÉFINIES,

ET SUR LA

CONVERSION DES DIFFÉRENCES FINIES DES PUISSANCES EN INTÉGRALES DE CETTE ESPÈCE (¹).

Journal de l'École Polytechnique, XXVIIIᵉ Cahier, t. XVII, p. 147; 1844.

Ce Mémoire est divisé en trois Parties dont je vais donner une idée en peu de mots.

La première Partie est relative à la détermination des intégrales définies par les intégrations doubles. On sait, depuis longtemps, que la méthode des intégrations successives peut servir à fixer la valeur d'un grand nombre de transcendantes que les procédés directs de l'intégration ne sauraient déterminer. Toutefois, il existe deux manières d'appliquer cette méthode à la théorie qui nous occupe. La première

(¹) Le Mémoire qu'on va lire, présenté à l'Académie des Sciences le 2 janvier 1815, a reçu quelques additions vers la même époque. Mais, quoique cité plusieurs fois, particulièrement dans le premier Volume des *Exercices* et dans le XIXᵉ Cahier du *Journal de l'École Polytechnique,* il n'avait pas encore été imprimé. Cependant, parmi les résultats qu'il renferme, il en est plusieurs qui paraissent pouvoir, même aujourd'hui, intéresser les géomètres; et c'est ce qui nous décide à le publier. (*Note de Cauchy.*)

consiste à chercher des intégrales doubles que l'on puisse décomposer de deux façons différentes en intégrales simples; la seconde à transformer une intégrale simple donnée en une intégrale double dont on puisse obtenir facilement la valeur. C'est sous le premier point de vue que j'ai considéré la question dans le dernier Mémoire que j'ai eu l'honneur de soumettre à la Classe et qu'elle a daigné honorer de son approbation. Envisagé sous l'autre point de vue, le problème se résoudra facilement dans plusieurs cas si l'on décompose la fonction sous le signe $\int$ en deux facteurs et si l'on remplace un de ces facteurs par une intégrale définie. Cette intégrale a souvent pour diviseur une des transcendantes que M. Legendre a désignées par la lettre Γ. On avait déjà fait ces remarques; mais il m'a semblé qu'on n'en avait pas encore tiré tout le parti possible. En suivant ces idées, je suis parvenu à quelques résultats nouveaux, ainsi qu'à la démonstration directe de plusieurs formules que M. Laplace a déduites du passage du réel à l'imaginaire, dans le troisième Chapitre du *Calcul des probabilités* (1), et qu'il vient de confirmer par des méthodes rigoureuses dans quelques additions faites à cet Ouvrage. L'une de ces formules, fondée en partie sur la considération des intégrales singulières, fournit une nouvelle preuve des avantages que peut offrir en Analyse l'emploi des intégrales dont il s'agit.

La deuxième Partie du Mémoire a pour objet la démonstration d'un théorème général assez remarquable, relatif aux intégrales simples prises entre les limites o et ∞ de la variable. On déduit facilement de ce théorème les valeurs de plusieurs intégrales définies déjà connues, et de quelques autres qui ne l'étaient pas.

La troisième Partie se rapporte à la transformation des différences finies des puissances en intégrales définies. Lorsqu'on suppose la variable positive, cette question se divise naturellement en deux autres, suivant que l'exposant de cette variable est positif ou négatif. Dans le second cas la question était depuis longtemps complètement résolue au moyen de la formule générale que M. Laplace a donnée pour la pre-

(1) *OEuvres de Laplace*, t. VII, Liv. I, 2e Partie, p. 128.

mière fois dans les *Mémoires de l'Académie des Sciences,* année 1782 ([1]). Mais on peut de cette première solution en déduire une infinité d'autres, par l'application des méthodes exposées dans mon dernier Mémoire.

Dans le premier cas, c'est-à-dire lorsque l'exposant de la variable est positif, la question n'avait d'abord été résolue que pour des valeurs de ces exposants inférieures à l'indice de la différence finie que l'on considère [*voir* les Mémoires déjà cités, et la première Partie de la *Théorie analytique des probabilités,* n° 41 ([2])]. Lorsque l'exposant devient supérieur à l'indice, la formule insérée dans ces Mémoires cesse d'être applicable, parce que l'intégrale relative à x qu'elle renferme, et qui doit être prise entre les limites $x = 0$, $x = \infty$, acquiert une valeur infinie. Mais je fais voir que, pour rectifier alors la formule, il suffira de diminuer dans cette intégrale le numérateur de la fonction renfermée sous le signe $\int$ d'une fonction rationnelle et entière de x, assujettie à la seule condition de rendre à l'intégrale une valeur finie. Si l'on conçoit le numérateur que l'on considère développé suivant les puissances ascendantes de x, la fonction cherchée sera toujours égale à la somme des termes qui, dans ce développement, renferment des puissances de x inférieures à l'exposant de la variable. Le nombre de ces termes croîtra donc avec ce même exposant; d'où il est aisé de conclure que, pour la facilité des calculs, on devra restreindre l'emploi de la formule à des valeurs de ces exposants, qui surpassent au plus de quelques unités l'indice de la différence finie.

M. Laplace, ayant repris dernièrement la question, a donné dans la seconde addition faite au *Calcul des probabilités* (p. 473) ([3]) une nouvelle formule également applicable à toutes les hypothèses possibles sur la valeur positive que l'exposant de la variable peut recevoir. Je déduis des résultats exposés dans la première Partie de ce Mémoire deux équations différentes, dont chacune peut remplacer la formule dont il s'agit, et qui, ajoutées entre elles, reproduisent une troisième

([1]) *Œuvres de Laplace,* t. X.
([2]) *Ibid.,* t. VII, p. 165.
([3]) *Ibid.,* t. VII, p. 480.

équation équivalente à celle de M. Laplace. Cette troisième équation transforme la différence finie donnée en une intégrale définie, qui renferme une constante positive, mais indéterminée, dont on peut disposer à volonté. Seulement, lorsque l'exposant de la variable surpasse l'indice de la différence, on doit éviter de donner à cette constante des valeurs très petites. On n'est plus assujetti à la même condition dans le cas où l'exposant devient inférieur à l'indice; et, dans cette dernière hypothèse, on peut même supposer la constante tout à fait nulle. On obtient alors une formule qui renferme des sinus et cosinus sans exponentielles, et qu'on peut ainsi déduire de la formule insérée dans les Mémoires de 1782, en appliquant à cette dernière la méthode fondée sur le passage du réel à l'imaginaire.

Lorsque la différence finie donnée se rapporte à une variable négative, elle se divise en deux parties, l'une réelle, l'autre imaginaire. Mais on peut alors essayer de représenter séparément chacune d'elles par une intégrale définie. M. Laplace a résolu ce dernier problème dans le cas où l'indice de la différence donnée surpasse l'exposant de la variable. Je parviens à résoudre la même question dans tous les cas possibles, en supposant toutefois que l'exposant de la variable soit positif.

Il me reste à indiquer un corollaire assez remarquable des formules dont je viens de rendre compte. L'une de ces formules m'a conduit à l'expression générale de la transcendante, que M. Legendre a désignée par $\Gamma(a)$, en intégrale définie. On sait que pour des valeurs positives de a cette transcendante peut être représentée par l'intégrale

$$\int x^{a-1} e^{-x}\, dx$$

prise entre les limites $x = 0$, $x = \infty$. Mais, lorsque a devient négatif, la même intégrale, devenant indéfinie quel que soit a, ne peut plus servir à représenter la transcendante dont il s'agit. Pour rendre générale l'expression précédente, il suffit de diminuer l'exponentielle e^{-x} d'une fonction rationnelle et entière de x, assujettie à la seule condition de donner à l'intégrale, s'il est possible, une valeur finie. Pour des valeurs négatives de a, cette fonction est toujours égale à la somme des termes qui, dans le développement de e^{-x}, renferment des puissances de x inférieures à $-a$. La même fonction devient nulle toutes les fois que a est positif, et la formule générale rentre alors dans la formule connue.

PREMIÈRE PARTIE.

SUR LA TRANSFORMATION DES INTÉGRALES SIMPLES PAR LE MOYEN DES INTÉGRATIONS DOUBLES.

---

§ I. — *Exposition générale de la méthode.*

Soit

$$\int_0^a X\,dx$$

une intégrale relative à x et à laquelle les procédés directs de l'intégration ne soient pas applicables. Supposons de plus la fonction X composée de deux facteurs P et Q, en sorte qu'on ait

$$X = PQ.$$

Si l'on désigne par z une nouvelle variable, par R une fonction de x et de z, et par A une quantité constante, on pourra donner à R et à A une infinité de valeurs différentes, de manière à satisfaire à l'équation

$$(1)\qquad Q = A\int_0^b R\,dz.$$

Cela posé, si l'on peut trouver pour R une valeur telle que la différentielle

$$PR\,dx$$

soit immédiatement intégrable, en faisant

$$(2)\qquad \int_0^a PR\,dx = Z,$$

on aura

$$\int_0^a X\,dx = A\int_0^b Z\,dz. \tag{3}$$

Par suite, si la valeur de l'intégrale $\int_0^b Z\,dz$ est connue, on en déduira immédiatement la valeur de l'intégrale $\int_0^a X\,dx$. Dans le cas contraire, l'équation (3) donnera simplement une transformation de l'intégrale proposée. Appliquons ces principes à quelques exemples.

§ II. — *Première application.*

Soit

$$X = \frac{P}{M^n},$$

M étant une nouvelle fonction de x; on aura

$$Q = \frac{1}{M^n} = \frac{\int_0^\infty z^{n-1} e^{-Mz}\,dz}{\int_0^\infty z^{n-1} e^{-z}\,dz}. \tag{4}$$

On pourra donc supposer, dans le cas dont il s'agit,

$$A = \frac{1}{\int_0^\infty z^{n-1} e^{-z}\,dz} = \frac{1}{\Gamma(n)},$$

$$R = z^{n-1} e^{-Mz};$$

et, par suite, si l'on fait

$$Z = z^{n-1}\int_0^a P e^{-Mz}\,dx, \tag{5}$$

on trouvera

$$\int_0^a \frac{P}{M^n}\,dx = \frac{1}{\Gamma(n)}\int_0^\infty Z\,dz. \tag{6}$$

Exemple I. — Soit proposé de trouver, entre les limites $x = 0$,

$x = a$, la valeur de l'intégrale

$$\int_0^a x^{-n} e^{-x}\, dx,$$

n étant < 1; on aura

$$P = e^{-x}, \qquad M = x,$$

et, par suite, les équations (5) et (6) deviendront

$$(a) \qquad Z = z^{n-1} \int_0^a e^{-x(1+z)}\, dx = z^{n-1} \frac{1 - e^{-a(1+z)}}{1+z},$$

$$(b) \qquad \int_0^a x^{-n} e^{-x}\, dx = \frac{1}{\Gamma(n)} \int_0^\infty \frac{z^{n-1}(1 - e^{-a(1+z)})}{1+z}\, dz.$$

Corollaire I. — Si dans l'équation (b) on suppose $a = \infty$, on aura

$$\int_0^\infty x^{-n} e^{-x}\, dx = \Gamma(1-n), \qquad e^{-a(1+z)} = 0,$$

et, par suite,

$$(c) \qquad \Gamma(n)\Gamma(1-n) = \int_0^\infty \frac{z^{n-1}\, dz}{1+z} = \frac{\pi}{\sin n\pi},$$

ce que l'on savait déjà.

Exemple II. — Soit proposé de transformer l'intégrale

$$(d) \qquad \int_0^\infty \frac{x^{m-1} e^{-x}\, dx}{(\alpha + x)^n},$$

m, n et α étant trois constantes arbitraires. On pourra supposer

$$(e) \qquad \begin{cases} P = x^{m-1} e^{-x}, \\ M = \alpha + x. \end{cases}$$

Cela posé, les équations (5) et (6) deviendront

$$(f) \qquad Z = z^{n-1} e^{-\alpha z} \int_0^\infty x^{m-1} e^{-x(1+z)}\, dx = \frac{z^{n-1} e^{-\alpha z}}{(1+z)^m} \Gamma(m),$$

$$(g) \qquad \int_0^\infty \frac{x^{m-1} e^{-x}\, dx}{(\alpha + x)^n} = \frac{\Gamma(m)}{\Gamma(n)} \int_0^\infty \frac{z^{n-1} e^{-\alpha z}\, dz}{(1+z)^m}.$$

Corollaire I. — Si dans l'équation (g) on suppose $\alpha = 0$, le premier membre deviendra simplement égal à

$$\int_0^\infty x^{m-1-n} e^{-x}\, dx = \Gamma(m-n);$$

et, par suite, on obtiendra la formule connue

$$(h) \qquad \int_0^\infty \frac{z^{n-1}\, dz}{(1+z)^m} = \frac{\Gamma(n)\Gamma(m-n)}{\Gamma(m)}.$$

Corollaire II. — Comme dans les équations (g) les intégrales relatives à x et à z sont prises entre les mêmes limites, on peut y remplacer z par x; on aura en conséquence

$$\int_0^\infty \frac{z^{n-1} e^{-\alpha z}\, dz}{(1+z)^m} = \int_0^\infty \frac{x^{n-1} e^{-\alpha x}\, dx}{(1+x)^m} = \frac{1}{\alpha^n} \int_0^\infty \frac{x^{n-1} e^{-x}\, dx}{\left(1+\frac{x}{\alpha}\right)^m}.$$

Cela posé, l'équation (g) donnera ce résultat remarquable par sa symétrie à l'égard des deux constantes m et n

$$(i) \qquad \frac{\displaystyle\int_0^\infty \frac{x^{m-1} e^{-x}}{\left(1+\frac{x}{\alpha}\right)^n}\, dx}{\displaystyle\int_0^\infty \frac{x^{n-1} e^{-x}}{\left(1+\frac{x}{\alpha}\right)^m}\, dx} = \frac{\Gamma(m)}{\Gamma(n)}.$$

Exemple III. — Soit proposé de déterminer la valeur de l'intégrale

$$(j) \qquad \int_0^\infty e^{-sx}(e^{-x}-1)^m \frac{dx}{x^{a+1}},$$

a étant $< m$, et m étant un nombre entier.

On aura dans le cas présent

$$n = a+1, \qquad P = e^{-sx}(e^{-x}-1)^m, \qquad M = x;$$

et, par suite, l'équation (5) deviendra

$$(k) \qquad Z = z^a \int_0^\infty e^{-(s+z)x}(e^{-x}-1)^m\, dx.$$

On a d'ailleurs

$$\int_0^\infty e^{-(s+z)x}(e^{-x}-1)^m\,dx = \frac{-m}{s+z}\int_0^\infty e^{-(s+z+1)x}(e^{-x}-1)^{m-1}\,dx;$$

et, par suite,

$$\int_0^\infty e^{-(s+z)x}(e^{-x}-1)^m\,dx = \frac{(-1)^m.1.2.3\ldots m}{(s+z)(s+z+1)\ldots(s+z+m)}.$$

Donc

$$Z = \frac{(-1)^m.1.2.3\ldots m}{(s+z)(s+z+1)\ldots(s+z+m)}z^a = \frac{(-1)^m\Gamma(m+1)}{(s+z)(s+z+1)\ldots(s+z+m)}z^a;$$

et, par conséquent, l'équation (6) deviendra

$$(l)\quad \left\{\begin{aligned}&\int_0^\infty e^{-sx}(e^{-x}-1)^m\frac{dx}{x^{a+1}}\\ &\quad=\frac{(-1)^m\Gamma(m+1)}{\Gamma(a+1)}\int_0^\infty\frac{z^a\,dz}{(s+z)(s+z+1)\ldots(s+z+m)}.\end{aligned}\right.$$

Soit maintenant λ le plus grand nombre entier compris dans a, et faisons

$$a = \lambda + \frac{\mu}{\nu};$$

l'intégrale relative à z, qui se trouve comprise dans le second membre de l'équation (l), pourra être mise sous la forme

$$\int_0^\infty \frac{z^{\lambda+1}}{(s+z)(s+z+1)\ldots(s+z+m)}z^{\frac{\mu}{\nu}-1}\,dz.$$

On déterminera facilement la valeur de cette dernière intégrale, si l'on décompose en fractions simples la fraction

$$\frac{z^{\lambda+1}}{(s+z)(s+z+1)\ldots(s+z+m)};$$

et, par suite, on déduira de l'équation (l) la valeur de l'intégrale proposée

$$\int_0^\infty e^{-sx}(e^{-x}-1)^m\frac{dx}{x^{a+1}}.$$

Au reste on peut éviter la décomposition dont il s'agit de la manière suivante :

Si l'on suppose la caractéristique Δ des différences finies relative à la quantité s considérée comme variable, l'équation (k) donnera

$$Z = z^a \Delta^m\left(\int_0^\infty e^{-(s+z)x}\,dx\right) = z^{\lambda+\frac{\mu}{\nu}} \Delta^m\left(\frac{1}{s+z}\right)$$

ou, ce qui revient au même,

$$Z = z^{\frac{\mu}{\nu}-1} \Delta^m\left(\frac{z^{\lambda+1}}{s+z}\right).$$

On a d'ailleurs

$$\frac{z^{\lambda+1}}{s+z} = z^\lambda - s z^{\lambda-1} + s^2 z^{\lambda-2} - \ldots + (-1)^\lambda s^\lambda - (-1)^\lambda \frac{s^{\lambda+1}}{s+z}$$

et

$$\Delta^m s = 0, \qquad \Delta^m s^2 = 0, \qquad \ldots, \qquad \Delta^m s^\lambda = 0.$$

Cela posé, la valeur de Z se trouvera réduite à

$$Z = (-1)^{\lambda+1} z^{\frac{\mu}{\nu}-1} \Delta^m\left(\frac{s^{\lambda+1}}{s+z}\right).$$

On trouvera par suite

$$\int_0^\infty Z\,dz = (-1)^{\lambda+1} \Delta^m\left(s^{\lambda+1}\int_0^\infty \frac{z^{\frac{\mu}{\nu}-1}\,dz}{s+z}\right).$$

De plus, on a

$$\int_0^\infty \frac{z^{\frac{\mu}{\nu}-1}\,dz}{s+z} = \frac{\pi}{\sin\frac{\mu}{\nu}\pi} s^{\frac{\mu}{\nu}-1} = (-1)^\lambda \frac{\pi}{\sin a\pi} s^{\frac{\mu}{\nu}-1}.$$

Donc enfin

$$\int_0^\infty Z\,dz = -\frac{\pi}{\sin a\pi} \Delta^m s^a.$$

En vertu de cette dernière formule, l'équation (6) se réduit à

$$(m) \qquad \int_0^\infty e^{-sx}(e^{-x}-1)^m \frac{dx}{x^{a+1}} = -\frac{\pi}{\Gamma(a+1)\sin a\pi} \Delta^m(s^a).$$

Ce résultat coïncide avec la formule (μ''') du *Calcul des probabilités*, page 163 [*voir* aussi les *Mémoires de l'Académie des Sciences*, année 1782 ([1])].

Corollaire I. — Si dans l'analyse précédente on suppose $\frac{\mu}{\nu} = 0$, a deviendra un nombre entier, et l'on aura $\lambda = a$. Dans le même cas on trouvera

$$\frac{\Delta^m(s^a)}{\sin a\pi} = \frac{\dfrac{d\Delta^m s^a}{da}}{\dfrac{d\sin a\pi}{da}} = \frac{\Delta^m(s^a \log s)}{\pi \cos a\pi} = \frac{(-1)^a}{\pi}\Delta^m(s^a \log s),$$

$$\int_0^\infty Z\,dz = (-1)^{a+1}\Delta^m(s^a \log s),$$

et, par suite,

$$(n) \qquad \int_0^\infty e^{-sx}(e^{-x}-1)^m \frac{dx}{x^{a+1}} = \frac{(-1)^{a+1}}{\Gamma(a+1)}\Delta^m(s^a \log s).$$

Si dans cette équation on suppose $a = 0$, on obtiendra la dernière formule de l'article 41 du premier Livre des *Probabilités* (p. 165) ([2]).

Si dans la formule (n) on fait $e^{-x} = t$, $m = r$, et que l'on remplace $\Gamma(a+1)$ par le produit $1.2.3.\ldots.a$, on trouvera

$$\int_0^1 \frac{t^{s-1}(t-1)^r}{(\log t)^{a+1}}dt = \frac{1}{1.2.3.\ldots.a}\Delta^r(s^a \log s).$$

La nouvelle intégrale étant prise entre les limites $t = 0$, $t = 1$, on pourra changer dans la formule précédente t en t^n, on aura ainsi

$$(o) \qquad \int_0^1 \frac{t^{ns-1}(t^n-1)^r}{(\log t)^{a+1}}dt = \frac{n^a}{1.2.3.\ldots.a}\Delta^r(s^a \log s).$$

Si dans cette dernière on fait $a + 1 = r$, en ayant de plus égard à l'équation $n^a\Delta^r(s^a \log s) = \Delta^r[(ns)^a \log ns]$ qui est toujours vraie lors-

([1]) *OEuvres de Laplace*, t. VII, p. 166, et t. X, p. 287.
([2]) *Ibid.*, t. VII, p. 168.

qu'on suppose $a < r$, on trouvera

$$\int_0^1 \left(\frac{t^n - 1}{\log t}\right)^r t^{ns-1}\,dt = \frac{1}{1.2.3\ldots\ldots(r-1)}\Delta^r[(ns)^{r-1}\log ns],$$

ce qui s'accorde avec les formules données par M. Legendre (troisième Partie des *Exercices du Calcul intégral,* p. 372).

Corollaire II. — Si l'on compare entre elles les deux valeurs de Z trouvées ci-dessus, savoir

$$Z = \frac{(-1)^m.1.2.3\ldots\ldots m}{(s+z)(s+z+1)\ldots(s+z+m)}z^a, \qquad Z = z^a\Delta^m\left(\frac{1}{s+z}\right),$$

on en conclura

$$\Delta^m\left(\frac{1}{s+z}\right) = \frac{(-1)^m.1.2.3\ldots\ldots m}{(s+z)(s+z+1)\ldots(s+z+m)} = \frac{(-1)^m\Gamma(m+1)\Gamma(s+z)}{\Gamma(s+z+m+1)}.$$

Si dans cette dernière équation on fait $z = 0$, on aura

$$\Delta^m\left(\frac{1}{s}\right) = \frac{(-1)^m\Gamma(m+1)\Gamma(s)}{\Gamma(s+m+1)} = (-1)^m\int_0^\infty \frac{x^m\,dx}{(1+x)^{s+m+1}}.$$

Exemple IV. — Soit proposé de transformer les intégrales

$$\int_0^a e^{-sx}\sin rx\frac{dx}{x^n},$$

$$\int_0^a e^{-sx}\cos rx\frac{dx}{x^n},$$

n, r et s étant des constantes positives, et n étant < 1. On aura pour la première intégrale

$$Z = z^{n+1}\int_0^a e^{-(s+z)x}\sin rx\,dx = z^{n-1}\frac{r - e^{-a(s+z)}[r\cos ar + (s+z)\sin ar]}{r^2 + (s+z)^2},$$

et pour la seconde

$$Z = z^{n-1}\int_0^a e^{-(s+z)x}\cos rx\,dx = z^{n-1}\frac{s+z+e^{-a(s+z)}[r\sin ar - (s+z)\cos ar]}{r^2+(s+z)^2}.$$

On trouvera donc par suite

$$(p)\quad\begin{cases}\displaystyle\int_0^a x^{-n}e^{-sx}\sin rx\,dx\\ \displaystyle\quad=\frac{1}{\Gamma(n)}\left[\int_0^\infty\frac{rz^{n-1}\,dz}{r^2+(s+z)^2}-e^{-as}\int_0^\infty\frac{r\cos ar+(s+z)\sin ar}{r^2+(s+z)^2}z^{n-1}e^{-az}\,dz\right],\\ \displaystyle\int_0^a x^{-n}e^{-sx}\cos rx\,dx\\ \displaystyle\quad=\frac{1}{\Gamma(n)}\left[\int_0^\infty\frac{(s+z)z^{n-1}\,dz}{r^2+(s+z)^2}+e^{-as}\int_0^\infty\frac{r\sin ar-(s+z)\cos ar}{r^2+(s+z)^2}z^{n-1}e^{-az}\,dz\right].\end{cases}$$

Corollaire I. — Si dans les équations (p) on suppose $a=\infty$, et que l'on y change n en $1-n$ et x en z, elles deviendront

$$(q)\quad\begin{cases}\displaystyle\int_0^\infty z^{n-1}e^{-sz}\sin rz\,dz=\frac{1}{\Gamma(1-n)}\int_0^\infty\frac{r}{r^2+(s+z)^2}z^{-n}\,dz,\\ \displaystyle\int_0^\infty z^{n-1}e^{-sz}\cos rz\,dz=\frac{1}{\Gamma(1-n)}\int_0^\infty\frac{s+z}{r^2+(s+z)^2}z^{-n}\,dz.\end{cases}$$

D'ailleurs, si l'on fait $\frac{r}{s}=\tang\theta$, on aura, en supposant $n<1$,

$$\int_0^\infty\frac{r}{r^2+(s+z)^2}z^{-n}\,dz=\frac{\pi}{\sin n\pi}\,\frac{\sin n\theta}{(r^2+s^2)^{\frac{n}{2}}},$$

$$\int_0^\infty\frac{s+z}{r^2+(s+z)^2}z^{-n}\,dz=\frac{\pi}{\sin n\pi}\,\frac{\cos n\theta}{(r^2+s^2)^{\frac{n}{2}}},$$

et

$$\frac{\pi}{\sin n\pi}=\Gamma(n)\Gamma(1-n).$$

Cela posé, on aura

$$(r)\quad\begin{cases}\displaystyle\int_0^\infty z^{n-1}e^{-sz}\sin rz\,dz=\frac{\sin n\theta}{(r^2+s^2)^{\frac{n}{2}}}\Gamma(n),\\ \displaystyle\int_0^\infty z^{n-1}e^{-sz}\cos rz\,dz=\frac{\cos n\theta}{(r^2+s^2)^{\frac{n}{2}}}\Gamma(n);\end{cases}$$

ce qui s'accorde avec les formules trouvées par Euler.

Corollaire II. — Soit en général

$$\frac{1}{(s+r\sqrt{-1})^n}=R_1-R_2\sqrt{-1};$$

on aura

$$R_1 = \frac{\cos n\theta}{(r^2+s^2)^{\frac{n}{2}}} = \frac{(s-r\sqrt{-1})^{-n}+(s+r\sqrt{-1})^{-n}}{2},$$

$$R_2 = \frac{\sin n\theta}{(r^2+s^2)^{\frac{n}{2}}} = \frac{(s-r\sqrt{-1})^{-n}-(s+r\sqrt{-1})^{-n}}{2\sqrt{-1}}.$$

Cela posé, si l'on change s en k et r en x, les équations (r) prendront la forme suivante

$$(s)\quad \begin{cases} \dfrac{(k-x\sqrt{-1})^{-n}+(k+x\sqrt{-1})^{-n}}{2} = \dfrac{1}{\Gamma(n)}\displaystyle\int_0^\infty z^{n-1}e^{-kz}\cos xz\,dz, \\ \dfrac{(k-x\sqrt{-1})^{-n}-(k+x\sqrt{-1})^{-n}}{2\sqrt{-1}} = \dfrac{1}{\Gamma(n)}\displaystyle\int_0^\infty z^{n-1}e^{-kz}\sin xz\,dz. \end{cases}$$

En différentiant ces dernières une ou plusieurs fois de suite par rapport à k, on prouvera facilement qu'elles s'étendent à toutes les valeurs positives de la constante n.

Exemple V. — Considérons encore les intégrales

$$\int_0^\infty (k+x)^{-n}e^{-sx}\sin rx\,dx,$$

$$\int_0^\infty (k+x)^{-n}e^{-sx}\cos rx\,dx,$$

k, s, n étant des nombres positifs quelconques. En faisant pour la première intégrale

$$P = e^{-sx}\sin rx, \qquad M = k+x,$$

et pour la seconde

$$P = e^{-sx}\cos rx, \qquad M = k+x,$$

on trouvera

$$(t)\quad \begin{cases} \displaystyle\int_0^\infty (k+x)^{-n}e^{-sx}\sin rx\,dx = \frac{1}{\Gamma(n)}\int_0^\infty \frac{r}{r^2+(s+z)^2}z^{n-1}e^{-kz}\,dz, \\ \displaystyle\int_0^\infty (k+x)^{-n}e^{-sx}\cos rx\,dx = \frac{1}{\Gamma(n)}\int_0^\infty \frac{s+z}{r^2+(s+z)^2}z^{n-1}e^{-kz}\,dz. \end{cases}$$

Exemple VI. — Soit proposé de trouver la valeur de l'intégrale

$$\int_0^\infty \frac{\sin^m x}{x^{a+1}}\,dx,$$

m étant un nombre entier quelconque, et a un nombre positif plus petit que m.

On aura dans le cas présent

$$n = a + 1, \qquad \mathrm{P} = \sin^m x, \qquad \mathrm{M} = x;$$

et, par suite,

$$\mathrm{Z} = z^a \int_0^\infty e^{-xz} \sin^m x\,dx.$$

On trouvera d'ailleurs, si m est un nombre impair,

$$\begin{aligned}\int_0^\infty e^{-xz} \sin^m x\,dx &= \frac{1.2.3.\ldots.m}{(1+z^2)(9+z^2)\ldots(m^2+z^2)}\\ &= \frac{\Gamma(m+1)}{(1+z^2)(9+z^2)\ldots(m^2+z^2)};\end{aligned}$$

et, si m est un nombre pair,

$$\begin{aligned}\int_0^\infty e^{-xz} \sin^m x\,dx &= \frac{1.2.3.\ldots.m}{z(4+z^2)(16+z^2)\ldots(m^2+z^2)}\\ &= \frac{\Gamma(m+1)}{z(4+z^2)(16+z^2)\ldots(m^2+z^2)}.\end{aligned}$$

On aura donc par suite

$$(u)\quad\left\{\begin{array}{l}\displaystyle\int_0^\infty \frac{\sin^m x}{x^{a+1}}\,dx = \frac{\Gamma(m+1)}{\Gamma(n)}\int_0^\infty \frac{z^a\,dz}{(1+z^2)(9+z^2)\ldots(m^2+z^2)},\\ \qquad\qquad\text{si } m \text{ est un nombre impair}\\ \text{et}\\ \displaystyle\int_0^\infty \frac{\sin^m x}{x^{a+1}}\,dx = \frac{\Gamma(m+1)}{\Gamma(n)}\int_0^\infty \frac{z^a\,dz}{z(4+z^2)(16+z^2)\ldots(m^2+z^2)},\\ \qquad\qquad\text{dans le cas contraire.}\end{array}\right.$$

Soit maintenant $a = \lambda + \frac{\mu}{\nu}$, λ étant le plus grand nombre entier compris dans a. Pour déterminer la valeur de l'intégrale relative à z, que renferme la première des équations (u), il suffira de décomposer en fractions simples la fraction

$$\frac{z^{\lambda}}{(1+z^2)(9+z^2)\ldots(m^2+z^2)},$$

si λ est un nombre pair, et la fraction

$$\frac{z^{\lambda+1}}{(1+z^2)(9+z^2)\ldots(m^2+z^2)},$$

dans le cas contraire. On déterminera avec la même facilité la valeur de l'intégrale relative à z que renferme la seconde des équations (u); et, par suite, on obtiendra, dans tous les cas possibles, la valeur de l'intégrale cherchée

$$\int_0^{\infty} \frac{\sin^m x}{x^{a+1}}\,dx.$$

Au reste, on peut simplifier considérablement les calculs à l'aide des procédés que nous allons appliquer à l'intégrale

$$\int_0^{\infty} \cos 2sx \frac{\sin^m x}{x^{a+1}}\,dx,$$

intégrale qui se réduit à la précédente lorsqu'on suppose $s=0$.

Exemple VII. — Soit proposé de déterminer la valeur de l'intégrale

$$\int_0^{\infty} \cos 2sx \frac{\sin^m x}{x^{a+1}}\,dx,$$

m étant un nombre entier, a et s deux constantes arbitraires, et a étant $<m$. On aura dans le cas présent

$$n=a+1, \qquad \mathrm{P}=\cos 2sx \sin^m x, \qquad \mathrm{M}=x;$$

et, par suite,

$$\mathrm{Z}=z^a\int_0^{\infty} e^{-xz}\cos 2sx \sin^m x\,dx.$$

D'ailleurs, si l'on suppose la caractéristique Δ des différences finies relative à la quantité s considérée comme variable, et que l'on développe le produit $\cos 2sx \sin^m x$ en série ordonnée suivant les sinus ou cosinus des arcs multiples de x; on reconnaîtra sans peine que, dans le cas où m est un nombre pair,

$$\cos 2sx \sin^m x = \frac{(-1)^{\frac{m}{2}}}{2^m} \Delta^m[\cos(2s-m)x];$$

et que, dans le cas où m est un nombre impair,

$$\cos 2sx \sin^m x = \frac{(-1)^{\frac{m-1}{2}}}{2^m} \Delta^m[\sin(2s-m)x].$$

Cela posé, la valeur de Z deviendra

$$(v) \quad \left\{ \begin{array}{l} Z = \dfrac{(-1)^{\frac{m}{2}}}{2^m} z^a \displaystyle\int_0^\infty e^{-xz} \Delta^m[\cos(2s-m)x]\,dx, \\ \qquad \text{si } m \text{ est un nombre pair} \\ \text{et} \\ Z = \dfrac{(-1)^{\frac{m-1}{2}}}{2^m} z^a \displaystyle\int_0^\infty e^{-xz} \Delta^m[\sin(2s-m)x]\,dx, \\ \qquad \text{si } m \text{ est un nombre impair.} \end{array} \right.$$

Pour achever le calcul, il est nécessaire de distinguer deux hypothèses différentes, suivant que l'on a $s > \frac{m}{2}$ ou $s < \frac{m}{2}$.

Première hypothèse. — Soit

$$s > \frac{m}{2},$$

et supposons d'abord m pair. On aura

$$\int_0^\infty e^{-xz} \Delta^m[\cos(2s-m)x]\,dx = \Delta^m\left[\int_0^\infty e^{-xz} \cos(2s-m)x\,dx\right]$$
$$= \Delta^m\left[\frac{z}{(2s-m)^2+z^2}\right],$$

$$Z = \frac{(-1)^{\frac{m}{2}}}{2^m} \Delta^m\left[\frac{z^{a+1}}{(2s-m)^2+z^2}\right].$$

Soit maintenant $a = \lambda + \frac{\mu}{\nu}$, λ étant le plus grand nombre entier compris dans a; on aura, à cause de $\lambda < m$,

$$\Delta^m \left[\frac{z^{\lambda+2}}{(2s-m)^2 + z^2} \right] = (-1)^{\frac{\lambda+2}{2}} \Delta^m \left[\frac{(2s-m)^{\lambda+2}}{(2s-m)^2 + z^2} \right]$$

si λ est un nombre pair, et

$$\Delta^m \left[\frac{z^{\lambda+1}}{(2s-m)^2 + z^2} \right] = (-1)^{\frac{\lambda+1}{2}} \Delta^m \left[\frac{(2s-m)^{\lambda+1}}{(2s-m)^2 + z^2} \right]$$

si λ est un nombre impair. Par suite, on trouvera :

$$(\text{w}) \quad \left\{ \begin{array}{l} \text{dans le premier cas} \\ Z = \dfrac{(-1)^{\frac{m+\lambda+2}{2}}}{2^m} z^{\frac{\mu}{\nu}-1} \Delta^m \left[\dfrac{(2s-m)^{\lambda+2}}{(2s-m)^2 + z^2} \right], \\ \text{et, dans le second,} \\ Z = \dfrac{(-1)^{\frac{m+\lambda+1}{2}}}{2^m} z^{\frac{\mu}{\nu}} \Delta^m \left[\dfrac{(2s-m)^{\lambda+1}}{(2s-m)^2 + z^2} \right]. \end{array} \right.$$

On a d'ailleurs

$$\int_0^\infty \frac{(2s-m)^{\lambda+2}}{(2s-m)^2 + z^2} z^{\frac{\mu}{\nu}-1} dz = (2s-m)^{\lambda+\frac{\mu}{\nu}} \int_0^\infty \frac{z^{\frac{\mu}{\nu}-1} dz}{1+z^2} = \frac{\pi}{2 \sin \frac{\mu\pi}{2\nu}} (2s-m)^a,$$

$$\int_0^\infty \frac{(2s-m)^{\lambda+1}}{(2s-m)^2 + z^2} z^{\frac{\mu}{\nu}-1} dz = (2s-m)^{\lambda+\frac{\mu}{\nu}} \int_0^\infty \frac{z^{\frac{\mu}{\nu}} dz}{1+z^2} = \frac{\pi}{2 \cos \frac{\mu\pi}{2\nu}} (2s-m)^a;$$

enfin

$$\sin \frac{a\pi}{2} = (-1)^{\frac{\lambda}{2}} \sin \frac{\mu\pi}{2\nu}$$

quand λ est pair, et

$$\sin \frac{a\pi}{2} = (-1)^{\frac{\lambda-1}{2}} \cos \frac{\mu\pi}{2}$$

dans le cas contraire. Cela posé, la valeur de l'intégrale $\int_0^\infty Z\,dz$ sera, dans l'un et l'autre cas, déterminée par l'équation

$$\int_0^\infty Z\,dz = \frac{(-1)^{\frac{m}{2}+1}}{2^{m+1}} \frac{\pi}{\sin\frac{a\pi}{2}} \Delta^m (2s-m)^a.$$

Dans les calculs qu'on vient de faire, on a toujours supposé que m était un nombre pair. Si le contraire avait lieu, il faudrait substituer la seconde des équations (v) à la première, et l'on trouverait alors

$$\int_0^\infty Z\,dz = \frac{(-1)^{\frac{m-1}{2}}}{2^{m+1}} \frac{\pi}{\cos\frac{a\pi}{2}} \Delta^m (2s-m)^a.$$

En vertu de ce qui précède, l'équation (6) deviendra

$$(x) \begin{cases} \displaystyle\int_0^\infty \cos 2sx \sin^m x \frac{dx}{x^{a+1}} = (-1)^{\frac{m-2}{2}} \frac{\pi}{2^{m+2}\Gamma(a+1)\sin\frac{a\pi}{2}} \Delta^m (2s-m)^a, \\ \qquad \text{si } m \text{ est un nombre pair} \\ \text{et} \\ \displaystyle\int_0^\infty \cos 2sx \sin^m x \frac{dx}{x^{a+1}} = (-1)^{\frac{m-1}{2}} \frac{\pi}{2^{m+1}\Gamma(a+1)\cos\frac{a\pi}{2}} \Delta^m (2s-m)^a, \\ \qquad \text{si } m \text{ est un nombre impair.} \end{cases}$$

Ces deux dernières équations peuvent être comprises dans une seule et même formule, savoir

$$(y) \quad \int_0^\infty \cos 2sx \sin^m x \frac{dx}{x^{a+1}} = -\frac{\pi}{2^{m+1}\Gamma(a+1)\sin\frac{a+m}{2}\pi} \Delta^m (2s-m)^a.$$

Seconde hypothèse. — Soit maintenant

$$s < \frac{m}{2},$$

et supposons d'abord m pair : les quantités $2s-m$, $2s-m-2$, ..., deviendront négatives, et l'on aura

$$\cos(2s - m)x = \cos(m - 2s)x,$$
$$\cos(2s - m + 2)x = \cos(m - 2s - 2)x,$$
$$\dots\dots\dots\dots\dots\dots\dots\dots,$$

$$\begin{aligned}\Delta^m \cos(2s - m)x = \quad & \cos(m + 2s)x - \frac{m}{1}\cos(m + 2s - 2)x + \dots \\ & + \cos(m - 2s)x - \frac{m}{1}\cos(m - 2s - 2)x + \dots.\end{aligned}$$

On pourra en conséquence, dans toute la suite des calculs, remplacer celles des quantités

$$2s - m, \quad 2s - m + 2, \quad 2s - m + 4, \quad \dots,$$

qui seraient négatives, par les quantités positives correspondantes

$$m - 2s, \quad m - 2s - 2, \quad m - 2s - 4, \quad \dots;$$

et, par suite, pour corriger l'équation (y), il suffira de remplacer dans le second membre de cette équation la différence finie

$$\begin{aligned}\Delta^m (2s - m)^a = \quad & (2s + m)^a - \frac{m}{1}(2s + m - 2)^a + \dots \\ & + (2s - m)^a - \frac{m}{1}(2s - m - 2)^a + \dots,\end{aligned}$$

par la somme des deux séries

$$(m + 2s)^a - \frac{m}{1}(m + 2s - 2)^a + \dots,$$
$$(m - 2s)^a - \frac{m}{1}(m - 2s - 2)^a + \dots,$$

dont chacune doit être prolongée seulement jusqu'au dernier des termes qui renferment des puissances de quantités positives.

Si donc on fait, pour abréger,

$$S_a = (m + 2s)^a - \frac{m}{1}(m + 2s - 2)^a + \dots,$$

$$T_a = (m - 2s)^a - \frac{m}{1}(m - 2s - 2)^a + \dots,$$

en excluant de chaque série les puissances de quantités négatives; on aura, dans l'hypothèse que l'on considère,

$$(z)\quad \int_0^\infty \cos 2sx \sin^m x \frac{dx}{x^{a+1}} = -\frac{\pi}{2^{m+1}\Gamma(a+1)\sin\frac{a+m}{2}\pi}(S_a + T_a).$$

Supposons maintenant m impair. Dans ce cas on devra substituer la seconde des équations (v) à la première, et remplacer en conséquence, dans l'intégrale relative à x,

$$\Delta^m[\cos(2s-m)x] \quad \text{par} \quad \Delta^m[\sin(2s-m)x].$$

D'ailleurs, m étant impair, le dernier terme de la différence $\Delta^m[\sin(2s-m)x]$, savoir $\sin(2s-m)x$, sera affecté du signe $-$, et comme on a de plus

$$\begin{aligned}\sin(2s-m)x &= -\sin(m-2s)x,\\ \sin(2s-m+2)x &= -\sin(m-2s-2)x,\\ &\ldots\ldots\ldots\ldots\ldots\ldots,\end{aligned}$$

on trouvera

$$\begin{aligned}\Delta^m[\sin(2s-m)x] = \quad &\sin(m+2s)x - \frac{m}{1}\sin(m+2s-2)x + \ldots\\ &+\sin(m-2s)x - \frac{m}{1}\sin(m-2s-2)x + \ldots.\end{aligned}$$

Cela posé, il est facile de voir que dans ce cas, comme dans le précédent, il suffira, pour corriger l'équation (y), de remplacer

$$\Delta^m(2s-m)^a \quad \text{par} \quad S_a + T_a.$$

Ainsi l'équation (z) sera également vraie et dans le cas où m est un nombre pair, et dans celui où m est un nombre impair.

Corollaire I. — Si a est un nombre entier, on aura

$$\Delta^m(2s-m)^a = 0.$$

Si dans le même cas on suppose que $a+m$ soit un nombre impair, on aura

$$\sin\frac{a+m}{2}\pi = \pm 1;$$

et, par suite, l'équation (y) donnera

$$(a')\qquad \int_0^\infty \cos 2sx \sin^m x \frac{dx}{x^{a+1}} = 0.$$

Mais, si $a+m$ est un nombre pair, ou, ce qui revient au même, si les deux nombres entiers a et m sont de même espèce, on aura

$$\sin\frac{a+m}{2}\pi = 0;$$

et, par suite, le second membre de l'équation (y) se présentera sous la forme $\frac{0}{0}$. Pour déterminer sa valeur dans cette hypothèse, il suffira de différentier, par rapport à a, le numérateur et le dénominateur de la fraction

$$\frac{\Delta^m(2s-m)^a}{\sin\frac{a+m}{2}\pi},$$

qui se trouvera ainsi changée en cette autre

$$\frac{\Delta^m[(2s-m)^a\log(2s-m)]}{\frac{\pi}{2}\cos\frac{a+m}{2}\pi}.$$

Si dans cette dernière on suppose $a+m$ entier et pair, on aura

$$\cos\frac{a+m}{2}\pi = (-1)^{\frac{a+m}{2}};$$

l'équation (y) se réduira donc alors à

$$(b')\qquad \left\{\begin{aligned}&\int_0^\infty \cos 2sx \sin^m x \frac{dx}{x^{a+1}}\\ &= (-1)^{\frac{a+m+2}{2}} \frac{1}{2^m\Gamma(a+1)}\Delta^m[(2s-m)^a\log(2s-m)].\end{aligned}\right.$$

Corollaire II. — Des remarques analogues à celles qu'on vient de faire, relativement à l'équation (y), s'appliquent à l'équation (z) : et, en effet, soit toujours a un nombre entier, et supposons d'abord que $a+m$ soit un nombre impair; on aura évidemment

$$\mathrm{S}_a - \mathrm{T}_a = \Delta^m (2s - m)^a = 0,$$

$$\sin\frac{a+m}{2}\pi = (-1)^{\frac{a+m-1}{2}};$$

et, par suite, l'équation (z) deviendra

$$(c')\quad \begin{cases} \displaystyle\int_0^\infty \cos 2sx \sin^m x \frac{dx}{x^{a+1}} = (-1)^{\frac{a+m-1}{2}} \frac{\pi}{2^m \Gamma(a+1)} \mathrm{S}_a \\ \displaystyle\qquad = (-1)^{\frac{a+m-1}{2}} \frac{\pi}{2^m \Gamma(a+1)} \mathrm{T}_a. \end{cases}$$

Soit, en second lieu, $a+m$ un nombre pair; on aura

$$\mathrm{S}_a + \mathrm{T}_a = \Delta^m (2s - m)^a = 0,$$

$$\sin\frac{a+m}{2}\pi = 0.$$

Dans cette hypothèse le second membre de l'équation (z) se présentera sous la forme $\frac{0}{0}$. Mais, pour obtenir sa vraie valeur, il suffira de différentier, par rapport à a, la fraction

$$\frac{\mathrm{S}_a + \mathrm{T}_a}{\sin\frac{a+m}{2}\pi}.$$

On trouvera de cette manière

$$(d')\quad \begin{cases} \displaystyle\int_0^\infty \cos 2sx \sin^m x \frac{dx}{x^{a+1}} \\ \displaystyle\qquad = (-1)^{\frac{a+m+2}{2}} \frac{1}{2^m \Gamma(a+1)} \Delta^m [(2s-m)^a \log(2s-m)]; \end{cases}$$

pourvu que dans le développement de la différence finie

$$\Delta^m [(2s-m)^a \log(2s-m)]$$

on remplace les logarithmes des quantités négatives par ceux des mêmes quantités prises en signe contraire.

Corollaire III. — Si l'on donne à s une valeur nulle, on aura évidemment

$$s < \frac{m}{2}.$$

On devra donc alors employer l'équation (z); et, comme on aura dans le même cas

$$S_a = T_a = m^a - \frac{m}{1}(m-2)^a + \frac{m(m-1)}{1.2}(m-4)^a - \ldots,$$

l'équation (z) deviendra

$$(e') \quad \left\{ \begin{aligned} &\int_0^\infty \sin^m x \frac{dx}{x^{a+1}} \\ &= -\frac{\pi}{2^m \Gamma(a+1) \sin \frac{a+m}{2}\pi} \left[m^a - \frac{m}{1}(m-2)^a + \frac{m(m-1)}{2}(m-4)^a - \ldots \right]. \end{aligned} \right.$$

Dans cette formule, la série du second membre doit être seulement prolongée jusqu'au dernier des termes où la quantité renfermée entre parenthèses a une valeur positive, c'est-à-dire jusqu'au terme

$$\frac{m(m-1)\ldots\left(\frac{m}{2}+2\right)}{1.2.3\ldots\ldots\frac{m-2}{2}} 2^a,$$

dans le cas où m est un nombre pair, et jusqu'au terme

$$\frac{m(m-1)\ldots\left(\frac{m+3}{2}\right)}{1.2.3\ldots\ldots\frac{m-1}{2}} 1^a,$$

dans le cas contraire.

Corollaire IV. — Si, a étant un nombre entier, $a+m$ est un nombre impair, l'équation (e') fournira immédiatement la valeur de l'intégrale

$$\int_0^\infty \sin^m x \frac{dx}{x^{a+1}}.$$

Mais, si $a+m$ est un nombre pair, l'équation (e') devra être remplacée par la formule suivante

$$(f')\quad \int_0^\infty \sin^m x \frac{dx}{x^{a+1}} = \frac{(-1)^{\frac{a+m}{2}}}{2^m\Gamma(a+1)}\left[m^a \log m - \frac{m}{1}(m-2)^a \log(m-2) + \ldots\right].$$

Nota. — Dans les calculs précédents nous avons toujours supposé $a<m$. Cette condition est nécessaire pour que les valeurs des intégrales

$$\int_0^\infty \cos 2sx \sin^m x \frac{dx}{x^{a+1}},\quad \int_0^\infty \sin^m x \frac{dx}{x^{a+1}}$$

ne deviennent pas infinies. En effet, pour chacune de ces intégrales, la partie comprise entre les limites $x=0$, $x=\alpha$ (α étant une quantité très petite) est sensiblement égale à

$$\int_0^\infty x^{m-a-1}\,dx = \frac{1}{m-a}[\alpha^{m-a}-(0)^{m-a}] = \frac{1}{m-a}\left[\left(\frac{1}{\alpha}\right)^{a-m} - \left(\frac{1}{0}\right)^{a-m}\right];$$

et cette partie ne peut rester finie qu'autant que $m-a$ est une quantité positive.

Exemple VIII. — Soit proposé de déterminer la valeur de l'intégrale

$$\int_0^\infty \sin 2sx \sin^m x \frac{dx}{x^{a+1}},$$

m étant un nombre entier, a et s deux constantes arbitraires, et a étant $<m+1$.

Il serait facile d'obtenir la valeur de l'intégrale proposée par une analyse semblable à celle dont nous avons fait usage dans l'exemple précédent. Mais on arrive plus promptement au même but de la manière suivante.

Supposons d'abord $s<\frac{m}{2}$. Si l'on différentie, par rapport à s, les deux membres de la formule (y), en ayant égard à l'équation

$$\frac{a}{\Gamma(a+1)} = \frac{1}{\Gamma(a)},$$

on trouvera

$$(g') \quad \int_0^\infty \sin 2sx \sin^m x \frac{dx}{x^a} = \frac{\pi}{2^{m+1}\Gamma(a)\sin\frac{a+m}{2}\pi} \Delta^m(2s-m)^{a-1}.$$

Si dans cette dernière équation on change a en $a+1$, on aura

$$\sin\frac{a+m+1}{2}\pi = \cos\frac{a+m}{2}\pi,$$

et, par suite,

$$(h') \quad \int_0^\infty \sin 2sx \sin^m x \frac{dx}{x^{a+1}} = \frac{\pi}{2^{m+1}\Gamma(a+1)\cos\frac{a+m}{2}\pi} \Delta^m(2s-m)^a.$$

Comme l'équation (y) subsiste seulement dans le cas où l'on a $a < m$, et que pour obtenir l'équation (h') il a fallu changer a en $a+1$, il semble, au premier abord, que cette dernière équation exigerait la condition suivante

$$a < m - 1.$$

Néanmoins elle subsiste dans le cas où a surpasse $m-1$, et même dans celui où a surpasse m, pourvu toutefois que l'on ait

$$a < m + 1.$$

C'est ce qu'il est facile de vérifier en cherchant directement la valeur de l'intégrale

$$\int_0^\infty \sin 2sx \sin^m x \frac{dx}{x^{a+1}}$$

par la méthode que nous avons employée dans l'exemple précédent. En effet, cette méthode est applicable toutes les fois que l'intégrale proposée a une valeur finie; et, comme pour de très grandes valeurs de x, la quantité

$$\frac{\sin 2sx \sin^m x}{x^{a+1}}$$

est sensiblement égale à zéro; pour que la condition qu'on vient d'énoncer soit remplie, il suffira que l'intégrale donnée conserve une valeur finie entre les limites $x = 0$, $x = \alpha$ (α étant une quantité très petite). D'ailleurs, comme entre ces dernières limites on a, à très peu près,

$$\int_0^\infty \sin 2sx \sin^m x \frac{dx}{x^{a+1}} = 2s \int_0^\infty x^{m-a}\, dx = \frac{2s}{m-a+1}[\alpha^{m-a+1} - (0)^{m-a+1}],$$

la condition dont il s'agit se trouvera réduite à la suivante

$$a < m+1.$$

Supposons maintenant $s < \frac{m}{2}$. Si l'on différentie par rapport à s les deux membres de la formule (z), en ayant égard aux équations

$$\frac{a}{\Gamma(a+1)} = \frac{1}{\Gamma(a)}, \qquad \frac{dS_a}{ds} = 2S_{a-1}, \qquad \frac{dT_a}{ds} = -2T_{a-1},$$

et que l'on change ensuite a en $a+1$, on trouvera

$$(i') \qquad \int_0^\infty \sin 2sx \sin^m x \frac{dx}{x^{a+1}} = \frac{\pi}{2^{m+1}\Gamma(a+1)\cos\frac{a+m}{2}\pi}(S_a - T_a).$$

Cette dernière équation peut être démontrée directement, ainsi que la formule (h'); et, comme cette formule, elle exige seulement que l'on ait

$$a < m+1.$$

Corollaire I. — L'application des formules (h') et (i') ne présente aucune difficulté dans le cas où, a étant un nombre entier, $a+m$ est un nombre pair. Mais si dans la même hypothèse $a+m$ est un nombre impair, les seconds membres des équations (h') et (i') prennent la forme indéterminée $\frac{0}{0}$. Dans ce dernier cas, il est facile de voir que chacune des équations dont il s'agit doit être remplacée par la suivante

$$(k') \quad \int_0^\infty \sin 2sx \sin^m x \frac{dx}{x^{a+1}} = \frac{(-1)^{\frac{a+m-1}{2}}}{2^m\Gamma(a+1)}\Delta^m[(2s-m)^a \log(2s-m)],$$

pourvu que dans le développement de

$$\Delta^m[(2s-m)^a \log(2s-m)]$$

on substitue aux logarithmes qui pourraient affecter des quantités négatives les logarithmes des mêmes quantités prises en signe contraire.

Corollaire II. — Si dans l'équation (i') on suppose $s=0$, on aura

$$S_a = T_a,$$

et, par suite, l'intégrale relative à x s'évanouira; ce qui d'ailleurs est évident, puisque la supposition $s=0$ fait évanouir le facteur $\sin 2sx$.

Corollaire III. — Si l'on suppose $a=m$, on aura

$$\Delta^m(2s-m)^a = 1.2.3.\ldots.a = \Gamma(a+1),$$

$$\cos\frac{a+m}{2}\pi = (-1)^m;$$

et, par suite, l'équation (h') deviendra

$$(l') \qquad \int_0^\infty \sin 2sx \sin^m x \frac{dx}{x^{m+1}} = (-1)^m \frac{\pi}{2^{m+1}}.$$

Cette dernière équation suppose $s > \frac{m}{2}$. Ainsi l'intégrale

$$\int_0^\infty \sin 2sx \sin^m x \frac{dx}{x^{m+1}}$$

conserve la même valeur, quelle que soit d'ailleurs celle de la quantité s, pourvu que cette quantité reste comprise entre les limites

$$s=\frac{m}{2}, \qquad s=\infty.$$

Si l'on différentie $m-a$ fois de suite par rapport à s l'équation (l'),

on trouvera

$$(m')\quad\left\{\begin{array}{ll}\displaystyle\int_0^\infty \cos 2sx\,\sin^m x\,\frac{dx}{x^{a+1}}=0, & \text{si } a+m \text{ est un nombre impair}\\ \text{et} & \\ \displaystyle\int_0^\infty \sin 2sx\,\sin^m x\,\frac{dx}{x^{a+1}}=0. & \end{array}\right.$$

La première de ces formules coïncide avec l'équation (a'); la seconde n'est qu'un cas particulier de l'équation (h').

§ III. — *Deuxième application.*

Faisons successivement

$$X=PX_1,\qquad X=PX_2,$$

X_1 et X_2 étant respectivement déterminés par l'équation

$$(k\pm x\sqrt{-1})^{-n}=X_1\mp X_2\sqrt{-1},$$

de laquelle on tire

$$X_1=\frac{(k-x\sqrt{-1})^{-n}+(k+x\sqrt{-1})^{-n}}{2},$$
$$X_2=\frac{(k-x\sqrt{-1})^{-n}-(k+x\sqrt{-1})^{-n}}{2\sqrt{-1}};$$

et n étant un nombre positif pris à volonté.

On aura, en vertu des équations (s) (§ II),

$$(7)\quad\left\{\begin{array}{l}X_1=\dfrac{1}{\Gamma(n)}\displaystyle\int_0^\infty z^{n-1}e^{-kz}\cos xz\,dz,\\ X_2=\dfrac{1}{\Gamma(n)}\displaystyle\int_0^\infty z^{n-1}e^{-kz}\sin xz\,dz.\end{array}\right.$$

Si donc on suppose $X=PX_1$, on aura

$$A=\frac{1}{\Gamma(n)},\qquad R=z^{n-1}e^{-kz}\cos xz;$$

et, si l'on suppose $X = PX_2$,

$$A = \frac{1}{\Gamma(n)}, \qquad R = z^{n-1} e^{-kz} \sin xz.$$

Par suite, si l'on fait

$$(8) \qquad \begin{cases} Z_1 = z^{n-1} e^{-kz} \int_0^a P \cos xz \, dz, \\ Z_2 = z^{n-1} e^{-kz} \int_0^a P \sin xz \, dz, \end{cases}$$

on aura

$$(9) \qquad \begin{cases} \int_0^a PX_1 \, dx = \frac{1}{\Gamma(n)} \int_0^\infty Z_1 \, dz, \\ \int_0^a PX_2 \, dx = \frac{1}{\Gamma(n)} \int_0^\infty Z_2 \, dz. \end{cases}$$

Exemple I. — Considérons à la fois les deux intégrales

$$A = \int_0^\infty X_1 e^{-sx} \cos rx \, dx,$$

$$B = \int_0^\infty X_2 e^{-sx} \sin rx \, dx;$$

X_1 et X_2 ayant les mêmes valeurs que ci-dessus. On aura pour la première intégrale

$$Z_1 = z^{n-1} e^{-kz} \int_0^\infty e^{-sx} \cos zx \cos rx \, dx,$$

et pour la seconde

$$Z_2 = z^{n-1} e^{-kz} \int_0^\infty e^{-sx} \sin zx \sin rx \, dx.$$

On trouvera par suite

$$Z_1 \pm Z_2 = z^{n-1} e^{-kz} \int_0^\infty e^{-sx} \cos(r \mp z) x \, dx = \frac{s}{s^2 + (r \mp z)^2} z^{n-1} e^{-kz},$$

et

$$A \pm B = \frac{1}{\Gamma(n)} \int_0^\infty (Z_1 \pm Z_2) \, dz = \frac{1}{\Gamma(n)} \int_0^\infty \frac{s}{s^2 + (r \mp z)^2} z^{n-1} e^{-kz} \, dz.$$

Cette dernière équation se décompose en deux autres, savoir :

$$(n')\quad \begin{cases} A + B = \dfrac{1}{\Gamma(n)}\displaystyle\int_0^\infty \frac{s}{s^2+(r-z)^2} z^{n-1} e^{-kz}\,dz, \\ A - B = \dfrac{1}{\Gamma(n)}\displaystyle\int_0^\infty \frac{s}{s^2+(r+z)^2} z^{n-1} e^{-kz}\,dz; \end{cases}$$

d'où l'on tire

$$(o')\quad \begin{cases} A = \dfrac{1}{2\Gamma(n)}\left[\displaystyle\int_0^\infty \frac{s}{s^2+(r-z)^2} z^{n-1} e^{-kz}\,dz + \int_0^\infty \frac{s}{s^2+(r+z)^2} z^{n-1} e^{-kz}\,dz\right], \\ B = \dfrac{1}{2\Gamma(n)}\left[\displaystyle\int_0^\infty \frac{s}{s^2+(r-z)^2} z^{n-1} e^{-kz}\,dz - \int_0^\infty \frac{s}{s^2+(r+z)^2} z^{n-1} e^{-kz}\,dz\right]. \end{cases}$$

Ainsi les intégrales proposées qui renfermaient explicitement des imaginaires se trouvent ramenées à d'autres intégrales qui n'en renferment plus.

Corollaire I. — Si l'on suppose $r = 0$, la première des équations (o') deviendra

$$(p')\quad \int_0^\infty X_1 e^{-sx}\,dx = \frac{1}{\Gamma(n)}\int_0^\infty \frac{s}{s^2+z^2} z^{n-1} e^{-kz}\,dz.$$

Quant à la seconde, elle donnera $B = 0$, ainsi qu'on devait s'y attendre.

Corollaire II. — Si l'on suppose $s = 0$, l'intégrale

$$\int_0^\infty \frac{s}{s^2+(r+z)^2} z^{n-1} e^{-kz}\,dz$$

s'évanouira, et, par suite, la seconde des équations (n') donnera

$$A = B.$$

D'ailleurs, si l'on suppose s très petit, l'intégrale

$$\int_0^\infty \frac{s}{s^2+(r-z)^2} z^{n-1} e^{-kz}\,dz$$

n'aura de valeur sensible qu'entre les limites

$$z = r - \alpha, \qquad z = r + \alpha,$$

α étant une quantité très petite. Par suite, si l'on désigne par ζ une nouvelle inconnue qui puisse varier seulement depuis $\zeta = -\alpha$ jusqu'à $\zeta = \alpha$, on pourra, dans le cas dont il s'agit, supposer

$$z = r + \zeta.$$

On aura à très peu près, dans cette hypothèse,

$$z^{n-1} = r^{n-1}, \qquad e^{-kz} = e^{-kr};$$

et, par suite, l'intégrale

$$\int_0^\infty \frac{s}{s^2 + (r - z)^2} z^{n-1} e^{-kz}\, dz$$

sera sensiblement égale à

$$r^{n-1} e^{-kr} \int_{-\alpha}^{\alpha} \frac{s\, d\zeta}{s^2 + \zeta^2}.$$

On a de plus, entre les limites $\zeta = -\alpha$, $\zeta = \alpha$,

$$\int_{-\alpha}^{\alpha} \frac{s\, d\zeta}{s^2 + \zeta^2} = 2 \operatorname{arc tang} \frac{\alpha}{s}.$$

Ainsi, dans le cas où l'on suppose s très petit, la première des équations (n') devient

$$A + B = \frac{2}{\Gamma(n)} r^{n-1} e^{-kr} \operatorname{arc tang} \frac{\alpha}{s}.$$

Si dans cette dernière on suppose $s = 0$, on aura

$$A = B, \qquad 2 \operatorname{arc tang} \frac{\alpha}{s} = \pi,$$

et, par suite,

$$A = B = \frac{\pi}{2\Gamma(n)} r^{n-1} e^{-kr}.$$

En remettant pour A et B, X_1 et X_2, leurs valeurs respectives, on trouvera

$$(q') \left\{ \begin{aligned} &\int_0^\infty \frac{(k - x\sqrt{-1})^{-n} + (k + x\sqrt{-1})^{-n}}{2} \cos rx\,dx = \frac{1}{2}\frac{\pi}{\Gamma(n)} r^{n-1} e^{-kr}, \\ &\int_0^\infty \frac{(k - x\sqrt{-1})^{-n} - (k + x\sqrt{-1})^{-n}}{2\sqrt{-1}} \sin rx\,dx = \frac{1}{2}\frac{\pi}{\Gamma(n)} r^{n-1} e^{-kr}. \end{aligned} \right.$$

Le succès de l'analyse précédente tient, comme l'on voit, à cette circonstance particulière qu'entre les limites $z = 0$, $z =$ très petit, et dans le cas où l'on suppose après l'intégration $s = 0$, l'intégrale $\int \frac{s}{s^2 + (r - z)^2} z^{n-1} e^{-kz}\,dz$ obtient une valeur finie égale à $\frac{\pi}{2\Gamma(n)} r^{n-1} e^{-kr}$. L'intégrale dont il s'agit ici est une de celles que nous avons désignées dans le précédent Mémoire sous le nom d'*intégrales singulières*. On a ainsi une nouvelle preuve des avantages que peut offrir la considération de cette espèce d'intégrales.

Si l'on suppose, dans les équations (q'), $k = n$, $r = 1$, et qu'on les ajoute ensuite, on obtiendra la formule que M. Laplace a désignée par la lettre (O) [p. 134 du *Calcul des probabilités* (1)].

Corollaire III. — On peut déduire des équations (q') plusieurs conséquences dignes de remarque; et d'abord, si l'on suppose n entier, les imaginaires disparaîtront par le développement des puissances, et l'on obtiendra, en faisant successivement $n = 1$, $n = 2$, $n = 3$, ..., plusieurs équations à l'aide desquelles il sera facile de déterminer les valeurs des intégrales

$$\int_0^\infty \frac{\cos rx}{(k^2 + x^2)^n}\,dx, \quad \int_0^\infty \frac{x \sin rx}{(k^2 + x^2)^n}\,dx.$$

Par exemple, si l'on suppose $n = 1$, on trouvera

$$\int_0^\infty \frac{\cos rx}{k^2 + x^2}\,dx = \frac{\pi}{2k} e^{-kr}, \qquad \int_0^\infty \frac{x \sin rx}{k^2 + x^2}\,dx = \frac{\pi}{2} e^{-kr};$$

et ainsi de suite.

(1) *Œuvres de Laplace*, t. VII, p. 136.

Supposons en second lieu $n = \frac{m}{2}$, m étant un nombre entier quelconque pair ou impair; si l'on fait

$$x = \frac{k}{2}\left(z - \frac{1}{z}\right), \qquad kr = 2s,$$

les limites relatives à la nouvelle variable z seront $z = 1$, $z = \infty$. On aura de plus

$$(k \pm x\sqrt{-1})^{\frac{1}{2}} = \frac{1}{2}\frac{k^{\frac{1}{2}}}{z^{\frac{1}{2}}}[z + 1 \pm (z-1)\sqrt{-1}], \qquad dx = \frac{1}{2}\frac{k}{z}\left(z + \frac{1}{z}\right)dz;$$

et, par suite, les équations (q') deviendront

$$(r') \quad \begin{cases} \displaystyle\int_1^\infty z^{\frac{m}{2}-1}\left(z+\frac{1}{z}\right)\frac{[z+1-(z-1)\sqrt{-1}]^{-m}+[z+1+(z-1)\sqrt{-1}]^{-m}}{2}\cos s\left(z-\frac{1}{z}\right)dz = \frac{\pi s^{\frac{m}{2}-1}e^{-2s}}{2^{\frac{m}{2}+1}\Gamma\left(\frac{m}{2}\right)}, \\ \displaystyle\int_1^\infty z^{\frac{m}{2}-1}\left(z+\frac{1}{z}\right)\frac{[z+1-(z-1)\sqrt{-1}]^{-m}-[z+1+(z-1)\sqrt{-1}]^{-m}}{2\sqrt{-1}}\sin s\left(z-\frac{1}{z}\right)dz = \frac{\pi s^{\frac{m}{2}+1}e^{-2s}}{2^{\frac{m}{2}+1}\Gamma\left(\frac{m}{2}\right)}. \end{cases}$$

Si dans celles-ci on développe les puissances, les imaginaires disparaîtront.

Ainsi, par exemple, si l'on suppose $m = 1$, on trouvera

$$\left(z + \frac{1}{z}\right)\frac{[z+1-(z-1)\sqrt{-1}]^{-1}+[z+1+(z-1)\sqrt{-1}]^{-1}}{2} = \frac{z+1}{2z},$$

$$\left(z + \frac{1}{z}\right)\frac{[z+1-(z-1)\sqrt{-1}]^{-1}-[z+1+(z-1)\sqrt{-1}]^{-1}}{2} = \frac{z-1}{2z},$$

$$\Gamma\left(\frac{1}{2}\right) = \pi^{\frac{1}{2}};$$

et, par suite, les équations (r') donneront

$$(s') \quad \begin{cases} \displaystyle\int_1^\infty z^{\frac{1}{2}}\left(z + \frac{1}{z}\right)\cos s\left(z - \frac{1}{z}\right)dz = \frac{\pi^{\frac{1}{2}}e^{-2s}}{2^{\frac{1}{2}}s^{\frac{1}{2}}}, \\ \displaystyle\int_1^\infty z^{\frac{1}{2}}\left(z - \frac{1}{z}\right)\sin s\left(z - \frac{1}{z}\right)dz = \frac{\pi^{\frac{1}{2}}e^{-2s}}{2^{\frac{1}{2}}s^{\frac{1}{2}}}. \end{cases}$$

Ces dernières peuvent aussi se mettre sous la forme suivante

$$(t')\quad \begin{cases} \displaystyle\int_0^\infty x^{-\frac{1}{2}} \cos s\left(x - \frac{1}{x}\right) dx = \frac{\pi^{\frac{1}{2}} e^{-2s}}{2^{\frac{1}{2}} s^{\frac{1}{2}}}, \\ \displaystyle\int_0^\infty x^{-\frac{1}{2}} \sin s\left(x - \frac{1}{x}\right) dx = \frac{\pi^{\frac{1}{2}} e^{-2s}}{2^{\frac{1}{2}} s^{\frac{1}{2}}}. \end{cases}$$

Ces résultats coïncident avec les formules que nous avons données dans notre premier Mémoire sur les intégrales définies (Ire Partie, § II, exemple III).

Si dans les équations (r') on suppose $m = 3$, on obtiendra les formules

$$(u')\quad \begin{cases} \displaystyle\int_1^\infty \left(z^{\frac{1}{2}} + \frac{1}{z^{\frac{1}{2}}}\right) \frac{4 - z - \frac{1}{z}}{\left(z + \frac{1}{z}\right)^2} \cos s\left(z - \frac{1}{z}\right) \frac{dz}{z} = (2s\pi)^{\frac{1}{2}} e^{-2s}, \\ \displaystyle\int_1^\infty \left(z^{\frac{1}{2}} - \frac{1}{z^{\frac{1}{2}}}\right) \frac{4 + z + \frac{1}{z}}{\left(z - \frac{1}{z}\right)^2} \sin s\left(z - \frac{1}{z}\right) \frac{dz}{z} = (2s\pi)^{\frac{1}{2}} e^{-2s}, \end{cases}$$

qu'on peut aussi présenter sous la forme suivante

$$(v')\quad \begin{cases} \displaystyle\int_0^\infty \frac{x^{\frac{1}{2}}(3 - x)}{\left(x + \frac{1}{x}\right)^2} \cos s\left(x - \frac{1}{x}\right) dx = (2s\pi)^{\frac{1}{2}} e^{-2s}, \\ \displaystyle\int_0^\infty \frac{x^{\frac{1}{2}}(3 + x)}{\left(x + \frac{1}{x}\right)^2} \sin s\left(x - \frac{1}{x}\right) dx = (2s\pi)^{\frac{1}{2}} e^{-2s}, \end{cases}$$

et ainsi de suite.

Revenons maintenant aux équations (q'). Si l'on désigne par m un nombre entier quelconque inférieur à n, et que l'on différentie $m - 1$ fois de suite par rapport à r les équations (q'), on trouvera, pour le cas où $m-1$ sera pair,

$$(w')\quad\begin{cases}\displaystyle\int_0^\infty \frac{(k-x\sqrt{-1})^{-n}+(k+x\sqrt{-1})^{-n}}{2}x^{m-1}\cos rx\,dx = \frac{(-1)^{\frac{m-1}{2}}}{2}\frac{\pi}{\Gamma(n)}\frac{d^{m-1}(r^{n-1}e^{-kr})}{dr^{m-1}},\\[2ex] \displaystyle\int_0^\infty \frac{(k-x\sqrt{-1})^{-n}-(k+x\sqrt{-1})^{-n}}{2\sqrt{-1}}x^{m-1}\sin rx\,dx = \frac{(-1)^{\frac{m-1}{2}}}{2}\frac{\pi}{\Gamma(n)}\frac{d^{m-1}(r^{n-1}e^{-kr})}{dr^{m-1}}.\end{cases}$$

Si $m-1$ était un nombre impair, il faudrait dans les premiers membres des équations précédentes changer les sinus en cosinus et réciproquement.

Si l'on suppose $r=0$, m étant inférieur à n par hypothèse, les seconds membres des équations (w') s'évanouiront. On aura de plus $\sin rx=0$, $\cos rx=1$; et comme, pour passer du cas où m est un nombre impair à celui où m est un nombre pair, il faut changer dans les premiers membres de ces équations les sinus en cosinus, en faisant successivement l'une et l'autre hypothèse, on trouvera

$$(x')\quad\begin{cases}\displaystyle\int_0^\infty \frac{(k-x\sqrt{-1})^{-n}+(k+x\sqrt{-1})^{-n}}{2}x^{m-1}\,dx = 0,\\ \qquad\text{si } m \text{ est impair,}\\ \text{et}\\ \displaystyle\int_0^\infty \frac{(k-x\sqrt{-1})^{-n}-(k+x\sqrt{-1})^{-n}}{2\sqrt{-1}}x^{m-1}\,dx = 0,\\ \qquad\text{si } m \text{ est pair.}\end{cases}$$

Au reste, il est bon de remarquer que $m<n$ est la condition nécessaire pour que les intégrales (x') conservent une valeur finie. Ainsi ces intégrales seront toujours nulles, lorsqu'elles ne seront pas infinies.

Il est facile de vérifier cette conclusion par un simple changement de variable. En effet, si dans les équations (x') on fait $x=k\tang u$, on aura

$$\int^{\frac{\pi}{2}} \sin^{m-1}u\cos^{n-m-1}u\cos nu\,du = 0,\qquad \text{si } m \text{ est impair}$$

et

$$\int_0^{\frac{\pi}{2}} \sin^{m-1} u \cos^{n-m-1} u \sin nu \, du = 0, \qquad \text{si } m \text{ est pair;}$$

ce qu'il est très aisé de démontrer immédiatement.

Si, au lieu de différentier par rapport à r les équations (q'), on différentie plusieurs fois de suite, par rapport à s, les équations (r'), (s'), (t'), (u'), (v'), on déduira de ces dernières plusieurs formules assez remarquables. Mais nous ne nous arrêterons pas plus longtemps sur cet objet.

Corollaire IV. — Si l'on compare la seconde des équations (n') avec la première des équations (t), on obtiendra la formule suivante

$$(y') \quad \left\{ \begin{aligned} &\int_0^\infty (k+x)^{-n} e^{-sx} \sin rx \, dx \\ &\quad = \int_0^\infty \frac{(k - x\sqrt{-1})^{-n} + (k + x\sqrt{-1})^{-n}}{2} e^{-rx} \cos sx \, dx \\ &\quad - \int_0^\infty \frac{(k - x\sqrt{-1})^{-n} - (k + x\sqrt{-1})^{-n}}{2\sqrt{-1}} e^{-rx} \sin sx \, dx. \end{aligned} \right.$$

Exemple II. — Considérons à la fois les deux intégrales

$$C = \int_0^\infty X_1 e^{-sx} \sin rx \, dx,$$

$$D = \int_0^\infty X_2 e^{-sx} \cos rx \, dx,$$

X_1 et X_2 ayant toujours les mêmes valeurs que nous leur avons précédemment assignées. On aura pour la première intégrale

$$Z_1 = z^{n-1} e^{-kz} \int_0^\infty e^{-sx} \cos zx \sin rx \, dx,$$

et pour la seconde

$$Z_2 = z^{n-1} e^{-kz} \int_0^\infty e^{-sx} \sin zx \cos rx \, dx.$$

On trouvera par suite

$$Z_1 \pm Z_2 = z^{n-1} e^{-kz} \int_0^\infty e^{-sx} \sin(r \pm z) x \, dx = \frac{r \pm z}{s^2 + (r \pm z)^2} z^{n-1} e^{-kz},$$

et

$$C \pm D = \frac{1}{\Gamma(n)} \int_0^\infty (Z_1 \pm Z_2) \, dz = \frac{1}{\Gamma(n)} \int_0^\infty \frac{r \pm z}{s^2 + (r \pm z)^2} z^{n-1} e^{-kz} \, dz.$$

Cette dernière équation se décompose en deux autres, savoir :

$$(z') \quad \begin{cases} C + D = \dfrac{1}{\Gamma(n)} \displaystyle\int_0^\infty \frac{r + z}{s^2 + (r + z)^2} z^{n-1} e^{-kz} \, dz, \\ C - D = \dfrac{1}{\Gamma(n)} \displaystyle\int_0^\infty \frac{r - z}{s^2 + (r - z)^2} z^{n-1} e^{-kz} \, dz; \end{cases}$$

d'où l'on tire

$$(a'') \quad \begin{cases} C = \dfrac{1}{2\Gamma(n)} \left[\displaystyle\int_0^\infty \frac{r + z}{s^2 + (r + z)^2} z^{n-1} e^{-kz} \, dz + \int_0^\infty \frac{r - z}{s^2 + (r - z)^2} z^{n-1} e^{-kz} \, dz \right], \\ D = \dfrac{1}{2\Gamma(n)} \left[\displaystyle\int_0^\infty \frac{r + z}{s^2 + (r + z)^2} z^{n-1} e^{-kz} \, dz - \int_0^\infty \frac{r - z}{s^2 + (r - z)^2} z^{n-1} e^{-kz} \, dz \right]. \end{cases}$$

Ainsi les deux intégrales proposées, qui renfermaient explicitement des imaginaires, se trouvent ramenées à d'autres intégrales qui n'en renferment plus.

Corollaire I. — Si l'on suppose $r = 0$, la seconde des équations (a'') deviendra

$$(b'') \quad \int_0^\infty X_2 e^{-sx} \, dx = \frac{1}{\Gamma(n)} \int_0^\infty \frac{z}{s^2 + z^2} z^{n-1} e^{-kz} \, dz.$$

Quant à la première, elle donnera $C = 0$, ainsi qu'on devait s'y attendre.

Corollaire II. — Si l'on suppose $s = 0$, les équations (a'') deviendront

$$(c'') \quad \begin{cases} \displaystyle\int_0^\infty \frac{(k - x\sqrt{-1})^{-n} + (k + x\sqrt{-1})^{-n}}{2} \sin rx \, dx = \frac{1}{\Gamma(n)} \int_0^\infty \frac{r z^{n-1}}{r^2 - z^2} e^{-kz} \, dz, \\ \displaystyle\int_0^\infty \frac{(k - x\sqrt{-1})^{-n} - (k + x\sqrt{-1})^{-n}}{2\sqrt{-1}} \cos rx \, dx = \frac{1}{\Gamma(n)} \int_0^\infty \frac{z^n}{r^2 - z^2} e^{-kz} \, dz. \end{cases}$$

Corollaire III. — Si l'on compare la première des équations (z') avec la seconde des équations (t), on aura

$$(d'')\quad \left\{ \begin{aligned} &\int_0^\infty (k+x)^{-n} e^{-sx} \cos rx\, dx \\ &\quad = \int_0^\infty \frac{(k - x\sqrt{-1})^{-n} + (k + x\sqrt{-1})^{-n}}{2} e^{-rx} \sin sx\, dx \\ &\quad + \int_0^\infty \frac{(k - x\sqrt{-1})^{-n} - (k + x\sqrt{-1})^{-n}}{2\sqrt{-1}} e^{-rx} \cos sx\, dx. \end{aligned} \right.$$

§ IV. — *Troisième application.*

Soit

$$X = P x^{-\frac{1}{2}} e^{-\frac{s^2}{x}}.$$

On aura

$$(10)\qquad x^{-\frac{1}{2}} e^{-\frac{s^2}{x}} = \frac{2}{\pi^{\frac{1}{2}}} \int_0^\infty e^{-xz^2} \cos 2sz\, dz.$$

On pourra donc supposer dans le cas dont il s'agit

$$A = \frac{2}{\pi^{\frac{1}{2}}}, \qquad R = e^{-xz^2} \cos 2sz;$$

et, par suite, si l'on fait

$$(11)\qquad Z = \cos 2sz \int_0^\infty P e^{-xz^2} dx,$$

on aura

$$(12)\qquad \int_0^\infty P x^{-\frac{1}{2}} e^{-\frac{s^2}{x}} dx = \frac{2}{\pi^{\frac{1}{2}}} \int_0^\infty Z\, dz.$$

Exemple. — Soit proposé de déterminer les valeurs des deux intégrales

$$E = \int_0^\infty x^{-\frac{1}{2}} e^{-s^2\left(x + \frac{1}{x}\right)} \sin rx\, dx,$$

$$F = \int_0^\infty x^{-\frac{1}{2}} e^{-s^2\left(x + \frac{1}{x}\right)} \cos rx\, dx.$$

On aura pour la première

$$P = e^{-sx^2} \sin rx,$$

et, par suite,

$$Z = \cos 2sz \int_0^\infty e^{-(s^2+z^2)x} \sin rx \, dx = \frac{r}{r^2 + (s^2 + z^2)^2} \cos 2sz.$$

On aura pour la seconde

$$P = e^{-sx^2} \cos rx,$$

et, par suite,

$$Z = \sin 2sz \int_0^\infty e^{-(s^2+z^2)x} \cos rx \, dx = \frac{s^2 + z^2}{r^2 + (s^2 + z^2)^2} \sin 2sz.$$

Cela posé, l'équation (12) fournira les deux suivantes

$$(e'') \quad \begin{cases} \displaystyle\int_0^\infty x^{-\frac{1}{2}} e^{-s^2\left(x+\frac{1}{x}\right)} \sin rx \, dx = \frac{2}{\pi^{\frac{1}{2}}} \int_0^\infty \frac{r}{r^2 + (s^2 + z^2)^2} \cos 2sz \, dz, \\ \displaystyle\int_0^\infty x^{-\frac{1}{2}} e^{-s^2\left(x+\frac{1}{x}\right)} \cos rx \, dx = \frac{2}{\pi^{\frac{1}{2}}} \int_0^\infty \frac{s^2 + z^2}{r^2 + (s^2 + z^2)^2} \sin 2sz \, dz. \end{cases}$$

Pour obtenir en termes finis les valeurs de E et de F, il ne reste plus qu'à déterminer les valeurs des intégrales

$$\int_0^\infty \frac{\cos 2sz}{r^2 + (s^2 + z^2)^2} dz, \quad \int_0^\infty \frac{z^2 \cos 2sz}{r^2 + (s^2 + z^2)^2} dz.$$

D'ailleurs, si l'on fait

$$\int_0^\infty \frac{\cos 2sz}{r^2 + (s^2 + z^2)^2} dz = K,$$

on aura

$$\int_0^\infty \frac{z^2 \cos 2sz}{r^2 + (s^2 + z^2)^2} dz = -\frac{1}{4} \frac{d^2 K}{ds^2}.$$

Tout le problème se réduit donc à la recherche de l'intégrale désignée par K. On obtiendra facilement la valeur de cette intégrale soit par les méthodes connues, soit par celles que nous avons exposées dans le précédent Mémoire; et si l'on fait, pour abréger,

$$(f'')\quad \begin{cases} 2\alpha = \left[(r^2+s^4)^{\frac{1}{2}}+r\right]^{\frac{1}{2}} - \left[(r^2+s^4)^{\frac{1}{2}}-r\right]^{\frac{1}{2}}, \\ 2\beta = \left[(r^2+s^4)^{\frac{1}{2}}+r\right]^{\frac{1}{2}} + \left[(r^2+s^4)^{\frac{1}{2}}-r\right]^{\frac{1}{2}}, \end{cases}$$

on trouvera

$$K = \int_0^\infty \frac{\cos 2sz}{r^2+(s^2+z^2)^2}\,dz = \frac{\pi e^{-2\beta s}}{2r(r^2+s^4)^{\frac{1}{2}}}(\beta\sin 2\alpha s + \alpha\cos 2\alpha s).$$

Cela posé, les équations (e'') donneront

$$(g'')\quad \begin{cases} \displaystyle\int_0^\infty x^{-\frac{1}{2}} e^{-s^2\left(x+\frac{1}{x}\right)} \sin rx\,dx = \frac{\pi^{\frac{1}{2}} e^{-2\beta s}}{(r^2+s^4)^{\frac{1}{2}}}(\beta\sin 2\alpha s + \alpha\cos 2\alpha s), \\ \displaystyle\int_0^\infty x^{-\frac{1}{2}} e^{-s^2\left(x+\frac{1}{x}\right)} \cos rx\,dx = \frac{\pi^{\frac{1}{2}} e^{-2\beta s}}{r(r^2+s^4)^{\frac{1}{2}}}[(\alpha s^2+\alpha\beta^2-\alpha^2\beta)\cos 2\alpha s \\ \qquad\qquad + (\beta s^2-\alpha^3-\beta^3)\sin 2\alpha s]. \end{cases}$$

Corollaire I. — Si dans les équations (g'') on suppose r très petit, on aura, en s'arrêtant aux quantités du premier ordre,

$$\sin rx = rx, \qquad \cos rx = 1,$$

$$(r^2+s^4)^{\frac{1}{2}} = s^2, \qquad \alpha = \frac{r}{2s}, \qquad \beta = s, \qquad \sin 2\alpha s = r, \qquad \cos 2\alpha s = 1;$$

et, par suite, les équations (g'') deviendront

$$(h'')\quad \begin{cases} \displaystyle\int_0^\infty x^{\frac{1}{2}} e^{-s^2\left(x+\frac{1}{x}\right)}\,dx = \frac{\pi^{\frac{1}{2}} e^{-2s^2}}{s}\left(1+\frac{1}{2s^2}\right), \\ \displaystyle\int_0^\infty x^{-\frac{1}{2}} e^{-s^2\left(x+\frac{1}{x}\right)}\,dx = \frac{\pi^{\frac{1}{2}} e^{-2s^2}}{s}. \end{cases}$$

Ces dernières équations s'accordent avec les formules connues. On pourrait les obtenir directement en supposant successivement dans les équations (11) et (12)

$$P = xe^{-s^2x},$$
$$P = e^{-s^2x}.$$

Corollaire II. — On peut déduire des équations (g'') plusieurs conséquences remarquables. Ainsi, par exemple, si l'on différentie les deux membres de chacune d'elles m fois par rapport à r, et n fois par rapport à s^2, on obtiendra les valeurs des intégrales définies

$$(i'')\quad \begin{cases} \displaystyle\int_0^\infty x^{m-\frac{1}{2}}\left(x+\frac{1}{x}\right)^n e^{-s^2\left(x+\frac{1}{x}\right)}\sin rx\,dx, \\ \displaystyle\int_0^\infty x^{m-\frac{1}{2}}\left(x+\frac{1}{x}\right)^n e^{-s^2\left(x+\frac{1}{x}\right)}\cos rx\,dx. \end{cases}$$

Si dans la dernière on suppose $r=0$, $n=0$, on obtiendra l'intégrale

$$\int x^{m-\frac{1}{2}} e^{-s^2\left(x+\frac{1}{x}\right)}\,dx,$$

dont la valeur est déjà connue : *voir* les *Exercices de Calcul intégral* (IIIe Partie, p. 366).

§ V. — *Quatrième application.*

Soit

$$X = P \operatorname{arc\,tang}\frac{m}{x},$$

on aura

$$(13)\qquad \operatorname{arc\,tang}\frac{m}{x} = \int_0^\infty \frac{e^{-xz}\sin mz}{z}\,dz;$$

et, par suite, si l'on fait

$$(14)\qquad Z = \frac{\sin mz}{z}\int_0^\infty P e^{-xz}\,dx,$$

on trouvera

$$(15)\qquad \int_0^\infty P \operatorname{arc\,tang}\frac{m}{x}\,dx = \int_0^\infty Z\,dz.$$

Exemple. — Si l'on fait $P=\sin rx$, on aura

$$(k'')\qquad \int_0^\infty \operatorname{arc\,tang}\frac{m}{x}\sin rx\,dx = \int_0^\infty \frac{r\sin mz}{z(r^2+z^2)}\,dz = \frac{\pi}{2r}(1-e^{-mr}).$$

Il est aisé de vérifier cette dernière équation par les méthodes connues.

§ VI. — *Cinquième application.*

Soit (1)

$$X = P \log \frac{1}{x}.$$

On aura

$$\log \frac{1}{x} = \int_0^\infty \frac{e^{-xz} - e^{-z}}{z} dz. \tag{16}$$

De plus, si l'on désigne par c la constante dont Euler fait mention à la page 444 de son *Calcul différentiel*, et dont la valeur approchée est 0,577216..., on aura

$$o = c + \int_0^\infty \frac{e^{-z} - \frac{1}{1+z}}{z} dz. \tag{17}$$

Cela posé, si l'on ajoute l'équation (17) à l'équation (16), on trouvera

$$\log \frac{1}{x} = c + \int_0^\infty \frac{e^{-xz} - \frac{1}{1+z}}{z} dz; \tag{18}$$

et, par suite, si l'on fait

$$Z = \frac{1}{z}\left(\int_0^\infty P e^{-xz} dx - \frac{1}{1+z}\int_0^\infty P\, dx\right), \tag{19}$$

on aura

$$\int_0^\infty P \log \frac{1}{x} dx = \int_0^\infty Z\, dz + c\int_0^\infty P\, dx. \tag{20}$$

Exemple I. — Soit

$$P = x^{n-1} e^{-x};$$

les équations (19) et (20) deviendront

$$Z = \frac{\Gamma(n)}{z}\left[\frac{1}{(1+z)^n} + \frac{1}{1+z}\right], \tag{l''}$$

$$\int_0^\infty x^{n-1} e^{-x} \log \frac{1}{x} dx = \left\{c - \int_0^\infty \left[\frac{1}{1+z} - \frac{1}{(1+z)^n}\right] \frac{dz}{z}\right\} \Gamma(n). \tag{m''}$$

(1) Ici, comme dans le paragraphe II, l'abréviation log, ou même la lettre initiale l, est employée pour indiquer un logarithme népérien.

D'ailleurs, si l'on fait $1+z=\frac{1}{t}$, on trouvera

$$\int_0^\infty \left[\frac{1}{1+z}-\frac{1}{(1+z)^n}\right]\frac{dz}{z}=\int_0^1 \frac{1-t^{n-1}}{1-t}\,dt.$$

On pourra donc présenter l'équation (m'') sous la forme suivante

$$(n'') \qquad \int_0^\infty x^{n-1}e^{-x}\log\frac{1}{x}\,dx=\Gamma(n)\left(c-\int_0^1\frac{1-t^{n-1}}{1-t}\,dt\right).$$

Corollaire I. — $\Gamma(n)$ étant égal à $\int_0^\infty x^{n-1}e^{-x}\,dx$, on a

$$\int_0^\infty x^{n-1}e^{-x}\log\frac{1}{x}\,dx=-\frac{d\,\Gamma(n)}{dn}.$$

Il est aisé d'en conclure que l'équation (n'') équivaut à cette autre

$$(o'') \qquad \frac{d\,\mathrm{l}\,\Gamma(n)}{dn}=-c+\int_0^1\frac{1-t^{n-1}}{1-t}\,dt.$$

Cette dernière formule coïncide avec celle qu'a donnée M. Legendre [IVe Partie des *Exercices de Calcul intégral* (1), p. 45].

(1) La formule (o'') a été, il est vrai, donnée en 1814 par M. Legendre; mais dès 1812 M. Gauss avait formé l'équation

$$\frac{d\,\mathrm{l}\,\Gamma(n)}{dn}=-\int_0^1\left(\frac{1}{\mathrm{l}t}+\frac{t^{n-1}}{1-t}\right)dt,$$

et reconnu que, pour $n=1$, le second membre de cette équation représente, au signe près, la constante c d'Euler. Effectivement, on déduit sans peine de la formule (17) l'équation connue

$$c=\int_0^1\left(\frac{1}{\mathrm{l}t}+\frac{1}{1-t}\right)dt,$$

qui, combinée avec la précédente par voie d'addition, donne

$$\frac{d\,\mathrm{l}\,\Gamma(n)}{dn}+c=\int_0^1\frac{1-t^{n-1}}{1-t}\,dt.$$

Ainsi la formule obtenue par M. Legendre ne diffère pas de celle de M. Gauss, qui paraît avoir considéré le premier, sous forme d'intégrale définie, la quantité $\frac{d\,\mathrm{l}\,\Gamma(n)}{dn}$. Euler, en s'occupant des mêmes intégrales définies, n'avait pas observé qu'elles fournissaient les différentielles de la fonction $\Gamma(n)$ qu'il dénotait quelquefois par $[n-1]$.

Corollaire II. — Si l'on fait

$$A = \int_0^\infty \frac{x^{n-1}\,dx}{(1+x)^m}, \qquad n \text{ étant} < m,$$

on aura

$$A = \frac{\Gamma(n)\Gamma(m-n)}{\Gamma(m)};$$

et, par suite,

$$l(A) = l\Gamma(n) + l\Gamma(m-n) - l\Gamma(m).$$

Si l'on différentie successivement les deux membres de cette dernière équation par rapport à n et par rapport à m, eu égard à la formule (o''), on obtiendra les deux équations

$$\frac{\partial\, lA}{\partial n} = \int_0^1 \frac{t^{m-n-1} - t^{n-1}}{1-t}\,dt,$$

$$\frac{\partial\, lA}{\partial m} = \int_0^1 \frac{t^{m-1} - t^{m-n-1}}{1-t}\,dt,$$

qu'on peut aussi mettre sous la forme suivante

$$(p'') \quad \left\{ \begin{aligned} \int_0^\infty \frac{x^{n-1}}{(1+x)^m} \log\frac{1}{x}\,dx &= \int_0^\infty \frac{x^{n-1}}{(1+x)^m}\,dx \int_0^1 \frac{t^{n-1} - t^{m-n-1}}{1-t}\,dt, \\ \int_0^\infty \frac{x^{n-1}}{(1+x)^m} \log\frac{1}{1+x}\,dx &= \int_0^\infty \frac{x^{n-1}}{(1+x)^m}\,dx \int_0^1 \frac{t^{m-1} - t^{m-n-1}}{1-t}\,dt. \end{aligned} \right.$$

On peut encore déduire de ces dernières la formule

$$(q'') \quad \int_0^\infty \frac{x^{n-1}}{(1+x)^m} \log\frac{1+x}{x}\,dx = \int_0^\infty \frac{x^{n-1}}{(1+x)^m}\,dx \int_0^1 \frac{t^{n-1} - t^{m-1}}{1-t}\,dt.$$

Corollaire III. — Soit

$$B = \int_0^1 \frac{t^{p-1}\,dt}{(1-t^n)^{1-\frac{q}{n}}},$$

on aura

$$B = \frac{1}{n}\,\frac{\Gamma\left(\frac{p}{n}\right)\Gamma\left(\frac{q}{n}\right)}{\Gamma\left(\frac{p+q}{n}\right)},$$

d'où l'on conclut

$$\mathrm{l}\,\mathrm{B} = \mathrm{l}\left(\frac{1}{n}\right) + \mathrm{l}\,\Gamma\left(\frac{p}{n}\right) + \mathrm{l}\,\Gamma\left(\frac{q}{n}\right) - \mathrm{l}\,\Gamma\left(\frac{p+q}{n}\right).$$

Si l'on différentie cette dernière équation par rapport à p, en ayant égard à la formule (o''), on trouvera facilement la suivante

$$(r'') \qquad \int_0^1 \frac{t^{p-1}}{(1-t^n)^{1-\frac{q}{n}}} \log\frac{1}{t}\,dt = \int_0^1 \frac{t^{p-1}}{(1-t^n)^{1-\frac{q}{n}}}\,dt \int_0^1 \frac{1-t^q}{1-t^n}\,t^{p+n-1}\,dt.$$

Cette dernière formule est l'expression d'un théorème donné par Euler (t. IV du *Calcul intégral*, p. 166); *voir* aussi les *Exercices de Calcul intégral* de M. Legendre (IIe Partie, p. 259).

Remarque. — La valeur générale de Z, donnée par l'équation (19), est la différence des deux quantités

$$\frac{1}{z}\int_0^\infty \mathrm{P}\,e^{-xz}\,dx, \qquad \frac{1}{z(1+z)}\int_0^\infty \mathrm{P}\,dx,$$

dont chacune devient infinie du premier ordre lorsqu'on suppose $z=0$. Par suite l'intégrale

$$\int_0^\infty \mathrm{Z}\,dz$$

est elle-même la différence de deux intégrales qui, étant toutes deux infinies, ne peuvent être calculées indépendamment l'une de l'autre. On lèvera cette difficulté si l'on fait

$$(21) \qquad \mathrm{Z} = \frac{1}{z^{1-\alpha}}\left(\int_0^\infty \mathrm{P}\,e^{-xz}\,dx - \frac{1}{1+z}\int_0^\infty \mathrm{P}\,dx\right),$$

α étant une quantité très petite. Dans cette dernière hypothèse on pourra déterminer séparément chacune des deux parties de l'intégrale $\int_0^\infty \mathrm{Z}\,dz$. Mais, après les avoir retranchées l'une de l'autre, on devra supposer dans le résultat $\alpha=0$. Appliquons ce procédé à un exemple.

Exemple II. — Soit proposé de déterminer les valeurs des intégrales

$$\int_0^\infty x^{n-1} e^{-sx} \cos rx \log\frac{1}{x}\,dx,$$

$$\int_0^\infty x^{n-1} e^{-sx} \sin rx \log\frac{1}{x}\,dx.$$

Dans le cas présent la valeur de Z, déduite de l'équation (21), sera pour la première intégrale

$$(s'')\quad \begin{cases} Z = \dfrac{\Gamma(n)}{z^{1-\alpha}}\left[\dfrac{(s+z-r\sqrt{-1})^{-n}+(s+z+r\sqrt{-1})^{-n}}{2}\right. \\ \qquad \left. + \dfrac{1}{1+z}\,\dfrac{(s-r\sqrt{-1})^{-n}+(s+r\sqrt{-1})^{-n}}{2}\right]. \end{cases}$$

On a d'ailleurs

$$\int_0^\infty \frac{(s+z-r\sqrt{-1})^{-n}+(s+z+r\sqrt{-1})^{-n}}{z}\,\frac{dz}{z^{1-\alpha}}$$
$$= \frac{(s-r\sqrt{-1})^{-n+\alpha}+(s+r\sqrt{-1})^{-n+\alpha}}{z}\int_0^\infty \frac{z^{\alpha-1}\,dz}{(1+z)^n}.$$

De plus, si l'on fait, pour abréger,

$$\frac{r}{s} = \operatorname{tang}\theta, \qquad r^2+s^2=k^2,$$

on aura

$$\frac{(s-r\sqrt{-1})^{-n+\alpha}+(s+r\sqrt{-1})^{-n+\alpha}}{z}$$
$$= k^{-n}[\cos n\theta + \alpha(\cos n\theta\, lk + \theta \sin n\theta) + \ldots].$$

Cela posé, on trouvera

$$(t'')\quad \begin{cases} \displaystyle\int_0^\infty Z\,dz = k^{-n}\,\Gamma(n)\cos n\theta\left[\int_0^\infty \frac{z^{\alpha-1}}{(1+z)^n}dz - \int_0^\infty \frac{z^{-1}\,dz}{1+z}\right] \\ \qquad \displaystyle + \alpha k^{-n}\,\Gamma(n)(\cos n\theta\, lk + \theta\sin n\theta)\int_0^\infty \frac{z^{\alpha-1}\,dz}{(1+z)^n} \\ \qquad + \ldots\ldots\ldots\ldots\ldots\ldots\ldots\ldots \end{cases}$$

Si dans cette dernière équation on suppose α très petit, on aura à très peu près

$$\int_0^\infty \frac{z^{\alpha-1}\,dz}{(1+z)^n} = \frac{\Gamma(\alpha)\Gamma(n-\alpha)}{\Gamma(n)} = \Gamma(\alpha) = \frac{1}{\alpha},$$

$$\int_0^\infty \frac{z^{\alpha-1}\,dz}{(1+z)^n} - \int_0^\infty \frac{z^{-1}\,dz}{1+z} = -\int_0^1 \frac{1-t^{n-1}}{1-t}\,dt;$$

et, par suite, l'équation (t'') deviendra

$$\int_0^\infty Z\,dz = \frac{\Gamma(n)}{k^n}\left[\cos n\theta\left(lk - \int_0^1 \frac{1-t^{n-1}}{1-t}\,dt\right) + \theta \sin n\theta\right].$$

On trouvera de même pour la seconde intégrale proposée

$$\int_0^\infty Z\,dz = \frac{\Gamma(n)}{k^n}\left[\sin n\theta\left(lk - \int_0^1 \frac{1-t^{n-1}}{1-t}\,dt\right) - \theta \cos n\theta\right].$$

Enfin on a, en vertu des équations (r) trouvées ci-dessus (§ II),

$$\int_0^\infty x^{n-1}e^{-sx}\cos rx\,dx = \frac{\cos n\theta}{k^n}\Gamma(n),$$

$$\int_0^\infty x^{n-1}e^{-sx}\sin rx\,dx = \frac{\sin n\theta}{k^n}\Gamma(n).$$

Donc, si dans l'équation (20) on fait successivement

$$P = x^{n-1}e^{-sx}\cos rx,$$

$$P = x^{n-1}e^{-sx}\sin rx,$$

on obtiendra les deux formules suivantes

$$(u'')\quad \begin{cases} \displaystyle\int_0^\infty x^{n-1}e^{-sx}\cos rx \log\frac{1}{x}\,dx = \frac{\Gamma(n)}{k^n}\left[\cos n\theta\left(c + lk - \int_0^1 \frac{1-t^{n-1}}{1-t}\,dt\right) + \theta\sin n\theta\right], \\ \displaystyle\int_0^\infty x^{n-1}e^{-sx}\sin rx \log\frac{1}{x}\,dx = \frac{\Gamma(n)}{k^n}\left[\sin n\theta\left(c + lk - \int_0^1 \frac{1-t^{n-1}}{1-t}\,dt\right) - \theta\cos n\theta\right], \end{cases}$$

θ et k étant déterminés par les deux équations

$$(v'')\quad \begin{cases} k = (r^2 + s^2)^{\frac{1}{2}}, \\ \theta = \text{arc tang}\,\dfrac{r}{s}. \end{cases}$$

Corollaire I. — Si dans la première des équations (u'') on fait $r = 0$, on aura

$$\theta = 0, \qquad k = s,$$

et, par suite,

$$(w'') \qquad \int_0^\infty x^{n-1} e^{-sx} \log\frac{1}{x}\, dx = \frac{\Gamma(n)}{s^n}\left(c + 1s - \int_0^1 \frac{1 - t^{n-1}}{1-t}\, dt\right).$$

Si dans cette dernière on fait $s = 1$, on retrouvera la formule (n'').

Corollaire II. — Si dans l'équation (w'') on fait, pour abréger,

$$c - \int_0^1 \frac{1 - t^{n-1}}{1-t}\, dt = \mathrm{N},$$

et si l'on y remplace $\mathrm{N}\dfrac{\Gamma(n)}{s^n}$ par $\mathrm{N}\displaystyle\int_0^\infty x^{n-1} e^{-sx}\, dx$, on aura

$$(x'') \qquad \int_0^\infty x^{n-1} e^{-sx}\left(\log\frac{1}{x} - \mathrm{N}\right) dx = \Gamma(n)\,\frac{1s}{s^n}.$$

Si l'on prend la différence finie $m^{\text{ième}}$ de chacun des membres de cette dernière équation relativement à s, on obtiendra la formule

$$(y'') \qquad \int_0^\infty x^{n-1} e^{-sx}(e^{-x} - 1)^m \left(\log\frac{1}{x} - \mathrm{N}\right) dx = \Gamma(n)\,\Delta^m\left(\frac{1s}{s^n}\right).$$

Il serait facile de prouver que cette formule subsiste dans le cas où n devient négatif et égal à $-a$. Dans le même cas, on doit remplacer $\Gamma(n)$ par $-\dfrac{\pi}{\Gamma(a+1)\sin a\pi}$. On a donc généralement

$$(z'') \quad \int_0^\infty e^{-sx}(e^{-x} - 1)^m \left(\log\frac{1}{x} - \mathrm{N}\right)\frac{dx}{x^{a+1}} = -\frac{\pi}{\Gamma(a+1)\sin a\pi}\,\Delta^m(s^a \log s),$$

a étant un nombre positif quelconque inférieur à m.

DEUXIÈME PARTIE.

SUR UNE FORMULE GÉNÉRALE RELATIVE A LA TRANSFORMATION DES INTÉGRALES SIMPLES PRISES ENTRE LES LIMITES O ET ∞ DE LA VARIABLE.

THÉORÈME. — *Soit* $F(x)$ *une fonction quelconque de* x, *telle qu'on puisse obtenir en termes finis la valeur de l'intégrale*

$$\int_0^\infty x^{2n} F(x^2)\, dx = A_{2n}, \tag{1}$$

pour toute les valeurs entières et positives de la constante n.

On pourra toujours en déduire la valeur de l'intégrale

$$\int_0^\infty x^{2n} F\left(x - \frac{1}{x}\right)^2 dx = C_{2n}, \tag{2}$$

prise entre les mêmes limites, ainsi qu'on va le faire voir.

Démonstration. — Si l'on suppose l'intégrale

$$\int z^{2n} F(z^2)\, dz$$

prise entre les limites $z = -\infty$, $z = \infty$, on aura

$$\int_{-\infty}^\infty z^{2n} F(z^2)\, dz = 2A_{2n}. \tag{3}$$

Si dans cette dernière équation on fait

$$z = x - \frac{1}{x},$$

elle deviendra

$$\int_0^\infty \left(x - \frac{1}{x}\right)^{2n} \left(x + \frac{1}{x}\right) F\left(x - \frac{1}{x}\right)^2 \frac{dx}{x} = 2A_{2n}; \tag{4}$$

la nouvelle intégrale étant prise entre les limites $x = 0$, $x = \infty$.

Il est d'ailleurs facile de voir qu'on a

$$\int_0^\infty \frac{1}{x^{2n+1}} F\left(x - \frac{1}{x}\right)^2 \frac{dx}{x} = \int_0^\infty x^{2n+1} F\left(x - \frac{1}{x}\right)^2 \frac{dx}{x} = C_{2n};$$

et, par suite,

$$(5) \qquad \int_0^\infty \left(x^{2n+1} + \frac{1}{x^{2n+1}}\right) F\left(x - \frac{1}{x}\right)^2 \frac{dx}{x} = 2\, C_{2n}.$$

Enfin on a généralement

$$(6) \quad \left\{ \begin{aligned} \cos(2n+1)u = \cos u \Big[1 &- \frac{(2n+2)2n}{1.2} \sin^2 u \\ &+ \frac{(2n+4)(2n+2)2n(2n-2)}{1.2.3.4} \sin^4 u - \ldots \Big]. \end{aligned} \right.$$

Si dans cette dernière formule on fait

$$e^{u\sqrt{-1}} = x,$$

on trouvera

$$\sin u = \frac{x - \frac{1}{x}}{2\sqrt{-1}}, \qquad \cos u = \frac{x + \frac{1}{x}}{2}, \qquad \cos(2n+1)u = \frac{x^{2n+1} + \frac{1}{x^{2n+1}}}{2};$$

et, par suite,

$$(7) \quad \left\{ \begin{aligned} x^{2n+1} + \frac{1}{x^{2n+1}} = \left(x + \frac{1}{x}\right) \Big[1 &+ \frac{(n+1)n}{1.2} \left(x - \frac{1}{x}\right)^2 \\ &+ \frac{(n+2)(n+1)n(n-1)}{1.2.3.4} \left(x - \frac{1}{x}\right)^4 + \ldots \Big]. \end{aligned} \right.$$

Si maintenant on multiplie les deux membres de l'équation (7) par $F\left(x - \frac{1}{x}\right)^2 \frac{dx}{x}$, et qu'on intègre de part et d'autre entre les limites $x = 0$, $x = \infty$, en ayant égard aux équations (4) et (5), on obtiendra la formule suivante

$$(8) \quad \left\{ \begin{aligned} C_{2n} = A_0 &+ \frac{(n+1)n}{1.2} A_2 + \frac{(n+2)(n+1)n(n-1)}{1.2.3.4} A_4 + \ldots \\ &+ \frac{(2n-2)(2n-3)}{1.2} A_{2n-4} + \frac{2n-1}{1} A_{2n-2} + A_{2n}. \end{aligned} \right.$$

Cette formule déterminera la valeur de C_{2n} toutes les fois que celles de A_0, A_2, A_4, ..., A_{2n} seront connues. On peut remarquer que le coefficient de A_{2m} y est égal à

$$\frac{(n+m)(n+m-1)\ldots(n-m+1)}{1.2.3\ldots\ldots2m} = \frac{(2m+1)(2m+2)\ldots(n+m)}{1.2.3\ldots\ldots(n-m)}.$$

Exemple I. — Soit

$$F(x) = e^{-sx}.$$

On trouvera

$$A_{2m} = \int_0^\infty x^{2m} e^{-sx^2}\,dx = \frac{1.2.3\ldots\ldots(2m-1)}{2^{m+1} s^{m+\frac{1}{2}}}\pi^{\frac{1}{2}}, \qquad A_0 = \int_0^\infty e^{-sx^2}\,dx = \frac{\pi^{\frac{1}{2}}}{2s^{\frac{1}{2}}};$$

et, par suite,

$$(a) \qquad A_{2m} = \frac{1.2.3\ldots\ldots(2m-1)}{(2s)^m} A_0.$$

On aura de plus

$$(b) \qquad C_{2n} = \int_0^\infty x^{2n} e^{-s\left(x-\frac{1}{x}\right)^2}\,dx = e^{2s}\int_0^\infty x^{2n} e^{-s\left(x^2+\frac{1}{x^2}\right)}\,dx.$$

Cela posé, la formule (8) deviendra

$$(c) \quad \left\{ \begin{aligned} &\int_0^\infty x^{2n} e^{-s\left(x^2+\frac{1}{x^2}\right)}\,dx \\ &\quad = \frac{\pi^{\frac{1}{2}} e^{-2s}}{2s^{\frac{1}{2}}}\left[1 + \frac{(n+1)n}{2}\left(\frac{1}{2s}\right) + \frac{(n+2)(n+1)n(n-1)}{2.4}\left(\frac{1}{2s}\right)^2 + \ldots\right]. \end{aligned} \right.$$

Si dans cette dernière formule on change x en $x^{\frac{1}{2}}$, n en k, et s en n, on obtiendra précisément celle qu'a donnée M. Legendre dans ses *Exercices de Calcul intégral* (IIIe Partie, p. 366), et dont les équations (i''), trouvées ci-dessus (Ire Partie), n'offrent que des cas particuliers.

Exemple II. — Si l'on fait successivement

$$F(x) = e^{-sx}\sin rx,$$
$$F(x) = e^{-sx}\cos rx,$$

on déduira de la formule (8) les valeurs des intégrales

$$\int_0^\infty x^{2n} e^{-s\left(x-\frac{1}{x}\right)^2} \sin r\left(x-\frac{1}{x}\right)^2 dx,$$

$$\int_0^\infty x^{2n} e^{-s\left(x-\frac{1}{x}\right)^2} \cos r\left(x-\frac{1}{x}\right)^2 dx;$$

et, par suite, celles des intégrales

$$(d) \qquad \left\{ \begin{aligned} &\int_0^\infty x^{2n} e^{-s\left(x^2+\frac{1}{x^2}\right)} \sin r\left(x^2+\frac{1}{x^2}\right) dx, \\ &\int_0^\infty x^{2n} e^{-s\left(x^2-\frac{1}{x^2}\right)} \cos r\left(x^2+\frac{1}{x^2}\right) dx. \end{aligned} \right.$$

Ces dernières sont entièrement semblables à celles que nous avons considérées dans le précédent Mémoire (Ire Partie, § III, exemple III). Si dans les mêmes intégrales on fait $n = 0$, $s = 0$, et que l'on change ensuite r en s et x en $x^{\frac{1}{2}}$, on obtiendra celles qui forment les premiers membres des équations (t'), divisées chacune par le nombre 2.

Exemple III. — Si l'on fait

$$F(x^2) = e^{-sx^2} \cos rx,$$

on déduira facilement de l'équation (8) la valeur de l'intégrale

$$\int_0^\infty x^{2n} e^{-s\left(x-\frac{1}{x}\right)^2} \cos r\left(x-\frac{1}{x}\right) dx,$$

et, par suite, celle de l'intégrale

$$\int_0^\infty x^{2n} e^{-s\left(x^2+\frac{1}{x^2}\right)} \cos r\left(x-\frac{1}{x}\right) dx.$$

TROISIÈME PARTIE.

SUR LA TRANSFORMATION DES DIFFÉRENCES FINIES DES PUISSANCES EN INTÉGRALES DÉFINIES.

---

§ I. — *Sur la transformation de la différence finie* $\Delta^m s^{-a}$ *en intégrale définie, s et a étant des nombres positifs pris à volonté.*

Pour transformer la différence finie $\Delta^m s^{-a}$ en intégrale définie, il faut commencer par transformer de la même manière la quantité s^{-a}. Soit en conséquence

$$s^{-a} = \mathrm{A}\int \mathrm{X}\,dx, \tag{1}$$

A étant une constante, X une fonction inconnue de x et de s, et $\int \mathrm{X}\,dx$ une intégrale définie, que nous supposerons, pour plus de simplicité, prise entre les limites $x = 0$, $x = \infty$. On aura entre les mêmes limites

$$\Delta^m s^{-a} = \mathrm{A}\int_0^\infty \Delta^m \mathrm{X}\,dx. \tag{2}$$

Il ne reste plus maintenant qu'à déterminer X de manière que l'on puisse obtenir facilement la différence finie $\Delta^m \mathrm{X}$, et que l'on ait de plus

$$s^{-a} = \mathrm{A}\int_0^\infty \mathrm{X}\,dx.$$

On satisfera à la première condition si l'on fait

$$\mathrm{X} = \mathrm{P}e^{-s\mathrm{Q}},$$

P et Q étant deux fonctions de x. On satisfera à la seconde condition si l'on suppose

$$\mathrm{P} = x^{a-1}, \qquad \mathrm{Q} = x.$$

On trouvera dans cette hypothèse

$$\int_0^\infty \mathrm{X}\,dx = \int_0^\infty x^{a-1}e^{-sx}\,dx = s^{-a}\int_0^\infty x^{a-1}e^{-x}\,dx = s^{-a}\,\Gamma(a).$$

Cela posé, l'équation (1) deviendra

$$s^{-a} = \frac{1}{\Gamma(a)}\int_0^\infty x^{a-1}e^{-sx}\,dx; \tag{3}$$

et comme l'on a

$$\Delta^m e^{-sx} = e^{-sx}(e^{-x}-1)^m,$$

l'équation (2) se trouvera réduite à

$$\Delta^m(s^{-a}) = \frac{1}{\Gamma(a)}\int_0^\infty e^{-sx}(e^{-x}-1)^m x^{a-1}\,dx. \tag{4}$$

Cette dernière formule était déjà connue; elle fournit une solution du problème. Mais on peut de cette première solution en déduire une infinité d'autres, comme on va le faire voir.

Soit, pour abréger,

$$e^{-sx}(e^{-x}-1)^m = p,$$

et supposons que la substitution de $\alpha x + 6x\sqrt{-1}$, au lieu de x, change

$$p \quad \text{en} \quad \mathrm{P}' - \mathrm{P}''\sqrt{-1}.$$

Si l'on fait

$$\frac{6}{\alpha} = \operatorname{tang}\theta,$$

on aura, en vertu des formules démontrées dans le Mémoire précédent [*Mémoire sur les intégrales définies,* lu à l'Institut le 22 août 1814, Ire Partie, § III, théorème IV (1)],

$$\int_0^\infty \mathrm{P}'\,x^{a-1}\,dx = \frac{\cos a\theta}{(\alpha^2+6^2)^{\frac{a}{2}}}\int_0^\infty p\,x^{a-1}\,dx,$$

$$\int_0^\infty \mathrm{P}''\,x^{a-1}\,dx = \frac{\sin a\theta}{(\alpha^2+6^2)^{\frac{a}{2}}}\int_0^\infty p\,x^{a-1}\,dx.$$

(1) *OEuvres de Cauchy,* S. I, T. I, p. 352.

D'ailleurs si l'on suppose

$$\frac{e^{-\alpha x}\sin 6x}{e^{-\alpha x}\cos 6x - 1} = \operatorname{tang} v,$$

on aura

$$P' = e^{-s\alpha x}(e^{-2\alpha x} - 2e^{-\alpha x}\cos 6x + 1)^{\frac{m}{2}}\cos(6sx + mv),$$

$$P'' = e^{-s\alpha x}(e^{-2\alpha x} - 2e^{-\alpha x}\cos 6x + 1)^{\frac{m}{2}}\sin(6sx + mv).$$

On pourra donc à la formule (4) substituer une quelconque des deux suivantes

$$(5)\quad \begin{cases} \Delta^m s^{-a} = \dfrac{(\alpha^2 + 6^2)^{\frac{m}{2}}}{\Gamma(a)\cos a\theta}\displaystyle\int_0^\infty x^{a-1}e^{-s\alpha x}(e^{-2\alpha x} - 2e^{-\alpha x}\cos 6x + 1)^{\frac{m}{2}}\cos(6sx + mv)\,dx, \\ \Delta^m s^{-a} = \dfrac{(\alpha^2 + 6^2)^{\frac{m}{2}}}{\Gamma(a)\sin a\theta}\displaystyle\int_0^\infty x^{a-1}e^{-s\alpha x}(e^{-2\alpha x} - 2e^{-\alpha x}\cos 6x + 1)^{\frac{m}{2}}\sin(6sx + mv)\,dx. \end{cases}$$

Si dans ces dernières formules on suppose $\alpha = 1$ et 6 très petit, on aura à très peu près

$$\sin a\theta = a6, \qquad \cos a\theta = 1,$$

$$(\alpha^2 + 6^2)^{\frac{m}{2}} = 1, \qquad v = \frac{6xe^{-x}}{e^{-x} - 1}, \qquad \cos 6x = 1,$$

$$\cos(6sx + mv) = 1, \qquad \sin(6sx + mv) = 6x\left(s + \frac{me^{-x}}{e^{-x} - 1}\right).$$

Cela posé, les formules (5) deviendront

$$\Delta^m s^{-a} = \frac{1}{\Gamma(a)}\int_0^\infty x^{a-1}e^{-sx}(e^{-x} - 1)^m\,dx,$$

$$\Delta^m s^{-a} = \frac{1}{\Gamma(a)}\int_0^\infty x^a\;e^{-sx}(e^{-x} - 1)^m\left(s + \frac{me^{-x}}{e^{-x} - 1}\right)dx.$$

Ces deux dernières formules s'accordent avec l'équation (4). De plus, si on les compare entre elles, on obtiendra l'équation de condition

$$(6)\qquad s\Delta^m s^{-a-1} + m\Delta^{m-1}s^{-a-1} = \Delta^m s^{-a}.$$

Corollaire I. — Si dans l'équation (4) on suppose $a = 1$, on aura

$$\Delta^m \frac{1}{s} = \int_0^\infty e^{-sx}(e^{-x} - 1)^m\,dx.$$

On peut aussi obtenir la valeur de $\Delta^m\left(\frac{1}{s}\right)$ au moyen de l'équation que nous avons trouvée ci-dessus (Ire Partie, § I, exemple III, corollaire II)

$$\Delta^m \frac{1}{s} = \frac{\Gamma(m+1)\Gamma(s)}{\Gamma(s+m+1)} = \int_0^\infty \frac{x^m\,dx}{(1+x)^{m+s+1}}.$$

Corollaire II. — Les intégrales définies dans lesquelles nous avons transformé la valeur de $\Delta^m s^{-a}$ sont toutes prises entre les limites $x = 0$, $x = \infty$. Mais, comme leurs éléments décroissent très rapidement à mesure que x augmente, on peut en obtenir des valeurs fort approchées par la méthode des quadratures. On peut aussi, pour rendre l'application de cette méthode plus facile, transformer par la substitution

$$e^{-x} = z,$$

ou, ce qui revient au même,

$$x = l\left(\frac{1}{z}\right),$$

les intégrales proposées en d'autres intégrales relatives à z et qui soient prises entre les limites $z = 0$, $z = 1$.

§ II. — *Sur la transformation de la différence $\Delta^m s^a$ en intégrale définie, s et a étant deux nombres positifs pris à volonté.*

Pour transformer la différence finie $\Delta^m s^a$ en intégrale définie, il faut commencer par transformer de la même manière la quantité s^{-a}. Pour résoudre ce dernier problème, et par suite la question proposée, on peut suivre deux méthodes différentes, que nous allons développer successivement.

Première méthode. — Si l'on suppose

$$a = \lambda + \frac{\mu}{\nu},$$

λ étant le plus grand nombre entier compris dans a, et si dans l'équation (3) (§ I) on remplace a par $1-\frac{\mu}{\nu}$, on trouvera

$$(7)\qquad s^{\frac{\mu}{\nu}-1}=\frac{1}{\Gamma\left(1-\frac{\mu}{\nu}\right)}\int_0^\infty x^{-\frac{\mu}{\nu}}e^{-sx}\,dx.$$

Pour obtenir maintenant la valeur de s^a, exprimée par une intégrale définie, il suffira d'intégrer $\lambda+1$ fois de suite, par rapport à s, les deux membres de l'équation (7). On aura ainsi la formule

$$(8)\qquad \frac{s^{\lambda+\frac{\mu}{\nu}}}{\frac{\mu}{\nu}\left(1+\frac{\mu}{\nu}\right)\cdots\left(\lambda+\frac{\mu}{\nu}\right)}=\frac{(-1)^{\lambda+1}}{\Gamma\left(1-\frac{\mu}{\nu}\right)}\int_0^\infty x^{-\frac{\mu}{\nu}}(e^{-sx}-X_0-sX_1-\ldots-s^\lambda X_\lambda)\frac{dx}{x^{\lambda+1}},$$

l'intégrale relative à x étant toujours prise entre les limites $x=0$, $x=\infty$. Dans cette dernière équation, X_0, X_1, ..., X_λ désignent les $\lambda+1$ constantes introduites par les intégrations relatives à s, constantes qui peuvent être des fonctions quelconques de x.

Pour déterminer ces constantes, on observera que le premier membre de l'équation (8), divisé par s^λ, s'évanouit encore pour $s=0$. Le second membre doit donc satisfaire à la même condition; ce qui exige que l'intégrale

$$(9)\qquad \int_0^\infty x^{-\frac{\mu}{\nu}}(e^{-sx}-X_0-sX_1-\ldots-s^\lambda X_\lambda)\frac{dx}{x^{\lambda+1}}$$

et ses coefficients différentiels du premier, du deuxième, etc., enfin du $\lambda^{\text{ième}}$ ordre, pris relativement à s, s'évanouissent pour $s=0$. Cette dernière condition sera remplie, si l'on détermine

$$X_0,\quad X_1,\quad X_2,\quad \ldots,\quad X_\lambda,$$

de manière que la fonction

$$e^{-sx}-X_0-sX_1-\ldots-s^\lambda X_\lambda$$

et ses coefficients différentiels du premier, du deuxième, etc., enfin du $\lambda^{\text{ième}}$ ordre, pris relativement à s, s'évanouissent pour $s=0$; ce qui revient à faire

$$X_0 = 1, \qquad X_1 = -\frac{x}{1}, \qquad X_2 = \frac{x^2}{1.2}, \qquad \ldots, \qquad X_\lambda = (-1)^\lambda \frac{x^\lambda}{1.2.3\ldots\lambda};$$

et d'ailleurs il est facile de s'assurer que les autres manières de remplir la condition exigée conduiraient toutes à la même valeur de l'intégrale (9). On est donc autorisé à remplacer dans cette dernière intégrale

$$X_0 - sX_1 - s^2X_2 - \ldots - s^\lambda X_\lambda,$$

par

$$1 - s\frac{x}{1} + s^2\frac{x^2}{1.2} - \ldots + (-1)^\lambda s^\lambda \frac{x^\lambda}{1.2\ldots\ldots\lambda};$$

c'est-à-dire par la partie du développement de e^{-sx} qui renferme des puissances de s et de x inférieures à $\lambda + 1$. Si, pour abréger, l'on désigne cette partie par

$$\varphi(sx),$$

$\varphi(x)$ étant la partie du développement de e^{-x} qui renferme des puissances de x inférieures à $\lambda + 1$, l'équation (8) deviendra

$$\frac{s^{\lambda+\frac{\mu}{\nu}}}{\frac{\mu}{\nu}\left(1+\frac{\mu}{\nu}\right)\cdots\left(\lambda+\frac{\mu}{\nu}\right)} = \frac{(-1)^{\lambda+1}}{\Gamma\left(1-\frac{\mu}{\nu}\right)} \int_0^\infty \frac{e^{-sx} - \varphi(sx)}{x^{\lambda+\frac{\mu}{\nu}}} \frac{dx}{x};$$

et comme on a d'ailleurs

$$\lambda + \frac{\mu}{\nu} = a, \qquad \frac{\mu}{\nu}\left(1+\frac{\mu}{\nu}\right)\cdots\left(\lambda+\frac{\mu}{\nu}\right) = \frac{\Gamma(a+1)}{\Gamma\left(\frac{\mu}{\nu}\right)},$$

$$\frac{(-1)^{\lambda+1}}{\Gamma\left(\frac{\mu}{\nu}\right)\Gamma\left(1-\frac{\mu}{\nu}\right)} = (-1)^{\lambda+1}\frac{\sin\frac{\mu}{\nu}\pi}{\pi} = -\frac{\sin a\pi}{\pi},$$

on trouvera enfin

$$(10) \qquad s^a = -\frac{\sin a\pi\,\Gamma(a+1)}{\pi}\int_0^\infty \frac{e^{-sx} - \varphi(sx)}{x^{a+1}}\,dx \text{ (1)}.$$

(1) Si dans la formule (10) on fait $s = 1$, et si l'on a de plus égard à l'équation

$$\Gamma(-a) = -\frac{\pi}{\sin a\pi\,\Gamma(a+1)},$$

Si l'on prend la différence finie $m^{\text{ième}}$ de chacun des membres de l'équation précédente, on obtiendra la formule

$$(11)\qquad \Delta^m s^a = -\frac{\sin a\pi\,\Gamma(a+1)}{\pi}\int_0^\infty \frac{e^{-sx}(e^{-x}-1)^m - \Delta^m \varphi(sx)}{x^{a+1}}\,dx.$$

Dans les applications que l'on peut faire de la formule précédente, il est nécessaire de distinguer deux cas différents, savoir : celui où l'on suppose

$$a < m,$$

et celui où l'on suppose

$$a > m.$$

Premier cas. — Supposons d'abord

$$a < m.$$

On aura, *a fortiori*, $\lambda < m$. Par suite,

$$\varphi(sx) = 1 - \frac{sx}{1} + \frac{s^2x^2}{1.2} - \ldots + (-1)^\lambda \frac{s^\lambda x^\lambda}{1.2.3.\ldots.\lambda}$$

on trouvera

$$\Gamma(-a) = \int_0^\infty \frac{e^{-x} - \varphi(x)}{x^{a+1}}\,dx.$$

On a par ce moyen une expression fort simple de la valeur que reçoit la fonction $\Gamma(a)$, lorsque a devient négatif. De plus, il est facile de voir que, si l'on désigne par X une fonction rationnelle et entière de x, le seul moyen de rendre finie l'intégrale

$$\int_0^\infty \frac{e^{-x} - X}{x^{a+1}}\,dx$$

sera de supposer $X = \varphi(x)$. Enfin, lorsque a est positif, on a

$$\Gamma(a) = \int_0^\infty x^{a-1}e^{-x}\,dx.$$

On conclut aisément de ces diverses remarques que, pour toutes les valeurs possibles soit positives, soit négatives de la quantité a, on aura la formule générale

$$\Gamma(a) = \int_0^\infty x^{a-1}(e^{-x} - X)\,dx,$$

X étant une fonction rationnelle et entière de X, assujettie à la seule condition de rendre finie la valeur de l'intégrale que l'on considère. Cette fonction est toujours nulle, lorsque a est positif. Mais, lorsque a devient négatif, elle est égale à la somme des premiers termes du développement de e^{-x}.

étant une fonction rationnelle et entière de s dans laquelle la plus haute puissance de s est inférieure à m, on aura

$$\Delta^m \varphi(sx) = 0.$$

Ainsi, dans ce cas, la formule (11) se réduira simplement à

$$(12) \qquad \Delta^m s^a = -\frac{\Gamma(a+1)\sin a\pi}{\pi}\int_0^\infty \frac{e^{-sx}(e^{-x}-1)^m}{x^{a+1}}\,dx.$$

Cette dernière formule coïncide parfaitement avec l'équation (m) trouvée ci-dessus (Ire Partie, § II); ce qui confirme l'exactitude de nos calculs.

L'équation (12) fournit, pour le cas où l'on suppose $a<m$, une solution du problème que nous nous étions proposé. Mais on peut de cette solution en déduire une infinité d'autres, ainsi qu'on va le faire voir.

Soient α et β deux constantes arbitraires, et

$$\theta = \operatorname{arc\,tang}\frac{\beta}{\alpha}.$$

Si l'on fait

$$e^{-sx}(e^{-x}-1)^m = q,$$

et si l'on désigne par

$$Q' + Q''\sqrt{-1}$$

ce que devient q lorsqu'on y change x en $\alpha x + \beta x\sqrt{-1}$; on aura

$$\int_0^\infty \frac{Q'}{x^{a+1}}\,dx = (\alpha^2+\beta^2)^{\frac{a}{2}}\cos a\theta \int_0^\infty \frac{q}{x^{a+1}}\,dx,$$

$$\int_0^\infty \frac{Q''}{x^{a+1}}\,dx = (\alpha^2+\beta^2)^{\frac{a}{2}}\sin a\theta \int_0^\infty \frac{q}{x^{a+1}}\,dx.$$

On pourra donc remplacer, dans l'équation (12), l'intégrale définie

$$\int_0^\infty \frac{q\,dx}{x^{a+1}} = \int_0^\infty \frac{e^{-sx}(e^{-x}-1)^m}{x^{a+1}}\,dx$$

par un des deux produits

$$\frac{1}{(\alpha^2+6^2)^{\frac{a}{2}}\cos a\theta}\int_0^\infty \frac{Q'\,dx}{x^{a+1}},$$

$$\frac{1}{(\alpha^2+6^2)^{\frac{a}{2}}\sin a\theta}\int_0^\infty \frac{Q''\,dx}{x^{a+1}}.$$

Supposons, par exemple, $\alpha = 0$, $6 = 2$; on trouvera

$$(\alpha^2+6^2)^{\frac{a}{2}} = 2^a, \qquad \theta = \frac{\pi}{2},$$

$$\frac{\sin a\pi}{\cos a\theta} = 2\sin\frac{a\pi}{2}, \qquad \frac{\sin a\pi}{\sin a\theta} = 2\cos\frac{a\pi}{2}.$$

On aura de plus, si m est pair,

$$Q' + Q''\sqrt{-1} = e^{-2sx\sqrt{-1}}\left(e^{-2x\sqrt{-1}}-1\right)^m$$

$$= (-1)^{\frac{m}{2}}2^m\left[\cos(2s+m)x - \sqrt{-1}\sin(2s+m)x\right]\sin^m x,$$

$$Q' = (-1)^{\frac{m}{2}}2^m\cos(2s+m)x\sin^m x, \qquad Q'' = (-1)^{1+\frac{m}{2}}2^m\sin(2s+m)x\sin^m x;$$

et, si m est impair,

$$Q' + Q''\sqrt{-1} = e^{-2sx\sqrt{-1}}\left(e^{-2x\sqrt{-1}}-1\right)^m$$

$$= (-1)^{\frac{m+1}{2}}2^m\sqrt{-1}\left[\cos(2s+m)x - \sqrt{-1}\sin(2s+m)x\right]\sin^m x,$$

$$Q' = (-1)^{\frac{m+1}{2}}2^m\sin(2s+m)x\sin^m x, \qquad Q'' = (-1)^{\frac{m+1}{2}}2^m\cos(2s+m)x\sin^m x.$$

Cela posé, on pourra, si m est pair, substituer à la formule (12) les deux équations

$$(13)\quad \begin{cases} \Delta^m s^a = (-1)^{\frac{m+2}{2}}\,2^{m+1}\,\dfrac{\Gamma(a+1)\sin\dfrac{a\pi}{2}}{2^a\pi}\displaystyle\int_0^\infty \frac{\cos(2s+m)x\sin^m x}{x^{a+1}}\,dx, \\ \Delta^m s^a = (-1)^{\frac{m}{2}}\,2^{m+1}\,\dfrac{\Gamma(a+1)\cos\dfrac{a\pi}{2}}{2^a\pi}\displaystyle\int_0^\infty \frac{\sin(2s+m)x\sin^m x}{x^{a+1}}\,dx; \end{cases}$$

et, si m est impair, les deux suivantes

$$(14)\quad \left\{\begin{aligned} \Delta^m s^a &= (-1)^{\frac{m+1}{2}} 2^{m+1} \frac{\Gamma(a+1)\sin\frac{a\pi}{2}}{2^a\pi} \int_0^\infty \frac{\sin(2s+m)x \sin^m x}{x^{a+1}}\,dx, \\ \Delta^m s^a &= (-1)^{\frac{m+1}{2}} 2^{m+1} \frac{\Gamma(a+1)\cos\frac{a\pi}{2}}{2^a\pi} \int_0^\infty \frac{\cos(2s+m)x \sin^m x}{x^{a+1}}\,dx. \end{aligned}\right.$$

On peut réunir les équations (13) et (14) en un seul groupe, en les mettant sous la forme

$$(15)\quad \left\{\begin{aligned} \Delta^m s^a &= -\frac{2^{m+1}\Gamma(a+1)\sin\frac{a+m}{2}\pi}{2^a\pi} \int_0^\infty \frac{\cos(2s+m)x \sin^m x}{x^{a+1}}\,dx, \\ \Delta^m s^a &= \frac{2^{m+1}\Gamma(a+1)\cos\frac{a+m}{2}\pi}{2^a\pi} \int_0^\infty \frac{\sin(2s+m)x \sin^m x}{x^{a+1}}\,dx. \end{aligned}\right.$$

Si dans ces dernières on change s en $s-\frac{1}{2}m$, et si l'on a égard à l'équation

$$\Delta^m\left(s-\frac{m}{2}\right)^a = \frac{1}{2^a}\Delta^m(2s-m)^a,$$

on obtiendra précisément les formules que nous avons désignées dans la première Partie de ce Mémoire par les lettres (y) et (h').

Second cas. — Supposons maintenant

$$a > m.$$

Alors $\varphi(sx)$ sera une fonction rationnelle et entière de x d'un degré égal ou supérieur à m; et, par suite,

$$\Delta^m \varphi(sx)$$

n'étant plus égal à zéro, l'équation (12) cessera d'être exacte; ce qui d'ailleurs est évident, puisque dans ce cas l'intégrale

$$\int_0^\infty \frac{e^{-sx}(e^{-x}-1)^m}{x^{a+1}}\,dx$$

obtiendra une valeur infinie. Dans le même cas l'équation (11) sera toujours vraie; mais la valeur de la différence finie

$$\Delta^m \varphi(sx),$$

qui entre sous le signe $\int$ dans le second membre de cette équation, dépendra de la quantité

$$\lambda - m,$$

ou, ce qui revient au même, du plus grand nombre entier compris dans $a - m$, ainsi qu'on va le faire voir.

Et d'abord, si l'on suppose $\lambda = m$, on aura

$$\varphi(sx) = 1 - \frac{sx}{1} + \frac{s^2x^2}{1.2} - \ldots + (-1)^m \frac{s^m x^m}{1.2.3\ldots\ldots m},$$
$$\Delta^m \varphi(sx) = (-1)^m x^m;$$

et, par suite, la formule (11) se trouvera réduite à

$$(16) \qquad \Delta^m s^a = -\frac{\Gamma(a+1)\sin a\pi}{\pi} \int \frac{e^{-sx}(e^{-x}-1)^m - (-x)^m}{x^{a+1}} dx.$$

Cette dernière formule résoudra la question proposée pour toutes les valeurs de a comprises entre les limites m et $m+1$.

Supposons, en deuxième lieu, $\lambda = m+1$, on aura

$$\varphi(sx) = 1 - \frac{sx}{1} + \frac{s^2x^2}{1.2} - \ldots + (-1)^m \left(\frac{s^m x^m}{1.2\ldots\ldots m} - \frac{s^{m+1}x^{m+1}}{1.2.3\ldots\ldots m+1}\right),$$
$$\Delta^m \varphi(sx) = (-x)^m \left(1 - \frac{2s-m}{2} x\right);$$

et, par suite,

$$(17) \quad \Delta^m s^a = -\frac{\Gamma(a+1)\sin a\pi}{\pi} \int_0^\infty \frac{e^{-sx}(e^{-x}-1)^m - (-x)^m \left(1 - \frac{2s+m}{2} x\right)}{x^{a+1}} dx.$$

Cette nouvelle formule résoudra la question proposée pour toutes les valeurs de a comprises entre $m+1$ et $m+2$.

Supposons, en troisième lieu, $\lambda = m + 2$; on aura

$$\varphi(sx) = 1 - \frac{sx}{1} + \frac{s^2x^2}{1.2} - \ldots$$
$$+ (-1)^m \left[\frac{s^m x^m}{1.2.\ldots.m} - \frac{s^{m+1}x^{m+1}}{1.2.\ldots.(m+1)} + \frac{s^{m+2}x^{m+2}}{1.2.\ldots.(m+2)} - \ldots \right],$$

$$\Delta^m \varphi(sx) = (-x)^m \left[1 - \frac{2s+m}{2} x + \frac{6s(s+m)+m(3m-1)}{12} x^2 \right],$$

et, par suite,

$$(18)\quad \Delta^m s^a = -\frac{\Gamma(a+1)\sin a\pi}{\pi} \int_0^\infty \frac{e^{-sx}(e^{-x}-1)^m - (-x)^m \left[1 - \frac{2s+m}{2}x + \frac{6s(s+m)+m(3m-1)}{12}x^2\right]}{x^{a+1}} dx.$$

Cette dernière formule pourra être employée pour toutes les valeurs de a comprises entre $m+2$ et $m+3$.

En continuant de même, on déterminerait successivement pour les diverses valeurs de la quantité désignée par λ les valeurs correspondantes de la fonction $\Delta^m \varphi(sx)$. Mais on peut trouver dans tous les cas possibles la valeur de la même fonction d'une manière plus directe. En effet, $\varphi(sx)$ désignant toujours dans l'Analyse précédente la partie du développement de

$$e^{-sx}$$

qui renferme des puissances de x inférieures à $x^{\lambda+1}$, $\Delta^m \varphi(sx)$ désignera par suite la partie du développement de $\Delta^m e^{-sx}$, ou de

$$e^{-sx}(e^{-x}-1)^m,$$

qui renferme de telles puissances. On a d'ailleurs en général

$$e^{-sx}(e^{-x}-1)^m = (-x)^m \left(1 - \frac{sx}{1} + \frac{s^2x^2}{1.2} - \ldots\right)\left(1 - \frac{x}{1.2} + \frac{x^2}{1.2.3} - \ldots\right)^m.$$

Donc, si l'on fait

$$\Delta^m \varphi(sx) = (-x)^m \psi(x),$$

$\psi(x)$ désignera la partie du produit

$$\left(1 - \frac{sx}{1} + \frac{s^2x^2}{1.2} - \ldots\right)\left(1 - \frac{x}{1.2} + \frac{x^2}{1.2.3} - \ldots\right)^m$$

qui contient des puissances de x inférieures à $x^{\lambda-m+1}$.

On aura donc

$$\psi(x) = 0,$$

si l'on suppose $\lambda < m$;

$$\psi(x) = 1,$$

si $\lambda = m$;

$$\psi(x) = 1 - \frac{2s+m}{2} x,$$

si $\lambda = m + 1$;

$$\psi(x) = 1 - \frac{2s+m}{2} x + \frac{6s(s+m) + m(3m-1)}{12} x^2,$$

si $\lambda = m + 2$, etc.; et ainsi de suite.

On peut remarquer que, si l'on désigne par X une fonction rationnelle et entière de x, le seul moyen de rendre finie la valeur de l'intégrale

$$\int_0^\infty \frac{e^{-sx}(e^{-x}-1)^m - \mathrm{X}}{x^{a+1}} dx$$

sera de supposer

$$\mathrm{X} = \Delta^m \varphi(sx).$$

Ainsi, pour transformer en intégrale définie la différence finie $\Delta^m s^a$, il suffira de faire en général

$$(19) \qquad \Delta^m s^a = \int_0^\infty \frac{e^{-sx}(e^{-x}-1)^m - \mathrm{X}}{x^{a+1}} dx,$$

X étant une fonction rationnelle et entière de x, assujettie à la seule condition de rendre finie la valeur de l'intégrale que l'on considère.

La fonction X ou $\Delta^m \varphi(sx)$, ainsi qu'on l'a déjà remarqué, est nulle quand on suppose $a < m$. Mais lorsqu'on suppose $a > m$, le nombre des termes de cette même fonction croît indéfiniment avec la différence $\lambda - m$. C'est pourquoi la formule (19) ne peut être appliquée à la détermination de la différence finie $\Delta^m s^a$ que dans le cas où a est $< m$, et dans celui où a surpasse m d'un petit nombre d'unités. Lorsque la différence $a - m$ est très grande, les calculs qu'exige cette formule deviennent impraticables. On peut obvier à cet inconvénient, en suivant, pour la transformation de la différence finie $\Delta^m s^a$ en intégrale définie, une autre méthode que je vais développer en peu de mots, et qui s'applique également à toutes les hypothèses que l'on peut faire sur les valeurs relatives des deux quantités a et m.

Seconde méthode. — Si, dans les équations (q') (Ire Partie), on fait $r = s$, $n = a + 1$, on obtiendra les deux formules

$$(20)\quad \begin{cases} s^a = \dfrac{2\,\Gamma(a+1)}{\pi}\displaystyle\int_0^\infty \dfrac{(k - x\sqrt{-1})^{-(a+1)} + (k + x\sqrt{-1})^{-(a+1)}}{2}\, e^{ks}\cos sx\, dx, \\ s^a = \dfrac{2\,\Gamma(a+1)}{\pi}\displaystyle\int_0^\infty \dfrac{(k - x\sqrt{-1})^{-(a+1)} - (k + x\sqrt{-1})^{-(a+1)}}{2\sqrt{-1}}\, e^{ks}\sin sx\, dx. \end{cases}$$

Pour débarrasser ces formules d'imaginaires, il suffira de faire

$$k = p\cos t, \qquad x = p\sin t,$$

p et t étant deux nouvelles fonctions de x. On aura alors

$$(21)\quad \begin{cases} \dfrac{(k - x\sqrt{-1})^{-(a+1)} + (k + x\sqrt{-1})^{-(a+1)}}{2} = p^{-(a+1)}\cos(a+1)t, \\ \dfrac{(k - x\sqrt{-1})^{-(a+1)} - (k + x\sqrt{-1})^{-(a+1)}}{2\sqrt{-1}} = p^{-(a+1)}\sin(a+1)t, \end{cases}$$

$$p = (k^2 + x^2)^{\frac{1}{2}}, \qquad t = \operatorname{arc\,tang}\frac{x}{k};$$

et, par suite, les formules (20) deviendront

$$(22)\quad \begin{cases} s^a = \dfrac{2\,\Gamma(a+1)}{\pi}\displaystyle\int_0^\infty \dfrac{e^{ks}\cos sx\cos(a+1)t}{(k^2+x^2)^{\frac{a+1}{2}}}\, dx, \\ s^a = \dfrac{2\,\Gamma(a+1)}{\pi}\displaystyle\int_0^\infty \dfrac{e^{ks}\sin sx\sin(a+1)t}{(k^2+x^2)^{\frac{a+1}{2}}}\, dx. \end{cases}$$

On a de plus

$$e^{ks}\cos sx = \frac{e^{(k+x\sqrt{-1})s} + e^{(k-x\sqrt{-1})s}}{2}, \qquad e^{ks}\sin sx = \frac{e^{(k+x\sqrt{-1})s} - e^{(k-x\sqrt{-1})s}}{2\sqrt{-1}};$$

et, par suite,

$$\Delta^m(e^{ks}\cos sx) = \frac{e^{(k+x\sqrt{-1})s}\left(e^{k+x\sqrt{-1}} - 1\right)^m + e^{(k-x\sqrt{-1})s}\left(e^{k-x\sqrt{-1}} - 1\right)^m}{2},$$

$$\Delta^m(e^{ks}\sin sx) = \frac{e^{(k+x\sqrt{-1})s}\left(e^{k+x\sqrt{-1}} - 1\right)^m - e^{(k+x\sqrt{-1})s}\left(e^{k-x\sqrt{-1}} - 1\right)^m}{2\sqrt{-1}}.$$

Si dans ces dernières équations on change les exponentielles imaginaires en sinus et cosinus, et si l'on fait, pour abréger,

$$e^k \cos x - 1 = u \cos v, \qquad e^k \sin x = u \sin v,$$

on trouvera

$$(23) \quad \begin{cases} \Delta^m(e^{ks} \cos sx) = e^{ks} u^m \cos(sx + mv), \\ \Delta^m(e^{ks} \sin sx) = e^{ks} u^m \sin(sx + mv), \end{cases}$$

u et v étant déterminés par les équations

$$u = (e^{2k} - 2e^k \cos x + 1)^{\frac{1}{2}}, \qquad v = \operatorname{arc\,tang} \frac{\sin x}{\cos x - e^{-k}}.$$

Cela posé, si l'on prend la différence finie des deux membres de chacune des équations (22), on obtiendra les formules suivantes

$$(24) \quad \begin{cases} \Delta^m s^a = \dfrac{2e^{ks}\Gamma(a+1)}{\pi} \displaystyle\int_0^\infty \frac{(e^{2k} - 2e^k \cos x + 1)^{\frac{m}{2}} \cos(a+1)t \cos(sx + mv)}{(k^2 + x^2)^{\frac{a+1}{2}}} dx, \\ \Delta^m s^a = \dfrac{2e^{ks}\Gamma(a+1)}{\pi} \displaystyle\int_0^\infty \frac{(e^{2k} - 2e^k \cos x + 1)^{\frac{m}{2}} \sin(a+1)t \sin(sx + mv)}{(k^2 + x^2)^{\frac{a+1}{2}}} dx, \end{cases}$$

dans lesquelles les valeurs de t et de v sont déterminées par les deux équations

$$(25) \quad \begin{cases} t = \operatorname{arc\,tang} \dfrac{x}{k}, \\ v = \operatorname{arc\,tang} \dfrac{\sin x}{\cos x - e^{-k}}. \end{cases}$$

Si l'on ajoute entre elles les équations (24), on obtiendra la suivante

$$(26) \quad \Delta^m s^a = \frac{e^{ks}\Gamma(a+1)}{\pi} \int_0^\infty \frac{(e^{2k} - 2e^k \cos x + 1)^{\frac{m}{2}} \cos(sx + mv - \overline{a+1}\,t)}{(k^2 + x^2)^{\frac{a+1}{2}}} dx.$$

Les équations (24) et (26) sont générales et subsistent quelles que soient les valeurs respectives des quantités m et a. On peut même remarquer que les seconds membres de ces équations renferment une constante désignée par k, dont la valeur peut être choisie arbitrairement. Ainsi les trois équations dont il s'agit donnent le moyen de résoudre, d'une infinité de manières, la question proposée.

Pour que l'on puisse déterminer facilement par approximation les valeurs des intégrales définies comprises dans les seconds membres des équations (24) et (26), il est nécessaire d'attribuer à k une valeur positive qui diffère sensiblement de zéro. En effet, si l'on supposait k très petit, alors, pour de très petites valeurs de x, la fonction renfermée sous le signe $\int$, dans chacune des intégrales dont il s'agit, obtiendrait généralement une valeur très considérable; et, quoique, pour des valeurs constantes de x, celles de la fonction deviennent alternativement positives ou négatives, néanmoins, comme ces dernières ne se détruisent pas mutuellement, on serait obligé de calculer les premiers éléments de chaque intégrale avec une extrême précision. On doit toutefois excepter le cas où l'on suppose

$$m < a;$$

car dans cette hypothèse la fonction

$$\frac{(e^{2k} - 2e^k \cos x + 1)^{\frac{m}{2}}}{(k^2 + x^2)^{\frac{a+1}{2}}}$$

devient elle-même fort petite, pour des valeurs de k et de x peu différentes de zéro.

On peut même, lorsque a surpasse m, supposer dans les équations (24) et (26) k tout à fait nul. On a dans cette dernière hypothèse

$$\frac{(e^{2k} - 2e^k \cos x + 1)^{\frac{m}{2}}}{(k^2 + x^2)^{\frac{a+1}{2}}} = \frac{2^m \sin^m \frac{x}{2}}{x^{a+1}},$$

$$t = \frac{\pi}{2}; \qquad v = -\operatorname{arc\,tang}\left(\cot \frac{1}{2} x\right) = \frac{x + \pi}{2};$$

et, par suite, les équations (24) se réduisent à

$$(27)\quad \begin{cases} \Delta^m s^a = \dfrac{2^{m+1}\,\Gamma(a+1)\cos\dfrac{a+1}{2}\pi}{x^{a+1}} \displaystyle\int_0^\infty \dfrac{\sin^m\dfrac{1}{2}x\cos\left(\dfrac{2s+m}{2}x+\dfrac{m}{2}\pi\right)}{\pi}\,dx, \\[2ex] \Delta^m s^a = \dfrac{2^{m+1}\,\Gamma(a+1)\sin\dfrac{a+1}{2}\pi}{x^{a+1}} \displaystyle\int_0^\infty \dfrac{\sin^m\dfrac{1}{2}x\sin\left(\dfrac{2s+m}{2}x+\dfrac{m}{2}\pi\right)}{\pi}\,dx. \end{cases}$$

Comme dans les équations précédentes les intégrales relatives à la variable x sont prises entre les limites $x = 0$, $x = \infty$, on peut, sans nul inconvénient, y changer x en $2x$. De plus, m étant un nombre entier, chacun des produits

$$\cos\frac{a+1}{2}\pi\cos\left(\frac{2s+m}{2}x+\frac{m}{2}\pi\right),$$

$$\sin\frac{a+1}{2}\pi\sin\left(\frac{2s+m}{2}x+\frac{m}{2}\pi\right)$$

est nécessairement égal à l'un des deux suivants

$$-\sin\frac{a+m}{2}\pi\cos\frac{2s+m}{2}x,$$

$$\cos\frac{a+m}{2}\pi\sin\frac{2s+m}{2}x.$$

Il est aisé d'en conclure que les équations (27), obtenues par la seconde méthode, sont identiques avec les formules (15) obtenues par la première; ce qui confirme l'exactitude de nos calculs.

Dans les équations (24) et (26) on doit toujours prendre pour t le plus petit des arcs qui ont pour tangente $\frac{x}{k}$, ou celui qui devient nul quand on suppose $x = 0$; et en effet l'équation

$$\frac{(k - x\sqrt{-1})^{-(a+1)} - (k + x\sqrt{-1})^{-(a+1)}}{2\sqrt{-1}} = p^{a+1}\sin(a+1)t$$

donne, dans cette hypothèse,

$$\sin(a+1)t = 0$$

quel que soit a, et par conséquent $t = 0$. Quant à l'arc v, il peut être choisi arbitrairement parmi tous ceux qui ont pour tangente

$$\frac{\sin x}{\cos x - e^{-k}};$$

car, m étant un nombre entier, tous ces arcs donnent la même valeur pour chacune des quantités

$$\cos(sx + mv), \qquad \sin(sx + mv).$$

Corollaire I. — Les intégrales définies, dans lesquelles nous avons transformé par les méthodes précédentes la différence $\Delta^m s^a$, sont toutes prises entre les limites $x = 0$, $x = \infty$. Mais, comme leurs éléments décroissent rapidement à mesure que x augmente, on peut leur appliquer la méthode des quadratures. On peut aussi, pour rendre cette application plus facile, les transformer d'abord par la substitution

$$x = l\left(\frac{1}{z}\right),$$

en de nouvelles intégrales qui soient prises entre les limites $z = 0$, $z = 1$.

Scolie. — Dans les calculs précédents nous avons toujours supposé que s était une quantité positive; et cette condition était nécessaire, du moins en général, pour que la différence finie $\Delta^m s^a$ fût réelle. Lorsque s devient négative, la même différence se compose d'une partie réelle et d'une partie imaginaire. Mais alors on peut essayer de représenter chacune de ces parties par une intégrale définie. Tel est l'objet du paragraphe suivant.

§ III. — *Sur la transformation de la différence finie $\Delta^m s^a$ en intégrales définies, a étant un nombre positif, et s un nombre négatif pris à volonté.*

Dans la question qui nous occupe, il est nécessaire de distinguer deux cas différents, suivant que m est inférieur ou supérieur au nombre positif $-s$ que nous désignerons par s'.

Si d'abord on suppose

$$m < s',$$

on substituera sous la caractéristique des différences finies la quantité positive $s' - m$ à la quantité négative s par le moyen de l'équation

$$\Delta^m s^a = (-1)^{a+m} \Delta^m (s' - m)^a,$$

où le signe Δ se rapporte dans le premier membre à la variable s, et dans le second à la variable s'. On transformera ensuite, par les méthodes du paragraphe précédent, la différence finie $\Delta^m (s' - m)^a$ en intégrale définie.

Si l'on suppose au contraire

$$m > s',$$

la différence finie $\Delta^m s^a$ renfermera deux espèces de termes. Dans les uns la quantité élevée à la puissance a sera positive; dans les autres elle sera négative. La somme des premiers sera

$$(m - s')^a - \frac{m}{1}(m - s' - 1)^a + \frac{m(m-1)}{1.2}(m - s' - 2)^a - \ldots,$$

la série étant continuée jusqu'au dernier des termes où la quantité affectée de l'exposant a reste positive. La somme des autres termes sera

$$(-1)^{a+m}\left[s'^a - \frac{m}{1}(s' - 1)^a + \frac{m(m-1)}{1.2}(s' - 2)^a - \ldots\right],$$

la nouvelle série étant assujettie à la même condition que la précédente. Si donc on représente la somme des premiers par

$$A_{m-s'},$$

la somme des autres se trouvera naturellement représentée par

$$(-1)^{a+m} A_{s'};$$

et l'on aura par suite

$$\Delta^m s^a = A_{m-s'} + (-1)^{a+m} A_{s'}.$$

Cela posé, pour obtenir en intégrales définies la valeur de $\Delta^m s^a$, il suffira évidemment de déterminer par de semblables intégrales la valeur de $A_{m-s'}$ et celle de $A_{s'}$. On y parvient de la manière suivante.

Les équations (20), que nous avons considérées ci-dessus (§ II), supposaient la quantité s positive. Si dans ces mêmes équations on change s en r, et si l'on fait, pour abréger,

$$\frac{(k-x\sqrt{-1})^{-(a+1)}+(k+x\sqrt{-1})^{-(a+1)}}{2}=X_1,$$

$$\frac{(k-x\sqrt{-1})^{-(a+1)}-(k+x\sqrt{-1})^{-(a+1)}}{2\sqrt{-1}}=X_2,$$

on en conclura facilement

$$(28)\qquad \int_0^\infty (X_1 e^{kr}\cos rx + X_2 e^{kr}\sin rx)\,dx = \frac{\pi}{\Gamma(a+1)}r^a,$$

r étant positif.

Au contraire, si l'on suppose r négatif et égal à $-r'$, on trouvera

$$\int_0^\infty X_1 e^{kr}\cos rx\,dx = e^{-2kr'}\int_0^\infty X_1 e^{kr'}\cos r'x\,dx = \frac{\pi}{\Gamma(a+1)}r'^a e^{-2kr'},$$

$$\int_0^\infty X_2 e^{kr}\sin rx\,dx = -e^{-2kr'}\int_0^\infty X_2 e^{kr'}\sin r'x\,dx = -\frac{\pi}{\Gamma(a+1)}r'^a e^{-2kr'};$$

et l'on aura par suite

$$(29)\qquad \int_0^\infty (X_1 e^{kr}\cos rx + X_2 e^{kr}\sin rx)\,dx = 0.$$

Soient maintenant m et s' deux nombres positifs dont le plus petit soit s'; en faisant successivement, dans l'équation (28),

$$r = m-s',\qquad r = m-s'-1,\qquad \ldots$$

et, dans l'équation (29),

$$r = -s',\qquad r = -s'+1,\qquad \ldots,$$

on obtiendra les formules suivantes

$$\int [X_1 e^{k(m-s')} \cos(m-s')x + X_2 e^{k(m-s')} \sin(m-s')x]\, dx = \frac{\pi}{\Gamma(a+1)}(m'-s')^a,$$

$$\int [X_1 e^{k(m-s'-1)} \cos(m-s'-1)x + X_2 e^{k(m-s'-1)} \sin(m-s'-1)x]\, dx = \frac{\pi}{\Gamma(a+1)}(m-s'-1)^a,$$

. . . . ,

$$\int [X_1 e^{k(1-s')} \cos(1-s')x + X_2 e^{k(1-s')} \sin(1-s')x]\, dx = 0,$$

$$\int (X_1 e^{-ks'} \cos s'x - X_2 e^{-ks'} \sin s'x)\, dx = 0.$$

Si l'on multiplie respectivement les deux membres de la première équation par 1, les deux membres de la deuxième par $-\frac{m}{1}$, ceux de la troisième par $\frac{m(m-1)}{1.2}$, etc., et en général ceux de la $n^{\text{ième}}$ équation par le coefficient de x^{n-1} dans le développement du binome $(1-x)^m$; on trouvera, en ajoutant toutes les équations entre elles, et remplaçant s' par $-s$,

$$\int_0^\infty [X_1 \Delta^m(e^{ks}\cos sx) + X_2 \Delta^m(e^{ks}\sin sx)]\, dx$$
$$= \frac{\pi}{\Gamma(a+1)}\left[(m+s)^a - \frac{m}{1}(m+s-1)^a + \ldots\right] = \frac{\pi}{\Gamma(a+1)} A_{m-s'};$$

d'où l'on conclura

$$(30) \qquad A_{m-s'} = \frac{\Gamma(a+1)}{\pi}\int_0^\infty [X_1 \Delta^m(e^{ks}\cos sx) + X_2 \Delta^m(e^{ks}\sin sx)]\, dx.$$

Si dans le second membre de cette équation on substitue, au lieu des fonctions X_1, X_2, $\Delta^m(e^{ks}\cos sx)$, $\Delta^m(e^{ks}\sin sx)$, leurs valeurs données par les équations (21) et (23), et si l'on remplace s par $-s'$, on aura

$$(31) \qquad A_{m-s'} = \frac{e^{-ks'}\Gamma(a+1)}{\pi}\int_0^\infty \frac{(e^{2k} - 2e^k\cos x + 1)^{\frac{m}{2}} \cos[mv - s'x - (a+1)t]}{(k^2+x^2)^{\frac{a+1}{2}}}\, dx,$$

les valeurs de t et de v étant toujours déterminées par les équations

$$t = \text{arc tang}\frac{x}{k},$$

$$v = \text{arc tang}\frac{\sin x}{\cos x - e^{-k}}.$$

Si dans l'équation (31) on change s' en $m - s'$, on trouvera

$$(32)\quad A_{s'} = \frac{e^{-k(m-s')}\Gamma(a+1)}{\pi}\int_0^\infty \frac{(e^{2k}-2e^k\cos x+1)^{\frac{m}{2}}\cos[mv-(m-s')x-(a+1)t]}{(k^2+x^2)^{\frac{a+1}{2}}}\,dx.$$

Les valeurs négatives de $A_{m-s'}$ et de $A_{s'}$ étant déterminées par les formules (31) et (32), on obtiendra la valeur cherchée de $\Delta^m s^a$, pour le cas où s est négatif et égal à $-s'$, au moyen de l'équation

$$(33)\qquad \Delta^m s^a = A_{m-s'} + (-1)^{a+m}A_{s'}.$$

Corollaire I. — Les intégrales définies, qui font partie des seconds membres des équations (31) et (32), renferment une constante positive k, dont la valeur est tout à fait indéterminée. Néanmoins, pour que l'on puisse facilement obtenir des valeurs approchées de ces intégrales, il est nécessaire, dans le cas où a surpasse m, d'attribuer à cette constante une valeur sensible. Cette nécessité est suffisamment établie par les raisons que nous avons déjà exposées ci-dessus (§ II). On n'est plus assujetti à la même condition dans le cas où l'on suppose

$$a < m;$$

et, dans cette dernière hypothèse, on peut donner à k des valeurs très petites, et même, si l'on veut, faire

$$k = 0.$$

On trouve alors

$$t = \frac{\pi}{2}, \qquad v = \frac{1}{2}x + \frac{1}{2}\pi;$$

et, par suite, les équations (31) et (32) se réduisent à

$$(34)\quad \begin{cases} A_{m-s'} = \dfrac{2^m\Gamma(a+1)}{\pi}\displaystyle\int_0^\infty \frac{\sin^m\frac{1}{2}x\cos\left(\frac{m-2s'}{2}x - \frac{a-m+1}{2}\pi\right)}{x^{a+1}}\,dx, \\[2ex] A_{s'} \quad = \dfrac{2^m\Gamma(a+1)}{\pi}\displaystyle\int_0^\infty \frac{\sin^m\frac{1}{2}x\cos\left(\frac{2s'-m}{2}x - \frac{a-m+1}{2}\pi\right)}{x^{a+1}}\,dx. \end{cases}$$

Corollaire II. — Si, au lieu de supposer dans les équations (34) $s' = -s$, on y suppose $s' = \frac{1}{2}m - s$, et si l'on fait en outre, conformément aux notations adoptées dans la première Partie de ce Mémoire (§ II, exemples VII et VIII),

$$(35) \quad \begin{cases} S_a = (m+2s)^a - \frac{m}{1}(m+2s-2)^a + \frac{m(m-1)}{1.2}(m+2s-4)^a - \ldots, \\ T_a = (m-2s)^a - \frac{m}{1}(m-2s-2)^a + \frac{m(m-1)}{1.2}(m-2s-4)^a - \ldots, \end{cases}$$

en excluant de chaque série les termes qui renfermeraient des puissances de quantités négatives, on trouvera

$$A_{m-s'} = \frac{1}{2^a} S_a, \qquad A_{s'} = \frac{1}{2^a} T_a.$$

Cela posé, si dans les seconds membres des équations (34) on change x en $2x$, ces mêmes équations prendront la forme suivante

$$(36) \quad \begin{cases} S_a = \dfrac{2^m \Gamma(a+1)}{\pi} \displaystyle\int_0^\infty \frac{\sin^m x \cos\left[2sx - (a-m+1)\frac{\pi}{2}\right]}{x^{a+1}}\,dx, \\ T_a = \dfrac{2^m \Gamma(a+1)}{\pi} \displaystyle\int_0^\infty \frac{\sin^m x \cos\left[2sx + (a-m+1)\frac{\pi}{2}\right]}{x^{a+1}}\,dx. \end{cases}$$

Les valeurs précédentes de S_a et de T_a coïncident parfaitement avec celles que l'on obtiendrait par la combinaison des formules (z) et (i') (Ire Partie, § II). On peut de ces mêmes valeurs déduire immédiatement celle de la différence finie $\Delta^m(2s-m)^a$, au moyen de l'équation

$$(37) \qquad \Delta^m(2s-m)^a = S_a + (-1)^{a+m} T_a.$$

L'analyse qui vient de nous conduire aux formules (34), (35) et (36), fait voir en même temps que dans ces formules s est une quantité positive assujettie à la seule condition

$$s < \frac{m}{2}.$$

Si dans la première des équations (36) on suppose m égal au plus grand nombre entier compris dans $a+1$, on obtiendra la formule que M. Laplace a désignée par la lettre (p) dans le premier Livre du *Calcul des probabilités* (n° 42, p. 168) ([1]).

Corollaire III. — Toutes les intégrales définies que nous avons considérées dans ce paragraphe sont prises entre les limites $x=0$, $x=\infty$. On peut appliquer à ces intégrales, comme à celles que nous avons considérées dans les paragraphes précédents, la méthode des quadratures, et rendre cette application plus facile par la substitution préliminaire

$$x = \mathrm{l}\left(\frac{1}{z}\right).$$

Considérations générales sur les intégrales qui deviennent infinies pour de très petites valeurs de la variable.

Soit P une fonction quelconque de la variable x, qui ne s'évanouisse pas avec x. Soit de plus a un nombre positif quelconque. L'intégrale

$$(1) \qquad \int_0^{x_1} \frac{\mathrm{P}\,dx}{x^{a+1}},$$

prise entre les limites $x=0$, $x=x_1$, aura nécessairement une valeur infinie. Mais si l'on désigne par λ le plus grand nombre entier compris dans a, et par

$$(2) \qquad \mathrm{X} = c + c_1 x + c_2 x^2 + \ldots + c_\lambda x^\lambda$$

les premiers termes du développement de P suivant les puissances ascendantes de x, l'intégrale

$$(3) \qquad \int_0^{x_1} \frac{\mathrm{P}-\mathrm{X}}{x^{a+1}}\,dx$$

obtiendra en général une valeur finie; et, de plus, on reconnaîtra faci-

([1]) *OEuvres de Laplace*, t. VII, p. 171.

lement que le seul moyen de rendre finie l'intégrale (3), en prenant pour X une fonction rationnelle et entière de la variable x, est de supposer X déterminée par l'équation (2). La fonction rationnelle X et, par suite, l'intégrale (3) dépendent donc uniquement de la fonction donnée $\frac{\text{P}}{x^{a+1}}\cdot$ Pour abréger, je désignerai cette dernière intégrale par le signe $\int'$ placé devant le produit $\frac{\text{P}}{x^{a+1}}dx$; en sorte qu'on aura

$$(4)\qquad \int_0^{\prime x_1} \frac{\text{P}}{x^{a+1}}dx = \int_0^{x_1} \frac{\text{P}-\text{X}}{x^{a+1}}dx.$$

Ainsi, tandis que l'intégrale $\int_0^{x_1} \frac{\text{P}\,dx}{x^{a+1}}$ est infinie, l'intégrale $\int_0^{\prime x_1} \frac{\text{P}\,dx}{x^{a+1}}$ aura en général une valeur finie, déterminée par la formule (4). On peut encore obtenir cette valeur en cherchant d'abord l'intégrale $\int \frac{\text{P}\,dx}{x^{a+1}}$ prise entre les limites $x = \alpha$, $x = x_1$ (α étant une quantité très petite), ordonnant cette intégrale suivant les puissances ascendantes de α, et supposant dans le développement la quantité α nulle, après avoir supprimé les termes affectés de puissances négatives de cette même quantité. Nous voici donc conduits à considérer une nouvelle espèce d'intégrales dont on ne s'était pas encore occupé d'une manière spéciale. Je désignerai ces sortes d'intégrales et les opérations qui s'y rapportent sous le nom d'*extraordinaires*. Au reste, les intégrales dont il s'agit sont soumises aux mêmes lois que les intégrales ordinaires. Ainsi, par exemple, si l'on a deux intégrations successives à effectuer, l'une ordinaire relative à la variable x, l'autre extraordinaire relative à la variable z, on pourra commencer indifféremment par l'une ou l'autre des deux intégrations dont il s'agit; et dans les deux cas on obtiendra généralement les mêmes résultats. De même, on peut appliquer à la détermination des intégrales définies extraordinaires les procédés que nous avons employés pour déterminer les intégrales ordinaires. Souvent, à l'aide de ces procédés, on parvient à transformer l'une dans l'autre les deux espèces d'intégrales dont il s'agit, et l'on déduit quelquefois de ces transformations des résultats dignes de remarque. Éclaircissons tout ceci par quelques exemples.

Problème I. — *Déterminer la valeur de l'intégrale extraordinaire*

$$\text{(5)} \qquad A = \int_0^{/\infty} \frac{e^{-kx}}{x^{a+1}}\,dx.$$

Solution. — Soit λ le plus grand nombre entier compris dans a. Si l'on différentie $\lambda+1$ fois par rapport à k l'équation (5), on aura

$$\frac{\partial^{\lambda+1}A}{\partial k^{\lambda+1}} = (-1)^{\lambda+1}\int_0^{/\infty} \frac{e^{-kx}}{x^{a-\lambda}}\,dx.$$

D'ailleurs, le plus grand nombre entier compris dans $a-\lambda$ étant zéro, si l'on détermine l'intégrale extraordinaire $\int_0^{/\infty} \frac{e^{-kx}}{x^{a-\lambda}}dx$ à l'aide de l'équation (4), on trouvera $X=0$ et, par suite,

$$\int_0^{/\infty} \frac{e^{-kx}}{x^{a-\lambda}}\,dx = \int_0^{\infty} \frac{e^{-kx}}{x^{a-\lambda}}\,dx = \frac{\Gamma(1+\lambda-a)}{k^{1+\lambda-a}}.$$

On aura donc

$$\text{(6)} \qquad \frac{\partial^{\lambda+1}A}{\partial k^{\lambda+1}} = (-1)^{\lambda+1}\frac{\Gamma(1+\lambda-a)}{k^{1+\lambda-a}}.$$

Si l'on intègre $\lambda+1$ fois cette dernière équation par rapport à k, en déterminant convenablement les constantes arbitraires, on trouvera

$$A = \frac{\Gamma(1+\lambda-a)}{(\lambda-a)(\lambda-a-1)\ldots(-a)}k^a = k^a\,\Gamma(-a).$$

On a donc en général

$$\text{(7)} \qquad \int_0^{/\infty} \frac{e^{-kx}}{x^{a+1}}\,dx = k^a\,\Gamma(-a).$$

Corollaire I. — Soit $k=1$, on aura simplement

$$\text{(8)} \qquad \int_0^{/\infty} \frac{e^{-x}}{x^{a+1}}\,dx = \Gamma(-a).$$

Si dans cette dernière équation on change a en $-a$, on retrouvera la formule connue

$$\int_0^\infty x^{a-1} e^{-x}\, dx = \Gamma(a).$$

Corollaire II. — Si dans l'équation (7) on fait $k = s$, et que l'on remplace $\Gamma(-a)$ par $\frac{\pi}{\Gamma(a+1)\sin(a+1)\pi}$, on aura

$$s^a = \frac{\Gamma(a+1)\sin(a+1)\pi}{\pi} \int_0^{1/\infty} \frac{e^{-sx}}{x^{a+1}}\, dx.$$

Si l'on prend la différence finie $m^{\text{ième}}$ de chacun des membres de cette dernière équation relativement à s, on trouvera

$$(9) \qquad \Delta^m s^a = \frac{\Gamma(a+1)\sin(a+1)\pi}{\pi} \int_0^{1/\infty} \frac{e^{-sx}(e^{-x}-1)^m}{x^{a+1}}\, dx.$$

Lorsqu'on suppose $a < m$, l'équation précédente coïncide avec la formule (μ''') de M. Laplace.

PROBLÈME II. — *Déterminer les valeurs des intégrales extraordinaires*

$$(10) \qquad \begin{cases} B = \displaystyle\int_0^{1/\infty} \frac{e^{-kx}\cos zx}{x^{a+1}}\, dx, \\ C = \displaystyle\int_0^{1/\infty} \frac{e^{-kx}\sin zx}{x^{a+1}}\, dx. \end{cases}$$

Solution. — Si l'on différentie $\lambda + 1$ fois par rapport à k chacune des équations (10), λ étant le plus grand nombre entier compris dans a, on trouvera

$$\frac{\partial^{\lambda+1} B}{\partial k^{\lambda+1}} = (-1)^{\lambda+1} \int_0^{1/\infty} \frac{e^{-kx}\cos zx}{x^{a-\lambda}}\, dx,$$

$$\frac{\partial^{\lambda+1} C}{\partial k^{\lambda+1}} = (-1)^{\lambda+1} \int_0^{1/\infty} \frac{e^{-kx}\sin zx}{x^{a-\lambda}}\, dx;$$

ou, ce qui revient au même,

$$\frac{\partial^{\lambda+1} B}{\partial k^{\lambda+1}} = (-1)^{\lambda+1} \frac{(k - z\sqrt{-1})^{a-\lambda-1} + (k + z\sqrt{-1})^{a-\lambda-1}}{2} \Gamma(1 + \lambda - a),$$

$$\frac{\partial^{\lambda+1} C}{\partial k^{\lambda+1}} = (-1)^{\lambda+1} \frac{(k - z\sqrt{-1})^{a-\lambda-1} - (k + z\sqrt{-1})^{a-\lambda-1}}{2\sqrt{-1}} \Gamma(1 + \lambda - a).$$

En intégrant ces dernières équations $\lambda + 1$ fois de suite par rapport à k, et déterminant convenablement les constantes arbitraires, on trouvera

$$(11)\quad \begin{cases} B = \dfrac{(k - z\sqrt{-1})^a + (k + z\sqrt{-1})^a}{2}\,\Gamma(-a), \\ C = \dfrac{(k - z\sqrt{-1})^a - (k + z\sqrt{-1})^a}{2\sqrt{-1}}\,\Gamma(-a). \end{cases}$$

Corollaire. — Si dans l'équation (11) on change x en z et z en x, on aura

$$(12)\quad \begin{cases} \dfrac{(k - x\sqrt{-1})^a + (k + x\sqrt{-1})^a}{2} = \dfrac{1}{\Gamma(-a)}\displaystyle\int_0^{1/\infty} \dfrac{e^{-kz}\cos xz}{z^{a+1}}\,dz, \\ \dfrac{(k - x\sqrt{-1})^a - (k + x\sqrt{-1})^a}{2\sqrt{-1}} = \dfrac{1}{\Gamma(-a)}\displaystyle\int_0^{1/\infty} \dfrac{e^{-kz}\sin xz}{z^{a+1}}\,dz. \end{cases}$$

D'ailleurs, si l'on fait

$$t = \operatorname{arc\,tang}\frac{x}{k},$$

les premiers membres des équations (12) deviendront respectivement

$$(k^2 + x^2)^{\frac{a}{2}}\cos at,$$

$$-(k^2 + x^2)^{\frac{a}{2}}\sin at;$$

et comme, en supposant $k = 0$, on trouve $t = \frac{\pi}{2}$, les équations (12) se réduiront, dans cette hypothèse, à

$$(13)\quad \begin{cases} x^a \cos\dfrac{a\pi}{2} = \dfrac{1}{\Gamma(-a)}\displaystyle\int_0^{1/\infty} \dfrac{\cos xz}{z^{a+1}}\,dz, \\ x^a \sin\dfrac{a\pi}{2} = -\dfrac{1}{\Gamma(-a)}\displaystyle\int_0^{1/\infty} \dfrac{\sin xz}{z^{a+1}}\,dz. \end{cases}$$

Si dans ces dernières on remplace $\Gamma(-a)$ par $\dfrac{\Gamma(a+1)\sin(a+1)\pi}{\pi}$, on en déduira facilement les deux formules suivantes

$$(14)\quad \begin{cases} \displaystyle\int_0^{1/\infty} \cos\left(\dfrac{a+1}{2}\pi + xz\right)\dfrac{dz}{z^{a+1}} = 0, \\ \displaystyle\int_0^{1/\infty} \cos\left(\dfrac{a+1}{2}\pi - xz\right)\dfrac{dz}{z^{a+1}} = \dfrac{\pi}{\Gamma(a+1)}\,x^a. \end{cases}$$

PROBLÈME III. — *Déterminer le rapport des deux intégrales*

$$(15)\quad \begin{cases} D = \int_0^\infty x^a e^{-x^2} \cos\left(\frac{a\pi}{2} - 2kx\right) dx, \\ E = \int_0^\infty e^{-x^2} \frac{(k - x\sqrt{-1})^a + (k + x\sqrt{-1})^a}{2} dx. \end{cases}$$

Solution. — Pour résoudre le problème proposé, il suffit de transformer les deux intégrales ordinaires D et E en intégrales extraordinaires. On a d'abord

$$D = \int_0^\infty x^a \cos\frac{a\pi}{2} \cos 2kx\, dx + \int_0^\infty x^a \sin\frac{a\pi}{2} \sin 2kx\, dx.$$

Si dans cette équation on substitue pour

$$x^a \cos\frac{a\pi}{2} \quad \text{et} \quad x^a \sin\frac{a\pi}{2}$$

leurs valeurs données par les formules (13), on trouvera

$$D = \frac{1}{\Gamma(a)} \int_0^{l\infty} \frac{Z\, dz}{z^{a+1}},$$

Z étant une fonction de z déterminée par l'équation

$$Z = \int_0^\infty e^{-x^2} \cos 2kx \cos zx\, dx - \int_0^\infty e^{-x^2} \sin 2kx \sin zx\, dx$$
$$= \int_0^\infty e^{-x^2} \cos(2k + z)x\, dx = \frac{\pi^{\frac{1}{2}}}{2} e^{-\left(k + \frac{1}{2}z\right)^2}.$$

On aura donc par suite

$$(16)\quad D = \frac{\pi^{\frac{1}{2}} e^{-k^2}}{2\Gamma(-a)} \int_0^{l\infty} \frac{e^{-kz - \frac{z^2}{4}}}{z^{a+1}} dz.$$

Considérons, en second lieu, l'intégrale E. Si dans cette dernière on substitue à

$$\frac{(k + x\sqrt{-1})^a + (k - x\sqrt{-1})^a}{2}$$

sa valeur tirée de la première des équations (12), on trouvera

$$E = \frac{1}{\Gamma(-a)} \int_0^{\infty} \frac{Z' e^{-kz}\, dz}{x^{a+1}},$$

Z' étant une fonction de z déterminée par l'équation

$$Z' = \int_0^{\infty} e^{-x^2} \cos xz\, dx = \frac{\pi^{\frac{1}{2}}}{2} e^{-\frac{z^2}{4}}.$$

On aura donc enfin

(17) $$E = \frac{\pi^{\frac{1}{2}}}{2\,\Gamma(-a)} \int_0^{\infty} \frac{e^{-kz-\frac{z^2}{4}}}{z^{a+1}}\, dz.$$

Si maintenant on compare entre elles les équations (16) et (17), on obtiendra ce résultat remarquable

(18) $$\frac{D}{E} = e^{-k^2}.$$

On a donc en général

(19) $$\begin{cases} \displaystyle\int_0^{\infty} x^a e^{-x^2} \cos\left(\frac{a\pi}{2} - 2kx\right) dx \\ \displaystyle\quad = e^{-k^2} \int_0^{\infty} \frac{(k + x\sqrt{-1})^a + (k - x\sqrt{-1})^a}{2} e^{-x^2}\, dx. \end{cases}$$

Corollaire. — Si dans l'équation (19) on suppose $a = \lambda$, λ étant un nombre entier, on aura

$$\cos\left(\frac{a\pi}{2} - 2kx\right) = (-1)^{\frac{\lambda}{2}} \cos 2kx$$

si λ est un nombre pair, et

$$\cos\left(\frac{a\pi}{2} - 2kx\right) = (-1)^{\frac{\lambda-1}{2}} \sin 2kx$$

dans le cas contraire. Si dans la même hypothèse on développe le second membre de l'équation (18), et si l'on y remplace généralement

$$\int_0^{\infty} x^{2r} e^{-x^2}\, dx \qquad \text{par} \qquad \frac{1.3\ldots(2r-1)}{2^r},$$

on obtiendra les formules suivantes :

(20)

1° Si λ est un nombre pair,

$$\int_0^\infty x^\lambda e^{-x^2}\cos 2kx\,dx = (-1)^{\frac{\lambda}{2}}\frac{\pi^{\frac{1}{2}}e^{-k^2}}{2}k^\lambda\left[1-\frac{\lambda(\lambda-1)}{1}\frac{1}{(2k)^2}+\frac{\lambda(\lambda-1)(\lambda-2)(\lambda-3)}{1.2}\frac{1}{(2k)^4}-\ldots\right];$$

2° Si λ est un nombre impair,

$$\int_0^\infty x^\lambda e^{-x^2}\sin 2kx\,dx = (-1)^{\frac{\lambda-1}{2}}\frac{\pi^{\frac{1}{2}}e^{-k^2}}{2}k^\lambda\left[1-\frac{\lambda(\lambda-1)}{1}\frac{1}{(2k)^2}+\frac{\lambda(\lambda-1)(\lambda-2)(\lambda-3)}{1.2}\frac{1}{(2k)^4}-\ldots\right].$$

Problème IV. — *Déterminer la valeur de l'intégrale extraordinaire*

$$\text{(21)} \qquad F = \int_0^{/\infty} \frac{e^{-x^2}\cos\left(\frac{a+1}{2}\pi+2kx\right)dx}{x^{a+1}}.$$

Solution. — Si dans l'équation (21) on remplace

$$e^{-x^2} \quad \text{par} \quad \frac{2}{\pi^{\frac{1}{2}}}\int_0^\infty e^{-z^2}\cos 2xz\,dz,$$

on trouvera

$$\text{(22)} \qquad F = \frac{2}{\pi^{\frac{1}{2}}}\int_0^\infty Z e^{-z^2}dz,$$

Z étant une fonction de z déterminée par l'équation

$$Z = \int_0^{/\infty} \frac{\cos\left[\frac{a+1}{2}+2(k+z)x\right]+\cos\left[\frac{a+1}{2}\pi+2(k-z)x\right]}{2}\frac{dx}{x^{a+1}}.$$

D'ailleurs, en vertu des équations (14), on a, quelle que soit la valeur de z, pourvu seulement que cette valeur soit positive,

$$\int_0^{/\infty} \frac{\cos\left[\frac{a+1}{2}\pi+2(k+z)x\right]}{x^{a+1}}dx = 0.$$

En vertu des mêmes équations on a, pour des valeurs de z inférieures à k,

$$\int_0^{/\infty} \frac{\cos\left[\frac{a+1}{2}\pi+2(k-z)x\right]}{x^{a+1}}dx = 0;$$

et, pour des valeurs de z supérieures à k,

$$\int_k^{\infty} \frac{\cos\left[\frac{a+1}{2}\pi - 2(z-k)x\right]}{x^{a+1}} dx = \frac{\pi}{\Gamma(a+1)}(2z-2k)^a.$$

Par suite la fonction de z représentée par Z sera toujours nulle entre les limites $z=0$, $z=k$; mais, entre les limites $z=k$, $z=\infty$, elle sera représentée par

$$\frac{\pi}{2\Gamma(a+1)}(2z-2k)^a.$$

Cela posé, l'équation (22) deviendra

$$(23)\qquad \int_0^{\infty} \frac{e^{-x^2}\cos\left(\frac{a+1}{2}\pi + 2kx\right)}{x^{a+1}} dx = \frac{\pi^{\frac{1}{2}}}{\Gamma(a+1)} \int_k^{\infty} (2z-2k)^a e^{-z^2} dz.$$

Application de la théorie précédente à la détermination de la différence finie $\Delta^m s^a$; s étant négatif et $<m$, et les nombres a et m étant très considérables, mais peu différents l'un de l'autre.

Dans le cas dont il s'agit, la différence finie $\Delta^m s^a$ renfermera deux espèces de termes. Dans les uns les quantités élevées à la puissance a seront positives; dans les autres ces mêmes quantités seront négatives. Soit, pour plus de commodité, $s=-s'$, en sorte que s' représente une quantité positive; et faisons en outre

$$(24)\qquad \begin{cases} A_{m-s'} = (m-s')^a - \frac{m}{1}(m-s'-1)^a + \frac{m(m-1)}{1.2}(m-s'-2)^a - \ldots, \\ A_{s'} \quad = s'^a - \frac{m}{1}(s'-1)^a + \frac{m(m-1)}{1.2}(s'-2)^a - \ldots, \end{cases}$$

en excluant de chaque série les puissances de quantités négatives. On aura

$$(25)\qquad \Delta^m s^a = A_{m-s'} + (-1)^{a+m} A_{s'}.$$

Ainsi, pour obtenir la valeur de $\Delta^m s^a$, il suffira de déterminer séparément chacune des quantités $A_{m-s'}$, $A_{s'}$; et comme on peut déduire la seconde de la première par le simple changement de s' en $m-s'$, toute la difficulté se trouvera réduite à la détermination de la série désignée par $A_{m-s'}$. On peut d'abord transformer cette série en intégrale définie de la manière suivante :

Si l'on suppose successivement dans la seconde des équations (14)

$$x = m - s', \qquad x = m - s' - 1, \qquad \ldots,$$

et dans la première

$$x = s', \qquad x = s' - 1, \qquad \ldots,$$

et si l'on y remplace ensuite la variable z par x, on trouvera

$$\int_0^{1/\infty} \cos\left[\frac{a+1}{2}\pi - (m-s')x\right]\frac{dx}{x^{a+1}} = \frac{\pi}{\Gamma(a+1)}(m-s')^a,$$

$$\int_0^{1/\infty} \cos\left[\frac{a+1}{2}\pi - (m-s'-1)x\right]\frac{dx}{x^{a+1}} = \frac{\pi}{\Gamma(a+1)}(m-s'-1)^a,$$

$$\ldots\ldots\ldots\ldots\ldots\ldots\ldots\ldots\ldots\ldots\ldots\ldots\ldots\ldots,$$

$$\int_0^{1/\infty} \cos\left[\frac{a+1}{2}\pi + (s'-1)x\right]\frac{dx}{x^{a+1}} = 0,$$

$$\int_0^{1/\infty} \cos\left(\frac{a+1}{2}\pi + s'x\right)\frac{dx}{x^{a+1}} = 0.$$

Si l'on multiplie respectivement ces diverses équations par les coefficients du binome $(1-x)^m$, si on les ajoute ensuite, et si l'on remplace dans les premiers membres s' par $-s$, on obtiendra la formule

$$\int_0^{1/\infty} \Delta^m \cos\left(\frac{a+1}{2}\pi - sx\right) dx$$

$$= \frac{\pi}{\Gamma(a+1)}\left[(m-s')^a - \frac{m}{1}(m-s'-1)^a + \frac{m(m-1)}{1.2}(m-s'-2)^a - \ldots\right] = \frac{\pi}{\Gamma(a+1)} A_{m-s'}.$$

On a d'ailleurs

$$\Delta^m \cos\left(\frac{a+1}{2}\pi - sx\right) = 2^m \sin^m \frac{1}{2}x \cos\left(\frac{a+1-m}{2}\pi + \frac{2s'-m}{2}x\right).$$

Cela posé, la formule obtenue donnera

$$(26)\quad A_{m-s'} = \frac{2^m \Gamma(a+1)}{\pi} \int_0^{/\infty} \sin^{m}\frac{1}{2}x \cos\left[\frac{a+1-m}{2}\pi + \left(s' - \frac{1}{2}m\right)x\right] \frac{dx}{x^{a+1}}.$$

Si dans cette dernière équation l'on suppose $a < m$, l'intégrale extraordinaire qu'elle renferme se changera en intégrale ordinaire. et l'on retrouvera évidemment la première des équations (34) de la page 241.

Il nous reste maintenant à déduire de l'équation (26) la valeur approchée de $A_{m-s'}$, dans le cas où a et m sont de très grands nombres peu différents l'un de l'autre. Nous supposerons de plus dans cette recherche que $2s' - m$ est de l'ordre de $\sqrt{m}$, et nous ferons en conséquence

$$(27)\qquad 2s' - m = rm^{\frac{1}{2}}.$$

Cela posé, si, dans l'équation (26), on change x en $2x$, cette équation deviendra

$$(28)\quad A_{m-s'} = \frac{2^{m-a}\Gamma(a+1)}{\pi} \int_0^{/\infty} \sin^m x \cos\left(\frac{a+1-m}{2}\pi + rm^{\frac{1}{2}}x\right) \frac{dx}{x^{a+1}};$$

et comme on a d'ailleurs

$$\sin^m x = x^m e^{-\frac{m}{6}x^2}\left(1 - \frac{mx^4}{180} + \ldots\right),$$

on trouvera encore

$$(29)\quad A_{m-s'} = \frac{2^{m-a}\Gamma(a+1)}{\pi} \int_0^{/\infty} \left(1 - \frac{mx^4}{180} + \ldots\right) e^{-\frac{m}{6}x^2} \cos\left(\frac{a+1-m}{2}\pi + rm^{\frac{1}{2}}x\right) \frac{dx}{x^{a+1-m}}.$$

Si dans cette dernière formule on change x en $\frac{6^{\frac{1}{2}}}{m^{\frac{1}{2}}}x$, on obtiendra la suivante

$$(30)\quad \left\{\begin{aligned} A_{m-s'} = \frac{\Gamma(a+1)}{2^{a-m}\left(\frac{6}{m}\right)^{\frac{a-m}{2}}\pi} &\int_0^{/\infty} e^{-x^2} \cos\left(\frac{a-m-1}{2}\pi + 6^{\frac{1}{2}}rx\right) \frac{dx}{x^{a-m+1}} \\ &- \frac{1}{5m} \int_0^{/\infty} e^{-x^2} \cos\left(\frac{a-m-3}{2}\pi + 6^{\frac{1}{2}}rx\right) \frac{dx}{x^{a-m-3}} + \ldots \end{aligned}\right.$$

La série renfermée dans le second membre de l'équation précédente, étant ordonnée suivant les puissances ascendantes de $\frac{1}{m}$, sera très convergente, si m est un très grand nombre; et, par suite, il suffira, dans ce cas, pour déterminer la valeur approchée de $A_{m-s'}$, de calculer un petit nombre d'intégrales de la forme

$$\int_0^{l\infty} e^{-x^2} \cos\left(\frac{1 \mp k}{2}\pi + 6^{\frac{1}{2}} r x\right) \frac{dx}{x^{1\mp k}},$$

k étant un nombre positif. Lorsque dans cette dernière intégrale on adopte le signe supérieur relativement à k, elle devient ordinaire et se réduit à

$$(31)\quad \left\{\begin{aligned} &\int_0^{\infty} x^{k-1} e^{-x^2} \cos\left(\frac{k-1}{2}\pi - 6^{\frac{1}{2}} r x\right) dx \\ &= e^{-\frac{3}{2}r^2} \int_0^{\infty} \frac{\left(\frac{3^{\frac{1}{2}}}{2^{\frac{1}{2}}} r + x\sqrt{-1}\right)^{k-1} + \left(\frac{3^{\frac{1}{2}}}{2^{\frac{1}{2}}} r - x\sqrt{-1}\right)^{k-1}}{2} e^{-x^2} dx. \end{aligned}\right.$$

Lorsqu'on adopte le signe inférieur, elle reste extraordinaire. Mais, dans ce cas, on peut, au moyen du problème IV, la transformer en intégrale ordinaire, et l'on trouve alors

$$\int_0^{l\infty} e^{-x^2} \cos\left(\frac{k+1}{2}\pi + 6^{\frac{1}{2}} r x\right) \frac{dx}{x^{k+1}} = \frac{\pi^{\frac{1}{2}}}{\Gamma(k+1)} \int_{\left(\frac{3}{2}\right)^{\frac{1}{2}} r}^{\infty} \left(2z - 6^{\frac{1}{2}} r\right)^k e^{-z^2} dz.$$

D'ailleurs, en supposant l'intégrale relative à z' prise entre les limites $z' = 0$, $z' = \left(\frac{3}{2}\right)^{\frac{1}{2}} r$, on a

$$\int \left(2z - 6^{\frac{1}{2}} r\right)^k e^{-z^2} dz = \int \left(2x - 6^{\frac{1}{2}} r\right)^k e^{-x^2} dx - \int \left(2z' - 6^{\frac{1}{2}} r\right)^k e^{-z'^2} dz'.$$

Par suite, si l'on fait, pour pour plus de commodité, $z' = \left(\frac{3}{2}\right)^{\frac{1}{2}} u$, on trouvera

$$(32)\quad \left\{\begin{aligned}&\int_0^{l\infty} e^{-x^2}\cos\left(\frac{k+1}{2}\pi+6^{\frac{1}{2}}rx\right)\frac{dx}{x^{k+1}}\\ &=\frac{\pi^{\frac{1}{2}}}{\Gamma(k+1)}\left[\int_0^{\infty}\left(2x-6^{\frac{1}{2}}r\right)^k e^{-x^2}dx-\left(\frac{3}{2}\right)^{\frac{1}{2}}6^{\frac{k}{2}}\int_0^{r}(u-r)^k e^{-\frac{3}{2}u^2}du\right].\end{aligned}\right.$$

Corollaire I. — Comme on a en général

$$2s'-m=rm^{\frac{1}{2}},$$

on trouvera par suite

$$\begin{aligned}A_{m-s'}=\frac{1}{2^a}\Big[&\left(m-rm^{\frac{1}{2}}\right)^a-\frac{m}{1}\left(m-rm^{\frac{1}{2}}-2\right)^a\\ &+\frac{m(m-1)}{1.2}\left(m-rm^{\frac{1}{2}}-4\right)^a-\ldots\Big].\end{aligned}$$

Cela posé, si l'on fait, pour abréger,

$$(33)\quad \frac{1}{\pi}\int_0^{l\infty} e^{-x^2}\cos\left(\frac{1\pm k}{2}\pi+6^{\frac{1}{2}}rx\right)\frac{dx}{x^{1\pm k}}=M_{1\pm k},$$

la formule (30) deviendra

$$(34)\quad \left\{\begin{aligned}&\frac{\left(m-rm^{\frac{1}{2}}\right)^a-\frac{m}{1}\left(m-rm^{\frac{1}{2}}-2\right)^a+\frac{m(m-1)}{1.2}\left(m-rm^{\frac{1}{2}}-4\right)^a-\ldots}{1.2.3\ldots a.2^m}\\ &=\left(\frac{6}{m}\right)^{\frac{m-a}{2}}\left(M_{a-m+1}-\frac{1}{5m}M_{a-m-3}+\ldots\right).\end{aligned}\right.$$

Dans cette formule on suppose les puissances de quantités négatives exclues de la série

$$\left(m-rm^{\frac{1}{2}}\right)^a-\frac{m}{1}\left(m-rm^{\frac{1}{2}}-2\right)^a+\frac{m(m-1)}{1.2}\left(m-rm^{\frac{1}{2}}-4\right)^a-\ldots.$$

Corollaire II. — Si l'on veut appliquer la formule (34) aux diverses hypothèses dans lesquelles a est un nombre entier, il suffira de calculer les diverses valeurs de M_α qui correspondent à des valeurs entières positives ou négatives de l'indice α. On y parvient aisément au moyen des formules (31) et (32). En faisant successivement dans ces formules

$$1 \mp k = \alpha = -5, \quad -4, \quad -3, \quad -2, \quad -1, \quad 0, \quad 1, \quad 2, \quad 3, \quad 4, \quad 5,$$

on trouvera

$$(35)\quad \left\{\begin{aligned}
M_{-5} &= \left(\frac{3}{2\pi}\right)^{\frac{1}{2}} e^{-\frac{3}{2}r^2} \frac{3r}{8}(5 - 10r^2 + 3r^4),\\
M_{-4} &= \frac{3}{8\pi^{\frac{1}{2}}} e^{-\frac{3}{2}r^2}(1 - 6r^2 + 3r^4),\\
M_{-3} &= -\left(\frac{3}{2\pi}\right)^{\frac{1}{2}} e^{-\frac{3}{2}r^2} \frac{3r}{4}(1 - r^2),\\
M_{-2} &= -\frac{1}{4\pi^{\frac{1}{2}}} e^{-\frac{3}{2}r^2}(1 - 3r^2),\\
M_{-1} &= \left(\frac{3}{2\pi}\right)^{\frac{1}{2}} e^{-\frac{3}{2}r^2} \frac{r}{2},\\
M_0 &= \frac{1}{2\pi^{\frac{1}{2}}} e^{-\frac{3}{2}r^2},\\
M_1 &= \frac{1}{2}\left[1 - \left(\frac{6}{\pi}\right)^{\frac{1}{2}} \int_0^r e^{-\frac{3}{2}r^2} dr\right],\\
M_2 &= \frac{1}{\pi^{\frac{1}{2}}} e^{-\frac{3}{2}r^2} - \left(\frac{3}{2}\right)^{\frac{1}{2}} r\left[1 - \left(\frac{6}{\pi}\right)^{\frac{1}{2}} \int_0^r e^{-\frac{3}{2}r^2} dr\right],\\
M_3 &= -\left(\frac{3}{2\pi}\right)^{\frac{1}{2}} e^{-\frac{3}{2}r^2} r + \frac{1 + 3r^2}{2}\left[1 - \left(\frac{6}{\pi}\right)^{\frac{1}{2}} \int_0^r e^{-\frac{3}{2}r^2} dr\right],\\
M_4 &= \frac{1}{3\pi^{\frac{1}{2}}} e^{-\frac{3}{2}r^2}(2 + 3r^2) - \left(\frac{3}{2}\right)^{\frac{1}{2}} r(1 + r^2)\left[1 - \left(\frac{6}{\pi}\right)^{\frac{1}{2}} \int_0^r e^{-\frac{3}{2}r^2} dr\right],\\
M_5 &= -\left(\frac{3}{2\pi}\right)^{\frac{1}{2}} e^{-\frac{3}{2}r^2} \frac{r}{6}(5 + 3r^2) + \frac{1 + 6r^2 + 3r^4}{4}\left[1 - \left(\frac{6}{\pi}\right)^{\frac{1}{2}} \int_0^r e^{-\frac{3}{2}r^2} dr\right].
\end{aligned}\right.$$

Exemple I. — Soit $a = m - 2$. La formule (34) donnera

$$(36)\quad \left\{\begin{aligned}&\frac{\left(m - rm^{\frac{1}{2}}\right)^{m-2} - \frac{m}{1}\left(m - rm^{\frac{1}{2}} - 2\right)^{m-2} + \ldots}{1.2.3\ldots(m-2).2^m}\\ &= \frac{6}{m}\left(\mathrm{M}_{-1} - \frac{1}{5m}\mathrm{M}_{-5} + \ldots\right) = \left(\frac{3}{2\pi}\right)^{\frac{1}{2}}\frac{3r}{m}e^{-\frac{3}{2}r^2}\left[1 - \frac{3}{20m}(5 - 10r^2 + 3r^4) + \ldots\right].\end{aligned}\right.$$

Exemple II. — Soit $a = m - 1$. La formule (34) donnera

$$(37)\quad \left\{\begin{aligned}&\frac{\left(m - rm^{\frac{1}{2}}\right)^{m-1} - \frac{m}{1}\left(m - rm^{\frac{1}{2}} - 2\right)^{m-1} + \ldots}{1.2.3\ldots(m-1).2^m}\\ &= \frac{6^{\frac{1}{2}}}{m^{\frac{1}{2}}}\left(\mathrm{M}_0 - \frac{1}{5m}\mathrm{M}_{-4} + \ldots\right)\\ &= \left(\frac{3}{2m\pi}\right)^{\frac{1}{2}}e^{-\frac{3}{2}r^2}\left[1 - \frac{3}{20m}(1 - 6r^2 + 3r^4) + \ldots\right].\end{aligned}\right.$$

Exemple III. — Soit $a = m$. La formule (34) donnera

$$(38)\quad \left\{\begin{aligned}&\frac{\left(m - rm^{\frac{1}{2}}\right)^{m} - \frac{m}{1}\left(m - rm^{\frac{1}{2}} - 2\right)^{m} + \ldots}{1.2.3\ldots m.2^m}\\ &= \mathrm{M}_1 - \frac{1}{5m}\mathrm{M}_{-3} + \ldots\\ &= \frac{1}{2} - \left(\frac{3}{2\pi}\right)^{\frac{1}{2}}\left[\int_0^r e^{-\frac{3}{2}r^2}dr - \frac{3}{20m}r(1 - r^2)e^{-\frac{3}{2}r^2} + \ldots\right].\end{aligned}\right.$$

Exemple IV. — Soit $a = m + 1$. — La formule (34) donnera

$$(39)\quad \left\{\begin{aligned}&\frac{\left(m - rm^{\frac{1}{2}}\right)^{m+1} - \frac{m}{1}\left(m - rm^{\frac{1}{2}} - 2\right)^{m+1} + \ldots}{1.2.3\ldots(m+1).2^m}\\ &= \frac{m^{\frac{1}{2}}}{6^{\frac{1}{2}}}\left(\mathrm{M}_2 - \frac{1}{5m}\mathrm{M}_{-2} + \ldots\right)\\ &= m^{\frac{1}{2}}\left[-\frac{r}{2} + \left(\frac{3}{2\pi}\right)^{\frac{1}{2}}\left(r\int_0^r e^{-\frac{3}{2}r^2}dr + \frac{e^{-\frac{3}{2}r^2}}{3} + \frac{1 - 3r^2}{60m}e^{-\frac{3}{2}r^2} + \ldots\right)\right].\end{aligned}\right.$$

Exemple V. — Soit $a = m + 2$. La formule (34) donnera

$$(40)\quad \begin{cases} \dfrac{\left(m - rm^{\frac{1}{2}}\right)^{m+2} - \dfrac{m}{1}\left(m - rm^{\frac{1}{2}} - 2\right)^{m+2} + \ldots}{1.2.3\ldots(m+2).2^m} \\ = \dfrac{m}{6}\left(M_3 - \dfrac{1}{5m}M_{-1} + \ldots\right) \\ = m\left[-\left(\dfrac{3}{2\pi}\right)^{\frac{1}{2}}\dfrac{r}{6}e^{-\frac{3}{2}r^2} + \dfrac{1+3r^2}{12}\left(1 - \dfrac{6^{\frac{1}{2}}}{\pi^{\frac{1}{2}}}\displaystyle\int_0^r e^{-\frac{3}{2}r^2}dr\right) - \dfrac{1}{10m}\left(\dfrac{3}{2\pi}\right)^{\frac{1}{2}} re^{-\frac{3}{2}r^2} + \ldots\right]. \end{cases}$$

Exemple VI. — Soit $a = m + 3$. La formule (34) donnera

$$(41)\quad \begin{cases} \dfrac{\left(m - rm^{\frac{1}{2}}\right)^{m+3} - \dfrac{m}{1}\left(m - rm^{\frac{1}{2}} - 2\right)^{m+3} + \ldots}{1.2.3\ldots(m+3).2^m} \\ = \dfrac{m^{\frac{3}{2}}}{6^{\frac{3}{2}}}\left(M_4 - \dfrac{1}{5m}M_0 + \ldots\right) \\ = m^{\frac{3}{2}}\left[\left(\dfrac{3}{2\pi}\right)^{\frac{1}{2}}\dfrac{2+3r^2}{54}e^{-\frac{3}{2}r^2} - \dfrac{r(1+r^2)}{12}\left(1 - \dfrac{6^{\frac{1}{2}}}{\pi^{\frac{1}{2}}}\displaystyle\int_0^r e^{-\frac{3}{2}r^2}dr\right) - \dfrac{1}{10m}\dfrac{e^{-\frac{3}{2}r^2}}{\pi^{\frac{1}{2}}} + \ldots\right]. \end{cases}$$

Exemple VII. — Soit $a = m + 4$. — La formule (34) donnera

$$(42)\quad \begin{cases} \dfrac{\left(m - rm^{\frac{1}{2}}\right)^{m+4} - \dfrac{m}{1}\left(m - rm^{\frac{1}{2}} - 2\right)^{m+4} + \ldots}{1.2.3\ldots(m+4).2^m} \\ = \dfrac{m^2}{6^2}\left(M_5 - \dfrac{1}{5m}M_1 + \ldots\right) \\ = m^2\left[-\left(\dfrac{3}{2\pi}\right)^{\frac{1}{2}}\dfrac{r(5+3r^2)}{216}e^{-\frac{3}{2}r^2}\right. \\ \qquad \left. + \dfrac{1+6r^2+3r^4}{128}\left(1 - \dfrac{6^{\frac{1}{2}}}{\pi^{\frac{1}{2}}}\displaystyle\int_0^r e^{-\frac{3}{2}r^2}dr\right) - \dfrac{1}{10m}\left(1 - \dfrac{6^{\frac{1}{2}}}{\pi^{\frac{1}{2}}}\displaystyle\int_0^r e^{-\frac{3}{2}r^2}dr\right) + \ldots\right]. \end{cases}$$

Si dans les équations (36), (37), (38) et (39) on change r en $-r$, on obtiendra les formules des p. 170 et 171 du *Calcul des probabilités* (¹).

(¹) *Œuvres de Laplace*, t. VII, p. 173, 174.

Remarque. — On peut déduire aisément de l'équation (31) la valeur de $M_{-\lambda}$, toutes les fois que λ est un nombre entier positif. Dans le même cas, la valeur de M_λ est donnée par la formule

$$M_\lambda = \frac{1}{\pi^{\frac{1}{2}}\Gamma(\lambda)} \int_{\left(\frac{3}{2}\right)^{\frac{1}{2}} r}^{\infty} \left(2z - 6^{\frac{1}{2}} r\right)^{\lambda-1} e^{-z^2}\,dz,$$

l'intégrale étant prise entre les limites $z = \left(\frac{3}{2}\right)^{\frac{1}{2}} r$, $z = \infty$. On a d'ailleurs entre ces mêmes limites

$$\begin{aligned}\int \left(2z - 6^{\frac{1}{2}} r\right)^{\lambda-1} e^{-z^2}\,dz \\ = 2(\lambda-2)\int\left(2z - 6^{\frac{1}{2}} r\right)^{\lambda-3} e^{-z^2}\,dz - 6^{\frac{1}{2}} r \int\left(2z - 6^{\frac{1}{2}} r\right)^{\lambda-2} e^{-z^2}\,dz,\end{aligned}$$

et, par suite, si l'on fait

$$M_\lambda = \frac{1}{\Gamma(\lambda)} N_\lambda,$$

on aura encore

$$N_\lambda = 2(\lambda-2)N_{\lambda-2} - 6^{\frac{1}{2}} r N_{\lambda-1}.$$

Cela posé, les valeurs générales de $M_{-\lambda}$ et de M_λ (λ étant un nombre entier positif) se trouveront déterminées par les deux formules

$$(43)\quad M_{-\lambda} = \frac{e^{-\frac{3}{2}r^2}}{2^{\lambda+1}\pi^{\frac{1}{2}}}\left[\left(6^{\frac{1}{2}} r\right)^{\lambda} - \frac{\lambda(\lambda-1)}{1}\left(6^{\frac{1}{2}} r\right)^{\lambda-2} + \frac{\lambda(\lambda-1)(\lambda-2)(\lambda-3)}{1.2}\left(6^{\frac{1}{2}} r\right)^{\lambda-4} - \ldots\right],$$

$$(44)\quad \left\{\begin{aligned} M_\lambda = \frac{(-1)^\lambda}{\pi^{\frac{1}{2}}\Gamma(\lambda)}\Bigg(&\Bigg\{\left(6^{\frac{1}{2}} r\right)^{\lambda-2} + \left[\frac{(\lambda-1)(\lambda-2)}{1} - \frac{1.2}{1}\right]\left(6^{\frac{1}{2}} r\right)^{\lambda-4} \\ &+ \Bigg[\frac{(\lambda-1)(\lambda-2)(\lambda-3)(\lambda-4)}{1.2} - \frac{1.2}{1}\,\frac{(\lambda-1)(\lambda-2)}{1} \\ &\qquad + \frac{1.2.3.4}{1.2}\Bigg]\left(6^{\frac{1}{2}} r\right)^{\lambda-6} + \ldots\Bigg\} e^{-\frac{3}{2}r^2} \\ &- \Bigg[\left(6^{\frac{1}{2}} r\right)^{\lambda-1} + \frac{(\lambda-1)(\lambda-2)}{1}\left(6^{\frac{1}{2}} r\right)^{\lambda-3} \\ &+ \frac{(\lambda-1)(\lambda-2)(\lambda-3)(\lambda-4)}{1.2}\left(6^{\frac{1}{2}} r\right)^{\lambda-5} + \ldots\Bigg]\frac{\pi^{\frac{1}{2}}}{2}\left[1 - \left(\frac{6}{\pi}\right)^{\frac{1}{2}}\int_{\left(\frac{3}{2}\right)^{\frac{1}{2}} r}^{\infty} e^{-\frac{3}{2}r^2}\,dr\right]\Bigg),\end{aligned}\right.$$

Problème. — On demande la valeur approchée de la série

$$(1)\qquad (m-s')^a - \frac{m}{1}(m-s'-1)^a + \frac{m(m-1)}{1.2}(m-s'-2)^a - \ldots = \text{A}_{m-s'},$$

de laquelle on suppose exclues les puissances des quantités négatives; a et m étant de très grands nombres supérieurs à s', et m étant inférieur à a.

Solution. — Nous avons donné l'expression de la série (1) au moyen d'une intégrale définie qui renferme une constante arbitraire k dont on peut disposer à volonté. L'intégrale dont il s'agit est

$$(2)\qquad \int_0^\infty \frac{(e^{2k} - 2e^k \cos x + 1)^{\frac{m}{2}}}{(k^2+x^2)^{\frac{a+1}{2}}} \cos[(a+1)t + s'x - mv]\, dx,$$

t et v étant déterminés par les deux équations

$$(3)\qquad \begin{cases} t = \operatorname{arc\,tang} \dfrac{x}{k}, \\[2mm] v = \operatorname{arc\,tang} \dfrac{\sin x}{\cos x - e^{-k}}. \end{cases}$$

Il ne reste plus maintenant qu'à déterminer, au moins pour une valeur particulière de k, la valeur approchée de cette intégrale.

Faisons, pour abréger,

$$(4)\qquad \begin{cases} \text{P} = \dfrac{(e^{2k} - 2e^k \cos x + 1)^{\frac{m}{2}}}{(k^2+x^2)^{\frac{a+1}{2}}}, \\[2mm] \text{Q} = (a+1)t + s'x - mv; \end{cases}$$

l'intégrale proposée deviendra

$$(5)\qquad \int_0^\infty \text{P} \cos \text{Q}\, dx.$$

Ici la fonction sous le signe $\int$ est composée de deux facteurs, dont l'un, désigné par P, reste toujours positif, et dont l'autre, désigné par $\cos Q$, est, pour des valeurs croissantes de x, alternativement positif et négatif.

La fonction P a plusieurs maxima et minima qui correspondent aux diverses valeurs de x déterminées par l'équation

$$m\frac{\sin x}{e^k - 2\cos x + e^{-k}} = (a+1)\frac{x}{k^2+x^2}. \tag{6}$$

Le premier maximum correspond à $x=0$; et sa valeur que nous désignerons par M est

$$M = \frac{(e^k-1)^m}{k^{a+1}}. \tag{7}$$

Pour chacun des autres maxima, la valeur de P peut se mettre sous la forme suivante

$$P = \left(\frac{me^k}{a+1}\right)^{\frac{m}{2}} \left(\frac{\sin x}{x}\right)^{\frac{m}{2}} \frac{1}{(k^2+x^2)^{\frac{a+1-m}{2}}}. \tag{8}$$

D'ailleurs, comme, pour une valeur de x différente de zéro, on a toujours, abstraction faite du signe,

$$\frac{\sin x}{x} < 1, \qquad \frac{1}{k^2+x^2} < \frac{1}{k^2};$$

il en résulte que chacune des valeurs de P déterminées par l'équation (8) sera inférieure à

$$\left(\frac{mk^2e^k}{a+1}\right)^{\frac{m}{2}} \frac{1}{k^{a+1}},$$

et, par suite, à

$$\frac{k^m e^{\frac{km}{2}}}{k^{a+1}}.$$

En conséquence, la valeur de $\frac{P}{M}$ sera toujours inférieure à

$$\frac{k^m e^{\frac{km}{2}}}{(e^k-1)^m} = \frac{k}{\left(e^{\frac{k}{2}} - e^{-\frac{k}{2}}\right)^m}.$$

D'ailleurs on a, quelle que soit la valeur de k,

$$k < e^{\frac{k}{2}} - e^{-\frac{k}{2}}.$$

On aura donc aussi

$$P < M,$$

quelle que soit la valeur que l'on donne à x, pourvu que cette valeur ne soit pas nulle. Enfin $x = \infty$ donne $P = 0$. Si donc on fait varier x entre les limites $x = 0$, $x = \infty$, la fonction P obtiendra une série de valeurs qui seront comprises entre les limites extrêmes $P = M$, $P = 0$. Par suite, si l'on fait

$$(9) \qquad P = -Me^{-z^2},$$

la valeur de z sera toujours réelle et comprise entre les limites $z = 0$, $z = \infty$.

Si l'on désigne par μ une quantité du même ordre que m et a, et si l'on fait, pour abréger,

$$(10) \quad \begin{cases} \dfrac{1}{2}\left[\dfrac{a+1}{k^2} - \dfrac{m}{\left(e^{\frac{1}{2}k} - e^{-\frac{1}{2}k}\right)^2}\right] = A\mu, \\ \dfrac{a+1}{2}\,\dfrac{2}{2k^4} - \dfrac{1}{2\left(e^{\frac{1}{2}k} - e^{-\frac{1}{2}k}\right)^2}\left[\dfrac{a+1}{\left(e^{\frac{1}{2}k} - e^{-\frac{1}{2}k}\right)^2} + \dfrac{m}{12}\right] = B\mu, \\ \ldots\ldots\ldots\ldots\ldots\ldots\ldots\ldots\ldots\ldots\ldots\ldots\ldots\ldots; \end{cases}$$

on tirera de l'équation (9), après y avoir remis pour P sa valeur,

$$(11) \qquad z^2 = \mu(Ax^2 - Bx^4 + \ldots),$$

d'où l'on conclura par le retour des séries

$$(12) \quad \begin{cases} x = \dfrac{z}{A^{\frac{1}{2}}\mu^{\frac{1}{2}}}\left(1 + \dfrac{B}{2A^2\mu}z^2 + \ldots\right), \\ dx = \dfrac{1}{A^{\frac{1}{2}}\mu^{\frac{1}{2}}}\left(1 + \dfrac{3B}{2A^2\mu}z^2 + \ldots\right)dz. \end{cases}$$

Pour des valeurs de z peu considérables, les séries renfermées dans les seconds membres des équations (12) seront très convergentes, au moins dans les premiers termes. D'ailleurs, pour de grandes valeurs de z, la valeur de P déterminée par l'équation (9) sera sensiblement nulle. On pourra donc, sans nul inconvénient, supposer, dans l'intégrale

$$\int_0^\infty \mathrm{P}\cos \mathrm{Q}\, dx,$$

$$(13)\qquad \mathrm{P}\, dx = \frac{\mathrm{M}}{\mathrm{A}^{\frac{1}{2}}\mu^{\frac{1}{2}}}\left(1 + \frac{3\mathrm{B}z^2}{2\mathrm{A}^2\mu} + \ldots\right)e^{-z^2}\, dz,$$

et s'arrêter dans le second membre aux premiers termes de la série

$$1 + \frac{3\mathrm{B}z^2}{2\mathrm{A}^2\mu} + \ldots.$$

Il nous reste à développer, s'il est possible, suivant les puissances ascendantes de z, et en une série qui soit convergente pour des valeurs de z peu considérables, la fonction désignée par

$$\cos \mathrm{Q}.$$

Pour qu'on puisse effectuer ce développement de manière à remplir les conditions exigées, z conservant d'ailleurs une valeur arbitraire, il est nécessaire que la fonction Q soit, pour des valeurs de z peu considérables, une quantité fort petite. Or, si l'on fait, pour abréger,

$$(14)\qquad \begin{cases} \dfrac{a+1}{k} + s' - \dfrac{m}{1-e^{-k}} = \mathrm{C}\mu, \\ \dfrac{a+1}{3k^3} - \dfrac{m}{3(1-e^{-k})^2}\left(\dfrac{1}{2} + \dfrac{e^{-2k}}{1-e^{-k}}\right) = \mathrm{D}\mu, \\ \ldots\ldots\ldots\ldots\ldots\ldots\ldots\ldots\ldots\ldots, \end{cases}$$

la valeur de Q, développée suivant les puissances ascendantes de x, sera

(15) $$Q = \mu(Cx + Dx^3 + \ldots);$$

et, par suite, le premier terme du développement de Q suivant les puissances ascendantes de z sera

$$\frac{C}{A^{\frac{1}{2}}}\mu^{\frac{1}{2}}z.$$

Ce premier terme aura donc, en général, une valeur très considérable, et sera de l'ordre de $\mu^{\frac{1}{2}}$, à moins que l'on ne détermine la constante arbitraire k de manière que C devienne une quantité très petite d'un ordre supérieur à celui de

$$\frac{1}{\mu^{\frac{1}{2}}}.$$

Parmi les diverses manières de remplir cette condition, nous choisirons la plus simple, qui consiste à faire

$$C = 0,$$

ou, ce qui revient au même, à déterminer k par l'équation

(16) $$\frac{a+1}{k} + s' - \frac{m}{1 - e^{-k}} = 0.$$

On a, dans cette hypothèse,

(17) $$\begin{cases} Q = \mu D x^3 + \ldots = \dfrac{D}{A^{\frac{3}{2}}}\dfrac{z^3}{\mu^{\frac{1}{2}}} + \ldots, \\ \cos Q = 1 - \dfrac{D^2}{2A^3\mu} z^6 + \ldots. \end{cases}$$

La dernière des équations (17), jointe à l'équation (13), donne

(18) $$P \cos Q \, dx = \frac{M}{A^{\frac{1}{2}}\mu^{\frac{1}{2}}}\left(1 + \frac{3AB z^2 - D^2 z^6}{2A^3\mu} + \ldots\right)e^{-z^2}\,dz.$$

On a d'ailleurs

$$\int_0^\infty e^{-z^2}\,dz = \frac{1}{2}\sqrt{\pi}, \qquad \int_0^\infty z^2 e^{-z^2}\,dz = \frac{1}{4}\sqrt{\pi}, \qquad \int_0^\infty z^6 e^{-z^2}\,dz = \frac{15}{16}\sqrt{\pi}.$$

On aura donc, par suite,

$$(19) \qquad \int_0^\infty \mathrm{P}\cos\mathrm{Q}\,dx = \frac{\mathrm{M}\pi^{\frac{1}{2}}}{2\mathrm{A}^{\frac{1}{2}}\mu^{\frac{1}{2}}}\left(1 + \frac{12\mathrm{AB} - 15\mathrm{D}^2}{16\mathrm{A}^3\mu} + \ldots\right).$$

Si l'on substitue la valeur précédente de $\int_0^\infty \mathrm{P}\cos\mathrm{Q}\,dx$ dans la valeur de $\mathrm{A}_{m-s'}$ donnée par l'équation (31) du Mémoire, et si l'on remplace

$$\Gamma(a+1) = \int_0^\infty x^a e^{-x}\,dx$$

par

$$a^{a+\frac{1}{2}} e^{-a}(2\pi)^{\frac{1}{2}}\left(1 + \frac{1}{12a} + \ldots\right),$$

on trouvera

$$(20) \qquad \begin{cases} \mathrm{A}_{m-s'} = \dfrac{\mathrm{M}a^{a+\frac{1}{2}} e^{-a-ks'}}{(2\mathrm{A}\mu)^{\frac{1}{2}}}\left(1 + \dfrac{12\mathrm{AB} - 15\mathrm{D}^2}{16\mathrm{A}^3\mu} + \dfrac{1}{12a} + \ldots\right) \\[2ex] \phantom{\mathrm{A}_{m-s'}} = \dfrac{\left(\dfrac{a}{k}\right)^{a+1} e^{-ks'-a}(e^k - 1)^m}{(2a\mathrm{A}\mu)^{\frac{1}{2}}}\left(1 + \dfrac{12\mathrm{AB} - 15\mathrm{D}^2}{16\mathrm{A}^3\mu} + \dfrac{1}{12a} + \ldots\right). \end{cases}$$

Corollaire I. — Si dans le second membre de l'équation (20) on suppose s' négatif et égal à $-s$, on aura

$$\mathrm{A}_{m-s'} = \Delta^m s^a.$$

L'équation (20) deviendra donc alors

$$(21) \qquad \Delta^m s^a = \frac{\left(\dfrac{a}{k}\right)^{a+1} e^{ks-a}(e^k - 1)^m}{(2\mathrm{A}\mu)^{\frac{1}{2}}}\left(1 + \frac{12\mathrm{AB} - 15\mathrm{D}^2}{15\mathrm{A}^3\mu} + \frac{1}{12a} + \ldots\right).$$

Dans le même cas, l'équation (16), qui détermine la valeur de k, deviendra

$$\frac{a+1}{k} - s' - \frac{m}{1-e^{-k}} = 0.$$

Quant aux valeurs de A, B, D, elles seront toujours déterminées par les équations (10) et (14).

On pourrait obtenir immédiatement la formule (21) en appliquant à l'équation (26) de la p. 534 les mêmes raisonnements que nous avons employés pour déduire la formule (20) de l'équation (31). Au reste, on doit observer que la formule (21), telle qu'on vient de la donner, coïncide parfaitement avec l'équation (μ') de M. Laplace.

Corollaire II. — La formule (20) suppose qu'on puisse toujours tirer de l'équation (16) une valeur positive de k. C'est ce dont il est facile de s'assurer. En effet, si dans l'équation (16) on suppose k très petit, le premier membre sera positif et égal à

$$\frac{a+1-m}{k},$$

et, si l'on suppose k infini, ce premier membre deviendra négatif et égal à

$$-(m-s').$$

Il y a donc entre les limites o et ∞ une valeur de k qui rend le premier membre de l'équation (16) égal à zéro. Il serait d'ailleurs facile de prouver que cette valeur est unique.

Pour que la formule (20) puisse être employée, il est nécessaire que la quantité k, déterminée par l'équation (16), ait une valeur sensible, ce qui exige que

$$a+1-m$$

ne soit pas fort petit relativement à

$$s-\frac{m}{2}.$$

Si l'on suppose, par exemple,

$$s = \frac{m}{2} + \frac{1}{2} r \sqrt{m},$$

il faudra, pour que l'on puisse faire usage de la formule (20), que la différence $a - m$ soit d'un ordre égal ou supérieur à celui de $\sqrt{m}$.

FIN DU TOME I DE LA SECONDE SÉRIE.

TABLE DES MATIÈRES

DU TOME PREMIER.

SECONDE SÉRIE.

MÉMOIRES DIVERS ET OUVRAGES.

I. — MÉMOIRES PUBLIÉS DANS DIVERS RECUEILS AUTRES QUE CEUX DE L'ACADÉMIE.

MÉMOIRES EXTRAITS DU « JOURNAL DE L'ÉCOLE POLYTECHNIQUE ».

FIN DE LA TABLE DES MATIÈRES DU TOME I DE LA SECONDE SÉRIE.

33722 Paris. — Imprimerie GAUTHIER-VILLARS, quai des Grands-Augustins, 55.